U0193565

智能科学与技术丛书

Deep Reinforcement Learning

Research Frontiers and Practical Applications

深度强化学习

学术前沿与实战应用

刘　驰　王占健　戴子彭
马晓鑫　朴成哲　林秋霞　◎编著

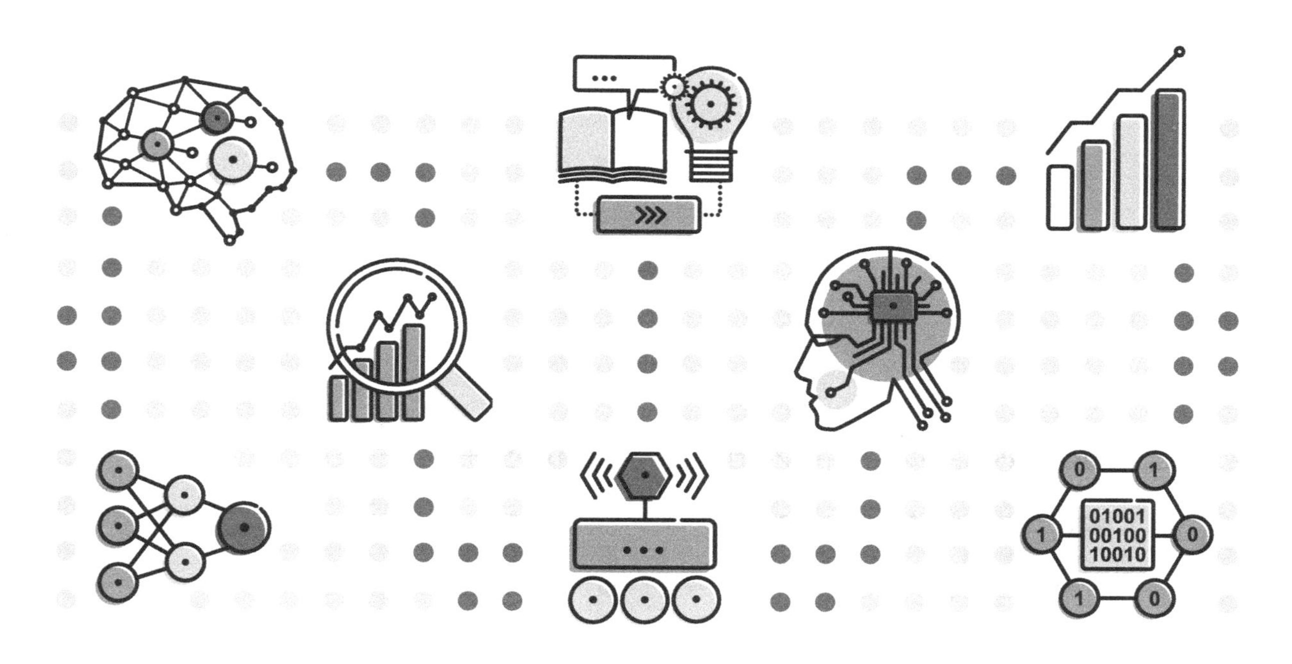

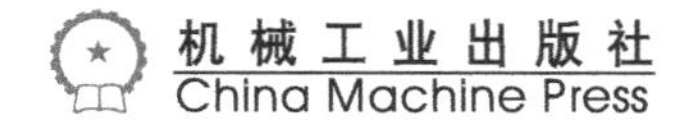

图书在版编目（CIP）数据

深度强化学习：学术前沿与实战应用 / 刘驰 等编著 . —北京：机械工业出版社，2020.2（2024.2 重印）
（智能科学与技术丛书）

ISBN 978-7-111-64664-8

I. 深… II. 刘… III. 机器学习 IV. TP181

中国版本图书馆 CIP 数据核字（2020）第 023711 号

深度强化学习：学术前沿与实战应用

出版发行：机械工业出版社（北京市西城区百万庄大街 22 号 邮政编码：100037）

责任编辑：姚 蕾　　责任校对：李秋荣

印　　刷：北京建宏印刷有限公司　　版　　次：2024 年 2 月第 1 版第 6 次印刷

开　　本：185mm×260mm 1/16　　印　　张：24.25

书　　号：ISBN 978-7-111-64664-8　　定　　价：99.00 元

客服电话：（010）88361066 68326294

PREFACE

前　　言

随着计算设备算力的不断提升和可用数据量的持续积累，基于大数据的机器学习（Machine Learning）方法近年来得到了空前的发展，且可以预见在一段时间内还将继续飞速发展。机器学习的突出成就离不开深度学习（Deep Learning）。深度神经网络的出现，使得原始图像、视频和自然语言等数据源可作为输入和输出，从而为诸多复杂问题提供了强大的解决方案。基于深度学习的人工智能产品也正在快速渗入和改变着我们的日常生活，如人脸识别、购物网站的个性化推荐、无人驾驶等。此外，机器翻译、自主决策、目标跟踪及一系列技术成果也在医疗、教育和网络安全等重要领域得到了实质性的应用。

强化学习（Reinforcement Learning），又称再励学习、评价学习，是机器学习的一个重要分支，传统上主要用于解决与环境交互过程中的自主决策和自动控制问题，通过不断改善智能体自身的行为，学得最优的行动策略。广义上说，任何有"决策"的任务都可以使用强化学习方法，比如无人驾驶、机器人控制、游戏竞技等，但也不限于此，比如个性化推荐算法、网络传输等非控制领域也可以使用强化学习方法。近年来，最著名的强化学习应用当属AlphaGo围棋，其学得的策略所表现出的控制/决策能力已经达到甚至超过了人类顶级水平，其中使用了深度强化学习（Deep Reinforcement Learning）。深度强化学习是强化学习的重要发展，是指采用深度神经网络作为模型的强化学习方法。它的起源很早，但著名的案例是Google DeepMind在2013年NIPS研讨会上发表的DQN（Deep Q Network）方法，该方法在多款Atari游戏中取得了不俗的表现。之后，深度强化学习的发展便一发不可收拾，学术界和工业界均大力推动其发展。本书重点讲解深度强化学习近年来的重要进展及其典型应用场景。

本书共分为四篇，即深度强化学习、多智能体深度强化学习、多任务深度强化学习和深度强化学习的应用，内容由浅入深、通俗易懂，涵盖近几年最经典、最前沿的技术进展。特别是书中详细介绍了每一种算法的代码原型实现，做到了理论与实践相结合，让读者学有所得、学有所用。

第一篇主要讲解深度强化学习基础，侧重于单智能体强化学习算法，相对简单，有助于初级读者理解。本篇包含第1～3章，从基础到算法，分类清晰。

- 第1章主要讲解强化学习的发展历史、基本概念及一些相关的基础知识，以帮助读者对强化学习有一个全面的了解和认知，也为本书后面的重点章节提供基础性的知识铺垫。
- 第2章侧重于讲解基于单智能体的深度强化学习算法，涵盖了DQN、DDPG、Rainbow等典型算法，以及最新的研究成果，如基于模型、基于分层的深度强化学习算法等。
- 第3章提供了一些分布式深度强化学习方法，以适应分布式计算的情况，有助于缩短模型的训练时间和进行大规模任务的计算。

第二篇主要侧重于对多智能体深度强化学习的讲解，承接上一篇的单智能体环境，本篇将问题复杂化，扩大到多智能体的情况。本篇包含第 4 章和第 5 章，从多智能体强化学习基本概念到相关算法的讲解、分析，以多个极具代表性的算法为例带领读者逐步学习多智能体训练和控制的理论与方法。此外，还为读者提供了当下多智能体强化学习领域最前沿的一些学术成果，紧跟发展潮流。

- 第 4 章主要讲解多智能体的基本概念及相关的背景知识，以帮助读者更好地进入多智能体世界。
- 第 5 章按类别讲解大量多智能体强化学习算法，从基于值函数的算法到基于策略的算法，再到基于 AC 框架的算法，应有尽有。本章囊括了当下大部分经典和前沿研究，让读者在掌握经典知识的同时也能够把握最新的发展方向。

第三篇再一次将问题复杂化，扩大到多任务的情况，也称为多任务深度强化学习。与多智能体强化学习明显不同，多任务强化学习既可以是单智能体多任务的情况，也可以是多智能体多任务的情况，因此情况变得更为复杂了。结构如同第二篇，本篇依然是首先介绍多任务强化学习的基本概念和相关基础知识（第 6 章），随后讲解部分经典的多任务强化学习算法（第 7 章）。由于多任务强化学习依然是较为前沿的研究方向，所以本篇的算法相对少一些。

- 第 6 章主要介绍多任务强化学习的基本概念和相关知识，让读者对其有一个详细的了解和认知，以帮助读者顺利地步入多任务深度强化学习场景。
- 第 7 章主要讲解 4 个多任务强化学习算法、框架，这些方法大都源自 DeepMind 团队，代表着多任务强化学习领域最为经典和前沿的工作。

第四篇包括第 8 ～ 11 章，主要讲解强化学习特别是深度强化学习的一些实际应用，涉及游戏、机器人控制、计算机视觉和自然语言处理四大领域。本篇侧重于讲解深度强化学习方法在其他领域应用的思想和方法，培养读者跨领域解决问题的能力，以帮助读者熟练掌握和使用深度强化学习这个强大的方法去解决、优化其他领域中的一些实际问题。

- 第 8 章给出深度强化学习方法在游戏领域的应用，这也是一个极有意思的领域，例如，DQN 的代表作就是玩 Atari 游戏，并且超越了人类顶级玩家。本章重点讲解如何把游戏场景建模为强化学习问题，以及训练模型自动玩 Atari 游戏的核心过程和相关代码。
- 第 9 章主要给出深度强化学习算法在机器人控制领域的应用实例，包括无地图导航、视觉导航、机器人足球等，侧重于讲解仿真环境中机器人控制问题的分析、建模和实践性解决方案。
- 第 10 章给出强化学习与计算机视觉领域相结合的例子，分析了将深度强化学习技术应用于图像、视频的详细过程，例如，图像字幕、图像恢复、视频快进和视觉跟踪等。
- 第 11 章则讲解深度强化学习应用于自然语言处理方面的实例，如对话机器人、情感 - 情感翻译和远程监督关系提取等。深度强化学习与自然语言的结合目前还是较为前沿的研究方向，还有许多领域相关问题读者也可以亲自尝试着去解决。

本书的编撰人员包括：刘驰、王占健、戴子彭、马晓鑫、朴成哲、林秋霞、赵一诺、赵映、李世林、刘文鼎。

深度强化学习技术发展迅速，属于当下最热门的前沿技术之一。因作者能力、水平有限，书中难免出现不足与谬误之处，还请读者多多包涵，同时也恳请读者给予批评指正，不胜感激。

ACKNOWLEDGEMENTS

致　谢

一本书的编写并非一人一日之功，编著团队感谢业界同仁为本书的撰写提出许多宝贵建议，这对我们不断完善本书提供了帮助。同时，感谢团队中每一位成员，他们的辛苦付出与耐心成就了本书；特别感谢由于人数限制，在封面中没有列出的作者：赵一诺、赵映、李世林、刘文鼎，感谢他们为本书成稿做出的努力。

囿于编者水平，加之深度强化学习技术本身发展迅速，书中难免有不足之处，恳请各位读者朋友包涵与谅解，同时也期待读者朋友们提出宝贵的修改意见。

MATHEMATICAL SYMBOL

数学符号

下面简要介绍本书中用到的一些数学符号，按照最常用的含义及类型给出。本书中描述了大多数数学概念，如果你已经熟悉了相应的概念，可以直接参考下面的符号含义进行复现。

超参数

γ	奖励随时间步的衰减因子
α	训练学习率（或步长）
ε	ε-greedy 探索策略下，随机选择一个行为的概率
τ	决定 Soft-Update 更新幅度的超参数
$\mathcal{N}$	符合一定分布的噪声
T	一个完整 episode 包含的步数

常用变量与函数

t	时间步（timeslot），环境中的时间单位
i	episode 的索引
N	在多智能体问题中，特指智能体的数量
$\mathbb{E}$	给定分布的数学期望
min	求最小值
max	求最大值
$\operatorname{argmax}(\cdot)$	使目标函数具有最大值的变量
$\operatorname{softmax}(\cdot)$	定义如下：$\operatorname{softmax}(k)=\frac{e^{V_k}}{\sum_k^C e^{V_k}}$，将 C $(C>2)$ 分类器的第 k 个输出 V_k 转化为相对概率
KL	即 KL 散度，求解两个给定概率分布之间的差异
$p(\boldsymbol{a}\mid\boldsymbol{s})$	常用来表示状态与动作间的概率分布
$H(p)$	给定概率分布 p 的信息熵
$H(p,q)$	给定概率分布 p、q 的交叉熵
$D_f(p\Vert q)$	给定概率分布 p、q 之间的距离，f 表示距离计算公式。在未明确 f 时，默认距离由 KL 散度公式计算
Σ	以一定规则进行求和
Π	以一定规则进行连乘
f^j	在多智能体问题中，特指每一个智能体的神经网络

（续）

$\boldsymbol{\theta}$	神经网络的参数 $\boldsymbol{\theta}$
$\boldsymbol{\theta}^{-}$	网络参数 $\boldsymbol{\theta}$ 的拷贝，用于目标网络
∇_{θ}	参数为 $\boldsymbol{\theta}$ 的神经网络损失函数的梯度函数
$\boldsymbol{w}$	神经网络的权重参数
$\boldsymbol{b}$	神经网络的偏差参数
$\boldsymbol{W}$	在多智能体或多任务问题中，常用来表示权重矩阵，用来与 $\boldsymbol{w}$ 进行区分

马尔可夫决策过程

$\boldsymbol{s}, \boldsymbol{s}_t$	状态（state），在时间步 t 内完整的环境信息
$\mathcal{S}$	状态空间，$\mathcal{S}=\{\boldsymbol{s}_1, \boldsymbol{s}_2, \cdots, \boldsymbol{s}_T\}$
$\boldsymbol{a}, \boldsymbol{a}_t$	动作（action），在时间步 t 内智能体针对状态做出的行为
$\mathcal{A}$	动作空间，$\mathcal{A}=\{\boldsymbol{a}_1, \boldsymbol{a}_2, \cdots, \boldsymbol{a}_T\}$
$r(\boldsymbol{s}, \boldsymbol{a}), r_t$	奖励（reward），环境基于智能体指定“状态 – 动作”对的激励函数，如游戏得分
$\mathcal{R}$	奖励空间
R_t	当前时间步 t 内的未来衰减奖励，依据 Bellman 方程计算得到
$\boldsymbol{o}, \boldsymbol{o}_t$	观察信息（observation），在时间步 t 内以智能体角度能观察到的环境信息。在 POMDP 中，$o \subseteq s$
$\mathcal{O}$	观察空间
$T:(\boldsymbol{s}, \boldsymbol{a}) \rightarrow \boldsymbol{s}'$ $T(\boldsymbol{s}_{t+1} \mid \boldsymbol{s}_t, \boldsymbol{a}_t)$	状态转移函数

强化学习

$\pi: \mathcal{S} \rightarrow \mathcal{A}$	控制策略（policy），从状态空间到动作空间的线性映射
μ_j	在单任务问题中，含义同 π；在多任务问题中，特指 Actor-Learner 架构中每一个 Actor 的策略函数
π^*	可以得到最大预期奖励的最优策略
π_{θ}	参数为 $\boldsymbol{\theta}$ 的策略网络
$v_{\pi}(\boldsymbol{s}), V_{\pi}(\boldsymbol{s})$	状态 – 值函数（value function），在策略 π 下，当前状态的预期奖励
$V^*(\boldsymbol{s})$	最优策略 π^* 下，最优的状态 – 值函数
V_{θ}	参数为 $\boldsymbol{\theta}$ 的价值网络
$q_{\pi}(\boldsymbol{s}, \boldsymbol{a}), Q_{\pi}(\boldsymbol{s}, \boldsymbol{a})$	动作 – 值函数，在策略 π 下，当前“状态 – 动作”的预期奖励
$Q^*(\boldsymbol{s}, \boldsymbol{a})$	最优策略 π^* 下，最优的动作 – 值函数
$\mathcal{D}, \mathcal{B}$	经验复用池（experience replay buffer）
$L(\boldsymbol{\theta})$	损失函数，常特指 Critic 网络的损失函数
$J(\boldsymbol{\theta})$	优化目标，常特指 Actor 网络的损失函数
A	优势函数
δ_t	TD-error，常用来简化公式

CONTENTS

目　录

第二篇 多智能体深度强化学习

第三篇 多任务深度强化学习

第一篇

深度强化学习

本篇主要讲解深度强化学习基础，侧重于单智能体强化学习算法，相对简单，有助于初学者理解。同时涵盖了近几年的经典算法和一些前沿的研究成果，便于读者参考和查阅。本篇包含第 1 ～ 3 章，从基础到算法，分类清晰。

CHAPTER 1

第1章 深度强化学习基础

1.1 强化学习

近年来，深度学习（Deep Learning, DL）作为机器学习的一个重要研究领域，得到了长足的发展，为强化学习（Reinforcement Learning, RL）提供了强有力的支撑，使RL能够解决以前难以处理的问题，例如学习直接从像素玩视频游戏。深度强化学习（Deep Reinforcement Learning, DRL）是DL和RL相结合的产物，有望彻底改变人工智能领域。人工智能领域的一个主要目标是生成完全自主的智能体（agent），这些智能体通过与环境的相互作用来学习最优行为。从可以感知和响应其所处环境的机器人到基于软件的与自然语言和多媒体进行交互的智能体，建立一个能够有效学习且实时响应的人工智能系统一直都是一项长期挑战。幸运的是，DRL的出现使我们朝着建立自主系统的目标迈出了更近的一步，因为DRL对自主系统有更高层次的理解。当然，DRL算法还有许多其他方面的应用，比如机器人控制技术，允许我们直接从现实世界中的摄像机输入来学习对机器人进行控制和操作的策略。在本节中，我们首先对RL的发展历史进行简要介绍，然后分别对RL和DRL的相关内容进行梳理。

1.1.1 强化学习的发展历史

在正式介绍RL之前，我们先来了解一下RL的发展历史。RL从统计学、控制理论和心理学等多学科发展而来，是一个基于数学框架、由经验驱动的自主学习方法。如图1.1所示，RL有3条发展主线，其中有两条主线具有重要的历史地位。一条是试错（trial-and-error）学习，其来源于动物学习过程中的心理学，在学习过程中通过不断地尝试各种（错误或正确）行为以最终学习到最优的正确行为，即通过试错的方式去学习。该方法贯穿了人工智能领域最早的一些工作，促进了20世纪80年代RL的复兴。另一条则使用值函数（value-function）和动态规划（Dynamic Programming, DP）的方法来解决最优控制问题，在大多数情况下这条主线不涉及学习。在与现代RL融合之前这两条主线彼此之间独立发展，相交甚少。虽然如此，但也有例外，即RL的第三条不太明显的发展主线——时间（序）差分

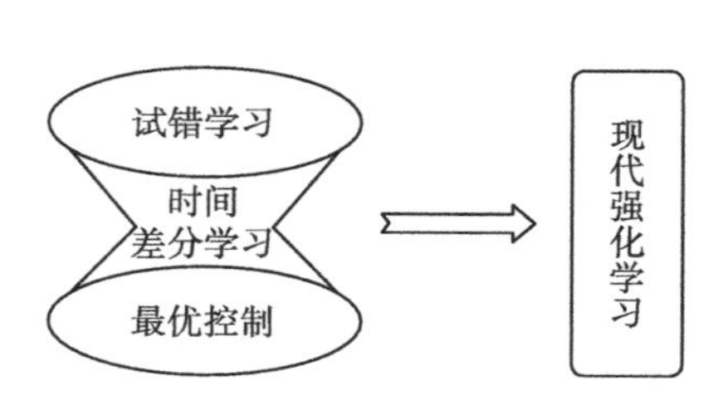

图1.1 RL发展的历史主线

(Temporal-Difference, TD) 学习。20 世纪 80 年代后期所有这三条主线汇集在一起，产生了现代 RL 领域。

首先，我们先说一下最优控制方法。“最优控制”在 20 世纪 50 年代后期开始使用，用来描述通过设计控制器来最小化动态系统的行为随时间变化的测度问题，即控制动态系统在每一时刻都能根据外界环境的变化选出最优的行为。20 世纪 50 年代中期，Bellman 等人对 Hamilton、Jacobi 理论进行了扩展，提出了一个解决这类问题的方案。该方案使用动态系统的状态和值函数（或“最优返回函数”）的概念定义了函数方程，称之为 Bellman 方程。通过求解 Bellman 方程来解决最优控制问题的方法叫作 DP。DP 被认为是解决一般随机最优控制问题的唯一可行方法。虽然 DP 方法受到了“维度灾难”的限制，即它的计算量随着状态变量数目的增加呈指数级增长，但相比其他通用方法 DP 仍然更有效，更具有广泛的适用性。后来，Bellman 还引入了最优控制问题的离散随机版本，称之为马尔可夫决策过程（Markov Decision Process, MDP）。1960 年，Howard 又设计了 MDP 的策略（policy）迭代方法。对于值函数、DP 和 MDP 等概念，我们会在后面章节进行详细讲解。以上这些都是现代 RL 理论和算法的重要组成部分。

我们看一下 RL 发展的另一条重要的主线——试错学习。在早期人工智能独立于其他工程分支之前，一些研究人员就开始探索将试错学习作为工程原理。该方法始于动物学习过程中的心理学，其中的“强化”学习理论很常见。在 20 世纪 60 年代，术语“强化”和“强化学习”首次被用于工程文献中。Edward Thorndike 第一个简洁表达了试错学习的本质，即每一次采取的动作尝试所引发的好的或坏的结果都会对之后的动作选择产生相应的影响。也就是在其他条件相同的情况下，对同一环境状态做出的若干响应中，那些符合或满足动物意愿的回应与环境状态具有更紧密的联系，于是，当该环境状态再次出现时，它们将更有可能重复这种响应。而那些不满足动物意愿的响应，则会减弱与该环境状态的联系，当再次遇到相同的环境状态时，会尽量避免采取这种响应。满意或不适感越大，联系的紧密或弱化程度越大。这种现象称为“效果定律”，它描述了强化事件对选择行为倾向的影响。效果定律涉及试错学习两个最重要的方面。首先，它是选择性的，意味着它可以尝试替代方案，并通过比较它们所产生的结果来进行选择。其次，它是关联性的，即通过选择找到的替代方案与特定的情况相关联。比如，进化过程中的自然选择是选择性的，但它不是关联性的；监督学习是关联性的，但不是选择性的。这两者的结合对效果定律和试错学习至关重要。还有一种说法是，效果定律是搜索和记忆的结合：在每一种环境状态下搜索从多个动作中进行选择和尝试的某种形式，从而记住哪些动作效果最好，再将它们关联起来。通过这种方式组合搜索和记忆对 RL 尤其重要。尽管有时也存在部分争议，但是在具有若干响应的时候，效果定律被广泛认为是一种明确的基本原则。

最后，我们讨论一下 TD 学习的发展历史。TD 学习方法部分起源于动物学习过程中的心理学，特别是辅助强化学。TD 学习的方法由同一时间内进行的连续估计之间的差异所驱动，在该方面其是独特的，比如，在棋类游戏中获胜的概率。虽然 TD 学习比其他两条主线要小，但是它在 RL 领域发挥了特别重要的作用，似乎是 RL 的新特性。1972 年，Klopf 提出了“广义强化”的概念，即每个组成部分（每个神经元）都以强化的角度来看待所有的输入，比如，作为奖励的兴奋性输入和作为惩罚的抑制性输入。Klopf 通过这一想法将试错学习与 TD 学习的重要组成部分结合起来，同时将其与动物学习心理学的大量经验数据库联系起来。不过，这与我们现在所知的 TD 学习有所不同。后来 Sutton 进一步发展了 Klopf 的思想，特别是在与动物学习理论的联系方面，描述了由在时间上连续预测的变化所驱动的学习规则。虽然 TD 学习的早期研究受到了 Klopf 和动物学习理论的强烈影响，但是，1981 年，人们开发了一种在试错学习过程中使用 TD 学习的方法，称为 actor-critic 架构，也有人叫作行动者 – 评论者架构，其中 actor 是行动者，负责动作的选择和执行，critic 是评判者，负责评价 actor 所选动作的好坏。这时，研究者又发现了 1977 年 Witten 最早出版的 TD 学习规则，也就是我们现在所谓的表格 TD（0）方法，用作解决 MDP 自适应控制器的一部分。这种方法跨越了 RL 研究的主要思路——试错学习和最优控制，它对早期 TD 学习的发展做出了显著的贡献。1989 年，Watkins 将 TD 学习和最优控制完全融合在一起，发明了 Q-learning，这项工作扩展并整合了先前 RL 研究三条主线的所有工作。

1.1.2　强化学习简介

在讨论深度神经网络对 RL 的贡献之前，我们先来介绍一下 RL 的一般领域。RL 的本质是互动学习，即让智能体与其外界环境进行交互。智能体根据自己每次感知到的外界环境状态来选择相应的动作，以对环境进行响应，然后观测该动作所造成的结果（或好或坏，结果的评判来自某种特殊的奖励管控机制），并根据结果来调整自身动作选择机制，最终让智能体可以对外界环境达到最优的响应，从而获得最好的结果（智能体针对外界环境采取一系列动作后获得的最大奖赏值，也称为累积奖赏值、预期回报）。所以，RL 的目标是使智能体在与环境的交互过程中获得最大的累积奖赏值，从而学习到对自身动作的最优控制方法。正如上一小节所述，这种试错学习的方法源于行为主义心理学，是 RL 的主要基础之一。另一个关键基础是最优控制，它提供了支撑该领域的数学形式，特别是 DP。

为了便于对 RL 模型结构的理解，我们首先对 RL 模型中最关键的三个部分进行描述。

（1）状态（state）：如图 1.2 所示，状态其实就是智能体所处的外界环境信息，该图中描述的状态就是一个石板铺成的具有间隔的桥面。而环境状态的具体表现形式可以有很多种，例如多维数组、图像和视频等。外界环境的状态需要能够准确地描述外界环境，尽可能将有效信息包括在内，通常越充足的信息越有利于算法的学习。状态要着重体现出外界环境的特征。

（2）动作（action）或行动：如图 1.3 所示，动作就是智能体（多关节木头人）在感知到所处的外界环境状态后所要采取的行为，如跳跃、奔跑、转弯等，是对外界环境的一种反馈响应。当然，动作的表现形式既可以是离散的，也可以是连续的。

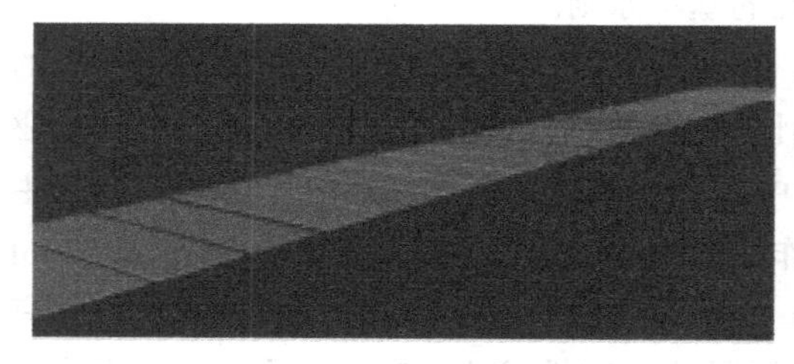

图 1.2　外界环境状态示意图

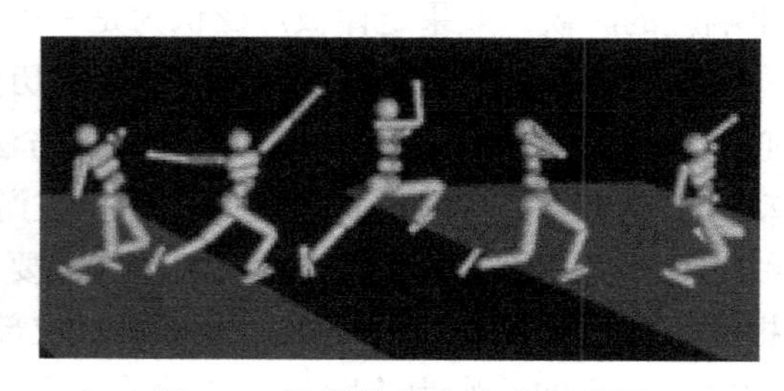

图 1.3　智能体动作响应示意图

（3）奖励（reward）：智能体感知到外界环境并采取动作后所获得的奖赏值。奖赏值来源于根据实际场景定义的某种奖励机制，包括正向奖励和负向奖励。正向奖励会激励智能体趋向于学习该动作，负向奖励与之相反。在图 1.3 中，当智能体从一块石板成功跨过障碍到达下一块石板上时，应该给予其相应的正向奖励，比如得分加 1。当智能体未能成功跨过障碍（从石板上掉落）到达下一块石板时，应该给予其惩罚（负向奖励），比如得分减 1。

在 RL 环境中，由机器学习算法控制的自主智能体在时间步 t 从其环境观察状态 $\boldsymbol{s}_t$。智能体通过在状态 $\boldsymbol{s}_t$ 中执行动作 $\boldsymbol{a}$ 来对环境进行响应。当智能体执行完动作时，环境和智能体将根据当前的状态和所选的动作转换到新的状态 $\boldsymbol{s}_{t+1}$。状态是对环境的充分统计，包括智能体选取最优动作的所有必要信息，也可以包括智能体自身的一些部分（例如制动器和传感器的位置）。

最优的动作顺序由环境提供的奖励决定。每次环境转换到新状态时，它还会向智能体提供标量奖励 r_{t+1} 作为反馈。智能体的目标是学习一种策略（控制策略）$\pi:\mathcal{S}\to\mathcal{A}$，以使得预期回报（累积折扣奖励）最大化，其中 $\mathcal{S}$ 为外界环境状态的集合 $\mathcal{S}=\{\boldsymbol{s}_1,\boldsymbol{s}_2,\cdots,\boldsymbol{s}_t,\boldsymbol{s}_{t+1},\cdots\}$，$\mathcal{A}$ 为动作的集合 $\mathcal{A}=\{\boldsymbol{a}_1,\boldsymbol{a}_2,\cdots,\boldsymbol{a}_k\}$。给定状态，智能体根据策略返回要执行的动作，最优策略是最大化环境预期回报的任何策略。在这方面，RL 旨在解决与最优控制相同的问题。然而，与最优控制不同，RL 中的挑战是智能体需要通过试错学习的方法来了解在环境中采取某种动作后所产生的结果，因此，智能体无法获得状态转换的动态模型。智能体与环境的每次交互都会产生相应的信息，然后利用这些信息来更新其自身的知识。这种感知－动作－学习循环如图 1.4 所示。

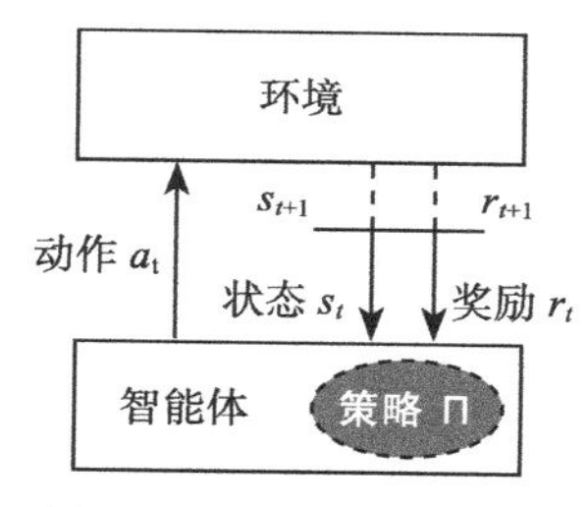

图 1.4　感知－动作－学习循环结构

通过智能体与环境进行交互来感知环境、依靠策略 π 选择动作，从而获得最大累积奖赏值。在时间 t，智能体从环境感知状态 $\boldsymbol{s}_t$，然后使用其策略选择动作 $\boldsymbol{a}_t$。一旦执行了动作，环境就会转换到下一个状态，并提供下一个状态 $\boldsymbol{s}_{t+1}$ 和奖励 $\boldsymbol{r}_{t+1}$ 作为新的反馈。智能体以序列 $(\boldsymbol{s}_t,\boldsymbol{a}_t,\boldsymbol{s}_{t+1},\boldsymbol{r}_{t+1})$ 的形式使用状态转换的知识来学习和改进其策略。如果 RL 系统中的某种行为能够获得正的奖励，那么系统便会加强产生该动作的趋势，称之为正反馈；反之，系统便会减弱产生该动作的趋势，称之为负反馈。

在深度神经网络融入 RL 之前，虽然 RL 在过去取得了一定的进展，但是之前的 RL 方法缺乏可扩展性，并且在本质上仅限于维度相当低的问题。存在这些限制的主要原因是之前的 RL 算法与其他算法具有相同的复杂性，比如，存储器复杂性、计算复杂性，以及在机器学习算法情况下的样本复杂性。因此，之前的 RL 算法只是适用于比较少的领域，例如，过程控制、调度管理和机器人控制等，并没有得到广泛的应用。

幸运的是，随着 DL 的兴起，深度神经网络为我们克服这些问题提供了新的工具。深度神经网络具有强大的函数逼近和表示学习特性，使我们解决高维、复杂场景下的 RL 问题成为可能。

1.1.3　深度强化学习简介

近年来，DL 作为一大热点研究方向对机器学习的许多领域都产生了重大影响，大大提高了对象检测、语音识别和语言翻译等任务的技术水平。DL 最重要的一个特性是深度神经网络可以自动找到高维数据（例如图像、文本和音频）的低维表示（特征）。通过将归纳偏差制作成神经网络架构，特别是层次化表示，机器学习从业者在解决维度灾难方面取得了有效进展。DL 方法擅长对事物的感知和表达，RL 方法擅长学习解决问题的策略。为了更好地发挥 DL 和 RL 的优势，谷歌人工智能研究团队 DeepMind 创造性地将具有强大感知力的 DL 方法和具有优秀决策力的 RL 方法相结合，在 RL 中使用 DL 算法定义了 DRL 领域。深度神经网络的引入让我们能够以更加具有创新性的方式来实现对自主智能体的开发。

DRL 是 DL 领域中迅猛发展起来的一个分支，目的是解决计算机从感知到决策控制的问题，从而实现通用人工智能。以 Google DeepMind 为首，基于 DRL 的算法已经在视频、游戏、围棋、机器人等领域取得了突破性进展。2015 年，Google DeepMind 在《自然》杂志上发表的“Human-level control through deep reinforcement learning”论文，使得 DRL 受到了广泛的关注。2016 年，DeepMind 推出的 AlphaGo 围棋系统使用蒙特卡罗树搜索与 DRL 相结合的方法让计算机的围棋水平达到甚至超过了顶尖职业棋手，引起了世界性的轰动。借此案例，我们来简单了解一下蒙特卡罗树搜索和 DRL 的相关过程。如图 1.5 所示，蒙特卡罗树搜索的每个循环包括以下 4 个步骤。

1）选择：从根节点开始，选择连续的子节点向下至叶子节点。后面给出了一种选择子节点的方法，让游戏树向最优的方向扩展，这是蒙特卡罗树搜索的精华所在。

2）扩展：除非任意一方的输赢使得游戏在叶子节点结束，否则创建一个或多个子节点并选取其中一个子节点。

3）仿真：从选取的子节点开始，用随机策略进行游戏，又称为 playout 或者 rollout。

4）反向传播（backpropagation）：使用随机游戏的结果，更新从选择的子节点到根节点的路径上的节点信息。

每一个节点的内容代表胜利次数 / 游戏次数。

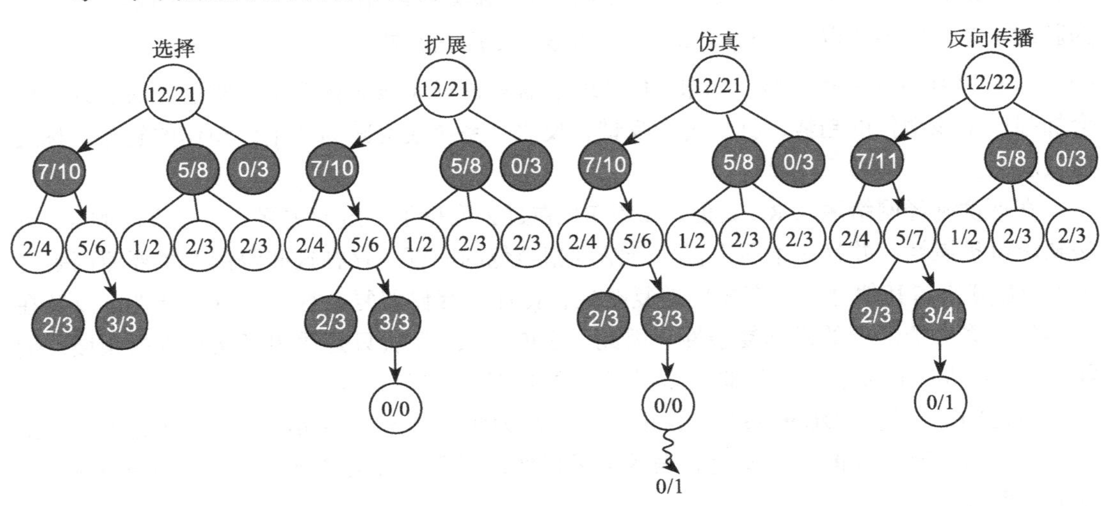

图 1.5　蒙特卡罗树搜索过程

对于 DRL 来说，目前的算法都可以包含在 actor-critic 框架下。actor-critic 属于 TD 学习方法，其用独立的内存结构来明确地表示独立于值函数的策略。策略结构被称为 actor，因为它用于选择动作；而估计值函数被称为 critic，因为它评价 actor 所做的动作。对于 actor-critic 框架，我们会在后面章节详细讲解，现在我们重点探讨 DRL，如图 1.6 所示。

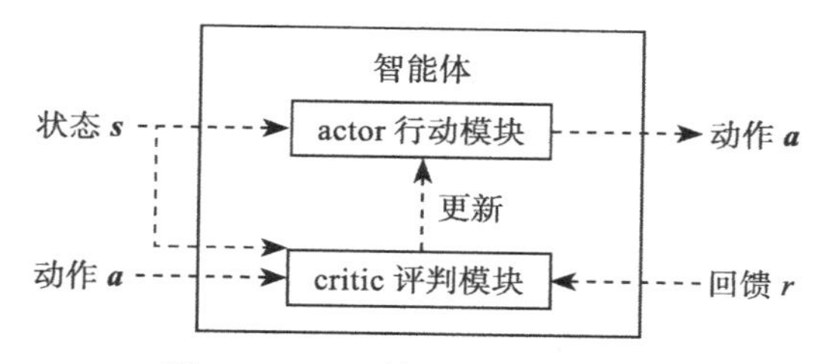

图 1.6　DRL 的 actor-critic 框架

把 DRL 的算法视为智能体的大脑，那么这个大脑包含两个部分：actor 行动模块和 critic 评判模块。当然，这两个模块都是由深度神经网络构成的，也正是 DRL 中“深度”一词的由来。其中 actor 行动模块是大脑的动作执行机构，输入外部的环境状态 $\boldsymbol{s}$，然后输出动作 $\boldsymbol{a}$。而 critic 评判模块则可被认为是大脑的价值观，根据历史信息及回馈 r 进行自我调整，然后对整个 actor 行动模块进行相关的更新指导。这种基于 actor-critic 框架的方法非常类似于人类自身的行为方式。在 actor-critic 框架下，Google DeepMind 相继提出了 DQN、A3C 和 UNREAL 等 DRL 算法，取得了非常不错的效果，大大推动了 DRL 的发展和应用。

2017 年 DeepMind 又推出了更强大的围棋系统 AlphaGo Zero，通过自我对弈，AlphaGo Zero 不再受限于人类认知，在三天内以 100 比 0 的成绩战胜了 AlphaGo Lee，花了 21 天达到 AlphaGo Master 的水平，用 40 天超越了所有的旧版本，与之前版本相比，其棋法更像人类。如图 1.7～图 1.9 所示，AlphaGo Zero 在使用 DRL 算法学习到 3 小时的时候，就能够像人类围棋新手一样，不注重考虑长期战略，而只专注于尽可能多地吃掉对手的棋子。然后，当其继续学习到 19 小时的时候，AlphaGo Zero 就已经领悟到一些高级围棋策略的基础性知识，例如，生死、每一步的影响和棋盘布局等。最终当使用 DRL 算法学习 70 小时的时候，AlphaGo Zero 的棋艺已经超过了人类顶级水平。

3 小时

AlphaGo Zero 像一个人类新手一样，没有长期策略，只想着尽可能多地吃掉对手的棋子

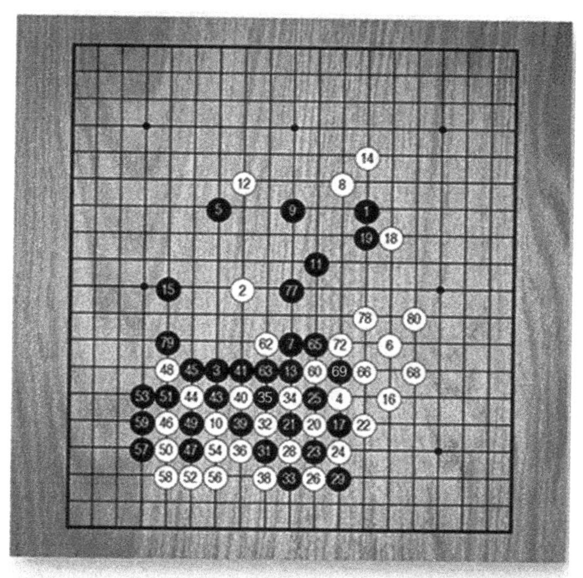

图 1.7　AlphaGo 使用 DRL 算法学习 3 小时效果示意图

DRL 算法由于能够基于深度神经

网络实现从感知到决策控制的端到端自学习，因此具有非常广阔的应用前景，比如在机器人控制、自然语言处理和计算机视觉等领域都取得了一定的成功，它的发展也将进一步推动人工智能的革命。图 1.10 展示了 DRL 的部分应用领域。其中，图 1.10a 是 DRL 技术在电子游戏方面的应用，其利用 DRL 技术学习控制策略为游戏主体提供动作，在某些游戏方面其能力已经超过了人类顶级水平。图 1.10b 是机器人足球比赛，利用机器人观察到的周边环境，通过 DRL 模型给出具体的动作指令，控制足球机器人之间的竞争和协作。图 1.10c 是无人车领域，根据汽车传感器获得的环境信息，利用 DRL 技术对汽车的行为进行控制，比如加速、刹车和转向等。图 d）是无人机或无人机群，DRL 控制模型可以控制每个无人机对环境的自身行为响应，也可以为无人机群的协作任务提供自主控制策略。

如今，DRL 算法得到了更深层次的发展，可以分为基于值函数（value-based）的 DRL、基于策略（policy-based）的 DRL、基于模型（model-based）的 DRL 和基于分层（hierarchical-based）的 DRL 等。在后面的章节中，我们会逐渐揭开 RL 的神秘面纱，并着重对一些较为前沿的 DRL 算法和应用进行分析和讲解，从而让读者能够熟练地掌握 DRL 算法并知道如何在实际场景中使用 DRL 算法。

19 小时

AlphaGo Zero 已经学会了一些围棋高级策略的基础知识，比如生死、影响和版图。

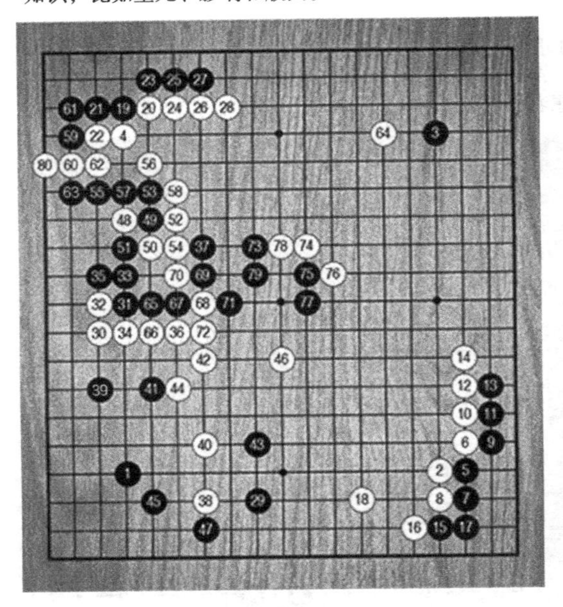

图 1.8 AlphaGo 使用 DRL 算法学习 19 小时效果示意图

70 小时

AlphaGo Zero 已经达到人类顶级水平。这场比赛规则严格，涉及多个方面的挑战。

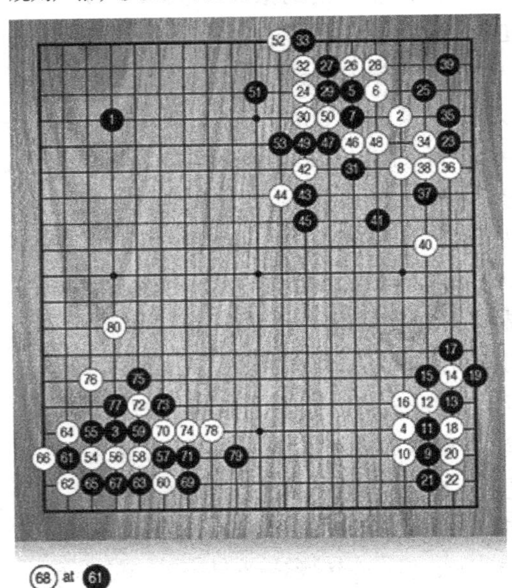

图 1.9 AlphaGo 使用 DRL 算法学习 70 小时效果示意图

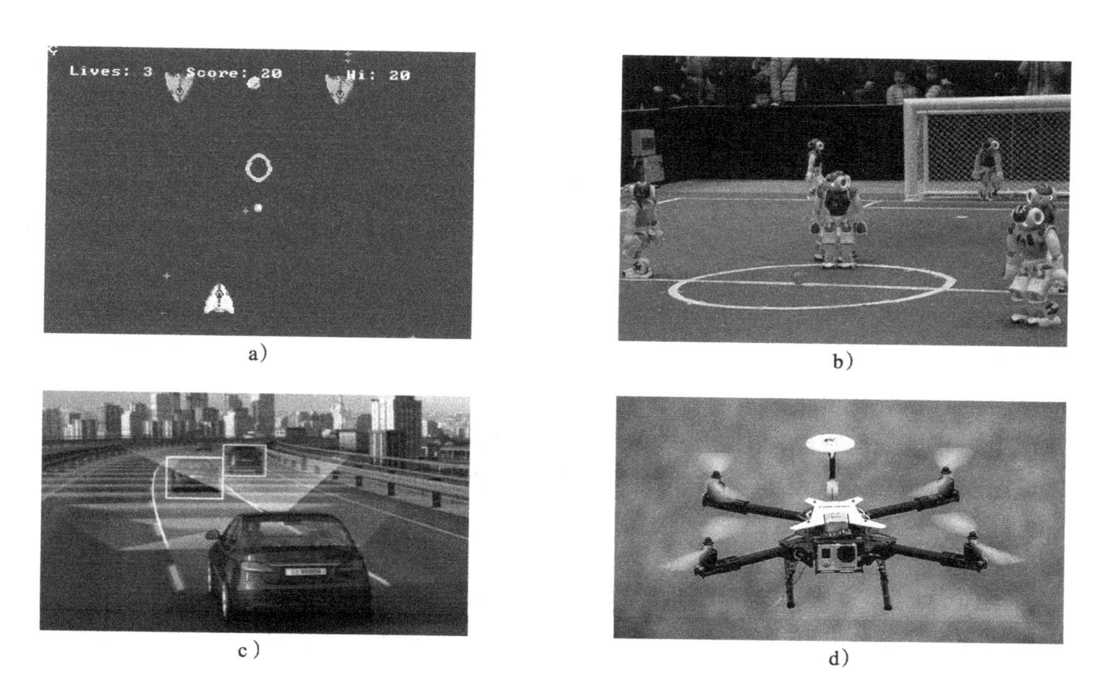

a) b) c) d)

图 1.10 DRL 算法的部分应用领域

1.2 马尔可夫属性和决策过程

1.2.1 马尔可夫属性

在 RL 框架中，智能体根据外界环境的信号（状态）来做出决策。那么，我们希望状态信号能够提供给我们怎么样的信息？这里，我们把环境及其状态信号的属性，称为马尔可夫属性（Markov property）。

前面小节中，我们已经很详细地描述了状态，即智能体可获得的任何信息。现在，我们不去考虑如何设计状态信号，而是将重点放在决策问题上。状态信号除了应该包括感知测量等即时性感知外，也可以包含一些其他有用信息。状态表示可以是对原始感知数据高度处理后的版本，也可以是随时间累积起来的感知序列等复杂结构。比如，我们可以将眼睛移动到一个场景上，该场景中任何时候只有一个微小斑点与其中央的凹陷之处相对应，然后为其建立一个丰富而详细的场景表示。又如，控制系统可以在两个不同的时间测量位置产生包括关于速度的信息在内的状态表示。不难发现，状态是用即时感知以及先前状态或过去感知的一些其他记忆来构建和维持的。我们不能将状态表示限定为即时感知，在典型的应用程序中，我们应该期望状态表示能够告知智能体不止于此。

另一方面，不应期望状态信号告知智能体关于环境的一切，或者是起决定性作用的一切。比如，在打麻将的时候，不应该指望智能体知道下一位玩家摸到的是什么牌；如果智能体在踢足球，不应该指望它事先知道下一刻足球飞向哪一个方向；如果智能体是一名护理人员，不应期望它立即知道受害者的内伤。所有这些情况，环境中都存在隐藏的状态信息，虽然这些信息是有用的，但是智能体收不到任何相关的感知。

理想情况下，我们想要的是这样的一种状态信号：它可以简洁地总结过去的感觉，但同时又能够保留所有的相关信息。通常这需要的是过去所有感觉的历史，而不仅仅是当下的感觉。成功保留所有相关信息的状态信号被称为马尔可夫，或具有马尔可夫属性。例如，棋盘位置，即棋盘上所有棋子的当前位置信息，将作为马尔可夫状态，因为它包含了促使它产生当前完整位置序列的所有重要信息。虽然关于序列的大部分信息都丢失了，但是保留了对游戏未来真正重要的部分。

下面我们来看一下马尔可夫属性的定义。为简单起见，我们假设状态和奖励值的个数是有限的，这样能够让我们以计算概率和求和的方式来进行问题讨论，从而避免计算积分和概率密度等复杂数学问题，但是可以很容易地扩展到连续状态和奖励的情况。考虑在一般情况下，环境如何在时间 $t+1$ 响应在时间 t 采取的行动？在最常见的因果情况下，这种响应可能取决于之前发生的一切。这时，只能通过指定完整的概率分布来定义动态：

$$\Pr\{r_{t+1}=r,\boldsymbol{s}_{t+1}=\boldsymbol{s}'\mid \boldsymbol{s}_0,\boldsymbol{a},r_1,\cdots,\boldsymbol{s}_{t-1},\boldsymbol{a}_{t-1},r_t,\boldsymbol{s}_t,\boldsymbol{a}_t\} \tag{1.1}$$

对于所有 r、$\boldsymbol{s}'$ 和所有过去事件的可能值 $\boldsymbol{s}_0,\boldsymbol{a}_0,r_1,\cdots,\boldsymbol{s}_{t-1},\boldsymbol{a}_{t-1},r_t,\boldsymbol{s}_t,\boldsymbol{a}_t$，如果状态信号具有马尔可夫属性，那么环境在 $t+1$ 时刻的响应仅取决于时间 t 处的状态和动作，在这种情况下，对于所有的 r、$\boldsymbol{s}'$、$\boldsymbol{s}_t$ 和 $\boldsymbol{a}_t$，环境的动态可以通过

$$p(\boldsymbol{s}',r\mid \boldsymbol{s},\boldsymbol{a})=\Pr\{r_{t+1}=r,\boldsymbol{s}_{t+1}=\boldsymbol{s}'\mid \boldsymbol{s}_t,\boldsymbol{a}_t\} \tag{1.2}$$

来定义。也就是说，对于所有 r、$\boldsymbol{s}'$ 和历史 $\boldsymbol{s}_0,\boldsymbol{a}_0,r_1,\cdots,\boldsymbol{s}_{t-1},\boldsymbol{a}_{t-1},r_t,\boldsymbol{s}_t,\boldsymbol{a}_t$，当且仅当式（1.2）等于式（1.1）时，状态信号具有马尔可夫属性，并且是马尔可夫状态。在这种情况下，环境和任务作为一个整体也被认为具有马尔可夫属性。

如果一个环境具有马尔可夫属性，那么它的一步动态使我们能够根据当前状态和动作预测下一个状态和预期奖励。通过迭代该等式，可以仅从当前状态的知识预测所有的未来状态和预期奖励，同样，给定直到当前时间下的完整历史也是可能的。此外，马尔可夫状态为选择行动提供了最好的依据。也就是说，选择行动作为马尔可夫状态函数的最优策略与选择行动作为完整历史函数的最优策略一样好。

即使状态信号是非马尔可夫的，将 RL 中的状态看作马尔可夫状态的近似也是合适的。我们总是希望状态成为预测未来奖励和选择行动的良好基础。在学习环境模型的情况下，我们还希望状态是预测后续状态的良好基础。而马尔可夫状态为所有这些事情提供了无与伦比的基础。在某种程度上，状态以这些方式接近马尔可夫状态的能力，使得人们可以在 RL 系统中获得更好的表现。所以，将每个时间步的状态视为马尔可夫状态的近似是有用的，尽管有时候它并非完全满足马尔可夫性质。

马尔可夫属性在 RL 中很重要，因为决策和值被假定为仅是当前状态的函数。为了使它们能够提供有效信息，状态的表示必须是信息性的。虽然并非所有的理论都严格适用于马尔可夫属性不严格的情况，但是为马尔可夫案例开发的理论仍然有助于我们理解算法的行为，并且可以成功应用于许多具有非严格马尔可夫状态的任务。充分理解马尔可夫案例理论是将其扩展到更加复杂、现实的非马尔可夫案例的重要基础。最后，马尔可夫状态表示的假设并不是 RL 所特有的，其也存在于许多其他人工智能方法中。

1.2.2 马尔可夫决策过程

满足马尔可夫属性的 RL 任务称为 MDP[1]。如果状态空间和动作空间是有限的，则被称为有限 MDP（Finite Markov Decision Process, FMDP）。FMDP 对 RL 理论尤为重要，90% 的现代 RL 它都有所涉及。

特定的 FMDP 可由其状态、动作集和环境的一步动态来定义。给定任何状态及动作 $\boldsymbol{s}$ 和 $\boldsymbol{a}$，每个可能的下一状态 $\boldsymbol{s}'$ 和奖励 r 的概率可用

$$p(\boldsymbol{s}',r\mid\boldsymbol{s},\boldsymbol{a})=\Pr\{\boldsymbol{s}_{t+1}=\boldsymbol{s}',r_{t+1}=r\mid\boldsymbol{s}_t=\boldsymbol{s},\boldsymbol{a}_t=\boldsymbol{a}\} \tag{1.3}$$

来表示，这些量完全指定了 FMDP 的动态。

给定式（1.3）指定的动态，就可以计算任何关于环境的其他相关内容，例如状态 – 动作所对应的预期奖励：

$$r(\boldsymbol{s},\boldsymbol{a})=\mathbb{E}[r_{t+1}\mid\boldsymbol{s}_t=\boldsymbol{s},\boldsymbol{a}_t=\boldsymbol{a}]=\sum\nolimits_{r\in\mathcal{R}}r\sum\nolimits_{s'\in\mathcal{S}}p(\boldsymbol{s}',r\mid\boldsymbol{s},\boldsymbol{a}) \tag{1.4}$$

状态变换概率：

$$p(\boldsymbol{s}'\mid\boldsymbol{s},\boldsymbol{a})=\Pr\{\boldsymbol{s}_{t+1}=\boldsymbol{s}'\mid\boldsymbol{s}_t=\boldsymbol{s},\boldsymbol{a}_t=\boldsymbol{a}\}=\sum\nolimits_{r\in\mathcal{R}}p(\boldsymbol{s}',r\mid\boldsymbol{s},\boldsymbol{a}) \tag{1.5}$$

状态 – 行动 – 下一状态的预期奖励：

$$r(\boldsymbol{s},\boldsymbol{a},\boldsymbol{s}')=\mathbb{E}[r_{t+1}\mid\boldsymbol{s}_t=\boldsymbol{s},\boldsymbol{a}_t=\boldsymbol{a},\boldsymbol{s}_{t+1}=\boldsymbol{s}']=\frac{\sum\nolimits_{r\in\mathcal{R}}rp(\boldsymbol{s}',r\mid\boldsymbol{s},\boldsymbol{a})}{p(\boldsymbol{s}'\mid\boldsymbol{s},\boldsymbol{a})} \tag{1.6}$$

形式上，RL 可以被描述为 MDP，其中包括：

- 一系列状态 $\mathcal{S}$，加上起始状态 $p(\boldsymbol{s}_0)$ 的分布。
- 一系列动作 $\mathcal{A}$。
- 动态转换 $T(\boldsymbol{s}_{t+1}\mid\boldsymbol{s}_t,\boldsymbol{a}_t)$，其将时间 t 处的状态 – 动作映射到时间 $t+1$ 处的状态分布。
- 一个即时奖励函数 $r(\boldsymbol{s}_t,\boldsymbol{a}_t,\boldsymbol{s}_{t+1})$。
- 折扣因子 $\gamma\in[0,1]$，其中较低的 γ 值更强调即时性奖励。

通常，策略 π 是从状态到动作概率分布的映射：$\pi:\mathcal{S}\to p(\mathcal{A}=\boldsymbol{a}\mid\mathcal{S})$。如果马尔可夫过程是情节性的（episodic）（每经过 T 个 episode 之后重置状态），那么一个 episode 的状态、动作和奖励序列就构成了策略的轨迹或推出。策略的每次推出都会累积来自环境的回报，从而返回结果 $R=\sum_{t=0}^{T-1}\gamma^t r_{t+1}$。RL 的目标是找到一个最优策略 π^*，它可以得到所有状态的最大预期回报：

$$\pi^*=\operatorname{argmax}_\pi\mathbb{E}[R\mid\pi] \tag{1.7}$$

对于非情节性的 MDP，即 $T=\infty$，让 $\gamma<1$ 可以防止无限累积奖励。此时，依赖于完整轨迹的方法不再适用，但那些使用有限过渡的方法仍然可以很好地发挥作用。

从上一小节中我们了解到 RL 的一个关键概念是马尔可夫属性：只有当前状态影响下一个状态，或者说，在给定当前状态的情况下，未来在条件上独立于过去。也就是说，在 $\boldsymbol{s}_t$ 处做出的任何决策都可以仅基于 $\boldsymbol{s}_{t-1}$，而不是过去的整个历史 $\{\boldsymbol{s}_0,\boldsymbol{s}_1,\cdots,\boldsymbol{s}_{t-1}\}$。尽管这种假

设是由大多数RL算法保留的，但它有点不切实际，因为它要求状态是完全可观察的。

对于更一般的情况来讲，MDP是部分可观察的，也称之为部分可观察MDP（Partial Observable Markov Decision Process，POMDP）。在POMDP中，智能体接收到观测$\boldsymbol{o}_t \in \Omega$，其中观测的概率分布$p(\boldsymbol{o}_{t+1} \mid \boldsymbol{s}_{t+1}, \boldsymbol{a}_t)$取决于当前状态和先前的动作。在控制和信号处理环境中，观察将通过状态空间模型中测量/观测的映射来描述，该映射取决于当前状态和先前采取的动作。在给定先前的信念（belief）状态、所采取的动作和当前的观测等情况下，POMDP算法通常保持对当前状态的信念。

1.3　强化学习核心概念

在前面章节中，我们介绍了RL中使用的一个主要形式，即MDP，并简要地介绍了RL的一些相关应用领域。接下来，我们将介绍几个不同类别的RL算法。目前，解决RL问题的方法主要有两种：基于值函数的RL方法和基于策略搜索的RL方法。还有一种混合方法，称为actor-critic方法，它既采用了值函数的功能，又汲取了策略搜索的方法。现在，我们将逐一讲解这些方法和有助于解决RL问题的其他概念。

1.3.1　值函数

几乎所有RL算法都包含估计值函数或价值函数，即估计智能体在给定状态（或状态–动作）下的好坏程度（或者在给定状态下执行给定动作的表现有多好）的函数。这里“有多好”的概念是根据未来可以预期的回报来定义的，确切地说，就是预期回报。当然，智能体未来可能获得的奖励取决于它将采取的行动。所以，要根据特定策略来定义值函数。

回想一下，策略π是从每一个状态$\boldsymbol{s} \in \mathcal{S}$和动作$\boldsymbol{a} \in \mathcal{A}(\boldsymbol{s})$到在状态$\boldsymbol{s}$下采取动作$\boldsymbol{a}$的概率$p(\boldsymbol{a} \mid \boldsymbol{s})$的映射。非正式地，在策略$\pi$下，状态$\boldsymbol{s}$的值表示为$V_\pi(\boldsymbol{s})$，代表从状态$\boldsymbol{s}$开始并且随后遵循策略$\pi$的预期回报。假设智能体遵循策略$\pi$，对于MDP，我们可以将$V_\pi(\boldsymbol{s})$正式定义为：

$$V_\pi(\boldsymbol{s}) = \mathbb{E}_\pi\left[R_t \mid \boldsymbol{s}_t = \boldsymbol{s}\right] = \mathbb{E}_\pi\left[\sum_{k=0}^{\infty} \gamma^k r_{t+k+1} \mid \boldsymbol{s}_t = \boldsymbol{s}\right] \tag{1.8}$$

其中$\mathbb{E}_\pi[\cdot]$表示随机变量的期望值，t表示任何时间步长。请注意，终点状态的值（如果有）始终为0。在此，我们将函数V_π表示为策略π的状态–值函数。

类似地，我们定义在策略π下，针对状态$\boldsymbol{s}$采取的动作$\boldsymbol{a}$的值$Q_\pi(\boldsymbol{s}, \boldsymbol{a})$，表示从状态$\boldsymbol{s}$开始，然后采取行动$\boldsymbol{a}$，并且随后遵循策略$\pi$的预期回报：

$$\begin{aligned} Q_\pi(\boldsymbol{s}, \boldsymbol{a}) &= \mathbb{E}_\pi\left[R_t \mid \boldsymbol{s}_t = \boldsymbol{s}, \boldsymbol{a}_t = \boldsymbol{a}\right] \\ &= \mathbb{E}_\pi\left[\sum_{k=0}^{\infty} \gamma^k r_{t+k+1} \mid \boldsymbol{s}_t = \boldsymbol{s}, \boldsymbol{a}_t = \boldsymbol{a}\right] \end{aligned} \tag{1.9}$$

这里，我们将Q_π称为策略π的动作–值函数。

值函数V_π和Q_π可以根据经验来估计。比如，如果智能体遵循策略π，并且对每个状态都保持该状态之后实际回报的平均值，那么当遇到的状态数目趋近于无穷时，此平均值将收敛到状态值$V_\pi(\boldsymbol{s})$。如果对状态中采取的每个动作都保持单独的平均值，那么这些平均值将类似地收敛到动作－值 $Q_\pi(s,a)$。我们称这种估计方法为蒙特卡罗方法，因为它涉及对许多随机样本实际回报的平均。如果有很多状态，那么单独为每个状态保持单独的平均值可能是不切实际的。相反，智能体必须将 V_π 和 Q_π 保持为参数化的函数，并对参数进行调整以更好地匹配观察到的返回值。当然，这也可以产生准确的估计，尽管在很大程度上取决于参数化函数逼近器自身的性质。

在 RL 和 DP 中使用值函数的一个基本属性是它们满足特定的递归关系。对于任何策略 π 和任何状态 s，下面的一致性条件保持在状态 s 的值与其可能的后继状态的值之间：

$$\begin{aligned}V_\pi(s) &= \mathbb{E}_\pi\left[R_t \mid s_t = s\right]\\ &= \mathbb{E}_\pi\left[\sum_{k=0}^{\infty}\gamma^k r_{t+k+1} \mid s_t = s\right]\\ &= \mathbb{E}_\pi\left[R_{t+1} + \gamma\sum_{k=0}^{\infty}\gamma^k R_{t+k+2} \mid s_t = s\right]\\ &= \sum_a \pi(a \mid s)\sum_{s'}\sum_r p(s',r \mid s,a)\left[r + \gamma\mathbb{E}_\pi\left[\sum_{k=0}^{\infty}\gamma^k R_{t+k+2} \mid s_{t+1} = s'\right]\right]\\ &= \sum_a \pi(a \mid s)\sum_{s',r} p(s',r \mid s,a)\left[r + \gamma V_\pi(s')\right]\end{aligned} \tag{1.10}$$

其中，在隐含情况下，动作 a 取自集合 $\mathcal{A}(s)$，下一个状态 s' 取自集合 $\mathcal{S}$（或在情节性问题的情况下取自 $\mathcal{S}^+$），奖励 r 取自集合 $\mathcal{R}$。另外，请注意在等式最后一步中我们是如何将两个变量的所有可能值的和（一个在 s' 的所有值上，另一个在 r 的所有值上）合并为一个的。这种合并的和可以简化公式，使得最终表达式作为期望值能够非常容易去阅读，不难发现它实际上是三个变量 a、s' 和 r 所有值的总和。对于每个三元组，我们计算其概率 $\pi(a \mid s)p(s',r \mid s,a)$，用该概率对括号中的数量进行加权，然后对所有可能性求和以获得期望值。

公式（1.10）是 V_π 的 Bellman 方程，表达了状态的值与其后状态的值之间的关系。如图 1.11 所示，考虑从一个状态向可能的后继状态进行展望，其中，每个空心圆代表一个状态，每个实心圆代表一个状态－动作对。从状态 s 即顶部的根节点开始，智能体可以采取任何一个动作（3 个，如图 1.11a 所示）。对于其中的每一个动作，环境可以响应接下来的几个状态之一 s' 和奖励 r。Bellman 方程（1.10）对所有可能性进行平均，通过其发生概率对每个可能性进行加权。其表明开始状态的值必须等于预期的下一个状态的（衰减）值加上沿途预期的奖励，而值函数 V_π 是其 Bellman 方程的唯一解。

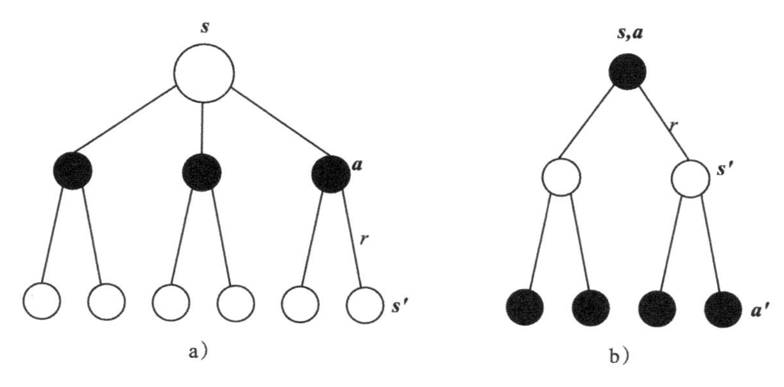

图 1.11　V_π 和 $Q_\pi(s,a)$ 备份图

Bellman 方程是构成计算、近似和学习 V_π 等多种方法的基础。此外，从图 1.11 中我们不难发现其包含了构成更新或备份操作的基础关系，而这些正是 RL 方法的核心。

1.3.2　动态规划

动态规划（DP）是指在给定完整的环境模型作为 MDP 的情况下用于计算最优策略的算法集合。经典 DP 算法在 RL 中的用途有限，因为它通常假设一个完美的模型，并且计算代价很高，但是在理论上它仍然很重要。实际上，所有这些方法都可以被视为尝试获得与 DP 相同的效果，只是计算量较少并且没有假设完美的环境模型。DP 和一般 RL 的关键思想是使用值函数来组织和构建对较优策略的搜索。虽然 DP 思想可以应用于连续状态和动作空间的问题，但只有在特殊情况下才能实现精确的解决方案。获得具有连续状态和动作的任务的近似解的常用方法是量化状态和动作空间，然后应用有限状态 DP 方法。正如我们将要看到的，DP 算法是将 Bellman 方程转化为用于改进期望值函数逼近的更新规则。

从上一小节我们了解到，值函数方法基于估计处于给定状态的值（预期收益）。状态值函数 $V_\pi(\boldsymbol{s})$ 在状态 $\boldsymbol{s}$ 中开始并且此后依照策略 π 的预期返回：

$$V^\pi(\boldsymbol{s})=\mathbb{E}[R \mid \boldsymbol{s},\pi] \tag{1.11}$$

最优策略 π^* 具有相应的状态值函数 $V^*(\boldsymbol{s})$，反之亦然，最优的状态 – 值函数可以定义为

$$V^*(\boldsymbol{s})=\max_\pi V^\pi(\boldsymbol{s}) \quad \forall \boldsymbol{s}\in\mathcal{S} \tag{1.12}$$

如果我们有 $V^*(\boldsymbol{s})$ 可用，则可以通过选择最大化 $\mathbb{E}_{s_{t+1}}\sim T(\boldsymbol{s}_{t+1}\mid \boldsymbol{s}_t,\boldsymbol{a})\left[V^*(\boldsymbol{s}_{t+1})\right]$ 的动作 $\boldsymbol{a}$ 中的所有可用动作来检索最优策略。

在 RL 环境中，转换动态 T 并不可用。因此，我们需要构造另一个函数，即状态 – 动作 – 值或质量函数 $Q^\pi(\boldsymbol{s},\boldsymbol{a})$，除了提供初始动作 $\boldsymbol{a}$ 外，它类似于 V^π，并且 π 仅从后续状态开始：

$$Q^\pi(\boldsymbol{s},\boldsymbol{a})=\mathbb{E}[R \mid \boldsymbol{s},\boldsymbol{a},\pi] \tag{1.13}$$

在给定 $Q^\pi(\boldsymbol{s},\boldsymbol{a})$ 的情况下，每个状态下最优策略可以通过一种贪婪策略来找到：$\operatorname{argmax}_a Q^\pi(\boldsymbol{s},\boldsymbol{a})$。在此策略下，我们还可以通过最大化 $Q^\pi(\boldsymbol{s},\boldsymbol{a})$ 来定义 $V^\pi(\boldsymbol{s})$：$V^\pi(\boldsymbol{s})=\max_a Q^\pi(\boldsymbol{s},\boldsymbol{a})$。

为了实际学习 Q^π，我们利用马尔可夫属性并将函数定义为 Bellman 方程，其具有以下递归形式：

$$Q^\pi(\boldsymbol{s}_t,\boldsymbol{a}_t)=\mathbb{E}_{s_{t+1}}\left[r_{t+1}+\gamma Q^\pi\left(\boldsymbol{s}_{t+1},\pi(\boldsymbol{s}_{t+1})\right)\right] \tag{1.14}$$

这意味着可以通过 bootstrapping 来改善 Q^π，即可以使用 Q^π 估计的当前值来改进我们的估计。这是 Q-learning 和状态 – 动作 – 奖励 – 状态 – 动作（State-Action-Reward-State-Action, SARSA）算法的基础：

$$Q^\pi(\boldsymbol{s}_t,\boldsymbol{a}_t)\leftarrow Q^\pi(\boldsymbol{s}_t,\boldsymbol{a}_t)+\alpha\delta \tag{1.15}$$

其中 α 是学习率，TD 误差 $\delta=Y-Q^\pi(\boldsymbol{s}_t,\boldsymbol{a}_t)$。这里，$Y$ 是标准回归问题中的目标。SARSA

是一种 on-policy 的学习算法，通过使用行为策略（Q^π的一种派生策略）生成的转换来改进Q^π的估计，这导致环境 $Y=r_t+\gamma Q^\pi(s_{t+1},a_{t+1})$。有一种 RL 叫作 Q-learning（关于 Q-learning 的具体内容我们将在后面章节进行讲解），Q-learning 是 off-policy 的，因为Q^π不是由派生策略生成的转换来更新的。相反，Q-learning 使用 $Y=r_t+\gamma\max_a Q^\pi(s_{t+1},a)$ 来直接近似Q^*。

为了从任意Q^π中找到Q^*，我们采用广义策略迭代（Generalised Policy Iteration, GPI）方法，其中策略迭代包括策略评估和策略改进。策略评估能够改进值函数的估计，这可以通过最小化遵循策略π所经历轨迹的 TD 误差来实现。随着估计的改进，通过基于更新的值函数贪婪地选择动作，自然而然地可以改善其策略。通常策略迭代允许交错步骤，以使其可以更快地进行，而不是单独地执行这些步骤来进行收敛。

1.3.3 时间（序）差分

如果必须为 RL 确定一个核心且新颖的思想，那么毫无疑问它将是时间（序）差分（TD）学习。TD 学习是蒙特卡罗思想和 DP 思想的结合。与蒙特卡罗方法类似，TD 方法可以直接从原始经验中学习，而无须环境动态模型。与 DP 一样，TD 方法部分基于其他学习的估计来更新其估计，无须等待最终结果来进行引导。TD、DP 和蒙特卡罗方法之间的关系是 RL 理论中反复出现的主题，我们将看到这些想法和方法的相互融合。

在此，我们首先关注策略评估或预测问题，即估计给定策略π的值函数V^π。对于控制问题（找到最优策略），DP、TD 和蒙特卡罗方法都使用 GPI 的一些变体，不同的是它们在预测问题时使用的方法。

TD 和蒙特卡罗方法都使用经验来解决预测问题。遵循策略π的一些经验，对该经验中发生的非终止状态s_t，两种方法都更新了对V_π的估计V。粗略地说，蒙特卡罗方法需要一直等到访问完成，然后使用返回信息作为$V(s_t)$的目标。一种适用于非平稳环境的简单访问蒙特卡罗方法是：

$$V(s_t)\leftarrow V(s_t)+\alpha[r_t-V(s_t)] \tag{1.16}$$

其中r_t是跟随时间t的实际奖励，α是一个恒定的步长参数。我们称这种方法为常数 - α MC。蒙特卡罗方法必须等到 episode 结束才能确定$V(s_t)$的增量（r_t已知时），而 TD 方法只需要等到下一个步骤即可。在时间$t+1$，它们立即形成目标并使用观察到的奖励r_{t+1}和估计$V(s_{t+1})$来进行有用的更新。最简单的 TD 方法称为 TD(0)，即

$$V(s_t)\leftarrow V(s_t)+\alpha[r_{t+1}+\gamma V(s_{t+1})-V(s_t)] \tag{1.17}$$

实际上，蒙特卡罗更新的目标是r_t，而 TD 更新的目标是$r_{t+1}+\gamma V(s_{t+1})$。因为 TD 方法的部分基于现有估计，所以我们说它是一种 bootstrapping 方法，就像 DP 一样。由公式（1.10）我们知道，

$$V_\pi(s)=\mathbb{E}_\pi[R_t|s_t=s] \tag{1.18}$$

$$=\mathbb{E}_\pi[R_{t+1}+\gamma V_\pi(s_{t+1})|s_t=s] \tag{1.19}$$

粗略地说，蒙特卡罗方法使用式（1.18）的估计作为目标，而DP方法使用式（1.19）的估计作为目标。蒙特卡罗目标是估计值，因为式（1.18）中的预期值未知，使用样本返回来代替实际预期收益。DP目标是一个估计值，不是因为期望值（假设完全由环境模型提供），而是因为$V_\pi(s_{t+1})$未知且用当前估计值$V(s_{t+1})$来代替。TD目标是两个原因的估计：它对式（1.19）中的预期值进行采样，并使用当前估计值V而不是真实的V_π。因此，TD方法将蒙特卡罗的采样与DP的自举相结合。

显然，TD方法比DP方法具有优势，因为它不需要环境模型、奖励和下一状态概率分布。与蒙特卡罗方法相比，TD方法的下一个明显的优势是它自然地以在线、完全递增的方式实现。使用蒙特卡罗方法必须等到episode结束，因为只有这样才能知道返回，而使用TD方法只需要等待一个时间步，而这通常是一个重要的考虑因素。一些应用程序有很长的episode，因此延迟所有学习直到episode结束。其他应用程序是持续的任务，根本没有episode。最后，正如我们在前面所提到的，一些蒙特卡罗方法必须忽略采取实验行动的事件或对其打折扣，这可能会大大减慢学习速度。TD方法不易受这些问题的影响，因为无论采取何种后续行动，它都会从每次的转换中学习。

但TD方法真的有效吗？在不等待实际结果的情况下，从下一个猜测中学习一个猜测显然是很方便的，但是这样我们仍然可以保证收敛到正确的答案吗？没错，答案是肯定的。对于任何固定的策略π，如果一个恒定的步长参数足够小，TD就能将其均值收敛到V_π，并且在步长参数按通常的随机近似条件减小的情况下，概率为1。如果TD和蒙特卡罗方法渐近地收敛到正确的预测，那么下一个问题是："谁的速度更快？"哪种方法能更有效地利用有限的数据？目前，这是一个悬而未决的问题，从某种意义上说，没有人能够在数学上证明一种方法比另一种方法收敛得更快。但是，在实践中，人们通常发现TD方法在随机任务上比常数-α MC方法收敛得更快。

1.3.4　策略梯度

策略搜索（policy search）方法不需要维护值函数模型，而是直接搜索最优策略π^*。通常，选择参数化策略π_θ，其参数被更新以使用基于梯度或无梯度的优化来最大化预期回报$E[R|\theta]$。比如，我们可以使用无梯度和基于梯度的方法成功训练编码策略的神经网络。无梯度优化可以有效地覆盖低维参数空间，但尽管在将其应用于大型网络方面取得了一些成功，基于梯度的训练仍然是大多数DRL算法的首选，因为当策略涉及大量参数时，其具有更高的采样效率。

在直接构造策略时，通常输出概率分布的参数。对于连续动作，这可以是高斯分布的均值和标准差，而对于离散动作，这可以是多项分布的个体概率。结果是一个随机策略，我们可以从中直接采样行动。使用无梯度方法，找到更好的策略需要在预定义的模型类中进行启发式搜索。诸如进化策略之类的方法基本上是在策略的子空间中进行"爬山"，而更复杂的方法，如压缩网络搜索，则会产生额外的归纳偏差。也许无梯度策略搜索的最大优势在于它还可以优化不可微分的策略。

策略梯度（policy gradient）则可以提供那些关于如何改进参数化策略的学习信号。然而，为了计算预期收益，我们需要对当前策略参数化引起的合理轨迹进行平均。这种平

回想一下，RL涉及一个智能体、一组状态$\mathcal{S}$和每个状态的一组动作$\mathcal{A}$。通过执行动作$\boldsymbol{a} \in \mathcal{A}$，智能体在状态之间转换。在特定状态下执行动作可以为智能体提供奖励（数字分数）。智能体的目标是最大化其总（未来）奖励。它通过将未来状态可获得的最大奖励添加到实现其当前状态的奖励来做到这一点，从而通过潜在的未来奖励有效地影响当前行动。该潜在奖励是从当前状态开始的所有未来步骤的奖励的预期值的加权和。

作为一个例子，想象一下乘火车的过程，在这个过程中，奖励是用乘火车花费的总时间的负值来衡量的（或者，乘火车的成本等于乘火车的时间）。一种策略是，一旦车门打开，就立即进入车门，尽量缩短自己的初始等待时间。然而，如果火车很拥挤，在进门之后，会有很漫长的拥挤过程。于是，总的登车时间或花费是：

0秒等待时间＋15秒拥挤时间

第二天，通过随机的机会（探索），你决定等待，让其他人先下车。这最初会导致更长的等待时间，但是避免了登车过程中的拥挤。总的来说，这种策略比前一天有更高的奖励，因为现在总的登机时间是：

5秒等待时间＋0秒拥挤时间

通过探索可以发现，尽管最初的等待花费了一定的时间（或负面奖励），但总时间消耗更低，也揭示了更有价值的策略。

1.4.2 算法

从状态Δt步进入未来步长的权重计算为$\gamma^{\Delta t}$。γ（折扣因子）是介于0和1（$0<\gamma<1$）之间的数值，并且具有对较迟收到的奖励（反映出“良好开端”的价值）进行估值的效果。γ也可以被解释为在每一步Δt都成功（或生存）的概率。因此，该算法具有计算状态－动作组合质量的功能：

$$Q: \mathcal{S} \times \mathcal{A} \rightarrow \mathcal{R}$$

Q-learning的训练过程如表1-1和表1-2所示，首先把Q-learning状态表的动作初始化为0，然后通过训练更新每个单元。在学习开始之前，Q被初始化为任意可能的固定值（由程序员选择）。然后，在每个时间t智能体选择动作$\boldsymbol{a}_t$，观察奖励r_t，进入新状态$\boldsymbol{s}_{t+1}$（可能取决于先前状态$\boldsymbol{s}_t$和所选的动作），并对Q进行更新。该算法的核心是一个简单的值迭代更新过程，即使用旧值和新信息的加权平均值：

$$Q^{\text{new}}(\boldsymbol{s}_t, \boldsymbol{a}_t) \leftarrow (1-\alpha) \cdot Q(\boldsymbol{s}_t, \boldsymbol{a}_t) + \alpha \cdot \left(r_t + \gamma \cdot \max_{\boldsymbol{a}} Q(\boldsymbol{s}_{t+1}, \boldsymbol{a})\right) \tag{1.25}$$

其中，r_t是从状态$\boldsymbol{s}_t$移动到状态$\boldsymbol{s}_{t+1}$时收到的奖励，α（$0<\alpha<1$）是学习率，$Q(\boldsymbol{s}_t, \boldsymbol{a}_t)$为旧值，$\max_{\boldsymbol{a}} Q(\boldsymbol{s}_{t+1}, \boldsymbol{a})$为新信息。

表1-1 初始化Q表

Q表	动作$\boldsymbol{a}_1$	动作$\boldsymbol{a}_2$	…	动作$\boldsymbol{a}_K$
状态$\boldsymbol{s}_1$	0	0	…	0
状态$\boldsymbol{s}_2$	0	0	…	0

（续）

Q 表	动作 a_1	动作 a_2	…	动作 a_K
…	…	…	…	…
状态 s_n	0	0	…	0

表 1-2　训练后的 Q 表

Q 表	动作 a_1	动作 a_2	…	动作 a_K
状态 s_1	−5.5684	6.6782	…	−1.4538
状态 s_2	3.2579	0.2475	…	−7.5483
…	…	…	…	…
状态 s_n	1.2548	−5.1235	…	5.8723

当状态 s_{t+1} 是最终状态或终止状态时，算法的一个 episode 结束。当然，Q-learning 也可以在非 episode 任务中学习。如果折扣因子小于 1，即使问题可能包含无限循环，操作值也是有限的。对所有的最终状态 s_T，$Q(s_T,a)$ 从不更新，但是它设置观测到状态 s_T 的奖励值 r。在大多数情况下，$Q(s_T,a)$ 可以取 0。

1.4.3　相关变量及影响

1. 探索与利用

学习率（或步长）α 确定了新获取的信息在多大程度上覆盖旧信息。因子 0 使得智能体什么都不学习（专门利用先验知识），而因子 1 使智能体只考虑最新信息（忽略先验知识以探索可能性）。在完全确定的环境中，学习率 $\alpha_t=1$ 是最佳的。当问题是随机的时，算法在某些技术条件下收敛于需要将其减小到 0 的学习率。在实践中，通常使用恒定的学习率，例如对于所有 t，$\alpha_t=0.1$。

2. 折扣因子

折扣因子 γ 决定了未来奖励的重要性。因子 0 将通过仅考虑当前奖励（即 r_t（在上面的更新规则中））使智能体“近视”（或短视），而接近 1 的因子将使智能体努力获得长期高奖励。如果折扣因子达到或超过 1，则操作值可能会发散。对于 $\gamma=1$，没有终止状态，或者智能体从未达到过，那么所有环境历史就变得无限长，这时使用加法通常导致未折扣奖励的值变得无限大。即使折扣因子仅略低于 1，当使用人工神经网络近似值函数时，Q 函数学习也会导致误差和不稳定性的传播。在这种情况下，从较低的折扣因子开始并将其增加到最终值会加速学习。

3. 初始条件（Q_0）

由于 Q-learning 是迭代算法，因此它隐含地假定在第一次更新发生之前的初始条件。高初始值，也称为“乐观初始条件”，可以鼓励探索：无论选择何种动作，更新规则将使其具有比其他替代方案更低的值，从而增加其选择概率。第一个奖励 r 可用于重置初始条件。根据这个想法，第一次采取行动时，奖励用于设置 Q 的值。这允许在固定确定性奖励的情况下立即学习。包含初始条件复位的模型预计会比假设任意初始条件的模型能够更好地预测参与者的行为。在重复的二元选择实验中，初始条件复位似乎与人类行为一致。

1.4.4 实现方法

最简单的 Q-learning 在表格中存储数据。这种方法随着越来越多的状态 / 行动而动摇，当状态和行动的数量非常多的时候，查询表的时间会非常长，以至于 Q-learning 在时间和实时性上不再有意义。所以找到一种方式来代替 Q 表是很有必要的。

一个可行的方法是函数近似。Q-learning 可以与函数近似相结合，这使得即使在状态空间连续的时候也可以将算法应用于更大的问题成为可能。函数近似的一种解决方案是使用（适应的）人工神经网络作为函数逼近器。函数近似可以加速有限问题中的学习，因为该算法可以将较早的经验推广到先前看不见的状态。

减少状态 / 动作空间的另一种技术是量化可能的值。考虑一个例子，学习平衡手指上的木棍。描述某个时间点的状态涉及手指在空间中的位置、速度、杆的角度和杆的角速度。这产生了描述一个状态的四元素向量，即编码为四个值的一个状态的快照。问题是存在无限多种可能的状态，要缩小有效操作的可能空间，可以为存储桶（bucket）分配多个值。虽然手指与起始位置的确切距离（从无穷远到无穷远）是未知的，但是，我们可以关注手指是否远离（近，远）其起始位置。

CHAPTER 2

第2章

深度强化学习算法

第1章主要讲解了DRL的发展历史、基本概念及一些相关的基础知识，到此读者应该对DRL有了基本的了解和认知。本章主要讲解基于单智能体的DRL算法，涵盖了DQN、DDPG、Rainbow等典型算法，以及最新的研究成果，如基于模型、基于分层的DRL算法等。通过本章的学习，读者在DRL学习的道路上会有一个极大的进步，也正式进入了DRL的大门。

2.1 基于值的深度强化学习算法

2.1.1 深度Q网络

1. 算法介绍

深度Q网络（Deep Q Network, DQN）是一种将神经网络和Q-learning结合的方法[3]。传统的Q-learning用表格的方式来记录状态和动作对应的Q值的方法在处理一些大规模的问题上会占用极大的内存，比如使用Q-learning来记录一场围棋比赛中的状态数，可能存在的状态数是海量的，再使用一张二维的表格来存储状态和动作对应的Q值显然是不现实的，而且重复地在这么大的表格中进行搜索也是一件很耗时的事情。为了解决这个问题，我们将神经网络和Q-learning结合在一起，这样就没有必要再用一张表格来记录Q值，而是直接将状态作为神经网络的输入，用神经网络计算出所有的动作价值，并从其中选出一个最大值作为输出，或者将状态和动作都作为神经网络的输入，直接输出对应的Q值，这就是DQN。

然而，直接将两者结合起来会面临一些问题。首先，大多数DL都需要大量的手工标记的训练数据，然而RL算法处理的数据大部分会出现稀疏、噪声甚至延迟等情况；另一个问题是DL处理的数据一般会要求相互独立，然而在RL中，通常会遇到高度相关状态的序列。此外，在RL中，数据分布会随着算法学习新行为而改变，而DL中假设数据基础分布是固定的，这方面也可能会存在问题。

针对以上问题，DQN采用了行为和观察值的序列作为学习的样本，由于这样的序列彼此之间是完全不同的，所以用这样的序列作为RL中的状态时，所有的状态都是完全不同的值，这样就可以将问题转化为MDP，也就方便了使用RL来解决问题。

此外，DQN还有一个非常重要的特点是，它拥有一个经验复用池（experience replay

buffer）来学习之前的学习经历，其中存储的“学习经历”就是上面提到的行为和观察值的序列，这样在每次 DQN 更新的时候，可以随机抽取一些之前的学习经历进行学习。随机抽取的做法打乱了学习经历之间的相关性，也使得神经网络的更新更有效率。

2. 算法分析

（1）算法概述

和 Q-learning 类似，DQN 的目标是最大化未来的奖励，假设未来奖励每一时间步长的折扣因子为 γ，那么如果游戏在时间 T 时停止，则在时间 t 时的未来折扣奖励为 $R_t=\sum_{t'}^{T}\gamma^{t'-t}r_{t'}$，定义动作价值函数 $Q^*(\boldsymbol{s},\boldsymbol{a})$ 为所有动作价值中的最大值，则 $Q^*(\boldsymbol{s},\boldsymbol{a})=\max_{\pi}\mathbb{E}\left[R_t|\boldsymbol{s}_t=\boldsymbol{s},\boldsymbol{a}_t=\boldsymbol{a},\boldsymbol{\pi}\right)$，其中 $\boldsymbol{\pi}$ 是将状态序列映射到动作（或动作分布）的策略。

如果对于下一个状态 $\boldsymbol{s}'$ 所有可能存在的动作 $\boldsymbol{a}'$，对应的最大值 $Q^*(\boldsymbol{s}',\boldsymbol{a}')$ 都已知的话，那么当前的最优策略就是选择一个使目标函数 $r+\gamma Q^*(\boldsymbol{s}',\boldsymbol{a}')$ 最大的动作 $\boldsymbol{a}'$，

$$Q^*(\boldsymbol{s},\boldsymbol{a})=\mathbb{E}_{\boldsymbol{s}'\sim\varepsilon}\left[r+\gamma\max_{a'}Q^*(\boldsymbol{s}',\boldsymbol{a}')\,|\,\boldsymbol{s},\boldsymbol{a}\right] \tag{2.1}$$

许多 RL 算法的基本思想都是通过使用 Bellman 方程作为迭代更新来估计动作价值函数 $Q_{i+1}(\boldsymbol{s},\boldsymbol{a})=\mathbb{E}\left[r+\gamma\max_{\boldsymbol{a}_{i+1}}Q^*(\boldsymbol{s}',\boldsymbol{a}')|\boldsymbol{s},\boldsymbol{a}\right]$，这种值迭代算法收敛于最优动作价值函数，即当 $i\to\infty$ 时 $Q_i\to Q^*$，然而在实践中，这种方法是完全不切实际的，因为动作价值函数是针对每一个单独的序列来单独估计的。所以在实践中通常使用函数逼近器来估计动作价值函数 $Q(\boldsymbol{s},\boldsymbol{a};\boldsymbol{\theta})\approx Q^*(\boldsymbol{s},\boldsymbol{a})$。将具有权重 $\boldsymbol{\theta}$ 的神经网络函数逼近器称为 Q 网络。可以通过最小化在每次迭代 i 处改变的损失函数 $L_i(\boldsymbol{\theta}_i)$ 来训练 Q 网络。

$$L_i(\boldsymbol{\theta}_i)=\mathbb{E}_{\boldsymbol{s},\boldsymbol{a}\sim\rho(\cdot)}\left[\left(y_i-Q(\boldsymbol{s},\boldsymbol{a};\boldsymbol{\theta}_i)\right)^2\right] \tag{2.2}$$

其中 $y_i=\mathbb{E}_{s\sim\varepsilon}\left[r+\gamma\max_{\boldsymbol{a}_{i+1}}Q(\boldsymbol{s}_{i+1},\boldsymbol{a}_{i+1};\boldsymbol{\theta}_{i-1})|\boldsymbol{s},\boldsymbol{a}\right]$ 是迭代 i 的目标，$p(\boldsymbol{s},\boldsymbol{a})$ 称为动作分布（behaviour distribution），是序列 $\boldsymbol{s}$ 和动作 $\boldsymbol{a}$ 对应的概率分布。当优化损失函数 $L_i(\boldsymbol{\theta}_i)$ 时，暂时固定前一次迭代的参数 $\boldsymbol{\theta}_{i-1}$，从而得到损失函数的梯度计算公式如下：

$$\begin{aligned}\nabla_{\theta_i}L_i(\boldsymbol{\theta}_i)=\mathbb{E}_{\boldsymbol{s},\boldsymbol{a}\sim\rho(\cdot);\boldsymbol{s}'\sim\varepsilon}[(r+\gamma\max_{\boldsymbol{a}_{i+1}}Q(\boldsymbol{s}',\boldsymbol{a}';\boldsymbol{\theta}_{i-1})\\-Q(\boldsymbol{s},\boldsymbol{a};\boldsymbol{\theta}_i))\nabla_{\theta_i}Q(\boldsymbol{s},\boldsymbol{a};\boldsymbol{\theta}_i)]\end{aligned} \tag{2.3}$$

在实际计算中，一般会通过随机梯度下降来优化损失函数。如果每一步之后都更新权重，并用单一样本来代替期望的话，这样得到的就是我们熟悉的 Q-learning 算法。

（2）伪代码分析

以下是 DQN 的伪代码。

算法：DQN

初始化复用池 $\mathcal{D}$ 的容量为 N；

初始化动作对应的 Q 值为随机值；

for episode = 1, M **do**

初始化序列 $\boldsymbol{s}_1=\{\boldsymbol{x}_1\}$ 和第一个对状态的预处理序列 $\phi_1=\phi(\boldsymbol{s}_1)$；

for $t=1,T$ **do**

　　以 ε 的概率随机选择一个动作 $\boldsymbol{a}_t$；

　　否则选择 $\boldsymbol{a}_t=\max_{\boldsymbol{a}}Q^*\left(\phi\left(\boldsymbol{s}_t\right),\boldsymbol{a};\boldsymbol{\theta}\right)$；

　　在模拟器中执行动作 $\boldsymbol{a}_t$ 并观察对应的奖励 r_t 和图像 $\boldsymbol{x}_{t+1}$；

　　使下一个状态 $\boldsymbol{s}_{t+1}=\boldsymbol{s}_t,\boldsymbol{a}_t,\boldsymbol{x}_{t+1}$；下一个预处理序列 $\phi_{t+1}=\phi\left(\boldsymbol{s}_{t+1}\right)$；

　　在复用池 D 中存储样本（ϕ_t，$\boldsymbol{a}_t$，r_t，ϕ_{t+1}）；

　　从复用池 D 中随机抽取小批量（mini-batch）的样本（ϕ_j，$\boldsymbol{a}_j$，r_j，ϕ_{j+1}）；

　　令 $y_j=\begin{cases}r_j & \text{如果}\phi_{j+1}\text{是终态}\\ r_j+\gamma\max_{\boldsymbol{a}'}Q\left(\phi_{j+1},\boldsymbol{a}';\boldsymbol{\theta}\right) & \text{如果}\phi_{j+1}\text{不是终态}\end{cases}$；

　　根据公式（2.3）在 $\left(y_j-Q\left(\phi_j,\boldsymbol{a}_j;\boldsymbol{\theta}\right)\right)^2$ 上执行梯度下降；

end for

end for

对比 Q-learning 的伪代码可以发现，DQN 的整体框架和 Q-learning 是类似的，区别在于 DQN 在 Q-learning 的基础上添加了一些新的元素：神经网络和经验复用池。其中，神经网络的作用是接收当前的状态，然后计算出所有动作的价值，并选择一个最大的作为输出，需要注意的是，因为每一步参数更新时依赖的是 Q 现实值和预测的 Q 估计值之间的差距，也就是说当前参数会影响下一步进行参数训练的数据样本，比如如果最大行为价值对应的行为是向左移动，那么训练样本将受到左侧的数据样本的影响，这种情况就可能导致回路的出现，使神经网络的训练参数陷入一个局部的最小值中，甚至可能导致训练不收敛。因此 DQN 采用了两个神经网络，即在线网络（online network）和目标网络（target network），其中在线网络不停地更新参数，用来进行神经网络的训练，计算出 Q 估计；而目标网络则冻结参数，隔一段时间更新一次，用来计算 Q 现实值。经验复用池用来存储之前学习过程中每一步的样本，并在之后的学习过程中随机从之前的样本中抽取一些样本来进行学习。“暂时冻结神经网络参数”和“经验复用池”这两个机制很好地解决了上面描述的神经网络和 RL 结合时可能出现的问题。

DQN 的训练流程如图 2.1 所示。目标网络 $Q(\boldsymbol{s},\boldsymbol{a}\,|\,\theta_i)$ 与在线网络 $Q(\boldsymbol{s},\boldsymbol{a}\,|\,\theta_i^-)$ 结构相同，只是在每 N 步后对目标网络进行参数更新，使得 $\boldsymbol{\theta}_i^-=\boldsymbol{\theta}_i$。在一段时间内目标 Q 值是保持不变的，一定程度上降低了当前 Q 值和目标 Q 值之间的相关性，提升了算法的稳定性。

在每个时间步 t，将智能体与环境交互得到的状态转移序列 $\boldsymbol{e}_t=\left(\boldsymbol{s}_t,\boldsymbol{a}_t,r_t,\boldsymbol{s}_{t+1}\right)$ 存储到经验复用池 $\mathcal{D}=\left\{\boldsymbol{e}_1,\boldsymbol{e}_2,\cdots,\boldsymbol{e}_t\right\}$ 中。每次训练时，从 $\mathcal{D}$ 中随机抽取小批量的样本，并使用随机梯度下降算法更新网络参数 $\boldsymbol{\theta}$。在训练深度网络时，通常要求样本之间是相互独立的，这种随机采样的方式，大大降低了样本之间的相关性，同样也使得算法更加稳定。

（3）Python 代码片段分析

下面给出使用 TensorFlow 实现的 DQN 的部分代码解析。

1）训练网络

```
1. while True:
```

```
2.      env.render()
3.      action = RL.choose_action(observation)
4.      observation_, reward, done = env.step(action)
5.      RL.store_transition(observation, action, reward, observation_)
6.      if (step > x) and (step % y == 0):
7.          RL.learn()
8.          observation = observation_
9.      if done:
10.         break
11.     step += 1
```

这段代码是整个算法的训练框架。在每次训练时，首先根据目前的观测值 observation 选择一个动作 action，然后将该动作施加到环境当中去，得到下一个观测状态 observation_、奖励值 reward 以及这一步是否结束的标记 done，接着将当前观测状态、动作、奖励值、下一个观测状态作为一个样本存储在经验复用池中，最后将下一步的观测状态赋值给当前的观察状态。当复用池中至少有 x 个样本，也就是说至少运行了 x 步之后才开始学习，过了 x 步之后每隔 y 步学习一次。

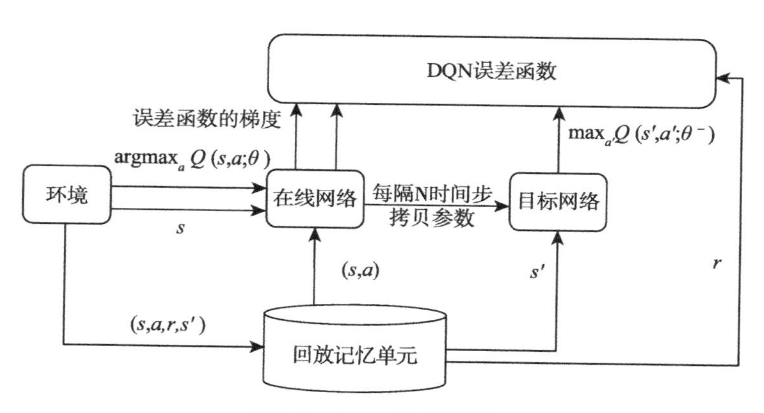

图 2.1 DQN 训练流程

2）更新网络参数

```
1. def choose_action(self, observation):
2.     observation = observation[np.newaxis, :]
3.
4.     if np.random.uniform() < self.epsilon:
5.         actions_value = self.sess.run(self.q_eval, feed_dict = {self.s:
observation})
6.         action = np.argmax(actions_value)
7.     else:
8.         action = np.random.randint(0, self.n_actions)
9.     return action
```

这段代码是进行动作决策的代码。在选择动作时，将观测状态 observation 放入神经网络，并输出所有的动作价值，然后以 ε 的概率选择输出最大价值的动作，否则选择一个随机动作。

```
1. def store_transition(self, s, a, r, s_):
2.     if not hasattr(self, 'memory_counter'):
3.         self.memory_counter = 0
```

```
4.      transition = np.hstack((s, [a, r], s_))
5.      index = self.memory_counter % self.memory_size
6.      self.memory[index, :] = transition
7.      self.memory_counter += 1
```

这段代码将样本存储在经验复用池中，每一个样本的标签 index = 当前样本的个数(self.memory_counter) % 经验复用池的大小（self.memory_size），也就是说，当样本的数量超过复用池大小的时候则从复用池的顶部开始覆盖。

```
1. def learn(self):
2.      ...
3.      q_target = q_eval.copy()
4.
5.      batch_index = np.arange(self.batch_size, dtype = np.int32)
6.      eval_act_index = batch_memory[:, self.n_features].astype(int)
7.      reward = batch_memory[:, self.n_features + 1]
8.
9.      q_target[batch_index, eval_act_index] = reward + self.gamma * np.max(q_
next, axis = 1)
10.     _, self.cost = self.sess.run([self._train_op, self.loss], feed_dict =
{self.s: batch_memory[:, :self.n_features], self.q_target: q_target})
11.     self.cost_his.append(self.cost)
```

这段代码获取了目标网络产生的 Q 值和在线网络产生的 Q 值，并用这两个值来训练 online network。其中 q_next、q_eval 包含了所有动作的值，而需要的只是已经选择好的动作的值，其他并不需要，所以将其他的动作值全都变成 0，将需要用到的动作的误差值反向传递回去，作为梯度更新，这就是最终想要达到的样子。

```
1. def _build_net(self):
2.      # ------------------ all inputs ------------------------
3.      self.s = tf.placeholder(tf.float32, [None, self.n_features], name = 's')
# input State
4.       self.s_ = tf.placeholder(tf.float32, [None, self.n_features], name =
's_')  # input Next State
5.      self.r = tf.placeholder(tf.float32, [None,], name = 'r')  # input Reward
6.      self.a = tf.placeholder(tf.int32, [None,], name = 'a')  # input Action
7.
8.      w_initializer, b_initializer = tf.random_normal_initializer(0., 0.3),
tf.constant_initializer(0.1)
9.
10.     # ------------------ build evaluate_net ------------------
11.     with tf.variable_scope('online_net'):
12.         e1 = tf.layers.dense(self.s, 20, tf.nn.relu, kernel_initializer = w_
initializer, bias_initializer = b_initializer, name = 'e1')
13.         self.q_eval = tf.layers.dense(e1, self.n_actions, kernel_initializer
= w_initializer, bias_initializer = b_initializer, name = 'q')
14.
15.     # ------------------ build target_net ------------------
16.     with tf.variable_scope('target_net'):
17.         t1 = tf.layers.dense(self.s_, 20, tf.nn.relu, kernel_initializer =
w_initializer, bias_initializer = b_initializer, name = 't1')
18.         self.q_next = tf.layers.dense(t1, self.n_actions, kernel_initializer
= w_initializer, bias_initializer = b_initializer, name = 't2')
19.
20.     with tf.variable_scope('q_target'):
```

```
21.         q_target = self.r + self.gamma * tf.reduce_max(self.q_next, axis = 1,
name = 'Qmax_s_')    # shape = (None,)
22.         self.q_target = tf.stop_gradient(q_target)
23.     with tf.variable_scope('q_eval'):
24.         a_indices = tf.stack([tf.range(tf.shape(self.a)[0], dtype =
tf.int32), self.a], axis = 1)
25.         self.q_eval_wrt_a = tf.gather_nd(params = self.q_eval, indices = a_
indices) # shape = (None,)
26.     with tf.variable_scope('loss'):
27.         self.loss = tf.reduce_mean(tf.squared_difference(self.q_target,
self.q_eval_wrt_a, name = 'TD_error'))
28.     with tf.variable_scope('train'):
29.         self._train_op = tf.train.RMSPropOptimizer(self.lr).minimize(self.loss)
```

这段代码就是搭建神经网络的代码，它搭建了两个结构完全一样的神经网络，其中online network 的参数随着训练不停地更新，target network 是 online network 的一个历史版本，拥有 online network 很久之前的一组参数，而且这组参数被暂时固定，训练一定次数之后再用 online network 的新参数来进行替换，而 online network 是在不断被提升的，所以是一个可以被训练的神经网络。

3. 适用场景与优势分析

与传统的 Q-learning 相比，DQN 存在几个优点：首先，DQN 的复用池使更新权重的时候每一个样本都有可能被抽取到，提高了数据的利用效率；其次，由于样本之间存在强相关性，直接抽取连续的样本是得不到良好学习效果的，而这样随机地从复用池中抽取样本的做法打乱了样本之间的相关性，从而提高了学习的效率；当进行在线学习时，当前的参数会决定下一个进行参数训练的数据样本，比如如果最大动作价值对应的动作是向左移动，那么训练样本将受到左侧的数据样本的影响，这种情况就可能导致回路的出现，使神经网络的训练参数陷入一个局部的最小值中，甚至可能导致灾难性的分歧，而使用复用池则很完美地解决了这个问题，每次学习时随机抽取样本会使学习过程更加平滑，避免了参数振荡或发散。

2.1.2 深度双 Q 网络

1. 算法介绍

由之前的 Q-learning 以及 DQN 的介绍可知，Q-learning 在估计动作价值的时候包含了选取最大估计的步骤，所以在学习的过程中可能会导致过估计（overestimate），特别是结合了 Q-learning 和 DL 的 DQN 算法，在 Atari 2600 的游戏中存在大量的过估计。在有些情况下，这种过估计可能会产生正面的收益，但是如果这种过估计不均匀而且没有集中在想要了解的状态上，这种过估计就会产生负面的影响。

针对上面所说的过估计的情况，双 Q 学习的方法可以解决在 Q-learning 中可能存在的过估计，并把这个算法应用到 DQN 上，也就是深度双 Q 网络（Double Deep Q Network, DDQN）[4]，它不仅可以减少过估计的问题，并且在有些游戏上也可以获得更好的性能。

标准的 Q-learning 使用

$$\boldsymbol{\theta}_{t+1}=\boldsymbol{\theta}_t+\alpha\left(y_t^Q-Q\left(\boldsymbol{s}_t,\boldsymbol{a}_t;\boldsymbol{\theta}_t\right)\right)\nabla_{\boldsymbol{\theta}_t}Q\left(\boldsymbol{s}_t,\boldsymbol{a}_t;\boldsymbol{\theta}_t\right) \tag{2.4}$$

来选取和评估动作，这种选择方式就有可能会导致选择过高估计的动作价值，从而产生不利的价值估计。为了防止这种情况，双 Q 学习（double Q-learning）的基本思想是将选择与评估分开。在双 Q 学习中有两套值函数，每个学习经历都会随机分配给其中一个值函数来进行更新，这样就出现了两组权重集合 $\boldsymbol{\theta}$ 和 $\boldsymbol{\theta}'$，那么对于每次更新，其中一组权重用来决定贪心策略，另一组权重用来确定其值。传统的 Q-learning 更新时的目标 Q 现实值一般定义为：

$$y_t^Q \equiv R_{t+1} + \gamma \max_a Q\left(\boldsymbol{s}_{t+1}, \boldsymbol{a}; \boldsymbol{\theta}_t\right) \tag{2.5}$$

在双 Q 学习中，为了进行清晰的比较，需要先把 Q-learning 中的选择和评估分开，也就是说，Q-learning 的目标就可以重写为：

$$y_t^Q \equiv R_{t+1} + \gamma Q\left(\boldsymbol{s}_{t+1}, \arg\max_a Q\left(\boldsymbol{s}_{t+1}, \boldsymbol{a}; \boldsymbol{\theta}_t\right); \boldsymbol{\theta}_t\right) \tag{2.6}$$

那么双 Q 学习的误差可以写为：

$$y_t^{\text{Double}Q} \equiv R_{t+1} + \gamma Q\left(\boldsymbol{s}_{t+1}, \arg\max_a Q\left(\boldsymbol{s}_{t+1}, \boldsymbol{a}; \boldsymbol{\theta}_t\right); \boldsymbol{\theta}_t'\right) \tag{2.7}$$

注意在 argmax 中动作的选择仍旧取决于在线的权重 $\boldsymbol{\theta}_t$。这表示，如 Q-learning 那样，仍然会根据当前值来估计贪心策略的值。这里，我们使用第二个权重集合 $\boldsymbol{\theta}_t'$ 来公平地衡量这个策略的值。第二个权重集合可以通过更换 $\boldsymbol{\theta}$ 和 $\boldsymbol{\theta}'$ 的角色来对称地更新。

2. 算法分析

（1）算法概述

DDQN 将双 Q 学习的想法应用到 DQN 上，用 DQN 中的两个神经网络（在线网络和目标网络）来描述。具体来说，就是用目标网络来估计目标方程中 $\max Q(\boldsymbol{s}', \boldsymbol{a}')$ 的动作最大值，然后用这个估计出来的动作来选择在线网络中的 $Q(\boldsymbol{s}')$。也就是说，DDQN 利用了 DQN 中本来就有两个神经网络的天然优势，使用在线网络来评估贪心策略，使用目标网络来估算其价值。DDQN 的整体结构与 DQN 相同，只是将目标价值的更新策略替换为公式（2.7）。

与双 Q 学习相比，第二个网络的权重 $\boldsymbol{\theta}_t'$ 被替换成了 $\boldsymbol{\theta}_t^-$，用于评估当前的贪心策略，对目标网络的更新与 DQN 完全相同，仍然是在线网络的定期更新副本。

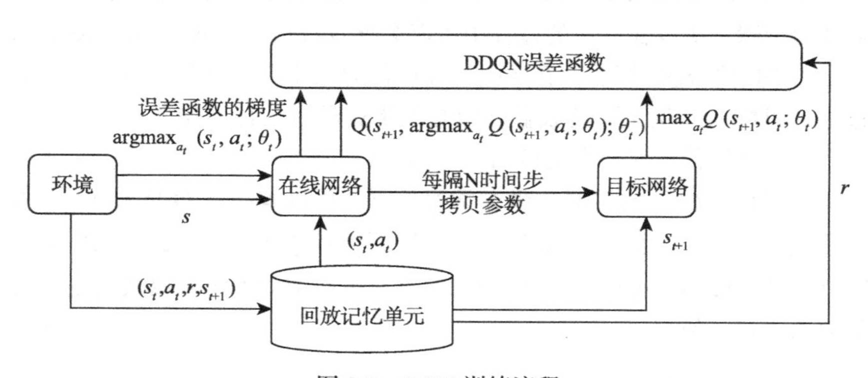

图 2.2　DQN 训练流程

DDQN 的训练流程如图 2.2 所示。对比 DQN 的训练流程可以发现，DDQN 只有在从目标网络和在线网络中取值时与 DQN 不同，其他的运行流程都是相同的。

（2）伪代码分析

以下是 DDQN 的伪代码。

算法：DDQN

初始化复用池 $\mathcal{D}$ 的容量为 N;

初始化动作对应的 Q 值为随机值;

for episode = 1, M **do**

　初始化序列 $\boldsymbol{s}_1 = \{\boldsymbol{x}_1\}$ 和第一个对状态的预处理序列 $\phi_1 = \phi(\boldsymbol{s}_1)$；

　for t = 1, T **do**

　　以 ε 的概率随机选择一个动作 $\boldsymbol{a}_t$；

　　否则选择 $\boldsymbol{a}_t = \max_{\boldsymbol{a}} Q^*\left(\phi(\boldsymbol{s}_t), \boldsymbol{a}; \boldsymbol{\theta}\right)$；

　　在模拟器中执行动作 $\boldsymbol{a}_t$ 并观察对应的奖励 r_t 和图像 $\boldsymbol{x}_{t+1}$；

　　使下一个状态 $\boldsymbol{s}_{t+1} = \boldsymbol{s}_t, \boldsymbol{a}_t, \boldsymbol{x}_{t+1}$，下一个预处理序列 $\phi_{t+1} = \phi(\boldsymbol{s}_{t+1})$；

　　在复用池 $\mathcal{D}$ 中存储样本（ ϕ_t ， $\boldsymbol{a}_t$ ， r_t ， ϕ_{t+1});

　　从复用池 $\mathcal{D}$ 中随机抽取小批量的样本（ ϕ_j ， $\boldsymbol{a}_j$ ， r_j ， ϕ_{j+1});

$$y_j = \begin{cases} r_j & \text{如果}\phi_{j+1}\text{是终态} \\ r_j + \gamma Q\left(\boldsymbol{s}_{t+1}, \arg\max_a Q(\boldsymbol{s}_{t+1}, \boldsymbol{a}; \boldsymbol{\theta}_t); \boldsymbol{\theta}_t^-\right) & \text{如果}\phi_{j+1}\text{不是终态} \end{cases}$$

　　根据公式（2.3）在 $\left(y_j - Q(\phi_j, \boldsymbol{a}_j; \boldsymbol{\theta})\right)^2$ 上执行梯度下降;

　end for

end for

（3）Python 代码片段分析

由上面的描述可知，DDQN 与 DQN 存在很大的相似性，所以这两者的代码在结构上是完全一样的，实现方法也都基本类似，直接在 DQN 的代码基础上进行修改就可以得到 DDQN 的代码。

下面是使用 TensorFlow 实现的 DDQN 算法。

```
1. class DoubleDQN:
2.     def learn(self):
3.         # 这一段和 DQN 一样
4.         if self.learn_step_counter % self.replace_target_iter == 0:
5.             self.sess.run(self.replace_target_op)
6.             print('\ntarget_params_replaced\n')
7.
8.         if self.memory_counter > self.memory_size:
9.             sample_index = np.random.choice(self.memory_size, size = self.
batch_size)
10.        else:
11.            sample_index = np.random.choice(self.memory_counter, size =
self.batch_size)
12.        batch_memory = self.memory[sample_index, :]
```

```
13.
14.         # 这一段和 DQN 不一样
15.         q_next, q_eval4next = self.sess.run(
16.             [self.q_next, self.q_eval],
17.             feed_dict = {self.s_: batch_memory[:, -self.n_features:], # next
observation
18.                 self.s: batch_memory[:, -self.n_features:]})    # next
observation
19.         q_eval = self.sess.run(self.q_eval, {self.s: batch_memory[:, :self.
n_features]})
20.         q_target = q_eval.copy()
21.         batch_index = np.arange(self.batch_size, dtype = np.int32)
22.         eval_act_index = batch_memory[:, self.n_features].astype(int)
23.         reward = batch_memory[:, self.n_features + 1]
24.
25.         if self.double_q:   # 如果是 DDQN
26.             max_act4next = np.argmax(q_eval4next, axis = 1)        # q_eval
得出的最高奖励动作
27.             selected_q_next = q_next[batch_index, max_act4next]  # DDQN 选择
q_next 依据 q_eval 选出的动作
28.         else:       # 如果是 Natural DQN
29.             selected_q_next = np.max(q_next, axis = 1)    # natural DQN
30.
31.         q_target[batch_index, eval_act_index] = reward + self.gamma *
selected_q_next
32.
33.
34.         # 下面和 DQN 一样
35.         _, self.cost = self.sess.run([self._train_op, self.loss],
36.                                 feed_dict = {self.s: batch_memory[:, :self.n_
features],
37.                                         self.q_target: q_target})
38.         self.cost_his.append(self.cost)
39.         self.epsilon = self.epsilon + self.epsilon_increment if self.epsilon
< self.epsilon_max else self.epsilon_max
40.         self.learn_step_counter += 1
```

由于 DDQN 与 DQN 只有在计算目标 Q 值的部分有差别，所以重点分析两者的差别部分，首先得到 q_next、q_eval4next 和 q_eval 三个值，其中 q_next、q_eval4next 这两个值的输入都是下一个观测值 $\boldsymbol{s}_{t+1}$，但是分别使用了目标网络和在线网络，q_next 是目标网络计算出来的 Q 现实值，q_eval4next 是使用在线网络估计出来的 Q 现实值，而 q_eval 是当前这一步的神经网络的输出值，也就是 Q 估计值。计算出来这三个值以后，如果是普通的 DQN，直接选取 q_next 中的最大值即可，而如果是 DDQN 的话，则需要先从 q_eval4next 中选出一个最大的，记录这个最大值的索引，然后从 q_next 中选择对应索引的值，这个值就是 DDQN 对应的最优值。

3. 适用场景与优势分析

传统的 DQN 在学习过程中会存在过估计的现象，而且这种过估计现象有可能会导致负面的学习效果，而 DDQN 则很好地解决了这个过估计的问题，而且 DDQN 使用的是 DQN 现有的架构和神经网络，不需要额外的参数，很方便实现。

2.1.3 竞争网络架构

1. 算法介绍

竞争网络架构（Dueling DQN）是针对 DQN 的另一种改进[5]，它对 DQN 中神经网络的架构进行了简单的修改，但是大幅提升了学习的效果。Dueling DQN 在评估某个状态下动作的价值 $Q(\boldsymbol{s},\boldsymbol{a})$ 的时候也同时评估了跟动作无关的状态的价值函数 $V(\boldsymbol{s})$ 和在该状态下各个动作的相对价值函数 $A(\boldsymbol{s},\boldsymbol{a})$ 的值，如图 2.3 所示。

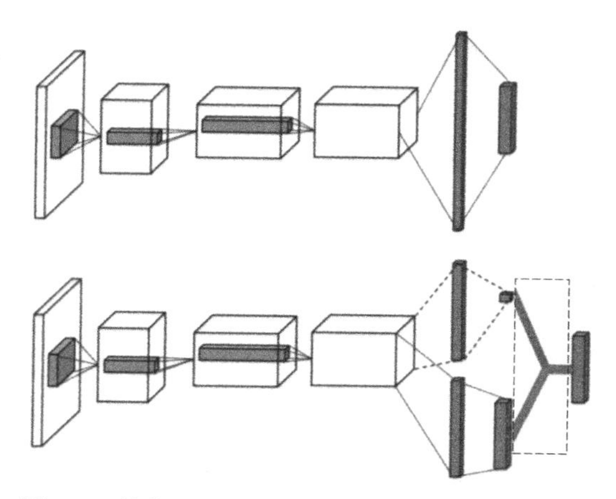

图 2.3 传统 DQN 与 Dueling DQN 的网络图对比

图 2.3 中上图是传统的 DQN 算法的网络图，下图是 Dueling DQN 的网络图，从图中可以看到，DQN 的神经网络直接输出 Q 函数的值，即某个状态下动作对应的价值，它的前一层是全连接层。Dueling DQN 针对 DQN 的改进主要就在全连接层，它将全连接改成两条流，其中一条输出关于状态的价值，另外一条输出关于动作的优势函数（advantage function）的值，最终合并为 Q 价值函数，如图 2.3 中虚线框所示。用一句话来概括就是，Dueling DQN 将每个动作的 Q 拆分成了状态的价值加上每个动作的 Advantage。

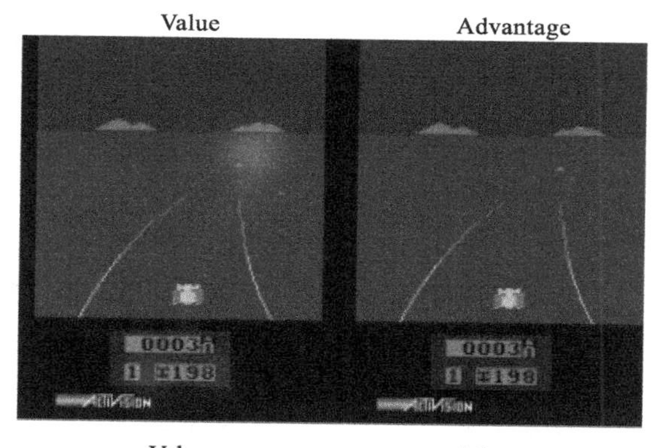

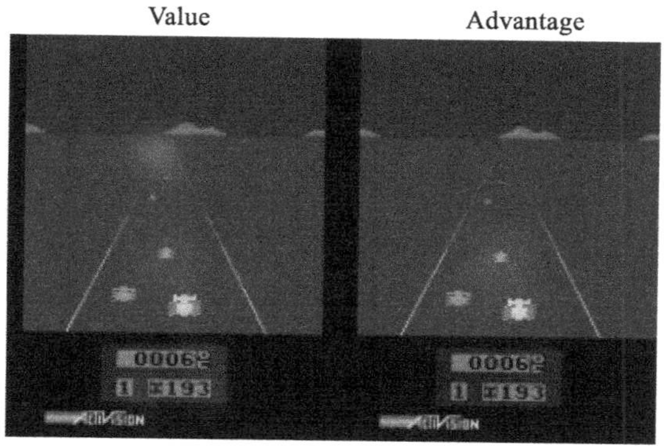

图 2.4 Value 与 Advantage 对比

下面用一个简单的例子来进行解释。如图 2.4 所示，这是一个开车的游戏，左边白晕色区域的分布更关心状态，右边则更关心 Advantage，白晕的部分表示小车运行过程中关心的部分，从上半部分可以看到，因为小车附近没有其他障碍物，所以小车的运行更关心前面的路线，而不关心究竟采取什么动作；下半部分中小车附近出现了障碍物，右图中的 Advantage 就更关心附近的障碍物，此时的动作就会受到 Advantage 的影响。

2. 算法分析

（1）算法概述

Dueling DQN 中每个动作的 Q 值由下面的公式确定：

$$Q(\boldsymbol{s},\boldsymbol{a};\boldsymbol{\theta},\alpha,\beta)=V(\boldsymbol{s};\boldsymbol{\theta},\beta)+A(\boldsymbol{s},\boldsymbol{a};\boldsymbol{\theta},\alpha) \tag{2.8}$$

从这个公式中也能看出 Dueling DQN 的 Q 函数是由状态 $\boldsymbol{s}$ 的价值函数 $V(\boldsymbol{s})$ 加上每个动作的优势函数 $A(\boldsymbol{s},\boldsymbol{a})$ 得到的，其中 $V(\boldsymbol{s})$ 这个价值函数表明了状态的好坏程度，优势函数表明在这个状态下某一个动作相对于其他动作的好坏程度，而 Q 函数则表明了这个状态下确定的某个动作的价值。

但是由这个公式来确定 Q 值还会存在一个问题，因为 $V(\boldsymbol{s})$ 是一个标量，所以在神经网络中，这个值不管左偏还是右偏，对最后的 Q 的值是没有影响的。也就是说，如果给定一个 Q 值，是无法得到唯一的 V 和 A 的。为了解决这个问题，我们可以强制令所选择的贪心动作的优势函数为 0，即

$$Q(\boldsymbol{s},\boldsymbol{a};\boldsymbol{\theta},\alpha)=V(\boldsymbol{s};\boldsymbol{\theta},\beta)+\left(A(\boldsymbol{s},\boldsymbol{a};\boldsymbol{\theta},\alpha)-\max_{\boldsymbol{a}'\in|\mathcal{A}|}A(\boldsymbol{s},\boldsymbol{a}';\boldsymbol{\theta},\alpha)\right) \tag{2.9}$$

这样就能得到唯一的值函数：

$$\boldsymbol{a}^{*}=\arg\max_{\boldsymbol{a}'\in|\mathcal{A}|}Q(\boldsymbol{s},\boldsymbol{a}';\boldsymbol{\theta},\alpha,\beta)=\arg\max_{\boldsymbol{a}'\in|\mathcal{A}|}A(\boldsymbol{s},\boldsymbol{a}';\boldsymbol{\theta},\alpha) \tag{2.10}$$

$$Q(\boldsymbol{s},\boldsymbol{a}^{*};\boldsymbol{\theta},\alpha,\beta)=V(\boldsymbol{s};\boldsymbol{\theta},\beta) \tag{2.11}$$

而另一种更为常用的改进方法则是使用优势函数的平均值来代替上述的最优值：

$$Q(\boldsymbol{s},\boldsymbol{a};\boldsymbol{\theta},\alpha)=V(\boldsymbol{s};\boldsymbol{\theta},\beta)+\left(A(\boldsymbol{s},\boldsymbol{a};\boldsymbol{\theta},\alpha)-\frac{1}{|\mathcal{A}|}\sum_{\boldsymbol{a}'}A(\boldsymbol{s},\boldsymbol{a}';\boldsymbol{\theta},\alpha)\right) \tag{2.12}$$

采用这种方法，虽然使得值函数 V 和优势函数 A 在语义上并不会完美地表示值函数和优势函数，但是这种操作提升了稳定性，而且并没有改变值函数和优势函数的本质表示。

（2）Python 代码片段分析

下面是使用 TensorFlow 实现的 Dueling DQN 算法。

```
1. class DuelingDQN:
2.     def __init__(..., dueling = True, sess = None)
3.         ...
4.         self.dueling = dueling
5.         ...
6.         if sess is None:
7.             self.sess = tf.Session()
8.             self.sess.run(tf.global_variables_initializer())
9.         else:
10.            self.sess = sess
11.        ...
```

初始化建立两个 DQN，其中一个是 Dueling DQN，另一个是传统的 DQN，以便进行对比，并且针对两种 DQN 模式修改了 tf.Session() 的建立方式。

```
1. def _build_net(self):
2.     def build_layers(s, c_names, n_l1, w_initializer, b_initializer):
3.         with tf.variable_scope('l1'):
4.             w1 = tf.get_variable('w1', [self.n_features, n_l1], initializer
= w_initializer, collections = c_names)
```

```
5.                 b1 = tf.get_variable('b1', [1, n_l1], initializer = b_
initializer, collections = c_names)
6.                 l1 = tf.nn.relu(tf.matmul(s, w1) + b1)
7.
8.             if self.dueling:
9.                 # Dueling DQN
10.                with tf.variable_scope('Value'):    # 专门分析 state 的 Value
11.                    w2 = tf.get_variable('w2', [n_l1, 1], initializer = w_
initializer, collections = c_names)
12.                    b2 = tf.get_variable('b2', [1, 1], initializer = b_
initializer, collections = c_names)
13.                    self.V = tf.matmul(l1, w2) + b2
14.
15.                with tf.variable_scope('Advantage'):    # 专门分析每种动作的 Advantage
16.                    w2 = tf.get_variable('w2', [n_l1, self.n_actions],
initializer = w_initializer, collections = c_names)
17.                    b2 = tf.get_variable('b2', [1, self.n_actions], initializer
= b_initializer, collections = c_names)
18.                    self.A = tf.matmul(l1, w2) + b2
19.
20.                with tf.variable_scope('Q'):
21.                    out = self.V + (self.A - tf.reduce_mean(self.A, axis = 1,
keep_dims = True))
22.            else:
23.                with tf.variable_scope('Q'):    # 普通的 DQN 第二层
24.                    w2 = tf.get_variable('w2', [n_l1, self.n_actions],
initializer = w_initializer, collections = c_names)
25.                    b2 = tf.get_variable('b2', [1, self.n_actions], initializer
= b_initializer, collections = c_names)
26.                    out = tf.matmul(l1, w2) + b2
27.
28.            return out
```

相对于传统的 DQN，Dueling DQN 只在神经网络的建立过程中不同，这在上面的代码中已经体现出来了。两种 DQN 的神经网络的第一层都是一样的，只在第二层有区别，根据 Dueling DQN 的网络结构，将第二层拆分成一个 Value 层和一个 Advantage 层，这两个层分别输出状态的价值 Value 和每个动作的优势 Advantage，然后根据 $Q=V(\boldsymbol{s})+A(\boldsymbol{s},\boldsymbol{a})$ 将这两个层合并输出得到每个动作的 Q 值。需要注意的是，在合并输出的时候需要减去优势函数的平均值，这样给定一个 Q 值，就能得到唯一的 V 和 A。

3. 适用场景与优势分析

在一般的游戏场景中，经常会存在很多状态，不管采用什么样的动作都对下一步的状态转变没什么影响，这些情况下计算动作的价值函数的意义就没有计算状态函数的意义大，在频繁出现智能体采取不同动作但对应值函数相等的情况下，Dueling DQN 的优势会非常明显。

2.1.4 平均值 DQN

1. 算法介绍

平均值 DQN（Averaged-DQN）是基于传统 DQN 的一个简单但非常有效的改进 [6]，它基于对先前学习过程中的 Q 值估计进行平均，通过减少目标价值中的近似误差方差，使训练过程更加稳定，并提高性能。

传统的 DQN 在学习过程中的得分数会偶尔突然下降，然后在下一个评估阶段恢复，而平均值 DQN 则很好地解决了这个问题，它使用之前的 K 个学习过程中的 Q 值估计值来生成当前的动作价值估计，平均值 DQN 的训练过程更加稳定，而且得分更高，性能更好。

2. 算法分析

（1）算法概述

平均值 DQN 主要关注的是传统 DQN 在学习过程中存在的误差，并想办法减少这些误差。设 $Q(\boldsymbol{s},\boldsymbol{a};\boldsymbol{\theta}_i)$ 为 DQN 的第 i 次迭代时的值函数，$\Delta_i = Q(\boldsymbol{s},\boldsymbol{a};\boldsymbol{\theta}_i) - Q^*(\boldsymbol{s},\boldsymbol{a})$，并将其拆解如下：

$$\Delta_i = \underbrace{Q(\boldsymbol{s},\boldsymbol{a};\boldsymbol{\theta}_i) - y_{s,a}^i}_{\text{目标近似误差}} + \underbrace{y_{s,a}^i - \hat{y}_{s,a}^i}_{\text{过估计误差}} + \underbrace{\hat{y}_{s,a}^i - Q^*(\boldsymbol{s},\boldsymbol{a})}_{\text{最优差额}} \tag{2.13}$$

其中 $y_{s,a}^i$ 是估计值，$\hat{y}_{s,a}^i$ 是现实值：

$$y_{s,a}^i = \mathbb{E}_B\left[r + \gamma \max_{a'} Q(\boldsymbol{s}',\boldsymbol{a}';\boldsymbol{\theta}_{i-1}) \mid \boldsymbol{s},\boldsymbol{a}\right] \tag{2.14}$$

$$\hat{y}_{s,a}^i = \mathbb{E}_B\left[r + \gamma \max_{a'}\left(y_{s',a'}^{i-1}\right) \mid \boldsymbol{s},\boldsymbol{a}\right] \tag{2.15}$$

定义 $Z_{s,a}^i$ 为目标近似误差（Target Approximation Error, TAE），$R_{s,a}^i$ 为过估计误差，则：

$$Z_{s,a}^i = Q(\boldsymbol{s},\boldsymbol{a};\boldsymbol{\theta}_i) - y_{s,a}^i \tag{2.16}$$

$$R_{s,a}^i = y_{s,a}^i - \hat{y}_{s,a}^i \tag{2.17}$$

其中，最优差额可以被看作是标准的表格型 Q-learning 中的误差，而过估计误差则是 2.1.2 节中讨论过的，由于传统的 DQN 在选取目标价值时总会采取选择最大值的操作，因此容易导致过估计。接下来对 TAE 进行详细讨论。

TAE（$Z_{s,a}^i$）是在最小化 DQN 的损失后（即下面的伪代码中第 7 行的处理过程）Q 函数中与估计值 $y_{s,a}^i$ 之间的一个误差。TAE 可能由多种因素导致，例如：由于不精确的最小化而导致次优参数 $\boldsymbol{\theta}_i$，由于神经网络的表现能力有限（模型误差），由于经验复用池的大小有限导致未知“状态 – 动作”对的泛化误差。

TAE 可能导致策略偏移到更糟糕的结果，例如，当前对次优策略的偏移发生在 $y_{s,a}^i = \hat{y}_{s,a}^i = Q^*(\boldsymbol{s},\boldsymbol{a})$，则

$$\begin{aligned}\operatorname{argmax}_a\left[Q(\boldsymbol{s},\boldsymbol{a};\boldsymbol{\theta}_i)\right] &\neq \operatorname{argmax}_a\left[Q(\boldsymbol{s},\boldsymbol{a};\boldsymbol{\theta}_i) - Z_{s,a}^i\right] \\ &= \operatorname{argmax}_a\left[y_{s,a}^i\right]\end{aligned} \tag{2.18}$$

因此猜测 DQN 所表现的可变性与 TAE 导致的稳态策略的偏离有关。

那么，该如何减少 TAE 的方差呢？假设 TAE（$Z_{s,a}^i$）是一个随机的过程，即 $\mathbb{E}[Z_{s,a}^i) = 0$，$\mathrm{Var}[Z_{s,a}^i) = \sigma_s^2$，并且对于 $i \neq j$，$\mathrm{Cov}[Z_{s,a}^i, Z_{s',a'}^j) = 0$。此外，为了只关注 TAE，一般的做法是通过考虑更新目标价值的固定策略来消除过估计误差。为了方便，考虑设置奖励 $r = 0$，因为奖励对方差计算没有影响。

用 $Q_i \triangleq Q(\boldsymbol{s};\boldsymbol{\theta}_i)_{s\in S}$ 来表示第 i 次迭代中的估计值向量，Z_i 表示对应的 TAE，那么对于平均值 DQN，能得到：

$$Q_i = Z_i + \gamma P \frac{1}{K}\sum_{k=1}^{K} Q_{i-k} \tag{2.19}$$

其中 $P \in \mathbb{R}_{+}^{S\times S}$ 是给定策略的转移概率矩阵。为了能够明确地进行比较，进一步将模型转化为一个 M 状态的单向 MDP，如图 2.5 所示。

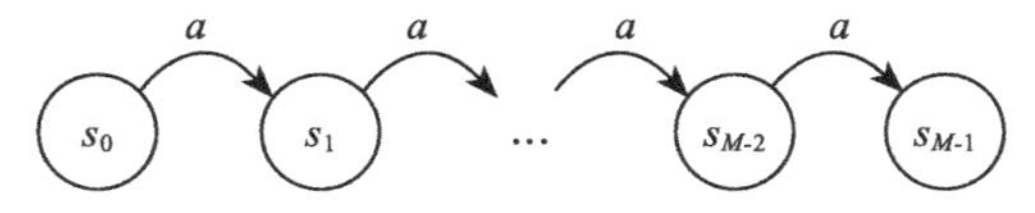

图 2.5　M 状态单向 MDP

考虑上面的单向 MDP，其中状态从 $\boldsymbol{s}_0$ 开始，$\boldsymbol{s}_{M-1}$ 是终态，并且每个状态都是零收益，也就是说所有状态下的奖励都等于 0。那么，将平均值 DQN 应用到这个 MDP 中，可以得到：

对于 $i > KM$，

$$\mathrm{Var}\left[Q_i^A(\boldsymbol{s}_0,\boldsymbol{a})\right] = \sum_{m=0}^{M-1} D_{K,m}\gamma^{2m}\sigma_{s_m}^2 \tag{2.20}$$

其中，$D_{K,m} = \frac{1}{N}\sum_{n=0}^{N-1}|U_n/K|^{2(m+1)}$，$U = (U_n)_{n=0}^{N-1}$ 表示矩形脉冲（rectangle pulse）的离散傅里叶变换，并且 $|U_n/K| \leqslant 1$。

此外，对于 $K>1, m>0$，有 $D_{K,m} < 1/K$，因此有：

$$\begin{aligned}\mathrm{Var}\left[Q_i^A(\boldsymbol{s}_0,\boldsymbol{a})\right] &< \mathrm{Var}\left[Q_i^E(\boldsymbol{s}_0,\boldsymbol{a})\right] \\ &= \frac{1}{K}\mathrm{Var}\left[Q^{\mathrm{DQN}}(\boldsymbol{s}_0,\boldsymbol{a};\boldsymbol{\theta}_i)\right]\end{aligned} \tag{2.21}$$

这也就意味着平均值 DQN 理论上能够有效地减少 TAE 的方差，并且至少要比普通的 DQN 好 K 倍。

（2）伪代码分析

以下是平均值 DQN 的伪代码。

算法：平均值 DQN

用随机权重 $\boldsymbol{\theta}_0$ 初始化 $Q(\boldsymbol{s},\boldsymbol{a};\boldsymbol{\theta})$；

初始化经验复用池的缓冲区 $\mathcal{B}$；

初始化探测程序 Explore(.)；

for i =1, 2, ⋯, N **do**

　$Q_{i-1}^A(\boldsymbol{s},\boldsymbol{a}) = \frac{1}{K}\sum_{k=1}^{K} Q(\boldsymbol{s},\boldsymbol{a};\boldsymbol{\theta}_{i-k})$；

　$y_{s,a}^i = \mathbb{E}_{\mathcal{B}}\left[r + \gamma \max_{a'} Q_{i-1}^A(\boldsymbol{s}',\boldsymbol{a}') \mid \boldsymbol{s},\boldsymbol{a}\right]$；

　$\boldsymbol{\theta}_i \approx \mathrm{argmin}_{\boldsymbol{\theta}}\mathbb{E}_{\mathcal{B}}\left[\left(y_{s,a}^i - Q(\boldsymbol{s},\boldsymbol{a};\boldsymbol{\theta})\right)^2\right]$；

Explore(.)，更新 $\mathcal{B}$

end for

输出 $Q_N^A(s,a)=\frac{1}{K}\sum_{k=0}^{K-1}Q(s,a;\theta_{N-k})$；

对比传统的 DQN，由算法第 5 行可以看出平均值 DQN 使用之前的 K 个学习过程中的 Q 值估计值来生成当前的动作价值估计，平均值 DQN 算法通过减少 TAE 的方差来稳定训练过程。与传统的 DQN 相比，平均值 DQN 主要的计算工作量是在将 DQN 的损失最小化的同时，通过 Q 网络向前传递的次数增加了 K 倍。计算过程中最需要的元素——反向传播更新的数量与 DQN 中的相同，算法输出的是上次学习的 Q 网络的平均值。

（3）Python 代码片段分析

下面是使用 PyTorch 实现的平均值 DQN 算法。

```
1. q_a_values = q_values(obs_t_batch).gather(1, act_batch.unsqueeze(1))
2.
3. q_a_values_sum = torch.FloatTensor(batch_size, num_actions).zero_()
4. q_a_values_sum = q_a_values_sum.cuda()
5.
6. for i in range(num_active_target):
7.     q_a_values_sum = torch.add(q_a_values_sum, target_q_values[i](obs_tp1_
batch).data)
8.
9. q_a_values_sum = Variable(q_a_values_sum)
10.q_a_vales_tp1 = q_a_values_sum.detach().max(1)[0]
11.
12.target_values = rew_batch + (gamma / num_active_target * (1-done_mask) * q_
a_vales_tp1)
13.loss = (target_values - q_a_values).pow(2).sum()
14.if t % LOG_EVERY_N_STEPS == 0:
15.    print "loss at {} : {}".format(t, loss.data[0])
16.optimizer.zero_grad()
17.loss.backward()
18.optimizer.step()
19.num_param_updates += 1
```

这段代码是模型训练的过程，计算出目标价值 target_values = rew_batch + (gamma / num_active_target * (1−done_mask) * q_a_vales_tp1)，以及 DQN 的损失 loss = (target_values−q_a_values).pow(2).sum()。

```
1. if t % target_update_freq == 0:
2.     num_active_target += 1
3.     if num_active_target >= num_target_values:
4.         num_active_target = num_target_values
5.     print "Update Q Values : Active {} Q values".format(num_active_target)
6.     for i in range(num_active_target-1, 0, -1):
7.         target_q_values[i].load_state_dict(target_q_values[i-1].state_dict())
8.     target_q_values[0].load_state_dict(q_values.state_dict())
```

这段代码是目标网络的更新过程，为了计算之前目标价值的平均值，每次更新的时候都将参与计算平均值的目标价值个数 +1，并保证当前参与计算平均值的目标价值个数不超过 num_target_values，其中 num_target_values 是一个提前设定好的常数（即前面伪代码中

的 K）。然后将新的 num_active_target 这么多的目标价值参与更新。

3. 适用场景与优势分析

传统的 DQN 在学习的过程中可能会出现学习过程不稳定等缺陷，而平均值 DQN 通过计算之前学习的估计值的平均值来生成当前的动作价值估计，很好地解决了学习过程不稳定的问题，并且提高了 DQN 的学习性能，使得学习后的智能体得分更高。

2.1.5 多 DQN 变种结合体：Rainbow

1. 算法介绍

前面介绍的很多针对 DQN 的改进方法都是在最原始的 DQN 基础上进行的单个方面改进，而 Rainbow[7] 则结合了 DQN 算法的 6 个扩展改进，将它们集成在同一个智能体上，其中包括 DDQN、基于优先级的复用池（prioritized replay）、竞争网络（dueling network）、多步学习（multi-step learning）、分布式 RL（distributional RL）和噪声网络（Noisy Net）。下面分别对这些改进进行简单的介绍，并说明 Rainbow 的智能体是如何将这些改进结合在一起的。

2. 算法分析

（1）算法概述

DDQN： 在传统的 DQN 中，每次学习的时候都会使用当前策略认为的价值最高的动作，所以会出现对 Q 值的过高估计，而这个问题表现在神经网络上就是因为选择下一时刻的动作以及计算下一时刻 Q 值的时候都使用了目标网络。为了将动作选择和价值估计进行解耦，因此有了 DDQN 方法。在 DDQN 中，在计算 Q 实际值时，动作选择由在线网络得到，而价值估计由目标网络得到。

竞争网络： 将 Q 值函数分解为价值函数 V 和优势函数 A 的和，即 $Q=V+A$，其中 V 这个价值函数表明了状态的好坏程度，优势函数表明在这个状态下某一个动作相对于其他动作的好坏程度，而 Q 函数则表明了这个状态下确定的某个动作的价值。然而，因为 V 是一个标量，所以一般来说，对于一个确定的 Q，有无数种 V 和 A 的组合可以得到 Q，因此需要对 A 进行一些限定，通常将统一状态下的优势函数 A 的均值限制为 0，因此得到的 Q 值计算公式如下：

$$Q(\boldsymbol{s},\boldsymbol{a};\boldsymbol{\theta},\alpha)=V(\boldsymbol{s};\boldsymbol{\theta},\beta)+\left(A(\boldsymbol{s},\boldsymbol{a};\boldsymbol{\theta},\alpha)-\frac{1}{|\mathcal{A}|}\sum_{\boldsymbol{a}'}A(\boldsymbol{s},\boldsymbol{a}';\boldsymbol{\theta},\alpha)\right) \tag{2.22}$$

基于优先级的复用池： 将经验池中的经验按照优先级进行采样，在传统 DQN 的经验复用池中，选择 batch 的数据进行训练是随机的，没有考虑样本的优先级关系。但其实不同样本的价值是不同的，需要给每个样本一个优先级，并根据样本的优先级进行采样。

如何确定样本的优先级？可以用到 TD 误差，设目标网络产生的 Q 值为 Q 现实值，在线网络产生的 Q 值为 Q 估计值，那么 TD 误差也就是 Q 现实值 $-Q$ 估计值，TD 误差用来规定优先学习的程度。如果 TD 误差越大，就代表预测精度还有很多上升空间，那么这个样本就越需要被学习，即优先级 p 越高。

有了 TD 误差就有了优先级 p，那么如何有效地根据 p 来抽样呢？最简单的方法就是在每次抽样的时候都针对 p 进行一次排序，然后选取里面的最大值。但是这样会浪费大量的计算资源，从而使训练的时间变长，较为常用的解决方法是使用一种 SumTree 方法来进行抽样。

SumTree 是一种树形结构，叶子节点存储每个样本的优先级 p，每个树枝节点只有两个分叉，节点的值是两个分叉的和，所以 SumTree 的顶端就是所有 p 的和，如图 2.6 所示，最下面一层树叶存储样本的 p，叶子上一层最左边的节点 13 = 3 + 10，按这个规律相加，顶层的根节点就是全部 p 的和。

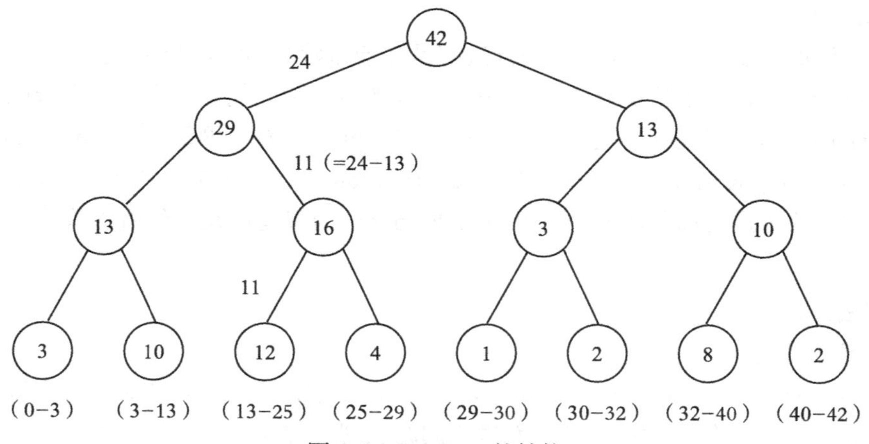

图 2.6 SumTree 的结构

在抽样选择的时候，会把全部 p 的和分成批量大小（batch size）个区间，然后在每个区间里随机选取一个数，比如在区间 [21-28] 里选了 24，就按照这个 24 从最顶上的 42 开始向下搜索。首先看到顶点 42 下面有两个子节点，拿着手中的 24 对比左子节点，因为 $29>24$，那就走左边这条路；接着再对比 29 的左子节点 13，因为 $24>13$，那就走右边的路，并且将手中的值根据 13 修改一下，变成 $24-13=11$。接着拿着 11 和 13 的左子节点 12 比，结果 12 比 11 大，那就选择 12 对应的数据作为该区间采样的结果。

多步学习：传统 DQN 使用当前的即时奖励和下一时刻的价值估计来判断目标的价值，然而这种方法在训练的前期网络参数的偏差较大时会导致得到的目标价值也会偏大，进而导致目标价值的估计偏差较大，因此出现了多步学习来解决这个问题。在多步学习中，即时奖励会通过与环境交互准确得到，所以训练前期的目标价值可以得到更准确的估计，从而加快训练的速度。

分布式 RL：在传统的 DQN 中，一般网络输出的都是“状态 – 动作”对应的价值 Q 的期望估计值。单纯的期望值其实忽略了很多信息，假设在同一状态下的两个动作能够获得的价值期望相同，比如都是 20，第一个动作是 90% 的情况下价值为 10，10% 的情况下价值为 110，第二个动作是 50% 的情况下价值是 25，50% 的情况下价值为 15，那么虽然这两个动作的期望是一样的，但是如果想要减少风险，就应该选择后一种动作。而如果网络只输出期望值的话，我们是看不到动作背后所隐含的风险的。

所以，如果从分布视角（distributional perspective）来建模 DRL 模型，就可以得到更多有用的信息，从而得到更好、更稳定的结果。选择用直方图来表示对于价值分布的估计，并将价值限定在$[V_{min},V_{max}]$之间，在$[V_{min},V_{max}]$选择N个等距的价值采样点，通过神经网络输出这N个价值采样点的概率，通过在线网络和目标网络，会得到估计的价值分布和目标的价值分布，然后使用交叉熵损失函数来计算两个分布之间的差距，并通过梯度下降方法进行参数的更新。

噪声网络：RL 过程中总会想办法增加智能体的探索能力，传统的 DQN 通常会采取ε-greedy 的策略，即以ε的概率采取随机的动作，以 1-ε的概率来采取当前价值最大的动作。而另外一种常用的方法就是噪声网络，即通过对参数增加噪声来增强模型的探索能力。一般噪声会添加在全连接层，考虑全连接层的前向计算公式：

$$\boldsymbol{y}=\boldsymbol{w}\boldsymbol{x}+\boldsymbol{b} \tag{2.23}$$

假设两层神经元的个数分别是p和q，那么$\boldsymbol{w}$是$q\times p$维的，$\boldsymbol{x}$是p维的，$\boldsymbol{y}$和$\boldsymbol{b}$都是q维的，此时在参数上添加噪声，假设参数$\boldsymbol{b}$和$\boldsymbol{w}$分别服从于均值为μ、方差为σ的正态分布，同时存在一定的随机噪声$\mathcal{N}$，假设噪声服从标准正态分布，那么前向计算公式变为：

$$y\underline{\underline{\mathrm{def}}}\left(\mu^{w}+\sigma^{w}\odot\mathcal{N}^{w}\right)\boldsymbol{x}+\mu^{b}+\sigma^{b}\odot\mathcal{N}^{b} \tag{2.24}$$

产生噪声的方法一般采用 Factorised Gaussian noise，$\boldsymbol{w}$和$\boldsymbol{b}$的计算方法如下：

$$\mathcal{N}_{i,j}^{\boldsymbol{w}}=f\left(\mathcal{N}_{i}\right)f\left(\mathcal{N}_{j}\right) \tag{2.25}$$

$$\mathcal{N}_{j}^{\boldsymbol{b}}=f\left(\mathcal{N}_{j}\right) \tag{2.26}$$

其中f函数为

$$f(\boldsymbol{x})=\operatorname{sgn}(\boldsymbol{x})\sqrt{|\boldsymbol{x}|} \tag{2.27}$$

使用这种方法，只需要$p+q$个噪声即可。

集成智能体：Rainbow 就是将上面的所有组件都集成在一个单一的集成智能体中，首先，用一个多步变量替换掉一步的分布损失，根据累积的减少量来收缩价值分布，并将其转换为截断值来构造目标分布，将目标分布定义为：

$$d_{t}^{(n)}=\left(R_{t}^{(n)}+\gamma_{t}^{(n)}z,p_{\bar{\theta}}\left(\boldsymbol{s}_{t+n},\boldsymbol{a}_{t+n}^{*}\right)\right) \tag{2.28}$$

那么由此产生的损失为：

$$D_{\mathrm{KL}}(\Phi_{z}d_{t}^{(n)}\,||d_{t}) \tag{2.29}$$

其中，$\boldsymbol{\Phi}_{z}$是在z轴上的投影。

然后利用贪心的思想将多步分布损失与 DDQN 结合，在$\boldsymbol{s}_{t+n}$时，根据在线网络选择出引导动作$\boldsymbol{a}_{t+n}^{*}$，并用目标网络对其进行评估。

在标准的比例优先复用机制中，绝对 TD 误差被用作确定转变的优先级，但是在 Rainbow 中，所有分布的 Rainbow 变量都会优先考虑 KL 损失导致的转变：

$$p_{t}\propto(D_{\mathrm{KL}}(\Phi_{z}d_{t}^{(n)}\,\|\,d_{t}))^{\omega} \tag{2.30}$$

优先考虑 KL 损失在有噪声的随机环境下可能会更加稳定，因为即使回报不是确定性的，损失也会继续减少。

Rainbow 神经网络的架构是一个能够返回分布的竞争网络架构，该网络有一个共享的表示方式$f_{\xi}(s)$，它会被输入到一个有N_{atoms}个输出的价值流$\boldsymbol{v}_{\eta}$和一个有$N_{\text{atoms}} \times N_{\text{actions}}$个输出的优势流中，并用$\boldsymbol{a}_{\xi}^{i}\left(f_{\xi}(s),\boldsymbol{a}\right)$表示第$i$个 atom 时动作$\boldsymbol{a}$对应的输出。就像 Dueling DQN 中一样，对每一个 atom z^{i}，价值流和优势流最终的结果相加获得对应的Q函数，然后通过一个 softmax 层来获得归一化后的概率估计：

$$p_{\theta}^{i}(s,\boldsymbol{a})=\frac{\exp\left(\boldsymbol{v}_{\eta}^{i}(\phi)+\boldsymbol{a}_{\psi}^{i}(\phi,\boldsymbol{a})-\overline{\boldsymbol{a}}_{\psi}^{i}(s)\right)}{\sum_{j}\exp\left(\boldsymbol{v}_{\eta}^{j}(\phi)+\boldsymbol{a}_{\psi}^{j}(\phi,\boldsymbol{a})-\overline{\boldsymbol{a}}_{\psi}^{j}(s)\right)} \tag{2.31}$$

其中$\phi=f_{\xi}(s)$，$\overline{\boldsymbol{a}}_{\psi}^{i}(s)=\frac{1}{N_{\text{actions}}}\sum_{a'}\boldsymbol{a}_{\psi}^{i}(\phi,\boldsymbol{a}')$。

最后将上面描述的噪声网络添加到全连接层中。这样，集成了 6 个 DQN 改进的 Rainbow 的智能体就建立完成了。

（2）Python 代码片段分析

下面给出使用 PyTorch 实现的 Rainbow 部分代码解析。

```
1. if T >= args.learn_start:
2.     mem.priority_weight = min(mem.priority_weight + priority_weight_increase,
1)  # Anneal importance sampling weight β to 1
3.
4.     if T % args.replay_frequency == 0:
5.         dqn.learn(mem)  # Train with n-step distributional double-Q learning
6.
7.     if T % args.evaluation_interval == 0:
8.         dqn.eval()  # Set DQN (online network) to evaluation mode
9.         avg_reward, avg_Q = test(args, T, dqn, val_mem)  # Test
10.        log('T = ' + str(T) + ' / ' + str(args.T_max) + ' | Avg. reward: ' +
str(avg_reward) + ' | Avg. Q: ' + str(avg_Q))
11.        dqn.train()  # Set DQN (online network) back to training mode
12.
13.    # Update target network
14.    if T % args.target_update == 0:
15.        dqn.update_target_net()
```

这段代码是 Rainbow 主函数中智能体运行的框架，运行步数每经过 replay_frequency 步则学习一次经验复用池中的数据，每经过 evaluation_interval 步则对 online network 进行一次训练，每经过 target_update 步则对 target network 进行一次更新。

```
1. def learn(self, mem):
2.     # Sample transitions
3.     idxs, states, actions, returns, next_states, nonterminals, weights =
mem.sample(self.batch_size)
4.
5.     # Calculate current state probabilities (online network noise already sampled)
6.     log_ps = self.online_net(states, log = True)  # Log probabilities log
p(s_t, ·; θonline)
7.     log_ps_a = log_ps[range(self.batch_size), actions]  # log p(s_t, a_t;
θonline)
```

```
8.
9.      with torch.no_grad():
10.         # Calculate nth next state probabilities
11.         pns = self.online_net(next_states) # Probabilities p(s_t+n, ·;
θonline)
12.         dns = self.support.expand_as(pns) * pns  # Distribution d_t+n = (z,
p(s_t+n, ·; θonline))
13.         argmax_indices_ns = dns.sum(2).argmax(1)  # Perform argmax action
selection using online network: argmax_a[(z, p(s_t+n, a; θonline))]
14.         self.target_net.reset_noise()  # Sample new target net noise
15.         pns = self.target_net(next_states)  # Probabilities p(s_t+n, ·;
θtarget)
16.         pns_a = pns[range(self.batch_size), argmax_indices_ns]  # Double-Q
probabilities p(s_t+n, argmax_a[(z, p(s_t+n, a; θonline))]; θtarget)
17.
18.         # Compute Tz (Bellman operator T applied to z)
19.         Tz = returns.unsqueeze(1) + nonterminals * (self.discount ** self.n)
* self.support.unsqueeze(0)  # Tz = R^n + (γ^n)z (accounting for terminal states)
20.         Tz = Tz.clamp(min = self.Vmin, max = self.Vmax)  # Clamp between
supported values
21.         # Compute L2 projection of Tz onto fixed support z
22.         b = (Tz - self.Vmin) / self.delta_z  # b = (Tz - Vmin) / Δz
23.         l, u = b.floor().to(torch.int64), b.ceil().to(torch.int64)
24.         # Fix disappearing probability mass when l = b = u (b is int)
25.         l[(u > 0) * (l == u)] -= 1
26.         u[(l < (self.atoms - 1)) * (l == u)] += 1
27.
28.         # Distribute probability of Tz
29.         m = states.new_zeros(self.batch_size, self.atoms)
30.         offset = torch.linspace(0, ((self.batch_size - 1) * self.atoms),
self.batch_size).unsqueeze(1).expand(self.batch_size, self.atoms).to(actions)
31.         m.view(-1).index_add_(0, (l + offset).view(-1), (pns_a * (u.float()
- b)).view(-1)) # m_l = m_l + p(s_t+n, a*)(u - b)
32.         m.view(-1).index_add_(0, (u + offset).view(-1), (pns_a * (b -
l.float())).view(-1)) # m_u = m_u + p(s_t+n, a*)(b - l)
33.
34.     loss = -torch.sum(m * log_ps_a, 1)  # Cross-entropy loss (minimises
DKL(m||p(s_t, a_t)))
35.     self.online_net.zero_grad()
36.     (weights * loss).mean().backward()  # Backpropagate importance-weighted
minibatch loss
37.     self.optimiser.step()
38.
39.     mem.update_priorities(idxs, loss.detach())  # Update priorities of
sampled transitions
```

上面的代码就是学习的过程，首先计算当前状态的概率分布，此时的 online network 已经用噪声处理过了，然后计算接下来的第 n 个状态的概率分布，其中 pns_a = pns[range(self.batch_size), argmax_indices_ns] 使用 DDQN 的方法，动作选择的概率分布 pns 由 online network 得到，而价值估计的概率分布 pns_a 由 target network 得到，然后计算 KL 损失 loss = -torch.sum(m * log_ps_a, 1)，最后更新这条学习记录的优先级，回存到树形结构的经验复用池中。

```
1. class SegmentTree():
2.     def __init__(self, size):
3.         self.index = 0
```

```
4.          self.size = size
5.          self.full = False  # Used to track actual capacity
6.          self.sum_tree = [0] * (2 * size - 1)  # Initialise fixed size tree
with all (priority) zeros
7.          self.data = [None] * size  # Wrap-around cyclic buffer
8.          self.max = 1  # Initial max value to return (1 = 1^ω)
```

这是经验复用池的树形结构的初始化代码，其中，index 表示每个节点的标签，size 表示树中叶子节点的个数，full 表示树形结构的叶子节点是否已经被填满，sum_tree 表示树中所有节点的和，data 表示叶子节点中的数据，max 表示当前的所有叶子节点中的最大值。

```
1. class ReplayMemory():
2.     def __init__(self, args, capacity):
3.          self.device = args.device
4.          self.capacity = capacity
5.          self.history = args.history_length
6.          self.discount = args.discount
7.          self.n = args.multi_step
8.          self.priority_weight = args.priority_weight  # Initial importance
sampling weight β, annealed to 1 over course of training
9.          self.priority_exponent = args.priority_exponent
10.         self.t = 0  # Internal episode timestep counter
11.         self.transitions = SegmentTree(capacity)  # Store transitions in a
wrap-around cyclic buffer within a sum tree for querying priorities
```

这是经验复用池的初始化代码，其中 device 表示当前所用设备，一般为 CPU 或者 GPU，capacity 为经验复用池的容量，history 表示处理的连续状态数，discount 表示折扣因子，n 表示多步处理应该返回的步骤个数，priority_weight 表示优先经验复用的权重，priority_exponent 表示表示优先经验复用的指数，t 用来进行步数统计，transitions 即上面的树形结构，用来存储记忆。

3. 适用场景与优势分析

Rainbow 结合了 6 种 DQN 的改进，并将它们集成在同一个智能体中，因此相对于传统的 DQN 以及其他只进行单方面改进的 DQN，Rainbow 的训练效果有巨大进步，而且也能适用于各种场景。

2.1.6 基于动作排除的 DQN

1. 算法介绍

对于 RL 的智能体来说，在每个状态下有很多可能存在的操作可以选择，甚至其中可能会存在很多操作是多余的或者不相关的，在这种情况下，有时候智能体更容易学会不采取什么行动。

面对这样的问题，一般会希望能将每个状态下的可用动作限制为最可能的动作的子集，因此很自然地会想到通过使用消除信号来消除行为的方法，具体地说，它向智能体提供采取的非最佳措施的即时反馈。在许多领域中，可以使用基于规则的系统来创建消除信号，例如，在基于解析器的文本游戏中，解析器在动作执行后会对不相关的动作给出反馈。在给定信号的情况下，可以训练一个机器学习的模型来预测它，然后用它来推广到未知状态。由于消除信号提供即时反馈，学习要消除的动作比仅使用奖励学习最佳动作的学习效率更快，因此，可以通过不频繁地探索无效动作来设计一种性能更好的算法。

更具体地说，基于动作排除的 DQN（Action Elimination-Deep Q Network，AE-DQN）提出了一个学习 Q 函数近似值并同时学习消除动作的系统[8]，这个系统包含两个深度神经网络，即一个 DQN 和一个动作消除网络，两者都是使用适合自然语言处理任务的 CNN 设计，用动作消除网络消除无关动作，并允许 DQN 仅以有效的动作探索和学习 Q 值。

2. 算法分析

（1）算法概述

动作消除能够使智能体解决一些在大型动作空间中可能会遇见的问题，即函数近似（Function Approximation）和样本复杂性（Sample Complexity）。

函数近似

众所周知，Q 函数中的错误可能会导致算法收敛到次优的策略，而这种现象在大动作空间中更加明显。动作消除可以通过只对有效动作使用 max 操作来减轻这种影响，从而减少潜在的过估计错误。消除动作的另一个好处是，Q 估计值只需要对有效动作进行精确估计，这样的收益是两方面的：第一，函数收敛时就不需要对无效的操作进行采样；其次，函数近似可以学习一个更加简单的映射（例如只有有效动作的“状态 – 动作”对的 Q 值），因此可以通过忽略 Q-learning 中未探索的状态的错误来提高收敛的速率，更快地找到解决方案。

样本复杂性

MDP 的样本复杂性衡量了学习过程中学习策略不是 ε 最优的步骤数量。假设现在有 A' 个动作需要被消除，并且它们是 ε 最优，设它们的价值至少为 $V^*(s)-=\varepsilon$，那么对于每一个“状态 – 动作”对，至少需要 $\varepsilon^{-2}(1-\gamma)^{-3}\log 1/\delta$ 个样本以 $1-\delta$ 的概率收敛。如果被消除的动作没有返回奖励，并且不会改变状态，那么动作差距就是 $\varepsilon=(1-\gamma)V^*(s)$，这也就意味着，每学习一个有效的“状态 – 动作”对，就会有 $V^*(s)^{-2}(1-\gamma)^{-5}\log 1/\delta$ 个浪费的样本，在 γ 的值较大时，将会产生大量浪费的样本。而消除算法可以更快地消除这些无效动作，因此可以加快学习的过程。

设 $x(s_t)\in\mathbb{R}^d$ 为状态 s_t 的特征表示，假设在这种表示下存在一组参数 $\theta_a^*\in\mathbb{R}^d$，使得状态 s_t 的消除信号为 $e_t(s_t,a)=\theta_a^{*T}x(s_t)+\eta_t$，其中 $\|\theta_a^*\|_2\leqslant S$。放宽之前的假设，允许消除信号拥有值 $\mathbb{E}[e_t(s_t,a)]$，且对于任意一个无效动作都满足 $0\leqslant\mathbb{E}[e_t(s_t,a)]\leqslant\ell$。用 $X_{(t,a)}$（$E_{(t,a)}$）表示矩阵（向量），其中的行（元素）为当前的观察状态，且在该状态下选择动作 a。举个例子，在 $X_{(t,a)}$ 中的第 i 行就是在动作 a 被选择的情况下第 i 个状态的向量表示。

对于任何一个历史状态，并对于所有 $t>0$，有至少 $1-\delta$ 的概率有 $\left|\hat{\theta}_{t-1,a}^{T}x(s_t)-\theta_a^{*T}x(s_t)\right|\leqslant\sqrt{\beta_{t-1}(\delta)x(s_t)^T\bar{V}_{t-1,a}^{-1}x(s_t)}$，其中 $\sqrt{\beta_t(\delta)}=R\sqrt{2\log\left(\det(V_{t,a})^{\frac{1}{2}}\det(\lambda I)^{-\frac{1}{2}}/\delta\right)}+\lambda^{1/2}S$，如果对于任意的 s，有 $\|x(s)\|_2\leqslant L$，则 β_t 可以被限定为 $\sqrt{\beta_t(\delta)}\leqslant R\sqrt{d\log\left(\frac{1+\frac{tL^2}{\lambda}}{\delta}\right)}+\lambda^{\frac{1}{2}}S$。接下来，定

义 $\tilde{\delta}=\delta/k$，并对所有的动作都用这个概率限制，那么对于任意的 $\boldsymbol{a},t>0$：

$$\Pr\left\{\left|\hat{\boldsymbol{\theta}}_{t-1,\boldsymbol{a}}^{T}x(\boldsymbol{s}_t)-\boldsymbol{\theta}_{\boldsymbol{a}}^{*T}x(\boldsymbol{s}_t)\right|\leqslant\sqrt{\beta_{t-1}(\tilde{\delta})x(\boldsymbol{s}_t)^{T}\bar{V}_{t-1,\boldsymbol{a}}^{-1}x(\boldsymbol{s}_t)}\right\}\geqslant 1-\delta \tag{2.32}$$

注意到在状态 $\boldsymbol{s}$ 下的任意有效动作 $\boldsymbol{a}$ 都满足 $\mathbb{E}\left[\boldsymbol{e}_t(\boldsymbol{s}_t,\boldsymbol{a})\right]=\boldsymbol{\theta}_{\boldsymbol{a}}^{*T}x(\boldsymbol{s}_t)\leqslant\ell$，因此，可以消除满足以下条件的动作：

$$\hat{\boldsymbol{\theta}}_{t-1,\boldsymbol{a}}^{T}x(\boldsymbol{s}_t)-\sqrt{\beta_{t-1}(\tilde{\delta})x(\boldsymbol{s}_t)^{T}\bar{V}_{t-1,\boldsymbol{a}}^{-1}x(\boldsymbol{s}_t)}>\ell \tag{2.33}$$

这就能保证在概率为 $1-\delta$ 的情况下，不会消除有效的动作。

（2）伪代码分析

算法：AE-DQN

输入 $\varepsilon,\beta,\ell,\lambda,C,L,N$

用随机权重 $\boldsymbol{w},\boldsymbol{\theta}$ 分别初始化 AEN 和 DQN，并用 $\boldsymbol{\theta},\boldsymbol{w}$ 的复制设置目标网络 Q^{-},E^{-}；

定义 $\phi(\boldsymbol{s})\leftarrow \text{LastLayerActivations}(E(\boldsymbol{s}))$；

初始化经验复用池 D 的容量为 N；

for t = 1,2,⋯, do

　　$\boldsymbol{a}_t=\text{ACT}(\boldsymbol{s}_t,Q,E^{-},V^{-1},\varepsilon,\ell,\beta)$；

　　执行动作 $\boldsymbol{a}_t$ 并观察 $\{r_t,\boldsymbol{e}_t,\boldsymbol{s}_{t+1}\}$；

　　在 $\mathcal{D}$ 中存储经验 $\{\boldsymbol{s}_t,\boldsymbol{a}_t,r_t,\boldsymbol{e}_t,\boldsymbol{s}_{t+1}\}$；

　　取出经验 $\{\boldsymbol{s}_t,\boldsymbol{a}_t,r_t,\boldsymbol{e}_t,\boldsymbol{s}_{t+1}\}_{j=1}^{m}\in\mathcal{D}$；

　　$y_j=\text{Targets}(\boldsymbol{s}_{j+1},r_j,\gamma,Q^{-},E^{-},V^{-1},\beta,\ell)$；

　　$\boldsymbol{\theta}=\boldsymbol{\theta}-\nabla_{\boldsymbol{\theta}}\sum_{j}\left(y_j-Q(\boldsymbol{s}_j,\boldsymbol{a}_j;\boldsymbol{\theta})\right)^2$；

　　$\boldsymbol{w}=\boldsymbol{w}-\nabla_{\boldsymbol{w}}\sum_{j}\left(\boldsymbol{e}_j-E(\boldsymbol{s}_j,\boldsymbol{a}_j;\boldsymbol{w})\right)^2$；

　　if $(t \bmod C)=0$：$Q^{-}\leftarrow Q$；

　　if $(t \bmod L)=0$：

　　　　$E^{-},V^{-1}\leftarrow \text{AENUpdate}(E,\lambda,\mathcal{D})$；

end for

function $\text{ACT}(\boldsymbol{s},Q,E,V^{-1},\varepsilon,\beta,\ell)$

　　$A'\leftarrow\{\boldsymbol{a}:E(\boldsymbol{s})_{\boldsymbol{a}}-\sqrt{\beta\phi(\boldsymbol{s})^{T}V_{\boldsymbol{a}}^{-1}\phi(\boldsymbol{s})}<\ell\}$；

　　以 ε 的概率返回 Uniform(A')；

　　否则返回 $\arg\max_{\boldsymbol{a}\in A'}Q(\boldsymbol{s},\boldsymbol{a})$；

end function

function $\text{Targers}(\boldsymbol{s},r,\gamma,Q,E,V^{-1},\beta,\ell)$

　　if $\boldsymbol{s}$ 是终态，则返回 $\boldsymbol{r}$ **end if**

$A' \leftarrow \left\{ a : E(s)_a - \sqrt{\beta\phi(s)^T V_a^{-1}\phi(s)} < \ell \right\}$；

返回 $\left(r + \gamma \max_{a\in A'} Q(s,a)\right)$；

end function

function AENUpdate$\left(E^{-1},\lambda,\mathrm{D}\right)$

for $a \in A$ **do**

$V_a^{-1} = \left(\sum_{j:a_j=a}\phi(s_j)\phi(s_j)^T + \lambda I\right)^{-1}$；

$b_a = \sum_{j:a_j=a}\phi(s_j)^T e_j$；

设 LastLayer$\left(E_a^-\right) \leftarrow V_a^{-1} b_a$；

end for

返回 E^-, V^{-1}；

end function

算法将动作消除结合到DQN算法中，生成了AE-DQN，AE-DQN训练两个网络：一个DQN网络，用Q表示；一个AE网络，用E表示。该算法每隔L次迭代就使用函数AENUpdate$\left(E^{-1},\lambda,\mathcal{D}\right)$从$E$中创建一个线性上下文赌博机模型（contextual linear bandit model），AENUpdate$\left(E^{-1},\lambda,\mathcal{D}\right)$函数使用激活后的$E$的LastLayer层作为特征，即$\phi(s) \leftarrow$ LastLayerActivations$\left(E(s)\right)$，然后被用来创建一个线性上下文赌博机模型（$V_a = \lambda I + \sum_{j:a_j=a}\phi(s_j)\phi(s_j)^T$，$b_a = \sum_{j:a_j=a}\phi(s_j)^T e_j$），AENUpdate$\left(E^{-1},\lambda,\mathcal{D}\right)$函数通过求解该模型进行更新，并将结果插入到目标AEN中（LastLayer$\left(E_a^-\right) \leftarrow V_a^{-1} b_a$）。然后，这个线性上下文赌博机模型$\left(E^-,V\right)$就会通过函数ACT()和Targets()来进行动作消除，ACT()在可接受的操作集$A' = \left\{ a : E(s)_a - \sqrt{\beta\phi(s)^T V_a^{-1}\phi(s)} < \ell \right\}$上执行$\varepsilon$-greedy策略。以$\varepsilon$的概率选择一个最高的$Q$值，以$1-\varepsilon$的概率随机选择一个$Q$值。TARGETS()通过只在允许的操作中选择最大值来估计价值函数，从而减少函数近似误差。

Lua代码片段分析

下面是使用Torch实现的AE-DQN的Lua代码：

```
1. for i = 1, table.getn(region_hight) do
2.     local net = nn.Sequential()
3.     net:add(nn.SpatialConvolution(4, n_filters, in_col, region_hight[i]))
4.     net:add(nn.ReLU())
5.     --net:add(nn.SpatialDropout(0.5))
6.     net:add(nn.SpatialMaxPooling(1, in_row_s-region_hight[i]+1))
7.     net_concat:add(net)
8. end
9. net_s:add(net_concat)
10.net_s:add(nn.Reshape(tot_filters_s))
11.net_s:add(nn.Linear(tot_filters_s, output_size))
12.if args.shallow_elimination_flag ==0 then
13.    net_s:add(nn.Sigmoid())
14.end
```

这段是搭建 AEN 的代码，nn.SpatialConvolution 的参数分别为：4、n_filters、in_col 和 region_hight[i]，其中 n_fliters 表示每个 region 中 filter 的个数；in_col 表示 filter 的宽度，默认取 300；region_hight[i] 表示 filter 的高度，默认从 {1,2,3} 中取值。

```
1. net_s:add(nn.Reshape(unpack(input_dims_s)))
2. local net_concat = nn.Concat(2)
3. for i = 1, table.getn(region_hight) do
4.     local net = nn.Sequential()
5.     net:add(nn.SpatialConvolution(4, n_filters, in_col, region_hight[i]))
6.     net:add(nn.ReLU())
7.     net:add(nn.SpatialMaxPooling(1, in_row_s-region_hight[i]+1))
8.     net_concat:add(net)
9. end
10.net_s:add(net_concat)
11.net_s:add(nn.Reshape(tot_filters_s))
12.net_s:add(nn.Linear(tot_filters_s, output_size))
```

这段是搭建 DQN 的代码，其中 n_filters 默认取 500、in_col 默认取 300、region_hight[i] 默认从 {1,2,3} 中取值。

3. 适用场景与优势分析

在真实场景特别是文本类游戏中，很有可能会在海量的动作空间中进行选择，而 AE-DQN 则能消除那些不相关的动作，限制智能体选择动作的空间，从而不仅提高了智能体的训练速度，并且显著提高了智能体的性能。

2.2　基于策略的深度强化学习算法

2.2.1　循环确定性策略梯度

1. 算法介绍

循环确定性策略梯度（Recurrent Deterministic Policy Gradient, RDPG）算法在论文 *Memory-based control with recurrent neural networks* 中提出，属于策略梯度算法。和前面所介绍的基于值函数的 DRL 训练方法不同，策略梯度算法通过计算梯度来更新策略网络中的参数，使得整个策略网络朝着奖励增高的方向更新。

本章的 2.1 节讲到了 DQN，可以说它是神经网络在 RL 中取得的重大突破，也为 RL 的发展提供了方向和基础，Sliver 等人将其应用在 Atari 游戏中并达到了接近人类玩家的水平。后来大批量的论文均采用了 DQN 的思想，同时基于此提出了更多算法。但是该类算法有以下缺点：Atari 游戏所需的动作是离散的，属于低维（只有少数几个动作），但现实生活中很多问题都是连续的，而且维度比较高，比如机器人控制（多个自由度）、汽车方向盘转向角度、油门大小、天气预报推荐指数等。虽然可以对连续性高维度的动作做离散型的处理，但是对于一个经过离散处理的大状态空间，使用 DQN 训练是一个比较棘手的问题，因为 DQN 算法的核心思想是利用随机策略进行探索，对于高维度来说，第一个问题是模型很难收敛，第二个问题是需要在探索和利用之间进行协调。

在考虑到基于值函数的更新方法的这些局限性后，DRL 的研究者们转向了另一种策略更新方法，即策略梯度法。基于此方向，发展出了一些优秀的更新方法，如确定性策略梯度（Deterministic Policy Gradient，DPG）。

无模型的策略搜索方法可以分为随机策略搜索方法和确定性策略搜索方法。在 2014 年以前，学者们大都在发展随机策略搜索的方法，因为大家认为确定性策略梯度是不存在的。直到 2014 年，David Silver 在论文《Deterministic Policy Gradient Algorithms》中提出了确定性策略理论，策略搜索方法才出现了确定性策略这种方法。

以前的随机搜索的公式为 $\pi_{\boldsymbol{\theta}}(\boldsymbol{a}|\boldsymbol{s})=P[\boldsymbol{a}\mid\boldsymbol{s};\boldsymbol{\theta}]$，其含义是在给定状态 $\boldsymbol{s}$ 和策略网络参数 $\boldsymbol{\theta}$ 时，输出的动作 $\boldsymbol{a}$ 服从一个概率分布，也就是说每次走进这个状态时，输出的动作可能不同。而确定性策略的公式是 $\boldsymbol{a}=\mu_{\boldsymbol{\theta}}(\boldsymbol{s})$，其中的 μ 是一个确定性映射，给定状态和参数，输出的动作是确定的。

以上这些算法在基于 MDP 的环境中（也就是说环境的状态对于智能体来说是完全可观察的）得到了很好的运用。然而许多现实世界的控制问题只是部分可观察的。部分可观察性的原因很多，包括有些需要智能体记住的信息只是临时可得到的，例如导航任务中的路标、传感器限制或噪声，也包括由于功能近似导致的状态混叠等。部分可观察性自然也出现在涉及视觉控制的许多任务中，如动态场景的静态图像不提供关于速度的信息，由于世界的三维性质而发生遮挡，并且大多数视觉传感器受带宽限制，只有一个受限制的视野。

和 MDP 一样，POMDP 是一个行动决策过程，由于无法像 MDP 一样得到当前真实完全的状态信息，它只能利用先前时间步骤的观察和行动知识来增强当前观察。在控制问题中使用 DRL，显然需要一种方法来表示先前的观察结果；这些将有助于推断真实的当前状态。

由于真实的状态只能通过终端状态的完全置信传播，所以可以通过值估计来进行策略优化。一些循环神经网络（Recurrent Neural Network, RNN）的优秀变种的出现，如长短时记忆神经网络（Long Short Term Memory network, LSTM），使得智能体综合之前的历史信息特征成为可能。RDPG 正是利用了 RNN 的这一特性，使之与确定性策略梯度相结合，得到了 RDPG，解决了 POMDP 中的部分可观察问题。

2. 算法分析

（1）算法概述

RDPG 是一类使用 RNN 来构造估计策略的确定性策略梯度算法。这种算法在 POMDP 中尤为适用，这是因为每个智能体只能观察到环境的一部分，环境的真实状态是无法得到的。所以为了逼近真实的状态，我们用从开始到现在的整个观察片段来逼近当前的整个环境状态。而 RNN 的使用，使得我们不需要每次从头开始处理所有的观察片段，之前一段时间内的所有观察片段的特征已经存储在了 RNN 中的隐含层状态中，而每次只需要增加当前时刻观察片段的处理即可。

作为 actor-critic 算法家族中的一员，RDPG 中也使用了策略网络和价值网络。价值网络用于估计状态 – 动作的价值，然后把评分信息送给策略网络，用作动作函数在 Q 网络上的几何梯度（$\nabla_{\boldsymbol{a}}Q^{\text{critic}}(\boldsymbol{o},\boldsymbol{a})$）。

在更新中，首先通过扫描得到代表在过去一段时间内的状态向量 $\boldsymbol{h}_{-1}$

$$\boldsymbol{h}_{-1}=f\left(\left(\boldsymbol{o}_t\right)_{t=-\text{scanning length}:-1}|\boldsymbol{h}_{\text{init}}\right) \tag{2.34}$$

f为策略网络或者价值网络中记录过去一段时间内的历史状态的 RNN。

之后，计算从经验复用池中选取的小批量的 TD 梯度，也就是预测价值网络的误差梯度$\nabla_{\theta^Q} L\left(\theta^Q\right)$：

$$\nabla_{\theta^Q} L\left(\theta^Q\right) \approx \frac{1}{NT} \sum_i \sum_t \left(Q\left(\boldsymbol{h}_{t,i}, \boldsymbol{a}_{t,i} | \theta^Q\right) - y_t^i\right) \nabla_{\theta^Q} Q\left(\boldsymbol{h}_{t,i}, \boldsymbol{a}_{t,i} | \theta^Q\right) \tag{2.35}$$

y_t^i为通过目标价值网络计算出的预期目标值。目标价值网络的输入是下一时刻的历史状态$\boldsymbol{h}_{t+1,i}$和下一时刻状态下的动作$\boldsymbol{a}_{t+1,i}$，该动作由目标策略网络μ'产生，其输入是$\boldsymbol{h}_{t+1,i}$，y_t^i的计算过程可描述为下式：

$$y_t^i = r_t^i + \gamma Q'\left(\boldsymbol{h}_{t+1,i}, \mu'\left(\boldsymbol{h}_{t+1,i} | \theta^{\mu'}\right) | \theta^{Q'}\right) \tag{2.36}$$

接着，使用 Adam 优化器通过最小化上述价值网络的误差来更新价值网络。然后，我们使用Q网络的梯度来计算策略网络的梯度：

$$\nabla_{\theta^\mu} J \approx \frac{1}{NT} \sum_i \sum_t \nabla_a Q\left(\boldsymbol{h}, \boldsymbol{a} | \theta^Q\right)|_{\boldsymbol{h}=\boldsymbol{h}_{t,i}, \boldsymbol{a}=\mu\left(\boldsymbol{h}_{t,i}\right)} \nabla_{\theta^\mu} \mu\left(\boldsymbol{h} | \theta^\mu\right)|_{\boldsymbol{h}=\boldsymbol{h}_{t,i}} \tag{2.37}$$

依旧使用 Adam 网络优化器梯度优化策略网络。

在循环确定性神经网络中，还使用了经验复用来优化训练过程。经验复用在前文中已经有所介绍。在该网络中，经验复用步骤如下。首先，智能体选择要进行采样的多个 episode；其次，在每个选择的 episode 中，选取一段长度为l的经验片段，并将这些片段堆积成为小批量；最后，基于 RNN 的 actor-critic 网络读取这些片段，衡量它们的目标，并且生成用于策略网络更新的参数的梯度。RDPG 的网络训练流程图如图 2.7 所示。

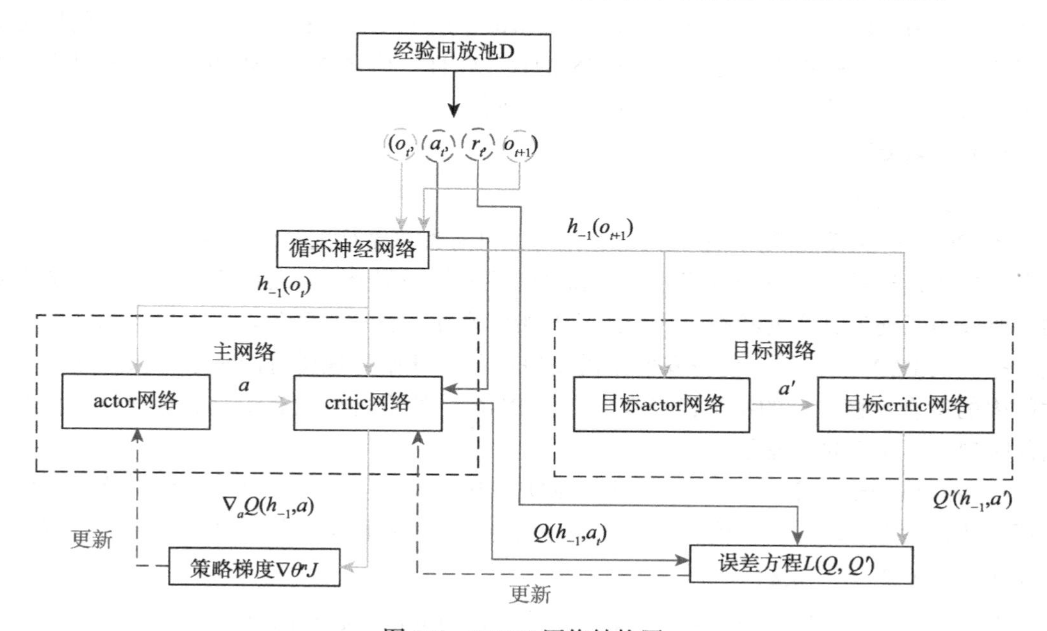

图 2.7　RDPG 网络结构图

（2）伪代码分析

算法：RDPG

---

def RDPG

随机初始化价值网络 Q 和策略网络 μ 的参数 $\boldsymbol{\theta}^{Q}$，$\boldsymbol{\theta}^{\mu}$；

随机初始化目标网络 Q' 和 μ' 的参数 $\boldsymbol{\theta}^{Q'} \leftarrow \boldsymbol{\theta}^{Q}$，$\boldsymbol{\theta}^{\mu'} \leftarrow \boldsymbol{\theta}^{\mu}$；

初始化回放经验池 $\mathcal{D}$；

设置优化、更新、扫描的长度分别为 $l/u/s$ ；# $l \geqslant u$

for eisode = 1 to M do

初始化观测 $\boldsymbol{o}_0$ 和历史状态 $\boldsymbol{h}_0$；

初始化用于动作的随机噪声分布 $\mathcal{N}$；

for t = 1 to T do

得到观察 $\boldsymbol{o}_t$；

将观察 $\boldsymbol{o}_t$ 存入历史中 $\boldsymbol{h}_t \leftarrow \boldsymbol{h}_{t-1}, \boldsymbol{o}_t$；

根据在线策略和探索噪声生成动作 $\boldsymbol{a}_t = \mu\left(\boldsymbol{h}_t|\boldsymbol{\theta}^{\mu}\right) + \nu,\ \nu \sim \mathcal{N}$；

执行动作 $\boldsymbol{a}_t$，得到回报 r_t；

end

将序列 $\left(\boldsymbol{o}_1, \boldsymbol{a}_1, r_1, \cdots, \boldsymbol{o}_T, \boldsymbol{a}_T, r_T\right)$ 存入经验复用池 $\mathcal{D}$ 中；

从 $\mathcal{D}$ 中随机采样 N 个经验片段 $\left(\boldsymbol{o}_{1,i}, \boldsymbol{a}_{1,i}, r_{1,i}, \cdots, \boldsymbol{o}_{T,i}, \boldsymbol{a}_{T,i}, r_{T,i}\right)_{i=1,\cdots,N}$；

对每个采样的经验片段使用循环目标网络计算目标价值 $y_1^i, \cdots, y_T^i$

$$y_t^i = r_t^i + \gamma Q'(\boldsymbol{h}_{t+1,i}, \mu'(\boldsymbol{h}_{t+1,i} \mid \boldsymbol{\theta}^{\mu'}) \mid \boldsymbol{\theta}^{Q'})\ ;$$

计算价值网络更新：

$$\nabla_{\theta^{Q}} L\left(\boldsymbol{\theta}^{Q}\right) \approx \frac{1}{NT} \sum_{i} \sum_{t} \left(Q\left(\boldsymbol{h}_{t,i}, \boldsymbol{a}_{t,i} | \boldsymbol{\theta}^{Q}\right) - y_t^i\right) \nabla_{\theta^{Q}} Q(\boldsymbol{h}_{t,i}, \boldsymbol{a}_{t,i} \mid \boldsymbol{\theta}^{Q})\ ;$$

使用上式估计的梯度更新动作策略网络：

$$\nabla_{\theta^{\mu}} J \approx \frac{1}{NT} \sum\nolimits_i \sum\nolimits_t \nabla_{\boldsymbol{a}} Q(\boldsymbol{h}, \boldsymbol{a} \mid \boldsymbol{\theta}^{Q}) |_{\boldsymbol{h}=\boldsymbol{h}_{t,i}, \boldsymbol{a}=\mu\left(\boldsymbol{h}_{t,i}\right)} \nabla_{\theta^{\mu}} \mu(\boldsymbol{h} \mid \boldsymbol{\theta}^{\mu}) |_{\boldsymbol{h}=\boldsymbol{h}_{t,i}}\ ;$$

更新目标网络：

$$\boldsymbol{\theta}^{Q'} \leftarrow \tau \boldsymbol{\theta}^{Q} + (1-\tau) \boldsymbol{\theta}^{Q'}\ ;$$

$$\boldsymbol{\theta}^{\mu'} \leftarrow \tau \boldsymbol{\theta}^{\mu} + (1-\tau) \boldsymbol{\theta}^{\mu'}\ ;$$

end for

（3）Python 代码片段分析

下面给出基于 PyTorch 实现的 RDPG 算法的部分代码解析。

策略网络结构解析

```
1. def __init__(self, state_dim, action_dim, action_lim):
```

```
2.     super(Actor, self).__init__()
3.     self.state_dim = state_dim
4.     self.action_dim = action_dim
5.     self.action_lim = action_lim
6.     self.cnn = CNN()
7.     self.fc1 = nn.Linear((64*9*9)*2, 800)
8.     self.fc1.weight.data = fanin_init(self.fc1.weight.data.size())
9.     self.fc2 = nn.Linear(800, 800)
10.    self.fc2.weight.data = fanin_init(self.fc2.weight.data.size())
11.    self.lstm = nn.LSTMCell(800, 800)
12.    self.fc3 = nn.Linear(800, action_dim)
13.    self.fc3.weight.data.uniform_(-EPS, EPS)
14.    self.cx = torch.FloatTensor(1, 800).zero_().cuda()
15.    self.hx = torch.FloatTensor(1, 800).zero_().cuda()
```

首先初始化策略网络的组成要素。需要初始化的有动作维数 action_dim、状态维数 state_dim，根据具体的环境，需要定义动作值的限制 action_lim。

该段代码创建带有 RNN 的策略网络。RNN 网络用于存储历史观测，产生估计真实状态 h，后面的全连接网络用于根据真实状态产生动作。

首先，下面的网络由一层卷积神经网络（Convolutional Neural Network，CNN）来提取当前环境中的状态。CNN 后面接两层全连接网络。全连接网络后接一个 LSTM，用来存储之前的观察。LSTM 的输入维度为 800，输出为 100，nstates 为 100，clock_periods=[1,2,4,8,16]，后接一个全连接层，最终的输出为动作。

```
1. def forward(self, state, hidden_states = None):
2.     state = state.float()
3.     for i in range(state.shape[0]):
4.         state1 = self.cnn.forward(state[i])
5.         if i == 0:
6.             STATE = state1
7.         if i ! = 0:
8.             STATE = torch.cat((STATE, state1), dim = 1)
9.     x = STATE
10.    x = F.relu(self.fc1(x))
11.    x = F.relu(self.fc2(x))
12.    if hidden_states == None:
13.        hx, cx = self.lstm(x, (self.hx, self.cx))
14.        self.hx = hx
15.        self.cx = cx
16.    else:
17.        hx, cx = self.lstm(x, hidden_states)
18.    x = hx
19.    action = torch.tanh(self.fc3(x))
20.    action = action * self.action_lim
21.    return action, (hx, cx)
```

策略网络拟合的是 $p(\boldsymbol{a}\mid\boldsymbol{h})$，所以输出是给定观察下动作的值。上面代码是其前向传导网络定义。从前面的定义可知，状态在策略网络中，首先经过两个全连接层，之后经过一个 LSTM 网络，状态转变成了一个特征向量，这个特征向量通过一个全连接层后，经过 tanh 处理，形成最终的动作的输出。网络的输入形状为 [n,state_dim]，输出形状为 [n,action_dim]。

首先，将从经验池中随机采样得到的状态通过CNN得到其特征，然后接下来这段代码的作用是对之前处理的观察结果和之前的历史状态结合，形成估计的真实状态。接着，将处理后的状态放入第三层全连接网络中，输出动作，并且通过tanh函数，以及之前输入的动作值限制，输出最终预估的动作。

价值网络结构解析

```
1. def __init__(self, state_dim, action_dim):
2.     super(Critic, self).__init__()
3.     self.state_dim = state_dim
4.     self.action_dim = action_dim
5.     self.cnn = CNN()
6.     self.fc1 = nn.Linear((64*9*9+20)*2, 800)
7.     self.fc1.weight.data = fanin_init(self.fc1.weight.data.size())
8.     self.fc2 = nn.Linear(800, 800)
9.     self.fc2.weight.data = fanin_init(self.fc2.weight.data.size())
10.    self.fc3 = nn.Linear(800, 1)
11.    self.fc3.weight.data.uniform_(-EPS, EPS)
```

首先，初始化价值网络的组成要素。价值网络需要初始化的参数有状态维数state_dim、动作维数action_dim。

其次，和之前的策略网络结构相似，定义价值网络的网络组成结构。由下面代码可知，我们的价值网络由一个卷积层CNN和三个全连接层self.fc1、self.fc2、self.fc3组成。

```
1. def forward(self, state, action):
2.     state = state.float()
3.     for i in range(state.shape[0]):
4.         state1 = self.cnn.forward(state[i])
5.         op_batch = []
6.         for j in range(action.shape[0]):
7.             if(action[j][i*3]> = 0):
8.                 op = np.ones(20)
9.             else:
10.                op = -1*np.ones(20)
11.            op_batch.append(op)
12.        op_batch_tensor = torch.from_numpy(np.array(op_batch)).float().cuda()
13.        state1 = torch.cat((op_batch_tensor, state1), dim = 1)
14.        if i == 0:
15.            STATE = state1
16.        if i! = 0:
17.            STATE = torch.cat((STATE, state1), dim = 1)
18.    x = STATE
19.    x = F.relu(self.fc1(x))
20.    x = F.relu(self.fc2(x))
21.    x = self.fc3(x)
22.    return x
```

上面这段代码定义了价值网络的前向传导。前向传导网络需要两个输入，一个是状态state[n,state_dim]，一个是动作action[n, action_dim]。具体来说，critic网络使用torch.cat函数，将状态张量和动作张量连接到一起，共同作为网络的输入。在中间处理部分，前面已经说过，使用了三个全连接层进行学习，学习每个状态–动作对的输出价值估计，$Q(\boldsymbol{s},\boldsymbol{a})$，形状为[n,1]。

两层循环展示了动作和状态具体是怎样连接在一起的。根据环境的不同，可以有不同的拼接方式。在此环境中，最外层循环为状态，对每个状态，首先经过 CNN 提取特征，之后是内层的循环，对于每一个动作进行判断处理，将处理后的动作和每层的状态连接到一起。最后形成的一个由状态和动作组成的张量放入网络中，得到输出。

训练过程解析

```
1. def __init__(self, state_dim, action_dim, action_lim, ram):
2.     self.state_dim = state_dim
3.     self.action_dim = action_dim
4.     self.action_lim = action_lim
5.     self.ram = ram
6.     self.iter = 0
7.     self.T = 0
8.     self.noise = utils.OrnsteinUhlenbeckActionNoise(self.action_dim)
9.
10.    self.actor = model.Actor(self.state_dim, self.action_dim, self.action_
lim).cuda()
11.    self.target_actor = model.Actor(self.state_dim, self.action_dim, self.
action_lim).cuda()
12.    self.actor_optimizer = torch.optim.Adam(self.actor.parameters(),
LEARNING_RATE)
13.
14.    self.critic = model.Critic(self.state_dim, self.action_dim).cuda()
15.    self.target_critic = model.Critic(self.state_dim, self.action_dim).cuda()
16.    self.critic_optimizer = torch.optim.Adam(self.critic.parameters(),
LEARNING_RATE)
17.
18.    utils.hard_update(self.target_actor, self.actor)
19.    utils.hard_update(self.target_critic, self.critic)
```

首先初始化训练模块：需要传入的参数有状态空间维数 state_dim、动作空间维数 action_dim、动作值范围 action_lim、经验复用池 ram。需要初始化的参数有动作噪声 self.noise、在线策略网络 self.actor、目标策略网络 self.target_actor、在线策略网络的优化器 self.actor_optimizer、价值网络 self.critic、目标价值网络 self.target_critic、在线价值网络优化器 self.critic_optimizer。由代码可知，在线网络与目标网络之间的复制过程为硬更新，即将在线网络参数直接复制给目标网络。为了稳定目标网络的更新，也可以使用本书中介绍的在线网络与目标网络之间的软更新。

```
1. def get_exploration_action(self, state):
2.     with torch.no_grad():
3.         state = state.transpose((1, 0, 2, 3, 4))
4.         state = torch.from_numpy(state).cuda()
5.         action, _ = self.actor.forward(state)
6.      new_action = action.data.cpu().numpy() + (self.noise.sample() * self.
action_lim)
7.     return new_action
```

其次，定义动作产生函数，该函数的输入是给定状态，输出是添加了噪声之后的动作值。该函数中使用了之前定义的策略网络。self.actor 的输入是状态 state，其输出是根据当前状态以及在线策略网络的策略而得到的当前动作 action，new_action 为最终得到的动作，可以看出，它是加上了动作噪声之后产生的结果。

```
1. def optimize(self):
2.     S, A, R, NS = self.ram.sample(64)
3.     S = np.float32(S)
4.     A = np.float32(A)
5.     R = np.float32(R)
6.     NS = np.float32(NS)
7.     S = S.transpose(1, 0, 2, 3, 4, 5)
8.     A = A.transpose((1, 0, 2))
9.     R = R.transpose((1, 0))
10.    NS = NS.transpose((1, 0, 2, 3, 4, 5))
11.    self.T = S.shape[0]
12.    self.BATCH_SIZE = S.shape[1]
13.    target_cx = torch.FloatTensor(self.BATCH_SIZE, 800).zero_().cuda()
14.    target_hx = torch.FloatTensor(self.BATCH_SIZE, 800).zero_().cuda()
15.    cx = torch.FloatTensor(self.BATCH_SIZE, 800).zero_().cuda()
16.    hx = torch.FloatTensor(self.BATCH_SIZE, 800).zero_().cuda()
```

上面这段代码定义了网络的训练与优化模块：首先从经验复用池中取出 n 个片段，然后对数据进行规范化处理。状态向量 S、动作向量 A、回报向量 R、转移后的状态向量 NS，都是先从经验回访池 self.ram 中随机取得的。使用 np.float 函数将 S、A、R、NS 转换成浮点数数据格式。Numpy 中 transpose 函数为张量提供了指定维度的交换，在数据处理中经常会用到，在本环境中，我们就把 S、A、R、NS 的第零维和第一维做了交换。self.BATCH_SIZE 定义了用于训练的批量的大小，用状态向量 S 的第一维来定义。

```
1. for i in range(self.T):
2.     s1 = torch.from_numpy(S[i].transpose((1, 0, 2, 3, 4))).cuda()
3.     a1 = torch.from_numpy(A[i]).cuda()
4.     r1 = torch.from_numpy(R[i]).cuda()
5.     s2 = torch.from_numpy(NS[i].transpose((1, 0, 2, 3, 4))).cuda()
6.     target_cx = target_cx.detach()
7.     target_hx = target_hx.detach()
8.     cx = cx.detach()
9.     hx = hx.detach()
```

上面一段代码开始更新，首先，还是数据的规范化处理：当前状态 $s1$ 和转移的状态 $s2$ 均进行了维度的转换。Detach 将返回一个新的从当前图中分离的变量。返回的变量永远不需要梯度。我们对 target_cx、target_hx、cx 和 hx 张量进行了 detach 操作。这些张量都要被运用于 RNN。

（4）更新 critic 网络

```
1. with torch.no_grad():
2.     a2, (target_hx, target_cx) = self.target_actor.forward(s2, (target_hx,
target_cx))
3.     next_val = torch.squeeze(self.target_critic.forward(s2, a2))
```

首先，将下一状态 $s2$ 放入目标策略网络中，计算得到下一状态的目标动作。之后，使用产生的目标动作放入到目标价值网络 self.target_critic 中，计算出下一状态的目标价值 next_val。

```
1. r1 = r1.reshape(-1)
2. y_expected = r1 + GAMMA * next_val
```

使用上面产生的目标价值 next_val，计算折扣累积回报目标值 $y_{\text{expected}} = r + \gamma Q'$

$(s_2, \mu'(s_2))$

```
1. y_predicted = torch.squeeze(self.critic.forward(s1, a1))
```

将当前状态 $s1$ 和当前动作 $a1$ 放入价值网络中，产生对于当前动作 – 状态的预测值 $y_{\text{predicted}} = Q(s_1, a_1)$。

```
1. self.loss_critic = F.smooth_l1_loss(y_predicted, y_expected, reduction = 'elementwise_mean')
```

根据 y_predicted 和 y_expected 的误差，计算价值网络的损失 loss，并且更新价值网络。

（5）更新 actor 网络

```
1. pred_a1, (hx, cx) = self.actor.forward(s1, (hx, cx))
```

上面这段代码用于更新策略网络。其输入是当前观察 $s1$ 和之前的 LSTM 状态 (hx,cx)。将其放入策略网络 self.actor 中，计算得到当前真实状态，并进行预测，得到当前的预测动作 pred_a1。

```
1. self.loss_actor = -1 * torch.sum(self.critic.forward(s1, pred_a1))
2. self.loss_actor = self.loss_actor.mean()
```

将当前状态 $s1$ 和预测动作 pred_a1 放入价值网络中，得到预测值。

```
1. self.loss_critic.requires_grad_()
2. self.critic_optimizer.zero_grad()
3. self.loss_critic.backward()
4. self.critic_optimizer.step()
```

计算 critic 网络的损失函数 self.loss_critic 的梯度，并使用该梯度更新 critic 网络。

```
1. self.loss_actor.requires_grad()
2. self.actor_optimizer.zero_grad()
3. self.loss_actor.backward()
4. self.actor_optimizer.step()
```

计算策略网络的损失函数 self.actor_loss 的梯度，并使用其更新 actor 网络。

```
1. utils.soft_update(self.target_actor, self.actor, TAU)
2. utils.soft_update(self.target_critic, self.critic, TAU)
```

用在线策略网络和在线价值网络硬更新目标网络。

3. 使用场景与优势分析

RDPG 的提出，主要是解决智能体在 POMDP 环境中在无法得到全局状态的情况下怎样根据当前的观察以及之前的记忆经验来得到一个近似最优解的策略。由于在日常生活中，动作空间一般是连续的，而且状态空间也十分巨大，同时智能体也无法完全得到所有的环境信息，RDPG 思想更切合实际，且比较符合大部分的生活场景。

虽然 RDPG 只是在一些模拟的环境（如 OpenAI 的 gym 库）中取得了较多的成果。但是这种利用之前存储的经验和当前的不完全观测，来推测完整环境状态的思想已经深入到目前很多研究的方向中。这种情况虽然更具挑战性，但是也更加贴合我们的实际生活。所以，在以后的研究工作中，在 POMDP 下的 DRL 任务会得到更多的关注。

2.2.2 深度确定性策略梯度

1. 算法介绍

人工智能领域的主要目标之一是从未经处理的高维度传感器输入中解决复杂任务。前文已经介绍过，通过将用于感知处理的深度神经网络和 RL 相结合，取得了重大的进展，产生了 DQN 算法。DQN 能够在许多 Atari 视频游戏中使用未经处理的像素为输入，达到人类玩家的水准。

虽然 DQN 解决了高维观察空间的问题，但它只能处理离散和低维动作空间。许多有趣的任务，尤其是物理控制任务，具有连续（实际值）和高维度动作空间。DQN 不能直接应用于连续域，因为它依赖于找到最大化动作值函数的动作，这在连续值的情况下需要在每个步骤进行迭代优化过程。

DQN 的另一个缺点是，它采取随机的策略，也就是说在给定状态和参数的情况下，输出的动作服从一个概率分布，也就意味着每次走进这个状态的时候，输出的动作可能不同。这会导致行为有较多的变异性，我们的参数更新的方向很可能不是策略梯度的最优方向。与随机策略不同的是确定性策略，随机策略整合的是动作和状态空间，而确定性策略仅仅整合状态空间，也就是说，给定一个状态和参数，只输出一个确定的动作。为了探索完整的状态和动作空间，根据随机策略选择行动，而我们最终要学习的是一个确定的行为策略，在这个确定性策略梯度中，少了对动作的积分，多了回报函数对动作的导数。因此，其需要采样的数据少，算法效率高。

深度确定性策略梯度（Deep Deterministic Policy Gradient，DDPG）[10] 中将动作策略的探索和动作策略的学习更新分开来。动作的探索仍然采用随机策略，而要学习的策略则是确定性策略。其次，其引入 actor-critic 框架，将策略网络与价值网络分开来。最后，其延续了 DQN 算法中的经验复用来对网络进行非策略训练，以最小化样本之间的相关性。它还使用目标 Q 网络训练网络，以在时间差异备份期间提供一致的目标。在 DDPG 算法中同时增加了批归一化（batch normalization）来防止梯度爆炸。

2. 算法分析

（1）算法概述

首先，我们介绍 DDPG 中的相关概念的定义。

- **确定性行为策略 $\boldsymbol{\mu}$：** 定义为一个函数，每一步的动作可以通过 $\boldsymbol{a}_t=\mu(\boldsymbol{s}_t)$ 计算获得。
- **策略网络：** 用一个 CNN 对 μ 函数进行模拟，我们称这个网络为策略网络，其参数为 $\boldsymbol{\theta}^{\mu}$。
- **探索策略：** 在智能体训练过程中，我们要兼顾探索和更新。探索是为了尽量探索到完整的动作状态空间。所以在训练过程中，引入了随机噪声，将动作的决策过程从确定性变为一个随机过程，再从这个随机过程中采样得到动作的值。过程如图 2.8 所示。

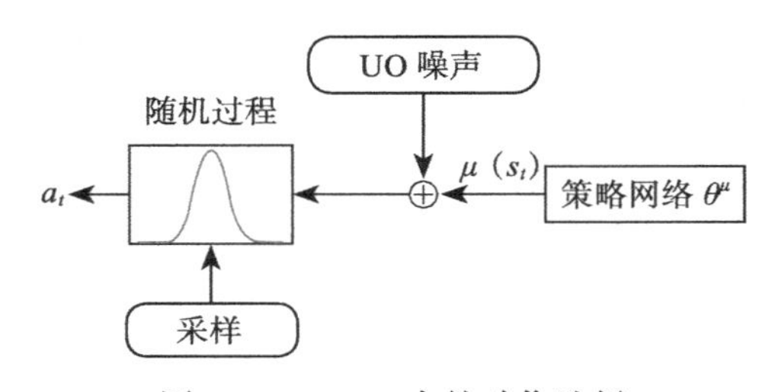

图 2.8　DDPG 中的动作选择

UO 过程在时序上具备很好的相关性，可以使智能体很好地探索具备动量属性的环境。但是这个探索策略 β 不是我们最终要学习的动作策略。它仅仅用于训练过程，生成下达给环境的动作，从而获得我们想要的数据，然后利用这个数据去训练策略 μ，以获得最优策略。

- **Q 网络：** 我们用一个 CNN 对 Q 函数进行模拟，其参数为 $\boldsymbol{\theta}^Q$。
- **衡量策略 μ 的表现：** 使用一个函数 $J_\pi(\mu)$ 来衡量当前学习到的策略的好坏：

$$J_\pi(\mu)=\int_s \rho^\pi(\boldsymbol{s})Q^\mu(\boldsymbol{s},\mu(\boldsymbol{s}))ds=\mathbb{E}_{s\sim\rho^\pi}\left[Q^\mu(\boldsymbol{s},\mu(\boldsymbol{s}))\right] \tag{2.38}$$

其中，Q^μ 是在每个状态下，智能体都按照 μ 策略选择动作，能够产生的 Q 值。$J_\pi(\mu)$ 也就是在状态 $\boldsymbol{s}$ 服从 ρ^π 分布时，按照策略 μ，$Q^\mu(\boldsymbol{s},\mu(\boldsymbol{s}))$ 的期望。

- **训练的目标：** 最大化 $J_\pi(\mu)$，同时最小化价值网络的损失。
- **最优行为策略 μ：** 就是使得 $J_\pi(\mu)$ 最大的策略，

$$\mu=\arg\max_\mu J_\pi(\mu) \tag{2.39}$$

为了克服 DQN 中网络更新不稳定的缺点，DDPG 分别为在线策略网络、在线价值网络各创建一个拷贝，叫作目标网络。每训练完一个小批量的数据后，在线策略网络和在线价值网络通过软更新算法来更新目标网络的参数：

$$\begin{cases}\boldsymbol{\theta}^{Q'}\leftarrow\tau\boldsymbol{\theta}^Q+(1-\tau)\boldsymbol{\theta}^{Q'}\\ \boldsymbol{\theta}^{\mu'}\leftarrow\tau\boldsymbol{\theta}^\mu+(1-\tau)\boldsymbol{\theta}^{\mu'}\end{cases} \tag{2.40}$$

这种逐步迭代更新求平均值的方法，保证了目标网络更新的稳定性。一般来说，τ 取 0.001。DDPG 的网络框架如图 2.9 所示。

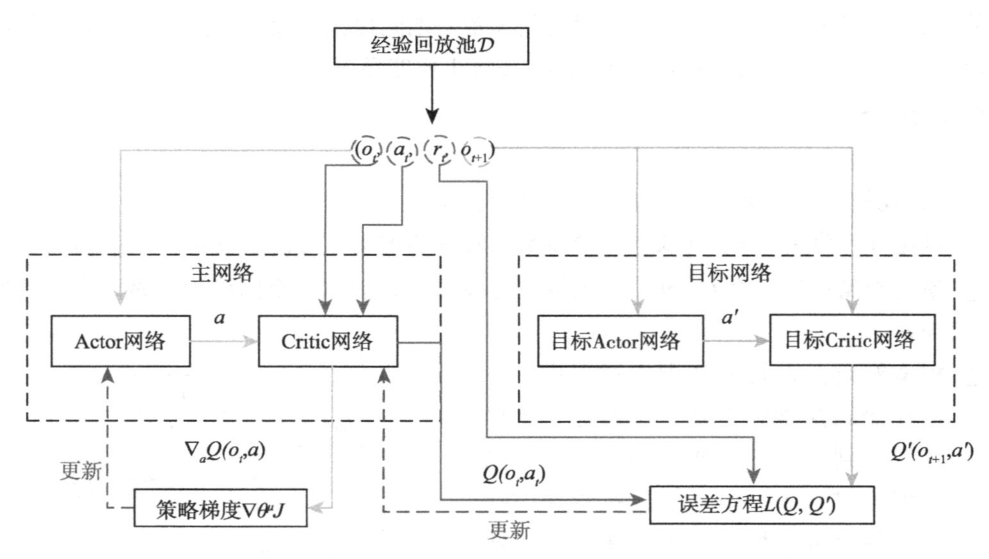

图 2.9 DDPG 网络结构图

首先在系统中要建立一个在线策略网络和一个在线价值网络，之后，按照相同的网络结构建造一个目标策略网络和一个目标价值网络，而在线网络和目标网络的参数初始化为相同。

在更新阶段，首先从经验复用池 $\mathcal{D}$ 中取得若干经验。先通过目标网络得到目标回报值 y_i。具体步骤是，首先将下一状态向量 $\boldsymbol{s}_{i+1}$ 放入目标策略网络，得到动作 $\boldsymbol{a}_{i+1}$。之后，将目标动作和下一状态向量 $\boldsymbol{s}_{i+1}$ 连接在一起，共同作为目标价值网络的输入，得到目标值 Q'，之后根据公式

$$y_i = r_i + \gamma Q'\left(\boldsymbol{s}_{i+1}, \mu'\left(\boldsymbol{s}_{i+1}|\boldsymbol{\theta}^{\mu'}\right)|\boldsymbol{\theta}^{Q'}\right) \tag{2.41}$$

得到目标回报值 y_i。

之后，更新在线价值网络。首先，将 $\boldsymbol{s}_i$、$\boldsymbol{a}_i$ 共同作为输入，放入在线价值网络，得到实际值 Q。然后根据误差方程

$$L = \frac{1}{N}\sum_i \left(y_i - Q\left(\boldsymbol{s}_i, \boldsymbol{a}_i|\boldsymbol{\theta}^Q\right)\right)^2 \tag{2.42}$$

得到在线价值网络的误差，通过最小化误差来更新该网络。

然后，更新在线策略网络。注意，由于 DDPG 是异步更新策略，也就是说动作的探索和策略网络的更新所采用的策略不是一种策略，动作的探索包含随机策略，而策略网络则是确定性更新。所谓确定性更新，就是说先把 $\boldsymbol{s}_t$ 作为输入放入在线策略网络，得到确定性动作 $\boldsymbol{a}$。然后将向量 $\boldsymbol{s}_t$ 和 $\boldsymbol{a}$ 连接在一起，共同作为在线价值网络的输入，求得策略梯度 $\nabla_{\theta^\mu} J$。根据策略梯度来确在线策略网络的更新方向。

（2）伪代码分析

算法：DDPG

随机初始化策略网络参数 $\boldsymbol{\theta}^\mu$ 和价值网络参数 $\boldsymbol{\theta}^Q$；

初始化目标策略网络参数 $\boldsymbol{\theta}^{\mu'}$ 和目标价值网络参数 $\boldsymbol{\theta}^{Q'}$；

初始化经验复用池 $\mathcal{D}$；

for episode = 1, M **do**

　　初始化动作探索噪声 $\mathcal{N}$；

　　得到初始化状态 s_1；

　　for t = 1, T **do**

　　　　根据在线策略网络和探索噪声选择动作 $\boldsymbol{a}_t = \mu\left(\boldsymbol{s}_t|\boldsymbol{\theta}^\mu\right) + \mathcal{N}$；

　　　　执行动作 $\boldsymbol{a}_t$，从环境中得到回报 r_t 和下一状态 $\boldsymbol{s}_{t+1}$；

　　　　把 $\left(\boldsymbol{s}_t, \boldsymbol{a}_t, r_t, \boldsymbol{s}_{t+1}\right)$ 存储到经验复用池 $\mathcal{D}$ 中；

　　　　从 $\mathcal{D}$ 中随机采样含有 N 个经验 $\left(s_i, a_i, r_i, s_{i+1}\right)$ 的小批量；

　　　　得到目标 $y_i = r_i + \gamma Q'\left(\boldsymbol{s}_{i+1}, \mu'\left(\boldsymbol{s}_{i+1}|\boldsymbol{\theta}^{\mu'}\right)|\boldsymbol{\theta}^{Q'}\right)$；

　　　　通过最小化损失函数更新 Q 网络：$L = \frac{1}{N}\sum_i \left(y_i - Q\left(\boldsymbol{s}_i, \boldsymbol{a}_i|\boldsymbol{\theta}^Q\right)\right)^2$；

　　　　通过采样得到的策略梯度更新策略网络：

$$\nabla_{\theta^\mu} J \approx \frac{1}{N}\sum_i \nabla_a Q\left(s,a|\theta^Q\right)|_{s=s_i,a=\mu(s_i)} \nabla_{\theta^\mu}\mu\left(s|\theta^\mu\right)|_{s_i};$$

更新目标网络：

$$\theta^{Q'} \leftarrow \tau\theta^Q + (1-\tau)\theta^{Q'};$$

$$\theta^{\mu'} \leftarrow \tau\theta^\mu + (1-\tau)\theta^{\mu'};$$

end for

end for

（3）Python 代码片段分析

下面给出基于 TensorFlow 实现的 DDPG 算法的部分代码解析。

策略网络结构解析

```
1. def __init__(self, sess, action_dim, action_bound, learning_rate, replacement):
2.     self.sess = sess
3.     self.a_dim = action_dim
4.     self.action_bound = action_bound
5.     self.lr = learning_rate
6.     self.t_replace_counter = 0
7.     self.replacement = replacement
8.     with tf.variable_scope('Actor'):
9.         self.a = self._build_net(S, scope = ›eval_net›, trainable = True)
10.        self.a_ = self._build_net(S_, scope = 'target_net', trainable = False)
11.    self.e_params = tf.get_collection(tf.GraphKeys.GLOBAL_VARIABLES, scope =
'Actor/eval_net')
12.    self.t_params = tf.get_collection(tf.GraphKeys.GLOBAL_VARIABLES, scope =
'Actor/target_net')
13.   self.soft_replace = [tf.assign(t, (1 - self.replacement['tau']) * t +
self.replacement['tau'] * e) for t, e in zip(self.t_params, self.e_params)]
```

该段代码对策略网络进行了初始化。需要初始化的为动作维度 self.a_dim、会话 self.sess、动作值限制 self.action_bound、actor 网络的学习率 self.lr、更新参数字典 self.replacement。

首先建立一个在线策略网络 self.a，之后建立一个初始化参数相同且结构相同的目标策略网络 self.a_。定义 self.t_params 为在线网络中的参数、self.e_params 为目标网络中的参数。可以看出在线网络与目标网络之间的为软更新。软更新参数 τ 从 self.replacement 中获得。

```
1. def _build_net(self, s, scope, trainable):
2.     with tf.variable_scope(scope):
3.         init_w = tf.random_normal_initializer(0., 0.3)
4.         init_b = tf.constant_initializer(0.1)
5.         net = tf.layers.dense(s, 30, activation = tf.nn.relu, kernel_
initialize r = init_w, bias_initializer = init_b, name = 'l1', trainable = trainable)
6.         with tf.variable_scope('a'):
7.             actions = tf.layers.dense(net, self.a_dim, activation = tf.nn.tanh,
kernel_initializer = init_w, bias_initializer = init_b, name = 'a', trainable = trainable)
8.             scaled_a = tf.multiply(actions, self.action_bound, name = 'scaled_a')
9.     return scaled_a
```

上面这段代码的作用是搭建产生确定性动作的策略网络 θ^{μ}，其输入是当前状态 s_t，使用 relu 激活函数，最终的输出是在 action_bound 范围内的动作 a_t。

具体来看，首先我们定义了全连接层的权重 init_w 和偏置 init_b，之后，我们使用 self.layers.dense 定义了一个全连接层，该全连接层的输入是状态 s，输出向量的大小为 30（根据实际情况自定义），该层的激活函数为 relu。在该层之后，又连接了一个全连接层，该全连接层的输出大小为 self.a_dim，即对每一维的动作输出动作值。最后，使用 tf.multiply 函数对动作值的范围加以限制，输出最终合法的预测动作。

```
1. def add_grad_to_graph(self, a_grads):
2.     with tf.variable_scope('policy_grads'):
3.         self.policy_grads = tf.gradients(ys = self.a, xs = self.e_params, 
grad_ys = a_grads)
4.
5.     with tf.variable_scope('A_train'):
6.         opt = tf.train.AdamOptimizer(self.lr)  # (- learning rate) for ascent 
policy
7.         self.train_op = opt.apply_gradients(zip(self.policy_grads, self.e_
params))
```

上面这段代码定义了策略梯度 self.policy_grads 以及策略网络的优化器 self.train_op。在策略梯度函数中，ys 的输入为在线更新策略网络 $\boldsymbol{\theta}^{\mu}$，xs 的输入为该策略网络的参数，grad_y 的输入为价值网络在动作方向上的梯度 $\nabla_{a} Q\left(\boldsymbol{s},\boldsymbol{a}|\boldsymbol{\theta}^{Q}\right)$，策略梯度为 $\nabla_{\theta^{\mu}} J$。

```
1. def choose_action(self, s):
2.     s = s[np.newaxis, :]    # single state
3.     return self.sess.run(self.a, feed_dict = {S: s})[0] # single action
```

上面这段代码的作用是产生确定性动作，传入状态 $\boldsymbol{s}$，通过 self.sess.run 运行在线策略网络，产生预测的动作值。

```
1. def learn(self, s):
2.     self.sess.run(self.train_op, feed_dict = {S: s})
3.     if self.replacement[‹name›] == 'soft':
4.        self.sess.run(self.soft_replace)
```

上面这段代码是策略网络的学习与目标网络的更新。self.train_op 是对在线策略网络进行梯度更新，其需要的输入为当前状态 $\boldsymbol{s}$。而在前文已经定义了 self.soft_replace 的方式，使用在线网络，对目标网络进行迭代更新。

价值网络结构解析

```
1. def __init__(self, sess, state_dim, action_dim, learning_rate, gamma, 
replacement, a, a_):
2.     self.sess = sess
3.     self.s_dim = state_dim
4.     self.a_dim = action_dim
5.     self.lr = learning_rate
6.     self.gamma = gamma
7.     self.replacement = replacement
8.     with tf.variable_scope('Critic'):
9.         self.a = tf.stop_gradient(a)
10.        self.q = self._build_net(S, self.a, 'eval_net', trainable = True)
```

```
    11.         self.q_ = self._build_net(S_, a_, 'target_net', trainable = False)
    12.         self.e_params = tf.get_collection(tf.GraphKeys.GLOBAL_VARIABLES,
scope = 'Critic/eval_net')
    13.         self.t_params = tf.get_collection(tf.GraphKeys.GLOBAL_VARIABLES,
scope = 'Critic/target_net')
```

上面这段代码对价值网络进行了初始化。需要初始化的参数为会话 self.sess、状态维度 self.s_dim、动作维度 self.a_dim、critic 网络的学习率 self.lr、折扣因子 self.gamma、软更新参数字典 self.replacement。还需要传入动作 a 以及目标策略网络产生的动作 a_。

为了防止价值网络的梯度更新影响到策略网络，使用 tf.stop_gradient 函数来阻止。self.q 为在线价值网络对当前状态 – 动作的值估计。self.q_ 为目标 critic 网络的输出，其输入是由目标价值网络根据下一状态 S_ 输出的动作 a_、下一状态 S_。

self.e_params 为在线价值网络的参数 θ^Q ,self.t_params 为目标价值网络的网络参数 $\theta^{Q'}$ 。

```
    1. with tf.variable_scope('target_q'):
    2.     self.target_q = R + self.gamma * self.q_
    3.
    4.  with tf.variable_scope('TD_error'):
    5.     self.loss = tf.reduce_mean(tf.squared_difference(self.target_q, self.q))
    6.
    7.  with tf.variable_scope('C_train'):
    8.     self.train_op = tf.train.AdamOptimizer(self.lr).minimize(self.loss)
    9.
    10. with tf.variable_scope('a_grad'):
    11.     self.a_grads = tf.gradients(self.q, a)[0]   # tensor of gradients of
each sample (None, a_dim)
    12.
    13.self.soft_replacement = [tf.assign(t, (1 - self.replacement['tau']) * t +
self.replacement['tau'] * e) for t, e in zip(self.t_params, self.e_params)]
```

上面这段代码仍然是在线价值网络的初始化，其分别定义了：

- 目标值 self.target_q，对应前文中的 y_i。该目标值使用当前回报 R 和目标价值网络的预测值来计算。
- 在线价值网络的损失函数 self.loss。使用目标价值网络输出的目标值 self.target 和在线价值网络输出的值估计 self.q 之间的差平方来估计。
- 在线价值网络的优化器 self.train_op。使用 Adam 优化器，学习率为 self.lr，目标为最小化损失函数 self.loss。
- 在线价值网络在动作维度上的梯度 self.a_grads（在策略网络的梯度计算中会用到），以及在线价值网络和目标价值网络之间的软更新。

```
    1. def _build_net(self, s, a, scope, trainable):
    2.     with tf.variable_scope(scope):
    3.         init_w = tf.random_normal_initializer(0., 0.1)
    4.         init_b = tf.constant_initializer(0.1)
    5.
    6.         with tf.variable_scope('l1'):
    7.             n_l1 = 30
    8.             w1_s = tf.get_variable('w1_s', [self.s_dim, n_l1], initializer =
init_w, trainable = trainable)
    9.             w1_a = tf.get_variable('w1_a', [self.a_dim, n_l1], initializer =
init_w, trainable = trainable)
```

```
    10.           b1 = tf.get_variable('b1', [1, n_l1], initializer = init_b,
trainable = trainable)
    11.           net = tf.nn.relu(tf.matmul(s, w1_s) + tf.matmul(a, w1_a) + b1)
    12.
    13.       with tf.variable_scope('q'):
    14.           q = tf.layers.dense(net, 1, kernel_initializer = init_w, bias_
initializer = init_b, trainable = trainable)   # Q(s, a)
    15.    return q
```

上面这段代码具体定义了价值网络的网络架构，其输入是动作和状态，输出是对于状态–动作对的值估计 $Q(\boldsymbol{s},\boldsymbol{a})$。

具体来说，首先定义用于初始化的权重 init_w 和偏置 init_b。之后 n_l1 代表第一层神经网络的输出维度。w1_s 为状态向量对应的权重 ,w1_a 为动作向量对应的权重，b1 为第一层的偏置，net 为第一层网络经过 relu 激活后的输出。

net 后面连接了一个全连接层，其输出维度为 1，代表对于每个状态–动作的值估计。

```
1. def learn(self, s, a, r, s_):
2.     self.sess.run(self.train_op, feed_dict = {S: s, self.a: a, R: r, S_: s_})
3.     self.sess.run(self.soft_replacement)
4.     self.t_replace_counter += 1
```

上面这段代码的作用是向图中传入对应的参数，进行在线价值网络的更新：

首先，传入了当前状态 s、动作 a、回报 r 和下一状态 $s\_$，得到价值网络的更新。

下一步，通过 self.soft_replacement，使用在线价值网络，对目标价值网络进行软更新。

```
1. class Memory(object):
2.     def __init__(self, capacity, dims):
3.         self.capacity = capacity
4.         self.data = np.zeros((capacity, dims))
5.         self.pointer = 0
6.
7.     def store_transition(self, s, a, r, s_):
8.         transition = np.hstack((s, a, [r], s_))
9.         index = self.pointer % self.capacity  # replace the old memory with
new memory
10.        self.data[index, :] = transition
11.        self.pointer += 1
12.
13.    def sample(self, n):
14.        assert self.pointer >= self.capacity, 'Memory has not been fulfilled'
15.        indices = np.random.choice(self.capacity, size = n)
16.        return self.data[indices, :]
```

以上是经验复用池的定义。

如上所示，首先定义了回放池所能存储的经验的多少 self.capacity。self.data 定义了具体存放经验的数组。self.pointer 为当前存入经验池的位置，初始化为 0。

store_transition 函数具体实现了经验的存放。首先，使用 np.hstack 将 4 个向量（s、a、$[r]$、$s\_$）合并为一个 transition 向量。之后，index 为当前要存储的经验复用池的位置，之后经验池位置指针 self.pointer 后移一位。经验在经验池复用中是覆盖存储的。

sample 方法为在经验复用池中采样，采样的大小为 n。

3. 使用场景与优势分析

和 DQN 算法或者单一的策略梯度更新算法相比，DDPG 中在线网络和目标网络的使用，以及软更新算法的应用，使得学习的过程更加稳定，模型的收敛更加有保障。同时，DDPG 可用于高维度动作状态空间，甚至是连续的空间，这使得 DDPG 算法更有可能应用于实际更加复杂的任务。同时，DDPG 所使用的确定性策略所需要的样本数少，且不需要对动作空间进行积分，大大降低了算法的复杂度。

正是这些优良的特性，使得 DDPG 能够得到大家的认可并广泛应用于各式复杂的控制任务中。

2.2.3　信赖域策略优化

1. 算法介绍

信赖域策略优化（Trust Reign Policy Gradient，TRPO）属于策略梯度算法的一种。策略梯度算法在连续控制领域取得了一些成就，但是，其缺点也逐渐暴露出来：

- 很难选择合适的更新步长。由于策略是不断改变的，所以输入数据是不固定的，也就导致了观察和回报的分布是变化的。所以，很难在变化中选择一个固定的步长，适应所有的情况。如果选择的步长过大，则很有可能更新到一个坏的策略，而下一批的观察数据也是在更新后的坏策略下得到的，这就可能使策略无法恢复，造成模型表现的崩塌。而如果选择的步长过小，可能需要上千万步迭代，令人绝望。
- 数据采样效率低。一次采样出的数据只能用于更新策略一次。

所以，TRPO 要解决的问题就是，如何选择合适的步长，找到新的策略使得新的回报函数的值增加，或者说单调不减。所谓信赖域，就是指在此区域内，我们认为函数的局部近似是准确的。TRPO 算法的提出就用来解决这个问题。

2. 算法分析

（1）算法概述

为了解决上述问题，一个很自然的想法是，能不能把新策略下的预期回报表示为旧策略下的预期回报加上一个余项，让这个余项大于等于零，就能保证更新到一个更好的策略中了。令 $\eta(\pi)$ 为在策略 π 下的累积预期回报：

$$\eta(\pi)=\mathbb{E}_{s_0,a_0,\cdots}\left[\sum_{t=0}^{\infty}\gamma^t r(s_t)\right] \tag{2.43}$$

令 π' 为新策略，π 为旧策略，则新策略的累积预期回报可以表示为：

$$\eta(\pi')=\eta(\pi)+\mathbb{E}_{s_0,a_0,\cdots\sim\pi'}\left[\sum_{t=0}^{\infty}\gamma^t A_\pi(s_t,a_t)\right] \tag{2.44}$$

$E_{s_0,a_0,\cdots\sim\pi'}[\cdots]$ 代表动作从新策略分布 $\pi'(\cdot|s_t)$ 中采样得到。其中

$$A_\pi(s,a)=Q_\pi(s,a)-V_\pi(s)=\mathbb{E}_{s'\sim P(s'|s,a)}\left[r(s)+V_\pi(s')-V_\pi(s)\right] \tag{2.45}$$

$A_\pi(s,a)$ 叫作优势函数，用来评价当前动作值相对于平均值的大小。如果 $A_\pi>0$，说明该动作比平均动作好。

将上式进一步展开得：

$$\eta(\pi')=\eta(\pi)+\sum_{t=0}^{\infty}\sum_{s}P(s_t=s\mid\pi')\sum_{a}\pi'(a\mid s)\gamma^t A_\pi(s,a) \tag{2.46}$$

进一步变形，得到：

$$\eta(\pi')=\eta(\pi)+\sum_{s}\rho_{\pi'}(s)\sum_{a}\pi'(a\mid s)A_\pi(s,a) \tag{2.47}$$

其中，ρ_π 为折扣访问频率：

$$\rho_\pi(s)=P(s_0=s)+\gamma P(s_1=s)+\gamma^2 P(s_2=s)+\cdots \tag{2.48}$$

注意这里的状态是由新策略产生的，对于新策略有很强的依赖性，但是在计算的时候，新策略是不知道的。所以，在 TRPO 中，使用旧策略代替新策略，因为两者差距不大。

上面的等式证明了对于任意一对策略更新（$\pi\to\pi'$），如果对于每一个状态 s，都有一个非负的优势期望，就可以保证提高策略表现 η。特殊地，如果优势期望处处得零，则策略表现不变。此等式也表示如何判断一个策略已经达到了最优策略：如对于一个确定性策略更新网络，$\pi'(s)=\arg\max_a A_\pi(s,a)$，如果有至少一对状态 – 动作的优势函数值为 0 并且状态访问概率不为 0，则可以改进策略；否则，该策略就已经收敛到了最优策略。

TRPO 引入了重要性采样处理动作分布，提高了数据采样效率。所谓重要性采样，就是使得和环境互动的策略与要更新的策略不是同一个策略，这样，通过和环境互动获得的采样数据就能够被多次应用在新策略的更新中：

$$L_\pi(\pi')=\eta(\pi)+\mathbb{E}_{a\sim\pi}\left[\frac{\pi'(a|s_n)}{\pi(a|s_n)}A_\pi(s_n,a)\right] \tag{2.49}$$

$L_\pi(\pi')$ 与 $\eta(\pi)$ 的唯一区别是状态分布不同，事实上 $L_\pi(\pi')$ 是 $\eta(\pi)$ 的一阶近似。因此，在旧策略附近，能够改善 L 的策略也能改善 η。下一步的核心问题是，更新的步长怎么取。为此，引入一个非常重要的不等式：

$$\eta(\pi')\geqslant L_\pi(\pi')-CD_{\mathrm{KL}}^{\max}(\pi,\pi') \tag{2.50}$$

其中，$C=\dfrac{2\varepsilon\gamma}{(1-\gamma)^2}$，而 $D_{\mathrm{KL}}^{\max}$ 为每个状态下动作分布的散度的最大值。为了使问题简化，使用平均散度代替最大散度。最终，问题等价为希望找到参数 $\boldsymbol{\theta}$ 满足：

$$\max_{\theta}\left[L_{\theta_{\mathrm{old}}}-C\bar{D}_{\mathrm{KL}}(\theta_{\mathrm{old}},\theta)\right] \tag{2.51}$$

其中，$\boldsymbol{\theta}$ 为新策略对应的参数，$\boldsymbol{\theta}_{\mathrm{old}}$ 为旧策略对应的参数。

（2）伪代码分析

在 TRPO 的论文中，仅给出了一个简短的面对离散策略的情况，如下所示：

算法：TRPO

初始化策略 π_0

for $i=0,1,2,\cdots$ 直到收敛 **do**

计算所有优势值 $A_{\pi_i}(\boldsymbol{s},\boldsymbol{a})$

解决约束优化问题

$$\pi_{i+1}=\arg\max_{\pi}\left[L_{\pi_i}(\pi)-CD_{\mathrm{KL}}^{\max}(\pi_i,\pi)\right]$$

其中 $C=4\varepsilon\gamma/(1-\gamma)^2$

并且 $L_{\pi_i}(\pi)=\eta(\pi_i)+\sum_{s}\rho_{\pi_i}(\boldsymbol{s})\sum_{a}\pi(\boldsymbol{a}|\boldsymbol{s})A_{\pi_i}(\boldsymbol{s},\boldsymbol{a})$

end for

（3）Python 代码片段分析

下面给出基于 PyTorch 实现的 TRPO 算法的部分代码解析。

1）策略网络结构解析

```
1. class Policy(nn.Module):
2.     def __init__(self, num_inputs, num_outputs):
3.         super(Policy, self).__init__()
4.         self.affine1 = nn.Linear(num_inputs, 64)
5.         self.affine2 = nn.Linear(64, 64)
6.         self.action_mean = nn.Linear(64, num_outputs)
7.         self.action_mean.weight.data.mul_(0.1)
8.         self.action_mean.bias.data.mul_(0.0)
9.         self.action_log_std = nn.Parameter(torch.zeros(1, num_outputs))
10.        self.saved_actions = []
11.        self.rewards = []
12.        self.final_value = 0
```

该段代码定义了策略网络。要传入的参数是策略网络输入维数（状态的维数）和策略网络输出维数（动作的维数）。nn.Linear 代表线性层，self.affine1 为线性输入层，self.affine2 为中间层，self.action_mean 为通过神经网络输出的动作值的平均值，该层的权重初始化为 0.1，偏置初始化为 0。self.action_log_std 为动作的标准差的对数值。由于动作是连续的，通过动作的均值和方差，我们就能从该分布中选取动作。

```
1. def forward(self, x):
2.     x = torch.tanh(self.affine1(x))
3.     x = torch.tanh(self.affine2(x))
4.
5.     action_mean = self.action_mean(x)
6.     action_log_std = self.action_log_std.expand_as(action_mean)
7.     action_std = torch.exp(action_log_std)
8.
9.     return action_mean, action_log_std, action_std
```

随后，在该策略模型中，要定义前向传导函数：输入的 x 为状态，通过神经层后，要经过一个 tanh 激活函数，求得 action_mean 和 action_log_std，通过求指数，将对数还原为真正的动作的标准差，这是在写策略网络中的一个小技巧。

2）价值网络结构解析

```
1. class Value(nn.Module):
2.     def __init__(self, num_inputs):
3.         super(Value, self).__init__()
4.         self.affine1 = nn.Linear(num_inputs, 64)
```

```
5.          self.affine2 = nn.Linear(64, 64)
6.          self.value_head = nn.Linear(64, 1)
7.          self.value_head.weight.data.mul_(0.1)
8.          self.value_head.bias.data.mul_(0.0)
9.
10.     def forward(self, x):
11.         x = torch.tanh(self.affine1(x))
12.         x = torch.tanh(self.affine2(x))
13.
14.         state_values = self.value_head(x)
15.         return state_values
```

和策略网络类似，价值网络也是由一个输入层、一个中间层和一个输出层组成的。可以看出，对于每一个状态，只输出一个价值。输出层的权重初始化为 0.1，偏置初始化为 0。

在前向传导函数中，输入状态 x 首先经过 self.affine1 层，然后经过 tanh 激活函数，之后经过 self.affine2 层，经过 tanh 激活，最终，通过 self.value_head 输出层，输出 state_values。

3）更新解析

```
1. def update_params(batch):
2.     rewards = torch.Tensor(batch.reward)
3.     masks = torch.Tensor(batch.mask)
4.     actions = torch.Tensor(np.concatenate(batch.action, 0))
5.     states = torch.Tensor(batch.state)
6.     values = value_net(Variable(states))
7.
8.     returns = torch.Tensor(actions.size(0), 1)
9.     deltas = torch.Tensor(actions.size(0), 1)
10.    advantages = torch.Tensor(actions.size(0), 1)
11.
12.    prev_return = 0
13.    prev_value = 0
14.    prev_advantage = 0
```

更新函数的输入是更新样本批量，批量中含有奖励 rewards、结束标志 masks、动作 actions、状态 states。传入后，为了将其加入动态图中，要将其变为 torch.Tensor。向价值网络中传入批量状态，得到这些状态的预估价值 values。

在更新中，还要求得的变量为累积回报 returns、优势 advantages 等，所以需要提前声明。

```
1. for i in reversed(range(rewards.size(0))):
2.     returns[i] = rewards[i] + args.gamma * prev_return * masks[i]
3.     deltas[i] = rewards[i] + args.gamma * prev_value * masks[i] - values.
data[i]
4.     advantages[i] = deltas[i] + args.gamma * args.tau * prev_advantage *
masks[i]
5.     prev_return = returns[i, 0]
6.     prev_value = values.data[i, 0]
7.     prev_advantage = advantages[i, 0]
8. targets = Variable(returns)
```

首先，从后往前求得折扣回报。特殊地，如果下一步状态为完成，则当前的回报为当前的奖励，否则，再加上下一步的回报乘一个折扣因子。

对于优势函数来说，也是从后往前求，只不过，此处的优势包含后面时间步的优势的折扣累积。

```
1. flat_params, _, opt_info = scipy.optimize.fmin_l_bfgs_b(get_value_loss, get_flat_params_from(value_net).double().numpy(), maxiter = 25)
2. set_flat_params_to(value_net, torch.Tensor(flat_params))
```

上面两步用于更新价值网络，get_value_loss 函数的作用根据 target 计算得到价值网络的损失，传入 scipy 库中的 optimize.fmin_l_bfgs_b 最小化优化函数，计算得到网络更新后的参数，再通过 set_flat_params_to 函数进行更新模型。上面用到的三个函数定义如下：

```
1. def set_flat_params_to(model, flat_params):
2.     prev_ind = 0
3.     for param in model.parameters():
4.         flat_size = int(np.prod(list(param.size())))
5.         param.data.copy_(
6.             flat_params[prev_ind:prev_ind + flat_size].view(param.size()))
7.         prev_ind += flat_size
```

set_flat_params_to 函数用于将 flat_params 中存储的参数值复制到 model 里面。其流程是，对于 model 中的所有参数，首先，通过 param.size 获得参数的形状，然后使用 np.prod 将各维的大小相乘，得到“变平”后的向量的长度 flat_size。params.data.copy_ 为原地复制操作，直接改变了 params 中的值。view 的功能就是改变张量的形状，可见，其将 flat_params 中 param 的对应字段取出，改为参数在模型中的原始形状，然后赋值给模型中的对应参数。

```
1. def get_flat_params_from(model):
2.     params = []
3.     for param in model.parameters():
4.         params.append(param.data.view(-1))
5.     flat_params = torch.cat(params)
6.     return flat_params
```

get_flat_params_from 函数是将 model 中的参数取出，然后“变平”。其中 view(-1) 的作用就是把 param.data 从一个高维的张量展平成一维。使用 torch.cat 将一个列表变为一个张量，并返回。

```
1. def get_value_loss(flat_params):
2.     set_flat_params_to(value_net, torch.Tensor(flat_params))
3.     for param in value_net.parameters():
4.         if param.grad is not None:
5.             param.grad.data.fill_(0)
```

get_value_loss 函数定义在更新模块 update_params 内部，用于计算价值网络的损失。首先，由于传递模型十分浪费时间和占用资源，所以我们只传递模型中的参数，然后把模型中的参数返回给 value_net。此处循环的目的是在计算之前要将所有的梯度赋值成 0。

```
1. values_ = value_net(Variable(states))
2. value_loss = (values_ - targets).pow(2).mean()
3. for param in value_net.parameters():
4.     value_loss += param.pow(2).sum() * args.l2_reg
```

values_ 为通过价值网络对状态进行的值估计，那么就可以用预估值和目标值之间的差距来衡量这个价值网络的损失。最后，为了减少过拟合，再在损失中加上正则项，即模型中参数的 L2 范数。

```
1. value_loss.backward()
2. return (value_loss.data.double().numpy(), get_flat_grad_from(value_net).data.
double().numpy())
```

最后，使用 PyTorch 自带的反向传导函数计算梯度，并返回。

```
1. advantages = (advantages - advantages.mean()) / advantages.std()
2. action_means, action_log_stds, action_stds = policy_net(Variable(states))
3. fixed_log_prob = normal_log_density(Variable(actions), action_means, action_
log_stds, action_stds).data.clone()
```

上段代码开始，就在更新策略网络。首先，将优势归一化（即减去方差后除以标准差）。之后，要求动作分布（假设动作服从的是正态分布，即概率密度 $p=\frac{1}{\sqrt{2\pi\sigma}}\exp\left(-\frac{(x-\mu)^2}{2\sigma^2}\right)$）。把状态放入策略网络中，得到动作分布的均值 action_means、标准差的对数 action_log_stds、标准差 action_stds，将其放入 narmal_log_density，求得该正态分布的对数值，即 $\log(p)$。

```
1. def normal_log_density(x, mean, log_std, std):
2.     var = std.pow(2)
3.     log_density = -(x - mean).pow(2) / (
4.         2 * var) - 0.5 * math.log(2 * math.pi) - log_std
5.     return log_density.sum(1, keepdim = True)
```

上面这个函数用于求动作的正态分布的对数值，把动作均值、动作标准差代入密度函数方程即可。

```
1. trpo_step(policy_net, get_loss, get_kl, args.max_kl, args.damping)
```

对策略网络进行更新，首先对其中要用到的几个函数进行讲解：

- get_loss：求策略网络的损失，对应公式 $L^{\text{Policy}}=-A\frac{\pi'}{\pi}$。
- get_kl：求得两个分布在行动上的散度距离。

```
1. def trpo_step(model, get_loss, get_kl, max_kl, damping):
2.     loss = get_loss()
3.     grads = torch.autograd.grad(loss, model.parameters())
4.     loss_grad = torch.cat([grad.view(-1) for grad in grads]).data
```

首先，求得策略网络的损失 loss，之后，求 loss 对策略网络参数的导数 grads，并将其展开成一维的 loss_grad。

```
1. stepdir = conjugate_gradients(Fvp, -loss_grad, 10)
2.
3. shs = 0.5 * (stepdir * Fvp(stepdir)).sum(0, keepdim = True)
4.
5. lm = torch.sqrt(shs / max_kl)
6. fullstep = stepdir / lm[0]
```

```
7.
8. neggdotstepdir = (-loss_grad * stepdir).sum(0, keepdim = True)
```

计算共轭梯度 stepdir，其中 Fvp 为求共轭梯度中需要用到的一个函数，具体的写法请见代码。

```
1. prev_params = get_flat_params_from(model)
2. success, new_params = linesearch(model, get_loss, prev_params, fullstep,
neggdotstepdir / lm[0])
```

得到 model 中的参数 pre_params，使用线搜索进行梯度下降，使得不论从哪一点开始，都能稳定收敛到一个局部最优解。具体写法请见代码。

```
1. set_flat_params_to(model, new_params)
2. return loss
```

将更新的参数赋值给策略网络。至此，两个网络的更新完毕。

3. 使用场景与优势分析

策略梯度方法的缺点是数据效率和鲁棒性不好。同时 TRPO 方法又比较复杂，且不兼容 dropout(在深度神经网络训练过程中按照一定概率对网络单元进行丢弃）和参数共享（策略和价值网络间）。后面研究者提出了近端策略优化算法，它是对 TRPO 算法的改进，更易于实现，且数据效率更高。TRPO 方法中通过使用约束而非惩罚项来保证策略更新的稳定性，主要原因是作为惩罚项的话会引入权重因子，而这个参数难以调节。所以，虽然 TRPO 把信赖域引入了 RL，但是由于实现的高复杂性，一般不推荐使用 TRPO，而是使用和 TRPO 方向一致，但是更简单高效的近端策略优化算法。

2.2.4 近端策略优化

1. 算法介绍

在 RL 的发展中，涌现出了很多优秀算法，在一些领域取得了良好的效果，比较显著的有电脑游戏、围棋、三维运动。然而，各类算法的缺点也被研究者们逐渐发现。Q-learning 算法在很多简单的问题中都不能被应用。策略梯度算法虽然在有一定难度的问题中取得了一些成效，但是这类方法对于迭代步骤的数量非常敏感：如果选的太小，训练的过程就会令人绝望；如果选的太大，反馈信号就会淹没在噪声中，甚至有可能使训练模型呈现雪崩式的下降。这类方法的采样效率也非常低，学习简单的任务就需要百万级甚至以上的总迭代次数。

为了解决这些问题，研究人员找到了 TRPO 算法。这种方法对于策略更新的大小做出了限制。虽然达到了提高鲁棒性和提高采样效率的目的，但是也在其他方面付出了代价。TRPO 算法虽然在连续控制方面取得了很好的效果，但是其实现相对较为复杂，并且对策略函数和价值函数或者辅助损失之间有共享参数的算法难以兼容，比如 Atari 和其他一些视觉输出占据主要部分的任务。

近端策略优化算法（Proximal Policy Optimization，PPO）的提出旨在借鉴 TRPO 算法，使用一阶优化，在采样效率、算法表现，以及实现和调试的复杂度之间取得了新的平衡。这是因为 PPO 会在每一次迭代中尝试计算新的策略，让损失函数最小化，并且保证每一次新计算出的策略能够和原策略相差不大。目前，OpenAI 已经把 PPO 作为自己 RL 研究中的首选算法。

图 2.10 中的机器人就是使用 PPO 算法进行训练，他要学会走路、跑步、转弯来接近一个随即移动的球形目标，环境中还有一个白色小球会撞击机器人，给机器人的学习增加难度。所以他还要学会保持平衡，甚至在被小球撞击后主动站起来。

图 2.10　gym 训练环境

2. 算法分析

（1）算法概述

策略梯度算法通过计算一个策略梯度估计，然后使用随机梯度下降算法，最终得到一个好的策略。最广泛应用的梯度估计有如下形式：

$$\hat{g} = \hat{\mathbb{E}}_t\left[\nabla_\theta \log \pi_\theta(\boldsymbol{a}_t|\boldsymbol{s}_t)\hat{A}_t\right] \tag{2.52}$$

其中，π_θ 为一个随机策略函数，$\hat{A}_t$ 为在 t 时刻对于优势函数的估计。所谓优势函数，就是当前策略与环境互动所获得的评分与基准之间的差距。如果 $\hat{A}_t>0$，说明当前“状态 – 动作”对能够得到比基准更高的回报，反之，获得的回报更低。式（2.52）中，$\hat{\mathbb{E}}_t[\cdots]$ 代表着对于一批样本的期望值。使用这种传统 on-policy，即与环境互动的策略和需要更新的策略是一个策略，它的缺点是采样效率低，采样出的数据只能用于更新一次策略。所以，我们要引入一个另外的策略 q 和环境进行互动，互动出来的经验样本可以用于多次更新策略 p。我们有如下的公式推导：

$$\begin{aligned}\mathbb{E}_{x\sim p}\left[f(x)\right] &\approx \frac{1}{N}\sum_{i=1}^{N} f(x_i) = \int f(x)p(x)\mathrm{d}x = \int f(x)\frac{p(x)}{q(x)}q(x)\mathrm{d}x \\ &= \mathbb{E}_{x\sim q}\left[f(x)\frac{p(x)}{q(x)}\right]\end{aligned} \tag{2.53}$$

可以看出来，我们使用从策略 q 中采样的样本，就能用于更新策略 p。但是，其中存在一定的问题，即当 p 与 q 分布相近时，得到的期望才能近似相等，否则，可能会产生很大的差别，比如图 2.11 中这种情况：

假设采样不足，p 分布的采样集中在 x 轴负半轴，q 分布的采样集中在 x 轴正半轴。在 p 分布中，$\mathbb{E}_{x\sim p}[f(x)]<0$，而在 q 分布中，$\mathbb{E}_{x\sim q}\left[f(x)\frac{p(x)}{q(x)}\right]>0$，两者之间就会差距很大。所以，要限制 p 和 q 策略之间不能相差过大。

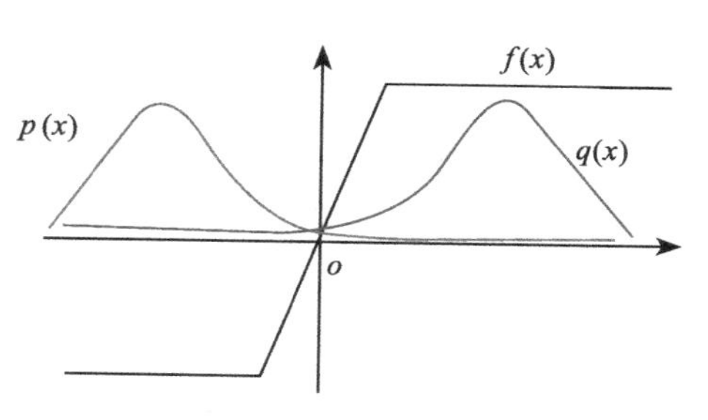

图 2.11　重要性采样

在 PPO 中，使用旧策略 π 与环境做交互，交互采集的样本用于更新策略 π'，$\boldsymbol{\theta}$ 为新策略的网络参数，因为一次交互产生的样本可以用于连续多次更新，所以 PPO 算法提高了采样效率。在 TRPO 中，使用一个硬约束对使得 π' 与 π 相差不要过远。而在 PPO 中，使用一个一阶优化对其进行约束，原问题转化成了：

$$\max\text{imize}_{\boldsymbol{\theta}}\hat{\mathbb{E}}_t\left[\frac{\pi'(\boldsymbol{a}_t|\boldsymbol{s}_t)}{\pi(\boldsymbol{a}_t|\boldsymbol{s}_t)}\hat{A}_t-\beta\text{KL}\left[\pi(\cdot|\boldsymbol{s}_t),\pi'(\cdot|\boldsymbol{s}_t)\right]\right] \tag{2.54}$$

KL 为一个散度计算函数，计算的是相同的行为在两个不同的分布之间的距离。PPO 的提出者通过实验也发现了简单选择一个固定的惩罚因子 β 不能解决问题，要对 β 做一些改进。如果 $\text{KL}[\pi,\pi'] > KL_{\max}$，增大惩罚因子 β；如果 $\text{KL}[\pi,\pi'] < \text{KL}_{\min}$，减小 β。

由于散度的计算不易理解，也较为困难，PPO 的提出者又提出了一种截断的方法，来限制新策略的更新。其损失函数定义为：

$$L^{CLIP}(\boldsymbol{\theta})=\hat{\mathbb{E}}_t\left[\min\left(r_t(\boldsymbol{\theta})\hat{A}_t,\text{clip}\left(r_t(\boldsymbol{\theta}),1-\varepsilon,1+\varepsilon\right)\hat{A}_t\right)\right] \tag{2.55}$$

其中，$r_t(\boldsymbol{\theta})=\dfrac{\pi'(\boldsymbol{a}_t|\boldsymbol{s}_t)}{\pi(\boldsymbol{a}_t|\boldsymbol{s}_t)}$，$\varepsilon$ 为一个超参，一般建议取 0.2。这个截断的思想也很好理解，当 $\hat{A}_t>0$ 时，说明当前的行动产生的回报估计要大于基准行动的预期回报，所以我们更新策略 π'，要让该行动出现的概率越大越好，但是要给这个加一个限制，即不能高于原策略的 $1+\varepsilon$ 倍。同理，若 $\hat{A}_t<0$，说明当前的行动产生的回报估计要小于基准行动的预期回报，所以我们要让该行动出现的概率越小越好，但是不能小于原策略的 $1-\varepsilon$ 倍。

（2）伪代码分析

PPO 在 actor-critic 结构中的算法，其伪代码如下所示。

算法：PPO，actor-critic 结构

---

for episode = 1， M do
　　for actor =1， N do
　　　　执行策略 π，与环境互动 T 次；
　　　　计算优势 $\hat{A}_1,\hat{A}_2,\cdots,\hat{A}_T$；
　　end for
　　优化 $L(\boldsymbol{\theta})$ K 个回合，采样集合大小要小于 NT；
　　$\pi\leftarrow\pi'$；
end for

（3）Python 代码片段分析

下面给出基于 TensorFlow 实现的 PPO 算法的部分代码解析。

1）策略网络结构解析

```
1. def _build_anet(self, name, trainable):
2.     with tf.variable_scope(name):
3.         l1 = tf.layers.dense(self.tfs, 100, tf.nn.relu, trainable = trainable
4.         mu  =  2 * tf.layers.dense(l1, A_DIM, tf.nn.tanh, trainable = trainabl
5.         sigma = tf.layers.dense(l1, A_DIM, tf.nn.softplus, trainable = trainable)
```

```
6.          norm_dist = tf.distributions.Normal(loc = mu, scale = sigma)
7.      params = tf.get_collection(tf.GraphKeys.GLOBAL_VARIABLES, scope = name)
8.      return norm_dist, params
```

该段代码定义了策略网络。要传入的参数是 scope 的名字 name，以及一个布尔标志 trainable。这是由于旧策略只用于和环境交互产生样本，在更新策略的时候，旧策略不能被更新。该策略网络的输入为状态 self.tfs，A_DIM 为动作的维数。tf.distributions.Normal 定义了一个均值为 mu、标准差为 sigma 的正态分布。params 为该网络中的参数。该方法返回的是一个正态分布，以及该策略网络的参数。

```
1. # actor
2. pi, pi_params = self._build_anet('pi', trainable = True)
3. oldpi, oldpi_params = self._build_anet('oldpi', trainable = False)
4. with tf.variable_scope('sample_action'):
5.     self.sample_op = tf.squeeze(pi.sample(1), axis = 0)    # choosing action
6. with tf.variable_scope('update_oldpi'):
7.     self.update_oldpi_op = [oldp.assign(p) for p, oldp in zip(pi_params,
oldpi_params)]
```

如上代码定义 actor，pi 代表要更新的策略，oldpi 代表与环境交互产生样本的旧策略，oldpi 网络中的参数不更新，所以 trainable 参数为 False。self.sample_op 为从在线策略网络中选择动作与环境进行交互。self.update_oldpi_op 为迭代旧策略。

```
1. self.tfa = tf.placeholder(tf.float32, [None, A_DIM], 'action')
2. self.tfadv = tf.placeholder(tf.float32, [None, 1], 'advantage')
3. with tf.variable_scope('loss'):
4.     with tf.variable_scope(‹surrogate›):
5.         # ratio = tf.exp(pi.log_prob(self.tfa) - oldpi.log_prob(self.tfa))
6.         ratio = pi.prob(self.tfa) / oldpi.prob(self.tfa)
7.         surr = ratio * self.tfadv
```

上面是在 actor 中对于 $r_t(\boldsymbol{\theta})$ 的定义，ratio 对应上文中的 $r_t(\boldsymbol{\theta})$，是新策略与旧策略的比值。self.tfa 是对于动作的占位符，里面应该填上采样的动作。self.tfadv 为实际计算出来的优势 $\hat{A}_t$ 的值的占位符。

```
1. if METHOD["name"] == "kl_pen":
2.     self.tflam = tf.placeholder(tf.float32, None, 'lambda')
3.     kl = tf.distributions.kl_divergence(oldpi, pi)
4.     self.kl_mean = tf.reduce_mean(kl)
5.     self.aloss = -(tf.reduce_mean(surr - self.tflam * kl))
```

上面代码定义的是策略网络的一种损失计算方式。第一种为散度惩罚方法。self.tflam 为上文中的惩罚因子 β。kl 为计算的新旧策略之间的散度。

```
1. else:   # clipping method, find this is better
2.     self.aloss = -tf.reduce_mean(tf.minimum( surr, tf.clip_by_value(ratio,
1.+METHOD['epsilon'], 1.+METHOD['epsilon'])*self.tfadv))
```

第二种为截断方法。对应上文中的 $L^{\text{CLIP}}(\boldsymbol{\theta})$。

2）价值网络结构解析

```
1. # critic
```

```
2. with tf.variable_scope('critic'):
3.     l1 = tf.layers.dense(self.tfs, 100, tf.nn.relu)
4.     self.v = tf.layers.dense(l1, 1)
5.     self.tfdc_r = tf.placeholder(tf.float32, [None, 1], 'discounted_r')
6.     self.advantage = self.tfdc_r - self.v
7.     self.closs = tf.reduce_mean(tf.square(self.advantage))
8.     self.ctrain_op = tf.train.AdamOptimizer(C_LR).minimize(self.closs)
```

由于一个 PPO 类中只需要一个价值网络，所以可以将网络直接定义在类的初始化函数中。价值网络的输入是状态 self.tfs，中间经过一层全连接层（按照环境情况自己设定），输出为对该状态的价值估计 self.v。self.tfdc_r 定义了 baseline，是一个占位符，里面要放入预计累积回报。而 self.advantage 为优势函数，记录了当前策略与 baseline 策略之间的回报差距，对应 $\hat{A}_t$。self.ctrain_op 定义了 critic 网络的训练优化器，推荐采用 adam 优化器。

3）策略更新函数解析

```
1. def update(self, s, a, r):
2.     self.sess.run(self.update_oldpi_op)
3.     adv = self.sess.run(self.advantage, {self.tfs: s, self.tfdc_r: r})
```

首先，迭代旧策略。之后，向占位符 self.tfs 中传入状态 s 、向占位符 self.tfdc_r 中传入累积回报 r，计算得到优势 adv。

```
1. if METHOD['name'] == 'kl_pen':
2.     for _ in range(A_UPDATE_STEPS):
3.         _, kl = self.sess.run(
4.             [self.atrain_op, self.kl_mean],
5.             {self.tfs: s, self.tfa: a, self.tfadv: adv, self.tflam: 
METHOD['lam']})
6.         if kl > 4*METHOD['kl_target']:  # this in in google's paper
7.             break
8.     if kl < METHOD['kl_target'] / 1.5:  # adaptive lambda, this is in OpenAI's 
paper
9.         METHOD['lam'] /= 2
10.    elif kl > METHOD['kl_target'] * 1.5:
11.        METHOD['lam'] *= 2
```

如果使用散度惩罚方法，在每次更新的时候，要传入状态 s、动作 a、上一步得到的优势 adv 以及惩罚因子 METHOD['lam']，在每次更新的同时，要计算散度 kl。如果 kl 小于标准 ['kl_target'] / 1.5，将惩罚因子 METHOD['lam'] 除以 2；如果 kl 大于标准 ['kl_target'] * 1.5，将惩罚因子 METHOD['lam'] 乘以 2。动态调整惩罚因子，使得新策略和旧策略之间的分布相差不多。

```
1.     else: # clipping method, find this is better (OpenAI's paper)
2.         [self.sess.run(self.atrain_op, {self.tfs: s, self.tfa: a, self.
tfadv: adv}) for _ in range(A_UPDATE_STEPS)]
```

如果使用截断的方法，传入状态 s、动作 a、优势 adv，对策略更新多次。

3. 使用场景与优势分析

PPO 算法现在已经是 OpenAI 用于连续控制的首选算法。它易于实现且改进了 on-policy 梯度更新的一些问题，提高了采样的效率以及算法的鲁棒性。

OpenAI 的研究人员设计了具有互动能力的机器人，然后用 PPO 训练它们的策略。在这些基于 Roboschool 环境的实验中，可以用键盘给机器人设定新的目标位置；尽管输入的目标序列与用来训练机器人的序列不同，机器人仍然可以进行泛化。

除了 Roboschool 中这样的简单机器人，他们还用 PPO 教会复杂的仿真机器人走路，比如来自波士顿动力的 Atlas 的仿真模型。相比前面的双足机器人的 17 个独立关节，这个模型中独立关节的数目高达 30 个。也有一些其他研究人员已经成功借助 PPO 训练仿真机器人用精彩的跑酷动作跨越障碍。

2.3 基于模型的深度强化学习算法

2.3.1 基于模型加速的连续深度 Q-learning

1. 算法介绍

基于模型的 RL 算法是智能体通过与环境交互获得数据，并根据数据对环境进行建模拟合出一个模型，然后智能体根据模型生成样本并利用 RL 算法优化自身。在这个过程中，智能体将数据进行了充分利用，因为模型一旦拟合出来，智能体就可以根据该模型来生成样本。因此智能体与环境之间的交互次数会急剧减少，但拟合的模型往往存在偏差，因此基于模型的 RL 算法一般不能保证收敛到最优解。

无模型的 RL 算法是指智能体从环境中获得的数据，并不需要拟合环境生成模型，而是直接从环境中获得样本来优化智能体。由于没有拟合环境模型，所以智能体对环境的感知和认知只能通过与环境之间不断地进行大量交互来实现，但无模型的 RL 算法经过无数次与环境的交互可以保证智能体得到最优解，无模型 RL 已成功应用于一系列具有挑战性的问题，并且已扩展到可处理大规模的神经网络策略和值函数。然而，无模型算法的样本复杂性很高，特别是在使用高维函数进行估计时，复杂性高的样本会限制无模型 RL 算法在物理系统中的适用性。

在基于模型加速的连续深度 Q-learning 算法中，将上述两种 DL 方法进行了有效结合，算法中使用了两种技术来提高效率。

首先，推导出 Q-learning 算法可以进行连续控制的一种变体，该变体称为归一化优势函数（Normalized Advantage Functions, NAF），NAF 可作为大家更常用的“策略梯度”方法和 actor-critic 方法的一种替代。在 NAF 中不需要第二个动作函数或策略函数，因此算法更加简单。更简单的优化目标和值函数的参数选择也让 NAF 算法与连续控制域上的大型神经网络函数一起使用时，具有更高的样本利用效率。

其次，NAF 的表示形式允许将经验复用的 Q-learning 应用于连续任务，并且大大提高了控制任务的性能。具体而言，on-policy 的样本由训练好的环境模型生成，当训练好的环境模型与真实情况完全匹配时，这样做是非常有效的，但是对于训练好的不完美的环境模型，这样做的效率会显著降低。然而，使用与真实世界样本相近的短假想轨迹（short imagination rollout）迭代地将局部线性模型拟合到最新批次的 on-policy 轨迹或 off-policy 轨迹，这样模型生成的样本则具有足够的局部准确性。

2. 算法分析

（1）算法概述

在具有深度神经网络的连续动作空间中使用Q-learning，称为NAF，算法运行架构如图2.12所示。NAF背后的想法是在Q-learning中表示Q函数$Q(\boldsymbol{s}_t,\boldsymbol{a}_t)$，使得它的最大值$\operatorname{argmax}Q(\boldsymbol{s}_t,\boldsymbol{a}_t)$在Q-learning的过程中容易确定。在实现中使用基于神经网络的方式分别输出值函数项$V(\boldsymbol{s})$和优势项$A(\boldsymbol{s},\boldsymbol{a})$，参数化为状态非线性特征的二次函数：

$$Q\left(\boldsymbol{s},\boldsymbol{a}|\boldsymbol{\theta}^Q\right)=A\left(\boldsymbol{s},\boldsymbol{a}|\boldsymbol{\theta}^A\right)+V\left(\boldsymbol{s}|\boldsymbol{\theta}^V\right) \tag{2.56}$$

$$A\left(\boldsymbol{s},\boldsymbol{a}|\boldsymbol{\theta}^A\right)=-\frac{1}{2}\left(\boldsymbol{a}-\mu\left(\boldsymbol{s}|\boldsymbol{\theta}^Q\right)\right)^T P\left(\boldsymbol{s}|\boldsymbol{\theta}^P\right)\left(\boldsymbol{a}-\mu\left(\boldsymbol{s}|\boldsymbol{\theta}^Q\right)\right) \tag{2.57}$$

其中，$\boldsymbol{s}$是状态，$\boldsymbol{a}$是动作，$P\left(\boldsymbol{s}|\boldsymbol{\theta}^P\right)$是一个状态依赖的正定方阵，且$P\left(\boldsymbol{s}|\boldsymbol{\theta}^P\right)=L\left(\boldsymbol{s}\mid\boldsymbol{\theta}^P\right)L\left(\boldsymbol{s}\mid\boldsymbol{\theta}^P\right)^T$，其中$L\left(\boldsymbol{s}\mid\boldsymbol{\theta}^P\right)$是一个下三角矩阵，其条目来自神经网络的线性输出层。虽然这种表示比一般的神经网络函数更具限制性，但由于Q函数在$\boldsymbol{a}$中是二次的，因此最大化Q函数的动作总是由$\mu\left(\boldsymbol{s}|\boldsymbol{\theta}^Q\right)$给出。

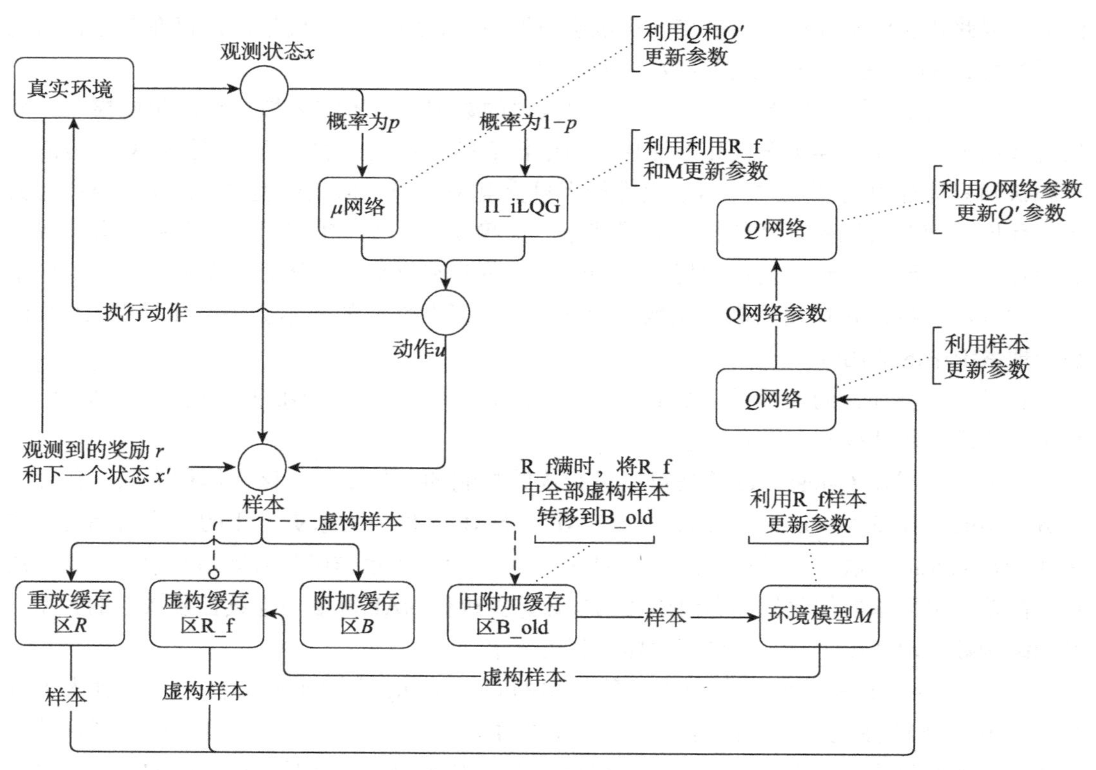

图2.12 NAF算法运行架构图

虽然NAF在连续域中有着一些优于无环境模型的“actor-critic”增强学习方法的优势，但在一些假设下，可以通过利用学习好的环境模型来提高数据的利用效率。将学习好的环境模型结合到Q-learning的off-policy算法中的一种方法，是通过规划或轨迹优化的方式，使用学习好的环境模型生成好的探索行为。具体而言，利用 iLQG 算法在学习好的环境模型下生成好的 off-policy 轨迹，然后将这些 off-policy 假想轨迹与实际上 on-policy 生成的经验轨迹混合在一起，即将它们附加到经验复用池。

然而，即使在真实的环境模型下进行规划，从这种方法获得的改进通常也很小，并且在应用场景和噪声的选择上也会对结果造成显著差异。因为 off-policy 的 iLQG 探索与学习到的策略区别太大，而且 Q-learning 必须考虑替代方案，以确定给定动作的最优性。也就是说，仅仅使用好的行为是不够的，它还必须经历不良行为才能理解哪些行为更好，哪些更糟，否则特别容易让算法陷入局部最优。

也就是说，基于最小化时间差异的 on-policy 的 Q-learning 本身需要嘈杂的动作才能成功。但是在机器人和自动驾驶汽车等现实领域中，这在很多情况下是不可取的：首先，除了好的 off-policy 样本之外，还需要大量的 on-policy 的经验；其次，必须允许策略在训练期间“犯错”，这可能会损害实际硬件。

避免这些问题的同时仍允许进行大量 on-policy 探索的一种方法是在学习好的环境模型下生成 on-policy 轨迹而不是 off-policy 轨迹。将这些合成的 on-policy 轨迹样本添加到经验复用池则可以有效地增加可用于 Q-learning 的样本数量。使用方法是使用规划的 iLQG 轨迹和 on-policy 轨迹的混合方法，并在现实世界中执行部署，在实验中评估各种混合系数，然后使用学好的环境模型根据真实世界的轨迹合成 on-policy 的轨迹。在这个框架中，合成的 on-policy 轨迹样本可以被认为是一种低成本预训练 Q 函数的方式，因此预训练后，使用真实世界轨迹经验微调智能体即可快速收敛到最佳解决方案。

为了获得好的合成的 on-policy 轨迹样本并提高 Q-learning 的效率，需要使用有效的模型学习算法。我们的目标只是围绕最新的样本集获得一个好的局部环境模型，而不是为所有状态和行为学习一个好的全局环境模型。这种方法需要一些额外的假设，即它要求初始状态为确定性或低方差高斯，并且它要求状态和动作都是连续的。为了处理具有更多变化的初始状态的域，可以使用混合的高斯初始状态，每个状态具有单独的时变线性模型。环境模型本身由 $p_t\left(\boldsymbol{s}_{t+1}|\boldsymbol{s}_t,\boldsymbol{a}_t\right)=N\left(F_t\left[\boldsymbol{s}_t;\boldsymbol{a}\right]_t+f_t,N_t\right)$ 给出。每 n 个回合，通过在每个时间步将高斯分布拟合到 $\left[x_t^i;u_t^i;x_{t+1}^i\right]$ 来重新设置参数 F_t、f_t 和 N_t，其中 i 表示样本索引，并在 $\left[\boldsymbol{s}_t;\boldsymbol{a}_t\right]$ 上调整高斯模型以获得该步骤的线性高斯参数。

（2）伪代码分析

算法：使用动态拟合的合成轨迹的可选 iLQG 探索

随机初始化 Q 网络 $Q\left(\boldsymbol{s},\boldsymbol{a}|\boldsymbol{\theta}^Q\right)$；
初始化目标网络 Q'，即 $\boldsymbol{\theta}^{Q'}\leftarrow\boldsymbol{\theta}^Q$；
初始化经验复用池 $\mathcal{R}\leftarrow\varnothing$ 和虚构缓存区 $\mathcal{R}_f\leftarrow\varnothing$；
初始化附加缓存区 $\mathcal{B}\leftarrow\varnothing$，$\mathcal{B}_{\text{old}}\leftarrow\varnothing$ 且缓存区大小为 nT；
初始化动态拟合的环境模型 $\mathcal{M}\leftarrow\varnothing$；
for episode $=1$ **to** M **do**
　　初始化随机过程 $\mathcal{N}$ 以进行动作探索；
　　接收初始状态 $\boldsymbol{s}_1$；

以概率 $\{p,1-p\}$ 从 $\{\mu(s|\theta^{\mu}),\pi_t^{iLQG}(a_t|s_t)\}$ 选择动作 $\mu'(s,t)$；

for $t=1$ **to** T **do**

选择动作 $a_t=\mu'(s,t)+\mathcal{N}_t$；

执行动作 a_i 然后观测到奖励 r_t 和下一时刻状态 s_{t+1}；

将 $(s_t, a_t, r_t, s_{t+1}, t)$ 存到 $\mathcal{R}$ 和 $\mathcal{B}$；

if $\text{mod}(\text{episode}\cdot T+t,m)=0$ **and** $\mathcal{M}\neq\varnothing$ **then**

从 $\mathcal{B}_{\text{old}}$ 中采样 m 个样本 $(s_i, a_i, r_i, s_{i+1}, i)$；

对于每一个样本，使用环境模型 $\mathcal{M}$ 去模拟 l 步；

将所有的虚构样本存储到 $\mathcal{R}_f$ 中；

end if

以 m 为一个 batch 的大小，分别从 $\mathcal{R}$ 和 $\mathcal{R}_f$ 中采样 I 个 batch 和 $I\cdot l$ 个 batch；

令 $y_i=r_i+\gamma V'(s_{i+1}|\theta^{Q'})$；

对于每一个 batch，通过减小 $L=\frac{1}{N}\sum_i(y_i-Q(s_i,a_i|\theta^{Q}))^2$ 来更新 θ^{Q}；

对于每一个 batch，$\theta^{Q'}\leftarrow\tau\theta^{Q}+(1-\tau)\theta^{Q'}$；

end for

if $\mathcal{R}_f$ 满了 **then**

$\mathcal{M}\leftarrow \textit{FitLocalLinearDynamics}(\mathcal{R}_f)$；

$\pi^{iLQG}\leftarrow \textit{iLQG\_OneStep}(\mathcal{R}_f,\mathcal{M})$；

$\mathcal{B}_{\text{old}}\leftarrow\mathcal{R}_f$，$\mathcal{R}_f\leftarrow\varnothing$；

end if

end for

(3) Python 代码片段分析

下面给出使用 TensorFlow 实现的 NAF 算法部分的代码解析。

```
1. def run2(self, monitor = False, display = False, is_train = True):
2.     target_y = tf.placeholder(tf.float32, [None], name = 'target_y')
3.     loss = tf.reduce_mean(tf.squared_difference(target_y, tf.squeeze(self.
pred_network.Q)), name = 'loss')
4.
5.     optim = tf.train.AdamOptimizer(self.learning_rate).minimize(loss)
6.
7.     self.stat.load_model()
8.     self.target_network.hard_copy_from(self.pred_network)
9.
10.    # replay memory
11.    prestates = []
12.    actions = []
13.    rewards = []
14.    poststates = []
15.    terminals = []
16.
17.    # the main learning loop
18.    total_reward = 0
```

```
19.     for i_episode in xrange(self.max_episodes):
20.         observation = self.env.reset()
21.         episode_reward = 0
22.
23.         for t in xrange(self.max_steps):
24.             if display:
25.                 self.env.render()
26.
27.             # predict the mean action from current observation
28.             x_ = np.array([observation])
29.             u_ = self.pred_network.mu.eval({self.pred_network.x: x_})[0]
30.
31.             action = u_ + np.random.randn(1) / (i_episode + 1)
32.
33.             prestates.append(observation)
34.             actions.append(action)
35.
36.             observation, reward, done, info = self.env.step(action)
37.             episode_reward += reward
38.
39.             rewards.append(reward); poststates.append(observation);
terminals.append(done)
40.
41.             if len(prestates) > 10:
42.                 loss_ = 0
43.                 for k in xrange(self.update_repeat):
44.                 if len(prestates) > self.batch_size:
45.                     indexes = np.random.choice(len(prestates), size = self.
batch_size)
46.                 else:
47.                     indexes = range(len(prestates))
48.
49.                 # Q-update
50.                 v_ = self.target_network.V.eval({self.target_network.x:
np.array(poststates)[indexes]})
51.                 y_ = np.array(rewards)[indexes] + self.discount * np.squeeze(v_)
52.
53.                 tmp1, tmp2 = np.array(prestates)[indexes], np.array(actions)
[indexes]
54.                 loss_ += l_
55.
56.                 self.target_network.soft_update_from(self.pred_network)
57.
58.             if done:
59.                 break
60.
61.             print "average loss:", loss_/k
62.             print "Episode {} finished after {} timesteps, reward {}".
format(i_episode + 1, t + 1, episode_reward)
63.             total_reward += episode_reward
64.
65.         print "Average reward per episode {}".format(total_reward / self.
episodes)
66.
67.     def predict(self, state):
68.         u = self.pred_network.predict([state])[0]
69.
70.         return self.strategy.add_noise(u, {'idx_episode': self.idx_episode})
```

首先，进行训练之前需要定义优化目标和优化方式，优化目标为最小化目标 Q 值 target_y 和网络估计 Q 值 pred_network.Q 的差值平方，计算差值使用 TensorFlow 的 squared_difference 方法，计算均值使用 TensorFlow 的 reduce_mean 方法。优化方式使用 AdamOptimizer 来最小化损失。同时如果有预训练好的模型可以在此时进行加载，同时，还需要指定目标网络的更新方式为 hard_copy，相应代码如下：

```
1. target_y = tf.placeholder(tf.float32, [None], name = 'target_y')
2. loss = tf.reduce_mean(tf.squared_difference(target_y, tf.squeeze(self.pred_
network.Q)), name = 'loss')
3.
4. optim = tf.train.AdamOptimizer(self.learning_rate).minimize(loss)
5.
6. self.stat.load_model()
7. self.target_network.hard_copy_from(self.pred_network)
```

NAF 算法的执行过程中需要使用缓存区，因此，在训练之前还需要声明几个空数组作为缓存，用来存储观测到的当前状态 prestates、下一时刻状态 poststates、动作 actions 和奖励 rewards 等信息，相应代码如下：

```
1. # replay memory
2.     prestates = []
3.     actions = []
4.     rewards = []
5.     poststates = []
6.     terminals = []
```

然后，开始进入训练循环过程。每一次循环为一次训练过程，根据预先设定的最大训练次数 max_episodes 展开训练循环过程，在每一次训练开始前，都需要观测环境的初始状态 observation 并重置环境，重置环境调用环境中的 reset 方法，相应的代码如下：

```
1. # the main learning loop
2.     total_reward = 0
3.     for i_episode in xrange(self.max_episodes):
4.         observation = self.env.reset()
5.         episode_reward = 0
```

针对每一次训练而言，都需要提前设置这一次训练的步数 max_steps，也就是在环境中执行动作的次数。有时，为了提高代码的执行效率，需要在代码中关闭对于环境的渲染，通过 display 这个变量进行判断，如果需要进行环境渲染，则调用环境中的 render 方法，训练时关闭环境渲染可以加快训练速度，具体代码如下：

```
1. for t in xrange(self.max_steps):
2.     if display:
3.         self.env.render()
```

然后，以当前的观测 observation 通过 μ 网络 pred_network.mu 获得 u_，并对动作 u_ 添加相应的噪声得到最终的动作 action，相应代码如下所示：

```
1. # predict the mean action from current observation
2.     x_ = np.array([observation])
3.     u_ = self.pred_network.mu.eval({self.pred_network.x: x_})[0]
4.
```

```
5.     action = u_ + np.random.randn(1) / (i_episode + 1)
```

接着，将当前状态 prestates、动作 actions、奖励 rewards 以及观测到的下一个状态 poststates 存入对应的缓存中，并调用环境的 step 方法执行当前动作 action，代码如下：

```
1.     prestates.append(observation)
2.         actions.append(action)
3.
4.         observation, reward, done, info = self.env.step(action)
5.         episode_reward += reward
6.
7. rewards.append(reward); poststates.append(observation); terminals.
append(done)
```

这样，就完成了在线采样的工作。然后，利用之前的离线样本进行训练，首先，从离线样本的缓存中随机抽取一些离线样本。随机抽取样本采用 NumPy 的 random.choice 方法，相应代码如下所示：

```
1. if len(prestates) > 10:
2.     loss_ = 0
3.     for k in xrange(self.update_repeat):
4.         if len(prestates) > self.batch_size:
5.             indexes = np.random.choice(len(prestates), size = self.batch_size)
6.         else:
7.             indexes = range(len(prestates))
```

对 Q 网络的网络参数进行相应更新，通过 target_network.V 和当前的 reward 计算出目标 Q 值 $y\_$，这样就可以计算出优化目标得到 loss，优化目标与优化方式在算法的初始阶段已经声明，直接调用即可，相应代码如下所示：

```
1. # Q-update
2.     v_ = self.target_network.V.eval({self.target_network.x: np.array
(poststates)[indexes]})
3.     y_ = np.array(rewards)[indexes] + self.discount * np.squeeze(v_)
4.
5.     tmp1, tmp2 = np.array(prestates)[indexes], np.array(actions)[indexes]
6.     loss_ += l_
```

同时，每隔一段时间就将 Q 网络的参数软更新到 Q' 网络上，使用目标网络的 target_network.soft_update_from 方法将 pred_network 的参数更新到自身，相应代码如下所示：

```
1.         self.target_network.soft_update_from(self.pred_network)
2.
3. if done:
4.     break
```

最后，统计并打印出相关的奖励信息 epsiode_reward、损失函数信息 loss_，用来观测训练的情况，相应的代码如下：

```
1. print "average loss:", loss_/k
2.     print "Episode {} finished after {} timesteps, reward {}".format(i_episode
+ 1, t + 1, episode_reward)
3.     total_reward += episode_reward
4.
```

```
5. print "Average reward per episode {}".format(total_reward / self.episodes)
```

3. 使用场景与优势分析

基于模型加速的连续深度 Q-learning 算法的提出，主要是因为在一些实际情况中，如果仅使用无模型的深度 Q-learning，则会出现样本使用效率太低，需要频繁地与环境进行交互的情况，然而在一些真实应用场景下（比如训练机器人拧瓶盖、训练无人车躲避障碍等），每一次与环境的交互都会带来时间和空间上很大的开销，甚至有可能在学习过程中由于错误的动作而对设备造成不可逆的损害。这样来说，在这种应用场景下，环境无法提供大量的真实样本，同时为了加快训练速度并减少训练成本，需要减少智能体与环境的交互次数。

因而，为了减少与环境的交互次数，需要使用环境模型对训练过程进行加速。这样做的好处如下：

- 整体的更新方法仍为离线更新，降低了陷入局部最优解的风险。
- 使用在线样本对环境模型更新，确保了环境模型模拟的时效性。
- 使用环境模型进行加速，大大减少了智能体与环境的交互次数，加快了训练速度，降低了训练成本。

2.3.2　范例模型探索

1. 算法介绍

DRL 算法已被证明可以用来学习复杂的任务。然而，稀疏奖励问题仍然是一个重大挑战。基于新颖性检测（novelty detection）的探索方法在这种稀疏奖励问题中有很好的效果，但通常需要有针对观测的生成或预测模型。大多数新颖性估计方法依赖于构建生成或预测模型，对当前或下一观测的分布进行建模。当观测复杂且高维时，例如在未处理的原始图像的情况下，这些模型可能难以训练，尽管最近取得了一些进展，但生成并预测图像和其他高维物体仍然是一个难以解决的问题。

范例模型探索（Exploration with Exemplar Models, EX2）算法的关键思想是通过考虑判别式训练的分类器将给定状态与先前看到的其他状态区分开的容易性来估计新颖性。如果一个状态很容易与其他状态区分开来，那么它很可能是新颖的。为此，算法为每个状态训练范例模型，以区分该状态与所有其他观测和状态。

该算法中有两个关键的技术贡献，使其成为一种实用的探索方法。

首先，算法描述了如何将经过判别式训练的范例模型用于隐式概率密度，从而能够将这种直觉与基于计数的探索的理论框架统一起来。在简单的场景中，隐式估计的概率密度提供了对基础状态概率密度的好的估计，而且不需要任何明确的生成式训练。

其次，算法中描述了如何分摊范例模型的训练过程，以防止分类器的总数随着状态的数量而增长，使得该算法实用且可扩展。由于该算法不需要任何明确的生成式建模，可以在一系列复杂的基于图像的任务上使用它，包括 Atari 游戏和 VizDoom 基准测试。EX2 与生成式创新性的探索方法在简单任务（如 Atari）上的性能相似，并且 EX2 大大超过了生成式创新性的探索方法在复杂 VizDoom 上的性能，这表明隐式概率密度估计相对于显式生成建模而言具有更高的价值。

2. 算法分析

（1）算法概述

为了避免使用显式生成模型，算法中的新颖性估计方法使用范例模型。在给定数据集 $\mathcal{X}=\{\boldsymbol{x}_1,\cdots,\boldsymbol{x}_n\}$ 中，范例模型由一组 n 个分类器或判别器 $\left\{D_{\boldsymbol{x}_1},\cdots,D_{\boldsymbol{x}_n}\right\}$ 组成，每个数据点对应一个分类器或判别器。训练每个单独 $D_{\boldsymbol{x}_i}$ 以将单个数据点 $\boldsymbol{x}_i$（即“范例”）与数据集 $\mathcal{X}$ 中的其他点区分开。

令 $P_{\mathcal{X}}(\boldsymbol{x})$ 表示 $\mathcal{X}$ 上的数据分布，并且令 $D_{\boldsymbol{x}^*}(\boldsymbol{x}):\mathrm{X}\to[0,1]$ 表示与范例 $\boldsymbol{x}^*$ 相关联的判别器。为了获得正确的概率密度估计，为每个判别器提供一个平衡数据集，其中一半数据由范例 $\boldsymbol{x}^*$ 组成，一半来自分布 $P_{\mathcal{X}}(\boldsymbol{x})$。然后训练每个判别器以通过最大似然来模拟伯努利分布 $D_{\boldsymbol{x}^*}(\boldsymbol{x})=P\left(\boldsymbol{x}=\boldsymbol{x}^*\mid\boldsymbol{x}\right)$。标签 $\boldsymbol{x}=\boldsymbol{x}^*$ 是有噪声的，因为与 $\boldsymbol{x}^*$ 相似或相同的数据也可能出现在分布 $P_{\mathcal{X}}(\boldsymbol{x})$ 中，因此分类器并不总是输出 1。为了获得最大似然解，训练判别器以优化以下交叉熵为目标：

$$D_{\boldsymbol{x}^*}=\arg\max_{D\epsilon\mathcal{D}}\left(\mathbb{E}_{\delta_{\boldsymbol{x}^*}}\left[\log D(\boldsymbol{x})\right]+\mathbb{E}_{\delta_{P_{\mathcal{X}}}}\left[\log(1-D(\boldsymbol{x}))\right]\right) \tag{2.58}$$

为了说明样本模型如何用于隐式概率密度估计，首先考虑一个最优判别器，可以在判别器和底层数据分布 $P_{\mathcal{X}}(\boldsymbol{x})$ 之间建立显式连接：

$$D_{\boldsymbol{x}^*}(\boldsymbol{x})=\frac{\left(\delta_{\boldsymbol{x}^*}*q\right)(\boldsymbol{x})}{\left(\delta_{\boldsymbol{x}^*}*q\right)(\boldsymbol{x})+\left(P_{\mathcal{X}}*q\right)\left(\boldsymbol{x}^*\right)}\ 6 \tag{2.59}$$

在连续域中，$\delta_{\boldsymbol{x}^*}\left(\boldsymbol{x}^*\right)\to\infty$，所以 $D(\boldsymbol{x})\to 1$。可以通过在训练期间对范例添加噪声 q 来平滑 $\delta_{\boldsymbol{x}^*}$，在 $\left(\delta_{\boldsymbol{x}^*}*q\right)(\boldsymbol{x})$ 中，$*$ 表示卷积。在实践中，可以通过引入噪声平滑来获得更适合于探索的概率密度估计，这也包括在分布 $P_{\mathcal{X}}$ 中添加噪声，即 $\left(P_{\mathcal{X}}*q\right)$。

然而，对于高维状态（例如图像），直接向状态添加噪声通常不会产生有意义的新状态。将噪声注入学习的潜在空间来学习平滑分布，而不是将其添加到原始状态可以更好地应对高维的状态。在形式上，引入潜变量 z。训练编码器分布 $q(z\mid\boldsymbol{x})$ 和潜在空间分类器 $p(y\mid z)=D(z)^y\left(1-D(z)\right)^{1-y}$，其中当 $\boldsymbol{x}=\boldsymbol{x}^*$ 时，$y=1$，当 $\boldsymbol{x}\neq\boldsymbol{x}^*$ 时，$y=0$。另外，将噪声分布与先验分布 $p(z)$ 进行正则化，然后通过最大化以下目标来学习潜在空间：

$$\max_{p_{y|z},q_{z|x}}\mathbb{E}_{\tilde{p}}\left[\mathbb{E}_{q_{z|x}}\left[\log p(y|z)\right]-D_{\mathrm{KL}}\left(q(z|\boldsymbol{x})\|p(z)\right)\right] \tag{2.60}$$

其中 $\tilde{p}(\boldsymbol{x})=\dfrac{1}{2}\delta_{\boldsymbol{x}^*}(\boldsymbol{x})+\dfrac{1}{2}p_{\mathcal{X}}(\boldsymbol{x})$，表示之前平衡训练的分布。该目标优化了噪声分布，以便最大化分类精度，同时尽可能少地通过潜在空间传输信息。这使得 z 仅捕获 $\boldsymbol{x}$ 中的变化因子，这些因子对于区分点与样本最具信息性。对于任何编码器 $q(z\mid\boldsymbol{x})$，判别器 $D(z)$ 满足：

$$p(y=1|z)=D(z)=\frac{q(z|y=1)}{q(z|y=1)+q(z|y=0)} \tag{2.61}$$

其中，$q(z|y=1)=\int_x \delta_{x^*}(\boldsymbol{x})q(z\mid \boldsymbol{x})d\boldsymbol{x}$ 且 $q(z|y=0)=\int_x p_X(\boldsymbol{x})q(z\mid \boldsymbol{x})d\boldsymbol{x}$。直观而言，$q(z\mid \boldsymbol{x})$默认等于先验分布$p(z)$，其不携带关于$\boldsymbol{x}$的信息。为了恢复密度估计，估计$D(\boldsymbol{x})=\mathbb{E}_q\left[D(z)\right]$。

在之前的推导中，我们的假设是一个最优的、无限强大的判别器，它可以为每个输入$\boldsymbol{x}$输出不同的值$D(\boldsymbol{x})$。但是，除了小的可计数的域之外，这通常是不可能的。当判别器难以区分两个状态x和x'时，就需要进行密度平滑。在这种情况下，判别器的输出是对无限强大判别器的输出求平均值，这种平滑形式来自判别器的归纳偏差。

对于基于隐式密度模型的探索算法，必须近似状态访问计数$N(\boldsymbol{s})=nP(\boldsymbol{s})$，其中$P(\boldsymbol{s})$是在训练期间访问的状态的分布。值得注意的是，本应使用$N(\boldsymbol{s},\boldsymbol{a})$表示状态操作计数，但为了简化表示法，省略了操作$\boldsymbol{a}$。为了从$P(\boldsymbol{s})$生成近似范例，使用经验复用池$\mathcal{B}$，它是保持先前访问状态的先进先出队列。在在线算法中，将在每次接收一个新观测之后训练判别器，并以相同方式计算奖励，且通过状态的“新颖性”函数来增加奖励：

$$r'(\boldsymbol{s},\boldsymbol{a})=r(\boldsymbol{s},\boldsymbol{a})+\beta f\left(D_s(\boldsymbol{s})\right) \tag{2.62}$$

其中β是可以调整任务奖励幅度的超参数。

实现算法可以采用两种神经元网络结构，分别是摊销式结构和K-范例式结构，如图2.13所示。

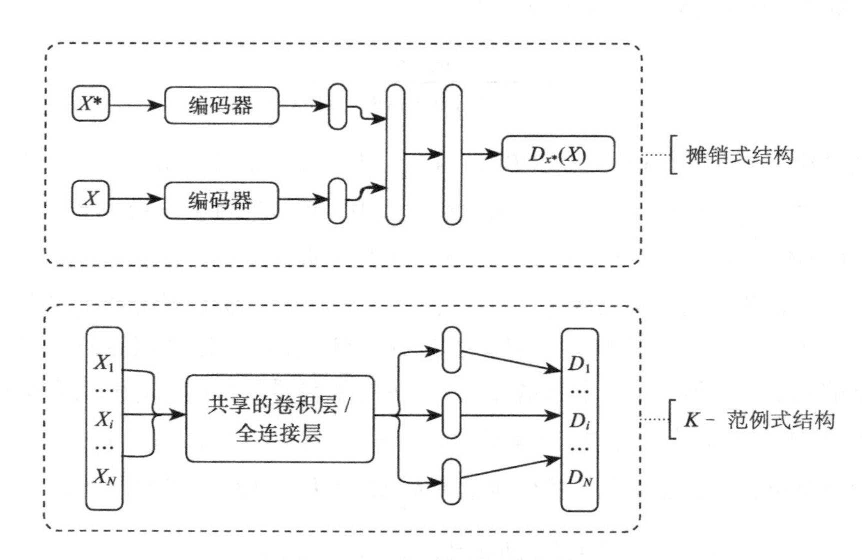

图 2.13　EX2 算法网络架构图

在摊销式结构中，不为每个范例训练单独分类器，而是训练一个以范例$\boldsymbol{x}^*$为条件的单个模型。当使用潜在空间公式时，在由$q(z^*\mid \boldsymbol{x}^*)$给出的$\boldsymbol{x}^*$的编码器上调节潜在空间判别符$p(y|z)$，得到形式为$p(y|z,z^*)=D(z,z^*)^y\left(1-D(z,z^*)\right)^{1-y}$的分类器。这种摊销式结构的优点是它不需要在每次迭代时从头开始训练新的判别器，并为新状态下的概率密度估计提供一定程度的推广。

在K-范例式结构中，只要知道正范例的分布，就可以计算得到概率密度估计。因此，可以在训练期间使用一批范例 $\{x_1,\cdots,x_k\}$ 并通过均匀采样的方式进行采样。此模型称为“K- 范例”模型，它允许在每个状态有一个判别器的模型和对所有状态使用单个判别器的模型之间平滑插值。将轨迹中的相邻状态分批到相同的判别器中，该判别器对应于假定相邻状态在时间上相似的时间正则化的形式。该结构中共享神经网络中判别器之间的大多数层，并且只允许最终线性层在判别器之间变化，这迫使共享层学习联合特征表示，类似于摊销的模型。

（2）伪代码分析

算法：EX2 批策略优化算法

初始化经验复用池 $\mathcal{B}$;

for $i=1$ **to** N **do**

　　根据策略 π_i 进行轨迹采样 $\{\tau_j\}$；

　　for 状态 s **in** $\{\tau\}$ **do**

　　　　从缓冲区 B 中采样一批负范例 $\{s_k'\}$；

　　　　使用正范例 s 和负范例 $\{s_k'\}$，通过最小化优化目标

$$D_{s^*}=\arg\max_{D\varepsilon\mathcal{D}}\left(\mathbb{E}_{\delta_{s^*}}\left[\log D(s)\right]+\mathbb{E}_{\delta_{P_S}}\left[\log\left(1-D(s)\right)\right]\right)$$

　　　　来训练分类器 $D_s(s)$；

　　　　计算奖励：$r'(s,a)=r(s,a)+\beta f\left(D_s(s)\right)$；

　　end for

　　　　使用任意一种策略优化方式，根据奖励 $r'(s,a)$ 来优化策略 π_i；

更新缓存区 $\mathcal{B}\leftarrow\mathcal{B}\cup\{\tau_i\}$；

end for

（3）Python 代码片段分析

下面给出使用 TensorFlow 实现的 EX2 算法部分的代码解析。

1）EX2 算法的训练过程：

```
1. def fit(self, paths):
2.     if self.parallel:
3.         shareds, barriers = self._par_objs
4.     # Deal with 124 tari multiple frames. Use last frame
5.     if paths[0]['observations'].shape[1] ! =  self.state_dim:
6.         obs = np.concatenate([path['observations'][:, -self.state_dim:] for 
path in paths]).astype(np.float32)
7.         # Have tested and works
8.     else:
9.         obs = np.concatenate([path['observations'] for path in paths]).
astype(np.float32)
10.
11.     actions = np.concatenate([path['actions'] for path in paths]).astype(np.
float32)
12.     if self.use_actions:
```

```
13.             positives = np.concatenate([obs, actions], 1)
14.         else:
15.             positives = obs
16.
17.         if self.replay.size >= self.min_replay_size:
18.             log_step = self.train_itrs * self.log_freq
19.             labels = np.expand_dims(np.concatenate([np.ones(self.batch_size),
np.zeros(self.batch_size)]), 1).astype(np.float32)
20.
21.         if self.first_train:
22.             train_itrs = self.first_train_itrs
23.             self.first_train = False
24.         else:
25.             train_itrs = self.train_itrs
26.
27.         for train_itr in range(train_itrs):
28.             pos_batch = sample_batch(positives, positives.shape[0], self.batch_size)
29.             neg_batch = self.replay.random_batch(self.batch_size)
30.             x1 = np.concatenate([pos_batch, pos_batch])
31.             x2 = np.concatenate([pos_batch, neg_batch])
32.             loss, class_loss, kl_loss = self.model.train_batch(x1, x2, labels)
33.
34.             #if self.rank == 0 and train_itr % log_step == 0:
35.             #     print("%.4f %.4f %.4f" %(loss, class_loss, kl_loss))
36.
37.     self.replay.add_samples(obs, actions)
```

首先，将轨迹 paths 中的观测 observations 和动作 actions 进行提取和整合，如果观测 observations 来自 Atari 游戏的多帧观测，则仅取最后一帧作为观测，整合过程使用 NumPy 中的 concatenate 方法。值得注意的是，为了在 TensorFlow 中进行张量间的运算，把所有的变量即 obs 和 actions 都要转换成 32 位浮点数。相应代码如下所示：

```
1. # Deal with atari multiple frames. Use last frame
2.         if paths[0]['observations'].shape[1] != self.state_dim:
3.             obs = np.concatenate([path['observations'][:, -self.state_dim:] for
path in paths]).astype(np.float32)
4.             # Have tested and works
5.         else:
6.             obs = np.concatenate([path['observations'] for path in paths]).
astype(np.float32)
7.
8.             actions = np.concatenate([path['actions'] for path in paths]).
astype(np.float32)
```

得到了观测 obs 和动作 actions 之后，也可以选择不使用动作 actions 的信息。即如果希望使用动作 actions 信息，则将 obs 和 actions 一同通过 NumPy 中的 concatenate 方法整合到变量 positives 中，如果不希望使用动作 actions 的信息，则直接将 obs 赋值给变量 positives，相应代码如下所示：

```
1. if self.use_actions:
2.             positives = np.concatenate([obs, actions], 1)
3.         else:
4.             positives = obs
```

在训练之前，需要先设置一些训练时所需要的参数。通过提前设定好的训练次数

train_itrs 和日志存储频率 log_freq 来计算出保存日志的间隔 log_step，即每隔 log_step 的步数就要进行一次日志输出，便于观察和调试。然后生成由 0 和 1 组成的标签数据 labels，数据类型同样要设置成 32 位浮点数，然后更新一下训练需要迭代的次数，存放到变量 train_itrs 中。这样做的原因是，第一次训练可能需要比较多的迭代次数，因此需要单独设置训练次数。相应代码如下：

```
1. if self.replay.size >= self.min_replay_size:
2.     log_step = self.train_itrs * self.log_freq
3.     labels = np.expand_dims(np.concatenate([np.ones(self.batch_size),
np.zeros(self.batch_size)]), 1).astype(np.float32)
4.
5.     if self.first_train:
6.         train_itrs = self.first_train_itrs
7.         self.first_train = False
8.     else:
9.         train_itrs = self.train_itrs
```

然后开始训练的主循环，循环次数是之前设置好的训练迭代次数 train_itrs。首先，从正范例 positives 中采样一批正范例记作 pos_batch，然后从经验复用池 replay 中随机采样一组负范例记作 neg_batch。利用正负范例和之前准备的标签 labels 对模型进行更新，从而获得损失信息，如果有需要则可以将损失信息打印出来进行调试和观察，相应代码如下：

```
1. for train_itr in range(train_itrs):
2.     pos_batch = sample_batch(positives, positives.shape[0], self.batch_size)
3.     neg_batch = self.replay.random_batch(self.batch_size)
4.     x1 = np.concatenate([pos_batch, pos_batch])
5.     x2 = np.concatenate([pos_batch, neg_batch])
6.     loss, class_loss, kl_loss = self.model.train_batch(x1, x2, labels)
7.
8.     #if self.rank == 0 and train_itr % log_step == 0:
9.     #    print("%.4f %.4f %.4f" %(loss, class_loss, kl_loss))
```

最后更新缓存区 replay，添加新的范例，相应代码如下：

```
1.         self.replay.add_samples(obs, actions)
```

2）EX2 算法中使用的经验复用池

```
1. class SimpleReplayPool(object):
2.     def __init__(
3.             self, max_pool_size, observation_dim, action_dim, use_actions):
4.         max_pool_size = int(max_pool_size)
5.         self._observation_dim = observation_dim
6.         self._action_dim = action_dim
7.         self._max_pool_size = max_pool_size
8.         self.use_actions = use_actions
9.         self._observations = np.zeros(
10.             (max_pool_size, observation_dim),
11.             dtype = np.float32
12.         )
13.         self._actions = np.zeros(
14.             (max_pool_size, action_dim),
15.             dtype = np.float32
16.         )
```

```
17.
18.         self._top = 0
19.         self._size = 0
20.     @property
21.     def observations(self):
22.         return self._observations
23.
24.     def add_sample(self, observation, action):
25.         self._observations[self._top] = observation
26.         # self._actions[self._top] = action
27.         self._top = int((self._top + 1) % self._max_pool_size)
28.         self._size += 1
29.
30.     def add_samples(self, observations, actions):
31.         # Observations and actions are each arrays
32.
33.         n_samples = observations.shape[0]
34.         if self._top + n_samples >= self._max_pool_size:
35.             first_size = self._max_pool_size - self._top
36.             second_size = n_samples - first_size
37.             self._observations[self._top:] = observations[:first_size]
38.             self._observations[:second_size] = observations[first_size:]
39.             if self.use_actions:
40.                 self._actions[self._top:] = actions[:first_size]
41.                 self._actions[:second_size] = actions[first_size:]
42.         else:
43.             self._observations[self._top:self._top+n_samples] = observations
44.             self._actions[self._top:self._top+n_samples] = actions
45.
46.         self._size += n_samples
47.         self._top = int((self._top + n_samples) % self._max_pool_size)
48.
49.     def random_batch(self, batch_size):
50.         size = min(self._size, self._max_pool_size)
51.         indices = np.random.randint(0, size, batch_size)
52.         if self.use_actions:
53.             return np.concatenate([self._observations[indices], self._
actions[indices]], 1)
54.         else:
55.             return self._observations[indices]
56.     @property
57.     def size(self):
58.         return self._size
59.     def __len__(self):
60.         return self.size
```

首先，对缓冲区的参数进行设置，需要设置的参数包括观测的维度 observation_dim、动作空间的维度 action_dim、缓冲区大小 max_pool_size、是否使用动作信息 use_actions。然后，声明一个大小为（max_pool_size，observation_dim）的数组记作 _observations，用来存放观测；声明一个大小为（max_pool_size，action_dim）的数组记作 _actions，用来存放动作。最后将缓冲区的指针 _top 初始化成 0，将缓冲区当前存储量 _size 初始化成 0，相应代码如下：

```
1. self._observation_dim = observation_dim
2.     self._action_dim = action_dim
3.     self._max_pool_size = max_pool_size
```

```
4.      self.use_actions = use_actions
5.      self._observations = np.zeros(
6.          (max_pool_size, observation_dim),
7.          dtype = np.float32
8.      )
9.      self._actions = np.zeros(
10.         (max_pool_size, action_dim),
11.         dtype = np.float32
12.     )
13.     self._top = 0
14.     self._size = 0
```

可以每次向缓存中添加一条范例，根据当前指针 _top 直接将观测和压入数组 _observations 和 _actions 的对应位置即可，然后更新 _top 指针的指向，如果 _top 指针指向队尾，则通过取余的方式将 _top 指针指回队头，下次进行覆盖写入，最后，更新缓存区当前容量 _size 的大小，相应代码如下：

```
1. def add_sample(self, observation, action):
2.     self._observations[self._top] = observation
3.     # self._actions[self._top] = action
4.     self._top = int((self._top + 1) % self._max_pool_size)
5.     self._size += 1
```

也可以每次向缓存添加多条范例，如果缓存的容量足够，则直接将多条范例写入数组 _observations 和 _actions 即可，如果缓存容量不够，则需要在缓存的尾部写满范例后，重新在缓存区的头部进行覆盖写入。最后，更新当前指针的位置 _top 并更新当前缓存容量的大小 _size。

```
1. def add_samples(self, observations, actions):
2.     # Observations and actions are each arrays
3.
4.     n_samples = observations.shape[0]
5.     if self._top + n_samples >= self._max_pool_size:
6.         first_size = self._max_pool_size - self._top
7.         second_size = n_samples - first_size
8.         self._observations[self._top:] = observations[:first_size]
9.         self._observations[:second_size] = observations[first_size:]
10.        if self.use_actions:
11.            self._actions[self._top:] = actions[:first_size]
12.            self._actions[:second_size] = actions[first_size:]
13.    else:
14.        self._observations[self._top:self._top+n_samples] = observations
15.        self._actions[self._top:self._top+n_samples] = actions
16.
17.    self._size += n_samples
18.    self._top = int((self._top + n_samples) % self._max_pool_size)
```

在采样过程中，首先确定当前缓存中范例的数目 _size，然后根据 NumPy 的随机函数 randint 得到一组随机的下标 indices，用来进行范例的选择。最后返回 indices 中对应的观测 _observations 和动作 _actions。

```
1. def random_batch(self, batch_size):
2.     size = min(self._size, self._max_pool_size)
```

```
    3.     indices = np.random.randint(0, size, batch_size)
    4.     if self.use_actions:
    5.         return np.concatenate([self._observations[indices], self._
actions[indices]], 1)
    6.     else:
    7.         return self._observations[indices]
```

3. 使用场景与优势分析

稀疏奖励问题仍然是DRL算法的一个重大挑战，大多数新颖性估计方法依赖于构建生成或预测模型，当观测复杂且高维时，这些模型可能难以训练。EX2算法通过考虑判别式训练的分类器将给定状态与先前看到的其他状态区分开的容易性来估计新颖性，而且不需要任何明确的生成式训练，算法中描述了如何分摊范例模型的训练过程，以防止分类器的总数随着状态数量的增加而增长，使得该算法实用且可扩展。

基于以上EX2算法的优势，可以在一系列复杂的基于图像的任务上使用EX2算法。比如在2D迷宫的应用场景上，迷宫问题通常奖励稀疏，用其他的DRL算法往往难以解决。在3D场景中的导航问题上，也可用使用EX2算法，3D场景中的导航问题也存在奖励稀疏且观测为图像的特点，用通用的DRL算法往往不能达到很好的效果。

2.3.3　基于模型集成的信赖域策略优化

1. 算法介绍

无模型RL方法在越来越多的任务中取得了成功，但因为样本的高复杂性，它们在现实领域中很难进行广泛应用。基于模型的RL在一些情况下可以降低样本复杂性，但往往需要对模型仔细调整，基于模型的RL算法主要应用在简单模型就足以学习和建模的限制性领域。尽管将基于模型的算法扩展到深度神经网络模型是一个简单的想法，但到目前为止，成功的应用程序相对较少。

基于模型的RL的标准方法是在模型学习和策略优化之间交替：（1）在模型学习阶段，从与环境的相互作用中收集样本，并使用监督学习将模型动态地拟合到观测中。（2）在策略优化阶段，学好的模型用于搜索一个改进的策略。

这种方法的基本假设是，如果有足够的数据，学好的模型将足够准确，这样在其上优化的策略也将在真实环境中表现良好（称作基于vanilla模型的RL）。

虽然基于vanilla模型的RL在更具挑战性的连续控制任务中，性能往往非常不稳定。原因是策略优化阶段将优化引向数据稀缺且模型不准确的区域，从而导致灾难性的失败，之前的很多工作已经指出这个问题是模型偏差导致的。虽然这个问题可以被视为过度拟合的一种形式，监督学习中的标准对策，例如正则化或交叉验证，在这里是不够的。监督学习可以保证生成与数据分布相同的状态，但策略优化阶段将优化引向数据稀缺且模型不准确的区域。当采用诸如深度神经网络的表示模型时，问题会更加严重。针对从环境中收集的数据，ME-REPO算法中使用集成深度神经网络来保持模型不确定性。在模型学习期间，通过改变神经网络的权重初始化方式和训练输入序列来区别各个神经网络。然后，在策略学习期间，通过结合随机假想轨迹的梯度来规范策略更新。每个假想轨迹均匀地从集成的预测中采样。使用这种技术，策略学会更加健壮地应对在真实环境中遇到的各种可能场景。此外，为了避免过度拟合这个正则化的目标，可使用集成模型来提前停止策略训练。

随时间反向传播（Back Propagation Through Time，BPTT）是指标准的基于模型的技术需要通过许多时间步骤对模型进行区分。BPTT 可导致梯度爆炸和梯度消失，即使应用了梯度裁剪（gradient clipping），BPTT 仍然会陷入糟糕的局部最优。因而算法中使用似然比方法代替 BPTT 来估计梯度，这使用模型作为模拟器而不是直接进行梯度计算。算法使用信赖区域策略优化（TRPO），该方法对策略施加了信赖区域约束，以进一步稳定学习过程。基于模型集成的信赖域策略优化（Model-Ensemble Trust-Region Policy Optimization, ME-TRPO）是一种基于模型的算法[15]，它与最先进的无模型算法达到相同的性能水平，样本复杂度降低了 100 倍。模型集成技术是在基于模型的 RL 中克服模型偏差挑战的有效方法。用 TRPO 替代 BPTT 会产生更稳定的学习和更好的性能。

2. 算法分析

（1）算法概述

基于模型的 RL 更广泛地使用数据，它使用收集的所有数据来训练环境动态模型。训练的模型可以用作训练策略的模拟器，并且提供梯度信息。在无模型 RL 方法中，迭代地收集数据，估计策略的梯度，改进策略，然后丢弃数据。

用前馈神经网络对状态的变化进行建模（即对环境进行建模），训练该神经网络，当状态和动作作为输入时预测状态的变化（而不是直接预测下一个状态）。这减轻了神经网络对输入状态的记忆负担，特别是当状态变化很小时，预测状态变化而不是状态本身更能减少神经元网络的记忆负担。因而，以输入状态和神经网络输出之和为下一个状态的函数逼近器，记作$\hat{f}_{\boldsymbol{\phi}}$。

网络优化的目标是寻找一个参数 $\boldsymbol{\phi}$ 让 L_2 损失最小：

$$\min_{\boldsymbol{\phi}} \frac{1}{|\mathcal{D}|} \sum_{(\boldsymbol{s}_t,\boldsymbol{a}_t,\boldsymbol{s}_{t+1})\in\mathcal{D}} \left\| \boldsymbol{s}_{t+1} - \hat{f}_{\boldsymbol{\phi}}(\boldsymbol{s}_t,\boldsymbol{a}_t) \right\|_2^2 \tag{2.63}$$

其中 $\mathcal{D}$ 是存储智能体所经历的转换（transition）的训练数据集。可以使用标准技术以避免过度拟合并促进学习，例如将验证数据集分离出来以提前停止训练，以及规范化神经网络的输入和输出等。

在策略学习的过程中，RL 的目标是最大化预期的奖励总和。在训练期间，基于模型的方法保持近似 MDP，其中过渡函数由从数据学习的参数化模型$\hat{f}_{\boldsymbol{\phi}}$给出。然后根据近似 MDP 更新该策略。因此，最大化的目标是

$$\hat{\eta}(\boldsymbol{\theta};\boldsymbol{\phi}) := \mathbb{E}_{\hat{\tau}}\left[\sum_{t=0}^{T} r(\boldsymbol{s}_t,\boldsymbol{a}_t)\right] \tag{2.64}$$

其中，$\hat{\tau}=(\boldsymbol{s}_0,\boldsymbol{a}_0,\cdots)$，$\boldsymbol{a}_t \sim \pi_{\boldsymbol{\theta}}(\cdot|\boldsymbol{s}_t)$，$\boldsymbol{s}_{t+1}=\hat{f}_{\boldsymbol{\phi}}(\boldsymbol{s}_t,\boldsymbol{a}_t)$。

使用 Vanilla 方法，策略优化阶段将优化引向数据稀缺且模型不准确的区域。通过与监督学习类似的方式使用验证初始状态进行早期停止，可以部分缓解这种过度拟合问题。然而，因为仍然使用相同的学习模型评估性能，这往往会产生一致的错误。虽然梯度剪裁通常可以解决梯度爆炸，但 BPTT 仍然会受到梯度消失的影响，导致策略陷入糟糕的局部最优。

在 ME-TRPO 中，将三种修改结合到 Vanilla 方法（如图 2.14 所示）。首先，使用相同

的真实世界数据拟合了一组动态模型 $\{f_{\phi_1},\cdots,f_{\phi_k}\}$（称为集成模型）。这些模型通过标准监督学习进行训练，但在训练时初始权重的方式和小批量采样的顺序与标准监督学习不同。其次，使用信赖区域策略优化（TRPO）来优化模型集合上的策略。最后，使用集成模型来监视策略在验证数据上的性能，并在策略停止改进时停止当前迭代。

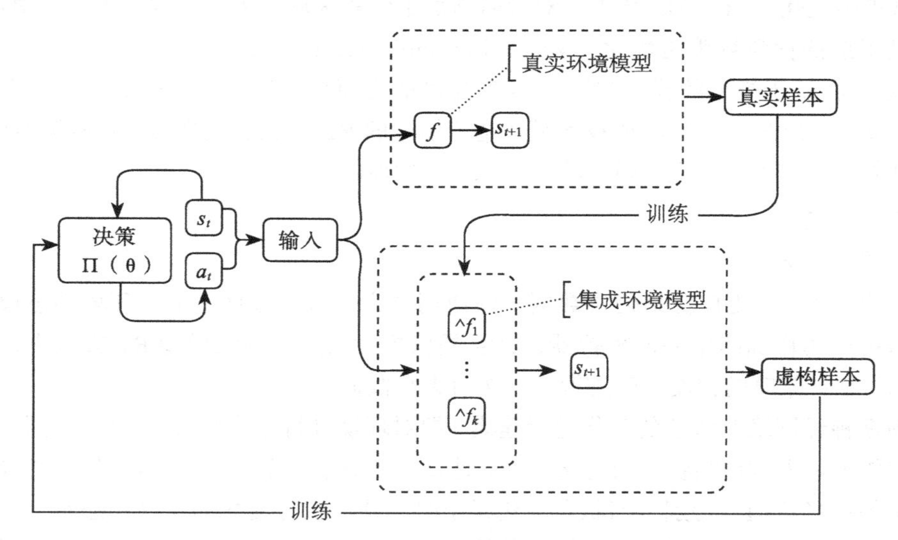

图 2.14 ME-TRPO 算法运行架构图

在策略优化时，为了克服 BPTT 的问题，使用来自无模型 RL 的似然比方法进行策略优化，即使用信赖区域策略优化（TRPO）进行网络参数学习。为了估计梯度，使用学好的环境模型来模拟轨迹：在每一步中，随机选择一个环境模型来预测给定当前状态和动作的下一个状态。这就避免了策略在训练期间过度拟合到任何单个环境模型，这样会使学习更稳定。

在策略验证时，使用 K 学习模型监控策略的性能。具体来说，计算策略改进的模型的比率：

$$\frac{1}{K}\sum_{k=1}^{K}1\left[\hat{\eta}\left(\theta_{\text{new}};\phi_k\right)>\hat{\eta}\left(\theta_{\text{old}};\phi_k\right)\right] \tag{2.65}$$

只要该比率超过某个阈值，当前迭代就会继续。在实践中，每 5 次梯度更新后验证策略，并使用 70% 作为阈值。如果该比率低于阈值，则在性能改善的情况下容许少量更新，并终止当前迭代。然后，整个过程重复使用策略来收集更多真实数据，优化集成模型，并使用集成模型来改进策略。该过程一直持续到达到真实环境中的期望性能。

（2）伪代码分析

算法：ME-TRPO

初始化策略 π_θ；

初始化所有的模型 $\left\{\hat{f}_{\phi_i}\right\}_{i=1}^{K}$；

初始化空数据集 $\mathcal{D}$；

repeat

根据策略 π_θ 在真实系统的 f 中进行采样，并将样本存入 $\mathcal{D}$；

根据 $\mathcal{D}$ 训练所有的模型 $\left\{\hat{f}_{\phi_i}\right\}_{i=1}^{K}$；

repeat

根据策略 π_θ 在 $\left\{\hat{f}_{\phi_i}\right\}_{i=1}^{K}$ 中采集虚构样本；

基于虚构样本以 TRPO 的方式更新策略 π_θ；

估计表现 $\hat{\eta}(\theta;\phi_i)$ **for** $i=1,\cdots,K$；

until 表现不再改进

until 策略在真实环境 f 中的表现达到理想状态

（3）Python 代码片段分析

下面给出使用 TensorFlow 实现的 ME-TRPO 算法部分的代码解析。

```
1. def train_models(env, ……, **kwargs):
2.          #  代码省略
3.          # Build Graph #
4.          # Rollouts
5.          policy_scope = 'training_policy'
6.          policy_in = tf.placeholder(tf.float32, shape = (None, n_states), 
name = 'policy_in')
7.          policy_out = policy_model(policy_in)
8.      #Dynamics Optimization
9.      n_dynamics_input = n_states + n_actions
10.     dynamics_in = tf.placeholder(tf.float32, shape = (None, n_dynamics_input),
11.                     name = 'dynamics_in')
12.     dynamics_in_full = tf.placeholder(tf.float32, shape = (None, n_models * 
n_dynamics_input), name = 'dyanmics_in_full')
13.     y_training_full = tf.placeholder(tf.float32, shape = (None, n_models * 
n_states), name = 'y_training_full')
14.     # Ground-truth next states.
15.         # Adam optimizers
16.         # Policy Optimization
17.     #  代码省略
18.       # Setting up for BPTT, TRPO, SVG, and L-BFGS
19.       # TODO play with different training dynamics model.
20.       training_policy_cost = tf.reduce_mean(policy_costs['training_dynamics'])
21.         training_models = dynamics_outs['training_dynamics']
22.     #  Prepare variables and data for learning
23.       # Initialize all variables
24.       init_op = tf.global_variables_initializer()
25.       sess.run(init_op)
26.     # Policy weights
27.       policy_weights = get_variables(scope = policy_scope, filter = '/b:')
28.       policy_weights.extend(get_variables(scope = policy_scope, filter = '/
W:'))      flat_policy_weights = flatten_tensors(policy_weights)
29.       create_perturb_policy_opts(policy_scope, flat_policy_weights.shape)
30.       ############# Dynamics validation data ###############
31.       dynamics_data = {}
32.       dynamics_validation = {}
33.       datapath = os.path.join(working_dir, rollout_params.datapath)
34.       for scope in model_scopes:
```

```
    35.         dynamics_data[scope] = data_collection(max_size = rollout_params.
training_data_size)
    36.         dynamics_validation[scope] = data_collection(max_size = rollout_
params.validation_data_size)
    37.     if os.path.isfile(datapath) and rollout_params.load_rollout_data:
    38.         for scope in model_scopes:
    39.             with open(datapath, 'rb') as f:
    40.                 training_data = pickle.load(f)
    41.                     split_ratio = rollout_params.split_ratio
    42.                     validation_size = round(training_data['dc'].n_data *
split_ratio/(1.-split_ratio))
    43.             dynamics_data[scope].clone(training_data['dc'])
    44.             dynamics_validation[scope].clone(training_data['dc_valid'],
validation_size)
    45.         ############# Policy validation data (fixed) ###############
    46.                     #  代码省略
    47.         # We know that reset is correct, e.g., swimmer.
    48.         policy_validation_init = [env.reset() for i in range(policy_opt_
params.batch_size)]
    49.         policy_validation_reset_init = np.array(policy_validation_init)
    50.     else:
    51.         # Make sure that the reset works with the representation.
    52.         # If not generate this manually.
    53.         policy_validation_init = []
    54.         policy_validation_reset_init = []
    55.         for i in range(policy_opt_params.batch_size):
    56.             init = env.reset()
    57.             if hasattr(env._wrapped_env, '_wrapped_env'):
    58.                 inner_env = env._wrapped_env._wrapped_env
    59.             else: inner_env = env._wrapped_env.env.unwrapped
    60.             reset_init = np.concatenate(
    61.                 [inner_env.model.data.qpos[:, 0],
    62.                     inner_env.model.data.qvel[:, 0]])
    63.             policy_validation_init.append(init)
    64.             policy_validation_reset_init.append(reset_init)
    65.         policy_validation_init = np.array(policy_validation_init)
    66.         policy_validation_reset_init = np.array(policy_validation_reset_init)
    67.     # Model initializers
    68.     dynamics_initializer = tf.variables_initializer(dynamics_vars)
    69.     ## Learning ###
    70.     count = 1
    71.     diff_weights = None
    72.     while True:  itr_start_time = time.time()
    73.         # Save params every iteration
    74.         # Policy Rollout
    75.         rollout_data = collect_data(env, ......)
    76.         # Dynamics Optimization
    77.         dynamics_learning_logs = optimize_models(dynamics_data, ...... )
    78.             # 参数省略
    79.         current_time = time.time()
    80.         # Policy Optimization
    81.         # Get weights before update
    82.         old_policy_weights = sess.run(flat_policy_weights)
    83.         policy_learning_logs = optimize_policy(env, ...)  # 参数省略
    84.         new_policy_weights = sess.run(flat_policy_weights)
    85.     return sess
```

首先，计算出轨迹：先声明一个placeholder记作policy_in，类型为32位浮点数，维

度与状态相同。然后将 policy_in 输入到策略 policy_model 中，得到策略的输出 policy_out，策略的输出 policy_out 经过变换可得到动作。相应代码如下：

```
    1. policy_scope = 'training_policy'
    2. policy_in = tf.placeholder(tf.float32, shape = (None, n_states), name =
'policy_in')
    3. policy_out = policy_model(policy_in)
    4. tf.add_to_collection("policy_in", policy_in)
    5. tf.add_to_collection("policy_out", policy_out)
```

接着，声明一些之后要用到的用于环境模型的变量。设置环境模型 dynamics 的输入 n_dynamics_input 的大小为状态的维度 n_states 和动作的维度 n_actions 之和，然后根据 n_dynamics_input 设置环境模型 dynamics 输入的占位符 dynamics_in、dynamics_in_full 等，相应代码如下：

```
    1. n_dynamics_input = n_states + n_actions
    2. dynamics_in = tf.placeholder(tf.float32, shape = (None, n_dynamics_input),
    3.                  name = 'dynamics_in')
    4. dynamics_in_full = tf.placeholder(tf.float32, shape = (None, n_models * n_
dynamics_input), name = 'dyanmics_in_full')
    5. y_training_full = tf.placeholder(tf.float32, shape = (None, n_models * n_
states), name = 'y_training_full')
```

接着通过 TensorFlow 的 tf.reduce_mean 方法来设置策略的损失函数，并将变量 training_policy_cost 指定为损失，指定训练的集成环境模型 training_dynamics，并将训练的模型放到变量 training_models 中，相应代码如下：

```
    1. training_policy_cost = tf.reduce_mean(policy_costs['training_dynamics'])
    2. training_models = dynamics_outs['training_dynamics']
```

声明数组 dynamics_data 用来存放训练环境模型所需要的样本，声明数组 dynamics_validation 用来存放验证环境模型训练情况所需要的样本。从样本的存放路径 datapath 中读取训练样本和验证样本并将其分别放到 dynamics_data 和 dynamics_validation 中，相应代码如下：

```
    1. dynamics_data = {}  dynamics_validation = {}
    2. datapath = os.path.join(working_dir, rollout_params.datapath)
    3. for scope in model_scopes:  dynamics_data[scope] = data_collection(max_size =
rollout_params.training_data_size)
    4.      dynamics_validation[scope] = data_collection(max_size = rollout_params.
validation_data_size)
```

相应地，用于策略更新的数据和用于策略验证的数据也需要相似的获取过程，这里不做过多分析。

使用 TensorFlow 中的 tf.variables_initializer 方法对环境模型 dynamics 中的参数 dynamics_vars 进行初始化，相应代码如下：

```
    1. # Model initializers
    2.     dynamics_initializer = tf.variables_initializer(dynamics_vars)
```

然后开始进入训练的循环过程，在每次迭代开始前，首先保存当前的策略的参数，调用joblib库中的dump函数对与策略的参数进行存储，然后使用参数dynamics_opt_params.reinitialize和count进行取模计算，来判断是否需要对环境模型重新初始化，相应代码如下所示。

```
1. joblib.dump(kwargs["saved_policy"], os.path.join(snapshot_dir, 'training_
logs/params_%d.pkl' % count))
2. reinit_every = int(dynamics_opt_params.reinitialize)
3. if reinit_every <= 0 or count % reinit_every != 1:
4.     reinitialize = False
5. else:  reinitialize = True
6. if count == 1:  reinitialize = True
```

获取用于策略更新的虚构样本rollout_data，调用定义好的collect_data方法，从集成模型中获取相应的虚构样本，然后调用rllab_logger.record_tabular方法将相应的数据获取时间保存到日志中，便于调试，相应代码如下：

```
1. logger.info('\n\nPolicy Rollout and Cost Estimation: %d' % (count))
2. rollout_data = collect_data(env, ...)   # 参数省略
3. rllab_logger.record_tabular('collect_data_time', time.time() - itr_start_time)
4. current_time = time.time()
```

调用optimize_models方法，利用真实轨迹数据dynamics_data对环境模型进行训练，并用dynamics_validation对环境模型进行验证，以及时停止训练，防止过拟合。同样，调用rllab_logger.record_tabular方法将相应的优化时间保存到日志中，便于调试，相应代码如下：

```
1. logger.info('\n\nDynamics Optimization: %d' % (count))
2. dynamics_learning_logs = optimize_models(dynamics_data, ...)# 参数省略
3. rllab_logger.record_tabular('model_opt_time', time.time() - current_time)
```

使用指定的TRPO方法optimize_policy以及通过集成模型dynamics获取的虚构轨迹数据对策略的参数flat_policy_weights进行更新，同样地，调用rllab_logger.record_tabular方法将相应的优化时间保存到日志中，便于调试，相应代码如下：

```
1. old_policy_weights = sess.run(flat_policy_weights)
2.     policy_learning_logs = optimize_policy(env, ...)  # 参数省略
3.     new_policy_weights = sess.run(flat_policy_weights)
4.     rllab_logger.record_tabular('policy_opt_time', time.time() - current_time)
```

3. 使用场景与优势分析

虽然基于Vanilla模型的RL可以在动态的、相对简单的低维任务上很好地工作，但在更具挑战性的连续控制任务中，性能非常不稳定，因为策略优化阶段将优化引向数据稀缺且模型不准确的区域，从而导致灾难性的失败，在ME-TRPO中使用真实环境数据拟合了一组动态模型，使用信赖区域策略优化（TRPO）来优化模型集合上的策略，使用集成模型来监视策略在验证数据上的性能，并在策略停止改进时停止当前迭代，这样算法ME-TRPO可以在更具挑战性的连续控制任务中，有相对稳定的性能，并且有效地避免了过拟合问题。

因而ME-TRPO可以用于很多连续控制任务中，比如对无人设备进行导航和避障、控制机器人运动等。

2.3.4　时间差分模型

1. 算法介绍

无模型 RL 是学习复杂行为的强大而通用的工具。然而，即使使用诸如 Q-learning 之类的 off-policy 算法，在解决具有挑战性的现实问题中也需要大量的样本，这通常是不切实际的。经典无模型 RL 的一个限制因素是学习信号仅由标量奖励组成，忽略了状态转换元组中包含的大量丰富信息。基于模型的 RL 通过训练预测模型来使用该信息，但由于模型偏差，通常不能实现与无模型 RL 有相同的性能。

无模型和基于模型的 RL 之间的直接联系仍然是难以捉摸的。但通过有效地弥合无模型和基于模型的 RL 之间的差距，应该能够顺利地从学习模型过渡到学习策略。

为了结合无模型和基于模型的 RL 优势，需要研究目标条件值函数的变体。目标条件值函数学习预测每个可能目标状态的值函数。也就是说，它回答了以下问题：如果智能体正在尝试尽可能最佳地达到某个特定状态，那么达到特定状态的预期回报是多少？奖励函数的特定选择决定了这种方法实际上做了什么，基于与到达目标差距的奖励可以提供与基于模型学习之间的一种关联。

在视界目标条件值函数方法中，对于特定的奖励和视界选择，价值函数可以直接对应于一个模型。而对于更大的视界，该方法更接近于无模型的方法。因此，通过获得“多步模型”可以实现对更多无模型学习的扩展，所述“多步模型”可用于规划逐渐粗略的时间分辨率，最终达到完全无模型的公式。

利用基于模型和无模型学习之间的这种联系来学习特定类型的目标条件值函数，称为时间差分模型（Temporal Difference Model, TDM）[16]。TDM 利用状态转换中的丰富信息来非常有效地学习，在一系列具有挑战性的连续控制任务中拥有比完全无模型学习更高的样本复杂性，同时在最终性能方面优于纯模型方法。

2. 算法分析

（1）算法概述

时间差分模型 TDM 的目标条件值函数提供与基于模型 RL 直接关联。首先考虑目标条件值函数的奖励函数选择，设目标空间 $\mathcal{G}$ 等于状态空间 $\mathcal{S}$，则会出现与基于模型 RL 特别有趣的联系。使得 $\boldsymbol{g}\in\mathcal{G}$ 对应于目标状态 $\boldsymbol{s}_g\in\mathcal{S}$，并且考虑以下形式的基于距离的奖励函数 r_d：

$$r_d\left(\boldsymbol{s}_t,\boldsymbol{a}_t,\boldsymbol{s}_{t+1},\boldsymbol{s}_g\right)=-D\left(\boldsymbol{s}_{t+1},\boldsymbol{s}_g\right) \tag{2.66}$$

其中 $D\left(\boldsymbol{s}_{t+1},\boldsymbol{s}_g\right)$ 是距离，例如欧几里得距离 $D\left(\boldsymbol{s}_{t+1},\boldsymbol{s}_g\right)=\left\|\boldsymbol{s}_{t+1}-\boldsymbol{s}_g\right\|_2$。如果 $\gamma=0$，在 Q-learning 收敛时得到 $Q\left(\boldsymbol{s}_t,\boldsymbol{a}_t,\boldsymbol{s}_g\right)=-D\left(\boldsymbol{s}_{t+1},\boldsymbol{s}_g\right)$，这意味着 $Q\left(\boldsymbol{s}_t,\boldsymbol{a}_t,\boldsymbol{s}_g\right)=0$，也就是说 $\boldsymbol{s}_{t+1}=\boldsymbol{s}_g$。将此 Q 函数插入基于模型的规划优化问题，将任务控制奖励表示为 r_c，解决方案为：

$$\boldsymbol{a}_t=\operatorname{argmax}_{a_{t:t+T},s_{t+1:t+T}}\sum_{i=t}^{t+T}r_c\left(\boldsymbol{s}_i,\boldsymbol{a}_i\right),\ \text{满足}\ Q\left(\boldsymbol{s}_i,\boldsymbol{a}_i,\boldsymbol{s}_{i+1}\right)=0\ \forall\ i\in\{t,\cdots,t+T-1) \tag{2.67}$$

现在得到了无模型和基于模型 RL 之间的精确连接，因为可以使用无模型目标条件值函数的学习来直接生成与基于模型预测控制（Model-Predictive Control, MPC）一起使用的隐式模型。但是，这种连接本身并不是很有用：生成的隐式模型完全基于模型，并且不提供任何类型的长视界能力。

如果考虑 $\gamma>0$ 的情况，则式（2.67）中的优化不再对应于任何最优控制方法。实际上，当 $\gamma=0$ 时，Q 值具有明确定义的单位，即状态之间的距离单位。对于 $\gamma>0$，则不可能有这样的解释。TDM 的关键是引入一种不同的机制来聚合长期奖励，并不是将 Q 值评估为折扣的奖励总和，而是引入额外的输入 τ，它代表规划范围，并将 Q-learning 递归定义为：

$$Q(\boldsymbol{s}_t,\boldsymbol{a}_t,\boldsymbol{s}_g,\tau)=\mathbb{E}_{p(\boldsymbol{s}_{t+1}|\boldsymbol{s}_t,\boldsymbol{a}_t)}\left[-D(\boldsymbol{s}_{t+1},\boldsymbol{s}_g)1[\tau=0]+\max_a Q(\boldsymbol{s}_{t+1},\boldsymbol{a},\boldsymbol{s}_g,\tau-1)1[\tau\neq 0]\right] \quad (2.68)$$

当 $\tau=0$ 时（此时 episode 终止），Q 函数使用 $-D(\boldsymbol{s}_{t+1},\boldsymbol{s}_g)$ 的奖励，并且每隔一个时间步将 τ 减 1。由于这仍然是一个明确定义的 Q-learning 递归，它可以使用 off-policy 数据进行优化，就像目标条件值函数一样，可以重新采样每个元组的新目标 $\boldsymbol{s}_g$ 和新视野 $\tau(\boldsymbol{s}_t,\boldsymbol{a}_t,\boldsymbol{s}_{t+1})$。通过这种方式，可以非常有效地训练 TDM，因为每个元组都为每个可能的目标和每个可能的范围提供监督。

TDM 的直观解释是它告诉我们在 τ 时间步之后，当以 τ 步进入该状态时，智能体将如何接近给定的目标状态 $\boldsymbol{s}_g$。换而言之，TDM 可以被解释为有限时域 MDP 中的 Q 值，其中视界由 τ 确定。对于 $\tau=0$ 的情况，TDM 有效地学习模型，允许在测试时将 TDM 结合到各种规划和最优控制方案中。因此，可以将 TDM 学习视为基于模型和无模型学习之间的插值，其中 $\tau=0$ 对应于基于模型的学习中的单步预测，$\tau>0$ 对应于由 Q 函数进行的长期预测。虽然 $\tau>0$ 与模型的对应关系不一样，但如果只关心每 K 步的奖励，则对应关系为：

$$\begin{aligned}\boldsymbol{a}_t=&\operatorname{argmax}_{\boldsymbol{a}_{t:K:t+T},\boldsymbol{s}_{t+K:K:t+T}}\sum\nolimits_{i=t,t+K,\cdots,t+T} r_c(\boldsymbol{s}_i,\boldsymbol{a}_i),\ \text{满足}\ Q(\boldsymbol{s}_i,\boldsymbol{a}_i,\boldsymbol{s}_{i+K},K-1)\\&=0,\ \forall i\in\{t,t+K,\cdots,t+T-K)\end{aligned} \quad (2.69)$$

只优化第 K 个状态和动作 s，随着 TDM 对更长的视界变得有效，可以将 K 增加到 $K=T$，并且只规划一个有效的时间步长：

$$\boldsymbol{a}_t=\operatorname{argmax}_{\boldsymbol{a}_t,\boldsymbol{a}_{t+T},\boldsymbol{s}_{t+T}} r_c(\boldsymbol{s}_{t+T},\boldsymbol{a}_{t+T}),\ \text{满足}\ Q(\boldsymbol{s}_t,\boldsymbol{a}_t,\boldsymbol{s}_{t+T},T-1)=0 \quad (2.70)$$

由于不再在中间步骤中优化奖励，因此这种表述确实会导致丧失一般性。这将多步骤建模限制为终极奖励问题，但如果允许在终极状态 $\boldsymbol{s}_{t+T}$ 上容纳任意奖励功能，这仍然可以描述广泛的有实际性的相关任务。

Q-learning 通常可以优化标量奖励，但是 TDM 能够通过使用向量值奖励来增加 Q 函数可用的监督量。具体来说，如果距离 $D(\boldsymbol{s},\boldsymbol{s}_g)$ 在维度上相加，可以训练一个矢量值 Q 函数来预测每个维度距离的 Q 值，维度 j 的奖励函数由 $-D_j(\boldsymbol{s}_j,\boldsymbol{s}_{g,j})$ 给出。在实现中使用 L_1 范数，对应于绝对值奖励 $-|\boldsymbol{s}_j-\boldsymbol{s}_{g,j}|$。得到的矢量值 Q 函数可以分别学习沿每个维度的距离，从而为每个训练点提供更多的监督，这种修改可以显著提高利用样本的效率。

如果任务奖励 r_c 仅取决于状态的某个子集，或者更一般地说，状态特征，则可以对

TDM 进行改进。在这种情况下，可以用仅沿着 r_c 使用的那些维度或特征预测距离来训练 TDM，这在实践中可以大大简化相应的预测问题。

虽然 TDM 大大减少了为长期规划而优化的状态和动作的数量，但它需要求解约束优化问题，这比无约束问题在计算上开销更大。在设计 $Q(\boldsymbol{s},\boldsymbol{a},\boldsymbol{s}_g,\tau)$ 的函数逼近器时，可以通过特定的架构决策来消除对约束优化的需要。将 Q 函数定义为 $Q(\boldsymbol{s},\boldsymbol{a},\boldsymbol{s}_g,\tau)=-\left\|f(\boldsymbol{s},\boldsymbol{a},\boldsymbol{s}_g,\tau)-\boldsymbol{s}_g\right\|$，其中 $f(\boldsymbol{s},\boldsymbol{a},\boldsymbol{s}_g,\tau)$ 输出状态向量。通过使用标准 Q-learning 方法训练 TDM，训练 $f(\boldsymbol{s},\boldsymbol{a},\boldsymbol{s}_g,\tau)$ 来明确地预测以 τ 步到达 $\boldsymbol{s}_g$ 的策略将达到的状态。然后可以使用该模型来选择具有完全显式 MPC 的动作：

$$\boldsymbol{a}_t=\arg\max_{\boldsymbol{a}_t,\boldsymbol{a}_{t+T},\boldsymbol{s}_{t+T}} r_c\left(f\left(\boldsymbol{s}_t,\boldsymbol{a}_t,\boldsymbol{s}_{t+1},T-1\right),\boldsymbol{a}_{t+T}\right) \tag{2.71}$$

在任务要达到目标状态 $\boldsymbol{s}_g$ 的情况下，提取策略的更简单方法是直接使用 TDM：

$$\boldsymbol{a}_t=\arg\max_{a} Q\left(\boldsymbol{s}_t,\boldsymbol{a},\boldsymbol{s}_g,T\right) \tag{2.72}$$

算法的训练流程如图 2.15 所示，其中，图中的 MPC 可根据式（2.69）、式（2.70）、式（2.71）或式（2.72）执行。

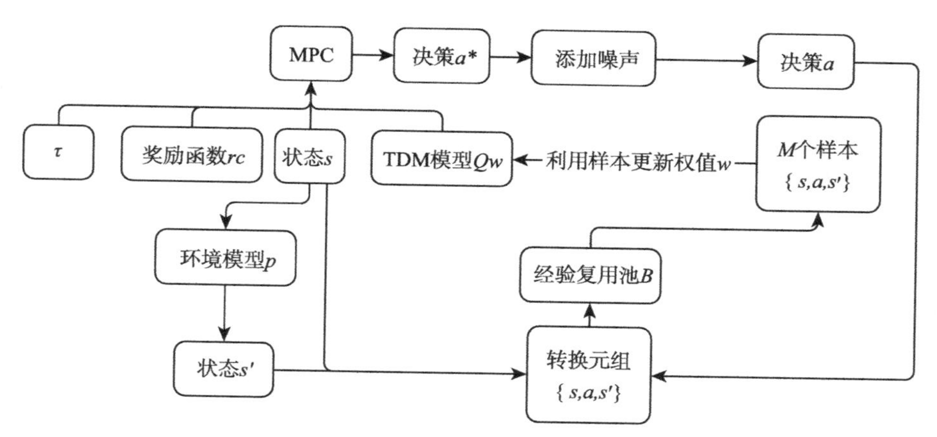

图 2.15　TDM 算法运行架构图

（2）伪代码分析

算法：TDM

设定奖励函数 $r_c(\boldsymbol{s},\boldsymbol{a})$；

参数化 TDM 模型为 $Q_w(\boldsymbol{s},\boldsymbol{a},\boldsymbol{s}_g,\tau)$；

初始化经验复用池 $\mathcal{B}$；

for $n=0$ **to** $N-1$ **do**

　从初始状态分布 $p(\boldsymbol{s}_0)$ 中获得初始状态 $\boldsymbol{s}_0$，即 $\boldsymbol{s}_0\sim p(\boldsymbol{s}_0)$；

　for $t=0$ **to** $T-1$ **do**

　　$\boldsymbol{a}_t^*=\text{MPC}(\boldsymbol{r}_c,\boldsymbol{s}_t,Q_w,T-t)$；// 根据公式 2.69/2.70/2.71/2.72

$a_t = \text{AddNoise}(a_t^*)$； // 添加噪声进行探索

根据模型 p 得到下一时刻状态 $s_{t+1} \sim p(s_t, a_t)$；

将转换 $\{s_t, a_t, s_{t+1}\}$ 保存到经验复用池 $\mathcal{B}$；

for $i=0$ **to** $I-1$ **do**

从经验复用池 $\mathcal{B}$ 中采样 M 个转换元组 $\{s_m, a_m, s_m^{'}\}$；

重新标注时间视界 τ_m 和目标状态 $s_{g,m}$；

根据下式计算目标 Q 值：

$y_m = -\|s_m^{'} - s_{g,m}\| 1[\tau_m = 0] + \max_a Q'(s_m^{'}, a, s_{g,m}, \tau_m - 1) 1[\tau_m \neq 0]$；

根据下式计算 Loss：$L(\theta) = \sum_m (Q_w(s_m, a_m, s_{g,m}, \tau_m) - y_m)^2 / M$；

最小化 $L(\theta)$ 更新权值 θ；

end for

end for

end for

（3）python 代码片段分析

下面给出使用 PyTorch 实现的 TDM 算法部分的代码解析。

```
1. def _do_training(self):
2.     batch = self.get_batch()
3.     rewards = batch['rewards']
4.     terminals = batch['terminals']
5.     obs = batch['observations']
6.     actions = batch['actions']
7.     next_obs = batch['next_observations']
8.     goals = batch['goals']
9.     num_steps_left = batch['num_steps_left']
10.
11.     """
12.     Policy operations.
13.     """
14.     policy_actions, pre_tanh_value = self.policy(
15.         obs, goals, num_steps_left, return_preactivations = True,
16.     )
17.     pre_activation_policy_loss = (
18.         (pre_tanh_value**2).sum(dim = 1).mean()
19.     )
20.     q_output = self.qf(
21.         observations = obs,
22.         actions = policy_actions,
23.         num_steps_left = num_steps_left,
24.         goals = goals,
25.     )
26.     raw_policy_loss = - q_output.mean()
27.     policy_loss = (
28.             raw_policy_loss +
29.             pre_activation_policy_loss * self.policy_pre_activation_weight
30.     )
```

```
31.
32.     """
33.     Critic operations.
34.     """
35.     next_actions = self.target_policy(
36.         observations = next_obs,
37.         goals = goals,
38.         num_steps_left = num_steps_left-1,
39.     )
40.     # speed up computation by not backpropping these gradients
41.     next_actions.detach()
42.     target_q_values = self.target_qf(
43.         observations = next_obs,
44.         actions = next_actions,
45.         goals = goals,
46.         num_steps_left = num_steps_left-1,
47.     )
48.     q_target = rewards + (1. - terminals) * self.discount * target_q_values
49.     q_target = q_target.detach()
50.     q_pred = self.qf(
51.         observations = obs,
52.         actions = actions,
53.         goals = goals,
54.         num_steps_left = num_steps_left,
55.     )
56.     if self.tdm_normalizer:
57.         q_pred = self.tdm_normalizer.distance_normalizer.normalize_scale(
58.             q_pred
59.         )
60.         q_target = self.tdm_normalizer.distance_normalizer.normalize_scale(
61.             q_target
62.         )
63.     bellman_errors = (q_pred - q_target) ** 2
64.     qf_loss = self.qf_criterion(q_pred, q_target)
65.
66.     """
67.     Update Networks
68.     """
69.     self.policy_optimizer.zero_grad()
70.     policy_loss.backward()
71.     self.policy_optimizer.step()
72.
73.     self.qf_optimizer.zero_grad()
74.     qf_loss.backward()
75.     self.qf_optimizer.step()
76.
77.     self._update_target_networks()
```

首先，通过定义好的 get_batch 方法从缓存区中读取样本，并存放到字典 batch 中，通过字典索引分别得到奖励 rewards、episode 结束终止状态 terminals、观测 obs、动作 actions、下一个观测 next_obs、目标状态 goals、剩余步数 num_steps_left。相应代码如下：

```
1. batch = self.get_batch()
2. rewards = batch['rewards']
3. terminals = batch['terminals']
4. obs = batch['observations']
5. actions = batch['actions']
```

```
6. next_obs = batch['next_observations']
7. goals = batch['goals']
8. num_steps_left = batch['num_steps_left']
```

然后将得到的观测 obs、目标观测 goals、剩余步数 num_steps_left 输入策略 policy 中，同时，令参数 return_preactivations 为 True，可以得到策略 policy 未经过激活函数的输出。从而，policy 的输出分别为经过激活的动作 policy_actions 和未经过激活的动作 pre_tanh_value。接着将未经过激活的动作 pre_tanh_value 进行平方后求均值，将其记作变量 pre_activation_policy_loss，用于之后的 loss 计算。代码如下所示：

```
1. """
2.     Policy operations.
3.     """
4.     policy_actions, pre_tanh_value = self.policy(
5.         obs, goals, num_steps_left, return_preactivations = True,
6.     )
7.     pre_activation_policy_loss = (
8.         (pre_tanh_value**2).sum(dim = 1).mean()
9.     )
```

然后将观测 obs、动作 policy_actions 以及剩余步数 num_steps_left、目标观测 goals 输入到 Q 网络 qf 中得到 Q 值 q_output。相应代码如下所示：

```
1. q_output = self.qf(
2.     observations = obs,
3.     actions = policy_actions,
4.     num_steps_left = num_steps_left,
5.     goals = goals,
6. )
```

将得到的 Q 值求均值并取负号，记作变量 raw_policy_loss 用于 loss 的计算。然后将 raw_policy_loss 和之前的 pre_activation_policy_loss 加权求和，用于之后更新 policy 网络的权值，相应代码如下所示：

```
1. raw_policy_loss = - q_output.mean()
2.     policy_loss = (
3.         raw_policy_loss +
4.         pre_activation_policy_loss * self.policy_pre_activation_weight
5.     )
```

接着将下一时刻观测 next_obs、目标观测 goals，以及下一时刻剩余步数 num_steps_left-1 作为 target_policy 网络的输入，得到下一观测对应的动作 next_actions，相应代码如下：

```
1. """
2.     Critic operations.
3.     """
4.     next_actions = self.target_policy(
5.         observations = next_obs,
6.         goals = goals,
7.         num_steps_left = num_steps_left-1,
8.     )
```

调用 next_actions 变量的 detach 方法，这样在计算导数的时候不会对 next_actions 的相关计算图上的变量求导，从而加快计算过程。然后，将下一时刻观测 next_obs、下一时刻动作 next_actions、目标观测 goals 和下一时刻剩余步数 num_steps_lext-1 输入到目标 Q 网络 target_qf 中，从而得到下一时刻目标 Q 值 target_q_values，相应代码如下所示：

```
1. # speed up computation by not backpropping these gradients
2.     next_actions.detach()
3.     target_q_values = self.target_qf(
4.         observations = next_obs,
5.         actions = next_actions,
6.         goals = goals,
7.         num_steps_left = num_steps_left-1,
8.     )
```

通过奖励 rewards、终止状态的判断符 terminals、衰减系数 discount、下一时刻目标 Q 值 target_q_values 计算出当前时刻目标 Q 值 q_target。同样地，调用目标 Q 值 q_target 的 detach 函数来加快计算过程。将观测 obs、动作 actions、目标观测 goals、剩余步数 num_steps_left 输入到 Q 网络 qf 得到当前估计 Q 值 q_pred，相应代码如下所示：

```
1. q_target = rewards + (1. - terminals) * self.discount * target_q_values
2. q_target = q_target.detach()
3. q_pred = self.qf(
4.     observations = obs,
5.     actions = actions,
6.     goals = goals,
7.     num_steps_left = num_steps_left,
8. )
```

通过 tdm_normalizer 变量来判断是否进行归一化处理，如果需要进行归一化处理，则调用 tdm_normalizer.distance_normalizer 方法分别对目标 Q 值 q_target 和估计 Q 值 q_pred 进行归一化处理，相应代码如下所示：

```
1. if self.tdm_normalizer:
2.     q_pred = self.tdm_normalizer.distance_normalizer.normalize_scale(q_pred)
3.     q_target = self.tdm_normalizer.distance_normalizer.normalize_scale(q_target)
```

计算目标 Q 值 q_target 和估计 Q 值 q_pred 的差值平方，然后调用 qf_criterion 方法（方法可定义成求均值等）计算损失 qf_loss，用于对 Q 网络 qf 的权值进行更新，相应代码如下：

```
1. bellman_errors = (q_pred - q_target) ** 2
2. qf_loss = self.qf_criterion(q_pred, q_target)
```

调用策略网络优化器的 policy_optimizer.zero_grad 方法将策略网络 policy 中参数的所有导数值清零，调用 policy_loss 的 backward 方法对 policy 网络的所有参数求导数，然后通过调用策略网络优化器 policy_optimizer 的 step 方法对策略网络 policy 所有参数进行更新。同样地，调用 Q 网络优化器的 qf_optimizer.zero_grad 方法将 Q 网络 qf 中参数的所有导数值清零，调用 qf_loss 的 backward 方法对 Q 网络的所有参数求导数，然后通过调用 Q 网络优化器 qf_optimizer 的 step 方法对 Q 网络 qf 所有参数进行更新。最后，调用 _update_target_networks 将 Q 网络 qf 的参数软更新到目标网络 target_qf 上。相应代码如下所示：

```
1. """
2. Update Networks
3. """
4. self.policy_optimizer.zero_grad()
5. policy_loss.backward()
6. self.policy_optimizer.step()
7.
8. self.qf_optimizer.zero_grad()
9. qf_loss.backward()
10.self.qf_optimizer.step()
11.
12.self._update_target_networks()
```

3. 使用场景与优势分析

经典无模型 RL 的限制因素是学习信号仅由标量奖励组成，忽略了状态转换元组中包含的大量丰富信息。基于模型的 RL 通过训练预测模型来使用该信息，但由于模型偏差，通常不能实现与无模型 RL 有相同的性能。TDM 算法利用状态转换中的丰富信息来非常有效地学习，在一系列具有挑战性的连续控制任务中拥有比完全无模型学习更高的样本复杂性，同时在最终性能方面优于纯模型方法。

因而 TDM 算法可以用于很多具有挑战性的连续控制任务，比如对无人设备进行导航和避障、控制机器人运动等。

2.4　基于分层的深度强化学习算法

2.4.1　分层深度强化学习

1. 算法介绍

在反馈稀疏的环境中学习目标导向的行为是 RL 算法的主要挑战。其中一个主要困难是探索不足，导致智能体无法学习鲁棒的策略。具有内在动机的智能体可以根据自己的利益探索新的行为，而不是直接解决外部目标。这种内在行为最终可以帮助智能体解决环境带来的任务。

分层 DQN（hierarchy DQN, h-DQN）是一个整合分层 actor-critic 函数的框架[17]，可以在不同的时间尺度上运作，具有以目标驱动为内在动机的 DRL。顶级 Q 值函数学习内在目标的策略，而较低级别的函数学习策略来执行原子级别的动作以满足给定目标。在目标空间的探索可以有效地处理稀疏奖励和延迟奖励问题。此外，在实体和关系空间中表达的目标可以限制探索空间，以便在复杂环境中进行数据有效的 DRL。

RL 将控制问题转化为找到最大化预期未来奖励的策略 π。值函数 $V(\boldsymbol{s})$ 是 RL 的核心，它可以表示任何状态在实现智能体总体目标方面的效用。值函数也可被推广为 $V(\boldsymbol{s},\boldsymbol{g})$，以表示状态 s 对于实现给定目标 $\boldsymbol{g}\in\mathcal{G}$ 的效用。当环境提供延迟奖励时，策略首先学习实现内在生成目标，然后学习将它们链接在一起的最佳策略。每个值函数 $V(\boldsymbol{s},\boldsymbol{g})$ 可生成在智能体达到目标状态 $\boldsymbol{g}$ 时终止的策略。这些策略的集合可以在半 MDP 的框架内以时间动态分层排列来学习或规划。在高维问题中，这些值函数可以通过神经网络近似为 $V(\boldsymbol{s},\boldsymbol{g};\boldsymbol{\theta})$。

总体而言，该模型在两个层次结构上做出决策：顶级模块（元控制器）接受状态并选择新目标。低级模块（控制器）使用状态和选择的目标来进行决策，直到达成目标或到达终止状态。然后，元控制器选择另一个目标，并重复这一过程。使用不同时间尺度的随机梯度下降来训练模型，以优化预期的未来内在动机（对应控制器）和外部奖励（对应元控制器）。这种处理延迟奖励问题的优势是：①在获得最佳外在奖励之前具有长状态链的离散随机决策过程。②以经典 Atari 游戏 Montezuma's Revenge 为例，它有长时间范围的延迟奖励，大多数现有的最先进的 DRL 方法都无法以数据有效的方式学习策略。

2. 算法分析

（1）算法概述

考虑由状态 $\boldsymbol{s}\in\mathcal{S}$、动作 $\boldsymbol{a}\in\mathcal{A}$ 和转移函数 $T:(\boldsymbol{s},\boldsymbol{a})\rightarrow\boldsymbol{s}'$ 表示的 MDP。在此框架中智能体从外部环境接收状态 $\boldsymbol{s}$ 并执行动作 $\boldsymbol{a}$，这将导致新状态 $\boldsymbol{s}'$。将外在奖励函数定义为 $F:(\boldsymbol{s})\rightarrow R$。智能体的目标是在很长一段时间内最大化该函数。

在 MDP 中进行有效探索是学习拥有良好控制的策略的重大挑战。诸如 ε-greedy 之类的方法对于本地探索是有用的，但是不能为智能体探索状态空间的不同区域提供动力。为了解决这个问题，利用内在目标 $\boldsymbol{g}\in\mathcal{G}$ 概念。智能体专注于通过学习策略来设定和实现目标，以便最大化外在累积奖励。为了学习每一个 π_g，智能体还有一个 critic 函数，根据智能体是否能够实现其目标，提供内部的奖励，如图 2.16 所示。

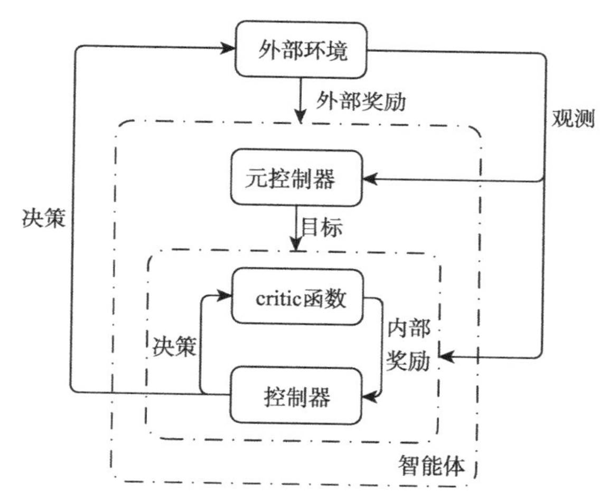

图 2.16　h-DQN 算法运行架构

如图 2.17 所示，智能体使用由控制器和元控制器组成的两级层次结构。元控制器接收状态 $\boldsymbol{s}_t$ 并选择目标 $\boldsymbol{g}_t\in\mathcal{G}$，其中 $\mathcal{G}$ 表示当前目标所有可能的集合。然后控制器使用 $\boldsymbol{s}_t$ 和 $\boldsymbol{g}_t$ 选择动作。目标 $\boldsymbol{g}_t$ 在接下来的几个时间步中保持不变，直到达到目标或达到终止状态。内部 critic 函数负责评估是否已达到目标并向控制器提供适当的奖励 $r_t(\boldsymbol{g})$。在这项工作中，进行二元内部奖励的最小化，即如果达到目标则为 1，否则为 0。控制器的目标函数是最大化累积内在奖励：$R_t(\boldsymbol{g})=\sum_{t'=t}^{\infty}\gamma^{t'-t}r_{t'}(\boldsymbol{g})$。类似地，元控制器的目的是优化累积的外在奖励 $F_t=\sum_{t'=t}^{\infty}\gamma^{t'-t}f_{t'}$，其中 f_t 是从环境接收的奖励信号。F_t 和 R_t 的时间尺度是不同的，每个 f_t 是连续目标选择之间的时间段内累积的外部奖励。因此，F_t 中的折扣是在目标序列而不是较低级别的动作上。奖励函数是动态的，并且在时间上依赖于目标的连续历史信息。图 2.17 中说明了智能体在后续时间步骤中对层次结构的使用。

使用深度 Q-learning 框架来学习控制器和元控制器的策略。具体而言，控制器用以下 Q 值函数进行估计：

$$Q_1^*(\boldsymbol{s},\boldsymbol{a};\boldsymbol{g})=\max_{\pi_{\boldsymbol{a},\boldsymbol{g}}}\mathbb{E}\left[\sum_{t'=t}^{\infty}\gamma^{t'-t}r_{t'}\middle|\boldsymbol{s}_t=\boldsymbol{s},\boldsymbol{a}_t=\boldsymbol{a},\boldsymbol{g}_t=\boldsymbol{g},\pi_{\boldsymbol{a},\boldsymbol{g}}\right]$$
$$=\max_{\pi_{\boldsymbol{a},\boldsymbol{g}}}\mathbb{E}\left[r_t+\gamma\max_{\boldsymbol{a}_{t+1}}Q_1^*(\boldsymbol{s}_{t+1},\boldsymbol{a}_{t+1};\boldsymbol{g})\middle|\boldsymbol{s}_t=\boldsymbol{s},\boldsymbol{a}_t=\boldsymbol{a},\boldsymbol{g}_t=\boldsymbol{g},\pi_{\boldsymbol{a},\boldsymbol{g}}\right] \tag{2.73}$$

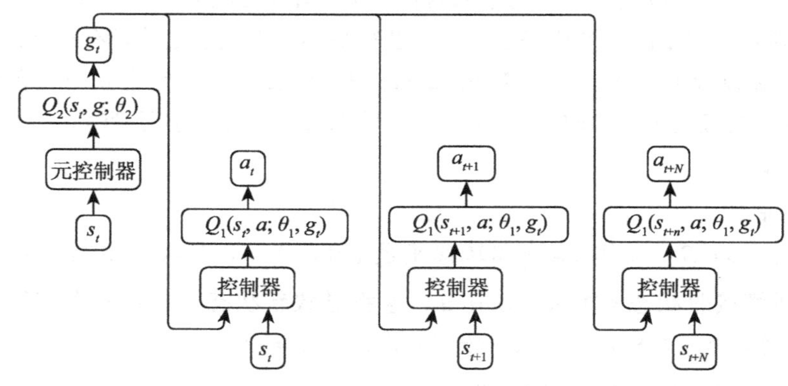

图 2.17　h-DQN 算法时序展开图

其中 $\boldsymbol{g}$ 是智能体在状态 $\boldsymbol{s}$ 中的目标，而 $\pi_{\boldsymbol{a},\boldsymbol{g}}$ 是决策策略。同样，对于元控制器有：

$$Q_2^*(\boldsymbol{s},\boldsymbol{g})=\max_{\pi_{\boldsymbol{g}}}\mathbb{E}\left[\sum_{t'=t}^{t+N}f_{t'}+\gamma\max_{\boldsymbol{g}'}Q_2^*(\boldsymbol{s}_{t+N},\boldsymbol{g}')\middle|\boldsymbol{s}_t=\boldsymbol{s},\boldsymbol{g}_t=\boldsymbol{g},\pi_{\boldsymbol{g}}\right] \tag{2.74}$$

其中 N 表示在给定当前目标下，控制器停止之前的时间步数，$\boldsymbol{g}'$ 是状态 $\boldsymbol{s}_{t+N}$ 中智能体的目标，$\pi_{\boldsymbol{g}}$ 是目标上的策略。Q_2 生成的转换 $(\boldsymbol{s}_t,\boldsymbol{g}_t,f_t,\boldsymbol{s}_{t+N})$ 运行时间比 Q_1 生成的转换 $(\boldsymbol{s}_t,\boldsymbol{a}_t,\boldsymbol{g}_t,r_t,\boldsymbol{s}_{t+1})$ 慢。

可以使用具有参数 $\boldsymbol{\theta}$ 的非线性函数逼近器来表示 $Q^*(\boldsymbol{s},\boldsymbol{g})\approx Q(\boldsymbol{s},\boldsymbol{g};\boldsymbol{\theta})$。通过最小化相应的损失函数 $-L_1(\boldsymbol{\theta}_1)$ 和 $L_2(\boldsymbol{\theta}_2)$，可以训练每个 $Q\in\{Q_1,Q_2\}$。分别在不相交的存储空间 $\mathcal{D}_1$ 和 $\mathcal{D}_2$ 中存储 Q_1 的经验 $(\boldsymbol{s}_t,\boldsymbol{a}_t,\boldsymbol{g}_t,r_t,\boldsymbol{s}_{t+1})$ 和 Q_2 的经验 $(\boldsymbol{s}_t,\boldsymbol{g}_t,f_t,\boldsymbol{s}_{t+N})$。$Q_1$ 的损失函数可以表示为：

$$L_1(\boldsymbol{\theta}_1,i)=\mathbb{E}_{(\boldsymbol{s},\boldsymbol{a},\boldsymbol{g},r,\boldsymbol{s}')\sim\mathcal{D}_1}\left[\left(y_{1,i}-Q_1(\boldsymbol{s},\boldsymbol{a};\boldsymbol{\theta}_{1,i},\boldsymbol{g})\right)^2\right] \tag{2.75}$$

其中 i 表示训练迭代次数，$y_{1,i}=r+\gamma\max_{\boldsymbol{a}'}Q_1(\boldsymbol{s}',\boldsymbol{a}';\boldsymbol{\theta}_{1,i-1}\boldsymbol{g})$

在优化损失函数时，来自前一次迭代的参数 $\boldsymbol{\theta}_{1,i-1}$ 保持固定。可以使用梯度优化参数 $\boldsymbol{\theta}_1$：

$$\nabla_{\theta_{1,i}}L_1(\boldsymbol{\theta}_1,i)=\mathbb{E}_{(\boldsymbol{s},\boldsymbol{a},\boldsymbol{g},r,\boldsymbol{s}')\sim\mathcal{D}_1}\left[\left(r+\gamma\max_{\boldsymbol{a}'}Q_1(\boldsymbol{s}',\boldsymbol{a}';\boldsymbol{\theta}_{1,i-1}\boldsymbol{g})-Q_1(\boldsymbol{s},\boldsymbol{a};\boldsymbol{\theta}_{1,i},\boldsymbol{g})\right)\nabla_{\theta_{1,i}}Q_1(\boldsymbol{s},\boldsymbol{a};\boldsymbol{\theta}_{1,i},\boldsymbol{g})\right] \tag{2.76}$$

同样地，可以使用类似的过程导出损失函数 L_2 及其梯度，这里不做赘述。

（2）伪代码分析

算法：h-DQN 的学习算法

分别为控制器和元控制器初始化经验复用池 $\{\mathcal{D}_1,\mathcal{D}_2\}$ 和参数 $\{\boldsymbol{\theta}_1,\boldsymbol{\theta}_2\}$；

初始化探索概率 $\varepsilon_{1,\boldsymbol{g}}=1$，$\boldsymbol{g}$ 表示控制器的所有目标；

初始化探索概率 $\varepsilon_2=1$；

for $i = 1$ **to** $num\_episodes$ **do**
　　初始化环境并获得初始状态 $\boldsymbol{s}$；
　　$\boldsymbol{g} \leftarrow EpsGreedy(\boldsymbol{s}, \mathcal{G}, \varepsilon_2, Q_2)$；
　　while $\boldsymbol{s}$ 不是终止状态 **do**
　　　　$F \leftarrow 0$；
　　　　$\boldsymbol{s}_0 \leftarrow \boldsymbol{s}$；
　　　　while not（$\boldsymbol{s}$ 是终止状态或者达成目标 $\boldsymbol{g}$）**do**
　　　　　　$\boldsymbol{a} \leftarrow EpsGreedy(\{\boldsymbol{s}, \boldsymbol{g}\}, A, \varepsilon_{1,\boldsymbol{g}}, Q_1)$；
　　　　　　执行动作 $\boldsymbol{a}$ 并从环境中得到下一时刻状态 $\boldsymbol{s}'$ 和外部奖励 f；
　　　　　　从内部 critic 函数中获得内部奖励 $r(\boldsymbol{s}, \boldsymbol{a}, \boldsymbol{s}')$；
　　　　　　将转换 $(\{\boldsymbol{s}, \boldsymbol{g}\}, \boldsymbol{a}, r, \{\boldsymbol{s}', \boldsymbol{g}\})$ 存到 D_1 中；
　　　　　　更新参数 $UpdateParams(L_1(\boldsymbol{\theta}_1, i), \mathcal{D}_1)$；
　　　　　　更新参数 $UpdateParams(L_2(\boldsymbol{\theta}_2, i), \mathcal{D}_2)$；
　　　　　　$F \leftarrow F + f$；
　　　　　　$\boldsymbol{s} \leftarrow \boldsymbol{s}'$；
　　　　end while
　　　　存储转换 $(\boldsymbol{s}_0, \boldsymbol{g}, F, \boldsymbol{s}')$ 到 $\mathcal{D}_2$；
　　　　if $\boldsymbol{s}$ 不是终止状态 **then**
　　　　　　$\boldsymbol{g} \leftarrow EpsGreedy(\boldsymbol{s}, \mathcal{G}, \varepsilon_2, Q_2)$；
　　　　end if
　　end while
　　适当减小 $\varepsilon_1, \varepsilon_2$；
end for

（3）Python 代码片段分析

下面给出使用 Python 实现的 h-DQN 算法训练部分的代码解析。

```
1. def run(env_name = 'MountainCar-v0', agent_type = 'dqn',
2.         num_iterations = 1000, num_train_episodes = 100, num_eval_episodes = 100,
3.         logdir = None, experiment_dir = None, logfile = None):
4.     # 此处省略部分代码 .
5.     for it in range(num_iterations):
6.         # Run train episodes.
7.         for train_episode in range(num_train_episodes):
8.             # Reset the environment.
9.             state = env.reset()
10.            state = np.expand_dims(state, axis = 0)
11.
12.            episode_reward = 0
13.
14.            # Run the episode.
15.            terminal = False
16.            while not terminal:
```

```
17.                 action = agent.sample(state)
18.                 # Remove the do-nothing action.
19.                 if env_name == 'MountainCar-v0':
20.                     if action == 1:
21.                         env_action = 2
22.                     else:
23.                         env_action = action
24.
25.                 next_state, reward, terminal, _ = env.step(env_action)
26.                 next_state = np.expand_dims(next_state, axis = 0)
27.
28.                 agent.store(state, action, reward, next_state, terminal)
29.                 agent.update()
30.
31.                 episode_reward += reward
32.                 # Update the state.
33.                 state = next_state
34.
35.         eval_rewards = []
36.
37.         # Run eval episodes.
38.         for eval_episode in range(num_eval_episodes):
39.
40.             # Reset the environment.
41.             state = env_test.reset()
42.             state = np.expand_dims(state, axis = 0)
43.
44.             episode_reward = 0
45.
46.             # Run the episode.
47.             terminal = False
48.
49.             while not terminal:
50.                 if agent_type == 'dqn':
51.                     action = agent.best_action(state)
52.                 else:
53.                     action, info = agent.best_action(state)
54.                 if agent_type == 'h_dqn' and info is not None:
55.                     curr_state = info[0]
56.                         if not use_memory:
57.                              curr_state = np.where(np.squeeze(curr_state) ==
1)[0][0]
58.                     else:
59.                         curr_state = np.squeeze(curr_state)[-1] - 1
60.                         goal = info[1]
61.                         heat_map[curr_state][goal] += 1
62.
63.                 # Remove the do-nothing action.
64.                 if action == 1:
65.                     env_action = 2
66.                 else:
67.                     env_action = action
68.
69.                 next_state, reward, terminal, _ = env_test.step(env_action)
70.                 next_state = np.expand_dims(next_state, axis = 0)
71.                 # env_test.render()
72.                     agent.store(state, action, reward, next_state, terminal,
eval = True)
```

```
73.                 if reward > 1:
74.                     reward = 1 # For sake of comparison.
75.
76.                 episode_reward += reward
77.
78.                 state = next_state
79.
80.             eval_rewards.append(episode_reward)
```

首先进入双重 for 循环，外层的 for 循环迭代 num_iterations 次，num_iterations 代表训练的次数，内层 for 循环迭代 num_train_episodes 次，num_train_episodes 代表每次训练需要采样的轮数，相应代码如下所示：

```
1. for it in range(num_iterations):
2.     # Run train episodes.
3.     for train_episode in range(num_train_episodes):
```

调用 env.reset 方法重置环境，并获得环境的初始状态，记作变量 state。通过 np.expand_dims 方法增加 state 的维度，这样可以按批处理。声明变量 episode_reward 用来保存一轮的总共收益，用变量 terminal 来判断一轮是否终止，并将该变量初始化为 False，相应代码如下：

```
1. # Reset the environment.
2. state = env.reset()
3. state = np.expand_dims(state, axis = 0)
4. episode_reward = 0
5. # Run the episode.
6. terminal = False
```

下面进入按轮采样的循环，当 terminal 变量为 True，即到达终止状态时，终止循环。首先，将变量 state 输入到智能体 agent 中，得到相应的动作 action。根据环境，对 action 进行相应的处理，便于环境执行。然后，将 action 输入到环境中，调用环境的 env.step 方法执行动作，从而得到下一个状态 next_state、外部奖励 reward、本轮是否终止 terminal 等。然后存储状态 state、动作 action、奖励 reward、下一时刻状态 next_state、是否终止 terminal。调用智能体的 agent.update 方法对智能体进行更新操作。更新 episode_reward 来统计一轮获得的总奖励。最后将当前状态 state 更新为 next_state，进行下一轮采样。相应代码如下：

```
1. while not terminal:
2.     action = agent.sample(state)
3.     # Remove the do-nothing action.
4.     if env_name == 'MountainCar-v0':
5.         if action == 1:  env_action = 2
6.         else:  env_action = action
7.     next_state, reward, terminal, _ = env.step(env_action)
8.     next_state = np.expand_dims(next_state, axis = 0)
9.     agent.store(state, action, reward, next_state, terminal)
10.    agent.update()
11.    episode_reward += reward
12.    # Update the state.
13.    state = next_state
```

下面对智能体进行评估，声明变量 eval_rewards 来统计奖励，然后进入评估的 for 循环，迭代次数为 num_eval_episodes，表示评估所需要的轮数，相应代码如下：

```
1. eval_rewards = []
2. # Run eval episodes.
3. for eval_episode in range(num_eval_episodes):
```

同样地，首先调用 env_test.reset 方法重置环境，并获得环境的初始状态，记作变量 state。通过 np.expand_dims 方法增加 state 的维度，这样可以按批处理。声明变量 episode_reward 用来保存一轮的总共收益，用变量 terminal 来判断一轮是否终止，并将该变量初始化为 False，相应代码如下：

```
1. # Reset the environment.
2. state = env_test.reset()
3. state = np.expand_dims(state, axis = 0)
4. episode_reward = 0
5. # Run the episode.
6. terminal = False
```

下面进入按轮评估的循环，当 terminal 变量为 True，即到达终止状态时终止循环。首先，将变量 state 输入到智能体 agent.best_actions 中，得到最优的动作 action 和信息 info。从信息 info 中提取出当前状态 curr_state 和目标 goal。对 curr_state 进行维度的调整。然后利用 curr_state 将 goal 整合到变量 heat_map 中。相应代码如下：

```
1. while not terminal:
2.     if agent_type == 'dqn':    action = agent.best_action(state)
3.     else:  action, info = agent.best_action(state)
4.     if agent_type == 'h_dqn' and info is not None:
5.         curr_state = info[0]
6.             if not use_memory:
7.                         curr_state = np.where(np.squeeze(curr_state) == 1)
[0][0]
8.                     else:
9.                         curr_state = np.squeeze(curr_state)[-1] - 1
10.                goal = info[1]
11.                heat_map[curr_state][goal] += 1
```

去掉没有意义的动作 action，然后调用环境的 env_test.step 方法执行动作 action，得到下一个状态 next_state、奖励 reward、本轮是否终止 terminal，然后对 next_state 进行维度调整，便于存储。最后，将当前状态 state、动作 action、奖励 reward、下一时刻状态 state、本轮是否终止 terminal、是否为评估状态 eval 存储到缓存数组中。相应代码如下：

```
1. # Remove the do-nothing action.
2.     if action == 1:  env_action = 2
3.     else:  env_action = action
4.     next_state, reward, terminal, _ = env_test.step(env_action)
5.     next_state = np.expand_dims(next_state, axis = 0)
6.     # env_test.render()
7.     agent.store(state, action, reward, next_state, terminal, eval = True)
```

将奖励 reward 进行截断，即如果 reward>1 则取 reward=1，这样便于进行比较。然后统计 episode_reward，同时更新当前状态 state 为下一时刻状态 next_state。最后在循环外侧记录 episode_reward 到 eval_rewards 数组中，相应代码如下：

```
1.     if reward > 1:
2.            reward = 1 # For sake of comparison.
3.        episode_reward += reward
4.        state = next_state
5.      eval_rewards.append(episode_reward)
```

将使用 pickle.dump 统计的评估奖励信息 eval_rewards 写到文件中，调用 log 函数将 eval_rewards 打印出来，便于直观调试，相应代码如下：

```
1.     with open(experiment_dir + '/eval_rewards_' + str(it), 'wb') as f:
2.         pickle.dump(eval_rewards, f)
3.   log(logfile, it, eval_rewards)
```

3. 使用场景与优势分析

反馈稀疏的环境导致普通的智能体无法学习鲁棒的策略，分层 DRL h-DQN 是一个整合分层 actor-critic 函数的框架，可以在不同的时间尺度上运作，具有以目标驱动为内在动机的 DRL，对于环境中长时间范围的延迟奖励，h-DQN 以数据有效的方式学习鲁棒的策略。

因此，h-DQN 可以应用于稀疏奖励和延迟奖励的问题，比如迷宫探索等问题，在迷宫问题中，往往奖励非常稀疏，而且具有很大的奖励延迟问题，一般的 RL 方法难以达到很好的效果。此外，在实际问题中，比如无人设备的导航问题，也往往有着奖励稀疏的特点，可以使用分层 DL 来解决。

2.4.2　基于封建网络的分层强化学习

1. 算法介绍

DRL 在许多领域取得了成功，然而，长期信用分配仍然是一般 DRL 方法的主要挑战，尤其是在奖励信号稀疏的环境中。Atari 基准测试的标准方法是使用动作重复启发式算法，其中每个动作都转换为环境中的几个连续动作。在需要记忆的非马尔可夫环境中可以看到复杂性的另一个维度，因为智能体必须仅使用稀疏奖励信号来学习以后需要存储哪些经验。

基于封建网络的分层强化学习的概念源于封建强化学习（Feudal Reinforcement Learning，FRL），在 FRL 中智能体的各个层级之间通过明确的目标相互通信。FRL 的一些重要见解是，目标可以以自上而下的方式生成，目标设定可以与目标实现分离，层级结构中各个级都与它的低级别之间进行通信，以交代什么是必须完成的，但不指定如何去完成。使用更高层级的原因是在低时间分辨率的前提下，很自然地在智能体上构造基于时间维度拓展的子策略。

算法的体系结构是完全可微的有两个层级的神经网络。最高级别的管理者在潜在的状态空间中以较低的时间分辨率设置目标，这是由管理者自己学习的。 较低级别的工作者以较高的时间分辨率运行，并根据从管理者处收到的目标产生原始动作，工作者通过内在奖励来实现目标。但是，在工作者和管理者之间没有传播梯度，管理者仅从环境中接收其学习信号，因而管理者会学会选择最大化外在奖励的潜在目标。

基于封建网络（FeUdal Network, FuN）的分层强化学习是一种用于分层强化学习（Hierarchy Reinforcement Learning, HRL）的新颖架构[18]，它利用不同的时间分辨率，使用管理者模块和工作者模块。管理者以较低的时间分辨率运作，并设定抽象目标，然后抽象目标传达到工作者中，由工作者根据目标产生原始动作。FuN 促进长时间的信用分配，鼓励出现与管理者设定的不同目标相关的子策略。这些属性允许 FuN 在涉及长期信用分配或记忆的任务中显著优于其他类型的智能体。具体而言，FuN 主要包括以下优势：① FuN 是一致的、端到端的可微的模型，体现并概括了 FRL 的原则；②用于训练管理者的新颖的近似过渡策略梯度更新，可以利用管理者产生目标的语义；③算法中使用了具有方向性而非绝对性的目标。

2. 算法分析

（1）算法概述

FuN 是一个模块化的神经网络，由两个模块组成（如图 2.18 所示）——工作者模块和管理者模块。管理者内部计算潜在状态 $\boldsymbol{s}_t$ 并输出目标向量 $\boldsymbol{g}_t$。工作者根据外部观测、自己的状态和管理者目标制定行动。管理者和工作者共享一个感知模块，它从环境 $\boldsymbol{x}_t$ 获取观测并计算出共享的中间表示 $\boldsymbol{z}_t$。管理者的目标 $\boldsymbol{g}_t$ 使用近似转换策略梯度进行训练。这是一种特别有效的策略梯度训练形式，它利用了工作者的行为最终与其设定的目标方向一致的特点，然后通过内在奖励对工作者进行训练，以产生实现这些目标的动作。下面的等式描述了网络的前向动态传播：

$$\boldsymbol{z}_t = f^{\text{percept}}(\boldsymbol{x}_t) \tag{2.77}$$

$$\boldsymbol{s}_t = f^{\text{MSpace}}(\boldsymbol{z}_t) \tag{2.78}$$

$$\boldsymbol{h}_t^M, \hat{\boldsymbol{g}}_t = f^{\text{Mrnn}}(\boldsymbol{s}_t, \boldsymbol{h}_{t-1}^M);\ \boldsymbol{g}_t = \frac{\hat{\boldsymbol{g}}_t}{\|\hat{\boldsymbol{g}}_t\|}; \tag{2.79}$$

$$\boldsymbol{w}_t = \phi\left(\sum\nolimits_{i=t-c}^{t} \boldsymbol{g}_i\right) \tag{2.80}$$

$$\boldsymbol{h}_t^W, \boldsymbol{U}_t = f^{\text{Wrnn}}(\boldsymbol{z}_t, \boldsymbol{h}_{t-1}^W) \tag{2.81}$$

$$\pi_t = \text{softmax}(\boldsymbol{U}_t \boldsymbol{w}_t) \tag{2.82}$$

管理者和工作者都是循环网络。这里 $\boldsymbol{h}^M$ 和 $\boldsymbol{h}^W$ 分别对应于管理者和工作者的内部状态。线性变换 ϕ 将目标 $\boldsymbol{g}_t$ 映射到嵌入向量 $\boldsymbol{w}_t \in \mathbb{R}^k$，然后通过乘积与矩阵 U_t 组合以产生策略 π。

目标 $\boldsymbol{g}$ 通过低维目标嵌入空间 $\mathbb{R}^k (k \ll d)$ 中的乘法交互来调制策略。工作者首先为每个动作生成一个嵌入向量，由矩阵 $\boldsymbol{U} \in \mathbb{R}^{|a| \times k}$（见式（2.81））的行表示。为了合并来自管理者的目标，最后的 c 个目标首先通过求和合并，然后使用线性投影 ϕ（见式（2.80））嵌入到矢量 $\boldsymbol{w} \in \mathbb{R}^k$ 中。投影 ϕ 是线性的，没有偏差，并且通过来自工作者动作的梯度来学习。然后通过矩阵向量积（见式（2.82））将嵌入矩阵 $\boldsymbol{U}$ 与目标嵌入 $\boldsymbol{w}$ 组合。由于 ϕ 没有偏差，因此它永远不会产生恒定的非零向量，这可确保管理者的目标输出始终影响最终策略。

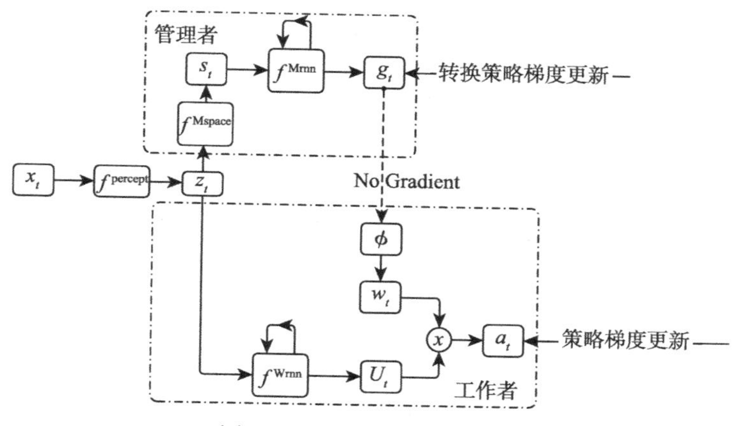

图 2.18 FuN 算法运行架构

训练时，考虑标准的 RL 设置，在每个时间步 t，智能体从环境接收观测 $\boldsymbol{x}_t$ 并从有限的一组可能动作中选择动作。环境以新的观测 $\boldsymbol{x}_{t+1}$ 和标量奖励 r_t 进行响应。该过程继续，直到达到终止状态，之后重新启动。智能体的目标是最大化折扣回报 $R_t=\sum_{k=0}^{\infty}\gamma^k r_{t+k+1}$，其中 $\gamma\in[0,1]$。智能体的行为由其动作选择策略 π 定义。FuN 根据式（2.82）中定义可能行为（随机策略）进行决策。

传统的方法是通过策略或 TD，以梯度下降来的方式来整体地训练整个架构。由于 FuN 是完全可微分的，可以针对工作者预测出的动作使用策略梯度算法来端到端地进行训练。管理者的输出 $\boldsymbol{g}$ 将由来自工作者的梯度进行训练。然而，这将剥夺管理者的任何包含语义意义的目标，使其成为模型的内部潜在变量。因而需要独立训练管理者以预测状态空间中的有利方向，并从本质上奖励工作者遵循这些指示。如果工作者能够实现朝着这些方向前进的目标（因为这样做会得到奖励），那么最终可以通过状态空间获得有利的轨迹。在管理者的以下更新规则中对此进行了形式化：

$$\nabla \boldsymbol{g}_t = A_t^M \nabla_{\boldsymbol{\theta}} d_{\cos}\left(\boldsymbol{s}_{t+c}-\boldsymbol{s}_t, g_t(\boldsymbol{\theta})\right) \tag{2.83}$$

其中 $A_t^M=R_t-V_t^M(\boldsymbol{x}_t,\boldsymbol{\theta})$ 是管理者的优势函数，使用来自内部 critic 函数的值函数估计 $V_t^M(\boldsymbol{x}_t,\boldsymbol{\theta})$ 对优势函数进行计算；$d_{\cos}(\alpha,\beta)=\dfrac{\alpha^{\mathrm{T}}\beta}{|\alpha||\beta|}$ 是两个向量之间的余弦相似度。当计算 $\nabla_{\boldsymbol{\theta}} d_{\cos}$ 时，忽略 $\boldsymbol{s}$ 对 $\boldsymbol{\theta}$ 的依赖性，这避免了一些不重要的解。现在 $\boldsymbol{g}_t$ 以视界 c 的潜在状态空间中的有利方向来获取语义，其定义了管理者的时间分辨率。

鼓励工作者遵循目标的内在奖励定义为：

$$r_t^I=\frac{1}{c}\sum_{i=1}^{c} d_{\cos}\left(\boldsymbol{s}_t-\boldsymbol{s}_{t-i}, \boldsymbol{g}_{t-i}\right) \tag{2.84}$$

为需要达到的目标添加内在奖励的同时，也保留环境奖励。然后训练工作者以最大化加权和 $R_t+\alpha R_t^I$，其中 α 是调节内在奖励的影响的超参数。通过使用任何现成的 DRL 算法，可以训练工作者策略 π 以最大化内在奖励。算法中，使用一个优势 actor-critic 算法：

$$\nabla_{\pi_t} = A_t^D \nabla_{\theta} \log \pi(\boldsymbol{a}_t \mid \boldsymbol{x}_t; \boldsymbol{\theta}) \tag{2.85}$$

优势函数 $A_t^D = \left(R_t + \alpha R_t^I - V_t^D(\boldsymbol{x}_t, \boldsymbol{\theta})\right)$ 使用内部 critic 函数计算，来评估两种奖励的价值函数。

值得注意的是，工作者和管理者可能会有不同的折扣因子 γ 来计算回报。例如，这可以使工作者更加贪婪并专注于即时奖励，而管理者可以考虑得更长远。

接下来描述算法中根据工作者行为模型提出的新的对管理者的策略梯度更新规则。考虑在子策略（可能来自连续集）中选择的高级策略 $\boldsymbol{o}_t = \mu(\boldsymbol{s}_t, \boldsymbol{\theta})$，假设这些子策略是固定持续行为（持续 c 步）。对应于每个子策略的是一个转换分布 $p(\boldsymbol{s}_{t+c} \mid \boldsymbol{s}_t, \boldsymbol{o}_t)$，它描述了在子策略结束时，给定启动状态 $\boldsymbol{s}_t$ 和子策略的状态 $\boldsymbol{o}_t$ 时的状态分布。高级策略可以由转换分布组成，在给定开始状态后描述最终状态分布的“转换策略” $\pi^{\mathrm{TP}}(\boldsymbol{s}_{t+c} | \boldsymbol{s}_t) = p(\boldsymbol{s}_{t+c} \mid \boldsymbol{s}_t, \mu(\boldsymbol{s}_t, \boldsymbol{\theta}))$。将此作为策略是有效的，因为原始 MDP 与具有策略 π^{TP} 和转换函数 $\boldsymbol{s}_{t+c} = \pi^{\mathrm{TP}}(\boldsymbol{s}_t)$ 的新 MDP 同构（即状态总是转换到转换策略所选择的最终状态）。因此，可以将策略梯度定理应用于转换策略 π^{TP}，以便根据策略参数调整梯度性能。

$$\nabla_{\theta} \pi^{\mathrm{TP}} = \mathbb{E}\left[\left(R_t - V(\boldsymbol{s}_t)\right) \nabla_{\theta} \log p\left(\boldsymbol{s}_{t+c} \mid \boldsymbol{s}_t, \mu(\boldsymbol{s}_t, \boldsymbol{\theta})\right)\right] \tag{2.86}$$

一般来说，工作者可能会遵循复杂的轨迹，策略梯度要求智能体从这些轨迹的样本中学习。但是如果知道这些轨迹可能最终会在哪里结束，那么可以直接跳过工作者的行为，而不需要遵循预测转换的策略梯度。FuN 假定转换模型的特定形式：状态空间中的方向为 $\boldsymbol{s}_{t+c} - \boldsymbol{s}_t$，遵循“米塞斯 - 费舍尔”分布。具体地说，如果“米塞斯 - 费舍尔”分布的平均方向由 $g(\boldsymbol{o}_t)$ 给出（为了紧凑性将 $g(\boldsymbol{o}_t)$ 写为 $\boldsymbol{g}_t$），将得到 $p(\boldsymbol{s}_{t+c} \mid \boldsymbol{s}_t, \boldsymbol{o}_t) \propto e^{d_{\cos}(\boldsymbol{s}_{t+c} - \boldsymbol{s}_t, \boldsymbol{g}_t)}$。如果这个函数形式确实是正确的，那么算法中提出的管理者更新启发式方法（公式 2.83）实际上是在公式 2.86 中得到的转换策略梯度的合适形式。

（2）伪代码分析

算法：FuN 的学习算法

初始化经验复用池器 $\mathcal{D}$；
初始化管理者和工作者的参数 $\{\boldsymbol{\theta}_1, \boldsymbol{\theta}_2\}$；
for $i = 1$ **to** *num_episodes* **do**
　　初始化环境并获得初始状态 $\boldsymbol{s}$；
　　while $\boldsymbol{s}$ 不是终止状态 **do**
　　　　$\boldsymbol{s}_0 \leftarrow \boldsymbol{s}$；
　　　　while not（$\boldsymbol{x}$ 是终止状态或者达成目标 $\boldsymbol{g}$）**do**
　　　　　　根据公式（2.78）～（2.83）得到动作 $\boldsymbol{a}$ 和目标 $\boldsymbol{g}$；
　　　　　　执行动作 $\boldsymbol{a}$ 并从环境中得到下一时刻状态 $\boldsymbol{s}'$ 和外部奖励 r；
　　　　　　根据公式（2.85）获得内部奖励 r^I；
　　　　　　将转换 $(\boldsymbol{s}, \boldsymbol{a}, r, r^I, \boldsymbol{s}', \boldsymbol{g})$ 存到 $\mathcal{D}$ 中；

根据公式（2.84）更新管理者网络参数 $\boldsymbol{\theta}_1$；

根据公式（2.86）更新工作者网络参数 $\boldsymbol{\theta}_2$；

$s \leftarrow s'$；

end while

end while

end while

（3）Python 代码片段分析

下面给出使用 Python 实现的 FuN 算法训练部分的代码解析。

```
1. class FeudalPolicyOptimizer(object):
2.     def __init__(self, env, task, policy, visualise):
3.         self.env = env
4.         self.task = task
5.
6.         worker_device = "/job:worker/task:{}/cpu:0".format(task)
7.         with tf.device(tf.train.replica_device_setter(1, worker_device =
worker_device)):
8.             with tf.variable_scope("global"):
9.                 self.global_step = tf.get_variable("global_step", [],
tf.int32, initializer = tf.constant_initializer(0, dtype = tf.int32),
10.                                                    trainable = False)
11.                 self.network = FeudalPolicy(env.observation_space.shape,
env.action_space.n, self.global_step)
12.
13.         with tf.device(worker_device):
14.             with tf.variable_scope("local"):
15.                 self.local_network = pi = FeudalPolicy(env.observation_
space.shape, env.action_space.n, self.global_step)
16.                 pi.global_step = self.global_step
17.             self.policy = pi
18.             # build runner thread for collecting rollouts
19.             self.runner = RunnerThread(env, self.policy, 20, visualise)
20.
21.             # formulate gradients
22.             grads = tf.gradients(pi.loss, pi.var_list)
23.             grads, _ = tf.clip_by_global_norm(grads, 40)
24.
25.             # build sync
26.             # copy weights from the parameter server to the local model
27.             self.sync = tf.group(*[v1.assign(v2)
28.                 for v1, v2 in zip(pi.var_list, self.network.var_list)])
29.             grads_and_vars = list(zip(grads, self.network.var_list))
30.             # for g,v in grads_and_vars:
31.             #     print g.name, v.name
32.             inc_step = self.global_step.assign_add(tf.shape(pi.obs)[0])
33.
34.             # build train op
35.             opt = tf.train.AdamOptimizer(1e-4)
36.             self.train_op = tf.group(opt.apply_gradients(grads_and_vars),
inc_step)
37.             self.summary_writer = None
38.             self.local_steps = 0
39.     # 代码省略
```

```
40.    def train(self, sess):
41.        sess.run(self.sync)
42.        rollout = self.pull_batch_from_queue()
43.        batch = process_rollout(rollout, gamma = .99)
44.        batch = self.policy.update_batch(batch)
45.        compute_summary = self.task == 0 and self.local_steps % 11 == 0
46.        # should_compute_summary = True
47.        should_compute_summary = self.task == 0 and self.local_steps % 11 == 0
48.
49.        if should_compute_summary:
50.            fetches = [self.policy.summary_op, self.train_op, self.global_step]
51.        else:
52.            fetches = [self.train_op, self.global_step]
53.
54.        feed_dict = {
55.            self.policy.obs: batch.obs,
56.            self.network.obs: batch.obs,
57.
58.            self.policy.ac: batch.a,
59.            self.network.ac: batch.a,
60.
61.            self.policy.r: batch.returns,
62.            self.network.r: batch.returns,
63.
64.            self.policy.s_diff: batch.s_diff,
65.            self.network.s_diff: batch.s_diff,
66.
67.            self.policy.prev_g: batch.gsum,
68.            self.network.prev_g: batch.gsum,
69.
70.            self.policy.ri: batch.ri,
71.            self.network.ri: batch.ri
72.        }
73.
74.        for i in range(len(self.policy.state_in)):
75.            feed_dict[self.policy.state_in[i]] = batch.features[i]
76.            feed_dict[self.network.state_in[i]] = batch.features[i]
77.
78.
79.        fetched = sess.run(fetches, feed_dict = feed_dict)
80.
81.        if should_compute_summary:
82.            self.summary_writer.add_summary(tf.Summary.FromString (fetched[0]),
fetched[-1])
83.            self.summary_writer.flush()
84.        self.local_steps += 1
```

首先，进行初始化过程。将环境 env、任务 task 保存到 self 中，指定运行的 CPU 路径保存到 worker_device 变量中，调用 tf.device 方法指定运行 CPU。声明全局计数变量 global_step，初始化管理者 network 为 FeudalPolicy，并向 FeudalPolicy 方法中输入状态的维度 env.observation_space.shape、动作维度 env.action_space.n 以及全局计数变量 global_step。相应代码如下：

```
1. def __init__(self, env, task, policy, visualise):
2.     self.env = env
3.     self.task = task
```

```
    4.     worker_device = "/job:worker/task:{}/cpu:0".format(task)
    5.     with tf.device(tf.train.replica_device_setter(1, worker_device = worker_
device)):
    6.         with tf.variable_scope("global"):
    7.             self.global_step = tf.get_variable("global_step", [], tf.int32,
initializer = tf.constant_initializer(0, dtype = tf.int32),
    8.                                         trainable = False)
    9.             self.network = FeudalPolicy(env.observation_space.shape, env.
action_space.n, self.global_step)
```

初始化工作者 local_network（变量 policy 等于变量 pi 等于变量 local_network）为 FeudalPolicy，并向 FeudalPolicy 方法中输入状态的维度 env.observation_space.shape、动作维度 env.action_space.n 以及全局计数变量 global_step。调用 RunnerThread 方法声明线程，为了之后通过线程运行工作者，提高代码效率。调用 tf.gradients 指定后续需要更新的网络参数，然后调用 tf.clip_by_global_norm 方法对梯度进行剪裁，相应代码如下：

```
    1. with tf.device(worker_device):
    2. with tf.variable_scope("local"):
    3.     self.local_network = pi = FeudalPolicy(env.observation_space.shape, env.
action_space.n, self.global_step)
    4.     pi.global_step = self.global_step
    5. self.policy = pi
    6. # build runner thread for collecting rollouts
    7. self.runner = RunnerThread(env, self.policy, 20, visualise)
    8. # formulate gradients
    9. grads = tf.gradients(pi.loss, pi.var_list)
    10.grads, _ = tf.clip_by_global_norm(grads, 40)
```

调用 tf.train.AdamOptimizer 方法声明优化器，并调用 apply_gradients 方法指定需要目标的参数。初始化 summary_writer 为 None，初始化 local_steps 计数变量为 0，相应代码如下：

```
    1. # build train op
    2.     opt = tf.train.AdamOptimizer(1e-4)
    3.     self.train_op = tf.group(opt.apply_gradients(grads_and_vars), inc_step)
    4.     self.summary_writer = None
    5.     self.local_steps = 0
```

下面开始训练过程，调用定义好的 pull_batch 以及 process_rollout 方法读出用于更新的样本，记作变量 batch。调用策略 policy 的 update_batch 方法，利用样本 batch 对策略进行更新。然后计算是否需要进行信息总结，并将计算结果记作变量 should_compute_summary，相应代码如下：

```
    1.     sess.run(self.sync)
    2.     rollout = self.pull_batch_from_queue()
    3.     batch = process_rollout(rollout, gamma = .99)
    4.     batch = self.policy.update_batch(batch)
    5.     compute_summary = self.task == 0 and self.local_steps % 11 == 0
    6.     # should_compute_summary = True
    7. should_compute_summary = self.task == 0 and self.local_steps % 11 == 0
```

如果 should_compute_summary 为 True，则需要进行总结，因此获取相应的日志信息 summary_op，否则，只声明需要获取的变量 train_op 和 global_step 即可。（注：获取变量

train_op 会触发优化器对网络参数进行更新。）将需要获取的变量记作 fetches。相应代码如下：

```
1. if should_compute_summary:
2.     fetches = [self.policy.summary_op, self.train_op, self.global_step]
3. else:
4.     fetches = [self.train_op, self.global_step]
```

声明需要向工作者网络 policy 和管理者网络 network 中输入的变量，需要输入的变量包括状态 batch.obs、动作 batch.a、奖励 batch.returns、状态差值 batch.s_diff、估计目标 batch.gsum 和内部奖励 batch.ri。将需要输入的变量记作 feed_dict，相应代码如下：

```
1. feed_dict = {
2. self.policy.obs: batch.obs, self.network.obs: batch.obs,
3. self.policy.ac: batch.a, self.network.ac: batch.a,
4. self.policy.r: batch.returns, self.network.r: batch.returns,
5. self.policy.s_diff: batch.s_diff, self.network.s_diff: batch.s_diff,
6. self.policy.prev_g: batch.gsum, self.network.prev_g: batch.gsum,
7. self.policy.ri: batch.ri, self.network.ri: batch.ri      }
```

将输入变量 feed_dict 和需要读取的变量 fetches 输入到工作者网络 policy 和管理者网络 network 中，调用 sess.run 方法，就可以得到需要获取的变量 fetched，相应代码如下：

```
1. for i in range(len(self.policy.state_in)):
2.         feed_dict[self.policy.state_in[i]] = batch.features[i]
3.         feed_dict[self.network.state_in[i]] = batch.features[i]
4.     fetched = sess.run(fetches, feed_dict = feed_dict)
```

最后，利用变量 should_compute_summary 判断是否需要进行日志总结，如果需要进行日志总结，则将 fetched 中的信息进行保存，然后更新计数变量 local_step，相应代码如下：

```
1. if should_compute_summary:
2.     self.summary_writer.add_summary(tf.Summary.FromString(fetched[0]),
fetched[-1])
3.     self.summary_writer.flush()
4.     self.local_steps += 1
```

3. 使用场景与优势分析

长期信用分配仍然是一般 DRL 方法的主要挑战，尤其是在奖励信号稀疏的环境中，FuN 利用不同的时间分辨率，促进长时间的信用分配，鼓励出现与管理者设定的不同目标相关的子策略。这些属性允许 FuN 在涉及长期信用分配或记忆的任务中显著优于其他类型的智能体。

因此，FuN 同样可以应用于稀疏奖励和延迟奖励的问题，比如迷宫探索等问题，在实际问题中，比如无人设备的导航问题，也往往有着奖励稀疏的特点，也可以使用 FuN 来进行解决。

2.4.3 基于随机神经网络的分层强化学习

1. 算法介绍

近年来，DRL 取得了许多令人瞩目的成果。然而，奖励稀疏或长视界的任务仍是一个重大挑战。为了应对这些挑战，通常可以采取两种策略。第一种策略是设计动作的层次结构。通过将低级动作组合成高级原语，搜索空间可以指数级地减少。但是，这些方法需要特定领域的知识和细致的人工标注。第二种策略使用内在奖励来指导探索。这些内在奖励的计算不需要特定领域知识。然而，当面对任务集合时，这些方法不直接回答将如何解决任务，一个任务可能转移到其他任务，然后从头开始解决每个任务，整体样本复杂性可能仍然很高。

在基于随机神经网络（Stochastic Neural Network，SNN）的 HRL 算法[19]中，提出了一个通用框架，用于训练具有稀疏奖励的任务集合的策略。算法的框架首先在预训练环境中学习一系列技能，它需要使用智能体奖励信号，其设计只需要非常少的特定领域的知识。这种智能体奖励可以被理解为一种内在动机，即智能体探索自己的能力，而不需要针对每个子任务的目标信息或感知器的信息。通过在技能之上为每项任务训练单独的高级策略，可以在以后的各种不同任务中使用这组技能，从而统一降低样本复杂性。

为了同时学习几种技能，可以使用 SNN，这是一类在计算图中具有随机单位的神经网络。这类架构可以轻松地表示多模态策略，同时实现不同模式之间的权重共享。通过将简单分布的潜在变量作为策略的额外输入来对网络中的随机性进行参数化。然而 SNN 的直接应用并不总能保证学习到各种技能。因此，在训练阶段使用基于互信息（Mutual Information, MI）的信息理论正则化，以鼓励 SNN 策略行为的多样性。分层策略学习框架可以学习广泛的技能，此外，在学习技能之上训练高级策略可以在一系列具有长视界和稀疏奖励的具有挑战性的任务中取得很好的表现。

2. 算法分析

（1）算法概述

通过元组 $M=(\mathcal{S},\mathcal{A},P,r,\rho_0,\gamma,T)$ 来定义离散时间有限时域 MDP，其中 $\mathcal{S}$ 是状态集，$\mathcal{A}$ 是动作集，$P:\mathcal{S}\times\mathcal{A}\times\mathcal{S}\to R_+$ 是转换概率分布，$r:\mathcal{S}\times\mathcal{A}\to[-R_{\max},R_{\max}]$ 是有界奖励函数，$\rho_0:\mathcal{S}\to R_+$ 是初始状态分布，$\gamma\in[0,1]$ 是折扣系数，T 是视界。在策略搜索方法中，通常优化随机策略 $\pi_{\boldsymbol{\theta}}:\mathcal{S}\times\mathcal{A}\to R_+$（由 $\boldsymbol{\theta}$ 参数化）。目标是最大化其预期折扣回报，$\eta(\pi_{\boldsymbol{\theta}})=\mathbb{E}_\tau\left[\sum_{t=0}^{T}\gamma^t(\boldsymbol{s}_t,\boldsymbol{a}_t)\right]$，其中 $\tau=(\boldsymbol{s}_0,\boldsymbol{a}_0,\cdots)$ 表示整个轨迹，$\boldsymbol{s}_0\sim\rho_0(\boldsymbol{s}_0)$，$\boldsymbol{a}_t\sim\pi_{\boldsymbol{\theta}}(\boldsymbol{a}_t\mid\boldsymbol{s}_t)$，$s_{t+1}\sim P(\boldsymbol{s}_{t+1}\mid\boldsymbol{s}_t,\boldsymbol{a}_t)$。

SNN 具有丰富的表示能力，实际上可以近似任何表现良好的概率分布。因此，通过 SNN 建模的策略可以表示复杂的动作分布，尤其是多模态分布。在该算法中，使用一类简单的 SNN，其中具有固定分布的潜在变量与神经网络的输入（这里是来自环境的观测）形成联合嵌入，然后将其输入到具有确定性单元的前向神经网络（Feed-forward Neural Network, FNN），计算单模分布的分布参数（例如多元高斯的均值和方差参数）。对潜在变量使用具有统一权重的简单分类分布，其中类的数量 K 是超参数，其上限是需要学习的技能的数量。

最简单的嵌入是直接连接观测和潜在变量。然而，这限制了观测和潜在变量之间整合的表现力。更丰富的整合形式（例如乘法积分和双线性汇集）已被证明具有更强的表示能力，在复杂的情况下可以获得更好的结果。因而，算法中使用简单的双线性汇集整合观测和潜在变量以形成联合嵌入。

尽管 SNN 具有足够的表现力来表示多模式策略，但优化中没有任何内容来阻止它们折叠成单一模式。为了直接控制将要学习的技能多样性，引入了一个信息理论正则化器。具体而言，添加额外的奖励，与潜在变量和当前状态之间的 MI 成比例，仅针对状态的相关子集来测量 MI。比如对于移动机器人而言，可以选择其质心（Center of Mass, CoM）的坐标 $c=(x,y)$。让 C 为表示智能体当前 CoM 坐标的随机变量，同时设 Z 为潜在变量。然后 MI 可以表示为 $I(Z;C)=H(Z)-H(Z|C)$，其中 H 表示熵函数。在该例子中，$H(Z)$ 是常数，因为潜在变量的概率分布在训练阶段被固定为均匀分布。因此，最大化 MI 等同于最小化条件熵 $H(Z|C)$。由于熵是衡量不确定性的一种方法，因此，对于机器人这个例子的另一种解释是，优化目标是应该很容易推断出机器人当前正在执行的技能。为了惩罚 $H(Z|C)=-\mathbb{E}_{z,c}\log p(Z=z|C=c)$，修改在每个时间步接收的奖励，如式（2.87）所示，其中 $\hat{p}(Z=z^n|c_t^n)$ 是在给定轨迹中 t 时刻的坐标为 c_t^n 时，估计的潜在变量 z^n 在轨迹 n 上采样的后验分布。

$$R_t^n \leftarrow R_t^n + \alpha_H \log \hat{p}\left(Z=z^n|c_t^n\right) \tag{2.87}$$

为了估计后验 $\hat{p}(Z=z^n|c_t^n)$，使用以下离散化过程：将 $(x,\ y)$ 坐标空间划分为单元格并将连续值 CoM 坐标映射到包含它的单元格中。重载符号 c_t 是一个离散变量，表示 CoM 在时间 t 的位置。这样，后验的计算仅需要通过对潜在变量 z 进行采样时每个单元 c 被访问的访问计数 $m_c(z)$ 获得。鉴于使用批量策略优化方法，使用当前批次的所有轨迹来计算所有 $m_c(z)$ 和估计 $\hat{p}(Z=z^n|c_t^n)$，如式（2.88）所示。如果 c 有更高维，则后验 $\hat{p}(Z=z^n|c_t^n)$ 也可以通过最大似然拟合 MLP 来估计。

$$\hat{p}\left(Z=z|(x,\ y)\right) \approx \hat{p}\left(Z=z|c\right) = \frac{m_c(z)}{\sum_{z'} m_c(z')} \tag{2.88}$$

现在描述如何利用在预训练任务中学到的 K 个技能来解决仅提供稀疏奖励信号的任务。算法中并不是从头开始学习低级别控制，而是通过固定它们并训练高级策略的管理者网络（Manager Neural Network，MNN）来利用所提供的技能，该策略通过选择技能并以固定的步数 T 来操作。对于任何给定的任务 $M\in\mathcal{M}$，在 K 个技能上训练新的 MNN。给定状态空间 $\mathcal{S}^M$ 作为 $\mathcal{S}_{\text{agent}}$ 和 $\mathcal{S}_{\text{rest}}^M$ 的因式表示，高级策略接收状态 $\mathcal{S}^M$ 作为输入，并输出分类分布的参数化表示，从 K 个可能的选择中采样离散动作 z，对应到 K 个技能。如果这些技能是经过独立训练的单一动作，则 z 规定了在以下 T 时间步骤中使用的策略。如果技能封装在 SNN 中，则使用 z 代替潜在变量，该架构如图 2.19 所示（图中 Cat() 表

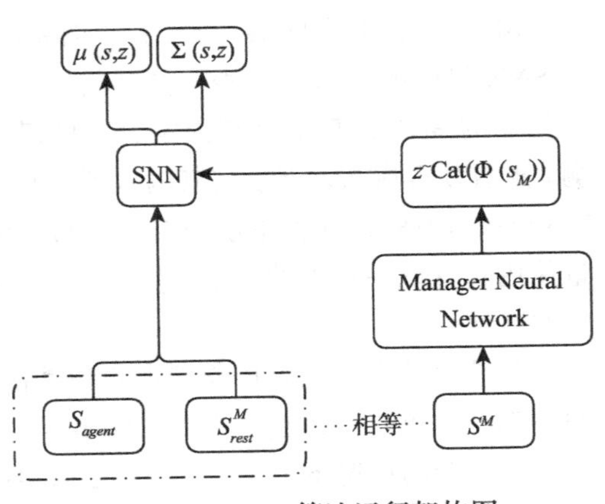

图 2.19　SNN 算法运行架构图

示概率分布)。

低级和高级神经网络的权重也可以联合优化，以使技能适应当前的任务。这种在随机计算图中具有离散潜在变量的策略的端到端训练可以使用直接估计器来完成。

对于预训练阶段和高级策略的训练，使用 TRPO 作为策略优化算法。选择 TRPO 是因为它具有出色的性能，并且因为它不需要过多的超参数调整。对于预训练阶段，由于存在分类潜在变量，$\pi(\boldsymbol{a} \mid \boldsymbol{s})$ 的边缘分布是高斯混合模型而不是简单高斯模型，如果使用更多复杂的潜在变量，它甚至可能变得难以计算。为了避免这个问题，将潜在变量 z 视为观测的一部分。假设 $\pi(\boldsymbol{a} \mid \boldsymbol{s}, z)$ 仍然是高斯，则可以不经任何修改地应用 TRPO。

（2）伪代码分析

算法：针对 SNN 使用 MI 的技能训练算法

while 没有训练好 **do**

　for $n=1$ **to** N **do**

　　采样 $z_n \sim \mathrm{Cat}\left(\frac{1}{K}\right)$；

　　固定 z_n 收集轨迹；

　end for

　计算后验 $\hat{p}(Z=z \mid c)=\frac{m_c(z)}{\sum_{z'} m_c(z')}$；

　调整奖励 $R_t^n \leftarrow R_t^n+\alpha_H \log \hat{p}\left(Z=z^n \mid c_t^n\right)$；

　设 z 为观测的一部分，应用 TRPO 算法优化策略；

end while

（3）Python 代码片段分析

下面给出使用 Python 实现的基于 SNN 的 HRL 算法网络结构部分的代码解析。

```
1. class BilinearIntegrationLayer(L.MergeLayer):
2.     def __init__(self, incomings, name = None):  # incomings is a list (tuple)
of 2 layers. The second is the "selector"
3.         super(BilinearIntegrationLayer, self).__init__(incomings, name)
4.
5.     def get_output_shape_for(self, input_shapes):
6.         n_batch = input_shapes[0][0]  # out of the obs_robot_var, the first
dim is the batch size
7.         robot_dim = input_shapes[0][1]
8.         selection_dim = input_shapes[1][1]
9.         return n_batch, robot_dim + selection_dim + robot_dim * selection_
dim
10.
11.     def get_output_for(self, inputs, **kwargs):
12.         obs_robot_var = inputs[0]
13.         selection_var = inputs[1]
14.
15.         bilinear = TT.concatenate([obs_robot_var, selection_var, TT.flatten
                                     (obs_robot_var[:, :, np.newaxis] *
selection_var[:, np.newaxis, :], outdim = 2)], axis = 1)
16.
```

```
17.
18.
19.         return bilinear
20.
21.
22.class SumProdLayer(L.MergeLayer):
23.    def __init__(self, incomings, name = None):  # prod is a numpy vector (or list) with the scalars to multiply
24.        super(SumProdLayer, self).__init__(incomings, name)  # each incoming layer before summing them, LAST IS COEFS!!
25.        # check if all input shapes are the same. See that the first dim might be NONE (for batch)
26.        coef_layer = incomings[-1]
27.        assert self.input_shapes[1:-1] == self.input_shapes[:-2]
28.        assert coef_layer.output_shape[0] == len(incomings) - 1 or coef_layer.output_shape[1] == len(incomings) - 1
29.        self.coef_layer = coef_layer
30.
31.    def get_output_shape_for(self, input_shapes):
32.        return input_shapes[0]  # they are all supposed to be the same
33.
34.    def get_output_for(self, inputs, **kwargs):
35.        coefs = inputs[-1]
36.        output = TT.zeros_like(inputs[0])
37.        for i, input_arr in enumerate(inputs[:-1]):
38.            output += input_arr * coefs[:, i].reshape((-1, 1))
39.        return output
40.
41.
42.class CropLayer(L.Layer):
43.    def __init__(self, l_incoming, start_index = None, end_index = None, name = None):
44.        super(CropLayer, self).__init__(l_incoming, name)
45.        self.start_index = start_index
46.        self.end_index = end_index
47.
48.    def get_output_shape_for(self, input_shape):
49.        n_batch = input_shape[0]  # out of the obs_robot_var, the first dim is the batch size
50.        start = 0
51.        end = input_shape[1]
52.        if self.start_index:
53.            start = self.start_index
54.        if self.end_index:
55.            end = self.end_index
56.        new_length = end - start
57.        return n_batch, new_length  # this automatically creates a tuple
58.
59.    def get_output_for(self, all_obs_var, **kwargs):
60.        return all_obs_var[:, self.start_index:self.end_index]
```

双线性整合层BilinearIntegrationLayer的定义如下，在初始化方法__init__中，incomings是两层的列表（元组），第二个变量name是“选择器”。get_output_shape_for方法根据输入的形状input_shapes计算输出的形状。输出形状分别包括批次的大小n_batch、观测的维度robot_dim和潜在变量的维度selection_dim。get_output_for方法将输入的变量（观测obs_robot_var和潜在变量selection_var）进行双线性整合，具体代码如下所示：

```
1. class BilinearIntegrationLayer(L.MergeLayer):
2.     def __init__(self, incomings, name = None):
3.         super(BilinearIntegrationLayer, self).__init__(incomings, name)
4.     def get_output_shape_for(self, input_shapes):
5.         n_batch = input_shapes[0][0]
6.         robot_dim = input_shapes[0][1]
7.         selection_dim = input_shapes[1][1]
8.         return n_batch, robot_dim + selection_dim + robot_dim * selection_dim
9.     def get_output_for(self, inputs, **kwargs):
10.        obs_robot_var = inputs[0]
11.        selection_var = inputs[1]
12.        bilinear = TT.concatenate([obs_robot_var, selection_var, TT.flatten(o
bs_robot_var[:, :, np.newaxis] * selection_var[:, np.newaxis, :],
13.outdim = 2)], axis = 1)
14.        return bilinear
```

求和乘积整合层 SumProdLayer 的定义如下。在初始化方法 __init__ 中使用 assert 关键字检查所有输入形状是否相同。在计算输出形状的方法 get_output_shape_for 中，使用输入形状的第一个维度 input_shapes[0] 作为输出形状。在计算整合输出的方法 get_output_for 中，将输入 inputs 的每一个条目乘上一个相应系数 coefs 然后求和输出，相应代码如下：

```
1. class SumProdLayer(L.MergeLayer):
2.     def __init__(self, incomings, name = None):
3.         super(SumProdLayer, self).__init__(incomings, name)
4.         coef_layer = incomings[-1]
5.         assert self.input_shapes[1:-1] == self.input_shapes[:-2]
6.         assert coef_layer.output_shape[0] == len(incomings) - 1 or coef_
layer.output_shape[1] == len(incomings) - 1
7.         self.coef_layer = coef_layer
8.     def get_output_shape_for(self, input_shapes):
9.         return input_shapes[0]
10.    def get_output_for(self, inputs, **kwargs):
11.        coefs = inputs[-1]
12.        output = TT.zeros_like(inputs[0])
13.        for i, input_arr in enumerate(inputs[:-1]):
14.            output += input_arr * coefs[:, i].reshape((-1, 1))
15.        return output
```

剪裁层 CropLayer 的定义如下。在初始化方法 __init__ 中，需要指定要截取的起始下标 start_index 和终止下标 end_index。在计算输出形状的方法 get_output_shape_for 中，使用输入量 input_shape 中的批次大小 input_shape[0] 作为输出的批次大小，然后通过 end_index-start_index 来计算长度 new_length，最后将 (input_shape[0], new_length) 作为整合后输出的形状。在计算剪裁输出的方法 get_output_for 中直接通过起始下标 start_index 和终止下标 end_index 对需要的部分进行截取，相应代码如下：

```
1. class CropLayer(L.Layer):
2.     def __init__(self, l_incoming, start_index = None, end_index = None, name =
None):
3.         super(CropLayer, self).__init__(l_incoming, name)
4.         self.start_index = start_index
5.         self.end_index = end_index
6.     def get_output_shape_for(self, input_shape):
7.         n_batch = input_shape[0]
8.         start = 0
```

```
9.          end = input_shape[1]
10.         if self.start_index:  start = self.start_index
11.         if self.end_index:  end = self.end_index
12.         new_length = end - start
13.         return n_batch, new_length
14.     def get_output_for(self, all_obs_var, **kwargs):
15.         return all_obs_var[:, self.start_index:self.end_index]
```

3. 使用场景与优势分析

在基于 SNN 的 HRL 算法中，提出了一个通用框架，用于训练具有稀疏奖励的任务集合的策略。算法通过在技能之上为每项任务训练单独的高级策略，可以在以后的各种不同任务中使用这组技能，从而统一地降低样本复杂性。算法使用 SNN 架构可以轻松表示多模态策略，同时实现不同模式之间的权重共享。在训练阶段使用基于 MI 的信息理论正则化，以鼓励 SNN 策略行为的多样性。该算法在学习技能之上训练高级策略，可以在一系列具有长期视界和稀疏奖励的具有挑战性的任务中取得很好的表现。

在实际应用中，算法可以应用于具有稀疏奖励的机器人控制问题，比如对于移动机器人，在一个宽敞的环境下，利用算法控制机器人运动等。

CHAPTER 3

第3章 分布式深度强化学习

经过前面章节的学习，想必读者对一般 DRL 算法有了系统的了解，从经典的基于值函数的算法到最新的基于模型的算法，我们讲解了十几个 DRL 算法。不过，这些都是常规的 DRL 算法。不知道读者是否还记得第 1 章中介绍的分布式系统，分布式由于其强大的计算速度和处理能力，一直受到计算机编程和算法领域的重要关注，现在我们就开始讲解一些关于分布式 DRL 的算法和框架。与常规的 DRL 方法相比，分布式 DRL 具有训练速度快、规模大等特点，更适合解决一些大规模复杂 DRL 问题。

3.1 分布式系统

本小节我们来了解一下分布式系统，为了提高训练速度就免不了使用分布式计算的方法，分布式计算大多基于分布式系统之上。如今 DRL 飞速发展，为了解决更复杂的问题，需要更高的算力，于是就衍生出了许多分布式 DRL 算法和框架。所以简单了解一下分布式系统还是很有必要的。众所周知，一个成熟的大型系统架构并非在初始时就设计得非常完美，而是随着用户量的增加、业务功能的扩展逐步演变，从而慢慢完善。这段过程中提出的问题就是如何实现系统的高可用、易伸缩、可扩展和高并发。为了解决这样一系列问题，不得不提分布式系统。

在了解分布式之前，我们先讨论下集中式系统是什么样的。用一句话概括就是：单个主机携带多个终端。首先，这样的终端没有数据处理能力，仅仅负责数据的录入和输出。而数据的运算和存储等全部都是在主机上进行。其次，这种集中式系统的最大特点就是部署结构简单，底层一般采用从 IBM 等厂商购买的昂贵大型主机，不需考虑如何对服务进行多节点的部署。这样的模式在 20 世纪，多被银行、科研单位、军队和政府采用，一般是出于安全性的考虑。但如此一来，单机部署会造成系统大而复杂、难于维护、扩展性差的问题，同时单点故障发生时会导致整个系统或者网络瘫痪。

3.1.1 分布式系统简介

由于单台设备的性能、资源、可扩展性等限制，分布式系统的概念被提出了。分布式系统是一个硬件或者软件组件分布在不同的网络计算机上，彼此之间仅仅通过消息传递进行通信和协调的系统。简单来讲，就是一群独立的计算机集合共同对外提供服务，但对于系统用户而言，就像是一台计算机在提供服务一样。分布式意味着可以使用更多普通的计算机组成分布式集群对外提供服务。计算机越多，CPU、内存、存储资源等也就越多，能够处理的并发访问量也就越大。由于在分布式系统中主机的通信通过网络进行，所以主机的位置在空间上几乎没有任何限制，它们可以分布在不同的机柜、不同的机房，甚至是不同的城市，对于大型的网站甚至会分布在不同的国家和地区。但是无论在空间上如何分布，一个标准的分布式系统应该具备以下几个特征：

- 分布性。分布式系统中的计算机可以在空间上随意分布，计算机之间没有主从之分，即没有控制整个系统的主机或者受控的丛机。
- 透明性。系统资源共享。每台计算机的用户不仅可以使用本机的资源，还可以使用系统中其他计算机的资源，例如 CPU、文件、打印机。
- 同一性。系统中的若干计算机可以协同操作完成一个任务，或者说一个任务可以分解为多个子任务以便在多台计算机上并行计算。
- 通信性。分布式系统最基本也是最主要的特性是：任意两台计算机都可以通过通信来交换信息。

3.1.2　分布式系统的发展历史

1946 年，美国宾夕法尼亚大学诞生了世界上第一台电子数字计算机 ENIAC，它每秒可以进行 5000 次加法运算。那个年代的操作系统只支持单进程计算，即启动机器，加载写在卡上的程序，运行它，然后关闭。随着计算机在大学和实验室的普及，高效沟通各个计算机的联网式思维应运而生。在 20 世纪 70 年代出现了一些系列的局域网技术，使得机器互联成为可能。其中最具代表性的技术成果是分布式网络 ARPANET，它当时为军事、大学、商业部门的交流提供了便捷。它的诞生还被认为是网络传播的“创世纪”。

直到 20 世纪 80 年代中期，大型机凭借超强的计算和 I/O 处理能力、稳定性和安全性等，垄断计算机行业和商业计算领域，它所引领的集中式架构也是当时的主流。但复杂的运维、高昂的费用、单点问题的发生使得这种架构难以继续满足人们的需求。并且随着科技的发展，微处理器问世，大型机的许多组件可以小型化至一块或者数块集成电路内。世界最著名的第一块单片 32 位微处理器在 1980 年诞生于贝尔实验室，1982 年便正式投产。这种趋势导致小型机越来越便宜，构建大系统的成本也越来越低，人们的兴趣开始逐渐向小型机转移。一个方向是以 CICS（微型处理执行的计算机语言指令）CPU 为架构的价格便宜且面向个人的 PC，另一个方向是以 RISC（精简指令集计算机）CPU 为架构的价格昂贵且面向企业的小型 UNIX 服务器，此时分布式已进入萌芽阶段。

1990 年，ARPANET 停止运营，但在此之前已经诞生了电子邮件、Telnet、TCP/IP 等众多网络技术，此后 WWW 万维网登上历史舞台。互联网服务的出现，使得即使位于不同半球的主机都能更快地实时交流，更加促进了分布式的发展。紧接着，我们进入了多任务操作系统和个人电脑时代。利用 Windows、Linux 等操作系统，我们可以在同一台计算机上运行多个任务，分布式系统开发人员可以在一台或者几台通过消息传递的计算机内构建和运行整个分布式系统。

2000 年后，移动互联网、云计算、大数据等新的技术日趋盛行，为了应对海量用户，提高服务质量，分布式系统作为其核心技术之一起着重要作用。这是一个分布式系统大爆炸时代，Facebook、Google、Amazon、Twitter 等互联网公司开始构建跨越多个地理区域和多个数据中心的分布式系统。当时发挥很大作用的分布式计算框架有 Hadoop、Spark 和 Storm 等。高速发展的数据处理服务将成为基础服务应用于各行各业。在大规模数据处理中，分布式系统将继续承担重任。

3.1.3　架构演进

接下来，我们通过搭建一个简单的电商系统来模拟如何从单应用架构演变到分布式系统架构。这里，假设我们设计的电商系统具备三个功能：用户模块（用户注册和管理）、商品模块（商品展示和管理）和交易模块（创建交易及支付结算）。

1. 单应用架构

在应用开发的初始阶段，大多数小型系统会采用单应用架构，即将应用程序、数据库、文件等所有资源都部署在一台服务器上。如图 3.1 所示。因为在初期，用户量和数据量规模都较小，这样的架构既简单实用、便于维护，成本也低。作为中国最大的电商网站，淘宝网在刚上线时也使用了当时很流行的 LAMP（Linux, Apache, MySQL, PHP）架构。尽管单应用架构中可能也实现了分层，但仅仅是逻辑上的分层，不论是 Web 层还是 Service 层，它们的代码仍然是部署在一起的。后期当业务继续发展、网站访问量上升后，服务器就会出现并发访问瓶颈的问题。

2. 垂直应用架构

为了解决服务器在高峰期访问较高、响应时间较慢的压力，我们考虑增加服务器，将应用程序、数据库和文件分别部署在独立资源上。于是我们将这种把大的单体应用拆分成若干小的单体应用称为垂直应用架构，如图 3.2 所示。这种架构带有分而治之的思想，将大的问题按照一定的业务规则划分成若干小的问题，逐个解决。

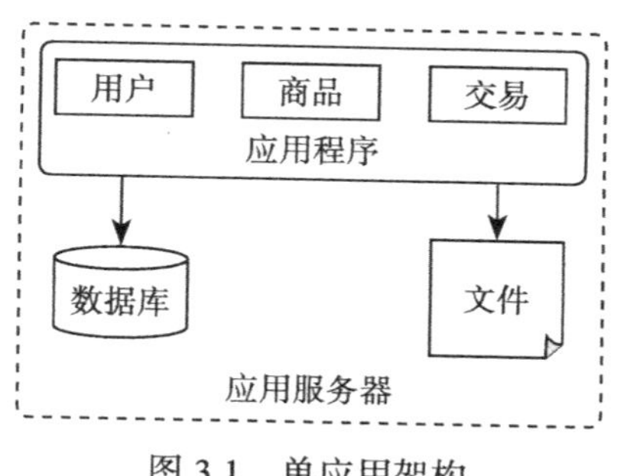

图 3.1　单应用架构

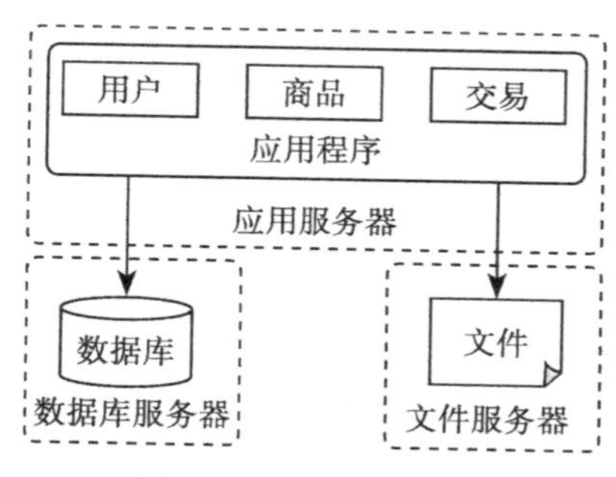

图 3.2　垂直应用架构

3. 缓存

通过增加两台服务器，将应用和数据分离，系统并发处理和数据存储空间得到了很大改善。但是我们发现系统访问遵循二八定律，即 80% 的业务访问集中在 20% 的数据上。于是我们提出使用缓存技术将 20% 访问集中的数据缓存下来，以减轻数据库的访问压力，如图 3.3 所示。同时由于使用缓存可以承担使用多台数据库服务器的请求量，于是更加降低了成本。

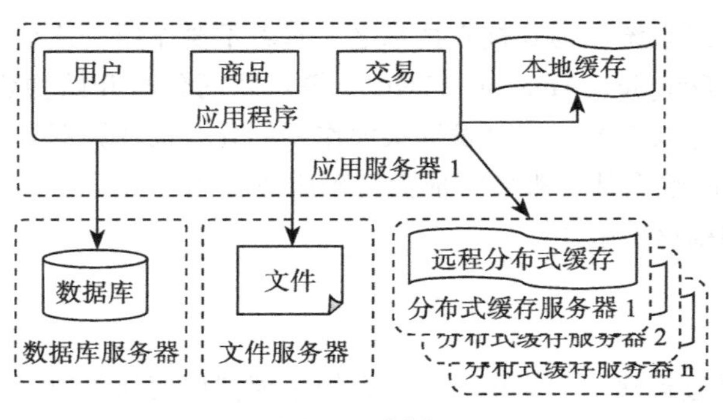

图 3.3　缓存

4. 服务器集群和负载均衡

我们迫不及待地将更新后的系统上线，但很遗憾，在某次购物节中，服务器很不幸地因为访问速度太慢流失了一部分客户。即使我们将每个模块分别放到不同的服务器上，但当请求量达到需要排队等待的规模时，单台服务器响应速度仍会变慢。于是我们考虑使用多台服务器组成集群，通过向集群中追加资源提升系统的并发处理能力，从而解决单台服务器处理能力和存储空间上限问题。我们规定外部请求需要先定向到负载均衡器，作为中继站向外部提供服务，同时进行外部 IP 和内部适当主机 IP 地址的相互转换，这具有隐藏网络内部结构和防止客户直接与主机直接交互等安全性的优点，如图 3.4 所示。

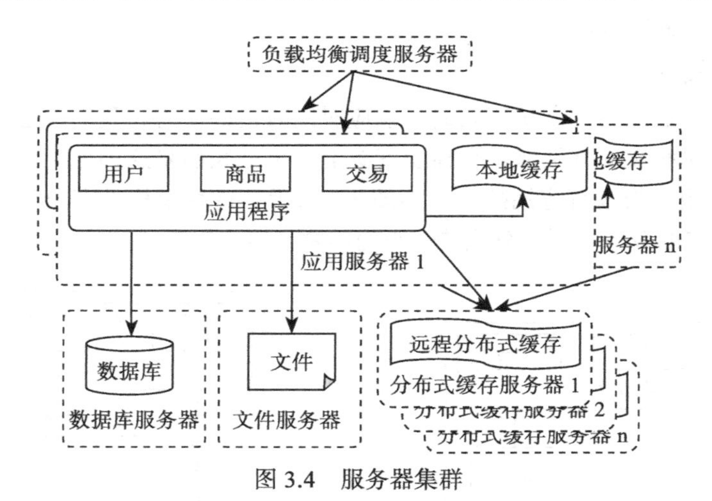

图 3.4　服务器集群

5. 数据库读写分离

虽然服务器的负载压力不再是整个系统的瓶颈，但是用户访问量的增加还会造成数据库模块的访问压力。一开始我们设计读写操作都要经过同一数据库服务器，但当用户量过大时，资源有限，而数据库并发量有限，于是我们将数据库进行读写分离。为避免出现数据库数据不一致的情况，可以要求主从数据库之间的数据需要同步，即读数据库需要不断进行批量的更新操作，因为读操作不一定要求数据的强一致性，可以存在一定的延迟，如图 3.5 所示。

6. 分布式数据库和分布式文件系统

随着系统的不断运行，数据量开始大幅增长，我们发现任何强大的单一服务器都满足不了大型系统持续增长的业务需求，数据库的读写分离最终也无法解决问题。考虑到分布式带来的优势，我们决定使用分布式数据库，即对这些表进行水平拆分，将同一表中的数据拆分到两个甚至多个数据库中，这些数据库可以部署在不同的物理服务器上。同理，我们还使用了分布式文件系统，如图 3.6 所示。

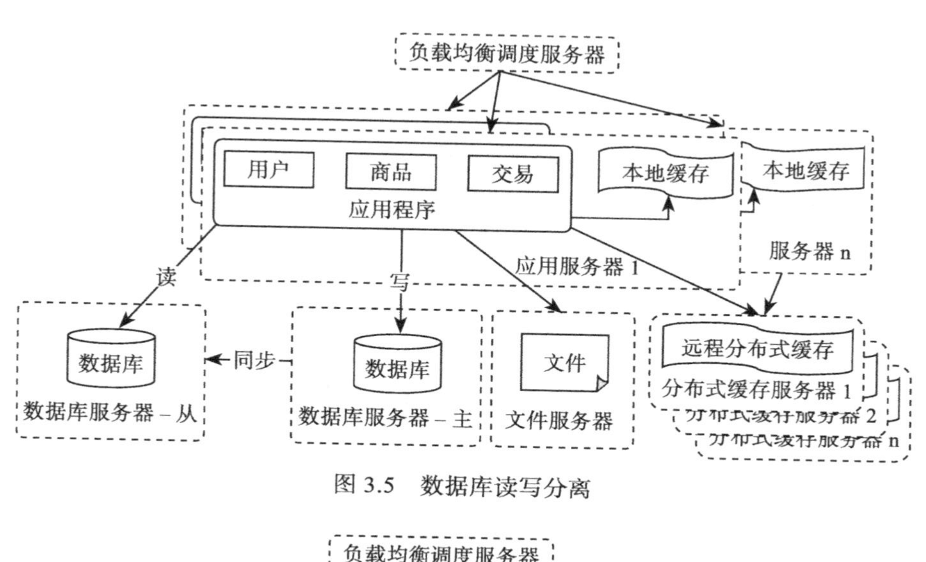

图 3.5　数据库读写分离

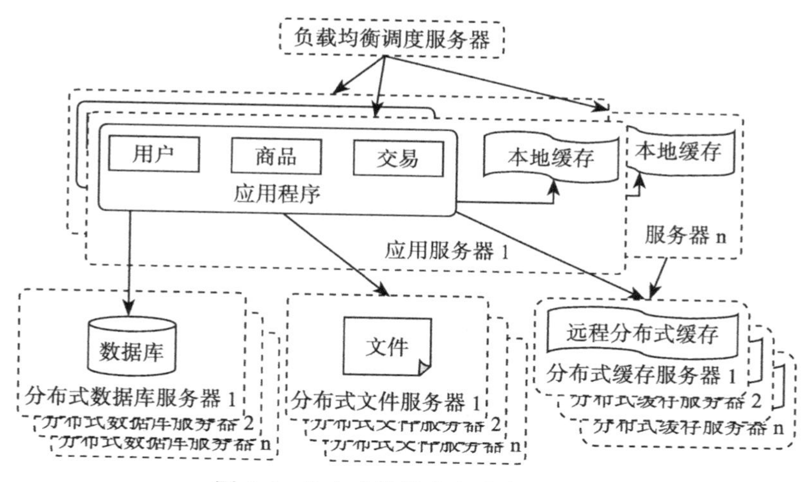

图 3.6　分布式数据库和分布式文件

7. 业务拆分和分布式服务

为了应对日益复杂的业务场景，我们采取分而治之的手段将系统业务分成不同的产品线，按照不同的业务将其部署到不同的应用服务器，最后通过消息队列进行数据分发。我们还可以将不同业务中公共的应用模块提取出来，然后将其部署在分布式服务器上供应用服务器调用，如图 3.7 所示。

看到这里，想必读者对分布式系统架构有了基本的理解。无论是初期的单应用架构、后来的垂直应用架构，还是不断衍生的辅助技术，我们发现最终的系统架构都要使用分布式架构。因为在不断增加的用户量和庞大的数据量需求下，分布式架构是必然会使用的技术，也是搜索引擎、推荐系统、广告系统甚至是人工智能的基石。

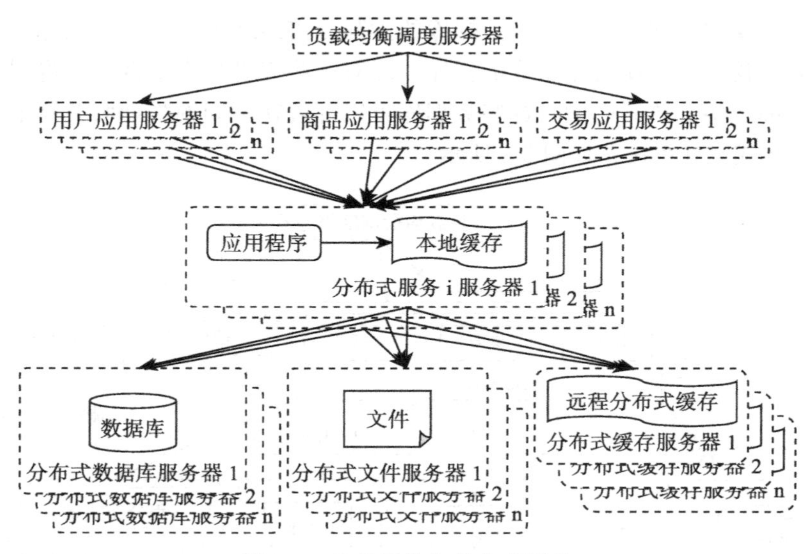

图 3.7 业务拆分和分布式服务

3.1.4 主流分布式系统框架

Google 最早简化了传统分布式计算理论，降低了其技术实现难度，并且进行了实际应用。在 2003 ～ 2004 年，Google 分别发表了有关 MapReduce、GFS（Google File System）和 BigTable 的三篇技术论文。MapReduce 是分布式计算框架，GFS 是分布式文件系统，BigTable 是基于 GFS 的数据存储系统，这些也成为之后分布式系统技术的基础。下面我们来介绍目前三个最主流的分布式系统。

1. Hadoop

Yahoo! 的工程师 Doug Cutting 和 Mike Cafarella 在 2005 年开发合作了分布式系统 Hadoop，之后将它贡献给 Apache 基金会，使其成为开源项目。Hadoop 采用 MapReduce 分布式计算框架，并根据 GFS 开发了 HDFS 分布式文件系统，还以 BigTable 为参考开发了 HBase 数据存储系统。由于 Hadoop 常用于处理离线的复杂大数据，国外的 Yahoo!、Fackbook 和国内的阿里、百度等公司都有以 Hadoop 为基础搭建了自己的分布式系统。

2. Spark

Spark 由加州大学伯克利分校实验室开发，同样也是 Apache 基金会的开源项目。它以 Hadoop 为基础进行了一些架构上的改良。两者最大的不同是，Hadoop 使用硬盘存储数据，而 Spark 使用内存进行数据存储。因此 Spark 在运算速度上远远超过 Hadoop，所以常用于离线进行快速的大数据处理。但也是因为数据存储在内存的原因，出现断电就会造成数据丢失。

3. Storm

业界公认 Hadoop 虽然有吞吐量大、自动容错等优点，但它不擅长实时处理，并且延迟大、响应缓慢。而 Storm 正是在这种实时需求下衍生的产品。Storm 是 Twitter 推出的分布式系统，它在 Hadoop 基础上提供实时运算的特性。不同于 Hadoop 和 Spark，它不需要进行数据的收集和存储工作，只需要直接通过网络实时地接收并处理数据，然后直接通过网络回传结果。因此 Strom 常用于在线的实时大数据处理。

3.2 分布式深度强化学习算法

3.2.1 分布式近端策略优化

1. 算法介绍

在 OpenAI 提出 PPO 算法后，DeepMind 团队抢先一步发表了论文《Emergence of Locomotion Behaviours in Rich Environment》，在其中提出了分布式近端策略优化算法（Distributed Proximal Policy Gradient，DPPO）算法[20]，随后，OpenAI 才正式发表 PPO 算法。

DeepMind 团队在原 PPO 的基础上，加入了几个优化：

（1）在状态上加入了 RNN，能够兼顾观察状态的时序性，在 POMDP 问题上能够有较好的效果。

（2）在回报的计算上加入了 K 步奖励算法。在以往的计算中，$\hat{A}_t = r_{t+1} + \gamma V_\phi(\boldsymbol{s}_{t+1}) - V_\phi(\boldsymbol{s}_t)$。而在 K 步奖励算法中，

$$\hat{A}_t = \sum\nolimits_{i=1}^{K} \gamma^{i-1} r_{t+i} + \gamma^{K-1} V_\phi(\boldsymbol{s}_{t+K}) - V_\phi(\boldsymbol{s}_t) \tag{3.1}$$

相当于在原来的基础上，再往后走了几步，多使用了一些真实的奖励。

（3）对数据进行归一化。首先，在整个实验中，对观察状态上进行了归一化（减去平均值，再除以标准差）。同样，在整个实验中，对奖励进行了归一化（除以标准差）。并在每个批量中对优势进行了归一化。

需要指出的是，以上几个优化均是作者建议的，而不是必需的。还要根据环境进行具体的选择。

DPPO 是在 PPO actor-critic 框架中，加入了分布式计算。所以说，这里的 distributed 并不是指多智能体，而是指在多个 CPU/GPU 中进行并行计算，提高运算速度，增加样本数目，使更新更加稳定。随后，我们具体介绍如何进行分布式计算。

2. 算法分析

（1）算法概述

如图 3.8 所示，DPPO 框架中含有一个 chief 线程和多个 worker 线程。Chief 线程是主线程，worker 线程为子线程。多个 worker 线程之间可以并行运行，从而达到分布式计算的目的。全局只有一个共享梯度区和共享 PPO 模型，而不同的 worker 中还有自己的局域 PPO 模型和局域环境。

在该框架中只有一个共享 PPO 模型，需要将其传入 chief 和 worker 中。该模型的作用是根据得到的梯度使用优化器更新参数。

而每个 worker 中有一个自己的局域 PPO 模型，该模型的作用是，使用 PPO 策略和局域环境进行互动，得到经验，并在更新中计算梯度。

共享梯度区的作用是存储所有 worker 在更新中计算得到的梯度和，然后将梯度对应取

平均，赋值给共享 PPO。

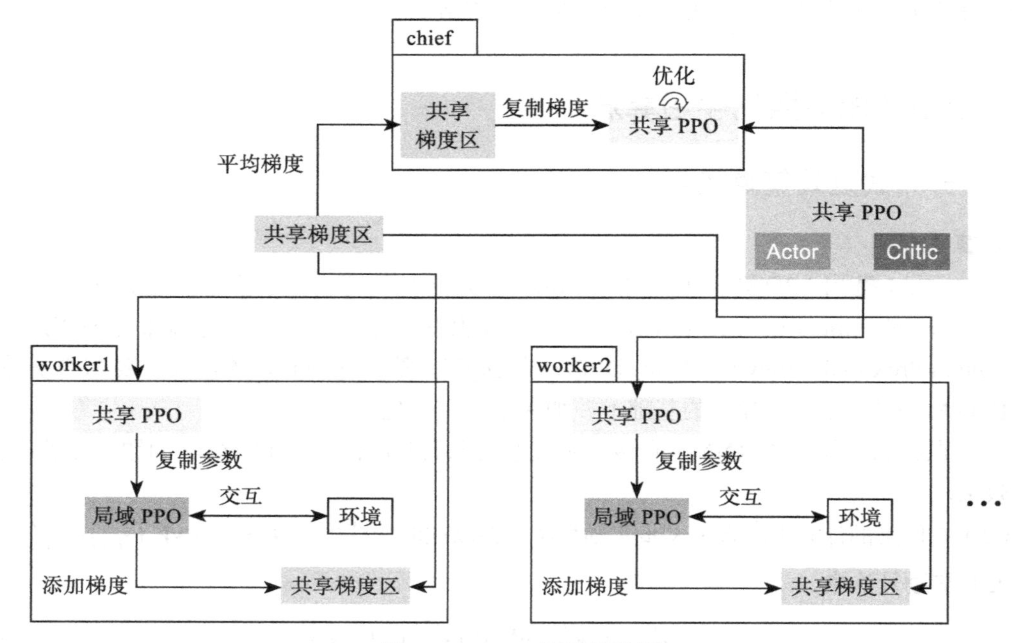

图 3.8　DPPO 网络结构图

算法的具体流程如下。

首先，局域 PPO 和环境互动，使用 K 步奖励方法计算回报。然后计算优势，最后存储经验到本地。在更新步骤中，使用前文中提到的 PPO 更新的两种方法（KL penalty 或者 clip）计算策略目标函数 $J_{\mathrm{PPO}}(\boldsymbol{\theta})$。计算策略梯度 $\nabla_{\theta}J_{\mathrm{PPO}}$，并将其加入到共享梯度区，之后等待 chief 的信号。

共享梯度区在等待一定数目的 worker 传送梯度之后，在 chief 中将梯度传递给共享 PPO。

共享 PPO 使用梯度更新，然后通知各个 worker 中的局域 PPO 从共享 PPO 中拷贝网络参数。

局域 PPO 开展和环境之间的下一阶段的互动。

（2）伪代码分析

算法 1：DPPO（worker）

---

for $i\in\{1,\cdots,N\}$ **do**

　　for $w\in\{1,\cdots,T/K\}$ **do**

　　　　运行 K 步策略 π'，收集经验 $\{\boldsymbol{s}_t,\boldsymbol{a}_t,r_t\}$ $for\, t\in\{(w-1)K,\cdots,wK-1\}$；

　　　　估计回报 $\hat{R}_t=\sum_{t=(w-1)K}^{wK-1}\gamma^{t-(w-1)K}r_t+\gamma^K V_{\phi}(\boldsymbol{s}_{wK})$；

　　　　估计优势 $\hat{A}_t=\hat{R}_t-V_{\phi}(\boldsymbol{s}_t)$；

　　　　存储经验信息；

　　end for

$\pi \leftarrow \pi'$；

for $m \in \{1,\cdots,M\}$ **do**

$$J_{\text{PPO}}(\boldsymbol{\theta}) = \sum_{t=1}^{T} \frac{\pi'(\boldsymbol{a}_t|\boldsymbol{s}_t)}{\pi(\boldsymbol{a}_t|\boldsymbol{s}_t)} \hat{A}_t - \lambda \text{KL}[\pi|\pi']$$

$$-\xi \max\left(0, KL[\pi|\pi'] - 2\text{KL}_{\text{target}}\right)^2;$$

if KL $[\pi|\pi'] > 4\text{KL}_{\text{target}}$ **then**

跳出并继续下一个外部迭代 $i+1$；

end if

计算 $\nabla_{\theta} J_{\text{PPO}}$；

发送策略网络参数 $\boldsymbol{\theta}$ 的梯度给 chief;

等待直到梯度被接受或者抛弃；

更新参数；

end for

for $b \in \{1,\cdots,\text{B}\}$ **do**

$$L_{\text{BL}}(\phi) = -\sum_{t=1}^{T}\left(\hat{R}_t - V_{\phi}(\boldsymbol{s}_t)\right)^2;$$

计算 $\nabla_{\phi} L_{\text{BL}}$；

发送价值网络参数 ϕ 的梯度给 chief;

end for

if KL $[\pi|\pi'] > \beta_{\text{high}} \text{KL}_{\text{target}}$ **then**

$\lambda \leftarrow \tilde{\alpha}\lambda$

else if KL $[\pi|\pi'] < \beta_{\text{low}} \text{KL}_{\text{target}}$ **then**

$\lambda \leftarrow \lambda / \tilde{\alpha}$

end if

end for

算法 2：DPPO（chief）

for $i \in \{1,\cdots,N\}$ **do**

for $j \in \{1,\cdots,M\}$ **do**

等待直到至少得到 $W-D$ 组 worker 相对于 $\boldsymbol{\theta}$ 的梯度；

平均梯度，更新全局的 $\boldsymbol{\theta}$ 策略网络；

end for

for $j \in \{1,\cdots,B\}$ **do**

等待直到至少得到 $W-D$ 组 worker 相对于 ϕ 的梯度；

平均梯度，更新全局的 ϕ 价值网络；

end for

end for

其中，W 为 worker 的个数，D 为更新网络的 worker 个数的阈值。M 为每一个 episode 中策略网络更新的次数，B 为每一个 episode 价值网络更新的次数。T 为一个 worker 在每次更新前要收集的数据的总组数，K 为 K 步奖励。

（3）Python 代码片段分析

下面给出基于 Pytorch 实现的 DPPO 算法的部分代码解析。

1）定义类

PPO actor-critic 模型

```
1. class Model(nn.Module):
2.     def __init__(self, num_inputs, num_outputs):
3.         super(Model, self).__init__()
4.         h_size_1 = 100
5.         h_size_2 = 100
```

首先，定义 PPO 模型。模型中包含策略网络和价值网络。在模型的初始化中，传入两个网络的输入（观察状态的维数）num_input、策略网络的输出（动作的维数）。

```
1. self.v_fc1 = nn.Linear(num_inputs, h_size_1*5)
2. self.v_fc2 = nn.Linear(h_size_1*5, h_size_2)
3. self.v = nn.Linear(h_size_2, 1)
```

定义价值网络层输出 self.v，对于一个状态，经过两层全连接层后，输出对于该状态的值评估。

```
4. self.p_fc1 = nn.Linear(num_inputs, h_size_1)
5. self.p_fc2 = nn.Linear(h_size_1, h_size_2)
6. self.mu = nn.Linear(h_size_2, num_outputs)
7. self.log_std = nn.Parameter(torch.zeros(1, num_outputs))
```

定义策略网络，策略网络有两个输出，一个为策略的均值 self.mu，一个为策略的标准差的对数值 self.log_std，使用这两个值，就能得到策略的分布。

```
6. for name, p in self.named_parameters():
7.     # init parameters
8.     if 'bias' in name:
9.         p.data.fill_(0)
10.self.train()
```

上面这段代码为初始化方法中的最后一段，self.name_parameters() 里面是模型中所有的参数，name 为参数的名称。上述代码对所有网络层的偏置进行了初始化，fill_ 为 in_place 操作，直接改变本身的值，无须重新赋值。使用 self.train() 方法，将本模型中所有网络的 training 设定为 True，用于训练。

```
1. def forward(self, inputs):
2.     # actor
3.     x = F.tanh(self.p_fc1(inputs))
4.     x = F.tanh(self.p_fc2(x))
5.     mu = self.mu(x)
6.     sigma_sq = torch.exp(self.log_std)
7.     # critic
8.     x = F.tanh(self.v_fc1(inputs))
9.     x = F.tanh(self.v_fc2(x))
```

```
10.     v = self.v(x)
11.     return mu, sigma_sq, v
```

上面这段代码是对 Model 类中 forward 方法的定义，其输入是 inputs，inputs 要经过策略网络，得到动作分布的均值和标准差，同时，也要经过价值网络，得到预估价值，将 mu、sigma_sq、v 三个值返回。

定义共享梯度区类

```
1. class Shared_grad_buffers():
2.     def __init__(self, model):
3.         self.grads = {}
4.         for name, p in model.named_parameters():
5.             self.grads[name+'_grad'] = torch.ones(p.size()).share_memory_()
```

首先对该类进行初始化。其中传入的 model 为共享 PPO。定义一个字典 self.grads，里面放入模型的参数对应的梯度（名称和值），使用 share_memory_() 方法定义共享区域，使其可以被多个线程访问。

```
1. def add_gradient(self, model):
2.     for name, p in model.named_parameters():
3.         self.grads[name+'_grad'] += p.grad.data
```

上述代码定义了局域 PPO 向该梯度共享区添加梯度的方法。传入的 model 为每个 worker 对应的局域 PPO，将所有参数的梯度取出，放入 self.grads 中。

```
1. def reset(self):
2.     for name, grad in self.grads.items():
3.         self.grads[name].fill_(0)
```

上述代码定义了在全局 PPO 更新参数之后，重新把梯度设置为 0 的过程。

定义状态的规范化

```
4. class Shared_obs_stats():
5.     def __init__(self, num_inputs):
6.         self.n = torch.zeros(num_inputs).share_memory_()
7.         self.mean = torch.zeros(num_inputs).share_memory_()
8.         self.mean_diff = torch.zeros(num_inputs).share_memory_()
9.         self.var = torch.zeros(num_inputs).share_memory_()
```

首先定义初始化函数，将计数器 self.n、均值 self.mean、标准差 self.mean_diff、方差 self.var 设为 0。

```
1. def observes(self, obs):
2.     # observation mean var updates
3.     x = obs.data.squeeze()
4.     self.n += 1.
5.     last_mean = self.mean.clone()
6.     self.mean += (x-self.mean)/self.n
7.     self.mean_diff += (x-last_mean)*(x-self.mean)
8.     self.var = torch.clamp(self.mean_diff/self.n, min = 1e-2)
```

由于状态的规范化是从程序的开始到结束期间，所以要使用当前状态 obs 更新整个过程中的均值和方差。为了生成分布，方差的最小值设为 0.01。

```
1. def normalize(self, inputs):
2.     obs_mean = Variable(self.mean.unsqueeze(0).expand_as(inputs))
3.     obs_std = Variable(torch.sqrt(self.var).unsqueeze(0).expand_as(inputs))
4.     return torch.clamp((inputs-obs_mean)/obs_std, -5., 5.)
```

上面一段代码对输入的状态进行规范化，规范化的方法为减去均值再除以标准差。最后的 torch.clamp() 是一个截断方法，可根据具体环境进行具体设置。

经验复用类

```
1. class ReplayMemory(object):
2.     def __init__(self, capacity):
3.         self.capacity = capacity
4.         self.memory = []
```

上面的代码为经验复用类的初始化，self.capacity 为经验池的大小，self.memory 为经验池。

```
1. def push(self, events):
2.     for event in zip(*events):
3.         self.memory.append(event)
4.         if len(self.memory)>self.capacity:
5.             del self.memory[0]
```

上面一段代码定义了经验池的更新，如果经验池中的经验大于预设值，则将之前的经验删除。由于输入的 events 是一个含有多个集合的元组，所以使用 zip 方法，将各个集合中对应的数据重新组合。

```
1. def clear(self):
2.     self.memory = []
3. def sample(self, batch_size):
4.     samples = zip(*random.sample(self.memory, batch_size))
5.     return map(lambda x: torch.cat(x, 0), samples)
```

clear 方法定义了经验池的清空。在 sample 方法中，使用 random.sample 随机采样出 batch_size 大小的经验，并返回。

2）训练 worker

```
1. def train(params, traffic_light, counter, shared_model, shared_grad_buffers,
shared_obs_stats):
2.     torch.manual_seed(params.seed)
3.     env = gym.make(params.env_name)
4.     num_inputs = env.observation_space.shape[0]
5.     num_outputs = env.action_space.shape[0]
```

定义训练方法。需要传入的有参数 params、控制多线程的信号 traffic_light、计数器 counter、共享 PPO shared_model、共享梯度区 shared_grad_buffers、状态归一化类 shared_obs_stats。num_inputs 为环境状态空间的维数，num_outputs 为环境动作空间的维数。

```
1. model = Model(num_inputs, num_outputs)
2. memory = ReplayMemory(params.exploration_size)
3. state = env.reset()
4. state = Variable(torch.Tensor(state).unsqueeze(0))
5. done = True
6. episode_length = 0
```

定义 worker 内部的 PPO model，将环境状态空间维数 num_inputs 和环境动作空间维数 num_outputs 作为初始化参数，传入 model 中。定义经验复用类实例化对象 memory、初始化状态 state。done 为游戏结束标志，初始化为 True。episode_length 为最外层的计数器。

```
1. while True:
2.     episode_length += 1
3.     model.load_state_dict(shared_model.state_dict())
4.     w = -1
5.     av_reward = 0
6.     t = -1
```

这是训练的最外层循环，在每次和环境互动之前，要先从 shared_model 中把网络中所有的参数都复制到本地 model 中。w 为模型和环境互动的计数器。av_reward 为平均奖励。

```
1. # Perform K steps
2. for step in range(params.num_steps):
3.     w+=1
4.     shared_obs_stats.observes(state)
5.     state = shared_obs_stats.normalize(state)
6.     states.append(state)
7.     mu, sigma_sq, v = model(state)
8.     eps = torch.randn(mu.size())
9.     action = (mu + sigma_sq.sqrt()*Variable(eps))
10.    actions.append(action)
11.    values.append(v)
12.    env_action = action.data.squeeze().numpy()
13.    state, reward, done, _ = env.step(env_action)
14.    done = (done or episode_length >= params.max_episode_length)
15.    cum_reward += reward
16.    reward = max(min(reward, 1), -1)
17.    rewards.append(reward)
```

此段对应代码中的 K 步奖励。每次和环境互动 K 个来回，将观察到的状态先更新整体的均值和方差，其次，使用该均值和方差对状态进行归一化。states 为状态的集合。mu、sigma_sq、v 为通过本地 PPO 网络后，得到的动作均值、方差和状态的预估价值。

action 为从分布 (mu,sigma_sq) 中随机取得的动作。actions 为动作的集合、values 为状态值的集合。env.step 方法使得策略网络决策的动作和环境进行互动，得到下一个状态 state、奖励 reward、结束状态 done。

cum_reward 为奖励的总和、将奖励限制在（−1，1）区间也要具体环境具体分析。reward 为得到的奖励的集合。

```
1. if done:
2.     cum_done += 1
3.     av_reward += cum_reward
4.     cum_reward = 0
5.     episode_length = 0
6.     state = env.reset()
7. state = Variable(torch.Tensor(state).unsqueeze(0))
8. if done:
9.     break
```

如果在 K 步奖励的时候，游戏结束了，则结束和环境的互动，重新设置状态 state，并跳出 K 步奖励的循环。

```
1. R = torch.zeros(1, 1)
2. if not done:
3.     _, _, v = model(state)
4.     R = v.data
5. values.append(Variable(R))
6. R = Variable(R)
7. A = Variable(torch.zeros(1, 1))
```

在K步奖励计算后，要计算回报R和优势A。如果最终的状态为结束，则R初始化为0，否则，初始化为$V_\phi(\boldsymbol{s}_{t+1})$。将$R$放在values集合的最后，作为对于状态$\boldsymbol{s}_{t+1}$的值评估。优势$A$初始化为0。

```
1. for i in reversed(range(len(rewards))):
2.     td = rewards[i] + params.gamma*values[i+1].data[0, 0] - values[i].data[0, 0]
3.     A = float(td) + params.gamma*params.gae_param*A
4.     advantages.insert(0, A)
5.     R = A + values[i]
6.     returns.insert(0, R)
7. # store usefull info:
8. memory.push([states, actions, returns, advantages])
```

上面一段代码定义了累计折扣回报和累积折扣优势的迭代计算法。returns中按顺序存储了K步奖励、advantages中按顺序存储了优势。

最终，要把这一段经验存储到经验池memory中。

```
1. av_reward /= float(cum_done+1)
2. model_old = Model(num_inputs, num_outputs)
3. model_old.load_state_dict(model.state_dict())
```

上面一段代码定义了在收集数据之后，更新之前的操作。就是定义旧策略网络model_old、旧策略网络按照本地PPO网络对其参数进行初始化。

```
1. for k in range(params.num_epoch):
2.     # load new model
3.     model.load_state_dict(shared_model.state_dict())
4.     model.zero_grad()
5.     # get initial signal
6.     signal_init = traffic_light.get()
```

上面的代码定义了更新的过程。首先，从共享PPO中得到网络的参数，并赋值给model。记住要使用model.zero_grad对参数梯度归零，否则，会出现错误。然后等待更新信号。

```
1. # new mini_batch
2. batch_states, batch_actions, batch_returns, batch_advantages = memory.sample(params.batch_size)
3. # old probas
4. mu_old, sigma_sq_old, v_pred_old = model_old(batch_states.detach())
5. probs_old = normal(batch_actions, mu_old, sigma_sq_old)
6. # new probas
7. mu, sigma_sq, v_pred = model(batch_states)
8. probs = normal(batch_actions, mu, sigma_sq)
```

上面的代码首先定义了从经验池memory中进行小批量随机采样，要采样的数据有状态

batch_states、动作 batch_actions、回报 batch_returns、优势 batch_advantages。传入状态，得到旧策略的策略分布 probs_old 以及对状态的值估计 v_pred_old。注意，因为旧策略网络不需要计算梯度，所以，传入的 batch_states 要进行 detach 操作。然后，在当前 PPO 模型中，传入状态 batch_states，得到当前策略的策略分布 probs 以及对状态的值估计 v_pred。

```
1. surr1 = ratio * torch.cat([batch_advantages]*num_outputs, 1)
2. surr2 = ratio.clamp(1-params.clip, 1+params.clip) * torch.cat([batch_advantages]*num_outputs, 1)
3. loss_clip = -torch.mean(torch.min(surr1, surr2))
```

上面一段代码计算了策略网络损失，使用的是 PPO 中的 clip 方法。

```
1. # value loss
2. vfloss1 = (v_pred - batch_returns)**2
3. v_pred_clipped = v_pred_old + (v_pred - v_pred_old).clamp(-params.clip, params.clip)
4. vfloss2 = (v_pred_clipped - batch_returns)**2
5. loss_value = 0.5*torch.mean(torch.max(vfloss1, vfloss2))
```

上面这段代码计算了价值网络的损失 loss_value。和之前 PPO 不同的是，其中价值网络的损失计算使用了 clip 的方法，能够让价值网络的 loss 不产生较大的波动，从而能够稳定地更新。

```
1. # entropy
2. loss_ent = -params.ent_coeff*torch.mean(probs*torch.log(probs+1e-5))
```

计算在连续动作空间下的交叉熵。

```
1. total_loss = (loss_clip + loss_value + loss_ent)
2. total_loss.backward(retain_variables = True)
3. shared_grad_buffers.add_gradient(model)
4. counter.increment()
5. while traffic_light.get() == signal_init:
6.     pass
```

总的损失为策略网络损失、价值网络损失和损失交叉熵的和。使用 backward 方法计算模型中参数的梯度。将梯度加入到共享梯度区域中，等待 chief 发布信号。

3）优化 chief

```
1. def chief(params, traffic_light, counter, shared_model, shared_grad_buffers, optimizer):
2.
3.     while True:
4.         time.sleep(1)
5.         # workers will wait after last loss computation
6.         if counter.get() > params.update_treshold:
7.             for n, p in shared_model.named_parameters():
8.                 p._grad = Variable(shared_grad_buffers.grads[n+'_grad'])
9.             optimizer.step()
10.            counter.reset()
11.            shared_grad_buffers.reset()
12.            traffic_light.switch() # workers start new loss computation
```

可以看到，chief 中的步骤非常简单。首先，定义一个 chief 方法，要传入参数 params、控制信号 traffic_light、计数器 counter、共享 PPO shared_model、共享梯度区域 shared_grad_buffers、优化器 optimizer。

当收集到的 worker 的梯度个数大于阈值时，从共享梯度区域中得到梯度。使用 optimizer 对参数进行优化。将计数器 counter 重置、将共享梯度区域重置、向 worker 中传递信号，使其开启新一轮的计算。

3. 使用场景和优势分析

从上面的框架分析，我们可知 DPPO 和 PPO 一样，适用于连续的控制任务。而其可以分布式计算的特性，使其能够应用于一些需要大量训练和计算的复杂任务中。同时运行多个 worker 的机制可以大大提高采样效率，能够更大机会采集到合适的样本，提高学习的速度。但是，也可以看到，DPPO 是在牺牲空间的基础上换取训练时间，所以，在多智能体学习中，随着智能体的增多，DPPO 的空间占用巨大，可能不再适用。

3.2.2　分布式深度确定性策略梯度

1. 算法介绍

分布式 DDPG 算法（Distributed Distributional Deterministic Policy Gradient，D4PG）[21] 在 ICLR 2018 的论文中提出。该算法是 DDPG 和分布式框架的一次结合，从而将经验的收集（Actor）和策略的学习（Learner）分离开，使用多个并行的 Actor 收集数据，多个 Actor 之间共享一个大的经验数据缓存区，并发送给 Learner 进行学习。

由于 DDPG 算法在线网络与目标网络是分开的，所以 DDPG 是一种 off-policy 模型。这就使得我们可以改进其收集经验的方式。在此算法中，使用多个并行的 Actor 收集数据，并共用一个经验复用缓冲区。这就和 ApeX 框架中一样，可以将收集经验分布式化。这样做的一个好处是，减少学习复杂控制任务的执行时间。

在 D4PG 中，还提出了对 DDPG 的一些小的改进，如加入 N 步奖励使得更新方向更为准确、使用优先级经验复用提高学习效率。最终，D4PG 实现了目前领先的学习水平。

2. 算法分析

（1）算法概述

如图 3.9 所示，Learner 中是一个完整的 DDPG 架构，其中有在线价值网络、目标价值网络、在线策略网络和目标策略网络。具体 DDPG 的算法前文已经讲解。简单来说，DDPG 应用了 actor-critic 的形式，所以也具备策略神经网络和基于价值的神经网络，因为引入了 DQN 的思想，每种神经网络都需要再细分为两个，策略网络有在线网络和目标网络，在线网络用来输出实时的动作，供 Actor 在现实中实行，而目标网络则用来更新网络系统。再看价值网络，也有在线网络和目标网络，它们都在输出这个状态的价值，而输入端却不同，在线价值网络会拿着在线策略网络来的动作（/ 实际动作）加上状态的观测值加以分析，而目标价值网络则是拿着目标策略网络产生的动作作为输入。Learner 只做网络的梯度计算和更新，其中没有环境，不能和环境进行互动。

在 D4PG 中，可以有多个 Actor。每个 Actor 中有自己本地环境和一个策略网络。策略网络和本地环境进行互动，收集到经验，然后将经验使用 N 步奖励的方法进行处理，再放入共享经验池。同时，如果使用优先级经验复用的话，要给每对经验加上一个初始优先级。

Actor 在更新网络参数时，直接将 Learner 中在线策略网络中的参数拷贝过来即可。

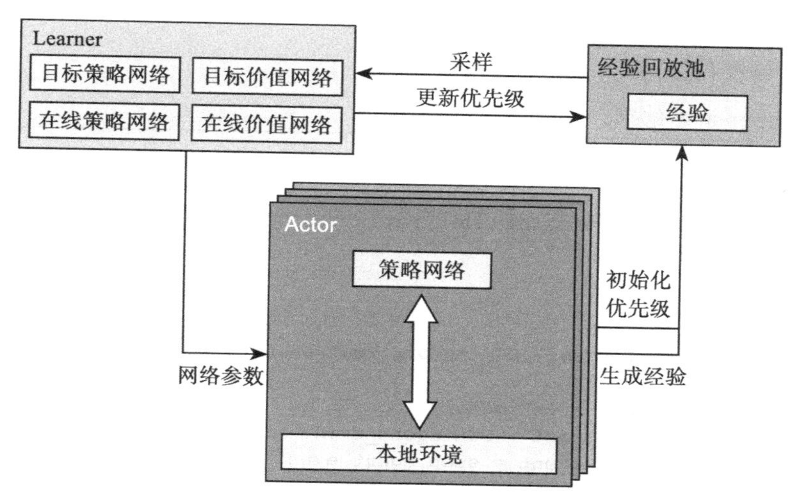

图 3.9 D4PG 网络结构图

（2）伪代码分析

算法：分布式 DDPG（D4PG）

输入：批大小 M，经验段长度 N，actor 数目 K，回放池大小 R，探索参数 ε，初始学习率 α_0、β_0；

随机初始化网络参数 $(\boldsymbol{\theta},\boldsymbol{\omega})$；

初始化目标网络参数 $(\boldsymbol{\theta}',\boldsymbol{\omega}') \leftarrow (\boldsymbol{\theta},\boldsymbol{\omega})$；

初始化 K 个 Actor，并给 Actor 的网络初始化；

for $t=1,\cdots,T$ **do**

抽样 M 个长度为 N 的经验片段 $(\boldsymbol{s}_{i:i+N},\boldsymbol{a}_{i:i+N-1},r_{i:i+N-1})$，优先级为 p_i；

构建目标分布 $Y_i=\left(\sum_{n=0}^{N-1}\gamma^n r_{i+n}\right)+\gamma^N Z_{\omega'}\left(\boldsymbol{s}_{i+N},\pi_{\theta'}(\boldsymbol{s}_{i+N})\right)$；

计算策略网络和价值网络的损失：

$$\delta_{\omega}=\frac{1}{M}\sum_i \nabla_{\omega}\left(Rp^i\right)^{-1} d\left(Y_i, Z_{\omega}(\boldsymbol{s}_i,\boldsymbol{a}_i)\right)$$

$$\delta_{\theta}=\frac{1}{M}\sum_i \nabla_{\theta}\pi_{\theta}(\boldsymbol{s}_i) E\left[\nabla_{\boldsymbol{a}} Z_{\omega}(\boldsymbol{s}_i,\boldsymbol{a})\right]\big|_{\boldsymbol{a}=\pi_{\theta}(\boldsymbol{s}_i)};$$

更新网络参数 $\boldsymbol{\theta}\leftarrow\boldsymbol{\theta}+\alpha_t\delta_{\theta}$，$\boldsymbol{\omega}\leftarrow\boldsymbol{\omega}+\beta_t\delta_{\omega}$；

如果 $t=0 \bmod \mathrm{t}_{\text{target}}$，更新目标网络参数 $(\boldsymbol{\theta}',\boldsymbol{\omega}')\leftarrow(\boldsymbol{\theta},\boldsymbol{\omega})$；

如果 $t=0 \bmod \mathrm{t}_{\text{actors}}$，复制 Learner 中的参数给 Actor;

end for

return 策略网络参数 $\boldsymbol{\theta}$；

Actor

Repeat

采样动作 $\boldsymbol{a}=\pi_\theta(\boldsymbol{s})+\varepsilon\mathcal{N}(0,1)$；

执行动作 $\boldsymbol{a}$，观察得到奖励 r 和状态 $\boldsymbol{s}'$；

存储经验 $(\boldsymbol{s},\boldsymbol{a},r,\boldsymbol{s}')$；

Until Learner 训练结束；

（3）Python 代码片段分析

下面给出基于 TensorFlow 实现的 D4PG 算法的部分代码解析。

1）Learner

初始化

```
1. def __init__(self, sess, PER_memory, run_agent_event, stop_agent_event):
2.     self.sess = sess
3.     self.PER_memory = PER_memory
4.     self.run_agent_event = run_agent_event
5.     self.stop_agent_event = stop_agent_event
```

在初始化中，要传入会话 sess、优先级经验复用池 PRE_memory、收集数据信号 run_agent_event 和暂停收集信号 stop_agent_event。

定义 Learner 中的网络

```
1. def build_network(self):
2.     self.state_ph = tf.placeholder(tf.float32, ((train_params.BATCH_SIZE,) + train_params.STATE_DIMS))
3.     self.action_ph = tf.placeholder(tf.float32, ((train_params.BATCH_SIZE,) + train_params.ACTION_DIMS))
4.     self.target_atoms_ph = tf.placeholder(tf.float32, (train_params.BATCH_SIZE, train_params.NUM_ATOMS))
5.     self.target_Z_ph = tf.placeholder(tf.float32, (train_params.BATCH_SIZE, train_params.NUM_ATOMS))
6.     self.action_grads_ph = tf.placeholder(tf.float32, ((train_params.BATCH_SIZE,) + train_params.ACTION_DIMS))
7.     self.weights_ph = tf.placeholder(tf.float32, (train_params.BATCH_SIZE))
```

首先定义网络的输入，对于 critic 网络，输入为状态 self.state_ph 和动作 self.action_ph，对于 actor 网络，输入为状态。定义 atoms、Z 分布。定义动作梯度，定义权重（用于计算价值网络的 TD error）。

```
1. self.critic_net = Critic_BN(self.state_ph, self.action_ph, train_params.STATE_DIMS, train_params.ACTION_DIMS, train_params.DENSE1_SIZE, train_params.DENSE2_SIZE, train_params.FINAL_LAYER_INIT, train_params.NUM_ATOMS, train_params.V_MIN, train_params.V_MAX, is_training = True, scope = 'learner_critic_main')
2. self.critic_target_net = Critic_BN(self.state_ph, self.action_ph, train_params.STATE_DIMS, train_params.ACTION_DIMS, train_params.DENSE1_SIZE, train_params.DENSE2_SIZE, train_params.FINAL_LAYER_INIT, train_params.NUM_ATOMS, train_params.V_MIN, train_params.V_MAX, is_training = True, scope = 'learner_critic_target')
```

上面一段代码定义了在线价值网络和目标价值网络。在线价值网络和目标价值网络的结构完全相同，需要传入的参数中，DENSE1_SIZE 和 DENSE2_SIZE 为神经网络层的输出形状，FINAL_V_MIN 和 FINAL_V_MAX 为价值的最小值和最大值。

```
1. self.actor_net = Actor_BN(self.state_ph, train_params.STATE_DIMS, train_
```

```
params.ACTION_DIMS, train_params.ACTION_BOUND_LOW, train_params.ACTION_BOUND_HIGH, train_params.DENSE1_SIZE, train_params.DENSE2_SIZE, train_params.FINAL_LAYER_INIT, is_training = True, scope = 'learner_actor_main')
    2. self.actor_target_net = Actor_BN(self.state_ph, train_params.STATE_DIMS, train_params.ACTION_DIMS, train_params.ACTION_BOUND_LOW, train_params.ACTION_BOUND_HIGH, train_params.DENSE1_SIZE, train_params.DENSE2_SIZE, train_params.FINAL_LAYER_INIT, is_training = True, scope = 'learner_actor_target')
```

上面这段代码定义了策略网络和目标策略网络。这两个网络的结构也完全相同。需要传入的参数中，动作的界限train_params.ACTION_BOUND_LOW和train_params.ACTION_BOUND_HIGH用于将动作的输出限制在合理的范围内。

```
    1. self.critic_train_step = self.critic_net.train_step(self.target_Z_ph, self.target_atoms_ph, self.weights_ph, train_params.CRITIC_LEARNING_RATE, train_params.CRITIC_l2_LAMBDA)
    2. self.actor_train_step = self.actor_net.train_step(self.action_grads_ph, train_params.ACTOR_LEARNING_RATE, train_params.BATCH_SIZE)
```

上面的代码创建策略网络和价值网络优化。

定义 Learner 中的更新操作

```
1. def build_update_ops(self):
2.     network_params = self.actor_net.network_params + self.critic_net.network_params
3.     target_network_params = self.actor_target_net.network_params + self.critic_target_net.network_params
4.     init_update_op = []
5.     for from_var, to_var in zip(network_params, target_network_params):
6.         init_update_op.append(to_var.assign(from_var))
7.     update_op = []
8.     for from_var, to_var in zip(network_params, target_network_params):
9.         update_op.append(to_var.assign((tf.multiply(from_var, train_params.TAU) + tf.multiply(to_var, 1. - train_params.TAU))))
10.    self.init_update_op = init_update_op
11.    self.update_op = update_op
```

定义目标网络的更新。network_params中包含了在线策略网络中的网络参数和在线价值网络中的网络参数，target_network_params中包含了目标策略网络的网络参数和目标价值网络中的网络参数。from_var对应network_params中的参数，to_var对应target_network_params中的网络参数。在这里定义了初始化更新和后续的软更新。

初始化更新操作，是将网络中的参数直接赋值给目标网络。后续的软更新遵循DDPG中的软更新。

Learner 的训练

```
1. def run(self):
2.     priority_beta = train_params.PRIORITY_BETA_START
3.     beta_increment = (train_params.PRIORITY_BETA_END - train_params.PRIORITY_BETA_START) / train_params.NUM_STEPS_TRAIN
```

run方法的主要作用是从经验复用池中采样，并更新网络中的参数。首先，定义经验优先级参数priority_beta和其增长步速beta_increment。

```
1. while len(self.PER_memory) <= train_params.BATCH_SIZE:
```

```
2.      sys.stdout.write('\rPopulating replay memory up to batch_size samples...')
3.      sys.stdout.flush()
```

使用 while 循环，直到经验复用池中的经验个数达到预设的 BATCH_SIZE 时，才开始训练。

```
1. for train_step in range(self.start_step+1, train_params.NUM_STEPS_TRAIN+1):
2.      minibatch = self.PER_memory.sample(train_params.BATCH_SIZE, priority_beta)
3.      states_batch = minibatch[0]
4.      actions_batch = minibatch[1]
5.      rewards_batch = minibatch[2]
6.      next_states_batch = minibatch[3]
7.      terminals_batch = minibatch[4]
8.      gammas_batch = minibatch[5]
9.      weights_batch = minibatch[6]
10.     idx_batch = minibatch[7]
```

上述代码是从经验复用池中采样。采样得到状态 states_batch、动作 actions_batch、奖励 rewards_batch、下一状态 next_states_batch、游戏结束信号 terminals_batch、折扣因子 gammas_batch、用于计算价值网络的 TD error 并更新经验的优先级的 weights_batch 和 idx_batch。

```
    1. future_action = self.sess.run(self.actor_target_net.output, {self.state_
ph:next_states_batch})
    2. target_Z_dist, target_Z_atoms = self.sess.run([self.critic_target_net.
output_probs, self.critic_target_net.z_atoms], {self.state_ph:next_states_batch,
self.action_ph:future_action})
    3. target_Z_atoms = np.repeat(np.expand_dims(target_Z_atoms, axis = 0), train_
params.BATCH_SIZE, axis = 0)
    4. target_Z_atoms[terminals_batch, :] = 0.0
    5. target_Z_atoms = np.expand_dims(rewards_batch, axis = 1) + (target_Z_
atoms*np.expand_dims(gammas_batch, axis = 1))
```

上面这段代码定义了计算价值网络的目标值。首先，输入下一状态，经由目标策略网络得到确定性动作 $\boldsymbol{a}_{t+1}=\mu'\left(\boldsymbol{s}_{t+1}\right)$。然后将其放入目标价值网络，得到 target_Z_dist 和 target_Z_atoms。然后，使用 target_Z_atoms 求目标网络的批量 Z-atom 值。之后定义终止状态的价值为 0。最后，对每一个 atom 值应用贝尔曼公式，计算目标 atom 值。

```
    1. TD_error, _ = self.sess.run([self.critic_net.loss, self.critic_train_step],
{self.state_ph:states_batch, self.action_ph:actions_batch, self.target_Z_ph:target_
Z_dist, self.target_atoms_ph:target_Z_atoms, self.weights_ph:weights_batch})
    2. self.PRE_memory.update_priorities(idx_batch, (np.abs(TD_error)+train_params.
PRIORITY_EPSILON))
```

上面代码中第一行代码的作用是，训练价值网络并得到价值网络的损失 TD_error。需要输入采样的状态 self.state_ph、动作 self.action_ph、目标 Z 分布 self.target_Z_ph、目标 atom 值 self.target_atoms_ph、权重 self.weight。

第二行代码的作用是，使用价值网络的估计误差来更新经验的优先值。

```
    1. actor_actions = self.sess.run(self.actor_net.output, {self.state_ph:states_
batch})
    2. action_grads = self.sess.run(self.critic_net.action_grads, {self.state_
ph:states_batch, self.action_ph:actor_actions})
```

```
3. self.sess.run(self.actor_train_step, {self.state_ph:states_batch, self.action_grads_ph:action_grads[0]})
4. self.sess.run(self.update_op)
```

上面这段代码的作用是更新策略网络。首先，通过在策略网络中输入当前状态 self.state_ph，得到网络的预测动作 actor_actions。之后，将采样的状态和动作输入到价值网络，得到动作的梯度 action_grads。得到该梯度后，就可以用其更新策略网络。

价值网络和策略网络都更新完之后，使用之前定义好的 self.update_op，将在线策略网络和在线价值网络的参数分别给目标策略网络和目标价值网络的参数进行更新。

```
1. priority_beta += beta_increment
2. if train_step % train_params.REPLAY_MEM_REMOVE_STEP == 0:
3.     if len(self.PER_memory) > train_params.REPLAY_MEM_SIZE:
4.         self.run_agent_event.clear()
5.         samples_to_remove = len(self.PER_memory) - train_params.REPLAY_MEM_SIZE
6.         self.PER_memory.remove(samples_to_remove)
7.         self.run_agent_event.set()
```

在每一次更新后，增加优先级的参数。每更新一定的次数（train_params.REPLAY_MEM_REMOVE_STEP），如果经验复用池中的经验足够多，则要去除一部分的经验。首先使用 clear 函数，以防止在 Actor 进程在 Learner 清除经验的时候向经验池中添加经验。之后，清除一定量的经验。然后使用 set 函数重新允许 Actor 向共享经验池中添加经验。

```
1. self.stop_agent_event.set()
```

在循环结束后，使用该方法，停止所有 Actor 的活动。

2）Actor

构建网络

```
1. def build_network(self, training):
2.     self.state_ph = tf.placeholder(tf.float32, ((None,) + train_params.STATE_DIMS))
3.     self.actor_net = Actor_BN(self.state_ph, train_params.STATE_DIMS, train_params.ACTION_DIMS, train_params.ACTION_BOUND_LOW, train_params.ACTION_BOUND_HIGH, train_params.DENSE1_SIZE, train_params.DENSE2_SIZE, train_params.FINAL_LAYER_INIT, is_training = False, scope = var_scope)
4.     self.agent_policy_params = self.actor_net.network_params + self.actor_net.bn_params
```

在 Actor 网络的定义中，首先定义状态的 placeholder，因为状态是策略网络的唯一输入。Actor 中唯一的一个网络是策略网络。要训练的参数包含策略网络中用于产生策略的参数和用于批归一化。

构建网络更新操作

```
1. def build_update_op(self, learner_policy_params):
2.     update_op = []
3.     from_vars = learner_policy_params
4.     to_vars = self.agent_policy_params
5.     for from_var, to_var in zip(from_vars, to_vars):
6.         update_op.append(to_var.assign(from_var))
7.     self.update_op = update_op
```

上面的方法定义了更新 Actor 中的策略网络。learner_policy_params 是 Learner 中的策略网络参数列表。self.update_op 定义了更新的操作，相当于把 Learner 中策略网络的参数拷贝给 Actor 中的网络参数。

Actor 与环境互动

```
1. def run(self, PER_memory, gaussian_noise, run_agent_event, stop_agent_event):
2.     self.exp_buffer = deque()
3.     self.sess.run(self.update_op)
4.     self.sess.run(self.init_reward_var)
5.     run_agent_event.set()
6.     num_eps = 0
```

在 run 方法中，Actor 持续和环境互动。首先，初始化经验池 self.exp_buffer，它是一个队列的形式，为 *N* 步奖励提供经验存储容器。之后，初始化 Actor 中的策略网络。然后，使用信号让 Actor 开始和环境互动。

```
1. while not stop_agent_event.is_set():
2.     num_eps += 1
3.     state = self.env_wrapper.reset()
4.     state = self.env_wrapper.normalise_state(state)
5.     self.exp_buffer.clear()
6.     num_steps = 0
7.     episode_reward = 0
8.     ep_done = False
```

如果 Learner 没有禁止 Actor，则 Actor 继续收集信息。num_eps 为动作添加高斯噪声时的参数，num_steps 记录 Actor 和环境互动了多少步。reset 为重置环境，normalise_state 对状态进行归一化。在每次互动前，要清空 exp_buffer。

```
1. if len(self.exp_buffer) >= train_params.N_STEP_RETURNS:
2.     state_0, action_0, reward_0 = self.exp_buffer.popleft()
3.     discounted_reward = reward_0
4.     gamma = train_params.DISCOUNT_RATE
5.     for (_, _, r_i) in self.exp_buffer:
6.         discounted_reward += r_i * gamma
7.         gamma *= train_params.DISCOUNT_RATE
8.     run_agent_event.wait()
9.     PER_memory.add(state_0, action_0, discounted_reward, next_state, terminal, 
gamma)
10.
11.state = next_state
```

当收集到的经验到达了 *N* 步奖励需要的经验个数之后，计算折扣回报 discounted_reward。在向全局经验池中添加经验时，首先要检查 Learner 是否在清理经验池，如果是，则等待，直到 Learner 发出继续的信号。Actor 将通过 *N* 步奖励的经验放入经验复用池。

```
1. if terminal or num_steps == train_params.MAX_EP_LENGTH:
2.     while len(self.exp_buffer) != 0:
3.         state_0, action_0, reward_0 = self.exp_buffer.popleft()
4.         discounted_reward = reward_0
5.         gamma = train_params.DISCOUNT_RATE
6.         for (_, _, r_i) in self.exp_buffer:
7.             discounted_reward += r_i * gamma
```

```
8.                  gamma *= train_params.DISCOUNT_RATE
9.          run_agent_event.wait()
10.         PER_memory.add(state_0, action_0, discounted_reward, next_state,
terminal, gamma)
11.     ep_done = True
```

如果游戏结束或到达最大的步数，首先判断 exp_buffer 是否为空。如果不为空，则将剩下的经验按照 N 步奖励计算折扣回报并加入经验复用池中。设置 ep_done 为 True，开始新一轮和环境的互动。

```
1. if num_eps % train_params.UPDATE_AGENT_EP == 0:
2.     self.sess.run(self.update_op)
```

如果到达规定的更新步数，则从 Learner 中拿到策略网络参数进行更新。

3. 使用场景和优势分析

D4PG 应用一些方法改进了 DDPG，并使其能够进行分布式计算。这样运用上百台甚至更多的机器资源，能够采样得到更多用于训练的数据。同时，它比 DPPO 方法更好的是，Leaner 不需要等待 Actor 计算梯度，真正实现了样本采集和训练过程的分离。所以，D4PG 可以用于更复杂的连续动作控制领域。

其缺点是，Actor 和 Leaner 的分离，可能导致学习到的策略和正在执行的策略之间产生差距。这样，在一个不是很先进的策略下采集到的样本也不好。D4PG 没有解决两者之间的平衡问题。

3.3 分布式深度强化学习框架

3.3.1 重要性加权 Actor-Learner 架构

1. 框架介绍

我们接下来所要介绍的方法在 2018 年 2 月由 DeepMind 团队提出，并且该方法本身以及基于它延伸的变体在之后一直主宰着整个 MTDRL 舞台，它是这段时间震惊整个星际争霸游戏界的 AlphaStar 所采用的最基本训练方法。下面我们为读者详细讲解这一目前性能最佳的异步 RL 框架——IMPALA[22]！

IMPALA 的全名是 Importance Weighted Actor-Learner Architecture，也就是重要性加权 Actor-Learner 架构，它的目标是使用单个 RL 智能体和一组参数来解决大量的任务集合。这里的任务集合不再仅仅满足于众所周知的 Atari 游戏、围棋 AlphaGo 这样维度较低的单任务，而是维度较高的多个任务。

如果读者做过一些 RL 的训练实验，就应该能感觉到，制约 RL 效果的一个很重要的因素就是 RL 从环境中采样的效率太低，这导致学会任何一个细小的经验都非常困难。我们在 DQN 上训练一个简单的游戏就可能需要成千上万的 episode 训练，如果现在要训练特别大型的游戏，那么每个 episode 就不会再像简单的小游戏一样可以在一两秒内完成，而且训练的 episode 数是不减反增的。星际争霸 II 是非常有名的策略游戏，如图 3.10 所示，玩家需要建造不同功能的建筑，派遣部队去进攻敌方玩家的建筑群，同时也要守卫自己的领地，在此其中有数不尽的策略与战术。对于这样一个复杂的游戏，在 Linux 系统下启动一次星际争霸环境或者刷新一次星际争霸环境需要 3 ～ 4 秒的时间，在不打开图形渲染的情况下，使用 GPU 加速训练一个 episode 也需要 5 ～ 10 秒的时间。为了尽可能提高采样效率，我们采用最先进的分布式方法，如 A3C、UNREAL，然而用真实的实验测试这些算法的耗时时，情况却不容乐观。在星际争霸这样的超高状态维度与动作维度下，至少需要多达十亿帧的训练才有可能学会游戏中的一部分策略，相当于前面这样的单位时间需要训练上万甚至几十万个 episode，这真的会令人崩溃。

图 3.10　星际争霸 II 游戏实况

那么如何才能更加高效地训练这样一个复杂的任务序列呢？我们先回到 2016 年 DeepMind 提出的 A3C 算法。A3C 算法使用多个 Actor 在分布式的环境下学习模型参数，每一个 Actor 会周期性地暂停学习，将它们已经计算得出的梯度信息分享至中央参数服务器，而后者会对此进行更新。这种算法通过多个 Actor 同时学习策略并用异步更新的方式，极大地提升了采样效率，但是还不够，因为一般来说 A3C 算法对 GPU 的利用效率是非常低的。一般的服务器都会有一个或几个 GPU 显卡，但是 CPU 的数目可能达到几十甚至上百个。然而由于 A3C 算法中每一个分布式的 Actor 都需要进行参数的更新，而为每一个 Actor 配备一块 GPU 显然是不现实的，所以 A3C 算法一般只能使用 CPU 训练。之后为了提升 GPU 的使用效率，并且利用分布式学习效率高的优点，英伟达公司提出了 GA3C，宣称其可以有效利用 GPU。

GA3C 由 3 个部分组成，即 Agent、Predictor 和 Trainer。每个部分的作用如下。

- Agent：只是与环境交互的接口，每当执行一个动作之前，Agent 都要和 Predictor 进行一次交互，请求获取该状态对应的动作。在执行完动作之后，再将收集到的轨迹以及奖励发送给 Trainer 执行训练。
- Predictor：运行模型，获得动作执行后新的状态数据，并且进行决策，计算在一定状态下的最佳动作，并返回给 Agent。
- Trainer：获取动作执行后的轨迹数据以及奖励数据，训练模型。

这样的框架其实与接下来要介绍的 IMPALA 框架非常类似，它们的不同点在于，在 IMPALA 框架中，Agent 与 Predictor 合为一体，由分布式的 Actor 直接执行策略生成轨迹，也就是一段“状态 – 动作 – 奖励”序列，之后将收集到的轨迹传回中间的训练服务器

Learner 进行训练，具体结构如图 3.11 所示。

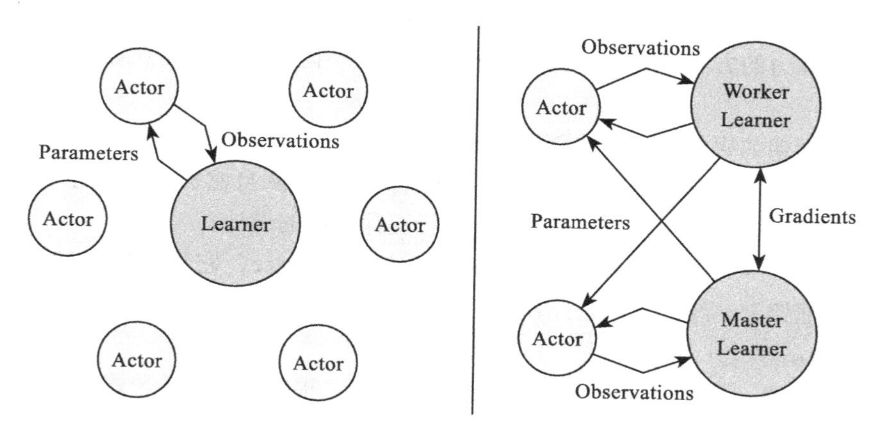

图 3.11 IMPALA 框架结构（常用左侧的单 Learner 架构）

采用新的 IMPALA 框架加速效果非常明显，Learner 服务器可以有效地使用 GPU 资源，而 Actor 服务器不需要参与任何需要计算梯度的过程，所以非常省时省力，训练速度达到了 A3C 及其变体的 5 ～ 10 倍。除此之外，由于将负责训练的 Learner 服务器与只需要交互的 Actor 服务器进行了完全解耦，因此也具有很高的伸缩性，新的 Actor 服务器可以很容易地加入到训练的过程中。

2. 框架分析

（1）框架概述

在实际的问题场景中，我们可以将数百个 Actor 设置在每一个服务器的每一个线程上，它们相互独立，既可以同时处理一个任务，也可以各自训练不同的任务，非常灵活。下面开始运行一个完整的训练流程。

从每一段训练过程开始，每个 Actor 先将自己的本地策略 μ 与中心 Learner 的最新策略 π 同步，之后与自身所处环境交互 n 个时间步。在 n 步后，Actor 发送自己经历的这一段“状态 – 动作 – 奖励”轨迹 $\boldsymbol{x}_1,\boldsymbol{a}_1,r_1,\cdots,\boldsymbol{x}_n,\boldsymbol{a}_n,r_n$ 以及自己的本地策略分布 $\mu(\boldsymbol{a}_t\,|\,\boldsymbol{x}_t)$ 包括 LSTM 的初始状态，通过相应的队列等数据结构，发送回给 Learner。我们的 Learner 从训练启动开始就在不断地收到来自 Actor 的这些序列信息与策略，并且在这些序列信息中不断地进行抽样维护自身更新。

这个简单的异步结构也再一次解释了它能够高效地利用资源，然而这样做其实存在一个很大的问题。我们现在重新思考一下解耦或异步的概念，无论是多机服务器，还是单机多线程，每一个 Actor 都需要假设在一个与其他 Actor 相对独立的环境。在这种情况下，每一个 Actor 与环境交互的前后顺序就无关紧要了，对于 Actor 自身而言，只要收集到足够长的状态序列，就可以立即发送给 Learner，然后更新自己的策略，无须等待其他的 Actor。我们当然希望这个序列长一些，因为每一次多进程甚至多机间的信息交互也会占用一定的时间。然而，由于我们中间的 Learner 的训练是一刻不停的，因此 Learner 的策略在时间上是一定比所有 Actor 都要超前很多的，而每一个 Actor 与 Learner 之间的时间差距又不同。对于某一个 Actor 的自身策略所处的时间 s 而言，考虑到环境启动这样的一些延迟，

Learner 的最新策略所处的时间 t 与 s 间的差距是不能忽略不计的。目标策略（target policy）与行为策略（behavior policy）的巨大差异是非常不利于训练质量的，但异步却又是能最好地利用数据与算力的方法，我们不能改为同步，去让不同的服务器相互等待，那么有没有好的办法呢？

IMPALA 框架的提出必然会伴随这样的问题，随着游戏复杂度的提高，这样的问题会导致框架的训练越来越不稳定，大名鼎鼎的 DeepMind 团队自然提出了自己的解决方法。接下来我们要开始在算法层面上对这个框架进行更深一层的设计。

我们将引入一种 off-policy 的 actor-critic 算法——Vtrace，它用在像 IMPALA 这样的分布式多任务框架上，改进了原先计算梯度的公式，来适应 Actor 与 Learner 在策略上的时间差。

我们先来回想一下像 A3C 这样的 on-policy 场景，根据 Bellman 公式，值函数的更新策略可以如下表示：

$$V_s = V(\boldsymbol{x}_s) + \sum_{t=s}^{s+n-1} \gamma^{t-s} \left(r_t + \gamma V(\boldsymbol{x}_{t+1}) - V(\boldsymbol{x}_t) \right) \tag{3.2}$$

这种方法在同步策略下可以准确估计每一步的价值函数，但是如果需要在异步策略下且的确无法绕开时间差时，就不得不采用 off-policy 策略来修正这个时间差。那么用什么方法能够从比较过时和比较新的策略中去估计一个最好的策略来适配当前时间节点的任务情况呢？答案在前面的算法中已经提到过，就是重要性采样法（importance sampling）。结合重要性采样法后，我们得到了在 n 步下 V-trace 算法下的目标价值函数：

$$V_s \underline{\underline{\mathrm{def}}}\ V(\boldsymbol{x}_s) + \sum_{t=s}^{s+n-1} \gamma^{t-s} \left(\prod_{i=s}^{t-1} c_i \right) \delta_t V \tag{3.3}$$

其中 $\delta_t V \underline{\underline{\mathrm{def}}}\ \rho_t \left(r_t + \gamma V(\boldsymbol{x}_{t+1}) - V(\boldsymbol{x}_t) \right)$ 表示价值函数 V 的 TD 误差。而 $\rho_t \underline{\underline{\mathrm{def}}} \min\left(\bar{\rho}, \frac{\pi(\boldsymbol{a}_t \mid \boldsymbol{x}_t)}{\mu(\boldsymbol{a}_t \mid \boldsymbol{x}_t)} \right)$ 和 $c_i \underline{\underline{\mathrm{def}}} \min\left(\bar{c}, \frac{\pi(\boldsymbol{a}_i \mid \boldsymbol{x}_i)}{\mu(\boldsymbol{a}_i \mid \boldsymbol{x}_i)} \right)$ 也就是经过裁剪的重要性采样。在这里，为什么要进行裁剪呢？因为 π 与 μ 实际的分布差异越大，最后估计的策略的差异就越大。而为了更好地估计相应的策略分布，我们采用一步步累积的方法进行 s 到 t 步的逐步估计，这样将导致方差会越来越大，所以我们才需进行裁剪，采用相应策略之比的平均值来稳定方差，使训练的效果更加稳定。

除了裁剪这个问题以外，我们可能会更好奇为什么除 c_i 之外还要加入一个额外的重要性参数 ρ_t，这个参数的作用是为 V-trace 中的 TD-error 定义一个不动点。在取不动点的时候，值函数 $V^{\pi_{\bar{\rho}}}$ 对应的策略为：

$$\pi_{\bar{\rho}}(\boldsymbol{a} \mid \boldsymbol{x}) \underline{\underline{\mathrm{def}}} \frac{\min\left(\bar{\rho}\mu(\boldsymbol{a} \mid \boldsymbol{x}), \pi(\boldsymbol{a} \mid \boldsymbol{x}) \right)}{\sum_{\boldsymbol{b} \in A} \min\left(\bar{\rho}\mu(\boldsymbol{b} \mid \boldsymbol{x}), \pi(\boldsymbol{b} \mid \boldsymbol{x}) \right)} \tag{3.4}$$

在这样一个策略里面，我们的不动点 $\bar{\rho}$ 作用很大。当 $\bar{\rho}$ 为无穷大的时候，我们可以很容易地求出这个结果相当于 $\pi_{\bar{\rho}}(\boldsymbol{a} \mid \boldsymbol{x}) = \frac{\pi(\boldsymbol{a} \mid \boldsymbol{x})}{\sum_{\boldsymbol{b} \in A} \pi(\boldsymbol{b} \mid \boldsymbol{x})} = \pi(\boldsymbol{a} \mid \boldsymbol{x})$，这就是目标策略。但当 $\bar{\rho}$ 并非无穷大的时候，所生成的策略 $\pi_{\bar{\rho}}$ 则是目标策略与执行策略之间的一种中间策略，这也就

完美地弥补了两个策略之间的差异。

由此，我们可以总结 V-trace 算法加入的裁剪后的重要性因子 $\bar{c}$ 与 $\bar{\rho}$ 之间的不同作用。$\bar{c}$ 影响的是模型收敛到最好结果的速度，而 $\bar{\rho}$ 决定的自然就是最后我们想收敛到的目标价值函数，它可以更好地解决在不同的 Actor 与 Learner 中出现的时间差。不论策略间的时间差为多少，理论上都可以由 Learner 通过 V-trace 算法加以修正。

在介绍完 V-trace 算法后，后面的更新就不再赘述，用 V_s 替换掉相应的价值函数后，后面依然是标准的 actor-critic 算法。损失函数由三项组成，首先是值函数的损失梯度，依然采取 L2 平方损失：

$$\left(V_s - V_\theta\left(\boldsymbol{x}_s\right)\right)\nabla_\theta V_\theta\left(\boldsymbol{x}_s\right) \tag{3.5}$$

而在当前训练时间为 s 时，参数为 $\boldsymbol{w}$ 的策略函数的梯度表示形式如下：

$$\rho_s \nabla_{\boldsymbol{w}} \log \pi_{\boldsymbol{w}}\left(\boldsymbol{a}_s \mid \boldsymbol{x}_s\right)\left(r_s + \gamma v_{s+1} - V_\theta\left(\boldsymbol{x}_s\right)\right) \tag{3.6}$$

与 A3C 相同，为了防止过早收敛，算法不能达到最优解，还需要在损失梯度中加上一个熵奖励（entropy bonus）

$$-\nabla_{\boldsymbol{w}} \sum_{\boldsymbol{a}} \pi_{\boldsymbol{w}}\left(\boldsymbol{a} \mid \boldsymbol{x}_s\right) \log \pi_{\boldsymbol{w}}\left(\boldsymbol{a} \mid \boldsymbol{x}_s\right) \tag{3.7}$$

最后，我们将这三项配合一定的权重后求和得到最终损失梯度，也就得到了算法的整体更新公式。

（2）Python 代码片段分析

下面给出 DeepMind 官方使用 TensorFlow 实现的 IMPALA 框架的部分代码解析。代码同时还开源了一个非常适合用于多任务测试的环境——DeepMind Lab30，具体参考 dmlab30.py。

1）训练方法

接下来我们从代码角度上介绍训练过程。作为 DeepMind 官方开源，代码提供了很多的参数供使用者来设置，除了简单的学习率、奖励衰减，也有比较细节上面的优化方法、LSTM、残差网络相关的设置，读者可自行阅读代码 experiment.py 文件的开头部分，同样这个脚本文件也是代码的主文件。

代码的运行环境非常灵活，总体上采用 TensorFlow 自带的分布式方法进行框架实现，如果需要用单个台式机的多进程方法运行代码，采用以下方法即可：

```
1. local_job_device = ''
2. shared_job_device = ''
3. is_actor_fn = lambda i: True
4. is_learner = True
5. global_variable_device = '/gpu'
6. server = tf.train.Server.create_local_server()
7. filters = []
```

如果此时有 GPU 服务器集群，需要通过 TensorFlow 的先进先出队列（FIFOQueue）实现分布式。

```
1. with tf.device(shared_job_device):
```

```
2.      queue = tf.FIFOQueue(1, dtypes, shapes, shared_name = 'buffer')
3.      agent = Agent(len(action_set))
```

每一个 Actor 都需要建立各自的本地环境，将每一次的交互结果加入队列，异步发送给 Learner。而对于 Learner 而言，需要创建一个 global step，来存储现在最大的环境帧数。

```
1. enqueue_ops = []
2. for i in range(FLAGS.num_actors):
3.     if is_actor_fn(i):
4.         level_name = level_names[i % len(level_names)]
5.         tf.logging.info('Creating actor %d with level %s', i, level_name)
6.         env = create_environment(level_name, seed = i + 1)
7.         actor_output = build_actor(agent, env, level_name, action_set)
8.         with tf.device(shared_job_device):
9.         enqueue_ops.append(queue.enqueue(nest.flatten(actor_output)))
```

需要注意，每一个 Actor 发送给 Learner 的信息中心需要包含“状态 – 动作 – 奖励”序列以及自身每一步所用的策略 μ。

```
1. data_from_0actors = nest.pack_sequence_as(structure, area.get())
2. output = build_learner(agent, data_from_actors.agent_state,
3.     data_from_actors.env_outputs,
4.     data_from_actors.agent_outputs)
```

最后需要 tf.train.MonitoredTrainingSession 来进行整个分布式训练，它将为角色为 Learner 的进程或服务器有效地管理初始化并恢复底层的 Tensorflow 会话。

2）梯度更新与 V-trace 实现

由于整个代码的所有更新都仅由 Learner 负责，因此我们的损失函数计算与优化器的设置都只在 build_learner 函数中实现。可以非常清晰地看见损失函数分为三部分，即值函数、策略函数以及熵。

```
1. total_loss = compute_policy_gradient_loss(
2.     learner_outputs.policy_logits, agent_outputs.action,
3.     vtrace_returns.pg_advantages)
4. total_loss += FLAGS.baseline_cost * compute_baseline_loss(
5.     vtrace_returns.vs - learner_outputs.baseline)
6. total_loss += FLAGS.entropy_cost * compute_entropy_loss(
7.     learner_outputs.policy_logits)
```

然后我们的优化方法采用 RMSProp 方法，并且为了保证训练的渐进性，我们加入了学习率衰减（learning rate decay）。

```
1. num_env_frames = tf.train.get_global_step()
2. learning_rate  =  tf.train.polynomial_decay(FLAGS.learning_rate, num_env_
frames,
3.     FLAGS.total_environment_frames, 0)
4. optimizer = tf.train.RMSPropOptimizer(learning_rate, FLAGS.decay,
5.     FLAGS.momentum, FLAGS.epsilon)
6. train_op = optimizer.minimize(total_loss)
```

整个 experiment.py 脚本近 700 行代码，绝大部分是分布式机制的实现，在单机上，我们要注意理解好 V-trace 的计算方式。这部分完整代码在 v_trace.py 文件中，并且为了今后 IMPALA 变体的使用，代码在结构上被设计成一种库函数的形式。下面重点介绍核心函数

from_importance_weights 的流程。

首先重点讲一下其中非常重要的张量 log_rhos，它是我们将大量沿用的重要性因子 $\frac{\pi(\boldsymbol{a}|\boldsymbol{x})}{\mu(\boldsymbol{a}|\boldsymbol{x})}$ 的对数化。它的维度大小为“目标策略×执行策略×动作空间大小”。之后，可以进行如下截断：

```
1. rhos = tf.exp(log_rhos)
2. if clip_rho_threshold is not None:
3.     clipped_rhos = tf.minimum(clip_rho_threshold, rhos, name = 'clipped_rhos')
4. else:
5.     clipped_rhos = rhos
6. cs = tf.minimum(1.0, rhos, name = 'cs')
```

截断之后，可以得到加入 ρ 这个不动点后的 TD-error：

```
1. values_t_plus_1 = tf.concat(
2.     [values[1:], tf.expand_dims(bootstrap_value, 0)], axis = 0)
3. deltas = clipped_rhos * (rewards + discounts * values_t_plus_1 - values)
```

之后结合 $\prod_{i=s}^{t-1} c_i$，需要扫描目标策略与执行策略的时间点间的整个状态转移序列(trajectory)，然后将这一段序列中从 s 到 $t-1$ 的所有重要性因子求出来并且进行累乘，最终得到在 V-trace 下的值函数 V_s。

```
1. def scanfunc(acc, sequence_item):
2.         discount_t, c_t, delta_t = sequence_item
3.         return delta_t + discount_t * c_t * acc
4.
5.     initial_values = tf.zeros_like(bootstrap_value)
6.     vs_minus_v_xs = tf.scan(
7.             fn = scanfunc,
8.             elems = sequences,
9.             initializer = initial_values,
10.            parallel_iterations = 1,
11.            back_prop = False,
12.            name = 'scan')
13.    vs = tf.add(vs_minus_v_xs, values, name = 'vs')
```

这个结果可以直接用于值函数的更新，但是不能直接用于策略函数的更新，还需要一些额外的处理。我们将值函数原本的维度多加一维输出，用于存放优势函数，相当于进行 Dueling 操作，而这样的操作对于这个最先进的框架已经不算新鲜了。之后我们就可以将处理后的这个值函数放入策略梯度下降方法中进行策略梯度的更新。

```
1. vs_t_plus_1 = tf.concat([
2.         vs[1:], tf.expand_dims(bootstrap_value, 0)], axis = 0)
3. if clip_pg_rho_threshold is not None:
4.     clipped_pg_rhos = tf.minimum(clip_pg_rho_threshold, rhos,
5.             name = 'clipped_pg_rhos')
6. else:
7.     clipped_pg_rhos = rhos
8. pg_advantages = (
9.     clipped_pg_rhos * (rewards + discounts * vs_t_plus_1 - values))
```

最后 V-trace 算法将输出传递回前面 experiment.py 脚本中定义的训练过程即可，其实

也就是这个值函数 V_s。

```
1. return VTraceReturns(vs = tf.stop_gradient(vs),
2.     pg_advantages = tf.stop_gradient(pg_advantages))
```

至此，整个代码框架的逻辑也就联系在一起了，这个环境在短短一年时间内，已经成为绝大多数 MTDRL 算法模型在测试基准中的经典。

3. 使用场景与优势分析

随着 IMPALA 框架一起火了一把的就是测试环境——DMLab-30。顾名思义，如图 3.12 所示，这是一个集合了 30 个子环境的集合，这些环境可以让 DRL 研究者能基于大量有趣的任务去测试不同的系统，可能是单任务也可能是多任务的集合。我们可以看到这些任务的设计在尽可能地多样化，有不同的目标，从学习到记忆，再到探索。这些任务在视觉上所呈现的也非常不同，从色彩鲜艳的现代风格材质，到黎明、正午和夜晚沙漠中表现出的颜色。这些任务也涉及多种物理环境，从开放的山地地形，到直角迷宫，再到开阔的圆形房间。此外，有些环境中还设置了“机器人”，这些“机器人”是属于自己的智能体来控制的，具有以目标为导向的行为。

图 3.12　著名的多任务测试环境 DMLab-30

在 DMLab-30 中的每一个关卡或者任务的目标都不同，而奖励也有所不同，具体从跟踪语言命令、使用钥匙去开门、寻找蘑菇，到绘制和追踪复杂的不可逆路径。然而在最基本的层面上，从动作空间和观察空间来看，这些环境又都具有相同的维度大小，这使得单一智能体可以通过训练，在不同环境中行动。

事实上，我们介绍的 IMPALA 框架算是在 on-policy 的 A3C 架构上做出了一种 off-policy 的改进。所以这种方法既可以用在单任务环境中提高探索能力，也可以为每个 Actor 设置不同的任务，从而很好地迁移到多任务环境中。而在多任务环境中，如 DMLab-30、57 个 Atari 游戏集这样非常成熟的测试基准，使用 IMPALA 同时训练所有任务的效果，比使用 A3C 算法单独训练每一个任务还要好，最终在多个任务的平均分上 IMPALA 有超出一倍的表现，这也证明了配合 V-trace 算法来修正策略时差后的 IMPALA 框架的先进性。多个任务同时训练最终使得每一个任务的训练效果都好于以往通过单任务方法训练出来的单一专家智能体，这种现象照应了我们前面对多任务学习的期望，也说明了 IMPALA 在多任务训练过程中不同任务间发生了良性的正向知识迁移。这是包括 DeepMind 在内的所有 MTDRL 研究者们希望看到的，它也进一步泛化了智能体的定义，即通过一种参数优化算法使得一个神经网络或神经网络框架最终可以优化制定问题的效果。在速度、性能与效果上均为领先的 IMPALA 就是做出了这样一个单一的超级智能体去执行多个不同的任务。

更高的数据采集效率、更准的决策、更好的可插拔性、持续的正向迁移能力，使得 IMPALA 框架直到闻名世界的 AlphaStar 问世时，还在被 DeepMind 团队广泛地使用与延伸，用于解决像星际争霸 II 这样复杂的游戏在训练时的底层框架。

3.3.2　分布式优先经验复用池

1. 框架介绍

Ape-X 分布式 DRL 计算框架 [23] 是 DeepMind 团队于 2018 年在 ICLR 上发表的论文《Distributed Prioritized Experience Replay》中提出的。Ape-X 是一种分布式的大规模 DRL 框架，能够使智能体有效地从大量数据中学习。

该算法将行为（acting）与学习（learning）分离：Actor 根据共享神经网络选择动作，与它们各自的环境实例进行交互，并将产生的经验积累到共享的经验复用池中；learner 复用经验样本并更新神经网络。该框架依赖于优先级经验复用池，只关注 Actor 生成数据的最重要部分。该框架大大改善了在 Arcade 学习环境下的行为状态，在很短的训练时间内实现了更好的性能。

Ape-X 是一种扩展的 DRL 方法，可以生成更多的数据并按优先级从中进行采样。分布式训练神经网络的标准方法侧重于并行计算梯度，来更快地优化参数。而 Ape-X 则以分布式的方式进行经验数据的生成和选择，实验发现仅此一项改进就足以大大提高算法的性能。这种方法是对分布式梯度计算的补充，我们可以将这两种方法结合起来，然而这里我们只关注数据生成部分。

Ape-X 使用这种分布式架构来扩展 DQN 和 DDPG 的变体，并在 Arcade 基准学习环境和一系列连续控制任务上进行了评估。我们发现 Ape-X 架构在 Atari 游戏上实现了迄今为止最优的性能，与之前的研究成果相比，它只使用了一小段时间，并且没有对每一场游戏的超参数进行调整。下面我们来逐一详述。

（1）分布式随机梯度下降

分布式随机梯度下降在监督学习中被广泛应用，通过并行计算的方法更新深度神经网络参数的梯度来提高训练速度，可以同步或异步应用这样的参数更新。分布式异步参数更新和分布式数据生成都已被证明是有效的，并且已经成为 DL 工具越来越标准的一部分。受此启发，有学者将这两种方法应用于 DRL。异步参数更新和并行数据生成也在单机多线程环境下成功应用，但不是分布式环境。

（2）分布式重要性采样

目前有大量基于重要性采样以减少方差的技术被用来加速训练。对数据集进行非均匀采样，根据采样概率进行加权更新以抵消由此引入的偏差，从而减小梯度的方差并提高收敛速度。一种方法是选择概率与相应梯度的 L_2 范数成比例的样本。在监督学习中，该方法已成功扩展到分布式环境。另一种方法是根据最新的已知损失值对样本进行排序，并使采样概率成为排序的函数，而不是损失函数本身。

（3）优先级经验复用池

经验复用池一直被应用于 RL 以提高数据效率。当使用随机梯度下降算法训练神经网络函数逼近器（比如神经拟合 Q 迭代（neural fitted Q -iteration）和深度 Q-learning）时，其效果尤其显著。由于允许智能体从旧策略生成的数据中学习，经验复用池可以有效避免过拟合。这种方法与重要性采样技术密切相关，但是，其使用了一类较常规的有偏的采样方法，通常将学习重点放在最“令人惊讶”的经验上。由于奖励信号可能是稀疏的，并且数据分布取决于智能体的策略，因此有偏采样在 RL 中非常重要。

2. 框架分析

我们将优先级经验复用池方法扩展到分布式环境，这是一种高度可扩展的 DRL 方法。

图 3.13 为 Ape-X 框架的体系结构，主要分为三个主体，分别是 Actor、Replay 和 Learner。其中 Actor 表示算法的“行为”部分，指算法与环境的交互部分。每个 Actor 都有自己的一个环境实例，通过与环境进行交互生成经验，然后将经验添加到共享经验复用池中，并计算数据的初始优先级。Learner 从经验复用池中采样，并且更新网络和池中经验的优先级。Actor 网络的参数设置与 Learner 相同，并且会定期从 Learner 的最新网络参数进行复制更新。

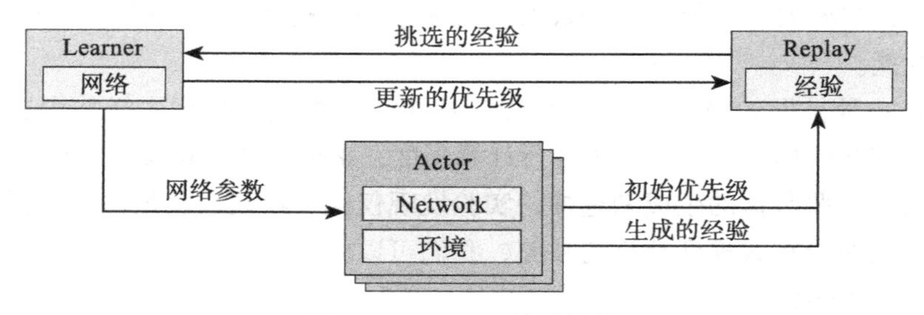

图 3.13　Ape-X 体系结构

Replay 代表共享的优先级经验复用池，优先级在 Actor 生成经验的时候被定义。经验池中的经验由多个 Actor 生成、一个 Learner 使用，Learner 在经验复用池中挑选经验的顺序是根据优先级进行的。在根据经验训练过后，会反向更新对应的经验。

Ape-X 的本质是利用多个 Actor 生成大量的数据，使用一个 Learner 进行训练，Learner 代表算法的“学习”部分。Learner 包含多个智能体，与每个 Actor 中的智能体数量和网络结构相同，但是 Actor 中网络的参数值会落后于 Learner 中的网络参数，Actor 定期从 Learner 的网络中同步参数。Learner 在使用经验复用池中的经验训练时，会根据优先级进行采样，训练完后也会更新优先级。

原则上，行为和学习都可以分布在多个工作者（worker）上。在实验中，数百个 Actor 运行在 CPU 上以生成数据，GPU 上运行的单个 Learner 采样最有用的经验。更新的网络参数定期从 Learner 拷贝到 Actor。

标准的 DRL 算法可分为两部分，它们同时运行，但不进行高级同步。第一部分包括与环境的交互，评估深度神经网络学到的策略，并将观察到的数据存储在复用池中，我们将其称为行为（acting）。第二部分是从内存中抽取批量数据以更新策略参数，称为学习（learning）。

Ape-X 框架使用一个共享的、集中的复用池，并非进行统一采样，而是优先地对最有用的数据进行采样。由于优先级是共享的，所以任何 Actor 发现高优先级数据都可以使整个系统受益。优先级可以用不同的方式定义，这取决于学习算法。

在优先级 DQN 中，新转换（transition）的优先级被初始化为迄今为止看到的最大优先级，并且只有在对它们进行采样后才会更新。然而，这样并不能很好地对算法进行扩展：由于 Ape-X 框架中有大量的 Actor 等待 Learner 更新优先级，这将导致其目光集中在最新数据，最新数据具有最大优先级。相反，利用 Ape-X 中 Actor 已经在做的计算评估它们的本地策略副本，使它们也能够为新的在线转换计算合适的优先级。这样可以确保进入复用池的数据具有更准确的优先级，并且不需要额外的成本。

共享经验与共享梯度相比有一定的优势。低延迟通信没有分布式 SGD 那么重要，因为只要学习算法对 off-policy 数据具有鲁棒性，那么经验数据比梯度数据过时的速度要慢。在整个系统中，利用这一点，将所有通信与集中式复用池进行批处理，以一定的延迟为代价提高效率和吞吐量。通过这种方法，Actor 和 Learner 甚至可以在不同的数据中心运行，并且不会对性能造成限制。

最后，通过学习 off-policy，我们可以进一步利用 Ape-X 的能力来组合来自许多分布式 Actor 的数据，为不同的 Actor 提供不同的探索策略，从而扩大它们共同遇到的经验的多样性。下面我们将对 DQN 和 DDPG 和 Ape-X 的框架结合的两个实例进行介绍。

（1）Ape-X DQN

Ape-X 框架可以与不同的 DRL 算法相结合。首先，将其与 DQN 的变体和 Rainbow 的某些部分结合起来。更具体地说，是使用双 Q-leaning 和多步引导目标作为学习算法，并使用双网络架构作为函数逼进器 $q(\cdot,\cdot,\boldsymbol{\theta})$。

这将导致计算批处理中所有元素的损失函数 $L_t(\boldsymbol{\theta})=\frac{1}{2}(R_t-q(\boldsymbol{s}_t,\boldsymbol{a}_t,\boldsymbol{\theta}))^2$，在损失函数公式：

$$R_t=\underbrace{r_{t+1}+\gamma r_{t+2}+\cdots+\gamma^{n-1}r_{t+n}+\gamma^n \overbrace{q\left(s_{t+n},\underset{\boldsymbol{a}}{\operatorname{argmax}}\, q(\boldsymbol{s}_{t+n},\boldsymbol{a},\boldsymbol{\theta}),\boldsymbol{\theta}^-\right)}^{\text{double}-Q\text{ bootsrap value}}}_{\text{multi-step return}} \tag{3.8}$$

中，t 是从状态 $\boldsymbol{s}_t$ 和动作 $\boldsymbol{a}_t$ 开始的复用池中采样经验的时间索引，$\boldsymbol{\theta}^-$ 为目标网络的参数。如果 episode 以少于 n 步结束，多步回报将被截断。

原则上，Q-learning 的变体是 off-policy 方法，因此可以自由选择用于生成数据的策略。然而，在实践中，行为策略的选择对探索以及函数逼近的质量都有影响。此外，Ape-X 使用的是一个多步回报，没有离线策略的修正，这在理论上可能会对值估计产生不利的影响。尽管如此，在 Ape-X DQN 中，我们让每个 Actor 执行不同的策略，这允许从各种策略中产生经验，并依靠优先级机制来选择最有效的经验。在实验中，Actor 使用了 ε 值不同的 ε -greedy 策略。当 ε 的值比较小时，策略允许在环境中进行更深入的探索，当 ε 的值比较大时，策略则能够防止过度专业化。

（2）Ape-X DPG

Ape-X 框架具有通用性，将其与基于 DDPG 的连续动作策略梯度系统相结合构成

Ape-X DPG。Ape-X DPG 的设置类似于 Ape-X DQN，但是除了 Q 网络之外，Actor 的策略还显式地由单独的策略网络表示。对两个网络分别进行优化，通过最小化采样经验的不同损失。分别用 $\boldsymbol{\varphi}$ 和 $\boldsymbol{\psi}$ 表示策略和 Q 网络的参数，并采用与上述相同的规则表示目标网络。Q 网络输出给定状态 $\boldsymbol{s}$ 的动作 – 值估计 $q(\boldsymbol{s},\boldsymbol{a},\boldsymbol{\psi})$，其中，多维动作 $\boldsymbol{a}\in\mathbb{R}^m$，利用多步引导目标的 TD 学习对其进行更新。$Q$ 网络损失函数可以写为 $L_t(\boldsymbol{\psi})=\frac{1}{2}\left(R_t-q(\boldsymbol{s}_t,\boldsymbol{a}_t,\boldsymbol{\psi})\right)^2$，其中

$$R_t=\underbrace{r_{t+1}+\gamma r_{t+2}+\cdots+\gamma^{n-1}r_{t+n}+\gamma^n q\left(\boldsymbol{s}_{t+n},\underset{\boldsymbol{a}}{\operatorname{argmax}}\, q\left(\boldsymbol{s}_{t+n},\boldsymbol{\varphi}^-\right),\boldsymbol{\psi}^-\right)}_{\text{multi-step return}} \tag{3.9}$$

策略网络输出一个动作 $\boldsymbol{a}_t=\pi(\boldsymbol{s}_t,\boldsymbol{\varphi})\in\mathbb{R}^m$。使用 Q 值估计的策略梯度上升更新策略参数，使用梯度 $\nabla_{\varphi}q(\boldsymbol{s}_t,\pi(\boldsymbol{s}_t,\boldsymbol{\varphi}),\boldsymbol{\psi})$，但需要注意的是，这仅取决于通过输入到 critic 网络的 $\boldsymbol{a}_t=\pi(\boldsymbol{a}_t,\boldsymbol{\varphi})$ 的策略参数 $\boldsymbol{\varphi}$。

3. 框架实现

（1）伪代码分析

框架 Ape-X 将 DRL 分成两个部分，其中一个部分为 Actor，它的作用包括遍历环境、评估策略以及将观察到的数据存储在经验复用池中，称为 Actor，伪代码如下所示。

算法：Ape-X Actor

```
procedure ACTOR( B , T )
    θ_0 ← LEARNER.PARAMETERS ()
    s_0 ← ENVIRONMENT.INITIALIZE ()
    for t = 1 to T do
        a_{t-1} ← π_{θ_{t-1}}(s_{t-1})
        (r_t, γ_t, s_t) ← ENVIRONMENT.STEP(a_{t-1})
        LOCALBUFFER.ADD(( s_{t-1}, a_{t-1}, r_t, γ_t ))
        if LOCALBUFFER.SIZE() ≥ B then
            T ← LOCALBUFFER.GET(B)
            P ← COMPUTEPRITIES(τ)
            REPLAY.ADD( τ, ρ )
        end if
        PERIODICALLY( θ_t ← LEARNER.PARAMETERS ())
    end for
end procedure
```

如算法 Ape-X Actor 所示，Actor 部分有两个超参数，分别为 B 和 T，其中 B 代表每个 Actor 本地经验复用池的大小，T 代表训练的时间步的长度。首先 Actor 进行初始化操作，初始化首先从 Learner 同步起始的网络参数（相同的网络结构），然后从环境中初始化起始

状态s_0。初始化后，循环T次，与环境进行T次时间步的交互。在每次时间步中，根据当前的状态，通过策略选择相应的动作，选择动作后环境会根据相应的动作做出反馈，反馈为奖励信息，具体为(r_t,γ_t,s_t)。此时 Actor 的本地经验复用池会存储一次时间步信息，格式为$(s_{t-1},a_{t-1},r_t,\gamma_t)$，如果本地经验复用池的容量达到$B$的限制，Actor 此时会计算本地经验复用池中所有经验的优先级，并将本地经验复用池中所有经验存储到共享经验复用池中。最后，Actor 会定期从 Learner 中同步自己的网络参数。

另外一个部分为 Learner，它的作用包括从复用池中采样批量数据以更新策略参数，称为学习者，伪代码如下。

算法：Ape-X Learner

---

procedure LEARNER(T)
    $\theta_0 \leftarrow$ INITALIZENETWORK ()
    for t = 1 **to** T **do**
        id , $\tau \leftarrow$ REPLAY.SAMPLE()
        $l_t \leftarrow$ COMPUTELOSS$(\tau;\theta_t)$
        $\theta_{t+1} \leftarrow$ UPDATEPARAMETERS$(l_t;\theta_t)$
        $\rho \leftarrow$ COMPUTEPRIORITIES()
        REPLAY.SETPRIORITY(id, ρ)
        PERIODICALLY(REPLAY.REMOVETOFIT)
    end for
end procedure

如算法 Ape-X Learner 所示，Learner 有一个超参数T，代表训练的时间步的长度。首先 Learner 进行初始化操作，即初始化最初的网络结构，包括参数，Actor 的网络结构和参数都从 Learner 获取。初始化后，循环T次，与环境进行T次交互。在每次时间步中，首先根据优先度从经验复用池中采样，根据采样的数据计算相应的损失函数，根据 loss 更新网络，在网络更新之后，重新计算经验的优先级，并在经验复用池中更新相应经验的优先级。由于经验复用池采用了软限制，因此要定期清理经验池中溢出的经验，清理采用 FIFO 的规则，清理掉旧的经验，以保证最新的经验进入经验池。

（2）Python 代码片段分析

介绍完框架 Ape-X 的伪代码后，将通过重要代码块详细解析框架 Ape-X 的设计与实现，实现采用 Python 语言，涉及 GPU、CPU 等计算机硬件的操作 (Actor 主要消耗 CPU，Learner 则依赖 GPU 的计算能力)。

1）Ape-X 框架初始化 Actor

```
3. # Compute \epsilon for each actor
4. alpha = 7
5. base_eps = 0.4
6. eps_array = base_eps ** (1 + np.flip(np.arange(actor_batch_size), 0) * alpha /
(actor_batch_size - 1))
7. eps_array = np.reshape(eps_array, [num_actors, -1])
```

```
8.
9. act = []
10.num_actor_steps = tf.get_variable('num_actor_steps', shape = (), dtype = tf.int64, collections = [tf.GraphKeys.GLOBAL_STEP, tf.GraphKeys.GLOBAL_VARIABLES])
11.
12.make_actors()
13.
14.# This class reports episode rewards for actor_0 (lowest \epsilon/most greedy)
15.actor_monitor = actorMonitor(logdir = logdir)
16.rew, done = act[0]
17.act[0] = actor_monitor(rew, done, num_actor_steps)
```

Ape-X 分布式框架将决策和学习分离，算法 Ape-X Actor 是 Actor 的初始化过程。首先是超参数的初始化，超参数决定了 Actor 的数量，Actor 的数量决定了 Ape-X 性能的好坏，因为 Ape-X 的优势在于分布式 Actor 提供大量的数据。为了获取大量不同的数据，在分布式 Actor 的基础上，可以采取不同的贪婪度的方法，即所有 Actor 的网络结构和参数一样，但是贪婪度不同，这导致在根据状态决策时，选取的动作是不同的，增大了可能性，使得数据的多样性增加。

2）Ape-X 框架初始化经验复用池

```
1. replay_buffer = ReplayBuffer(buffer_size,
2.         shapes = [d.get_shape()[1:] for d in actor_data],
3.         dtypes = [d.dtype for d in actor_data],
4.         alpha = prioritized_replay_alpha)
5. tf.summary.scalar("replay_buffer/fraction_of_%d_full" % buffer_size,
6.     tf.to_float(replay_buffer.size()) * (1. / buffer_size))
7. update_replay_buffer_op = replay_buffer.enqueue_many(actor_data, priorities = priority)
8. qr = tf.train.QueueRunner(actor_fifo, [update_replay_buffer_op] * number_of_actor_buffer_threads, close_op = replay_buffer.close())
9. tf.train.add_queue_runner(qr)
```

在介绍完 Actor 的初始化后，接下来是共享的经验复用池的初始化，经验复用池是所有 Actor 之间共享的。在此处，经验复用池的大小是有限制的，采样软限制的方式，当前的经验进入经验复用池中，旧的经验需要从经验复用池中删除，即采用 FIFO 的规则，FIFO 规则更有利于所有的经验被有效地评估和学习。

3）Ape-X 框架初始化 Learner

```
1. def make_training_input():
2.     with tf.variable_scope("training_input_preprocessing"):
3.         transition = replay_buffer.sample_proportional_from_buffer(batch_size, prioritized_replay_beta0, minimum_sample_size = learning_starts)
4.
5.         # GPU because in our SKU the CPUs were the bottleneck
6.         with tf.device('/gpu:1'):
7.             idxes, weights, actor_num, transition_action, transition_reward, transition_done = transition[:6]
8.             frames = transition[6:]
9.             assert len(frames) == (framestack + multi_step_n) * 2
10.
11.             # Handle edge cases (done = True)
12.             frames, dones = frames[:framestack + multi_step_n], frames[framestack +
```

```
multi_step_n:]
    13.              obs_t = make_masked_frame(frames[:framestack], dones[:framestack],
data_format)
    14.              obs_tp1 = make_masked_frame(frames[ - framestack:], dones[ -
framestack:], data_format)
    15.
    16.              return actor_num, obs_t, transition_action, transition_reward, obs_
tp1, transition_done, weights, idxes
    17.
    18.with tf.variable_scope("training_queue"):
    19.    training_fifo = prefetch_queue.prefetch_queue(make_training_input(),
capacity = number_of_prefetched_batches, num_threads = number_of_prefetching_
threads)
    20.    train_queue_size = training_fifo.size()
```

算法 Ape-X Leaner 的作用是从经验复用池中根据优先级抽取经验，然后使用优先级更新策略网络。Learner 的数量和每个环境中智能体的数量相同，其作用是将 RL 算法中的训练环节分离出来，利用 Actor 生成大量数据，通过共享的经验复用池，训练优先级高的经验，这在一定程度上消除过拟合的同时会增强网络的性能。

4. 使用场景与优势分析

Ape-X 是一个深度强化学习领域基于优先级复用的分布式框架，它适用于广泛的动作连续或者动作离散的任务，无论是在训练速度还是在最终性能上都获得了更好的结果。Ape-X 框架可以与任何 off-policy RL 算法结合，它是为能够并行生成大量数据的环境而设计的，包括模拟环境和各种现实世界的应用，如机器人农场、自动驾驶汽车和在线推荐系统。许多 DRL 算法在大范围内有效探索的能力从根本上限制了它们的发展，Ape-X 使用了一种简单而有效的机制来解决这个问题：生成一组不同的经验，然后识别并从最有用的事件中学习。Ape-X 架构说明分布式系统现在对于 DRL 的研究和大规模应用都具有相当高的实用性。

第二篇

多智能体深度强化学习

本篇主要侧重于多智能体深度强化学习的讲解，承接上一篇的单智能体环境，本篇将问题复杂化，扩大到多智能体的情况。本篇包含第 4 章和第 5 章，从多智能体强化学习基本概念到相关算法的讲解、分析，以多个极具代表性的算法为例带领读者逐步学习多智能体训练和控制的理论与方法。此外，还为读者提供了当下多智能体强化学习领域最前沿的一些学术成果，紧跟发展潮流。

CHAPTER 4

第4章

多智能体深度强化学习基础

通过前面几个章节的学习，我们对DRL思想和算法有了一定的了解，不过那些大都是基于单智能体的情况，问题相对简单。那么，现在我们就带领读者进入多智能体的世界，多智能体问题要比单智能体问题复杂，其中涉及多个智能体之间的关系，例如竞争、合作和混合场景等。按照之前的逻辑，本章我们先对多智能体强化学习（Muti-agent Reinforcement Learning, MARL）基础知识和背景进行相关的讲解，然后第5章再介绍MARL相关算法。

4.1 多智能体强化学习

在第1章中，我们知道单个RL智能体通过与外界动态环境的交互来学习知识，具体过程是根据当前环境状态，智能体通过策略给出的动作来对环境进行响应，相应地，智能体会得到一个奖励值以反馈动作的好坏程度。RL最重要的目标就是要学习到能够使奖励最大化的策略，并且与监督学习的不同是这种奖励在很多情况下存在延迟。

RL近来被应用于解决许多具有挑战性的问题，比如游戏和机器人控制。在工业应用中，RL可以作为大型系统的有效组成部分，比如用于数据中心的冷却和代替控制系统做决策。大多数RL的成功应用都是在单智能体场景下，在此场景下，无须建模和预测环境中的其他智能体。但是，也有很多重要的应用场景涉及多个智能体之间的交互，在这种共同的交互演化过程中，会有新的行为出现，问题也会变得更加复杂。比如，多个机器人的控制、任务的协同操作、多玩家的游戏等，这些都是多智能体的场景。另外，多智能体自我对弈最近也被表明是一个有效的RL方式。因此，把RL从单智能体成功地扩展到多智能体环境对于设计能够与人类或者智能体之间互相交互的智能系统非常重要。

4.1.1 多智能体强化学习发展历史

我们知道，MARL是由RL和多智能体系统结合而成的新领域。RL的发展历史在第1章已经介绍过，因此本节主要介绍多智能体系统和MARL。

多智能体系统理论首先起源于20世纪70年代的分布式人工智能。分布式人工智能研究的目标是创建描述自然和社会系统的精确概念模型，研究内容主要是分布式问题求解（Distributed Problem Solving，DPS）和多智能体系统。多智能体系统理论的核心，就是把系统分成若干智能、自治的子系统，它们在物理和地理上可以分散，可以独立执行任务，同时又可以相互通信、相互协调，进而共同完成任务。因此，和传统的人工智能研究相比，多智能体系统不仅考虑个体的智能程度，更多的是整个系统的自主性、社会性等。早期的DPS采用的是集中控制机制，也就是明确每个个体的子任务，统一控制它们的行为。但很明显由于多智能体系统往往是在不可预测的动态环境中进行问题求解，所以集中控制机制无法很好地预测每个个体下一步的行为。针对这样的问题，研究人员设想了三种解决方案：

- 设计有效约束多智能体系统的规则，规范智能体行为的选择，避免冲突。
- 利用通信手段，使得智能体之间能通过有效的交流避免冲突并增进协作。
- 增加学习机制，让智能体能够在执行动作和交互中学习，并且越学越“聪明”。

这种学习机制用于解决原有知识无法解决的或者不足以解决的问题，同时这种学习过程也是改进性能、发现规律、适应环境的过程。

20世纪80年代以来，多智能体系统理论和其他领域相互借鉴，得到了更为广泛的应用，其中不得不提的就是RL。由于RL是一种与环境交互的学习方法，所以适合智能体在对环境了解甚少的问题域中学习控制策略，只需通过反馈信息以增强好的行为和弱化差的行为，最终收敛到最优行为，这符合上面提到的第三种解决方案，即增加学习机制。在一开始的过程中，许多初始方法都基于表格法计算马尔可夫博弈总体的Q值，另一种方法则是将每个episode都作为一个迭代博弈来处理，从而消除MARL中的非平稳性，在此期间，其他智能体保持不变。在这一博弈中，所提出的算法寻求Nash均衡。当然，对于含有多智能体的复杂竞争或协作任务而言，找到Nash均衡是非常重要的。1998年，Wellman等人提出了一般和（general-sum）MARL马尔可夫对策论的理论框架和算法，并证明应用此方法实现的多智能体系统最终会收敛到Nash均衡。但该方法着眼于自私、非合作的智能体系统，于是其他研究者针对该问题做了研究。基于最近DRL方法的成功，人们对使用神经网络等高容量模型来解决MARL问题产生了新的兴趣。Foerster等人提出了一种称为分布式深度递归Q网络（Deep Distributed Recurrent Q-Networks, DDRQN）的模型，解决了状态部分可观测状态下的多智能体通信与合作的挑战性难题。之后的实验也表明，经过训练的DDRQN模型最终在多智能体之间达成了一致的通信协议，成功解决了经典的红蓝帽子问题。

到目前为止，MARL已经在多机器人环境、分布式控制、博弈论等领域解决了很多单智能体RL所不能处理的问题。例如，Bowling和Veloso讨论了几种MARL算法，这些算法能够将TDRL和博弈论求解相结合，用于动态随机游戏。Shoham等人研究了MARL在博弈论均衡上的应用，用算法实现并阐述了其论点。DeepMind团队在文章*A Unified Game-Theoretic Approach to Multi-Agent Reinforcement Learning*中提出如果使用独立强化学习（Independent Reinforcement Learning，InRL），会使得智能体学习到的策略在训练过程中与其他智能体策略产生过拟合。因此提出了一种通用的基于DRL的MARL算法和一种新指标量化效果，还进行了博弈论实证分析来计算策略选择的元策略。

在多智能体环境下具有代表性的算法是OpenAI研究团队提出的MADDPG，允许智能体之间学会协作与竞争，关于MADDPG算法后面的章节会有专门的讲解，这里读者只需对其有一个大致的了解。当使用深度神经网络解决MADRL问题时，一种过去运行良好的方法是，对每个智能体使用去中心化的actor，并在智能体间使用参数共享的中心化critic。而MADDPG发展自DRL算法DDPG，是一种基于actor-critic策略梯度方法的扩展，critic

增加了其他智能体策略的额外信息，actor 则只能接触到该智能体自身的信息。该算法将多智能体场景中的每个智能体视为一个 actor，并且每个 actor 将从 critic 那里获得建议，这些建议可以帮助 actor 在训练过程中决定哪些行为是需要加强的。通常，建议是指 critic 试图预测在某一特定状态下的某一个行动所带来的价值（比如期望能够获得的奖励），而这一价值将被 actor 用于更新它的行动策略。这么做与直接使用奖励相比会使系统更加稳定。另外，为了使多个智能体按照全局协调的方式行动，还强化了 critic 的级别，以便于它们可以获取所有智能体的行为和状态。在 MADDPG 算法统一训练完成以后，actor 不需要再听从来自 critic 的建议，将根据自己的观察独立做出行动。由于每个智能体都有各自独立的集中式 critic，该方法能被用于模拟目标策略互不相同的多智能体系统中，包括策略冲突的对抗性系统。

基于上述讨论，目前的工作主要关注以下两方面的研究：

- 稳定性。要求系统能够收敛到均衡态，因此所有智能体的策略都要收敛到协调平衡的状态，最常用的是 Nash 均衡。
- 适应性。要求当其他智能体改变策略时，系统的表现保持不变或者更加优异。在一般情况下，适应性由定义的目标最优、兼容性或者安全性等形式表达。

4.1.2　多智能体强化学习简介

一般来讲，MARL 是指有一组具有自我控制能力、能够相互作用的智能体，在同一环境下通过传感器感知、执行器操作，进而形成完全合作型、完全竞争型或者混合类型的多智能体系统。在这种系统下每个多智能体发出动作所获得的奖励会受到其他智能体动作的影响，因此如何学习一种策略使得系统达到均衡稳态是该多智能体系统的目标。

1. 完全合作型

在完全合作型的 MARL 系统中，认为系统的最大奖励值需要智能体的互相协调才能获得。这里，我们举一个例子，类似于博弈论中的案例“囚徒困境”，要求智能体选择同样的动作。假设在每个智能体都不清楚其他人选择的动作的情况下，无论选择苹果还是香蕉，得到的奖励都存在不确定性，会使智能体混淆，造成整个系统的收敛困难和随机性。而如果在已知其他智能体的选择的前提下，其他智能体就能很容易学习到应当选择同样的水果，才会获得最高的奖励。如表 4-1 所示，只有当甲和乙同时选择苹果或者香蕉的情况下，才会获得最高奖励 10，否则都是最低奖励 0。这类 MARL 的应用场景有机器人足球、设备组装、并发控制和通信等。

2. 完全竞争型

在完全竞争型的 MARL 中，一般采用最大最小化原则，即无论对方采取任何行动，智能体本身总是采取使自己受益最大的动作。如表 4-2 所示，甲和乙都在采取竞争的行为下，获得最大的奖励值 6，而且即使在对方采取合作的情况，自身也可获得 5 的奖励值。相反，如果两者都合作则获得仅为 2 的奖励值。所以在这种环境下，最优策略就是不管对方如何选择，甲和乙都应选择竞争。

3. 混合类型

这种类型下的 RL 一般针对静态任务，直接对每个智能体应用单智能体的 RL 算法，不需要了解其他智能体的动作，所以各自更新独立的 Q 函数。假设甲乙都需要处理 A、B 两个文件（B 文件是最短且最省时的），很显然两人同时处理不同的文件能够节省时间、提高效率，于是甲乙各自对可能的情况和奖励值做了 Q 值表。表 4-3 和表 4-4 分别展示的是甲乙各自的 Q 值更新表。可以看出，在甲的 Q 值表中，双方在处理同一文件时得到的奖励为 0，而在甲处理 B 文件、乙处理 A 文件时奖励最高。同理，在乙的 Q 值表中，乙处理 B 文件、甲处理 A 文件时奖励最高。

表 4-1　合作型

	苹果（甲）	香蕉（甲）
苹果（乙）	5, 5	0, 0
香蕉（乙）	0, 0	5, 5

表 4-2　竞争型

	合作（甲）	竞争（甲）
合作（乙）	1, 1	0, 5
竞争（乙）	5, 0	3, 3

表 4-3　Q 值表——甲

	A（乙）	B（乙）
A（甲）	0	3
B（甲）	5	0

表 4-4　Q 值表——乙

	A（乙）	B（乙）
A（甲）	0	5
B（甲）	3	0

我们知道，在单智能体 RL 中可以用 MDP 来描述，而 MARL 需要用马尔可夫博弈来描述。马尔可夫博弈又称为随机博弈（stochastic game）。这个概念似乎很抽象，但我们可以将马尔可夫博弈拆分成两个词：马尔可夫和博弈。首先，马尔可夫是指多智能体系统的状态符合马尔可夫性，即下一时刻的状态只与当前时刻有关，与前面的时刻没有直接关系。其次，博弈描述的是多智能体之间的关系。

所以马尔可夫博弈这个词完全描述了一个多智能体系统。我们这里定义一个元组并用数学语言进行形式化描述：

$$(N,\mathcal{S},\boldsymbol{a}_1,\boldsymbol{a}_2,\cdots,\boldsymbol{a}_N,T,\gamma,r_1,\cdots,r_N) \tag{4.1}$$

其中 N 为智能体个数，$\mathcal{S}$ 为系统状态，一般指多智能体的联合状态，例如可以是 $(x_1,y_1),(x_2,y_2),\cdots,(x_N,y_N)$，即智能体的位置坐标。$\boldsymbol{a}_1,\boldsymbol{a}_2,\cdots,\boldsymbol{a}_N$ 为智能体的动作集合。T 为状态转移函数，$T:\mathcal{S}\times\boldsymbol{a}_1\times\cdots\times\boldsymbol{a}_N\times\mathcal{S}\to[0,1]$，即根据当前系统状态和联合动作，给出下一状态的概率分布。$r_i(\boldsymbol{s},\boldsymbol{a}_1,\cdots,\boldsymbol{a}_N,\boldsymbol{s}')$ 表示智能体 i 在状态 $\boldsymbol{s}$ 时，执行联合动作后在状态 $\boldsymbol{s}'$ 所得到的奖励 r_i。具体的奖励函数需要根据环境和学习目标设计。但无论如何，当每个智能体的奖励函数一致时，表示智能体之间是合作关系；当奖励函数相反时，表示智能体之间是竞争关系；当奖励函数介于两者之间，则是混合关系。γ 是折扣因子，保证越后面的奖励，对奖励函数的影响越小，它刻画了未来奖励的不确定性，同时也使得奖励函数是有界的。

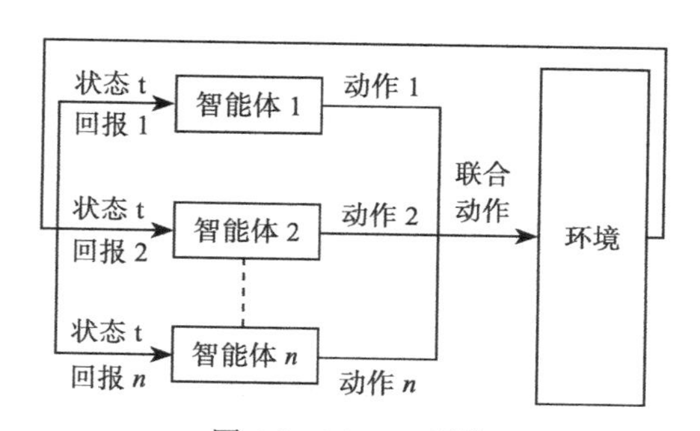

图 4.1　MARL 系统

如图 4.1 所示，多智能体在联合动作下，整个系统发生状态转移，将奖励返回给智能体。

4.1.3 优势和挑战

多智能体学习可以通过不同智能体之间共享经验，从而更快、更好地完成任务。当一个任务过大甚至可以拆分成不同子任务的时候，不同的智能体可以并行执行子任务，加快处理速度。当系统中一个智能体出现故障时，其他智能体可以替代执行任务，提高系统的鲁棒性。当系统中需要提高扩展性时，可以随时加入新的智能体。

但与此同时，MARL 也面临一些挑战。随着状态、动作和智能体数目的增加，系统的计算复杂度也随之呈指数级增长。另外，难以定义学习目标。由于在多智能体系统中，任一智能体的奖励都将与其他智能体的动作相关，无法做到单独最大化某个智能体的奖励。其次系统难以收敛到一个最优解。所有智能体都是在一个不断变化的环境里同时学习，最好的策略会随着其他智能体策略的改变而改变，最后导致探索过程更加复杂。因此此时探索过程已不满足于只获取环境信息，还需要其他智能体的信息，以此相互适应，但又不能过度探索，否则会打破整个系统的平衡，影响其他智能体的策略学习。

4.2 部分可见马尔可夫决策过程

在第 1 章 1.2 节中我们知道 MDP 模型是根据系统当前实际状态做出决策的，MDP 的一个重要前提是智能体对环境的观察是完整的，而现实世界中智能体只能观察到部分信息。比如很多情况下，难以获取系统的精确状态。尤其对复杂的机械系统来说，测量系统状态的传感器信号通常会受到噪声污染，难以获得系统的精确状态。另外，对于一个庞大的多智能体系统而言，每个智能体所携带的传感器往往只能覆盖整个环境的一小部分。也就是说，每个智能体只可以感知到它周围的环境状态，并不了解整个系统的状态。针对上述问题，一个更接近现实世界的模型被提出，即部分可见马尔可夫决策过程（POMDP）。它比 MDP 更接近一般的决策过程，除了它的前提是部分可观察性之外，它也基于 MDP 类似的假设，采用的是最大化期望奖励的方法。因此 POMDP 可以被看成是 MDP 的扩展，它的状态空间包括所有定义在对应的 MDP 的状态集合上的概率分布，这些概率分布表现了信念状态。我们会在接下面的章节中讨论 POMDP 的定义，介绍其数据理论基础和决策模型，并综述目前 POMDP 领域的研究情况。

4.2.1 POMDP 模型

POMDP 将 MDP 问题延伸到系统状态不能完全观察的情况。MDP 的这种扩展极大地增加了 POMDP 的复杂性。为了采取有效的动作，智能体可能需要考虑所有以往的观察和行动历史，而不仅仅是当前所处的状态。

通常，我们用一个七元组 $(\mathcal{S},\mathcal{A},T,R,\mathcal{O},Z,\gamma)$ 来描述 POMDP，其中 $\mathcal{S}$、$\mathcal{A}$、T、r 和 γ 与 MDP 中的定义一致，另外还有：

- $\mathcal{O}$：一组观察结果集，比如机器人的传感器获得的环境数据。在 MDP 中，由于智能体完全了解系统状态，因此 $\mathcal{O}\equiv\mathcal{S}$。而在部分可见环境中，观察仅在概率上取决于潜在的环境状态。因为在不同的环境状态中可以得到相同的观察，因此确定智能体所处的状态变得困难。

- Z：$\mathcal{S}\times\mathcal{A}\to\Delta(\mathcal{O})$是一个观察函数，表明系统状态和观察值之间的关系。具体是在智能体在执行动作$\boldsymbol{a}$进入环境状态$\boldsymbol{s}'$后得到观察值的概率。

$$Z(\boldsymbol{s}',\boldsymbol{a},\boldsymbol{o}')=P_r\left(\mathcal{O}^{t+1}=\boldsymbol{o}'|\mathcal{S}^{t+1}=\boldsymbol{s}',\mathcal{A}^t=\boldsymbol{a}\right) \tag{4.2}$$

假设在时刻t，此时的环境处于状态$\boldsymbol{s}\in\mathcal{S}$。智能体采取动作$\boldsymbol{a}\in\mathcal{A}$，根据状态转移方程$T(\boldsymbol{s}'|\boldsymbol{s},\boldsymbol{a})$进入环境状态$\boldsymbol{s}'$，同时智能体获得环境观察值$\boldsymbol{o}\in\mathcal{O}$，这取决于环境的新状态，概率为$Z(\boldsymbol{o}|\boldsymbol{s}',\boldsymbol{a})$。最后智能体得到奖励值$r=r(\boldsymbol{s},\boldsymbol{a})$，重复上述步骤。整个过程的目的是让智能体在每个时间步骤选择的动作能够最大化未来期望的折扣奖励：

$$\mathbb{E}\left[\sum_{t=0}^{\infty}\gamma^t r_t\right] \tag{4.3}$$

其中r_t是在时间t获得的奖励，折扣因子的大小决定了最近的奖励和未来的奖励哪个对智能体影响更大。当$\gamma=0$时表示智能体只关心下一次动作选择哪个动作可以最大化奖励，因为之后的收益均为0；当$\gamma=1$时表示智能体更关心接下来所有动作的奖励和。

在POMDP中，智能体不能确信自己处于哪个状态，因此对于下一步动作选择的决策基础是当前所处状态的概率，也就是说最有可能处于哪个状态。所以，智能体需要通过传感器收集环境信息，也就是得到观察值，来更新自己对当前所处状态的可信度。“信息收集”的动作并不是直接把智能体导向目标点，而是作为一个缓冲，让智能体先运动到临近位置，在这个临近位置上收集到的环境信息可能加大智能体对自己所处状态的可信度。在非常确信自己所处的状态之后，智能体做出的动作决策才是更加有效的。因此，在每个时间周期，智能体虽然无法准确得知其所处的环境状态，但是它可以通过观察得到当前状态的不完整信息。通过观察和动作的历史来做决策。我们把t时刻观察和行为的历史定义为：

$$\boldsymbol{h}_t=(\boldsymbol{a}_0,\boldsymbol{o}_1,\cdots,\boldsymbol{o}_{t-1},\boldsymbol{a}_{t-1},\boldsymbol{o}_t) \tag{4.4}$$

这样描述历史会消耗很大的存储空间，为解决这一问题，一些学者研究了如何对过去的历史进行压缩表示，即采用较短的历史代替所有的观察和行为，Astrom提出用状态上的概率分布，这样就引入了信念状态$b(\boldsymbol{s})$的概念，表示智能体对自己当前所处状态的可信度。

$$b_t(\boldsymbol{s})=P_r(\boldsymbol{s}|\boldsymbol{h}_t) \tag{4.5}$$

Sondik证明信念状态$b_t(\boldsymbol{s})$是对历史$\boldsymbol{h}_t$的充分估计，所有状态上维护一个概率分布可以与维护一个完整历史提供同样的信息。以前解决POMDP问题时，需要知道历史动作才能决定当前的操作，这种解决方案是非马尔可夫链，然而当引入信念状态后，POMDP问题就可以转化为基于信念空间状态的马尔可夫链来求解。因此简单来说，我们把POMDP问题的求解转换为求解信念状态函数和策略问题，如图4.2所示，并且可以用以下形式进行描述：

- 信念状态函数$B(\boldsymbol{s}):\mathcal{O}\times\mathcal{A}\times B(\boldsymbol{s})\to B(\boldsymbol{s})$；
- 策略$\pi:B(\boldsymbol{s})\to\mathcal{A}$。

通过信念空间的引入，POMDP 问题就可以被看成是 Belief MDP 问题。寻求一种最优策略将当前的信念状态映射到智能体的动作上，根据当前的信念状态和行为就可以决定下一周期的信念状态和行为。Belief MDP 通常被描述为四元组 $\langle B,\mathcal{A},T^b,r^b\rangle$，具体如下：

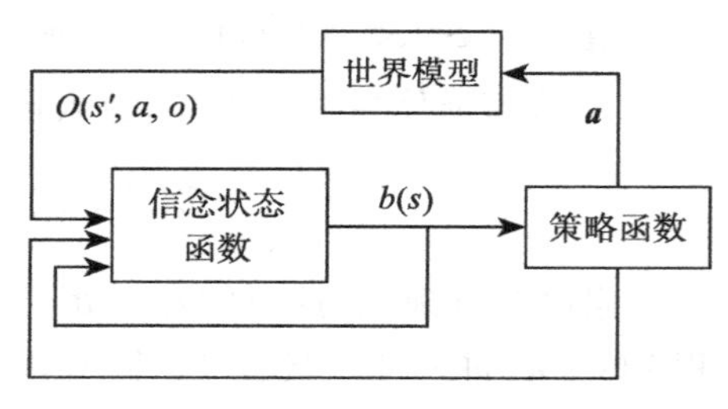

图 4.2　POMDP 模型

- B：$B=\Delta(\mathcal{S})$ 是一系列连续的状态空间。
- $\mathcal{A}$：动作空间，与 POMDP 中的定义一致。
- T^b：$B\times\mathcal{A}\to B$，信念转移函数，详细推导如下：

$$\begin{aligned}T^b(\boldsymbol{b},\boldsymbol{a},\boldsymbol{b}')&=P_{\mathrm{r}}(\boldsymbol{b}'|\boldsymbol{b},\boldsymbol{a})=\sum\nolimits_{o\in\mathcal{O}}P_{\mathrm{r}}(\boldsymbol{b}'|\boldsymbol{a},\boldsymbol{b},\boldsymbol{o})P_{\mathrm{r}}(\boldsymbol{o}|\boldsymbol{a},\boldsymbol{b})\\&=\sum\nolimits_{o\in\mathcal{O}}P_{\mathrm{r}}(\boldsymbol{b}'|\boldsymbol{a},\boldsymbol{b},\boldsymbol{o})\sum\nolimits_{s'\in\mathcal{S}}Z(\boldsymbol{s}',\boldsymbol{a},\boldsymbol{o})\sum\nolimits_{s\in\mathcal{S}}T(\boldsymbol{s},\boldsymbol{a},\boldsymbol{s}')b(\boldsymbol{s})\end{aligned}\tag{4.6}$$

其中，$P_{\mathrm{r}}(\boldsymbol{b}'|\boldsymbol{a},\boldsymbol{b},\boldsymbol{o})=\begin{cases}1,\ \boldsymbol{b}_{\boldsymbol{o}}^{\boldsymbol{a}}=\boldsymbol{b}'\\0,\ \boldsymbol{b}_{\boldsymbol{o}}^{\boldsymbol{a}}\neq\boldsymbol{b}'\end{cases}$。经过动作和观察，信念度的更新可以表示为：

$$\boldsymbol{b}_{\boldsymbol{o}}^{\boldsymbol{a}}(\boldsymbol{s}')=\frac{Z(\boldsymbol{s}',\boldsymbol{a},\boldsymbol{o})\sum_{s\in\mathcal{S}}T(\boldsymbol{s},\boldsymbol{a},\boldsymbol{s}')b(\boldsymbol{s})}{P_{\mathrm{r}}(\boldsymbol{o}|\boldsymbol{a},\boldsymbol{b})}\tag{4.7}$$

- r^b：奖励函数，其定义如下：

$$r^b(\boldsymbol{b},\boldsymbol{a})=\sum\nolimits_{s\in\mathcal{S}}b(\boldsymbol{s})r(\boldsymbol{s},\boldsymbol{a})\tag{4.8}$$

之后 POMDP 最优策略的选择和值函数的构建就可以类似于普通 MDP 决策进行。我们在第 1 章中提到 RL 学到的是一个从环境状态到动作的映射，记为策略 $\pi:\mathcal{S}\to\mathcal{A}$。而 RL 往往又具有延迟奖励的特点，比如在第 n 步输掉了棋，那么只有在状态 $\boldsymbol{s}_n$ 和动作 $\boldsymbol{a}_n$ 获得了即时奖励 $r(\boldsymbol{s}_n,\boldsymbol{a}_n)=-1$，而此时对于之前的状态即时奖励均为 0。所以对于之前任意状态而言，即时奖励函数无法说明策略的好坏，所以我们定义了值函数来表明当前状态下策略 π 的长期影响。

在 Belief MDP 下，一般定义值函数为：

$$V_{t+1}(\boldsymbol{b})=\max\nolimits_{a\in\mathcal{A}}\left[r^b(\boldsymbol{b},\boldsymbol{a})+\gamma\sum\nolimits_{b'\in B}T^b(\boldsymbol{b},\boldsymbol{a},\boldsymbol{b}')V_t(\boldsymbol{b}')\right]\tag{4.9}$$

然后，我们根据原始 POMDP 公式重写等式（4.9），如下：

$$V_{t+1}(\boldsymbol{b})=\max\nolimits_{a\in\mathcal{A}}\left[\sum\nolimits_{s\in\mathcal{S}}b(\boldsymbol{s})r(\boldsymbol{s},\boldsymbol{a})+\gamma\sum\nolimits_{o\in\mathcal{O}}P_{\mathrm{r}}(\boldsymbol{o}|\boldsymbol{a},\boldsymbol{b})V_t(\boldsymbol{b}_{\boldsymbol{o}}^{\boldsymbol{a}})\right]\tag{4.10}$$

其中 $P_{\mathrm{r}}(\boldsymbol{o}|\boldsymbol{a},\boldsymbol{b})$ 为：

$$P_{\mathrm{r}}(\boldsymbol{o}|\boldsymbol{a},\boldsymbol{b})=\sum\nolimits_{s'\in\mathcal{S}}Z(\boldsymbol{s}',\boldsymbol{a},\boldsymbol{o})\sum\nolimits_{s\in\mathcal{S}}T(\boldsymbol{s}'|\boldsymbol{s},\boldsymbol{a})b(\boldsymbol{s})\tag{4.11}$$

同样，我们可以定义策略函数为：

$$\pi_{t+1}(\boldsymbol{b})=\arg\max\nolimits_{a\in\mathcal{A}}\left[\sum\nolimits_{s\in\mathcal{S}}b(\boldsymbol{s})r(\boldsymbol{s},\boldsymbol{a})+\gamma\sum\nolimits_{o\in\mathcal{O}}P_{\mathrm{r}}(\boldsymbol{o}|\boldsymbol{a},\boldsymbol{b})V_t(\boldsymbol{b}_{\boldsymbol{o}}^{\boldsymbol{a}})\right]\tag{4.12}$$

4.2.2 POMDP 相关研究

目前对 POMDP 算法的研究主要分为精确算法和近似算法，两者都使用了基于信念状态的模型。信念状态是智能体对某一时刻在所有状态上的一个概率分布，表示系统实际处于每个状态的概率。

首先关于精确算法，它的主要思想是从数量呈指数增长的行动策略中找出部分策略，无论当前的状态概率分布如何，它的最优策略都包含在这部分策略中。在此，我们假设一个 POMDP，它有两个状态、两个行动、三个观测和三个控制间隔。同 MDP 的值迭代方法一样，第一步，我们考虑只有一个控制间隔的收益函数。一个控制间隔也就是只需选择一次行动，对于每个行动，很容易得出对应的收益函数，并用它们的系数构成的向量来表示，对每个信念状态点，只需简单地找出较大的收益函数对应的行动即可。对于所有信念状态都不是最优策略的函数，将其删去。保留下来的函数将信念状态空间分成不同的区域，每个区域对应着不同的最优策略。第二步，考虑两个控制间隔的收益函数，我们先固定一个行动和一个观测，求出对应的条件收益函数，根据每个观测出现的概率，将对应的条件收益函数加权相加，即得到这个行动的两个控制间隔的收益函数，Sondik 证明了所有的收益函数都是信念状态的分段线性函数。同第一步一样，删去无用的策略，然后对另一个行动做同样的求解，找出最优的策略。再用同样的方法算出三个控制间隔的收益函数。求解只包含两个状态的 POMDP 是很容易的，当状态很多时就很难解决了。我们需要在每个区域中找出一个点，但是找到这些点并不是一件容易的事。1982 年，Monahan 提出了枚举算法，这种算法在一次迭代中构造出所有的收益函数向量，然后剔除较小的向量。这需要构造出大量的向量，但其中许多是无效的，因为在整个信念空间上它们都小于其他向量。这些计算所花费的代价是巨大的，从而导致求解困难。另外在 1994 年，Littann 等人提出了目击算法，这个算法以任意一个信念状态构造出一个向量，然后寻找一个点，使得这个向量的某个近邻向量在这个点处的值比其他向量都大，规定这个点就是目击点。然后对目击点进行迭代产生新的向量，不断重复此过程直到近邻向量集合为空。在 1997 年，Nevin Lianwen 等人提出了增量修剪（incremental pruning）算法，该算法同时结合了枚举算法和目击算法的优点。具体是对一个行动的每个观测构造出条件收益向量，然后对这些向量依次进行加权组合，在组合的过程中提出无用的向量，直到所有观测值的收益向量都组合完。重复下一个动作，找出最优向量。

虽然精确的 POMDP 求解算法可以取得最优解，但是这些算法的计算复杂性使它们很难适应于大规模的实际问题。为了克服精确求解 POMDP 的复杂性问题，大量研究者转向了近似算法的工作。这里近似算法又可以分为基于网格的方法、基于策略梯度的方法和基于点的方法。

基于网格的算法使用有限的信念状态点来代替整个信念状态空间，通过计算这些信念的收益函数和插值规则来近似整个空间的收益函数。选定了这个信念点后，就可以建立一个等效的 MDP。此算法的两个重要问题是：网格点选择策略以及插值策略。网格点的数目将呈指数级爆炸性增长。不规则网络，比如可以在信念点值相差很大的区域添加网格点。插值方法有线性插值、最邻近、核回归等。

策略梯度方法把值函数当作策略的函数，利用梯度方法找到使值函数取得极值的策略，它往往保证局部最优，但不一定能达到全局最优。策略梯度算法包括 REINFORCE 算法、GPOMDP 算法和 ATPG 算法。策略梯度方法在梯度估计过程中会导致方差过大，通常可以通过结合值函数方法和回报基线方法进行处理。

对于大部分的 POMDP 问题，智能体所能达到的信念点集合 B 往往只是信念空间的一小部分，基于信念点的方法把整个信念空间缩小到了可达空间，它从初始信念点的可达区域中进行信念点的采样来对整个可达区域进行近似。然后通过对选取的信念点的迭代得到值函数，由于值函数是分段线性函数，未知信念点的值可以通过得到的值函数近似。因此可以用基于点的算法来求得其误差在一定范围之内的近似解，避免精确求解中计算笛卡儿积的巨大计算量，通过增加迭代次数保证算法效果。第一个基于点的算法是 Pineau 提出的 PBVI 算法，通过距离对信念点进行采样，并对得到的信念点进行值迭代。在 PBVI 提出后，对探索信念点集的启发式探索方法成为研究热点。PEMA 算法选取误差最大的后继点，使点迭代尽可能近似精确迭代。AEMS、HHOP 等算法构造启发式函数选择最优动作探索最优可达信念点集，提高了收敛速率。

4.2.3　POMDP 应用领域

20 世纪末，POMDP 模型可以更加真实地反映客观世界模型，它能够对环境、动作和观察的不确定性进行很好的建模，因此人们开始对 POMDP 进行大量的研究和应用。在人工智能领域，POMDP 被应用到机器人路径规划、机器人导航、用户兴趣获取、对话系统等领域。在这些领域中，要求尽量避免人体直接接触，需要依靠机器人的操作。某些领域的环境条件也非常符合 POMDP 模型，例如放射性废物回收、深海探矿、管道网络的检修和维护等。

另外，还有一些应用可以使用 POMDP 模型，在这些应用下，智能体必须面临两种不确定性：行动产生结果的不确定性，实际状态的不确定性。在工业应用领域，例如机器生产和维护，人们可以建立一个 POMDP 模型，从而最小化机器使用费用，最大化生产能力。又如道路监测管理，美国高速公路就是一个成功案例，Woodward-Clycde 公司开发了一个基于 MDP 的公路管理系统，使用有限的资金来维护公路，该系统 4 年内节省了 1 亿多美元。在养鱼行业，也需要在短期目标和长期目标之间获得平衡，使用 POMDP 模型决策可以达到这一目的。在商业应用领域，如果电网出现故障，需要快速找到故障并排除。在市场管理领域，人们可以开发基于 POMDP 的软件来解决库存问题，使得利润最大化。POMDP 还可以应用到医疗诊断问题上，例如通过病人的病症来决定治疗方案。在军事领域，POMDP 的应用也很广泛，例如移动目标的查找 / 跟踪和拯救、目标的辨认、武器的使用和分配等。

CHAPTER 5

第5章

多智能体深度强化学习算法

现在我们已经了解了 MARL 的相关基础和背景知识，接下来就开始学习 MARL 的相关算法。本章按类别讲解了大量 MARL 算法，从基于值函数的到基于策略的 MARL 算法，再到基于 AC 框架的 MARL 算法，应有尽有，囊括了当下大部分经典和前沿的研究，让读者在从经典中掌握知识的同时也能够把握其最新的发展方向。

5.1 基于值函数的多智能体深度强化学习

5.1.1 基于 DQN 的多智能体网络

近年来，DRL 出现在机器人到经济学的各个领域并获得了广泛关注。当出现两个或两个以上的智能体共享一个环境时，RL 的问题就更加复杂了。这是由于问题规模会随着智能体数量的增加呈指数级增长，因此多智能体设置中的决策难以处理。实际上，大多数博弈论问题都是在多角色环境中，多个智能体为了最大化各自的收益而做出决策。集体行为和分布式控制系统是动态环境中多个自主行为体的重要例子。在强化多智能体系统中可能会出现合作、通信和竞争等现象。因此多智能体系统的问题也逐渐成为热门的研究方向。

本小节将讲述使用 DRL 中的 DQN 研究多智能体系统[24]。在 DRL 中，神经网络用于在随机决策过程（例如 MDP）中估计 Q 值函数。最近的工作表明，DQN 可用于实现人类级别的性能，例如 DeepMind 将 RL 应用于视频游戏等高维复杂环境方面取得了惊人的成果，特别是在 Atari 的各种视频游戏中实现了超人的表现。值得注意的是，智能体只使用原始的感官输入（屏幕图像）和奖励信号（游戏分数的增加）。DQN 可谓是 DRL 的开山之作，它将 DL 与 RL 结合起来从而实现从感知到动作的端对端学习的一种全新的算法。DQN 将用于学习特征表示的 CNN 与 Q-learning 算法相结合。此外，使用相同的算法来学习不同的游戏的事实表明它具有更多通用的潜力。

1. 问题描述

下面选择在 Pong 游戏环境中描述基于 DQN 的多智能体网络，因为它满足所有标准，有现有代码的支持，并且可以相对快速地学习。由于其简单性及其在视频游戏历史中的作用，它还具有读者易于理解的优点。

在 Pong 中，每个智能体对应于位于屏幕左侧和右侧的一个挡板（如图 5.1 所示）。每个智能体都可以采取 4 种行动：向上移动、向下移动、静止不动和激活（发射球或开始游戏）。采取的操作由相应的 DQN 分别决定。

2. 可能的挑战和解决方法

接下来将描述与基于 DQN 的 MADRL 相关的三个主要挑战，并提出了使 MADRL 可行的三个解决方案。

（1）问题表示

第一个挑战是问题表示，即在如何不改变 DQN 架构的情况下，能够以任意数量的智能体定义问题。为了解决这个问题，可以做一些简化的假设：

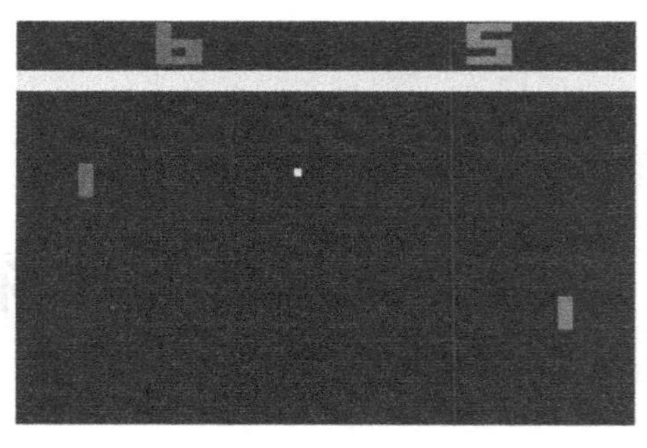

图 5.1　Pong 游戏。每个智能体对应于其中一个挡板

- 环境的二维表示。
- 离散时间和空间。
- 两种类型智能体。

因为我们将假设限制在两种智能体类型中，将这两种智能体称为盟友和对手（假设是相互竞争的智能体）。上述假设有助于将全局系统状态表示为图像类张量，图像的每个通道都包含智能体和特定于环境的信息，CNN 可以应用于这些信息。例如，图像的张量大小可以是 $3\times W\times H$，W 和 H 为二维域的宽度和高度，3 是图像的通道数量。读者可以根据不同的问题自行设计表示方法。

（2）多智能体训练

第二个挑战是多智能体训练。当多个智能体在一个环境中交互时，它们的操作可能直接影响其他智能体的操作。为了达到这个目的，智能体必须能够相互推理，以便采取明智的行动。一种解决办法是一次只训练一个智能体，并且在这段时间内固定其他智能体的策略。在一组迭代之后，被训练的智能体学习到的策略会分享给其他智能体。策略的执行是分布式的，因为每个智能体都有自己的神经网络控制器。当然也有其他解决办法，在后面的内容中会提到。

（3）智能体策略

考虑一下，当两个智能体在环境中占据相同的位置时，每个智能体的状态表示将是相同的，因此它们的策略将完全相同。为了打破这种对称性，可以对智能体执行随机策略。在之前的工作中，用于评估的策略是 ε-greedy。然而，一个更合理的方法是通过在提出的 Q 值上取 *softmax* 生成策略。

3. 多智能体的 Q 值学习策略

在 1989 年 Watkins 提出 Q 值学习算法，根据 Watkins 定义 Q 函数为在状态 $\boldsymbol{s}_t$ 时执行动作 $\boldsymbol{a}_t$，定义 Q-learning 的 Q 值函数如下：

$$Q_{t+1}(\boldsymbol{s}_t,\boldsymbol{a}_t)=(1-\alpha_t)Q_t(\boldsymbol{s}_t,\boldsymbol{a}_t)+\alpha_t\left[r_t(\boldsymbol{s}_t,\boldsymbol{a}_t)+\gamma\max\nolimits_b Q_t(\boldsymbol{s}_{t+1},\boldsymbol{b})\right] \tag{5.1}$$

其中，$\boldsymbol{s}_t$ 为 t 时刻的状态，$\boldsymbol{a}_t$ 为 t 时刻的动作，α_t 为随时间变化的学习率，γ 为回报折扣系数，$r_t(\boldsymbol{s}_t,\boldsymbol{a}_t)$ 为状态 $\boldsymbol{s}_t$ 下获得的即时奖励值，$\max_b Q_t(\boldsymbol{s}_{t+1},\boldsymbol{b})$ 为状态 $\mathcal{S}$ 中最大的值函数。

从上述定义可以看出，单个智能体中，基于 Q 值的 RL 仅仅需要考虑时间序列问题，而在多智能体系统中，各个智能体之间存在相互合作与协调，也存在相互博弈。在博弈框架下，智能体在进行动作选择时，不仅依赖自身的值函数，同时还需要考虑其他智能体的值函数，选择的动作是在当前所有智能体值函数下的某种平衡解。那么如何在多智能体系统中选择一个较优的动作呢？过去，多智能体的 Q 值 RL 算法大多仅仅考虑当前因素对下一步决策影响。另外还有一些尝试是将每个动作的历史信息加入到 Q 值的函数学习中，利用历史信息选取效用最大的行为动作。每个智能体的行为历史由过去时刻的系统状态和联合动作的组合来组成，定义如下：

$$\begin{aligned}&\boldsymbol{h}_t=\{\mathcal{S}=\{\boldsymbol{s}_0,\boldsymbol{a}_0\},\{\boldsymbol{s}_1,\boldsymbol{a}_1\},\cdots,\{\boldsymbol{s}_{t-1},\boldsymbol{a}_{t-1}\},\{\boldsymbol{s}_t,\boldsymbol{a}_t\},\\&\mathcal{A}=\{\boldsymbol{a}_0,\boldsymbol{a}_1,\cdots,\boldsymbol{a}_{t-1},\boldsymbol{a}_t\}\}\end{aligned} \tag{5.2}$$

考虑到历史因素的影响，根据 Q 值学习函数方法和决策理论，定义 $Q(\boldsymbol{s}_t,\boldsymbol{h}_{t-1},\boldsymbol{a}_t)$ 为 t 时刻动作 $\boldsymbol{a}$ 的效用函数，则选用效用最大的行为即为当前智能体的最佳动作 $\boldsymbol{a}^*$：

$$\boldsymbol{a}^*=\arg\max_{a\in\mathcal{A}}Q(\boldsymbol{s}_t,\boldsymbol{h}_{t-1},\boldsymbol{a}_t) \tag{5.3}$$

在多智能体系统中，利用 Bayesian 网络建立智能体之间的相互关系模型，并利用其联合概率分布来描述。单纯使用 Bayesian 网络没有考虑过去行为历史对当前策略的影响，尝试将历史信息参数添加到估计过程中，每一个智能体可以通过其他智能体的历史信息形成关于其他智能体的信念并建立模型。每一个学习智能体对其他智能体的行为通过学习进行统计，最终感知该行为对环境的影响，而后确定自己的奖励函数。

为了引入将历史参数加入策略估计过程中的概率统计方法来学习其他智能体的策略，故定义 t 时刻智能体的信念为：

$$P_{\mathrm{r}}\left(\boldsymbol{a}_{-i}^t|\boldsymbol{h}_{t-1},\boldsymbol{s}_t\right)=\frac{P_{\mathrm{r}}\left(\boldsymbol{a}_{-i}^t,\boldsymbol{h}_{t-1}|\boldsymbol{s}_t\right)}{P_{\mathrm{r}}\left(\boldsymbol{h}_{t-1}|\boldsymbol{s}_t\right)} \tag{5.4}$$

其中 $\boldsymbol{a}_{-i}$ 表示除了 i 以外的其他所有智能体的联合行为，利用上述统计方法式的概率很容易求出。设当前状态为 $\boldsymbol{s}_t$ 的样本数为 L，$C\left(\boldsymbol{a}_{-i}^t,\boldsymbol{h}_{t-1}|\boldsymbol{s}_t\right)$ 是所有样本中行为历史 $\boldsymbol{h}_{t-1}$ 后动作 $\boldsymbol{a}_{-i}$ 被执行的次数，那么状态 $\boldsymbol{s}_t$ 下历史 $\boldsymbol{h}_{t-1}$ 与动作 $\boldsymbol{a}_{-i}$ 联合概率可以通过式（5.5）计算得出：

$$P_{\mathrm{r}}\left(\boldsymbol{a}_{-i}^t,\boldsymbol{h}_{t-1}|\boldsymbol{s}_t\right)=\frac{C\left(\boldsymbol{a}_{-i}^t,\boldsymbol{h}_{t-1}|\boldsymbol{s}_t\right)}{L} \tag{5.5}$$

概率 $P_{\mathrm{r}}\left(\boldsymbol{h}_{t-1}|\boldsymbol{s}_t\right)$ 通过统计样本 L 中历史 $\boldsymbol{h}_{t-1}$ 出现的次数即可求出，继而可计算出 $P_{\mathrm{r}}\left(\boldsymbol{a}_{-i}^t|\boldsymbol{h}_{t-1},\boldsymbol{s}_t\right)$。可以证明，智能体 i 的信念满足概率归一化的要求 $\sum\boldsymbol{a}_{-i}P_{\mathrm{r}}\left(\boldsymbol{a}_{-i}^t|\boldsymbol{h}_{t-1},\boldsymbol{s}_t\right)=1$。

4. 多智能体的 DQN 相关研究

受到单智能体策略演进方法的启发，当前较先进的多智能体协同问题多采用在 Q 值方法的基础上提出的 DQN 或者 DDPG 作为个体行动策略，以此进行个体间神经网络的设计与规划。在多智能体协作问题的研究中，相对主流的实现方法是 2016 年提出的 CommNet 和 DIAL（RIAL），基于两者发展出的最新方法是 2017 年提出的 BiCNet，它在个体行为上采取了 DDPG 取代 DQN 作为提升方法，在群体连接中采用了双向循环网络取代单向网络进行连接。下面将介绍一些基于 DQN 的多智能体协作问题网络结构。

（1）独立 DQN

可以将 DQN 扩展到协作多智能体设置，其中每个智能体 m 观察全局状态 s_t，选择一个单独的动作 a_t^m，并获得一个团队奖励 r_t，该奖励会在所有智能体之间共享。Tampuu 等人提出一个框架能够成功解决上述设置。该框架结合了 DQN 和独立 Q-learning（Independent Q-learning，IQL）。每个智能体同时、独立学习自己的 Q 函数，$Q^m\left(s,a^m;\theta_i^m\right)$。由于其他智能体的学习使得环境在另一个智能体看来是非平稳的，IQL 在原则上可能会导致收敛问题，但是它有着很强的经验跟踪记录，并已成功应用于双人 Pong 游戏。

（2）交流神经网

交流神经网（Communication Neural Net，CommNet）是最早被提出的一类多智能体问题的解决方案，不同于为每个智能体分配一个不同的神经网络进行决策，CommNet 利用同一个网络解决所有个体的行动。在网络的每一层中，CommNet 会进行一次信息的范围交互，并且每一层之间的输入和输出可以形成迭代关系。

CommNet 主体由 K 个交流步骤组成，每个交流步骤模拟一次信息交互。对于总数为 M 的每个智能体 m，在第 i 个交互过程中，由两个重要数值进行交流的模拟，h_m^i 和 c_m^i。h_m^i 被定义为隐含态（hidden state），代表该智能体包含的判断信息。c_m^i 被定义为交流（communication），包含信息的交互。在每一次交互过程中，每个智能体利用一个与之对应的神经网络 f^i 来进行信息的对应更新，输入的信息为个体自身的信息状态 h_m^i 和交流来的信息 c_m^i，输出的结果是个体的变更信息状态 h_m^{i+1}。

CommNet 默认智能体一定范围内的全联结，对多个同类的智能体采用了同一个网络，用当前态（隐含态）和交流信息得出下一时刻的状态，信息交流利用隐含态的均值得出。其优点是能够根据现实位置变化对智能体联结结构做出自主规划，而缺点在于信息采用均值过于笼统，不能够处理多个种类的智能体。

本节对基于 DQN 的多智能体系统学习机制进行研究。首先对 DQN 下的 MADRL 可能面临的挑战提出了对应解决办法，然后从单纯的 Q-learning 下的多智能体入手，扩展到 DQN 下的多智能体系统。目前，业内很多智能个体的训练方法正在从人为给定行为策略转变为根据反馈自动生成的 DQN 方法。因此，应用 DQN 自动训练方法替代人为给定方法，解决多智能体问题，被认为有更大的前景和空间。虽然目前的工作取得了一定的成果，但是仍然有许多问题需要进一步研究。

5.1.2　增强智能体间学习

1. 算法介绍

多智能体学习可以通过不同智能体之间共享经验，从而可以更快、更好地完成任务。那么，如何使多智能体之间产生交流和沟通、环境起到了什么作用、什么是先天的、什么是后天习得的等是一直以来颇具争论的话题。近年来，机器学习，尤其是 DL 的快速发展，为这一争论打开了一扇新的大门。智能体如何使用机器学习来自动发现协调其行为所需的通信协议？如果有的话，DL 能为这些智能体提供什么？我们能从学习沟通的智能体的成功或失败中获得什么？增强智能体间学习（Reinforced Inter-Agent Learning，RIAL）首先提出一组需要通信的多智能体，然后为这些智能体指定环境参数和学习算法，最后分析智能体如何学习通信协议。

首先，所有的智能体都有一个共同的目标，即相同的折扣奖励最大化。虽然没有任何智能体可以观察底层的马尔可夫状态，但是每个智能体都接收到与该状态相关的观察。RIAL所考虑的任务是完全合作的、部分可观察的、顺序的多智能体决策问题。在这样的环境中，智能体必须学习通信协议，以便共享解决任务所需的信息。因此除了采取影响环境的操作之外，每个智能体还可以通过一个离散的有限带宽通道与其他智能体通信。由于部分可观测性和有限的信道容量，智能体必须发现一种通信协议，使它们能够协调自己的行为并解决任务。

在RIAL的环境设置下，智能体之间的通信在学习过程中是不受限制的，但是在学习策略的执行过程中，智能体只能通过有限带宽的通道进行通信。RIAL也采用了集中规划和分布执行的策略。虽然不是所有现实世界的问题都可以用这种方法解决，但很多问题都可以，例如在模拟器上训练一组机器人，然后分别指派任务。

2. 算法分析

首先介绍RIAL的实验设置，由于RIAL使用深度递归Q网络（Deep Recurrent Q-Networks，DRQN）解决部分可观测，因此先简单介绍一下DRQN，然后详细介绍RIAL。

（1）DRQN

DQN和独立DQN都假设对环境具有完全的可观测性，即智能体接收$\boldsymbol{s}_t$作为输入。相反，在部分可观察的环境中，$\boldsymbol{s}_t$是隐藏的，智能体只接收与$\boldsymbol{s}_t$相关的观察$\boldsymbol{o}_t$，但通常不会消除它的歧义。DRQN最开始用于处理单智能体、部分可观测的设置。它们不是用前馈网络来近似$Q(\boldsymbol{s},\boldsymbol{a})$，而是用一个递归神经网络近似$Q(\boldsymbol{o},\boldsymbol{a})$，该递归神经网络可以保持内部状态并随时间累积观测值。这可以通过添加一个额外的输入$\boldsymbol{h}_{t-1}$代表网络的隐藏状态，产生$Q(\boldsymbol{o}_t,\boldsymbol{h}_{t-1},\boldsymbol{a})$。

（2）实验设置

每个智能体都无法观测全局状态$\boldsymbol{s}_t$，仅能得到与其有关的观察$\boldsymbol{o}_t$。在每个时间步上，智能体各选择一个环境动作$\boldsymbol{a}\in\mathcal{A}$（该动作会影响环境）和一个通信动作$\boldsymbol{m}\in\mathcal{M}$（这由其他智能体观察，但没有直接影响环境或奖励）。

当多个智能体和部分可观察性共存时，智能体就有了交流的动机。由于没有预先给出任何通信协议，因此智能体必须开发并同意这样的协议来解决任务。由于协议是从行为观察历史到消息序列的映射，所以协议的空间是非常高维的。在这个领域中自动发现有效的协议仍然是一个难以捉摸的挑战。特别是，智能体需要协调消息的发送和解释，这就加剧了探索这个协议空间的困难。

如果一个智能体向另一个智能体发送了一条有用的消息，那么只有当接收智能体正确地解释并对该消息进行操作时，它才会收到一个正面的奖励。如果没有，则不鼓励发送方再次发送该消息。因此，积极的奖励是稀疏的，只有在发送和解释得到适当的协调时才会产生，这是很难通过随机探索发现的。我们专注于集中学习但分布执行的环境。也就是说，智能体之间的通信在学习过程中是不受限制的，但是在学习策略的执行过程中，智能体只能通过有限带宽的通道进行通信。

（3）增强智能体间学习

我们定义，在 RIAL 中，每个智能体的 Q 网络表示为 $Q^i\left(\boldsymbol{o}_t^i,\boldsymbol{v}_{t-1}^{i'},\boldsymbol{h}_{t-1}^i,\boldsymbol{a}^i\right)$，$\boldsymbol{h}_{t-1}^i$ 和 $\boldsymbol{o}_t^i$ 为每个智能体的个体隐藏状态和观察，i 是智能体的索引。

RIAL 将网络分成 Q_a^i 和 Q_m^i，分别是环境动作和通信动作的 Q 值。动作选择器使用 ε-greedy 策略分别从动作网络中选择 $\boldsymbol{a}_t^i$ 和 $\boldsymbol{m}_t^i$，因此网络有 $|U|+|M|$ 种输出。

Q_a^i 和 Q_m^i 都使用 DQN 进行了训练，需要注意的是这两个网络都进行了以下两个修改。首先，不使用经验复用池，以解释多个智能体并发学习时出现的非平稳性，因为它会使经验过时并具有误导性。其次，为了考虑部分可观测性，将智能体所采取的动作 $\boldsymbol{a}$ 和 $\boldsymbol{m}$ 作为下一个时间步的输入，尽管 RIAL 认为每个智能体为独立网络，因此学习阶段是不集中的。但是如果在智能体之间共享参数，便可以扩展 RIAL 为集中学习的网络。此变体只学习一个网络，所有智能体都使用该网络。然而，智能体仍然可以表现得不同，因为它们接收不同的观察结果，从而演变出不同的隐藏状态。此外，每个智能体都接收自己的索引 $\boldsymbol{a}$ 作为输入从而进行个体化。DQN 中丰富的表示可以促进学习共同策略，同时也允许个体化。参数共享还大大减少了必须学习的参数数量，从而加快了学习速度。在参数共享下，智能体学习两个 Q 函数 $Q_a\left(\boldsymbol{o}_t^i,\boldsymbol{m}_{t-1}^{i'},\boldsymbol{h}_{t-1}^{i'},\boldsymbol{a}_{t-1}^i,\boldsymbol{m}_{t-1}^i,i,\boldsymbol{a}_t^i\right)$ 和 $Q_m(\cdot)$，它们分别对应动作 $\boldsymbol{a}$ 和信息 $\boldsymbol{m}$，其中 $\boldsymbol{a}_{t-1}^i$ 和 $\boldsymbol{m}_{t-1}^i$ 是上一个动作的输入，$\boldsymbol{m}_{t-1}^{i'}$ 是其他智能体的信息。在分布执行期间，每个智能体使用自己的学习网络副本，发展其自身的隐藏状态，选择自己的操作，并仅通过通信通道与其他智能体通信。

图 5.2 显示了智能体和环境之间信息的流动方式，以及动作选择器（Action Select）如何处理 Q 值以产生动作 $\boldsymbol{a}_t^m$ 和消息 $\boldsymbol{v}_t^m$。即所有 Q 值都被提供给动作选择器，动作选择器同时选择环境和通信动作。反（左）向线显示的梯度使用 DQN 计算所选动作，并仅通过单个智能体的 Q 网络流动。

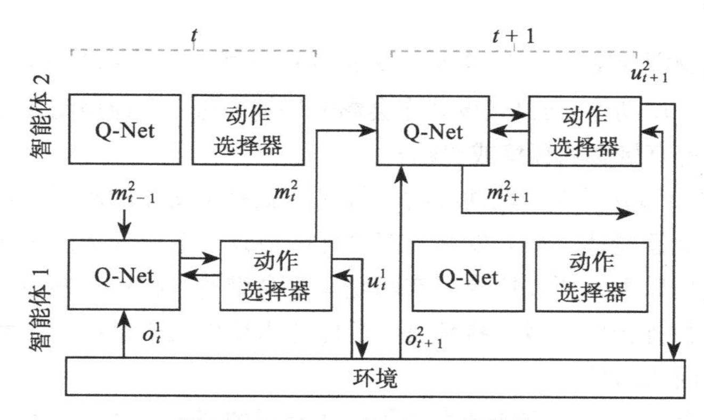

图 5.2 RIAL，基于 RL 的通信

在不考虑参数共享的情况下，如图 5.3 所示，每个智能体包括一个 RNN。RIAL 将其为 T 时间步长展开，包括一个内部状态 $\boldsymbol{h}$、一个用于产生任务输出 z 的输入网络，以及一个用于 Q 值的输出网络和消息 $\boldsymbol{m}$。智能体 i 的输入被定义为 $\left(\boldsymbol{o}_t^i,\boldsymbol{m}_{t-1}^{i'},\boldsymbol{a}_{t-1}^i,i\right)$ 的元组。输入 i

和 a_{t-1}^i 通过查找表传递，$m_{t-1}^{i'}$ 通过一个一层 MLP，两者都产生大小为 128 的输出。o_t^i 通过任务特定网络处理，产生相同大小的附加输出。通过这些输出的元素求和产生状态输出，具体如下：

$$z_t^i=\left(\text{TaskMLP}\left(\boldsymbol{o}_t^i\right)+\text{MLP}\left[|M|,128\right]\left(\boldsymbol{m}_{t-1}\right)+\text{Lookup}\left(\boldsymbol{a}_{t-1}^i\right)+\text{Lookup}(i)\right) \tag{5.6}$$

同时一个 BN 层用于预处理 $\boldsymbol{m}_{t-1}$ 时，网络性能和稳定性可以更好。通过具有 GRU 的 2 层 RNN 处理 z_t^i，$\boldsymbol{h}_{1,t}^i=\text{GRU}\ [128,128]\left(z_t^i,\boldsymbol{h}_{1,t-1}^i\right)$，其用于近似智能体的动作观察历史。最后，顶部 GRU 层的输出 $\boldsymbol{h}_{2,t}^i$，是通过 2 层 MLP Q_t^i，$\boldsymbol{m}_t^i=\text{MLP}\ [128,128,(|U|+|M|)]\left(\boldsymbol{h}_{2,t}^i\right)$。

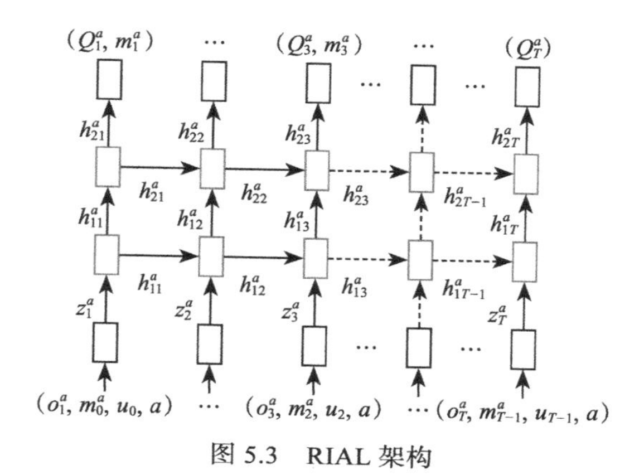

图 5.3　RIAL 架构

Python 代码片段分析

下面给出官方使用 PyTorch 实现的 RIAL 算法的部分代码解析。

```
1. class SwitchCNet(nn.Module):
2.     def __init__(self, opt):
3.         super(SwitchCNet, self).__init__()
4.         self.opt = opt
5.         dropout_rate = opt.model_rnn_dropout_rate or 0
6.         self.rnn = nn.GRU(input_size = opt.model_rnn_size, hidden_size = opt.model_
rnn_size, num_layers = opt.model_rnn_layers, dropout = dropout_rate, batch_first = True)
7.
8.
9.         self.outputs = nn.Sequential()
10.        if dropout_rate > 0:
11.            self.outputs.add_module('dropout1', nn.Dropout(dropout_rate))
12.        self.outputs.add_module('linear1', nn.Linear(opt.model_rnn_size,
opt.model_rnn_size))
13.        if opt.model_bn:
14.            self.outputs.add_module('batchnorm1', nn.BatchNorm1d(opt.model_
rnn_size))
15.        self.outputs.add_module('relu1', nn.ReLU(inplace = True))
16.        self.outputs.add_module('linear2', nn.Linear(opt.model_rnn_size,
opt.game_action_space_total))
```

这段代码用于构建 RNN 网络。具体为 GRU 层，输入为 opt.model_rnn_size，如之前所说，大小为 128，层数为 opt. model_rnn_layers=2。如果 dropout 值不为 0，则增加 dropout 层。之后连接输出为 128 的 BN 层、Relu 激活层和一层输入为 128 输出为 opt. game_action_space_total 的全连接层，输出参数视具体实验而定。

```
1. def forward(self, o_t, messages, hidden, prev_action, agent_index):
2.     opt = self.opt
3.     o_t = Variable(o_t)
4.     hidden = Variable(hidden)
5.     prev_message = None
6.     if opt.model_dial:
```

```
7.          if opt.model_action_aware:
8.              prev_action = Variable(prev_action)
9.      else:
10.         if opt.model_action_aware:
11.             prev_action, prev_message = prev_action
12.             prev_action = Variable(prev_action)
13.             prev_message = Variable(prev_message)
14.         messages = Variable(messages)
15.     agent_index = Variable(agent_index)
16.
17.     z_a, z_o, z_u, z_m = [0]*4
18.     z_a = self.agent_lookup(agent_index)
19.     z_o = self.state_lookup(o_t)
20.     if opt.model_action_aware:
21.         z_u = self.prev_action_lookup(prev_action)
22.         if prev_message is not None:
23.             z_u += self.prev_message_lookup(prev_message)
24.     z_m = self.messages_mlp(messages.view(-1, self.comm_size))
25.
26.     z = z_a + z_o + z_u + z_m
27.     z = z.unsqueeze(1)
28.
29.     rnn_out, h_out = self.rnn(z, hidden)
30.     outputs = self.outputs(rnn_out[:, -1, :].squeeze())
31.
32.     return h_out, outputs
```

上述代码描述了之前构建的 RNN 网络的输入输出。首先，o_t 为观测值，messages、hidden、prev_action、agent_index 为智能体的索引。agent_index、o_t、prev_action 通过查找表传递，分别为 z_a = self.agent_lookup(agent_index)、z_o = self.state_lookup(o_t) 和 z_u =self.prev_action_lookup(prev_action)。messages 通过一个一层 MLP，z_m = self.messages_mlp(messages.view(-1, self.comm_size))。输出大小均为 128，将 z_a、z_o、z_u 和 z_m 求和得到 z，将 z 和内部状态 hidden 输入 RNN 网络，输出得到动作 outputs 和内部状态 h_out。

3. 使用场景与优势分析

RIAL 考虑了多智能体在环境中感知和行为的问题，目标是最大化它们的共享效用。在这些环境中，智能体必须学习通信协议，以便共享解决任务所需的信息。RIAL 被看作是用 DL 方法学习沟通和语言的第一次尝试。理解沟通和语言的全貌，包括构词性、概念提升、对话智能体以及许多其他重要问题，这一艰巨的任务仍然摆在我们面前，RIAL 在应对这些挑战方面能够发挥重大作用。

5.1.3　协同多智能体学习的价值分解网络

1. 算法介绍

当一组具有自我控制的、能够相互作用的智能体，在同一环境下通过传感器感知、执行器操作，进而形成完全合作型多智能体系统时，可以称之为一种 MARL 问题。在这个问题中，几个智能体必须在一个系统联合优化单个奖励，即团队奖励，且奖励会随时间积累。每个智能体都有自己的观察，并负责从自己的操作集中选择动作。类似这类问题的协调 MARL 问题出现在诸如交通信号运用中。并且随着 AI 变得越来越普遍，许多任务将不得不学会协调以实现共同的目标。

过去许多应用往往采用两种方法解决上述智能体合作问题。一种解决方法是单用户管理，即可以使用集中式方法处理合作 MARL 问题，从而将问题减小到连接观察和组合行动空间上的单一智能体 RL。但在实践中表明，集中式方法始终在一些简单的合作 MARL 问题上失败。举一个简单的例子，比如当只有一个智能体是活动的，而另一个智能体是“懒惰”的。在一个智能体学习一个有用的策略，但另一个智能体不鼓励学习时会发生这种情况，因为它的探索会妨碍第一个智能体并导致更糟糕的团队奖励。

另一种方法是训练独立智能体以优化团队奖励。一般而言，每个智能体都面临着非平稳的学习问题，因为当团队成员通过学习改变它们的行为时，其环境的动态会有效地改变。此外，由于从单一智能体的角度来看，环境只是部分被观察到，因此智能体接收到的奖励并不能完全可信。由于无法解释其自身观察到的奖励，这种 InRL 方法往往也是不成功的：例如 Claus 和 Boutilier 在其研究结果中表明，独立的 Q 智能体无法区分队友的探索与环境中的随机性，甚至无法解决两智能体、3×3 动作问题。尤其是个人智能体和集中式方法的问题会随着更多的智能体而变得更糟，并且动作空间呈指数级增长。

本节我们学习一种新的学习附加值分解方法，即协同多智能体学习的价值分解网络（Value-Decomposition Networks，VDN）[26]。VDN 的目的是从团队奖励中学习一个最优的线性价值分解，通过代表单个分量价值函数的深度神经网络对总 Q 梯度进行反向传播。这种附加价值分解是为避免独立智能体出现虚假奖励。每个智能体学习的隐式值函数只依赖于局部的观察，因此更容易学习。

2. 算法分析

在 VDN 设置的实验环境下，存在 N 个智能体，并定义观察空间 $\mathcal{O}$ 和动作空间 $\mathcal{A}$ 为 N 维元组。

虽然智能体有各自的观察并且有各自的动作，但每个智能体只接受联合奖励，我们寻求优化定义的 $r=\sum_{t=1}^{\infty}\gamma^{t-1}r_t$。智能体的历史元组表示为 $\boldsymbol{h}=\left(\boldsymbol{h}^1,\boldsymbol{h}^2,\cdots,\boldsymbol{h}^N\right)$，联合策略为映射 $\pi:\mathcal{H}^N\rightarrow p\left(\mathcal{A}^N\right)$。作为 MARL 的标准，底层环境被建模为马尔可夫过程，其中选择了动作并且同时执行，并且由于过渡到新状态而同时得到新观察。

下面介绍 VDN 的网络结构。如图 5.4 所示，在原先 DQN 样式的智能体（见图 5.4 左图）基础上，VDN 添加了增强功能，以解决 MARL 问题，左图显示了随着时间的推移，本地观察如何进入两个智能体的网络（如图中所示的三个步骤），通过低线性层进入循环层，然后产生单独的 Q 值。图 5.4 右图的网络说明了价值分解的主要贡献，不同于 DQN，VDN 产生单独的“值”，它们相加到用于训练的联合 Q 函数，而动作则独立于各个输出而产生。

VDN 假设系统的联合动作价值函数可以分解为智能体的价值函数，有

$$Q\left(\left(\boldsymbol{h}^1,\boldsymbol{h}^2,\cdots,\boldsymbol{h}^N\right),\left(\boldsymbol{a}^1,\boldsymbol{a}^2,\cdots,\boldsymbol{a}^N\right)\right)\approx\sum_{i=1}^{N}\tilde{Q}_i\left(\boldsymbol{h}^i,\boldsymbol{a}^i\right) \tag{5.7}$$

其中 $\tilde{Q}_i$ 仅依赖于每个智能体的本地观察。通过求和从 Q-learning 规则中使用联合奖励反向传播梯度来学习 $\tilde{Q}_i$，即 $\tilde{Q}_i$ 是隐式学习的，而不是从特定于智能体 i 的任何奖励中学习

的，并且不强制 $\tilde{Q}_i$ 是任何特定奖励的行为价值函数。在图 5.4 右图中的最顶层为值分解层。这种方法的特性是，虽然学习需要一定集中性，但是可以独立地部署所学习的智能体，因为每个智能体对其本地值 $\tilde{Q}_i$ 的贪婪行为就相当于一个中央仲裁者通过最大化 $\sum_{i=1}^{N}\tilde{Q}_i$ 的和来选择联合操作。

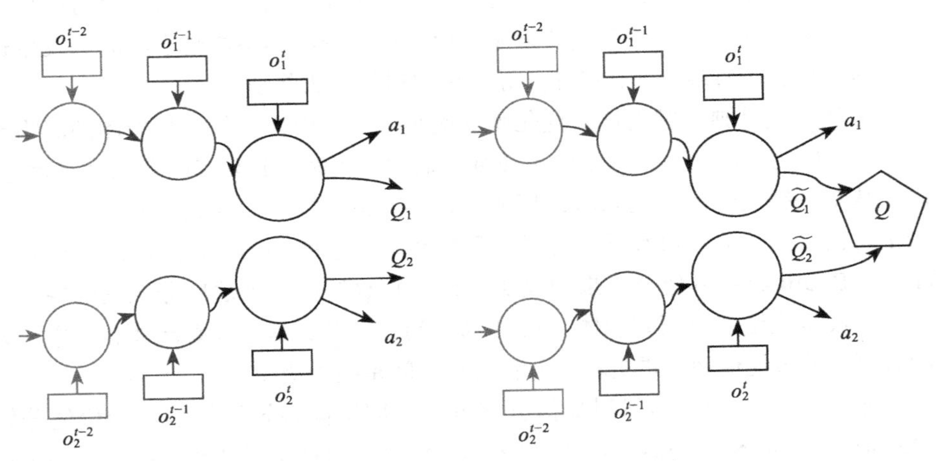

图 5.4　左图为独立智能体体系结构，右图为 VDN

为了简化说明，VDN 中先考虑两个智能体的情况，因此奖励可通过智能体观察相加分解为 $r(\boldsymbol{s},\boldsymbol{a})=r_1(\boldsymbol{o}^1,\boldsymbol{a}^1)+r_2(\boldsymbol{o}^2,\boldsymbol{a}^2)$。其中 $(\boldsymbol{o}^1,\boldsymbol{a}^1)$ 和 $(\boldsymbol{o}^2,\boldsymbol{a}^2)$ 分别是智能体 1 和智能体 2 的观察和行为。这可能是团队游戏中的情况，例如，智能体观察自己的目标，但不一定是队友的目标。在这种情况下，VDN 定义：

$$\begin{aligned}Q^{\pi}(\boldsymbol{s},\boldsymbol{a})&=\mathbb{E}\left[\sum_{t=1}^{\infty}\gamma^{t-1}r(\boldsymbol{s}_t,\boldsymbol{a}_t)\middle|\boldsymbol{s}_1=\boldsymbol{s},\boldsymbol{a}_1=\boldsymbol{a};\pi\right]\\&=\mathbb{E}\left[\sum_{t=1}^{\infty}\gamma^{t-1}r_1(\boldsymbol{o}_t^1,\boldsymbol{a}_t^1)\middle|\boldsymbol{s}_1=\boldsymbol{s},\boldsymbol{a}_1=\boldsymbol{a};\pi\right]\\&\quad+\mathbb{E}\left[\sum_{t=1}^{\infty}\gamma^{t-1}r_2(\boldsymbol{o}_t^2,\boldsymbol{a}_t^2)\middle|\boldsymbol{s}_1=\boldsymbol{s},\boldsymbol{a}_1=\boldsymbol{a};\pi\right]\\&=:\bar{Q}_1^{\pi}(\boldsymbol{s},\boldsymbol{a})+\bar{Q}_2^{\pi}(\boldsymbol{s},\boldsymbol{a})\end{aligned}\tag{5.8}$$

其中 $\bar{Q}_i^{\pi}(\boldsymbol{s},\boldsymbol{a}):=\mathbb{E}\left[\sum_{t=1}^{\infty}\gamma^{t-1}r_1(\boldsymbol{o}_t^i,\boldsymbol{a}_t^i)\middle|\boldsymbol{s}_1=\boldsymbol{s},\boldsymbol{a}_1=\boldsymbol{a};\pi\right],i=1,2$。行动价值函数 $\bar{Q}_1^{\pi}(\boldsymbol{s},\boldsymbol{a})$，即智能体 1 的预期未来回报，会更依赖于智能体 1 产生的观察和行动 $(\boldsymbol{o}^1,\boldsymbol{a}^1)$ 而不是由智能体 2 产生的观察和行动。如果 $(\boldsymbol{o}^1,\boldsymbol{a}^1)$ 不足以完全建模 $\bar{Q}_1^{\pi}(\boldsymbol{s},\boldsymbol{a})$，则智能体 1 可以将来自历史观测的附加信息存储在其 LSTM 中，或者从通信信道中的智能体 2 接收信息，在这种情况下，VDN 可以做出以下预测：

$$Q^{\pi}(\boldsymbol{s},\boldsymbol{a})=:\bar{Q}_1^{\pi}(\boldsymbol{s},\boldsymbol{a})+\bar{Q}_2^{\pi}(\boldsymbol{s},\boldsymbol{a})\approx\tilde{Q}_1^{\pi}(\boldsymbol{h}^1,\boldsymbol{a}^1)+\tilde{Q}_2^{\pi}(\boldsymbol{h}^2,\boldsymbol{a}^2)\tag{5.9}$$

因此，如果可能的话，VDN 的体系结构鼓励将此分解成更简单的功能。

Python 代码片段分析

下面给出使用 Pytorch 实现的 VDN 算法的部分代码解析。

```
1. class QLearner:
2.     def __init__(self, mac, scheme, logger, args):
3.         self.args = args
4.         self.mac = mac
5.         self.logger = logger
6.         self.params = list(mac.parameters())
7.         self.last_target_update_episode = 0
8.         self.mixer = None
9.         if args.mixer is not None:
10.            if args.mixer == "vdn":
11.                self.mixer = VDNMixer()
12.            else:
13.                raise ValueError("Mixer {} not recognised.".format(args.mixer))
14.            self.params += list(self.mixer.parameters())
15.            self.target_mixer = copy.deepcopy(self.mixer)
16.
17.        self.optimiser = RMSprop(params = self.params, lr = args.lr, alpha = 
args.optim_alpha, eps = args.optim_eps)
18.
19.        self.log_stats_t = -self.args.learner_log_interval - 1
```

首先定义每个智能体的 QLearner 类。将默认参数初始化后，判断为 VDN 网络，则将 self.mixer 初始化为 VDNMixer()，并将网络参数复制给 self.target_mixer，即 target 网络。定义优化器 self.optimiser 使用优化算法 RMSprop，其中的参数根据类中默认参数设置。

```
1. def train(self, batch: EpisodeBatch, t_env: int, episode_num: int):
2.     rewards = batch["reward"][:, :-1]
3.     actions = batch["actions"][:, :-1]
4.     terminated = batch["terminated"][:, :-1].float()
5.     mask = batch["filled"][:, :-1].float()
6.     mask[:, 1:] = mask[:, 1:] * (1 - terminated[:, :-1])
7.     avail_actions = batch["avail_actions"]
8.
9.     mac_out = []
10.    self.mac.init_hidden(batch.batch_size)
11.    for t in range(batch.max_seq_length):
12.        agent_outs = self.mac.forward(batch, t = t)
13.        mac_out.append(agent_outs)
14.    mac_out = torch.stack(mac_out, dim = 1)
15.    chosen_action_qvals = th.gather(mac_out[:, :-1], dim = 3, index = 
actions).squeeze(3)
```

在训练函数中，先获取所需相关参数的值，即 rewards、actions、terminated、mask、avail_actions。之后计算估计的 Q 值，将 agent_outs 存入 mac_out 中，循环结束后，对 mac_out 第一个维度数值进行叠加，形成新的 tensor，最后为每个智能体所采取的操作选择 Q 值。

```
1. target_mac_out = []
2. self.target_mac.init_hidden(batch.batch_size)
3. for t in range(batch.max_seq_length):
4.     target_agent_outs = self.target_mac.forward(batch, t = t)
5.     target_mac_out.append(target_agent_outs)
```

```
6.
7. target_mac_out = th.stack(target_mac_out[1:], dim = 1)
8. target_mac_out[avail_actions[:, 1:] == 0] = -9999999
9.
10.if self.args.double_q:
11.     mac_out[avail_actions == 0] = -9999999
12.     cur_max_actions = mac_out[:, 1:].max(dim = 3, keepdim = True)[1]
13.     target_max_qvals = torch.gather(target_mac_out, 3, cur_max_actions).squeeze(3)
14.else:
15.     target_max_qvals = target_mac_out.max(dim = 3)[0]
```

之后计算目标网络所需的 Q 值，得到 target_mac_out。同上，对第一个维度进行叠加，target_mac_out = th.stack(target_mac_out[1:], dim=1)。剔除不可用的动作，target_mac_out[avail_actions[:, 1:] == 0] = -9999999。若设置为双 Q-learning，则将同样的操作作用于 mac_out，即原网络的 Q 值，并得到其中的最大值索引，并提取 target_mac_out 中对应的值，target_max_qvals = torch.gather(target_mac_out, 3, cur_max_actions).squeeze(3)。否则，直接求最大值 target_max_qvals = target_mac_out.max(dim=3)[0]。

```
1. if self.mixer is not None:
2.     chosen_action_qvals = self.mixer(chosen_action_qvals, batch["state"][:, :-1])
3.     target_max_qvals = self.target_mixer(target_max_qvals, batch["state"][:, 1:])
4. targets = rewards + self.args.gamma * (1 - terminated) * target_max_qvals
5. td_error = (chosen_action_qvals - targets.detach())
6. mask = mask.expand_as(td_error)
7. masked_td_error = td_error * mask
8. loss = (masked_td_error ** 2).sum() / mask.sum()
```

原网络和目标网络分别将操作选择 Q 值和最大 Q 值估计输入网络，之后计算 1 步 Q-learning 目标，targets = rewards + self.args.gamma * (1 - terminated) * target_max_qvals，和 td-error = (chosen_action_qvals - targets.detach())。输出来自填充数据的目标，masked_td_error = td_error * mask。最后计算 L2 损失，即取实际数据的平均值。

```
1. self.optimiser.zero_grad()
2. loss.backward()
3. self.optimiser.step()
```

对定义好的优化器进行清空梯度、反向传播、更新参数的操作。

3. 使用场景与优势分析

VDN 是将复杂学习问题自动分解为更容易学习的局部子问题的一个步骤。VDN 在一系列更复杂的任务中比集中方法和独立训练具有更好的性能。此外，该方法可以与权重共享和信息通道很好地结合在一起，从而使智能体能够始终最优地解决新的测试挑战。VDN 已经在一些多智能体网络应用中发挥了作用，并且对一些其他研究提供了思路。在未来的工作中，VDN 有希望继续探讨基于非线性值聚合的价值分解研究。

5.1.4 多智能体深度强化学习的稳定经验复用池

1. 算法介绍

很多基于经验复用池的神经网络，利用存储的经验元组帮助后续的采样训练，稳定了深度神经网络的训练，还可以通过反复重复使用经验元组来提高样本效率。然而，经验复用池与IQL的结合使用同样存在问题。IQL引入的非平稳性意味着在复用池中生成数据的动态不再反映它正在学习的当前动态。此外，复用池会存在以过时经验不断混淆智能体的情况。

为了避免这个问题，之前关于深度MARL的工作将经验复用池的使用局限于短暂的，甚至是最近的复用池完全禁用复用。但是，这些方法限制了样本的效率，并影响到MARL训练的稳定性。因此，如何协调经验复用池与IQL的关系正在成为将深度MARL扩展到复杂任务的关键障碍。

本节介绍的MARL稳定经验复用池[27]，包含了将经验复用池有效应用于MARL的两种方法。第一种方法将复用池中的经验定义为非环境数据。通过使用该元组中的联合动作的概率来增强复用池中的每条经验，根据当时使用的策略，稍后元组被采样用于训练时，可以计算采样权重校正。由于较旧的数据倾向于较低的重要性权重，因此该方法在数据变得过时而自然地衰减数据，从而防止了非平稳复用池。第二种方法是通过让每个智能体学习一种策略来避免IQL的非平稳性。受到超Q-learning（hyper Q-learning）的启发，该策略根据观察其行为推断出的其他智能体策略的估计。具体是每个智能体只需要满足一个低维指纹（fingerprint）的条件，该指纹足以消除复用池中采样经验元组位置的歧义，在接下来的内容我们会详细介绍。

2. 算法分析

（1）多智能体样本加权

为了解决IQL中存在的经验池非平稳性问题，本节介绍的稳定经验池通过计算样本权重来解决上述问题。特别是，由于我们知道各个训练阶段智能体的策略，从而确切地知道环境变化的方式，因此可以用重要性加权对其进行纠正。该方法首先考虑一个完全可观察的多智能体环境。如果Q函数可以直接以真实状态$\boldsymbol{s}$为条件，在给定其他所有智能体策略的情况下，我们可以写出单个智能体的Bellman最优方程：

$$Q_i^*(\boldsymbol{s},\boldsymbol{a}_i|\pi_{-i})=\sum\nolimits_{\boldsymbol{a}_{-i}}\pi_{-i}(\boldsymbol{a}_{-i}|\boldsymbol{s})\left[r(\boldsymbol{s},\boldsymbol{a}_i,\boldsymbol{a}_{-i})+\gamma\sum\nolimits_{\boldsymbol{s}'}\mathrm{P_r}(\boldsymbol{s}'|\boldsymbol{s},\boldsymbol{a}_i,\boldsymbol{a}_{-i})\max_{\boldsymbol{a}_i'}Q_a^*(\boldsymbol{s}',\boldsymbol{a}_i')\right] \quad (5.10)$$

这个方程的非平稳分量是$\pi_{-i}(\boldsymbol{a}_{-i}|\boldsymbol{s})=\prod\nolimits_{k\in -i}\pi_k(\boldsymbol{a}_k|\boldsymbol{s})$，它随着其他智能体策略的变化而变化。因此，为了实现样本加权，在采集时间t_c时，我们将$\pi_{-i}^{t_c}(\boldsymbol{a}_{-i}|\boldsymbol{s})$记录在复用池中，组成一个转换元组$<\boldsymbol{s},\boldsymbol{a}_i,r,\pi(\boldsymbol{a}_{-i}|\boldsymbol{s}),\boldsymbol{s}'>^{(t_c)}$。

在复用t_r时，通过最小化一个加权损失函数来训练off-environment：

$$L(\boldsymbol{\theta})=\sum\nolimits_{j=1}^{b}\frac{\pi_{-i(\boldsymbol{a}_{-i}|\boldsymbol{s})}^{t_r}}{\pi_{-i(\boldsymbol{a}_{-i}|\boldsymbol{s})}^{t_j}}\left[\left(y_j^{\mathrm{DQN}}-Q(\boldsymbol{s},\boldsymbol{a};\boldsymbol{\theta})\right)^2\right] \quad (5.11)$$

其中t_j为第j个样本的采集时间。在部分可观测的多智能体环境中，Bellman方程的非平稳部分的推导要复杂得多，因为智能体的行为观察历史以一种复杂的方式相互关联，这种关联依赖于智能体的策略以及迁移和观察功能。

稳定经验池方法定义一个增广状态空间$\hat{\boldsymbol{s}}=\{\boldsymbol{s},\tau_{-i}\}\in\hat{\mathcal{S}}=\mathcal{S}\times T^{n-1}$。这个状态空间包括原始状态$\boldsymbol{s}$和关于其他智能体$\pi_{-i}$的动作观察（action-observation）历史。我们也定义相应的观察函数$\hat{O}(\hat{\boldsymbol{s}},i)=O(\boldsymbol{s},i)$。之后，稳定经验池方法定义一个新的奖励函数

$\hat{r}(\hat{\boldsymbol{s}},\boldsymbol{a})=\sum_{\boldsymbol{a}_{-i}}\pi_{-i}(\boldsymbol{a}_{-i}|\tau_{-i})r(\boldsymbol{s},\boldsymbol{a})$和一个新的转移函数：

$$\hat{P}(\hat{\boldsymbol{s}}'|\hat{\boldsymbol{s}},\boldsymbol{a})=P(\boldsymbol{s}',\tau'|\boldsymbol{s},\tau,\boldsymbol{a})=\sum_{\boldsymbol{a}_{-i}}\pi_{-i}(\boldsymbol{a}_{-i}|\tau_{-i})P(\boldsymbol{s}'|\boldsymbol{s},\boldsymbol{a})p(\tau'_{-i}|\tau_{-i},\boldsymbol{a}_{-i},\boldsymbol{s}') \tag{5.12}$$

进而，将整个 MARL 定义为$\hat{G}=\left\langle\hat{\mathcal{S}},U,\hat{P},\hat{r},Z,\hat{O},n,\gamma\right\rangle$，现在可以写出$\hat{G}$的 Bellman 方程：

$$Q(\tau,\boldsymbol{a})=\sum_{\hat{s}}p(\hat{s}|\tau)\left[\hat{r}(\hat{\boldsymbol{s}},\boldsymbol{a})+\gamma\sum_{\tau',\hat{s}',\boldsymbol{a}'}\hat{P}(\hat{\boldsymbol{s}}'|\hat{\boldsymbol{s}},\boldsymbol{a})\pi(\boldsymbol{a}',\tau')p(\tau'|\tau,\hat{\boldsymbol{s}}',\boldsymbol{a})Q(\tau',\boldsymbol{a}')\right] \tag{5.13}$$

把$\hat{G}$中变量的定义代入，我们得到一个 Bellman 方程的形式，

$$\begin{aligned}Q(\tau,\boldsymbol{a})=\sum_{\hat{s}}p(\hat{s}|\tau)\sum_{\boldsymbol{a}_{-i}}\pi_{-i}(\boldsymbol{a}_{-i}|\tau_{-i})\Big[r(\boldsymbol{s},\boldsymbol{a})+\gamma\sum_{\tau',\hat{s}',\boldsymbol{a}'}P(\boldsymbol{s}'|\boldsymbol{s},\boldsymbol{a})p(\tau'_{-i}|\tau_{-i},\boldsymbol{a}_{-i},\boldsymbol{s}')\cdot\\ \pi(\boldsymbol{a}',\tau')p(\tau'|\tau,\hat{\boldsymbol{s}}',\boldsymbol{a})Q(\tau',\boldsymbol{a}')\Big]\end{aligned} \tag{5.14}$$

（2）多智能体指纹（fingerprint）

样本加权方法仍存在一些弊端。比如虽然样本加权提供了对真实目标的无偏估计，但它通常会产生具有大且无界方差的重要性比率。截断或调整重要性权重可以减少方差但会引入偏差。另外，上文中提到过 IQL 的缺点是，将其他智能体视为环境的一部分，却忽略了这样一个事实，即这些智能体的策略随时间而变化，从而使其自身的Q函数是非平稳的。这意味着如果Q函数依赖于其他智能体的策略，它可以保持平稳。这正是超 Q-learning 提出的基础：通过贝叶斯推理计算出其他智能体的策略估计值，从而扩展每个智能体的状态空间。直观地说，这将每个智能体的学习问题简化为一个标准的、单一智能体的、固定的但大得多的环境中的问题。

超 Q-learning 的实际困难在于它增加了Q函数的维数，使得学习变得不可行。当其他智能体的策略由高维的深层神经网络组成时，这个问题在 DL 中更加严重。一种方法考虑将超 Q-learning 与 DRL 结合，该方法在观察函数中包含其他智能体网络的权重$\boldsymbol{\theta}_{-a}$。那么新的观察函数就是$O'(\boldsymbol{s})=\{O(\boldsymbol{s}),\boldsymbol{\theta}_{-a}\}$。从理论上讲，智能体可以从权重$\boldsymbol{\theta}_{-a}$和它自己的轨迹$\tau$中学习到预期收益的映射。显然，如果其他智能体使用的是深度模型，那么$\boldsymbol{\theta}_{-a}$就太大了，不能作为Q函数的输入。

然而，为了稳定体验复用，每个智能体不需要对任何可能的$\boldsymbol{\theta}_{-a}$进行条件设置，而只需要对其复用内存中实际出现的$\boldsymbol{\theta}_{-a}$的值进行条件设置。在此复用池中生成数据的策略序列可以被认为是遵循通过高维策略空间的单个一维轨迹。为了稳定经验复用池，如果每个智能体的观察结果消除了当前训练样本源自此轨迹的位置，则应该足够。

那么如何设计包含这些信息的低维指纹。显然，这样的指纹必须与给定其他智能体策略的“状态－动作”对的真实值相关联。它通常应该在训练期间平稳地变化，以允许模型在其他智能体学习过程中执行不同策略的经验中进行归纳。指纹中包含的一个明显的选项是训练迭代次数 e。一个潜在的挑战是，在策略融合之后，这需要模型将多个指纹拟合到相同的值，这种方法使得函数更难学习，更难以概括。影响其他智能体性能的另一个关键因素是探索的速度ε。通常为设置退火策略（Annealing Schedule），使其在整个训练过程中平稳变化，并且与性能密切相关。因此，用ε进一步增加对Q函数的输入，使得观察函数变为$O'(\boldsymbol{s})=\{O(\boldsymbol{s}),\varepsilon,e\}$。

下面通过一个例子来介绍观察函数。

如图 5.5 所示，每个智能体被分配给地图上的一个单位。每个智能体观察地图的一个子集，该子集以其控制的单位为中心，函数 f 为智能体视野中的每个单元提供一组特征，这些特征是连接的。此外，必须从一组受限的持续行动中进行选择：移动 [方向]、攻击 [敌人 id]、停止和不操作。

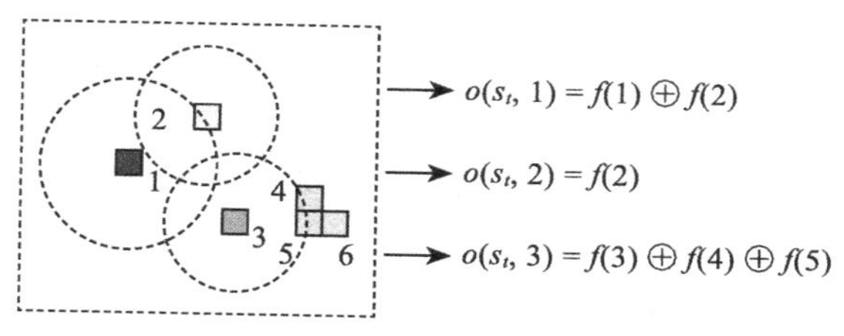

图 5.5 所有智能体在每个时间步 t 获得的观察结果示例

（3）Python 代码片段分析

下面给出使用 TensorFlow 实现的 fingerprint 算法的部分代码解析。

```
1. class Node:
2.     def __init__(self, name, neighbor = [], control = False):
3.         self.control = control
4.         self.edge_in = []  # for reward
5.         self.fingerprint = []
6.         self.ild_in = []  # for state
7.         self.ild_out = []  # for state
8.         self.name = name
9.         self.neighbor = neighbor
10.        self.num_state = 0
11.        self.num_fingerprint = 0
```

首先，我们将每个智能体定义为 Node 类，同时初始化部分参数，如是否为 control 节点、self.fingerprint = []、self.num_fingerprint = 0 等。

```
1. def _get_state(self):
2.     state = []
3.     ...
4.
5.     for node in self.control_nodes:
6.         if self.coop_level == 'global':
7.             state.append(self.nodes[node].state)
8.         else:
9.             cur_state = [self.nodes[node].state]
10.            for nnode in self.nodes[node].neighbor:
11.                if self.coop_level == 'neighbor':
12.                    cur_state.append(self.nodes[nnode].state*self.coop_gamma)
13.            if self.coop_level == 'neighbor':
14.                for nnode in self.nodes[node].neighbor:
15.                    if self.nodes[nnode].control:
16.                        cur_state.append(self.nodes[nnode].fingerprint)
17.            state.append(np.concatenate(cur_state))
18.
19.    if self.coop_level == 'global':
20.        state = np.concatenate(state)
21.
22.    for node in self.all_nodes:
23.        self.nodes[node].state = np.zeros(self.nodes[node].num_state)
24.    for node in self.control_nodes:
```

```
25.         self.nodes[node].fingerprint = np.zeros(self.nodes[node].num_fingerprint)
26.     return state
```

之后在环境设置中定义 _get_state(self) 函数。如果 node 的 coop_level 为 global，则 state.append(self.nodes[node].state)，并对数据进行拼接。否则还需将 neighbor 的折扣状态输入 cur_state，cur_state.append(self.nodes[nnode].state * self.coop_gamma)，之后进行拼接，输入 state，state.append(np.concatenate(cur_state))。最后将 all_nodes 中所有 node 的 state 初始化为 zeros，大小为 num_state。同理，将 control_nodes 下的 fingerprint 置零，大小为 num_fingerprint。

```
1. def _init_state_space(self):
2.     self._reset_state()
3.     self.n_s_ls = []
4.     self.n_f_ls = []
5.     for node in self.control_nodes:
6.         num_state = self.nodes[node].num_state
7.         num_fingerprint = 0
8.         for nnode in self.nodes[node].neighbor:
9.             if self.coop_level != 'global':
10.                num_state += self.nodes[nnode].num_state
11.            if (self.coop_level == 'neighbor') and (self.nodes[nnode].
control):
12.                num_fingerprint += self.nodes[nnode].num_fingerprint
13.        self.n_s_ls.append(num_state + num_fingerprint)
14.        self.n_f_ls.append(num_fingerprint)
```

定义初始化状态空间函数，即 _init_state_space(self)。对 control_nodes 中每个 node，获得 num_state = self.nodes[node].num_state，并定义 num_fingerprint = 0。对其 neighbor，判断 coop_level。若是 global，则 num_state += self.nodes[nnode].num_state。若是 neighbor 且为 control_node，则 num_fingerprint += self.nodes[nnode].num_fingerprint。最后分别将 num_state + num_fingerprint、num_fingerprint 存入 self.n_s_ls 和 self.n_f_ls。

```
1. def update_fingerprint(self, policy):
2.     for node, pi in zip(self.control_nodes, policy):
3.         self.nodes[node].fingerprint = np.array(pi)[:-1]
```

定义更新 fingerprint 函数，即 update_fingerprint(self, policy)。将每个 policy 进行截取操作，np.array(pi)[:-1]，后赋值给 nodes.fingerprint。

3. 使用场景与优势分析

针对深度 MARL 中体验复用的稳定性问题，稳定经验池复用方法提出了两种方法：一是利用样本加权的多智能体变量自然衰减过时数据，二是在低维指纹上调节每个智能体的价值函数，消除从记忆存储中采样的样本的年龄。对具有挑战性的分散式星际争霸微管理变体的结果证实，这些方法能够成功地将经验复用池与多个智能体相结合。目前已经有许多工作基于此进行了多智能体训练，成功解决了经验复用池的不稳定问题。我们相信该方法能应用到更广泛的非平稳训练问题中，例如数据变化的分类，并将其扩展到多智能体 actor-critical 方法中。

5.1.5 单调值函数分解

1. 算法介绍

我们知道，在MARL问题下，每个多智能体发出动作所获得的奖励会受到其他智能体动作的影响，因此如何表示和使用动作价值函数使得系统达到一个均衡稳态是该多智能体系统的目标。目前并没有统一的方法来学习分散的策略，以允许每个智能体仅基于个体观察来选择单独的动作。

最直接的方法有选择非集中式的动作价值函数，即IQL，让每个智能体独立地定义一个函数 Q_a。然而，这种方法不能明确地表示智能体之间的相互作用，并且可能不会收敛，因为每个智能体的学习都被其他智能体的学习和探索所混淆。

另一种方法则是学习一个完全集中式的动作价值函数，即反事实多智能体（Counterfactual Mmulti-Agent，COMA），然后用它来指导actor-critic框架中的分布策略的优化。然而，这需要on-policy学习，会导致样本效率低下，并且当存在多个智能体时，训练完全集中的critic是不切实际的。

基于该问题，之前章节介绍的VDN（即价值分解网络）采用了一种集中式分解 Q^π 方法。本节所介绍的QMIX[28] 与VDN一样，该方法处于IQL和COMA之间，但可以表示更丰富的动作价值函数。由于VDN的完全因子分解对于获得分散策略并不是必需的。相反，QMIX只需要确保在 Q^π 上执行的全局argmax与在每个 Q_a 上执行的一组单独的argmax操作产生相同的结果。因此，只需要求对 Q^π 与每个 Q_a 之间存在单调约束，即

$$\frac{\partial Q^\pi}{\partial Q_a} \geqslant 0,\ \forall a \tag{5.15}$$

不同于VDN中那样简单的总和，QMIX由代表每个 Q_a 的智能体网络和将它们组合到 Q^π 中的混合网络组成，以复杂的非线性方式确保集中式和分散式策略之间的一致性。同时，它通过限制混合网络具有正权重来强制执行上式的约束。因此，QMIX可以表示复杂的集中式动作价值函数，其中包含一个因式表示，可以很好地扩展智能体的数量，并允许通过线性时间的argmax操作轻松得到分散策略。

2. 算法分析

（1）算法概述

QMIX提出为了保证一致性，只需要确保在 Q^π 上执行的全局argmax产生与在每个 Q_a 上执行的一组单独argmax操作有相同的结果：

$$\arg\max_{\boldsymbol{u}} Q^\pi(\boldsymbol{\tau},\boldsymbol{u}) = \begin{pmatrix} \operatorname{argmax}_{\boldsymbol{u}^1} Q_1(\boldsymbol{\tau}^1,\boldsymbol{u}^1) \\ \vdots \\ \operatorname{argmax}_{\boldsymbol{u}^n} Q_n(\boldsymbol{\tau}^n,\boldsymbol{u}^n) \end{pmatrix} \tag{5.16}$$

这个操作允许每个智能体 a 仅通过选择其 Q_a 的贪婪行为来参与分散操作的执行。QMIX基于这样的观察：这种表示可以推广到更大的单调函数族，这些函数也足以满足公式（5.16）。单调性可以通过限制 Q^π 和每个 Q_a 之间的关系来实施。

QMIX使用由智能体网络、混合网络和一组超网络组成的体系结构来代表 Q^π。图5.6

显示了整体架构，从而实现单调限制。其中图 5.6a 显示的是混合网络结构，图 5.6b 部分是整体 QMIX 架构，图 5.6c 为智能体网络结构。对于每个智能体 a，有一个网络代表其个体值函数 $Q_a\left(\boldsymbol{\tau}^a,\boldsymbol{u}^a\right)$。我们将智能体网络表示为 DRQN，它接收当前单独观察 $\mathbf{o}_t^a$ 和上一个动作 $\boldsymbol{u}_{t-1}^a$ 作为每个时间步的输入，如图 5.6c 所示。其中，混合网络是一种前馈神经网络，它将智能体网络的输出作为输入进行单调混合，得到 Q^π 的值，如图 5.6a 所示。为了保证单调性约束，将混合网络的权值限制为非负。这使得混合网络可以逼近任何单调函数。

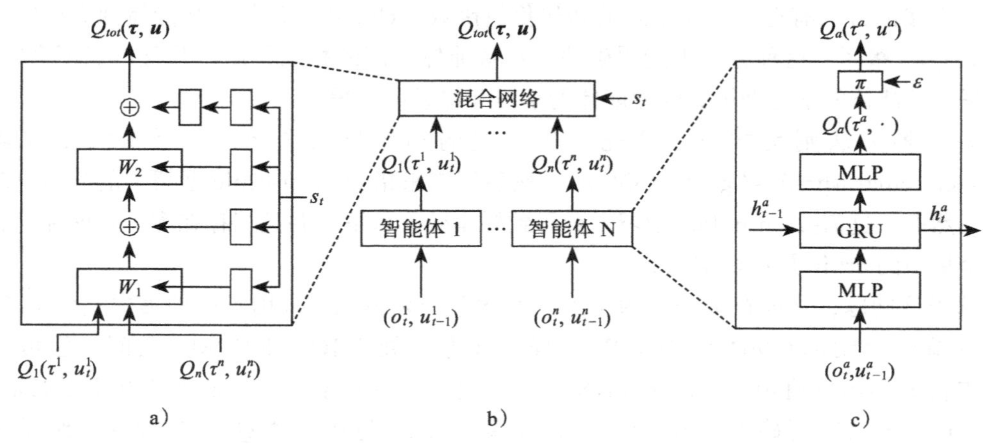

图 5.6　QMIX 网络结构

此外，混合网络的权重由单独的超网络产生。每个超网络将状态 $\boldsymbol{s}$ 作为输入并生成混合网络一层的权重。每个超网络由单个线性层和激活函数组成，以确保混合网络权重是非负的。超网络的输出是一个向量，且被重新整形（reshape）为适当大小的矩阵。偏差以相同的方式产生，但不限于为非负的。最终的偏差是由具有 ReLU 非线性的两层超网络产生的。混合网络和超网络可见图 5.6a。

其中，状态由超网络使用而不是直接传递到混合网络，因为允许 Q^π 以非单调方式依赖于额外的状态信息。因此，将 $\boldsymbol{s}$ 的某个函数与每个智能体的值一起通过单调网络是一种过度约束。相反，使用超网络可以以任意方式调整单调网络上 $\boldsymbol{s}$ 的权重，从而尽可能灵活地将完整状态 $\boldsymbol{s}$ 集成到联合行动值估计中。

具体来说，QMIX 通过端到端训练从而减小以下损失：

$$L(\boldsymbol{\theta})=\sum\nolimits_{i=1}^{b}\left[\left(y_i^\pi-Q^\pi\left(\boldsymbol{\tau},\mathbf{u},s;\boldsymbol{\theta}\right)\right)^2\right] \tag{5.17}$$

其中 b 是从复用池中采样样本的批量大小，$y_i^\pi=r+\gamma\max_{\mathbf{u}'}Q^\pi\left(\boldsymbol{\tau}',\mathbf{u}',s';\boldsymbol{\theta}^-\right)$ 和 $\boldsymbol{\theta}^-$ 是 DQN 中目标网络的参数。

（2）Python 代码片段分析

下面给出使用 PyTorch 实现的 QMIX 算法的部分代码解析。

```
1. import torch
2. import torch.nn as nn
3. import torch.nn.functional as F
4.
```

```
5. class QMIXNet(nn.Module):
6.
7.     def __init__(self, num_agents, action_space, state_shape,
8.             agent_shape, agent_hidden_size, mixing_hidden_size):
9.
10.        super(QMIXNet, self).__init__()
11.
12.        self.num_agents = num_agents
13.        self.action_space = action_space
14.        self.state_shape = state_shape
15.        self.agent_shape = agent_shape
16.        self.agent_hidden_size = agent_hidden_size
17.        self.mixing_hidden_size = mixing_hidden_size
18.
19.        self.agent_ff_in = nn.Linear(self.agent_shape, self.agent_shape)
20.        self.agent_net = nn.GRU(self.agent_shape, self.agent_hidden_size)
21.        self.agent_ff_out = nn.Linear(self.agent_hidden_size, self.action_space)
22.
23.        self.hyper_net1 = nn.Linear(self.state_shape, self.num_agents *
self.mixing_hidden_size)
24.        self.hyper_net2 = nn.Linear(self.state_shape, self.mixing_hidden_size)
```

首先，我们导入 pytorch 包，之后定义 QMIX 类。它学习集中式 Q 网络值，即分散的智能体 Actor 网络。在这里，我们需要将网络的输入输出、网络结构确定。具体是 num_agents（智能体数量）、action_space（动作空间的大小）、state_shape（全局状态张量的形状）、agent_shape（智能体局部观察张量的形状）、agent_hidden_size（GRU 中智能体观察隐藏状态的形状）、mixing_hidden_size（混合网络中隐藏层的大小）。智能体网络定义为第一层为输入输出均为 agent_shape 的全连接 agent_ff_in，一层输入为 agent_shape、输出为 agent_hidden_size 的 GRU 层 agent_net 和最后输出为 action_space 的全连接层 agent_ff_out。最后定义另外两个 hyper_net1 和 hyper_net2 用于之后生成混合网络。

```
1. def forward(self, global_state, agent_obs):
2.
3.     q_n = self.agent_ff_in(agent_obs)
4.     q_n = self.agent_net(q_n)
5.     q_n = self.agent_ff_out(q_n).max(dim = 1)[0]
6.
7.     w1 = self.hyper_net1(global_state).abs()
8.     w2 = self.hyper_net2(global_state).abs()
9.
10.    w1 = w1.view(self.num_agents, self.mixing_hidden_size)
11.    w2 = w2.view(self.mixing_hidden_size, 1)
12.
13.    q_tot = F.elu(torch.mm(q_n, w1))
14.    q_tot = F.elu(torch.mm(q_tot, w2))
15.
16.    return q_tot
```

之后，我们定义前馈网络。前馈网络以单个张量的形式给出要输入超网络的状态信息 globel_state 和对智能体的观察 agent_obs（智能体本地当前观测、一个热编码（one-hot）动作、一个热编码 agent_id），将 agent_obs 输入进原先定义的智能体网络，得到其 Q 值，即 q_n = self.agent_ff_out(q_n).max(dim=1)[0]。接下来，将 globel_state 输入混合网络，输出得到权重，但要保证其单调性，即 w1 = self.hyper_net1(global_state).abs()，之后的超网络输出的向量被重新整形为适当大小的矩阵。最后计算出混合智能体 Q 值，即 q_tot，并返回。

3. 使用场景与优势分析

本小节介绍的 QMIX 是一种深度 MARL 方法，允许在集中设置中进行端到端的学习分散策略，并有效利用额外的状态信息。QMIX 能够获得复杂的联合动作值函数，该函数允许将易处理的分解纳入每个智能体的动作值函数。这是通过对混合网络施加单调性约束来实现的。QMIX 能够解决挑战性的星际争霸 II 微观管理任务，这表明 QMIX 显著优于现有一些基于价值的 MARL 方法。

5.1.6　深度强化学习中的对立智能体建模

1. 算法介绍

在一些协作或竞争任务环境中工作的智能体，需要预测其他智能体的行为并做出决策。这很重要，因为所有智能体的策略执行都会影响环境的状态。例如，多玩家游戏中如果有个玩家可以预测其他玩家的下一步动作，就可以利用其他玩家帮助自己获得更高得分；谈判中某方如果知道另一方的底线就可以更快达成协议；自动驾驶汽车必须通过预测汽车和行人的去向来避免事故。对立智能体建模中的两个关键问题是要建模的变量以及如何使用预测信息。

本节提到的对立智能体建模（DRON）[29] 的目标是在 RL 环境中建立一个通用的对手建模框架，使智能体能够利用各种对手的特质。

基于 DQN 提出的深度强化对立网络（Deep Reinforcement Opponent Network，DRON）有一个预测 Q 值的策略学习模块和一个推断对手策略的对手学习模块。首先，DRON 在对手的策略中模拟不确定性，而不是将其分类为一组固定组合。其次，当对手的预测与学习世界的动态分开时，通常需要领域知识。因此，对手智能体建模同时学习策略并对对手进行概率建模。具体来说，DRON 根据过去的观察来学习对手的隐藏表示，并使用隐藏表示来计算自适应响应。DRON 还提出了两种体系结构，一种使用简单级联来组合这两种模块，另一种使用基于混合专家网络（mixture-of-experts network）的体系结构。虽然 DRON 隐含地对对手进行建模，但可以通过多任务处理来增加额外的监督，例如，采取的行动或策略。

在多智能体设置中，环境受所有智能体的联合操作的影响。从一个智能体的角度来看，给定状态下的动作结果不再稳定，而是依赖于其他智能体的动作。接下来，我们将详细介绍 DRON 及其两种结构。

2. 算法分析

（1）DRON-concat

DRON-concat 从状态 $\left(\varnothing^s\right)$ 和对手 $\left(\varnothing^o\right)$ 中提取特征，然后使用具有整流或 CNN 的线性层（N_Q 和 N_o）将它们嵌入到分开的隐藏空间（$\boldsymbol{h}^s$ 和 $\boldsymbol{h}^o$）中。为了将 π^o 的知识整合到 Q 网络中，我们连接了状态和对手的表示，如图 5.7a 所示，该连接表示共同预测 Q 值。因此，神经网络的最后一层负责理解对手和 Q 值之间的相互作用。由于只有一个 Q 网络，该模型需要对对手进行更具辨别力的表示才能学习适应性策略。为了解决这种问题，DRON 的第二个模型实现了对手动作和 Q 值之间关系更强的先验编码，如图 5.7b 所示。

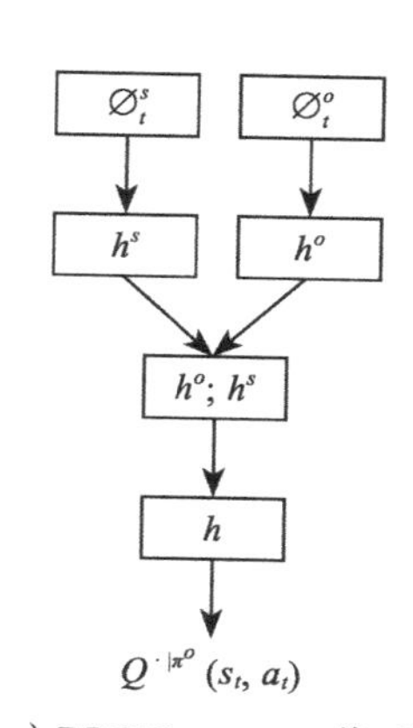

a）DRON-concat：将对手表示和状态表示连接

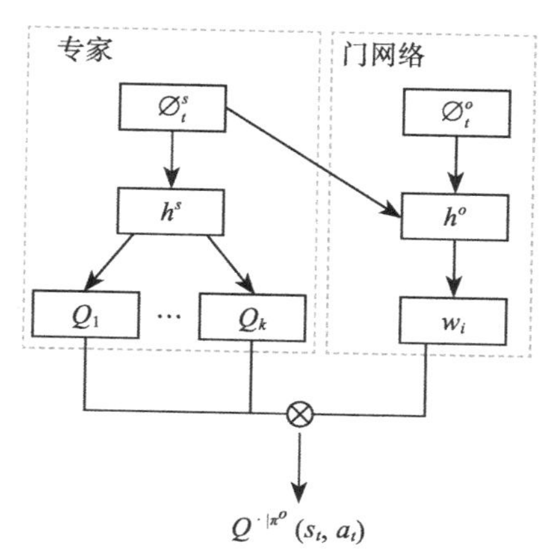

b）DRON-MOE：K 个专家预测 Q 值会通过门网络给的权重进行线性组合

图 5.7　DRON 结构图

（2）DRON-MOE

DRON-MOE 使用混合专家网络将对手行为建模为隐藏变量并将其边缘化。通过组合来自多个专家网络的预测来获得预期的 Q 值：

$$Q\left(\boldsymbol{s}_t,\boldsymbol{a}_t;\boldsymbol{\theta}\right)=\sum_{i=1}^{K}\boldsymbol{w}_iQ_i\left(\boldsymbol{h}^s,\boldsymbol{a}_t\right) \tag{5.18}$$

$$Q_i\left(\boldsymbol{h}^s,\cdot\right)=f\left(\boldsymbol{W}_i^s\boldsymbol{h}^s+\boldsymbol{b}_i^s\right) \tag{5.19}$$

每个专家网络都会预测一个当前状态的可能奖励。基于对手状态表示，门网络（gating network）计算组合权重：

$$\boldsymbol{w}=\mathrm{softmax}\left(f\left(\boldsymbol{W}^o\boldsymbol{h}^o+\boldsymbol{b}^o\right)\right) \tag{5.20}$$

这里的 $f()$ 是一个非线性激活函数，比如 ReLU。$\boldsymbol{W}$ 表示线性变换矩阵，$\boldsymbol{b}$ 是偏置项。

不同于 DRON-concat 忽略环境和对手行为之间的交互，DRON-MOE 分析 Q 值在 $\varnothing^o$ 下的不同分布，每个专家网络都获取一类对手策略。

（3）使用 DRON 进行多任务

前两个模型仅预测 Q 值，因此通过 Q 值的反馈间接学习对手表示。关于对手的额外信息可以为 N_o 提供直接监督学习。比如许多游戏除了提供最终奖励之外，还会显示其他信息。智能体可以观察过去状态下对手采取的行为，像是玩扑克时，可通过回忆过去的出牌情况推断对手的隐藏牌。更多的信息比如抽象的计划或者策略，可以反映对手的特征，帮助学习。

与先前学习单独模型以预测对手信息的研究不同，DRON 应用多任务学习并使用观察作为额外监督来学习共享对手表示 $\boldsymbol{h}^o$。图 5.8 显示了多任务 DRON 的架构，其中额外监督是 y^o，表示来自对手的监督信号通过改变对手特征来影响 Q-learning 网络。多任务处理优于显式对手建模的原因在于它使用来自对手数据和游戏的更多信息，同时保持对不充分的

对手数据和来自 Q 值建模误差的稳健性。

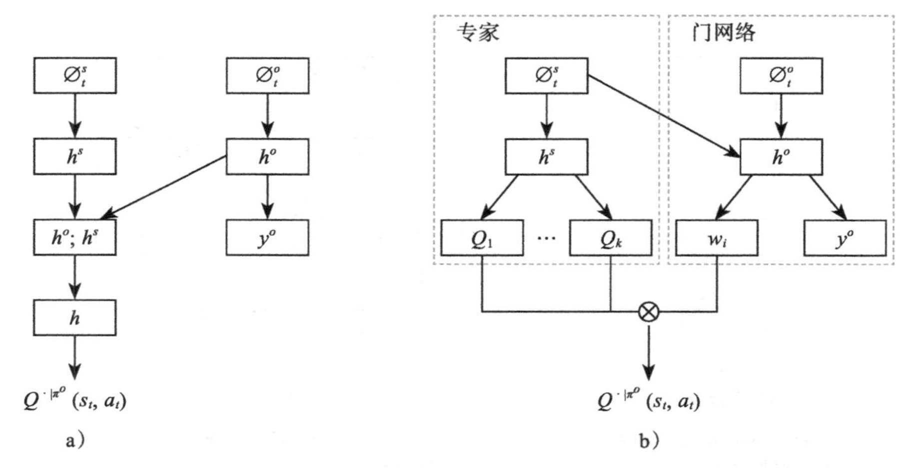

图 5.8　多任务 DRON 结构图

（4）Lua 代码片段分析

下面给出官方使用 Lua 实现的 DRON 的部分代码解析。

```
1. function soccer_dqn_setup()
2.     if not dqn then
3.         dqn = {}
4.         require 'dqn.nnutils'
5.         require 'dqn.Scale'
6.         require 'dqn.Random agent '
7.         require 'dqn.SoccerRule agent '
8.         require 'dqn.SoccerNeuralQLearner'
9.         require 'dqn.SoccerNeuralQLearner_multitask'
10.        require 'dqn.SoccerONeuralQLearner'
11.        require 'dqn.SoccerONeuralQLearner_multitask_group'
12.        require 'dqn.SoccerONeuralQLearner_multitask_action'
13.        require 'dqn.TransitionTable'
14.        require 'dqn.Rectifier'
15.    end
16.    soccer_setup(opt.height, opt.width)
17.    include('soccer_framework.lua')
18.    local framework = soccer.Framework(opt)
19.
20.    opt.agent_params = str_to_table(opt.agent_params)
21.    Opt.agent_params.gpu        = opt.gpu
22.    opt.agent_params.best       = opt.best
23.    opt.agent_params.verbose    = opt.verbose
24.    if opt.network ~= '' then
25.        opt.agent_params.network = opt.network
26.    end
27.    opt.agent_params.actions = framework:get_actions()
28.    opt.agent_params.feat_groups = framework:get_feat_groups()
29.    return dqn[opt.agent](opt.agent_params), dqn[opt.opponent](opt.agent_
params), framework
30.    end
```

这里介绍在足球电子游戏中智能体网络的初始化，足球游戏的规则请见参考文献 [14]。

首先加载若干模块，之后对游戏环境根据 opt.height 和 opt.width 进行构建。当设置 network 参数不为空时，根据要求的网络参数初始化 opt.agent_params.network = opt.network。定义动作函数 opt.agent_params.actions = framework:get_actions() 并获取特征函数 opt.agent_params.feat_groups = framework:get_feat_groups()，最后返回智能体网络、对手网络和环境。

3. 使用场景与优势分析

在多智能体环境中，对手建模是必要的，具有竞争目标的其他智能体也会调整其策略，彼此的策略互相影响并发生变化。以前的大多数工作都侧重于为特定应用开发概率模型或参数化策略。受 DRL 成功的启发，DRON 使一个基于神经网络的模型，共同学习策略和对手的行为。DRON 不是要明确地预测对手的行动，而是将对手的观察编码为 DQN。并且，DRON 可以在多任务处理下保留显式建模。通过使用混合专家架构，DRON 的模型可以在没有额外监督的情况下自动发现对手的不同策略模式。该模型在模拟足球比赛和其他流行的游戏中的评估都显示了优于 DQN 及其变体的性能。

5.1.7　平均场多智能体强化学习

1. 算法介绍

近期，有许多研究表明，通过推测其他智能体的策略来计算额外信息对每个单独的智能体都是有益的。因此，学习联合行动效果的智能体会有更好的表现，包括合作博弈、竞争博弈等。但现有的 MARL 方法通常只考虑仅限于少数智能体的情况。当智能体数量大幅增加时，由于维度的增大和智能体交互的指数增长，学习变得难以处理。并且，联合学习会带来 Nash 均衡的问题。现有的均衡解决方法虽然可行，但只能解决少数智能体问题。直接求解均衡的计算复杂性使得它们无法适用于具有一群甚至是一大群智能体的情况。然而，在实践中，许多情况确实需要大量智能体之间的战略互动，例如大型多人在线角色扮演游戏中的游戏机器人，或者是机器人足球。

在本小节中，我们仍考虑一个环境设置，即当大量智能体共存时处理 MARL 问题，其中每个智能体都能直接与一组其他智能体进行交互。通过一系列直接的互动，任何一对智能体都在全局范围内相互联系。可以使用均值场理论（mean field theory）[30] 来解决可扩展性，即智能体群中的相互作用近似于使用来自某个整体智能体的平均效应和单个智能体的相互作用。所以，学习是在两个实体之间而不是许多实体之间相互增强：单个智能体的最优策略的学习基于智能体的数目动态，同时，根据个体策略更新数目动态。基于这样的想法，提出了平均场 Q 学习（mean field Q-learning）和平均场 actor-critic 算法 [31]。该算法分析了解决方案对 Nash 均衡的收敛性，并且在资源分配、伊辛模型估计（Ising model estimation）和战斗游戏方面的实验证明了平均场方法的学习效果。

2. 算法分析

在 MARL 中，目标是为每个智能体学习最佳策略，而一个智能体的策略可能会影响其他智能体的行为，因此 Nash 均衡的概念非常重要。它表示为一组 N 个策略 $\pi_* = \pi_*^1, \cdots, \pi_*^N$，$\forall \pi^j \in \Omega\left(\mathcal{A}_j\right)$，满足：

$$V^j\left(\boldsymbol{s};\pi_*\right)=V^j\left(\boldsymbol{s};\pi_*^j,\boldsymbol{\pi}_*^{-j}\right)\geqslant V^j\left(\boldsymbol{s};\pi^j,\boldsymbol{\pi}_*^{-j}\right) \tag{5.21}$$

其中，$\boldsymbol{\pi}_*^{-j}$ 为除 j 智能体之外其他智能体的共同策略，$\boldsymbol{\pi}_*^{-j}=\pi_*^1,\cdots,\pi_*^{j-1},\pi_*^{j+1},\cdots,\pi_*^N$。

在 Nash 均衡中，假设所有其他智能体都遵循策略 $\boldsymbol{\pi}_*^{-j}$，则每个智能体对其他智能体的最佳响应为 π_*^j。已经表明，对于每 N 个智能体的随机博弈，在平稳策略中至少存在一个 Nash 均衡。给定一组 Nash 策略 π_*，如果所有智能体从状态 $\boldsymbol{s}$ 开始遵循这些策略，则 Nash 值函数 $V^{\text{Nash}}(\boldsymbol{s})=\left(V_{\pi_*}^1(\boldsymbol{s}),\cdots,V_{\pi_*}^N(\boldsymbol{s})\right)$ 可作为预期的折扣奖励总和。

Nash Q 学习是计算 Nash 策略的迭代过程：（1）通过 Lemke-Howson 算法 [32] 为当前阶段游戏 Q_t^j 求解 Nash 均衡，（2）使用新的 Nash 策略改进 Nash Q 函数估计。Nash Q 学习继续迭代上述两个步骤，直到 Q 值收敛。结果表明，Nash Q 算子 $H_t^{\text{Nash}}Q=\left(H_t^{\text{Nash}}Q^1,\cdots,H_t^{\text{Nash}}Q^N\right)$ 可以定义为：

$$H_t^{\text{Nash}}Q(\boldsymbol{s},\boldsymbol{a})\equiv\mathbb{E}_{s'\sim p}\left[r(\boldsymbol{s},\boldsymbol{a})+\gamma V_t^{\text{Nash}}(\boldsymbol{s}')\right] \tag{5.22}$$

式（5.22）是一个收缩映射，鉴于 π 是通过 Nash 均衡以解决阶段游戏 $\left(Q^1(\boldsymbol{s}'),\cdots,Q^N(\boldsymbol{s}')\right)$，$s'$ 指在时间 $t+1$ 的状态。也就是说，Q 函数最终收敛于整个博弈的 Nash 均衡值。

随着智能体数量的增加，联合作用空间 a 变得高维。所有智能体都是执行策略性的行动，同时学习其他人的行为。平均场方法通过使用局部相互作用对 Q 函数进行参数化：

$$Q^j(\boldsymbol{s},\boldsymbol{a})\equiv\frac{1}{N^j}\sum\nolimits_{k\in K^j}Q^j\left(\boldsymbol{s},\boldsymbol{a}^j,\boldsymbol{a}^k\right) \tag{5.23}$$

其中 K^j 是智能体 j 的邻近智能体集。其大小 $N^j=\#K^j$ 与智能体的数量成比例增长，并且该比率取决于实际应用。值得注意的是，成对近似虽然显著降低了智能体之间交互的复杂性，但仍然隐含地保留了任何一对智能体之间的全局交互。平均场方法考虑离散动作空间。特别地，动作 $\boldsymbol{a}^j$ 是离散的分类变量，其被表示为单热编码，其中每个分量指示 M 个可能动作中的一个：$\boldsymbol{a}^j\equiv\left(a_1^j,\cdots,a_M^j\right)$。成对交互 $Q^j\left(\boldsymbol{s},\boldsymbol{a}^j,\boldsymbol{a}^k\right)$ 可以用平均场理论近似。每个智能体的单热编码行为可以表示为邻域内平均作用的小波动 $\delta\boldsymbol{a}^k$：

$$\boldsymbol{a}^k=\overline{\boldsymbol{a}}+\delta\boldsymbol{a}^k,\overline{\boldsymbol{a}}=\frac{1}{N^j}\sum\nolimits_{k\in K^j}\left(\boldsymbol{a}^k\right) \tag{5.24}$$

平均场算法中，定义 $\overline{\boldsymbol{a}}$ 为平均动作，$\overline{\boldsymbol{a}}\equiv\left(a_1,\cdots,a_M\right)$，等同于来自邻近智能体动作的多项分布。利用一阶泰勒展开，成对 Q 函数可以近似为：

$$\begin{aligned}Q^j(\boldsymbol{s},\boldsymbol{a})&\equiv\frac{1}{N^j}\sum\nolimits_{k\in K^j}Q^j\left(\boldsymbol{s},\boldsymbol{a}^j,\boldsymbol{a}^k\right)\approx\frac{1}{N^j}\sum\nolimits_{k\in K^j}\left[Q^j\left(\boldsymbol{s},\boldsymbol{a}^j,\overline{\boldsymbol{a}}\right)+\nabla_{\overline{\boldsymbol{a}}}Q^j\left(\boldsymbol{s},\boldsymbol{a}^j,\overline{\boldsymbol{a}}\right)\delta\boldsymbol{a}^k\right]\\&=Q^j\left(\boldsymbol{s},\boldsymbol{a}^j,\overline{\boldsymbol{a}}\right)+\nabla_{\overline{\boldsymbol{a}}}Q^j\left(\boldsymbol{s},\boldsymbol{a}^j,\overline{\boldsymbol{a}}\right)\frac{1}{N^j}\sum\nolimits_{k\in K^j}\delta\boldsymbol{a}^k\end{aligned} \tag{5.25}$$

在上式中，利用 Q^j 的第一阶近似，其中当邻近智能体的数量变大时精度提高，因为高阶项的平均值接近零。多个智能体的交互已经转换为两个智能体的交互：单个智能体和来自邻近的智能体平均。

如图 5.9 所示，每个智能体都表示为网格中的一个节点，该节点仅受其邻近点的平均影响，因此许多智能体交互可以有效地转换为两个智能体交互。利用平均场近似，将智能体 j 与每个相邻智能体 k 之间的两两交互作用简化为智能体 j 与智能体均值之间的两两交互作用，即将其抽象为 j 邻域内所有智能体的均值效应。

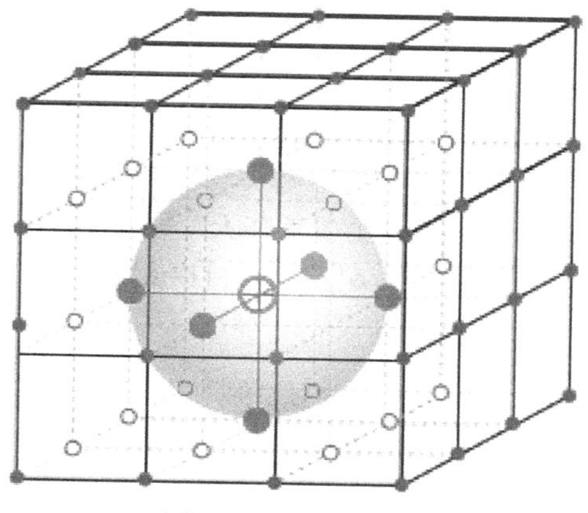

图 5.9 平均场近似

训练时，平均场 Q 函数的更新定义为：

$$Q_{t+1}^{j}\left(\boldsymbol{s},\boldsymbol{a}^{j},\overline{\boldsymbol{a}}\right)=\left(1-\alpha_{t}\right)Q_{t}^{j}\left(\boldsymbol{s},\boldsymbol{a}^{j},\overline{\boldsymbol{a}}\right)+\alpha_{t}\left[r_{t}^{j}+\gamma V_{t}^{j}\left(\boldsymbol{s}'\right)\right] \tag{5.26}$$

定义 α_t 为学习率，而平均场值函数为：

$$V\left(\boldsymbol{s}\right)=\sum\nolimits_{\boldsymbol{a}^{j}}\pi^{j}\left(\boldsymbol{a}^{j}|\boldsymbol{s}\right)\widetilde{Q_{t}^{j}}\left(\boldsymbol{s},\boldsymbol{a}^{j}\right) \tag{5.27}$$

其中，$\widetilde{Q_{t}^{j}}\left(\boldsymbol{s},\boldsymbol{a}^{j}\right)=\mathbb{E}_{\boldsymbol{a}^{-j}\sim\pi^{-j}}\left[Q_{t}^{j}\left(\boldsymbol{s},\boldsymbol{a}^{j},\overline{\boldsymbol{a}}=\frac{1}{N^{j}}\sum\nolimits_{k\neq j}\boldsymbol{a}^{k}\right)\right]$。我们分别用 $\boldsymbol{\varphi}$ 和 $\boldsymbol{\theta}$ 参数化 Q 函数和策略 π，并根据更新函数更新参数 $\boldsymbol{\varphi}$。一旦 Q 函数更新，则改进当前的策略 π。对于 on-policy RL，可以使用玻尔兹曼策略和 actor-critic 方法来改进策略，分别提出 MF-Q 和 MF-AC。对于智能体 j，可以通过最小化损失函数来训练 MF-Q：

$$L\left(\boldsymbol{\varphi}\right)=\left(y-Q_{\boldsymbol{\varphi}}^{j}\left(\boldsymbol{s},\boldsymbol{a}^{j},\overline{\boldsymbol{a}}\right)\right)^{2} \tag{5.28}$$

平均场多智能体要求目标网络为 $y=r+\gamma Q_{\boldsymbol{\varphi}}^{j}\left(\boldsymbol{s}',(\boldsymbol{a}^{j})',\overline{\boldsymbol{a}}'\right)$，因此权重更新梯度为：

$$\nabla_{\boldsymbol{\varphi}}L\left(\boldsymbol{\varphi}\right)=\left(y-Q_{\boldsymbol{\varphi}}^{j}\left(\boldsymbol{s},\boldsymbol{a}^{j},\overline{\boldsymbol{a}}\right)\right)\nabla_{\boldsymbol{\varphi}}Q_{\boldsymbol{\varphi}}^{j}\left(\boldsymbol{s},\boldsymbol{a}^{j},\overline{\boldsymbol{a}}\right) \tag{5.29}$$

MF-AC 的 critic 网络更新方式和公式（5.29）相同。Actor 网络使用样本策略梯度策略进行训练：

$$\nabla_{\boldsymbol{\theta}}J\left(\boldsymbol{\theta}\right)\approx\nabla_{\boldsymbol{\theta}}\log\pi_{\boldsymbol{\theta}}^{j}\left(\boldsymbol{s}\right)Q_{\boldsymbol{\varphi}}\left(\boldsymbol{s},\boldsymbol{a}^{j},\overline{\boldsymbol{a}}\right)\Big|_{\boldsymbol{a}^{j}=\pi_{\boldsymbol{\theta}}^{j}(\boldsymbol{s})} \tag{5.30}$$

之后，进行迭代执行更新参数 $\boldsymbol{\varphi}$ 和 $\boldsymbol{\theta}$，直到 Q 函数收敛。

3. 伪代码分析

算法：平均场 Q-learning（MF-Q）

初始化 $Q_{\boldsymbol{\varphi}}$，$Q_{\boldsymbol{\varphi}^-}$，和 $\overline{\boldsymbol{a}}$

while 训练没结束 **do**

  对于每个智能体 j，根据 $Q_{\boldsymbol{\varphi}}$、探索率 ε 和上一步的 $\overline{\boldsymbol{a}}'$ 选择动作 $\boldsymbol{a}^{j}$

  采取联合动作 $\boldsymbol{a}=\left(\boldsymbol{a}^{1},\cdots,\boldsymbol{a}^{N}\right)$，得到奖励 r 和下一个状态 $\boldsymbol{s}'$

  将四元组 $\left(\boldsymbol{s},\boldsymbol{a},r,\boldsymbol{s}',\overline{\boldsymbol{a}}\right)$ 存放进经验复用池 $\mathcal{D}$

  for 智能体 $j=1$ to N **do**

    从 $\mathcal{D}$ 中抽取 K 个样本 $\left(\boldsymbol{s},\boldsymbol{a},r,\boldsymbol{s}',\overline{\boldsymbol{a}}\right)$ 的随机小批量样本；

根据 $Q_{\varphi-}$，探索率 ε 和 $\bar{a}$ 选择动作 $\left(a^j\right)'$；

令 $y=r+\gamma Q_\varphi^j\left(s',(a^j)',\bar{a}'\right)$

通过最小化损失 $\mathcal{L}(\varphi)=\frac{1}{K}\sum_K\left(y-Q_\varphi^j\left(s,a^j,\bar{a}\right)\right)^2$ 更新 Q 网络；

end for

对每个智能体 j 更新目标网络参数：

$\varphi_-^j \leftarrow \tau\varphi_-^j+(1-\tau)\varphi_-^j$；

end while

算法：平均场 actor-critic（MF-AC）

初始化 Q_φ，$Q_{\varphi-}$，π_θ^j，$\pi_{\theta-}^j$ 和 $\bar{a}$；

while 训练没结束 **do**

对于每个智能体 j，选择动作 $a^j=\pi_\theta^j\left(s^j\right)$；

采取联合动作 $a=\left(a^1,\cdots,a^N\right)$，得到奖励 r 和下一个状态 s'；

将四元组 $\left(s,a,r,s',\bar{a}\right)$ 存放进经验复用池 $\mathcal{D}$；

for 智能体 $j=1$ to N **do**

从 $\mathcal{D}$ 中抽取 K 个样本 $\left(s,a,r,s',\bar{a}\right)$ 的随机小批量样本；

根据 $Q_{\varphi-}$，探索率 ε 和 $\bar{a}$ 选择动作 $\left(a^j\right)'$；

令 $y=r^j+\gamma Q_{\varphi-}\left(\left(s^j\right)',\left(a^j\right)',\bar{a}'\right)\Big|_{\left(a^j\right)'=\pi_{\theta-}^j\left(\left(s^j\right)'\right)}$

通过最小化损失 $\mathcal{L}(\varphi)=\frac{1}{K}\sum_K\left(y-Q_\varphi\left(s^j,a^j,\bar{a}\right)\right)^2$ 更新 critic 网络；

通过策略梯度采样更新 actor 网络：

$\nabla_{\theta^j}J\left(\theta^j\right)\approx\frac{1}{K}\sum_K\nabla_{\theta^j}\log\pi_\theta^j\left(\left(s^j\right)'\right)Q_{\varphi-}\left(\left(s^j\right)',\left(a^j\right)',\bar{a}'\right)\Big|_{\left(a^j\right)'=\pi_{\theta-}^j\left(\left(s^j\right)'\right)}$；

end for

对每个智能体 j 更新目标网络参数：

$\varphi_-^j \leftarrow \tau\varphi_-^j+(1-\tau)\varphi_-^j$；

$\theta_-^j \leftarrow \tau\theta_-^j+(1-\tau)\theta_-^j$；

end while

---

4. 使用场景与优势分析

平均场 RL 方法模拟多智能体系统中的交互动力学。其中，MF-Q 迭代地学习每个智能体对其邻近点的平均效果的最佳响应，这有效地将多体问题转化为两体问题。不仅如此，在 MF-Q 算法与 Nash Q 值收敛的理论分析基础上，成功地在三种类型的任务中证明了在大数量智能体下平均场 RL 方法的有效性。特别是，通过时间差异学习，平均场 RL 在不清楚能量函数的情况可以解决伊辛模型。可以认为平均场 RL 在一定程度上可以解决智能体数量上升带来的维度爆炸和网络难以训练的问题。

5.2　基于策略的多智能体深度强化学习

基于值函数的多智能体 DRL 算法会学习一个值函数，然后根据值函数利用 Bellman 方程或者 ε-greedy 策略选择动作；而本小节介绍的基于策略的 MADRL 方法分为两类，一类是随机策略梯度，输出为动作的概率分布，另一类是确定性策略梯度，输出是动作的值。基于策略的 MADRL 学习的是策略，在学习的过程中可以使用值函数辅助训练，如果这个值函数是利用经验估计出来的，就变成了下一节介绍的 actor-critic 方法，否则就是基于策略的方法，当然也可以不使用值函数，同样是基于策略的方法。

5.2.1　基于自身策略的其他智能体行为预测

1. 算法介绍

本节会介绍一种从智能体的行为中估计智能体的目标，然后利用估计目标选择动作的方法，该方法称为基于自身策略的其他智能体行为预测（Self Other-Modeling，SOM）[33]。SOM 主要解决环境部分可见的 MARL 问题，在这类问题中，这些智能体可能有不同的目标，从而导致了环境部分可见的多智能体系统的不稳定性。推理其他智能体的目标并预测它们的行为对于减小不稳定性是很有用的。

本节会研究的问题是双人马尔可夫游戏，其中环境对于智能体是完全可见的，但是每个智能体没有其他智能体目标的信息，智能体之间不能进行通信，因此智能体必须利用它们观察到的对手的行为推理对手的目标。在每个回合结束时，每个智能体收到的奖励取决于两个智能体的所有目标，为了使得两个智能体的总奖励最大，在寻找每个智能体最优的策略时都必须考虑到所有智能体的目标。SOM 的结果证明了在一些游戏中显式地对其他智能体进行建模要比将其他智能体看作环境的一部分有更好的效果。

SOM 的想法来自于认知科学，认知科学研究表明，人们会对自己接触到的人进行建模，这些模型用来捕捉他们的目标、爱好或者宗教信仰。在某些情况下，人们利用自己的心理过程来推理他人的行为以帮助理解其他人的想法，在社交场合采取相应的行动。受这些研究的启发，在游戏过程中，智能体会学习其他智能体的目标。SOM 使用输入为状态和目标的多层 RNN 学习智能体的动作以及值函数。当智能体玩游戏时，它直接使用自己的动作函数优化目标来最大化对方动作的可能性，从而推断出其他智能体的目标。

2. 算法分析

（1）算法概述

两个智能体的马尔可夫游戏由智能体的状态集合 $\mathcal{S}$，动作集合 $\mathcal{A}_1$、$\mathcal{A}_2$ 和观测集合 $\mathcal{O}_1$、$\mathcal{O}_2$ 以及转换函数 $T(\boldsymbol{s}'|\boldsymbol{s},\boldsymbol{a}_1,\boldsymbol{a}_2)$ 组成，T 的输入为状态 $\boldsymbol{s}\in\mathcal{S}$ 和动作 $\boldsymbol{a}_1\in\mathcal{A}_1,\boldsymbol{a}_2\in\mathcal{A}_2$，输出为下一个状态 $\boldsymbol{s}'$ 的概率分布。第 i 个智能体从随机策略 $\pi_{\theta_i}:\mathcal{S}\times\mathcal{A}_i\to[0,1]$ 中采样选择动作。每个智能体都有一个和智能体的状态、动作相关的奖励函数：$r_i:\mathcal{S}\times\mathcal{A}_i\to r$。第 i 个智能体的目

标是最大化自己的总预期收益 $R_i=\sum_{t=0}^{T}\gamma^t r_i^t$，其中 γ 是折扣因子，T 是时间范围。

SOM 使用神经网络参数化每个智能体，用 f 表示神经网络对应的参数，每个智能体的神经网络能够学习它自身 t 时刻的动作以及 t 时刻状态的价值。f 的输入是智能体自身目标 $\boldsymbol{z}_{\text{self}}$，其他智能体的估计目标 $\hat{\boldsymbol{z}}_{\text{self}}$ 和智能体的观测 $\boldsymbol{s}_{\text{self}}$，输出是动作概率分布 π 和状态价值函数 V，即对于每个智能体都有：

$$\begin{bmatrix}\pi^i\\V^i\end{bmatrix}=f^i\left(\boldsymbol{s}_{\text{self}}^i,\boldsymbol{z}_{\text{self}}^i,\hat{\boldsymbol{z}}_{\text{other}}^i;\boldsymbol{\theta}^i\right) \tag{5.31}$$

其中 $\boldsymbol{\theta}^i$ 是第 i 个智能体的神经网络 f 的参数，包括一个 softmax 层输出策略，一个线性层输出值函数，所有的非输出层是共享的。每个智能体都有两个网络 f_{self} 和 f_{other}（为了简洁省略了智能体上标 i），f_{self} 计算智能体自身的动作和状态值函数；根据观测到的其他智能体的动作，f_{other} 优化 $\hat{\boldsymbol{z}}_{\text{other}}$ 推断其他智能体的目标：

$$f_{self}\left(\boldsymbol{s}_{\text{self}},\boldsymbol{z}_{\text{self}},\hat{\boldsymbol{z}}_{\text{other}};\boldsymbol{\theta}_{\text{self}}\right) \tag{5.32}$$

$$f_{\text{other}}\left(\boldsymbol{s}_{\text{other}},\hat{\boldsymbol{z}}_{\text{other}},\boldsymbol{z}_{\text{self}};\boldsymbol{\theta}_{\text{other}}\right) \tag{5.33}$$

SOM 可以使用智能体自身策略推测其他智能体的动作，在这种情况下，f_{other} 和 f_{self} 是相同的，只不过是优化的目标不同。另外，环境是完全可观察的，两个智能体观测状态的不同体现在地图上智能体身份的不同，即每个智能体将能够区分其自己的位置和另一个智能体的位置。

SOM 有两种模式，acting 模式和推理模式。在 acting 模式下，智能体使用 f_{self} 网络计算自身策略和值函数；在推理模式下，智能体使用 f_{other} 网络推理另一个智能体的动作和值函数。在游戏的每一步中，智能体首先推理另一个智能体的目标 $\hat{z}_{\text{other}}$，将其作为式（5.32）的输入并选择当前智能体的动作。在训练过程的每一个时间 t 上，智能体观察另一个智能体的动作，并且在下一个时间步中，使用先前观察到的另一个智能体的动作作为监督信号，使用式（5.33）反向传播交叉熵损失，优化 $\hat{z}_{\text{other}}$，如图 5.10 所示。

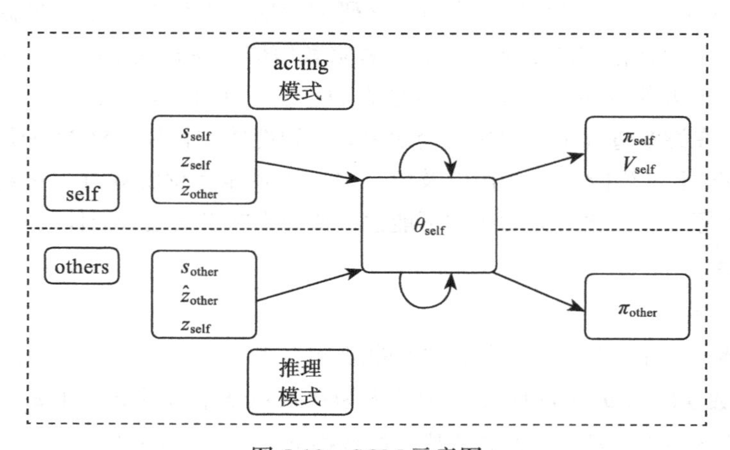

图 5.10　SOM 示意图

算法 SOM 给出了一个回合内训练 SOM 智能体的伪代码。这里考虑的所有任务目标都是离散的，智能体的目标 $\hat{z}_{\text{self}}$ 用一个独热向量表示，向量的维度是智能体目标所有可能取值总数，另一个智能体的目标 $\hat{z}_{\text{other}}$ 有相同的维度。为了估计离散而不可微变量 $\hat{z}_{\text{other}}$ 的梯度，使用 Gumbel-Softmax 分布上的一个可微样本 $\hat{z}^{G}_{\text{other}}$ 代替它。在每一步使用该方法优化 $\hat{z}_{\text{other}}$ 之后，$\hat{z}_{\text{other}}$ 通常会偏离 one-hot 向量。在下一步中，f_{self} 将对应于先前更新的 $\hat{z}_{\text{other}}$ 最大的一个 one-hot 向量 $\hat{z}^{\text{OH}}_{\text{other}}$ 作为输入。

智能体的策略由 LSTM 层，两个全连接层和指数线性单元（Exponential Linear Unit，ELU）激活函数表示，用半正交矩阵初始化网络的权重。在游戏的每一个时间步中，当推理步数大于 1 时，其他智能体的目标 $\hat{z}_{\text{other}}$ 会被多次更新，保存推理开始前 f_{other} 的值，在每一个推理步骤开始之前将 f_{other} 重置为此值。这个过程可以确保在 acting 和推理模式下 f_{other} 可以进行相同数量的操作。网络参数 $\boldsymbol{\theta}_{\text{self}}$ 在每个回合结束时使用 A3C 算法进行更新。

（2）伪代码分析

算法：SOM

---

for k:=1, num_players **do**

  $\hat{z}^{k}_{\text{other}} \leftarrow \frac{1}{\text{ngoals}} 1_{\text{ngoals}}$;

game.reset()

for step:=1, episode_length **do**

  $i \leftarrow$ game.get_acting_agent();

  $j \leftarrow$ game.get_non_acting_agent();

  $\boldsymbol{s}^{i}_{\text{self}} \leftarrow$ game.get_state();

  $\boldsymbol{s}^{j}_{\text{other}} \leftarrow$ game.get_state();

  $\hat{z}^{OH,i}_{\text{other}}$ = one_hot[argmax ($\hat{z}^{i}_{\text{other}}$)];

  $\pi^{i}_{\text{self}}, V^{i}_{\text{self}} \leftarrow f^{i}_{\text{self}}\left(\boldsymbol{s}^{i}_{\text{self}}, z^{i}_{\text{self}}, \hat{z}^{OH,i}_{\text{other}}; \boldsymbol{\theta}^{i}_{\text{self}}\right)$;

  $\boldsymbol{a}^{i}_{\text{self}} \sim \pi^{i}_{\text{self}}$;

  game.action($\boldsymbol{a}^{i}_{\text{self}}$);

  for k:=1, num_inference_steps **do**

    $\hat{z}^{G,j}_{\text{other}}$ = one_hot[argmax ($\hat{z}^{j}_{\text{other}}$)];

    $\hat{\pi}^{G,j}_{\text{other}} \leftarrow f^{j}_{\text{other}}\left(\boldsymbol{s}^{j}_{\text{other}}, \hat{z}^{G,j}_{\text{other}}, z^{j}_{\text{self}}; \boldsymbol{\theta}^{j}_{\text{self}}\right)$;

    loss = cross_entropy_loss($\hat{\pi}^{j}_{\text{other}}, \boldsymbol{a}^{i}_{\text{self}}$);

    loss.backward();

    update($\hat{z}^{j}_{\text{other}}$);

for k:=1, num_players **do**

  policy.update($\boldsymbol{\theta}^{k}_{\text{self}}$);

算法的伪代码总共分为四部分，第一部分是初始化，第二部分是每回合内使用 acting 模式推理当前智能体的动作，第三部分是利用反向传播算法优化当前智能体推理另一个智能体目标的模型参数，第四部分是更新智能体的策略参数。

下面详细分析相应的伪代码，初始化部分主要分两块，一个是对于其他智能体估计目标的初始化，所有的其他智能体估计目标是一个均匀分布。另一个是对于游戏环境的初始化。具体伪代码如下：

for k:=1, num_players **do**

$\hat{z}_{\text{other}}^{k} \leftarrow \frac{1}{\text{ngoals}} 1_{\text{ngoals}}$；

game.reset()；

其中前两行用于初始化其他智能体的估计目标，第3行初始化游戏环境。

第二部分是每个回合内智能体在acting模式下计算当前智能体采取的动作和值函数。首先获取所有智能体的身份和状态。然后根据已有的智能体估计目标选出可能性最大的一个估计目标，用one-hot向量$\hat{z}_{\text{other}}^{\text{OH},i}$表示，如果所有估计目标可能性相等的话，则随机选取一个。然后将当前智能体的状态$\boldsymbol{s}_{\text{self}}^{i}$和目标$\boldsymbol{z}_{\text{self}}^{i}$，以及其他智能体估计的目标$\hat{z}_{\text{other}}^{OH,i}$输入$f_{\text{self}}^{i}$网络中，输出当前智能体动作服从的分布$\pi_{\text{self}}^{i}$以及当前智能体状态的值函数$V_{\text{self}}^{i}$，接下来从智能体动作服从的分布$\pi_{\text{self}}^{i}$中选一个动作$\boldsymbol{a}_{\text{self}}^{i}$，执行该动作，更新游戏环境。相应的伪代码如下：

for step:=1, episode_length **do**

$i \leftarrow$ game.get_acting_agent()；

$j \leftarrow$ game.get_non_acting_agent()；

$\boldsymbol{s}_{\text{self}}^{i} \leftarrow$ game.get_state()；

$\boldsymbol{s}_{\text{other}}^{j} \leftarrow$ game.get_state()；

$\hat{z}_{\text{other}}^{OH,i}$ = one_hot[argmax ($\hat{z}_{\text{other}}^{i}$)]；

$\pi_{\text{self}}^{i}, V_{\text{self}}^{i} \leftarrow f_{\text{self}}^{i}\left(\boldsymbol{s}_{\text{self}}^{i}, z_{\text{self}}^{i}, \hat{z}_{\text{other}}^{OH,i}; \boldsymbol{\theta}_{\text{self}}^{i}\right)$；

$\boldsymbol{a}_{\text{self}}^{i} \sim \pi_{\text{self}}^{i}$；

game.action($\boldsymbol{a}_{\text{self}}^{i}$)；

其中第2行和第3行代码获取当前智能体和其他智能体的身份。第4行和第5行得到当前智能体和其他智能体的状态。第6行代码使用one-hot编码表示当前智能体对于其他智能体目标估计。第7行代码在给定当前智能体状态$\boldsymbol{s}_{\text{self}}^{i}$、当前智能体的目标$\boldsymbol{z}_{\text{self}}^{i}$，以及其他智能体估计的目标$\hat{z}_{\text{other}}^{OH,i}$时，用智能体的$f_{\text{self}}^{i}$网络计算智能体在当前步骤采取的动作应该服从的分布以及智能体当前状态的价值。第8行和第9行代码表示从学习到的动作分布中采样出一个动作，然后执行该动作，更新游戏环境。

第三部分是推理部分，利用当前智能体的f_{other}^{j}网络估计其他智能体采取的动作分布，然后利用交叉熵损失函数反向传播更新网络参数。当智能体的f_{other}^{j}网络和f_{self}^{j}网络使用同一套参数的时候，就相当于acting模式使用当前智能体的状态和目标计算当前智能体的分布，而在推理模式使用其他智能体的状态和估计的目标用梯度下降算法来优化网络的参数。这里的损失函数是交叉熵损失函数，真实值是当前智能体在上一步采取的动作，而预测值是用f_{other}^{j}网络使用其他智能体的状态以及其他智能体估计目标估计出来的动作分布。

for k:=1, num_inference_steps **do**
　　$\hat{z}_{\text{other}}^{G,j}$ = one_hot[argmax ($\hat{z}_{\text{other}}^{j}$)];
　　$\hat{\pi}_{\text{other}}^{G,j} \leftarrow f_{\text{other}}^{j}\left(\boldsymbol{s}_{\text{other}}^{j}, \hat{\boldsymbol{z}}_{\text{other}}^{G,j}, \boldsymbol{z}_{\text{self}}^{j}; \boldsymbol{\theta}_{\text{self}}^{j}\right)$;
　　loss = cross_entropy_loss($\hat{\pi}_{\text{other}}^{j}, \boldsymbol{a}_{\text{self}}^{i}$);
　　loss.backward();
　　update($\hat{z}_{\text{other}}^{j}$);

其中 num_inference_steps 就是每一个 acting 步中执行推理的步数，这是一个超参数，不同游戏的设置可能不同。第 2 行选出其他智能体的估计目标，第 3 行使用f_{other}^{j}计算出其他智能体动作的估计值分布，然后在第 4 行计算出交叉熵损失。第 5 行和第 6 行进行误差反向传递，然后更新智能体目标的估计值。

最后一部分是更新智能体网络参数的权值，如下所示。

for k:=1, num_players **do**
　　policy.update($\boldsymbol{\theta}_{\text{self}}^{k}$);

3. 使用场景与优势分析

SOM 算法适合完全可见的环境，但是对于当前智能体来说，其他智能体的目标是未知的，且智能体之间不能进行通信的环境。无论在竞争还是合作环境中，当其他智能体目标是不可见时，SOM 算法中智能体会根据其他智能体的动作推断出其他智能体的目标，这比将其他智能体的目标看作环境的一部分效果会更好。SOM 可以适应具有两个以上智能体的环境，因为智能体可以使用自己的策略来模拟任意数量的智能体的动作并推断其目标。而且，它可以很容易地推广到许多不同的环境和任务。

SOM 的一个劣势是训练时间比较缓慢，因为在每一步都会进行多次反向传播优化。但是，SOM 是在线更新的，它能适应其他智能体的动作不断在变的环境。此外，SOM 比较简单和灵活，它对于每个智能体仅仅使用一个结构相同的神经网络来进行建模，不需要任何额外参数来模拟环境中的其他智能体，可以使用任何 RL 算法进行训练，并且可以轻松地与任何参数化策略或网络结构集成。

5.2.2　双重平均方案

1. 算法介绍

本节介绍双重平均方案[34]，其中每个智能体分别迭代地对空间和时间进行平均，合并相邻梯度信息和局部奖励信息。这种算法建立在均方投影 Bellman 误差（Mean Squared Projected Bellman Error，MSPBE）最小化问题的对偶重构上，转化成去中心化的凸凹鞍点问题，以全局几何速率收敛于最优解，它是第一个在分散的凸凹鞍点问题上在有限时间收敛的算法。

双重平均方案使每个智能体仅通过网络与其相邻智能体通信。算法基于 Fenchel 二元性对 model-free 环境中的 MSPBE 进行重构，它的核心是“双重平均”更新方案，在空间上对多个智能体进行平均，在时间维度上执行观测的一个平均。具体的，每个智能体在局部跟踪完整梯度的估计值并使用两个信息源逐步更新：①时间维度上的联合状态和动作对，以及相应局部奖励对应的梯度估计；②相邻智能体跟踪的完整梯度的局部估计。根据完整梯度的更新估计，每个智能体更新其原始参数的本地副本。通过网络迭代传播局部信息，智能体获得全局公共信息并获得所需原始参数，给出全局值函数的最佳近似值。

双重平均方案的优势有三个：使用 Fenchel 二元性形式化多智能体策略评估问题，并提出一种双重平均更新的去中心化对偶优化算法；证明了算法的全局几何收敛速度，成为 MARL 问题中线性收敛的第一种算法；通过采样观察解决分散的凸凹鞍点问题。

2. 算法分析

（1）背景介绍

我们首先将策略评估问题转换为对偶凸凹优化问题。给定 N 个智能体，用 $\boldsymbol{s}\in\mathcal{S}$ 和 $\boldsymbol{a}:=(\boldsymbol{a}_1,\cdots,\boldsymbol{a}_N)\in\mathcal{A}_1\times\cdots\times\mathcal{A}_N$ 表示它们的联合状态和动作，$r_i(\boldsymbol{s},\boldsymbol{a})$ 表示状态 $\boldsymbol{s}$ 下采取联合动作 $\boldsymbol{a}$ 后智能体 i 接收的局部奖励，用 $\gamma\in(0,1)$ 表示折扣因子。$\boldsymbol{s}$ 和 $\boldsymbol{a}$ 都可用于所有智能体，而奖励 r_i 是智能体 i 私有的。智能体通过状态转移矩阵 $\boldsymbol{P}^{\boldsymbol{a}}\in\mathbb{R}^{|\mathcal{S}|\times|\mathcal{S}|}$ 耦合在一起，元素 $(\boldsymbol{s},\boldsymbol{s}')$ 表示采取联合动作 $\boldsymbol{a}$ 后从 $\boldsymbol{s}$ 转换到 $\boldsymbol{s}'$ 的概率。在合作环境下，我们的目标是最大化所有智能体的总回报。假设存在一个中央控制器记录每个智能体的奖励，并将给每个智能体分配动作，问题简化成有动作空间 $\mathcal{A}$ 和全局奖励函数 $r_c(\boldsymbol{s},\boldsymbol{a})=N^{-1}\sum_{i=1}^{N}r_i(\boldsymbol{s},\boldsymbol{a})$ 的经典 MDP 模型。如果没有这样的中央控制器，智能体必须彼此合作，基于局部信息来解决多智能体问题。$\pi(\boldsymbol{a}\mid\boldsymbol{s})$ 是在给定当前状态 $\boldsymbol{s}$ 的情况下采取联合动作 $\boldsymbol{a}$ 的条件概率。我们将联合策略 π 的奖励函数定义为局部奖励的平均值：

$$r_c^{\pi}(\boldsymbol{s}):=\frac{1}{N}\sum_{i=1}^{N}r_i^{\pi}(\boldsymbol{s}),\ 其中 r_i^{\pi}(\boldsymbol{s})=\mathbb{E}_{\boldsymbol{a}\sim\pi(\cdot|\boldsymbol{s})}\left[r_i(\boldsymbol{s},\boldsymbol{a})\right] \tag{5.34}$$

即，当智能体在状态 $\boldsymbol{s}$ 遵循策略 π 时，$r_c^{\pi}(\mathbf{s})$ 是平均局部奖励的预期值。

RL 的一个核心问题是策略评估，即学习给定策略的价值函数。这个问题在基于值的方法（如策略迭代）和基于策略的方法（如 actor-critic 算法）中都是关键组件。因此，对多智能体 MDP 中的值函数的有效估计使我们能够将单智能体 RL 中的方法扩展到 MARL 中。对于任何给定的联合策略 π，用 $V^{\pi}:\boldsymbol{s}\to\boldsymbol{r}$ 表示 π 的值函数。它被定义为当使用给定状态和智能体来初始化多智能体 MDP 后遵循策略 π 的累积折扣奖励的期望值。对于任何状态 $\boldsymbol{s}\in\mathcal{S}$，有：

$$V^{\pi}(\boldsymbol{s}):=\mathbb{E}\left[\sum_{p=1}^{\infty}\gamma^{p}R_c^{\pi}(\boldsymbol{s}_p)\middle|\boldsymbol{s}_1=\boldsymbol{s},\pi\right] \tag{5.35}$$

为简化表示，定义向量 $V^{\pi}\in\mathbb{R}^{|\mathcal{S}|}$ 表示式（5.35）所有 $V^{\pi}(\boldsymbol{s})$ 构成的向量。V^{π} 满足 Bellman 方程：

$$V^{\pi}=r_c^{\pi}+\gamma P^{\pi}V^{\pi} \tag{5.36}$$

可以证明 V^{π} 是式（5.36）的唯一解。

当状态数量很大时，无法计算所有的 V^{π}。使用以下线性函数族近似

$$V^{\pi}(\boldsymbol{s}) := \boldsymbol{\Phi}^{T}(\boldsymbol{s})\boldsymbol{\theta}; \boldsymbol{\theta} \in \mathbb{R}^{d} \tag{5.37}$$

其中 $\boldsymbol{\theta} \in \mathbb{R}^{d}$ 是参数，$\phi(\boldsymbol{s}): \boldsymbol{s} \to \mathbb{R}^{d}$ 是由 d 个特征组成的字典，例如由神经网络推导的特征映射。为了简化表示，定义 $\boldsymbol{\Phi} := (\cdots; \phi^{T}(\boldsymbol{s}); \cdots) \in \mathbb{R}^{|S| \times d}$，并且用 $V^{\theta} \in \mathbb{R}^{|S|}$ 表示通过叠加 $\{V_{\theta}(\boldsymbol{s})\}_{s \in S}$ 构造的向量。利用函数近似，我们的问题简化成找到 $\boldsymbol{\theta} \in \mathbb{R}^{d}$，使得 $V^{\theta} \approx V^{\pi}$。具体而言，我们寻找使 MSPBE 最小的 $\boldsymbol{\theta}$：

$$\text{MSPBE}^{*}(\boldsymbol{\theta}) := \frac{1}{2}\left\|\Pi_{\boldsymbol{\Phi}}(V_{\theta} - \gamma \boldsymbol{P}^{\pi} V_{\theta} - R_{c}^{\pi}\right\|_{\boldsymbol{D}}^{2} + \rho\|\boldsymbol{\theta}\|^{2} \tag{5.38}$$

其中 $\boldsymbol{D} = \operatorname{diag}\left[\{\mu^{\pi}(\boldsymbol{s})\}_{s \in S}\right] \in \mathbb{R}^{|S| \times |S|}$ 是使用稳定分布 π 生成的对角矩阵，$\Pi_{\boldsymbol{\Phi}}: \mathbb{R}^{|S|} \to \mathbb{R}^{|S|}$ 是子空间 $\{\boldsymbol{\Phi\theta}: \boldsymbol{\theta} \in \mathbb{R}^{d}\}$ 上的投影，定义为 $\Pi_{\boldsymbol{\Phi}} = \boldsymbol{\Phi}(\boldsymbol{\Phi}^{T}\boldsymbol{D}\boldsymbol{\Phi})^{-1}\boldsymbol{\Phi}^{T}\boldsymbol{D}$，$\rho \geqslant 0$ 是控制 $\boldsymbol{\theta}$ 归一化的参数。对于任何正半定矩阵 $\boldsymbol{A}$，我们为向量 $\boldsymbol{v}$ 定义 $\|\boldsymbol{v}\|_{A} = \sqrt{\boldsymbol{v}^{T}\boldsymbol{A}\boldsymbol{v}}$。通过直接计算，当 $\boldsymbol{\Phi}^{T}\boldsymbol{D}\boldsymbol{\Phi}$ 是可逆的时候，MSPBE 可写为：

$$\begin{aligned}\text{MSPBE}^{*}(\boldsymbol{\theta}) &= \frac{1}{2}\left\|\boldsymbol{\Phi}^{T}\boldsymbol{D}\left(V_{\theta} - \gamma \boldsymbol{P}^{\pi} V_{\theta} - R_{c}^{\pi}\right)\right\|_{(\boldsymbol{\Phi}^{T}\boldsymbol{D}\boldsymbol{\Phi})^{-1}}^{2} + \rho\|\boldsymbol{\theta}\|^{2} \\ &= \frac{1}{2}\|\boldsymbol{A}\boldsymbol{\theta} - \boldsymbol{b}\|_{\boldsymbol{C}^{-1}}^{2} + \rho\|\boldsymbol{\theta}\|^{2}\end{aligned} \tag{5.39}$$

其中定义 $\boldsymbol{A} := \mathbb{E}\left[\boldsymbol{\Phi}(\boldsymbol{s}_{p})\left(\boldsymbol{\Phi}(\boldsymbol{s}_{p}) - \gamma\boldsymbol{\Phi}(\boldsymbol{s}_{p+1})\right)^{T}\right]$、$\boldsymbol{C} := \mathbb{E}\left[\boldsymbol{\Phi}(\boldsymbol{s}_{p})\boldsymbol{\Phi}^{T}(\boldsymbol{s}_{p})\right]$ 和 $\boldsymbol{b} := \mathbb{E}\left[R_{c}^{\pi}(\boldsymbol{s}_{p})\boldsymbol{\Phi}(\boldsymbol{s}_{p})\right]$。这里，$\boldsymbol{A}$、$\boldsymbol{b}$ 和 $\boldsymbol{C}$ 中的期望都是关于 μ^{π} 得到的。此外，当 $\boldsymbol{A}$ 是满秩且 $\boldsymbol{C}$ 是正定的，可以证明式（5.39）中的 MSPBE 具有唯一的最小值。

为了获得实用的优化问题，我们用 N 个样本的采样平均值代替期望。具体而言，对于给定策略 π，使用联合策略 π 从多智能体 MDP 模拟器中采样有限状态 – 动作序列 $\{\boldsymbol{s}_{p}, \boldsymbol{a}_{p}\}_{p=1}^{M}$。我们还观察到 $\boldsymbol{s}_{M+1}$，即 $\boldsymbol{s}_{M}$ 的下一个状态。然后我们构造 $\boldsymbol{A}$、$\boldsymbol{b}$、$\boldsymbol{C}$ 的采样版本，分别用 $\hat{\boldsymbol{A}}$、$\hat{\boldsymbol{C}}$、$\hat{\boldsymbol{b}}$ 表示：

$$\begin{aligned}&\hat{\boldsymbol{A}} := \frac{1}{M}\sum_{p=1}^{M}\boldsymbol{A}_{p},\ \hat{\boldsymbol{C}} := \frac{1}{M}\sum_{p=1}^{M}\boldsymbol{C}_{p},\ \hat{\boldsymbol{b}} := \frac{1}{M}\sum_{p}^{M}\boldsymbol{b}_{p}, \\ &\boldsymbol{A}_{t} := \boldsymbol{\Phi}(\boldsymbol{s}_{p})\left(\boldsymbol{\Phi}(\boldsymbol{s}_{p}) - \gamma\boldsymbol{\Phi}(\boldsymbol{s}_{p}+1)\right)^{T} \\ &\boldsymbol{C}_{t} := \boldsymbol{\Phi}(\boldsymbol{s}_{p})\boldsymbol{\Phi}^{T}(\boldsymbol{s}_{p}) \\ &\boldsymbol{b}_{t} := r_{c}(\boldsymbol{s}_{p}, \boldsymbol{a}_{p})\boldsymbol{\Phi}(\boldsymbol{s}_{p})\end{aligned} \tag{5.40}$$

其中 $r_{c}(\boldsymbol{s}_{p}, \boldsymbol{a}_{p}) := N^{-1}\sum_{i}^{N} r_{i}(\boldsymbol{s}_{p}, \boldsymbol{a}_{p})$ 是每个智能体在状态 $\boldsymbol{s}_{p}$ 采取动作 $\boldsymbol{a}_{p}$ 时收到的局部奖励的平均值。这里我们假设 M 足够大，使得 $\boldsymbol{C}$ 是可逆的并且 $\boldsymbol{A}$ 满秩。我们给出经验 MSPBE

$$\mathrm{MSPBE}(\boldsymbol{\theta})=\frac{1}{2}\left\|\hat{A}\boldsymbol{\theta}-\hat{\boldsymbol{b}}\right\|_{\hat{C}^{-1}}^{2}+\rho\|\boldsymbol{\theta}\|^{2} \tag{5.41}$$

当 $M\to\infty$ 收敛到 $\mathrm{MSPBE}^{*}(\boldsymbol{\theta})$。设 $\hat{\boldsymbol{\theta}}$ 是使得经验 MSPBE 最小的参数，我们对 V^{π} 的估计由 $\boldsymbol{\Phi}\hat{\boldsymbol{\theta}}$ 给出。由于奖励 $\left\{r_i\left(\boldsymbol{s}_p,\boldsymbol{a}_p\right)\right\}_{i=1}^{N}$ 对于每个智能体是私有的，因此任何智能体都不能独立地计算 $r_c\left(\boldsymbol{s}_p,\boldsymbol{a}_p\right)$ 和最小化经验 MSPBE。

回想一下，在多智能体 MDP 中，智能体能够观察状态和联合动作，但只能观察它们的局部奖励。因此，每个智能体能够计算式（5.40）中的 $\hat{\boldsymbol{A}}$ 和 $\hat{\boldsymbol{C}}$，但是不能计算 $\hat{\boldsymbol{b}}$。为了解决这个问题，对于任何 $i\in\{1,\cdots,N\}$ 和任何 $p\in\{1,\cdots,M\}$，定义 $\boldsymbol{b}_{p,i}:=R_i\left(\boldsymbol{s}_p,\boldsymbol{a}_p\right)\boldsymbol{\Phi}\left(\boldsymbol{s}_p\right)$ 和 $\hat{\boldsymbol{b}}_i:=M^{-1}\sum_{t=1}^{M}\boldsymbol{b}_{p,i}$，对于每个智能体 i 都是已知的。通过计算，很容易验证最小化式（5.41）中的 $\mathrm{MSPBE}(\boldsymbol{\theta})$ 等于求解：

$$\operatorname{minimize}_{\boldsymbol{\theta}\in\mathbb{R}^d}\frac{1}{N}\sum_{i=1}^{N}\mathrm{MSPBE}_i(\boldsymbol{\theta}), \tag{5.42}$$

其中 $\mathrm{MSPBE_i}(\boldsymbol{\theta}):=\frac{1}{2}\left\|\hat{A}\boldsymbol{\theta}-\bar{\boldsymbol{b}}_i\right\|_{\hat{C}^{-1}}^{2}+\rho\|\boldsymbol{\theta}\|^{2}$，通过比较两个优化问题的最优条件，可以看出它们是等价的。更重要的是，式（5.42）是最小化由公共参数 $\boldsymbol{\theta}$ 耦合在一起的 N 个局部函数的总和的多智能体优化问题。这里 $\mathrm{MSPBE_i}(\boldsymbol{\theta})$ 对智能体 i 是私有的，并且参数 $\boldsymbol{\theta}$ 由所有智能体共享。受一些论文的启发，使用 Fenchel 二元性，我们得到 $\mathrm{MSPBE_i}(\boldsymbol{\theta})$ 的共轭形式，即

$$\frac{1}{2}\left\|\hat{A}\boldsymbol{\theta}-\bar{\boldsymbol{b}}_i\right\|_{\hat{C}^{-1}}^{2}+\rho\|\boldsymbol{\theta}\|^{2}=\max_{\omega_i\in\mathbb{R}^d}\left(\boldsymbol{w}_i^{T}\left(\hat{A}\boldsymbol{\theta}-\hat{\boldsymbol{b}}_i\right)-\frac{1}{2}\boldsymbol{w}_i^{T}\hat{C}\omega_i\right)+\rho\|\boldsymbol{\theta}\|^{2} \tag{5.43}$$

观察到每一个 $\hat{\boldsymbol{A}}$、$\hat{\boldsymbol{C}}$、$\hat{\boldsymbol{b}}_i$ 都可以表示为矩阵 / 向量的有限和。通过式（5.43），式（5.42）等价于一个多智能体、对偶和有限和优化问题：

$$\begin{gathered}J_{i,p}\left(\boldsymbol{\theta},\boldsymbol{w}_i\right)=\boldsymbol{w}_i^{T}\boldsymbol{A}_p\boldsymbol{\theta}-\boldsymbol{b}_{p,i}^{T}\boldsymbol{w}_i-\frac{1}{2}\boldsymbol{w}_i^{T}\boldsymbol{C}_p\boldsymbol{w}_i+\frac{\rho}{2}\|\boldsymbol{\theta}\|^{2}\\ \min_{\boldsymbol{\theta}\in\mathbb{R}^d}\max_{\boldsymbol{w}_i\in\mathbb{R}^d,i=1,\cdots,N}\frac{1}{NM}\sum_{i=1}^{N}\sum_{p=1}^{M}\left(J_{i,p}\left(\boldsymbol{\theta},\boldsymbol{w}_i\right)\right)\end{gathered} \tag{5.44}$$

此后，全局目标函数用 $J(\boldsymbol{\theta},\{\boldsymbol{w}_i\}_i^N:=\left(\frac{1}{MN}\right)\frac{1}{NM}\sum_{i=1}^{N}\sum_{p=1}^{M}\left(J_{i,p}\left(\boldsymbol{\theta},\boldsymbol{w}_i\right)\right)$ 表示，它是关于原始变量 $\boldsymbol{\theta}$ 的凸函数和关于对偶变量 $\{\boldsymbol{w}_i\}_{i=1}^{N}$ 的凹函数。值得注意的是，解问题（5.44）有三个挑战。首先，为了获得式（5.44）的鞍点解 $\left(\{\boldsymbol{w}_i\}_{i=1}^{N},\boldsymbol{\theta}\right)$，任何算法都需要同时更新原始和对偶变量，因为目标函数不需要关于 $\boldsymbol{\theta}$ 严格凸。在这种情况下，有效的解决方案是非常重要的。其次，式（5.44）的目标函数由 M 个函数的和组成，其中可能 $M\gg1$，由于复杂性增加，不能再应用传统的对偶方法。最后，由于 $\boldsymbol{\theta}$ 是所有智能体共享的，因此在求解公式（5.44）时，N 个智能体需要在不共享局部函数的情况下就 $\boldsymbol{\theta}$ 达成共识，例如，除了智能体 i 以外，

所有的智能体都不能知道$J_{t,i}(\cdot)$。虽然已经对共享变量的有限和凸优化问题进行了充分的研究，但是凹凸鞍点问题需要新的算法和理论。接下来，我们给出了一种新的去中心化一阶算法，它可以解决这些问题，并以线性速率收敛到式（5.44）的鞍点解。

（2）算法概述

通过式（5.44）引入本节的算法来解决优化问题。由于$\boldsymbol{\theta}$由所有N个智能体共享，因此智能体需要交换信息以便达成一致的解决方案。我们首先指定一个通信模型，假设N个智能体通过连通无向图$G=(V,E)$指定的网络进行通信，其中$V=[N]=\{1,\cdots,N\}$以及$E\subseteq V\times V$是其顶点集和边集。在G上，可以定义双随机矩阵$\boldsymbol{W}$，使得如果$(i,j)\notin E,\boldsymbol{W}_{\mathrm{ij}}=0$且$\boldsymbol{W}1=\boldsymbol{W}^T1=1$，注意因为$G$是连通的，$\lambda:=\lambda_{\max}\left(\boldsymbol{W}-N^{-1}11^T\right)<1$。$G$中的边可以独立于由随机策略$\pi$推导的MDP中的智能体之间的耦合而形成。算法通过结合动态共识和随机平均梯度的技术来解式（5.44）。从高层次的角度来看，本节的算法利用梯度估计来跟踪空间上跨N个智能体和时间上跨M个样本的梯度。首先给出用于求解的中心化批量算法。

考虑原始-对偶梯度更新。对于任何$t\geqslant 1$，在第t次迭代时，我们通过以下公式更新原始和对偶变量：

$$\begin{aligned}\boldsymbol{\theta}^{t+1}&=\boldsymbol{\theta}^t-\gamma_1\nabla_{\boldsymbol{\theta}}J\left(\boldsymbol{\theta},\left\{\boldsymbol{w}_i^t\right\}_{i=1}^N\right),\\ \boldsymbol{w}_i^{t+1}&=\boldsymbol{w}_i^t+\gamma_2\nabla_{\boldsymbol{w}_i}J\left(\boldsymbol{\theta}^t,\left\{\boldsymbol{w}_i^t\right\}_{i=1}^N\right),i\in\{N\},\end{aligned}\tag{5.45}$$

其中$\gamma_1,\gamma_2>0$是步长，这是梯度下降/上升更新在原始/对偶变量领域的一个简单应用。当$\boldsymbol{A}$是满秩且$\boldsymbol{C}$可逆的时候，原始-对偶最优条件是它的Jacobian矩阵满秩。因此，在步长$(\gamma_1,\ \gamma_2)$的特定范围内，递归求解式（5.45）就会线性地收敛于式（5.44）的最优解。

原始-对偶梯度方法可作为研究式（5.44）的高效去中心算法的一个参考。让我们专注于式（5.45）中原始变量$\boldsymbol{\theta}$的更新。为了评估对于参数$\boldsymbol{\theta}$的梯度，我们观察到：（1）智能体i无法访问其他智能体的函数$\left\{J_{j,t}(\cdot),j\neq i\right\}$；（2）计算梯度需要$M$个样本的总贡献。当$M\gg 1$时，计算复杂度将是$O(Md)$。

要解决上述问题，可通过双梯度跟踪方案利用更新原始参数$\boldsymbol{\theta}$和下面介绍的原始-对偶分布式增量聚合梯度（Primal-Dual Distributedincremental Aggregated Gradient，PD-DistIAG）更新局部对偶变量$\boldsymbol{w}_i$。这里每个智能体$i\in\{1,\cdots,N\}$维持原始参数$\left\{\boldsymbol{\theta}_i^t\right\}_{t\geqslant 1}$的局部副本。通过构造序列$\left\{\boldsymbol{s}_i^t\right\}_{t\geqslant 1}$和$\left\{\boldsymbol{d}_i^t\right\}_{t\geqslant 1}$分别跟踪关于$\boldsymbol{\theta}$和$\boldsymbol{w}_i$的梯度。类似于式（5.46），在第$t$次迭代中，我们使用$\boldsymbol{d}_i^t$中的梯度更新对偶变量。对于原始变量，为了达到一致，通过使用权重矩阵$\boldsymbol{W}$首先组合$\left\{\boldsymbol{\theta}_i^t\right\}_{i\in[N]}$来获得每个$\boldsymbol{\theta}_i^{t+1}$，然后在$s_i^t$的方向上更新，如算法PD-DistIAG所示。

为了深入了解该算法的工作原理，我们注意到s_i^t和d_i^t代表原始和对偶梯度的替代函数。此外，对于计数器变量，使用伪代码中的式（5.48），我们也可以将其表示为$\tau_p^t=\max\{l\geqslant 0:l\leqslant t,\ p_l=p\}$。换句话说，$\tau_p^t$是迭代索引，其中第$p$个样本在迭代$t$之前最后被智能体访问，如果第$p$个样本从未被访问过，我们得到$\tau_p^t=0$。对于任何$t\geqslant 1$，定义

$g_\theta t := \left(\frac{1}{N}\right)\sum_{i=1}^{N} s_i^t$。下面的引理 5.1 表明，$g_\theta(t)$ 是原始梯度的双重平均值：它平均多个智能体的局部梯度，它还对在迭代 $t+1$ 步之前评估的所有样本的过去梯度进行平均。这表明 $\{s_i^t\}_{i=1}^{N}$ 的网络平均值总是可以跟踪局部和过去梯度的双重平均值，即，梯度估计 $g_\theta(t)$ 相对于网络范围内的平均值是“无偏的”。

引理 5.1：对于所有 $t \geqslant 1$ 并考虑算法 PD-DistIAG，它认为

$$g_\theta(t) = \frac{1}{MN}\sum_{i=1}^{N}\sum_{p=1}^{M}\nabla_\theta J_{i,p}\left(\theta_i^{\tau_p^t}, w_i^{\tau_p^t}\right) \tag{5.46}$$

对于伪代码中出现的对偶更新公式（5.50），我们观察到变量 w_i 对于智能体 i 是局部的。因此，它的梯度替代 d_i^t 仅涉及随时间的跟踪步骤，即它仅对样本的梯度进行平均。结合引理 5.1 表明，PD-DistIAG 方法使用的梯度替代是样本的平均值，尽管智能体之间存在差异。由于样本的平均值是以与 SAG 方法类似的精度完成的，因此预期所提出的方法线性收敛。

让我们讨论一下 PD-DistIAG 方法的计算和存储复杂性。首先，由于该方法需要访问先前评估的梯度，每个智能体必须在存储器中存储 2M 的矢量以避免重新评估。每个智能体需要存储总共 2dM 个实数。另一方面，每个智能体的每次迭代计算复杂度仅为 $O(d)$，因为每次迭代仅需要评估一个样本的梯度。算法 PD-DistIAG 中描述的 PD-DistIAG 方法要求在每次迭代时在智能体之间进行信息交换 $\left[s_i^t, \theta_i^t\right]$。从实现的角度来看，当 $d \gg 1$ 时，这可能会产生显著的通信开销，并且连续更新时它是无效的。一种补救措施是使用不同的样本在智能体处执行多个局部更新，而无须与邻居交换信息。通过这种方式可以减少通信开销。实际上，这种对 PD-DistIAG 方法进行的修改通常可以使用时变权重矩阵 $W(t)$ 来描述，在大多数迭代中有 $W(t) = I$。

（3）收敛性分析

PD-DistIAG 方法使用以下技术构建：（1）原始－对偶批量梯度下降，（2）用于分布式优化的梯度跟踪（3）随机平均梯度，在一定条件下其中每个都是线性收敛。当然，预计 PD-DistIAG 方法也会以线性速率收敛。

考虑 PD-DistIAG 的样本选择规则的条件：

A1。对于每 M 次迭代，至少选择一次样本，对于所有 $p \in [M], t \geqslant 1, \left|t - \tau_p^t\right| \leqslant M$。

该假设要求每个样本经常被访问。例如，这可以通过使用循环选择规则来执行，即 $p_t = (t \bmod M) + 1$；或者从 M 个样本池中随机抽取的方案。最后，可以放宽假设，即可以仅每 K 次迭代选择一次样本，其中 $K \geqslant M$。

此外，为了确保式（5.44）的解是唯一的，我们考虑：

A2。采样的相关矩阵 A 是满秩，并且采样的协方差矩阵 C 是非奇异的。下面的定理 5.1 证实了 PD-DistIAG 的线性收敛。

定理 5.1　在 A1 和 A2 下，我们用 $\left(\theta^*, \{w_i^*\}_{i=1}^{N}\right)$ 表示原始－对偶优化问题（5.44）的最优解。将步长设为 $\gamma_2 = \beta\gamma_1$，其中 $\beta := 8\left(\rho + \lambda_{\max}\left(A^T \hat{C}^{-1} \hat{A}\right)\right) / \lambda_{\min}(C)$。定义 $\bar{\theta}(t) = \frac{1}{N}\sum_{i=1}^{N}\theta_i^t$

作为参数的平均值。如果原始步长 γ_1 足够小，则存在常数 $0<\sigma<1$，使得

$$\left\|\bar{\boldsymbol{\theta}}(t)-\boldsymbol{\theta}^*\right\|^2+\frac{1}{\beta N}\sum_{i=1}^{N}\left\|\boldsymbol{w}_t^i-\boldsymbol{w}_i^*\right\|^2=O\left(\sigma^t\right),$$
$$\frac{1}{N}\sum_{i=1}^{N}\left\|\boldsymbol{\theta}_i^t-\bar{\boldsymbol{\theta}}(t)\right\|=O\left(\sigma^t\right) \tag{5.47}$$

如果 $N,M\gg 1$，则收敛的一个充分条件是设置 $\gamma=O\left(\frac{1}{\max\left\{N^2,M^2\right\}}\right)$ 并且得到的收敛速率是 $\sigma=1-O\left(\frac{1}{\max\left\{MN^2,M^3\right\}}\right)$。

上面的结果显示了 PD-DistIAG 方法的理想收敛特性 – 原始对偶解 $\left(\bar{\boldsymbol{\theta}}(t),\left\{\boldsymbol{\omega}_i^t\right\}_{i=1}^N\right)$ 线性收敛于 $\left(\boldsymbol{\theta}^*,\left\{\boldsymbol{\omega}_i^*\right\}_{i=1}^N\right)$，同时，局部参数 σ_i^t 的共识误差线性收敛到零。

（4）伪代码分析

算法：PD-DistIAG

输入估计 $\left\{\boldsymbol{\theta}_i^1,\boldsymbol{w}_i^1\right\}_{i\in[N]}$，初始梯度估计 $\boldsymbol{s}_i^0=\boldsymbol{d}_i^0=0,\forall i\in[N]$，初始计数器 $\tau_p^0=0,\forall p\in[M]$，和步长 $\gamma_1,\gamma_2>0$；

for t ≥ 1 **do**

智能体选择一个公共样本，下标为 $p_t\in\{1,\cdots,M\}$；

更新计数器变量：$\tau_p^t=t,\tau_p^t=\tau_p^{t-1},\forall p\neq p_t$　（5.48）

for 每一个智能体 $i\in\{1,\cdots,N\}$ do

更新梯度：

$$\boldsymbol{s}_t^i=\sum_{j=1}^{N}\boldsymbol{W}_{ij}\boldsymbol{s}_j^{t-1}+\frac{1}{M}\left[\nabla_{\boldsymbol{\theta}}J_{i,p_t}\left(\boldsymbol{\theta}_i^t,\boldsymbol{w}_i^t\right)-\nabla_{\boldsymbol{\theta}}J_{i,p_t}\left(\boldsymbol{\theta}_i^{\tau_{p_t}^{t-1}},\boldsymbol{w}_i^{\tau_{p_t}^{t-1}}\right)\right] \tag{5.49}$$

$$\boldsymbol{d}_i^t=\boldsymbol{d}_i^{t-1}+\frac{1}{M}\left[\nabla_{\boldsymbol{w}_i}J_{i,p_t}\left(\boldsymbol{\theta}_i^t,\boldsymbol{w}_i^t\right)-\nabla_{\boldsymbol{w}_i}J_{i,p_t}\left(\boldsymbol{\theta}_i^{\tau_{p_t}^{t-1}},\boldsymbol{w}_i^{\tau_{p_t}^{t-1}}\right)\right] \tag{5.50}$$

其中对于所有 $p\in[M]$，$\nabla_{\boldsymbol{\theta}}J_{i,p}\left(\boldsymbol{\theta}_i^0,\boldsymbol{w}_i^0\right)=0$ 和 $\nabla_{\boldsymbol{w}_i}J_{i,p}\left(\boldsymbol{\theta}_i^0,\boldsymbol{w}_i^0\right)=0$；

使用 $\boldsymbol{s}_t^i,\boldsymbol{d}_t^i$ 执行和 $\boldsymbol{\theta},\boldsymbol{w}_i$ 梯度相关的主对偶更新：

$$\boldsymbol{\theta}_i^{t+1}=\sum_{j=1}^{N}\boldsymbol{W}_{ij}\boldsymbol{\theta}_j^t-\gamma_1\boldsymbol{s}_i^t,\boldsymbol{w}_i^{t+1}=\boldsymbol{w}_i^t+\gamma_2\boldsymbol{d}_i^t \tag{5.51}$$

end for

end for

3. 使用场景与优势分析

算法 PD-DistIAG 主要研究了 MARL 中的策略评估问题。通过利用 Fenchel 对偶性，提出了一种双重平均方案来解决原始 – 对偶、多智能和有限和优化问题。PD-DistIAG 在合

理的假设下被证明是线性收敛的。

5.2.3　多智能体深度强化学习的统一博弈论方法

1. 算法介绍

本节介绍的MARL统一博弈论算法[35]解决了智能体如何在共享环境中与其他智能体交互，这是MARL的一大挑战。InRL中每个智能体将它的经验视为环境的一部分，智能体学习到的策略可能会过拟合其他智能体的策略，本节引入了联合策略相关性指标量化过拟合程度。本节介绍一个通用的MARL算法，基于DRL生成的混合策略近似最佳响应，以及经验博弈论分析（Empirical Game-Theoretic Analysis，EGTA）计算元策略选择策略。该算法推广了以前的如InRL，迭代最佳响应，双重预测等算法，它使用解耦的元解答器来减少内存需求。

DRL将DL与RL结合用于生成策略。传统上，单个智能体与环境进行交互，从观测中改进策略。在MARL中，多个智能体同时在一个环境中进行交互和学习，比如机器人足球等，既有竞争又有合作。最简单的MARL是InRL，每个智能体都不知道其他智能体的存在，并将所有交互视为环境的一部分。在这种情况下，局部环境非平稳或者非马尔可夫导致许多算法不能保证收敛，还可能过拟合其他智能体的策略。而过拟合在多智能体环境中尤为重要，因为智能体必须根据观察到的其他智能体的行为动态地做出回应。经典方法收集或者估计额外信息，如联合值，使用自适应学习率，调整更新频率，或动态响应其他智能体动作。然而最近的大多数研究都关注（重复）矩阵游戏和/或完全可观察的环境。

在多智能体环境中有几种处理部分可观测环境的方法。当模型完全已知并且设置两个智能体之间严格竞争时，存在基于最小化后悔的策略迭代方法；当使用特定域的抽象信息时，这些方法与DL相结合，形成了DeepStack扑克专家系统。这里引入了一个新的度量标准，用于量化智能体策略之间的相关性，并证明过拟合问题的严重性。这类问题在完全可观察环境的合作场景中已经有了好的解决方案，而部分可观察环境中同时包含合作与竞争关系的场景中也有类似问题，并且可以证明随着环境变得越来越不可见，过拟合的程度会加深。

这里介绍一种基于推理的新算法，它使用（1）DRL来计算策略分布的最佳响应，以及（2）经验博弈论分析计算新的元策略分布。算法使用集中训练，分散测试的框架：策略表示为单独的神经网络，并且智能体之间不存在梯度或体系结构的共享，在训练的时候使用中心化的值函数，在测试执行时不使用值函数。

2. 算法分析

（1）背景和相关工作

用一个元组$(\boldsymbol{\pi};V,N)$表示游戏，其中N是玩家的数量，$\boldsymbol{\pi}=(\pi_1,\cdots,\pi_N),\pi_i\in\Pi$是一组策略集合，$\Pi$是策略空间。每个策略对应一个玩家$i\in\{1,\cdots,N\}$，$V:\boldsymbol{\pi}\to\mathbb{R}^N$是值函数。所有玩家试图最大化自己的预期总回报，每个玩家通过从π_i中选择一个策略，或者通过从它们的混合分布$\sigma_i\in\Delta(\pi_i)$中抽样，σ_i的质量取决于其他玩家的策略，因此无法单独寻找和评估。

计算策略有几种算法。在零和游戏中（其中 $\forall\pi_i, 1\cdot U(\pi_i)=0$），可以使用线性规划、虚构游戏、复制动力学或最小化后悔等算法。其中的一些方法可以扩展到状态空间的大小呈指数增长的游戏。

双 Oracle（Double Oracle，DO）算法解决了由 t 时刻的子集 $\Pi^t \subseteq \Pi$ 推导出的一组双人游戏。游戏的价值矩阵仅仅包括与 Π^t 中的策略相对应的那些条目。在每个时间步 t，获得平衡点 $\sigma^{*,t}$；为了获得 $t+1$ 时的平衡点，每个玩家从策略空间 Π 选择一个最佳响应 $\pi_i^{t+1}\mathrm{BR}\left(\sigma_{-i}^t\right)$，该算法如算法 PRSO 所示。注意，在零和游戏中找到平衡点需要 $\left|\Pi^t\right|$ 中的多项式时间，并且对于一般和来说是 PPAD（有向图的多项式校验参数）完全的。

在双人游戏中 DO 保证收敛于一个平衡点。但是，在最坏的情况下，可能需要枚举整个策略空间。例如，对于石头剪刀布来说，其唯一的平衡点是 $\left(\frac{1}{3},\frac{1}{3},\frac{1}{3}\right)$。然而，有证据表明，许多游戏的支持大小随着回合长度的变化而缩小，隐藏信息的影响通过值函数表体现出来。目前已经有了对扩展形式游戏的 DO 扩展，但由于维度诅咒问题，状态空间过大仍然是个问题。

EGTA 是通过模拟复杂游戏得到元策略的研究。通过发现策略和在策略空间进行策略的元推理，构建了一个比完整游戏小得多的经验游戏。当显式枚举游戏策略代价昂贵时，这是很必要的。通过估算每种联合策略的预期效用并记录在价值表中，分析经验游戏，继续模拟过程。EGTA 被用于贸易智能体竞赛和自动竞价拍卖。

（2）策略空间响应 Oracles

接下来介绍本节的算法，策略空间响应 Oracles（Policy-Space Response Oracles，PSRO）。该算法是 DO 的推广，其中元游戏的选择是策略而不是动作。和之前的工作不同的是，DO 可以使用任何元解答器选择元策略，即元解答器和算法是解耦的。在实践上，函数形式的策略用于在状态空间中进行推广，元游戏被形式化为经验游戏，从单个的随机策略开始增长，每一步通过添加近似于其他玩家元策略最佳响应的策略 Oracles。在部分可观察的多智能体环境中，当其他参与者保持不变时，环境是马尔可夫的，可以使用任何 RL 算法解 MDP 计算最佳响应。我们选择使用 DRL。在每个回合中，每个智能体都被设置为学习训练模式 π_i'，并且从对手的元策略 $\pi_{-i} \sim \sigma_{-i}$ 中采样一个固定策略。在这一步结束时，新的 oracle 被添加到它们的策略集 Π_i，新组合策略的价值通过仿真计算并加到经验张量 U^{Π}，这需要 $|\Pi|$ 的指数时间。将 $\Pi^T = \Pi^{T-1} \cup \pi'$ 定义为包括当前学习的 oracle 的策略空间，并且对于所有 $i \in \{1,\cdots,N\}, |\sigma_i| = \left|\Pi_i^T\right|$。迭代最佳响应是 PSRO 的一个实例，其中 $\sigma_{-i} = (0,0,\cdots,1,0)$。类似地，InRL 和虚构游戏是 PSRO 的实例，对应 $\sigma_{-i} = (0,0,\cdots,0,1)$ 和 $\sigma_{-i} = \left(\frac{1}{K},\frac{1}{K},\cdots,\frac{1}{K},0\right)$，其中 $K = \left|\Pi_{-i}^{T-1}\right|$。DO 是 PSRO 的一个实例，其中 $N=2$ 且 σ^T 设置为元游戏的 Nash 均衡 $\left(\Pi^{T-1}, V^{\Pi^{T-1}}\right)$。

虚构游戏与其所响应的策略无关因此，它只能通过重复产生相同的最佳响应转移分布。另一方面，由 DO 计算的均衡策略的响应将在 n 玩家或一般和情况下过拟合到特定均衡，并且无法推广到任何零和案例中的均衡策略未达到的空间的某些部分。在计算任何上下文中都应该运行良好的一般策略时，这两者都是不可取的。我们试图通过以下的妥协来平衡过拟合问题：完全支持的元策略在策略选择时强制 γ 探索。

1）元策略解答器

元策略解答器将经验游戏 (Π, U^{Π}) 作为输入，并为每个玩家 i 生成一个元策略 σ_i 。我们尝试了三种不同的解答器：后悔匹配、对冲和预计复制器动态。这些特定的元解答器根据所有玩家的元策略累积值。基于所有玩家的元策略和当前的经验支付张量 U^{Π} ，我们将 $u_i(\sigma)$ 称为玩家 i 的预期值。同样，如果玩家 i 使用它们的 $k \in \{1,\cdots,K\} \cup \{0\}$ 策略并且其他玩家使用它们的元策略 σ_{-i} ，则用 $u_i(\pi_{i,k}, \sigma_{-i})$ 表示期望效用。我们的策略使用探索参数γ，导致选择任何 $\pi_{i,k}$ 的概率下限是 $\dfrac{\gamma}{K+1}$ 。

本节引入了一个新的解答器，称为预计复制器动态（Projected Replicator Dynamics，PRD）。当使用非对称复制器动态时，例如有两个玩家， $V^{\Pi} = (\boldsymbol{A}, \boldsymbol{B})$ ，元策略 $(\sigma_1, \sigma_2) = (\boldsymbol{x}, \boldsymbol{y})$ 的第 k 个分量的概率变为：

$$\frac{\mathrm{d}x_k}{\mathrm{d}t} = x_k\left[(\boldsymbol{A}\boldsymbol{y})_k - \boldsymbol{x}^T\boldsymbol{A}\boldsymbol{y}\right]$$

$$\frac{\mathrm{d}y_k}{\mathrm{d}t} = y_k\left[(\boldsymbol{x}^T\boldsymbol{B})_k - \boldsymbol{x}^T\boldsymbol{B}\boldsymbol{y}\right]$$

为了模拟复制器动态，使用步长大小 δ 来模拟离散化更新。我们在这些保证探索的方程中加上一个投影算子 P： $\boldsymbol{x} \leftarrow P\left(\boldsymbol{x} + \delta\dfrac{\mathrm{d}x}{\mathrm{d}t}\right), \boldsymbol{y} \leftarrow P\left(\boldsymbol{y} + \delta\dfrac{\mathrm{d}y}{\mathrm{d}t}\right)$ ，其中 $P(\boldsymbol{x}) = \mathrm{argmin}_{\boldsymbol{x}' \in \Delta_\gamma^{K+1}}\left\{\|\boldsymbol{x}' - \boldsymbol{x}\|\right\}$ ，如果有任何 $x_k < \gamma/(K+1)$ 或 $\boldsymbol{x}$ ，并且 $\Delta_\gamma^{K+1} = \left\{\boldsymbol{x} \mid x_k \geqslant \dfrac{\gamma}{K+1}, \sum_k x_k = 1\right\}$ 是大小为 $K+1$ 的 γ 探索单形。这里强制探索 $\sigma_i(\pi_i, k) \geqslant \gamma/(K+1)$ 。PRD 方法可以被理解为指导探索与包含各向同性扩散或突变项的复制器。

2）深度认知层次结构

PSRO 的 RL 步骤可能需要很长时间才能收敛到好的响应。在复杂的环境中，在一个步骤学到的大部分基本行为可能需要在从头开始时重新学习；此外，还可能需要运行许多步来获得可以通过更深层次的事件递归推理 oracle 策略。为了解决这些问题，引入并行的 PSRO。对于一个 N 玩家游戏，设置 K 个固定的级别，并行启动 NK 个进程：每个智能体训练一个 oracle 策略 $\pi_{i,k}$ ，表示玩家 i 的级别 k 的 oracle 策略，并更新自己的元策略 $\sigma_{i,k}$ ，定期将每个策略保存到中央控制器。每个进程维护所有其他当前和更低级别 oracle 策略的副本 $\pi_{j,k'} \leqslant k$ 和当前级别的元策略 $\sigma_{-i,k}$ ，定期从中央控制器进行复制。这个使用 DRL 进行扩充的 Camerer 被称为深度认知层次结构（Deep Cognitive Hierarchy，DCH）。由于每个进程使用其他进程的策略和元策略的略微过时的副本，DCH 和 PSRO 很相似，差别在于 DCH 为了实际效率，尤其是可扩展性，使用了估计策略。DCH 的另一个优势是总空间复杂度的降低。在 PSRO 中，对于 K 级策略和 N 个参与者，存储经验价值张量所需的空间是 K^N。DCH 中的每个进程都存储固定的 NK 个策略，以及由 $k \leqslant K$ 约束的 N 个元策略，总空

间复杂度是 $O\left(NK\cdot(NK+NK)\right)=O\left(N^2K^2\right)$。

解耦的元策略求解器：为了确保估计的无偏，使用混合的探索策略，然后测试三个元策略解答器：解耦后悔匹配、解耦对冲和解耦 PRD。DCH 和 PSRO 方法不同的是，DCH 一次采样一个样本，使用在线方式定期更新元策略。

（3）伪代码分析

伪代码主要包含两个算法，第一个算法是 PSRO，第二个算法是 DCH 算法。如下所示。

第一个算法的输入为随机初始化的策略集合 Π，接下来初始化一个单一的元策略，每一个 epoch 添加一个策略 oracle π'_i，估计其他玩家的元策略，不断进行采样训练，为每一个智能体学习出一个最好的元策略。

算法 1：PRSO

输入：所有玩家的初始策略集合 Π；
对每一个联合策略 $\boldsymbol{\pi}\in\Pi$；
初始化元策略 $\sigma_i=\text{UNIFORM}(\pi_i)$；
while epoch e in $\{1,2,\cdots\}$ **do**
　　for player $i\in\{1,\cdots,\text{N}\}$ **do**
　　　　for many episodes **do**
　　　　　　采样 $\pi_{-i}\sim\sigma_{-i}$；
　　　　　　在 $\rho\sim(\pi'_i,\pi_{-i})$ 上训练 oracle π'_i；
　　　　end for
　　end for
　　从 Π 中计算 U^{Π} 中错过的实体；
　　从 U^{Π} 计算一个元策略 σ；
输出当前玩家 i 的元策略 σ_i；

第二个算法是 DCH，该算法的目的是为每一个智能体都训练多个级别的元策略。输入是当前玩家的编号，级别 k。在循环体内，加载每个智能体 $j(j\neq i)$ 的策略以及 oracle，然后使用这些加载的策略进行采样，训练当前智能体的元策略 $\pi_{i,k}$，每隔 T_{ms} 个迭代步数，更新元策略 $\sigma_{i,k}$。

算法 2：DCH

输入：玩家的编号 i，级别 k；
while 训练没有完成 **do**
　　CHECKLOADMS($\{j\mid j\in\{1,\cdots,N\},j\neq i\},k$);
　　CHECKLOADORACLES($j\in\{1,\cdots,N\},k'\leqslant k$;
　　CHECKSAVEMS($\sigma_{i,k}$);
　　CHECKSAVEORACLE($\pi_{i,k}$);
　　采样 $\pi_{-i}\sim\sigma_{-i,k}$；

在 $\rho_1 \sim (\pi'_{i,k}, \pi_{-i})$ 上训练 oracle $\pi_{i,k}$；
如果迭代次数 mod $T_{ms} = 0$ then；
采样 $\pi_i \sim \sigma_{i,k}$；
计算 $u_i(\rho_2)$，其中 $\rho_2 \sim (\pi_i, \pi_{-i})$；
更新 π_i 的统计并更新 $\sigma_{i,k}$；
输出级别为 k，编号为 i 的玩家 $\sigma_{i,k}$；

3. 使用场景与优势分析

实验表明 PSRO 和 DCH 产生的一般策略可以显著降低部分可观察协调游戏中的 JPC，以及在一个拥有不完全信息的竞争游戏中安全利用对手的强大反制策略。PSRO 和 DCH 提供的泛化能力可被视为“对手 / 队友归一化”的一种形式，最近也在实践中被观察到。

5.3　基于 AC 框架的多智能体深度强化学习

5.3.1　多智能体深度确定性策略梯度

1. 算法介绍

前面两个小节主要介绍了基于值函数的多智能体 DRL 和基于策略的多智能体 DRL。基于值函数的方法最后会得到一个值函数，根据该值函数可以生成相应的策略。而基于策略的方法则会直接在策略空间利用梯度上升找出最优的策略。而本节要介绍的 actor-critic 框架下的多智能体 DRL，其实就是同时学习出一个策略和一个值函数。其中的 actor 就是一个学习到的参数化策略，它会给出智能体该如何选择动作。而 critic 就是这个学习到的值函数，用来评价智能体采取的动作可能带来的回报。和基于策略的方法相比较，actor 的参数通常基于 critic 给出的回报通过策略梯度来实现，但这不是必须的，也可以通过其他方法来实现，而基于策略的方法并没有 critic 组件。

MADDPG 算法 [36] 可以用于解决涉及多个智能体之间交互的一类问题，这些智能体之间通常会存在竞争或者合作关系中的至少一种。常见的此类问题有多机器人的控制、多玩家游戏等，这些问题需要处理好各个智能体之间的关系。而利用传统的 Q-learning 算法或者策略梯度的方法不能很好地解决这些问题。第一个原因是在训练过程中，每个智能体的策略都在不断地更新。假设有 N 个智能体共同执行一个任务，从单个智能体的角度来看，环境是不稳定的，因为对于下一时刻的状态 $\boldsymbol{s}'$，有 $\boldsymbol{s}' = P(\boldsymbol{s}, \pi_1(\boldsymbol{o}_1), \cdots, \pi_N(\boldsymbol{o}_N)), (i = 1, \cdots, N)$，其中 $\boldsymbol{o}_i$ 是第 i 个智能体所观察到的内容，$\pi_i(\boldsymbol{o}_i)$ 是第 i 个智能体在观察 $\boldsymbol{o}_i$ 下依据其策略所采取的动作，即下一时刻的状态受所有这 N 个智能体的策略影响，仅仅通过智能体自身的策略是无法解释环境变化的，这就导致了学习过程的不稳定性；此外还不能直接把过去的经验 $(\boldsymbol{s}, \boldsymbol{a}_i, r_i, \boldsymbol{s}')$ 进行回放，然而这对于稳定深度 Q-learning 的学习过程是至关重要的。另一方面，当多智能之间需要合作或者竞争的时候，因为不同的智能体的奖励是不一致的，这导致使用策略梯度方法通常会产生很大的方差，这个问题可以通过反向传播来寻找最优的策略来解决，但是这需要环境变化是可导的且需要智能体之间的交互模型。

针对以上问题，多智能体深度确定性策略梯度（MADDPG）基于 DDPG 算法和 actor-critic 框架进行了以下的改进。

- 训练和测试阶段采用不同的策略，训练阶段可以采用额外的信息来辅助训练。
- 在测试阶段可以仅仅使用自身的观察进行决策。
- 不需要可导的环境变化，也不需要能够在智能体之间通信的任何特殊结构。
- 这个算法可以应用在多个智能体之间竞争或者合作关系至少存在一种的环境下。

MADDPG 在训练时采用中心化方法，在测试时可以实现去中心化。具体来说，MADDPG 算法将每一个智能体当作一个 actor。在训练阶段，每个 actor 可以借助一个 critic 进行训练。一般来说，critic 通过预测采取一个动作在未来可以获得的奖励的期望来对 actor 的训练进行指导，这比用奖励来指导策略的更新更稳定。此外，为了加速训练，MADDPG 还允许各个智能体的 critic 使用所有智能体的观察和策略以及额外的环境信息，所以说 critic 是一个中心化的评价函数，可以做到中心化的训练。当训练完成之后，actor 仅仅需要该智能体自己的观察就可以决策，因此 actor 是一个去中心化的决策策略，可以做到去中心的测试。而传统的 Q-learning 算法在训练和测试阶段必须具有相同的结构，所以如果要基于 Q-learning 实现这个方法，还需要对环境进行相应的假设，这是比较复杂的，因此 MADDPG 在 actor-critic 方法上做了改进。如图 5.11 所示，在训练阶段，中心化的评价函数除了可以使用当前智能体自身的观察之外，还会使用其他智能体的观察和策略用来辅助训练，而 actor 函数会依据 critic 给出的 Q 值进行更新。当训练完成之后，在测试阶段使用训练好的 actor 决策函数进行去中心化决策，它可以同时适用于竞争或者合作的环境。

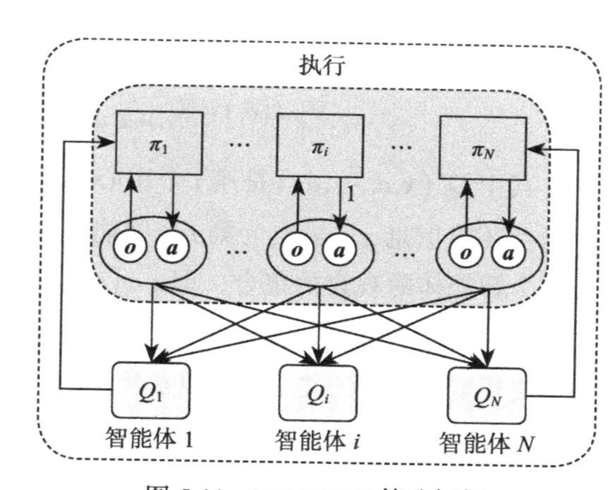

图 5.11 MADDPG 算法框架

因为中心化的评价函数使用了其他智能体的策略，所以每个智能体需要知道其他智能体的策略模型，学习出其他智能体的策略模型，并且在学习自己的策略时能够有效地利用它们。此外，MADDPG 还可以通过混合多个策略训练智能体来提高在竞争环境下策略的稳定性。

前面提到过，因为其他具有竞争或者合作关系的智能体的策略在一直改变，导致了多智能体问题中环境的不稳定问题。尤其是在竞争环境中，智能体可能通过过拟合学习其他竞争者当前的策略而得到一个很强的策略，但是当竞争者改变他们的策略之后，这个策略通常就会很容易失败。为了得到一个更能适应不同竞争智能体的策略，MADDPG 提出了一个方法，即在训练的时候让其他智能体从一系列不同的子策略中随机采样执行，这就引入了更多竞争智能体的变化，而不仅仅是适应其他竞争智能体当前的策略（这也是过拟合产生的原因）。如果其他竞争智能体的变化很大，当前的智能体必须学会适应多变的环境，如果没有引入这些变化，当前智能体只会学到一个足够强的策略去应对其他竞争智能体最新学到的策略，而不能很好地适应竞争智能体策略的变化。

此外，MADDPG 在实现上还采用了在 DQN 中用到的两个效果非常好的技巧：经验回放机制和目标网络。这两个技巧都是用来稳定学习过程的。但是这两个技巧和 DQN 有一定的区别。在 DQN 中，经验回放机制中的“单位”是一个智能体的四元组转换 $(\boldsymbol{s},a,r,\boldsymbol{s}')$，这里的 a 和 r 是一个智能体的动作和奖励。而在 MADDPG 中是 $\boldsymbol{a}$ 和 $\boldsymbol{r}$ 都是多个智能体的动作和奖励构成的向量。

DQN 中目标网络的实现机制是复制一份和原始网络结构一样的网络，在每一个时间步上，利用目标网络计算出新的 Q 值，更新原始网络的参数。然后每隔一定的步数将原始网络的参数值复制到目标网络，在其余时间目标网络的参数值保持不变。和 DQN 采用这种硬的目标网络更新方式不同，MADDPG 中采用的更新方式中，目标网络在每一步都会更新，但不是直接将原始网络的参数复制过来，而是分别赋予目标网络和原始网络一定的权重更新目标网络。

2. 算法分析

（1）算法概述

对于一个具有 N 个智能体的任务，MADDPG 算法共有 N 个策略函数和 N 个评价函数。用 $\boldsymbol{\pi}=\{\pi_1,\cdots,\pi_N\}$ 来表示智能体采用的 N 个随机策略，对应的参数用 $\boldsymbol{\theta}=\{\boldsymbol{\theta}_1,\cdots,\boldsymbol{\theta}_N\}$ 来表示，第 i 个智能体在某个观察下的动作可以表示为 $\pi_i(\boldsymbol{a}_i\,|\,\boldsymbol{o}_i)$。用 $\boldsymbol{x}$ 表示整个环境的信息，第 i 个智能体的梯度可以写成：

$$\nabla_{\boldsymbol{\theta}_i}J(\boldsymbol{\theta}_i)=\mathbb{E}_{s\sim\rho^{\mu},\boldsymbol{a}_i\sim\pi_i}\left[\nabla_{\boldsymbol{\theta}_i}\log\pi_i(\boldsymbol{a}_i\,|\,\boldsymbol{o}_i)Q_i^{\pi}\left(\boldsymbol{x},\boldsymbol{a}_1,\cdots,\boldsymbol{a}_N\right)\right] \tag{5.52}$$

其中 $Q_i^{\pi}\left(\boldsymbol{x},\boldsymbol{a}_1,\cdots,\boldsymbol{a}_N\right)$ 是第 i 个中心化的评价函数，它的输入是每个智能体采取的动作 $\boldsymbol{a}_i$ 以及环境信息 $\boldsymbol{x}$，输出为第 i 个智能体的 Q 值。在最简单的情况下，环境的信息 $\boldsymbol{x}$ 可以是各个智能体的观察的集合，即 $\boldsymbol{x}=\left(\boldsymbol{o}_1,\cdots,\boldsymbol{o}_N\right)$，当然也可以根据实际情况包含一些其他的信息。每一个 Q_i^{π} 都是单独进行学习的，所以任何一个智能体的奖励都可以单独进行设计，在冲突环境下它们的奖励也可以是冲突的。

如果将随机策略替换为确定性策略，用 $\mu_{\boldsymbol{\theta}_i}$（缩写成 μ_i）表示第 i 个智能体的策略，则第 i 个智能体的梯度可以写成

$$\nabla_{\boldsymbol{\theta}_i}J\left(\mu_i\right)=\mathbb{E}_{\boldsymbol{s},\boldsymbol{a}\sim D}\left[\nabla_{\boldsymbol{\theta}_i}\mu_i(\boldsymbol{a}_i\,|\,\boldsymbol{o}_i)Q_i^{\mu}\left(\boldsymbol{x},\boldsymbol{a}_1,\cdots,\boldsymbol{a}_N\right)|_{\boldsymbol{a}_i=\mu_i(\boldsymbol{o}_i)}\right] \tag{5.53}$$

其中经验回放缓存 D 中的每一个元素都是一个四元组 $\left(\boldsymbol{x},\boldsymbol{a},\boldsymbol{r},\boldsymbol{x}'\right)$，记录了所有智能体的经验，其中 $\boldsymbol{a}=\{\boldsymbol{a}_1,\cdots,\boldsymbol{a}_N\}$，$\boldsymbol{r}=\{r_1,\cdots,r_N\}$。动作函数的学习可以通过梯度下降算法来实现。

中心化的动作值函数可以通过反向传播算法进行更新。

$$\begin{gathered}L\left(\boldsymbol{\theta}_i\right)=\mathbb{E}_{\boldsymbol{x},\boldsymbol{a},\boldsymbol{r},\boldsymbol{x}'}\left[\left(Q_i^{\mu}\left(\boldsymbol{x},\boldsymbol{a}_1,\cdots,\boldsymbol{a}_N\right)-y\right)^2\right]\\ y=r_i+\gamma Q_i'\left(\boldsymbol{x}^i,\boldsymbol{a}_1',\cdots,\boldsymbol{a}_N'\right)|_{\boldsymbol{a}_j'=\mu_j'(\boldsymbol{o}_j)}\end{gathered} \tag{5.54}$$

MADDPG 同时采用了目标网络技术以稳定动作函数和评价函数学习过程，其中

$\mu' = \left\{\mu_{\theta_1'},\cdots,\mu_{\theta_N'}\right\}$ 是目标网络的动作函数，对应第 i 个目标网络中的动作函数参数为 $\boldsymbol{\theta}_i'$，Q_i' 是目标网络中的第 i 个智能体评价函数。

MADDPG 的主要动机是，如果我们已知各个智能体执行的动作，即使策略改变了，环境也是稳定的。因为 $p\left(\boldsymbol{s}'|\boldsymbol{s},\boldsymbol{a}_1,\cdots,\boldsymbol{a}_N,\pi_1,\cdots,\pi_N\right) = p\left(\boldsymbol{s}'|\boldsymbol{s},\boldsymbol{a}_1,\cdots,\boldsymbol{a}_N\right) = p\left(\boldsymbol{s}'|\boldsymbol{s},\boldsymbol{a}_1,\cdots,\boldsymbol{a}_N,\pi_1',\cdots,\pi_N'\right)$，无论 π_i' 与 π_i 是否相等，只要其产生的动作 $\boldsymbol{a}_i$ 是相等的，那么 $P\left(\boldsymbol{s}'|\boldsymbol{s},\boldsymbol{a}_1,\cdots,\boldsymbol{a}_N\right)$ 就是不变的。而传统的 MARL，对于每一个智能体，如果只考虑自己的动作，那么显然 $P\left(\boldsymbol{s}'|\boldsymbol{s},\boldsymbol{a}_i\right)$ 不一定是不变的，因为 $\mathbf{s}'$ 还会受其他智能体动作的影响。

（2）伪代码分析

算法：N 智能体深度确定性策略梯度

---

for episode = 1 to M **do**
　初始化随机过程 N 用于动作探索；
　初始化环境状态 x；
　for $t = 1$ to 最大回合长度 **do**
　　for each 智能体 i，选择动作 $\boldsymbol{a}_i = \mu_{\theta_i}\left(\boldsymbol{o}_i\right) + N_t$
　　　执行动作 $\boldsymbol{a} = \left(\boldsymbol{a}_1,\cdots,\boldsymbol{a}_N\right)$；
　　　观察奖励 $\boldsymbol{r}$，以及下一个状态 $\boldsymbol{x}'$；
　　　将转换四元组 $\left(\boldsymbol{x},\boldsymbol{a},\boldsymbol{r},\boldsymbol{x}'\right)$ 存进回放缓存 $\mathcal{D}$；
　　　将状态 $\boldsymbol{x}' \to \boldsymbol{x}$；
　　end for
　　for agent $i=1$ to N **do**
　　　从 $\mathcal{D}$ 中取出 S 个样本 $\left(\boldsymbol{x}^j,\boldsymbol{a}^j,\boldsymbol{r}^j,\boldsymbol{x}'^j\right)$：

$$y^j = r_i^j + \gamma Q_i^{\mu'}\left(\boldsymbol{x}'^j,\boldsymbol{a}_1',\cdots,\boldsymbol{a}_N'\right)|_{\boldsymbol{a}_k'=\mu_k'\left(\boldsymbol{o}_k^j\right)};$$

　　　通过最小化损失函数更新评价函数：

$$L\left(\boldsymbol{\theta}_i\right) = \frac{1}{S}\sum_j\left[\left(Q_i^{\mu}\left(\boldsymbol{x}^j,\boldsymbol{a}_1^j,\cdots,\boldsymbol{a}_N^j\right) - y^j\right)^2\right];$$

　　　通过梯度下降更新动作函数：

$$\nabla_{\theta_i} J\left(\mu_i\right) = \frac{1}{S}\Sigma j\left[\nabla_{\theta_i}\mu_i\left(\boldsymbol{o}_i^j\right)Q_i^{\mu}\left(\boldsymbol{x},\boldsymbol{a}_1^j,\cdots,\boldsymbol{a}_N^j\right)|_{\boldsymbol{a}_i^j=\mu_i\left(\boldsymbol{o}_i^j\right)}\right];$$

　　end for
　　对于每一个智能体 i 更新目标网络的参数：$\boldsymbol{\theta}_i' = \tau\boldsymbol{\theta}_i + \left(1-\tau\right)\boldsymbol{\theta}_i'$；
　end for
end for

（3）Python 代码片段分析

下面给出官方使用 TensorFlow 实现的 MADDPG 算法的部分代码解析。

1）算法训练框架

```
1. train():
2.     env = make_env(arglist.scenario, arglist, arglist.benchmark)
3.     obs_shape_n = [env.observation_space[i].shape for i in range(env.n)]
4.     num_adversaries = min(env.n, arglist.num_adversaries)
5.     trainers = get_trainers(env, num_adversaries, obs_shape_n, arglist)
6.
7.     episode_step = 0
8.     episode_rewards = [0.0]
9.     while True:
10.        action_n = [agent.action(obs) for agent, obs in zip(trainers, obs_n)]
11.        new_obs_n, rew_n, done_n, info_n = env.step(action_n)
12.        episode_step += 1
13.        done = all(done_n)
14.        terminal = (episode_step >= arglist.max_episode_len)
15.
16.        for i, agent in enumerate(trainers):
17.            agent.experience(obs_n[i], action_n[i], rew_n[i], new_obs_n[i],
done_n[i], terminal)
18.
19.        obs_n = new_obs_n
20.        for i, rew in enumerate(rew_n):
21.            episode_rewards[-1] += rew
22.            agent_rewards[i][-1] += rew
23.
24.        if done or terminal:
25.            obs_n = env.reset()
26.            episode_step = 0
27.            episode_rewards.append(0)
28.        train_step += 1
29.
30.        for agent in trainers:
31.            loss = agent.update(trainers, train_step)
32.
33.        if terminal and (len(episode_rewards) % arglist.save_rate == 0):
34.            U.save_state(arglist.save_dir, saver = saver)
35.            if num_adversaries == 0:
36.                print("steps: {}, episodes: {}, mean episode reward: {}, time:
{}".format(train_step, len(episode_rewards), np.mean(episode_rewards[-arglist.save_
rate:]), round(time.time()-t_start, 3)))
37.            else:
38.                print("steps: {}, episodes: {}, mean episode reward: {},
agent episode reward: {}, time: {}".format(train_step, len(episode_rewards),
np.mean(episode_rewards[-arglist.save_rate:]), [np.mean(rew[-arglist.save_rate:])
for rew in agent_rewards], round(time.time()-t_start, 3)))
```

该段代码主要实现算法的训练框架。首先对环境初始化，创建 N 个智能体。在 while 循环体中训练所有智能体，每隔 max_episode_len 个时间步或者当前回合所有智能体的任务已经完成，进入下一个回合。并且每隔 arglist.save_rate 个回合保存一个模型。智能体个数 max_episode_len 和 arglist.save_rate 的值是可以修改的。

```
1. env = make_env(arglist.scenario, arglist, arglist.benchmark)
2. obs_shape_n = [env.observation_space[i].shape for i in range(env.n)]
3. num_adversaries = min(env.n, arglist.num_adversaries)
4. trainers = get_trainers(env, num_adversaries, obs_shape_n, arglist)
5.
```

```
6. episode_step = 0
7. episode_rewards = [0.0]
```

该段代码实现环境的初始化，得到初始的观察，并创建 N 个智能体。num_adversaries 表示具有竞争关系的智能体的个数，episode_step 统计当前回合已经训练了多少个时间步，episode_rewards 用来存放所有回合的奖励。

```
1. action_n = [agent.action(obs) for agent, obs in zip(trainers, obs_n)]
2. new_obs_n, rew_n, done_n, info_n = env.step(action_n)
```

在 while 循环体中，这段代码实现了环境的更新。每一个智能体根据当前的观察和策略生成相应的 action_n。环境对智能体采取的 action_n 给出相应的回应，生成新的观察 new_obs__n 和 rew_n，以及当前回合智能体是否已经完成任务的标记 done_n。

```
1. episode_step += 1
2. done = all(done_n)
3. terminal = (episode_step >= arglist.max_episode_len)
4.
5. if done or terminal:
6.     obs_n = env.reset()
7.         episode_step = 0
8.     episode_rewards.append(0)
9. train_step += 1
```

Done 用来标记是否所有智能体都已完成该回合的任务，如果所有智能体都已经完成该回合任务，结束该回合。每一个回合最多训练 max_episode_len 个时间步，如果超过这么多个时间步当前回合还未结束，就会标记 terminal 变量为真，将环境重新初始化，开始新的训练回合，将该回合的 reward 添加到 episode_rewards 中，并将记录所有回合总共训练了多少个时间步的变量 train_step 值加一。

```
1. for i, agent in enumerate(trainers):
2.     agent.experience(obs_n[i], action_n[i], rew_n[i], new_obs_n[i], done_
n[i], terminal)
3. for agent in trainers:
4.     loss = agent.update(trainers, train_step)
```

在每一个时间步运行完之后，上述代码实现了将 <observation,action, reward, next_observation> 四元组存入回放缓存中，然后从回放缓存中随机采样一系列样本，用来更新 MADDPG 的 actor 和 critic 的权重。

```
1. if terminal and (len(episode_rewards) % arglist.save_rate == 0):
2.     U.save_state(arglist.save_dir, saver = saver)
3.     if num_adversaries == 0:
4.         print("steps: {}, episodes: {}, mean episode reward: {}, time: {}".
format(train_step, len(episode_rewards), np.mean(episode_rewards[-arglist.save_
rate:]), round(time.time()-t_start, 3)))
5.     else:
6.         print("steps: {}, episodes: {}, mean episode reward: {},
agent episode reward: {}, time: {}".format(train_step, len(episode_rewards),
np.mean(episode_rewards[-arglist.save_rate:]), [np.mean(rew[-arglist.save_rate:])
for rew in agent_rewards], round(time.time()-t_start, 3)))
```

该段代码的功能是每隔 save_rate 个回合保存一个新的模型。

2）更新智能体权重

```
1. def update(self, agents, t):
2.     if len(self.replay_buffer) < self.max_replay_buffer_len:
3.         return
4.     if not t % 100 == 0:
5.         return
6.
7.     self.replay_sample_index = self.replay_buffer.make_index(self.args.batch_
size)
8.
9.     obs_n = []
10.    obs_next_n = []
11.    act_n = []
12.    index = self.replay_sample_index
13.    for i in range(self.n):
14.        obs, act, rew, obs_next, done = agents[i].replay_buffer.sample_
index(index)
15.        obs_n.append(obs)
16.        obs_next_n.append(obs_next)
17.        act_n.append(act)
18.    obs, act, rew, obs_next, done = self.replay_buffer.sample_index(index)
19.
20.    num_sample = 1
21.    target_q = 0.0
22.    for i in range(num_sample):
23.        target_act_next_n = [agents[i].p_debug['target_act'](obs_next_n[i])
for i in range(self.n)]
24.        target_q_next = self.q_debug['target_q_values'](*(obs_next_n +
target_act_next_n))
25.        target_q += rew + self.args.gamma * (1.0 - done) * target_q_next
26.    target_q /= num_sample
27.    q_loss = self.q_train(*(obs_n + act_n + [target_q]))
28.    p_loss = self.p_train(*(obs_n + act_n))
29.
30.    self.p_update()
31.    self.q_update()
32.
33.    return [q_loss, p_loss, np.mean(target_q), np.mean(rew), np.mean(target_
q_next), np.std(target_q)]
```

该段代码主要实现从缓存中进行采样并更新 actor 和 critic 网络的权重。每隔 100 个时间步，执行该段代码。如果回放缓存的大小达到 max_replay_buffer_len，就进行更新，否则继续填充缓存，结束该函数的执行。在进行更新时，随机选取 num_sample 个样本，利用这些样本对 actor 和 critic 权重进行更新。

```
1. if len(self.replay_buffer) < self.max_replay_buffer_len:
2.     return
3. if not t % 100 == 0: # only update every 100 steps
4.     return
```

该段代码主要判断是否进行 actor 和 critic 网络参数的更新，如果经验缓存池中的缓存没有达到 max_replay_buffer_len 的大小，就返回，直到满足回访缓存大小达到 max_replay_buffer_len 才进行更新。此外每隔 100 步才更新网络权值，否则结束该段代码。

```
1. self.replay_sample_index = self.replay_buffer.make_index(self.args.batch_size)
2.
3. obs_n = []
4. obs_next_n = []
5. act_n = []
6. index = self.replay_sample_index
```

该段代码从回放缓存中进行采样，取 batch_size 大小的样本，保存它们在回放缓存中的索引。obs_n 和 obs_next_n 分别用来存放当前时刻的观察和下一时刻的观察，act_n 存放智能体的动作，index 是采样的样本在回放缓存中的索引。

```
1. for i in range(self.n):
2.         obs, act, rew, obs_next, done = agents[i].replay_buffer.sample_
index(index)
3.         obs_n.append(obs)
4.         obs_next_n.append(obs_next)
5.         act_n.append(act)
6.     obs, act, rew, obs_next, done = self.replay_buffer.sample_index(index)
```

从回放缓存中生成 N 个智能体的样本并将它们存放到 obs_n 和 obs_next_n，以及 act_n 中。

```
1. for i in range(num_sample):
2.         target_act_next_n = [agents[i].p_debug['target_act'](obs_next_n[i])
for i in range(self.n)]
3.         target_q_next = self.q_debug['target_q_values'](*(obs_next_n +
target_act_next_n))
4.         target_q += rew + self.args.gamma * (1.0 - done) * target_q_next
5.     target_q /= num_sample
```

利用 num_sample 个样本的 obs_n、obs_next_n 和 act_n 分别计算出 N 个智能体的目标 Q 值，这里采用目标 actor 网络和目标 critic 网络用来稳定学习过程。最后对 num_sample 个样本求目前 Q 值的均值。

```
1. q_loss = self.q_train(*(obs_n + act_n + [target_q]))
2. p_loss = self.p_train(*(obs_n + act_n))
3.
4. self.p_update()
5. self.q_update()
```

利用生成的样本用计算 actor 和 critic 网络的损失。计算完损失之后，更新 actor 和 critic 网络的参数。

3. 使用场景与优势分析

MADDPG 算法的提出，主要是为了解决竞争或者合作环境中的多智能体任务，更注重于智能体之间的交互，因此，相对于传统的 Q-learning 算法以及策略梯度的算法，它在需要更多交互的任务，如多人电脑游戏、语言交流和多个机器人的控制等任务中会有较好的表现。

DQN 应用于离散的动作上，MADDPG 应用于连续的动作。此外，MADDPG 还通过中心化的训练，去中心化的测试，将训练和测试过程分离，不仅增加了训练的速度，同时也解决了环境的稳定性问题。最后，如果无法获得其他智能体的策略，也可以学习出其他智能体的策略。MADDPG 的一个问题是，Q 空间会随着智能体数量 N 的增加而增加，一个可能的解决方案是给定一个智能体，只取在它一定范围内的智能体，从而限制 Q 空间的增长。

5.3.2 多智能体集中规划的价值函数策略梯度

1. 算法介绍

多智能体协作的序列决策问题的一个解决方案是分布式的部分可观察 MDP（Decentralized partially observable MDP，Dec-POMDP）。Dec-POMDP 基于环境对智能体和其他智能体的部分可观察最大化一个全局的目标，具体应用包括协调行星探测、多机器人协调控制以及无线网络的吞吐量优化等。然而，解 Dec-POMDP 是相当困难的，即使只有两个智能体的 Dec-POMDP 问题也是 NP 难问题。

本节研究 Dec-POMDP 的一类子问题：集中的分布式的部分可观察 MDP（Collective Dec-POMDP，CDec-POMDP），该框架可以形式化不确定情况下的集中多智能体序列决策问题。目前已有的方法包括基于采样优化 CDec-POMDP 中的策略，它的一个主要缺点是用表格表示策略，不能很好地扩展。本节介绍的是一个 AC 框架的 RL 算法优化 CDec-POMDP 策略，该方法推导了策略梯度并且基于 CDec-POMDP 中智能体的集中交互提出了一个分解的动作值函数[37]。普通的 AC 算法因为学习全局奖励，在解决大型多智能体系统问题时收敛得很慢。为了解决这个问题，本节介绍了分解的 AC 方法训练 critic，它能高效地利用智能体的局部值函数。

分解 AC 方法和策略梯度框架类似，然而直接将原始的策略梯度应用到多智能体任务中，尤其是 CDec-POMDP 模型中会产生较高方差。分解 AC 方法通过引入一个和 CDec-POMDP 兼容的估计值函数，能够产生高效且低方差的策略梯度。

2. 算法分析

（1）算法概述

首先介绍一下 2017 年 Nguyen 提出的 CDec-POMDP 模型，对应于这个模型的一个 T 步动态贝叶斯网络如图 5.12 所示。

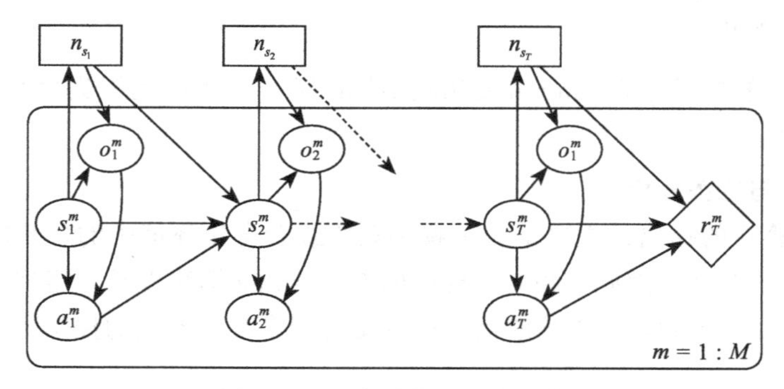

图 5.12 T 步动态贝叶斯网络

它由以下几个部分组成：

- 一个有限的时间范围 T。

- 智能体的数量 M，一个智能体 m 可能处在状态空间 $\mathcal{S}$ 上的任意一个状态，用 $\{\mathcal{S}_1,\cdots,\mathcal{S}_i,\cdots,\mathcal{S}_M\}$ 表示 M 个智能体的联合状态空间，用 $i\in\mathcal{S}$ 表示智能体的单个状态。
- 每一个智能体 m 都有一个动作空间 $\mathcal{A}$，我们用 $j\in\mathcal{A}$ 表示一个动作。用 $(\boldsymbol{s}_{1:H},\boldsymbol{a}_{1:H})^m=(\boldsymbol{s}_1^m,\boldsymbol{a}_1^m,\cdots,\boldsymbol{s}_T^m,\boldsymbol{a}_T^m)$ 表示智能体 m 完整的状态动作轨迹。用随机变量 $\boldsymbol{s}_t^m$ 和 $\boldsymbol{a}_t^m$ 表示智能体 m 在 t 时刻的状态和行为。不同的指示函数 $I_t(\cdot)$ 如表 5-1 所示。给定每一个智能体 $m\in M$ 的轨迹，定义以下的计数方式：

$$\boldsymbol{n}_t(i,j,i')=\sum\nolimits_{m=1}^{M}I_t^m(i,j,i')\forall i,i'\in\mathcal{S},j\in\mathcal{A} \tag{5.55}$$

如表 5-1 所示，计数器 $\boldsymbol{n}_t(i,j,i')$ 表示在 t 时刻处于状态 i，采取动作 j，转换到状态 i' 的智能体数量，其他计数器 $\boldsymbol{n}_t(i)$ 和 $\boldsymbol{n}_t(i,j)$ 的定义类似。使用这些计数器，可以定义如表 5-1 所示 t 时刻的计数表 $\boldsymbol{n}_{s_t}$ 和 $\boldsymbol{n}_{s_t a_t}$。

表 5-1　t 时刻的计数表

$I_t^m(i)\in\{0,1\}$	智能体 m 在时刻 t 处于状态 i，即 $\boldsymbol{s}_t^m=i$
$I_t^m(i,j)\in\{0,1\}$	智能体 m 在时刻 t 处于状态 i，采取动作 j，即 $\boldsymbol{s}_t^m=i$
$I_t^m(i,j,i')\in\{0,1\}$	智能体 m 在时刻 t 处于状态 i，采取动作 j，到状态 i'，即 $(\boldsymbol{s}_t^m,\boldsymbol{a}_t^m,\boldsymbol{s}_{t+1}^m)=(i,j,i')$
$\boldsymbol{n}_t(i)\in\{0;M\}$	在时刻 t 处于状态 i 的智能体数量
$\boldsymbol{n}_t(i,j)\in\{0;M\}$	在时刻 t 处于状态 i 并采取动作 j 的智能体数量
$\boldsymbol{n}_t(i,j,i')\in\{0;M\}$	在时刻 t 处于状态 i 并采取动作 j 到状态 i' 的智能体数量
$\boldsymbol{n}_{s_t}$	计数表 $(\boldsymbol{n}_t(i)\ \forall i\in\mathcal{S})$
$\boldsymbol{n}_{s_t a_t}$	计数表 $(\boldsymbol{n}_t(i,j)\ \forall i\in\mathcal{S},j\in\mathcal{A})$
$\boldsymbol{n}_{s_t a_t s_{t+1}}$	计数表 $(\boldsymbol{n}_t(i,j,i')\ \forall i,i'\in\mathcal{S},j\in\mathcal{A})$

- 假设有一个部分可观察的环境，其中每个智能体由于其他智能体的共同影响可以有不同的观察。一个智能体在 t 时刻观察到它的局部状态 $\boldsymbol{s}_t^m$，基于它的局部状态 $\boldsymbol{s}_t^m$ 和计数表 $\boldsymbol{n}_{s_t}$ 观察到 $\boldsymbol{o}_t^m$。例如，一个智能体 m 在 t 时刻处于状态 i，可以观察到其他也处在状态 $i(=\boldsymbol{n}_t(i))$ 的智能体或者其他处在状态 i 的临近状态 j 的智能体，即 $\boldsymbol{n}_t(j),\forall j\in Nb(i)$。
- $\varnothing_t(\boldsymbol{s}_{t+1}^m=i'\mid\boldsymbol{s}_t^m=i,\boldsymbol{a}_t^m=j,\boldsymbol{n}_{s_t})$ 是状态转换函数。所有智能体的状态转换函数都是一样的，注意它会受到 $\boldsymbol{n}_{s_t}$ 的影响，而 $\boldsymbol{n}_{s_t}$ 依赖于智能体的共同行为。
- 每一个智能体 m 有一个不稳定的策略 $\pi_t^m(j\mid i,\boldsymbol{o}_t^m(i,\boldsymbol{n}_{s_t}))$，表示在 t 时刻给定智能体 m 的观察 $(i,\boldsymbol{o}_t^m(i,\boldsymbol{n}_{s_t}))$ 之后，智能体采取动作 j 的概率。我们用 $\boldsymbol{\pi}^m=(\pi_1^m,\cdots,\pi_H^m)$ 表示智能体 m 在时间范围 T 内的策略。
- 一个智能体接收到的奖励 $r_t^m=r_t(i,j,\boldsymbol{n}_{s_t})$ 取决于它的局部状态和采取的动作，以及计数表 $\boldsymbol{n}_{s_t}$。
- 初始的状态分布，$b_o=(P(i)\forall i\in S)$，对于所有的智能体都是相同的。

我们在这里介绍最简单版本的模型，所有的智能体类型相同，有相同的状态转换函数、观察和奖励函数。当然该模型也可以处理不同类型智能体的问题，即不同类型的智能体有不同的函数，还可以引入一个不受智能体动作影响的外部状态，如交通领域的出租车调度请求。

CDec-POMDP 之类的模型解决智能体数量很多或者智能体的身份不影响奖励和转换函数等问题是很有用的。例如，考虑最大化出租车车队利润的车队优化问题。一个出租车的决策过程如下：在时刻 t 时，每个出租车观察到它当前的城市空间 z（不同的空间构成了状态空间 $\mathcal{S}$），以及当前空间和它的相邻空间的其他出租车的计数和当前局部请求的一个估计。这构成了出租车基于计数的观察 $o(\cdot)$。基于这个观察，出租车决定待在当前空间 z 寻找乘客还是移动到另一个空间。这个决策取决于多个因素，如当前空间的出租车请求比率和其他出租车的计数。环境是随机的，在不同时间出租车调度请求是变化的，通过出租车车队的 GPS 记录可以得到这些历史的请求数据。

（2）基于计数的统计数据用于规划

CDec-POMDP 模型的一个关键属性是模型的变化和智能体的身份无关，和智能体的集中交互相关。在出租车车队优化问题中，智能体数量可以多达上万个，为每一个智能体计算出独一无二的策略是不现实的。因此，我们的目标是对所有智能体计算出一个相同的策略 π。

假设有 M 个智能体，用 $\left\{\left(\boldsymbol{s}_{1:T},\boldsymbol{a}_{1:T}\right)^m\ \forall m\right\}$ 表示从图 5.12 的动态贝叶斯网络中采样得到的不同智能体的状态 – 动作轨迹。用 $\boldsymbol{n}_{1:T}=\left\{\left(\boldsymbol{n}_{s_t},\boldsymbol{n}_{s_ta_t},\boldsymbol{n}_{s_ta_ts_{t+1}}\right),\forall t=1:T\right\}$ 表示每个时间步 t 的计数表的组合向量。Nguyen 等人证明了计数器 $\boldsymbol{n}$ 中有足够的统计数据指导规划，也就是说，一个策略 π 在时间范围 T 内的联合值函数可以通过对计数器求期望得到：

$$V^{\pi}=\sum\nolimits_{m=1}^{M}\sum\nolimits_{t=1}^{T}E\left[r_t^m\right]=\sum\nolimits_{\boldsymbol{n}\in\Omega_{1:T}}P(\boldsymbol{n};\pi)\left[\sum\nolimits_{t=1}^{T}\sum\nolimits_{i\in S,j\in A}\boldsymbol{n}_t(i,j)r_t(i,j,\boldsymbol{n}_T)\right] \tag{5.56}$$

集合 $\Omega_{1:T}$ 可以是任何满足一致性的计数表集合，如下所示：

$$\begin{aligned}\sum_{i\in S}\boldsymbol{n}_T(i)=\boldsymbol{M}\ \forall T;\\ \sum_{j\in A}\boldsymbol{n}_T(i,j)=\boldsymbol{n}_T(i)\ \forall j\forall t;\\ \sum\nolimits_{i'\in S}\boldsymbol{n}_T(i,j,i')=\boldsymbol{n}_T(i,j)\ \forall i\in\mathcal{S},j\in\mathcal{A},\forall T\end{aligned} \tag{5.57}$$

$P(\boldsymbol{n};\pi)$ 是计数器 $\boldsymbol{n}$ 服从的分布。这样做的好处是可以直接从分布 $P(\boldsymbol{n})$ 中对计数器 $\boldsymbol{n}$ 采样而不是对单个不同智能体的轨迹 $\left(\boldsymbol{s}_{1:T},\boldsymbol{a}_{1:T}\right)^m$ 进行采样以评估策略 π，这大大节省了计算开销。一个模拟器可以从分布 $P(\boldsymbol{n};\pi)$ 中采样计数器样本，寻找最优的策略 π 最大化 $V(\pi)$。

（3）CDec-POMDP 的策略梯度

之前的研究提出了一个基于采样的期望最大化算法来优化策略 π。这个策略被表示成计数器 $\boldsymbol{n}$ 空间中的一个线性分段策略，其中每一个线性片段指定下一个动作的分布。然而，因为片段的数量是固定的，并且每个片段的范围都必须手动设置，可能会对性能产生不利影响。此外，当观察 $\boldsymbol{o}$ 是多维的时候需要指数多个片段。为了解决这个问题，我们的目标是优化函数形式（如神经网络）的策略。

首先推广策略梯度理论到 CDec-POMDP 方法中，用 $\boldsymbol{\theta}$ 表示策略参数的向量，用 $\boldsymbol{s}_t$ 和

$\boldsymbol{a}_t$ 表示 t 时刻所有智能体的联合状态和联合动作，接下来给出如何计算 $\nabla_\theta V(\pi)$。给定策略 π 的状态值函数：

$$V_t(\pi)=\sum_{\boldsymbol{s}_t,\boldsymbol{a}_t}P^\pi(\boldsymbol{s}_t,\boldsymbol{a}_t\mid b_o,\pi)Q_t^\pi(\boldsymbol{s}_t,\boldsymbol{a}_t) \tag{5.58}$$

其中 $P^\pi(\boldsymbol{s}_t,\boldsymbol{a}_t\mid b_o)=\sum_{\boldsymbol{s}_{1:t-1},\boldsymbol{a}_{1:t-1}}P^\pi(\boldsymbol{s}_{1:t},\boldsymbol{a}_{1:t}\mid b_o)$ 是策略 π 下联合状态 $\boldsymbol{s}_t$ 和联合动作 $\boldsymbol{a}_t$ 的分布。动作值函数 $Q_t^\pi(\boldsymbol{s}_t,\boldsymbol{a}_t)$ 的计算过程如下：

$$Q_t^\pi(\boldsymbol{s}_t,\boldsymbol{a}_t)=r_t(\boldsymbol{s}_t,\boldsymbol{a}_t)+\sum_{\boldsymbol{s}_{t+1},\boldsymbol{a}_{t+1}}P^\pi(\boldsymbol{s}_{t+1},\boldsymbol{a}_{t+1}\mid \boldsymbol{s}_t,\boldsymbol{a}_t)Q_{t+1}^\pi(\boldsymbol{s}_{t+1},\boldsymbol{a}_{t+1}) \tag{5.59}$$

接下来介绍 CDec-POMDP 的策略梯度理论。

定理 5.2. 对于任何 CDec-POMDP，策略梯度的计算公式如下：

$$\nabla_\theta V_1(\pi)=\sum_{t=1}^{T}E_{\boldsymbol{s}_t,\boldsymbol{a}_t|b_o,\pi}\left[Q_t^\pi(\boldsymbol{s}_t\boldsymbol{a}_t)\sum_{i\in S,j\in\mathcal{A}}\boldsymbol{n}_t(i,j)\nabla_\theta\log\pi_t\left(j\mid i,o\left(i,\boldsymbol{n}_{s_t}\right)\right)\right] \tag{5.60}$$

考虑到智能体的个数可能有很多，对每一个智能体的轨迹进行采样是不可行的。为了解决这个问题，我们会使用类似策略评估的方法直接对计数器 $\boldsymbol{n}\sim P(\boldsymbol{n};\pi)$ 采样计算梯度。类似地，也可以使用经验回报作为动作值函数 $Q_t^\pi(\boldsymbol{s}_t,\boldsymbol{a}_t)$ 的一个近似估计，这是标准 REINFORCE 算法在 CDec-POMDP 上的推广。众所周知，REINFORCE 可能比其他使用学习的动作值函数的方法学习得慢。因此，本节使用一个 Q_t^π 的近似函数，直接对计数器 $\boldsymbol{n}$ 采样来计算策略梯度。

1）使用估计动作值函数的策略梯度

这里有几种不同的方法近似动作值函数 $Q_t^\pi(\boldsymbol{s}_t,\boldsymbol{a}_t)$，给出下列形式的近似值函数 f_w：

$$Q_t^\pi(\boldsymbol{s}_t,\boldsymbol{a}_t)\approx f_w(\boldsymbol{s}_t,\boldsymbol{a}_t)=\sum_{m=1}^{M}f_w^m\left(\boldsymbol{s}_t^m,o\left(\boldsymbol{s}_t^m,\boldsymbol{n}_{s_t}\right),\boldsymbol{a}_t^m\right) \tag{5.61}$$

每一个智能体 m 都定义了一个函数 f_w^m，它的输入是智能体的局部状态、智能体采取的动作和智能体观察。注意，不同的 f_w^m 是相关联的，它们都依赖于相同的计数器表 $\boldsymbol{n}_{s_t}$。这样的一种分解方式很有用，因为它产生了一种有效的策略梯度计算方式。CDec-POMDP 中这种形式的估计值函数叫作兼容值函数，它最后会产生一个无偏的策略梯度。

引理 5.2：CDec-POMDP 中的兼容值函数可以分解成：

$$f_w(\boldsymbol{s}_t,\boldsymbol{a}_t)=\sum_m f_w^m\left(\boldsymbol{s}_t^m,o\left(\boldsymbol{s}_t^m,\boldsymbol{n}_{s_t}\right),\boldsymbol{a}_t^m\right) \tag{5.62}$$

可以直接用估计值函数 f_w 取代 $Q^\pi(\cdot)$，但是实践结果表示使用这个估计值函数产生的方差很大。如果对 f_w 的结构进一步分解策略梯度会产生更好的效果。

定理 5.3：对于任何具有如下的分解的值函数：

$$f_w(\boldsymbol{s}_t,\boldsymbol{a}_t)=\sum_m f_w^m\left(\boldsymbol{s}_t^m,o\left(\boldsymbol{s}_t^m,\boldsymbol{n}_{s_t}\right),\boldsymbol{a}_t^m\right) \tag{5.63}$$

策略梯度可以写成：

$$\nabla_\theta V_1(\pi)=\sum_{t=1}^{T}E_{\boldsymbol{s}_t,\boldsymbol{a}_t}\left[\sum_m f_w^m\left(\boldsymbol{s}_t^m,o\left(\boldsymbol{s}_t^m,\boldsymbol{n}_{s_t}\right),\boldsymbol{a}_t^m\right)\nabla_\theta\log\pi\left(\boldsymbol{a}_t^m\mid \boldsymbol{s}_t^m,o\left(\boldsymbol{s}_t^m,\boldsymbol{n}_{s_t}\right)\right)\right] \tag{5.64}$$

上述结果展示了如果估计值函数可以被分解，那么得到的策略梯度也可以被分解。上述结果也可以应用到具有多种类型的智能体场景上，只要我们假设不同的智能体有不同的函数f_w^m。最简单的情况下，所有智能体类型都相同，都有相同的函数f_w，则有下式：

$$f_w\left(\boldsymbol{s}_t,\boldsymbol{a}_t\right)=\sum\nolimits_{i,j}\boldsymbol{n}_t\left(i,j\right)f_w\left(i,j,o\left(i,\boldsymbol{n}_{s_t}\right)\right) \tag{5.65}$$

使用上式，我们可以将策略梯度简化成：

$$\nabla_\theta V_1\left(\pi\right)=\sum\nolimits_{t=1}^{T}E_{s_t,a_t}\left[\sum\nolimits_{i,j}\boldsymbol{n}_t\left(i,j\right)\nabla_\theta\log\pi\left(j\mid i,o\left(i,\boldsymbol{n}_{s_t}\right)\right)f_w\left(i,j,o\left(i,\boldsymbol{n}_{s_t}\right)\right)\right] \tag{5.66}$$

2）基于计数器的策略梯度计算

注意在式（5.66）中，期望的计算仍然和联合状态$\boldsymbol{s}_t$、联合动作$\boldsymbol{a}_t$相关，当智能体的个数很大时，计算效率很低。为了解决这个问题，我们使用联合状态和联合动作$(\boldsymbol{s}_t,\boldsymbol{a}_t)$生成的计数器以及估计值函数。

定理 5.4： 对于任何具有$f_w\left(\boldsymbol{s}_t,\boldsymbol{a}_t\right)=\sum\nolimits_{i,j}\boldsymbol{n}_t\left(i,j\right)f_w\left(i,j,o\left(i,\boldsymbol{n}_{s_t}\right)\right)$形式的值函数，策略梯度都可以用下式计算：

$$\mathbb{E}_{\boldsymbol{n}_{1:T}\in\Omega_{1:T}}\left[\sum\nolimits_{t=1}^{T}\sum\nolimits_{i\in\mathcal{S},j\in\mathcal{A}}\boldsymbol{n}_t\left(i,j\right)\nabla_\theta\log\pi\left(j\mid i,o\left(i,\boldsymbol{n}_t\right)\right)f_w\left(i,j,o\left(i,\boldsymbol{n}_t\right)\right)\right] \tag{5.67}$$

上式展示了可以像计算策略的值函数一样通过从底层分布$P(\cdot)$中采样计数表向量$\boldsymbol{n}_{1:T}$来计算策略梯度，这种方法在智能体数量很大的情况下也是可行的。

（4）动作值函数的训练

本节的方法中，首先生成计数器样本$\boldsymbol{n}_{1:T}$，计算策略梯度，然后还需要调整 critic f_w的参数。注意，对于每一个动作值函数，$f_w\left(\boldsymbol{s}_t,\boldsymbol{a}_t\right)$只取决于根据联合状态和动作$(\boldsymbol{s}_t,\boldsymbol{a}_t)$生成的计数器。训练$f_w$可以通过梯度更新来最小化下列损失函数：

$$\min_w\sum\nolimits_{\xi=1}^{K}\sum\nolimits_{t=1}^{T}\left(f_w\left(\boldsymbol{n}_t^\xi\right)-R_t^\xi\right)^2 \tag{5.68}$$

其中$\boldsymbol{n}_{1:T}^\xi$是从分布$P(\boldsymbol{n};\pi)$中生成的一个计数器样本；$f_w\left(\boldsymbol{n}_t^\xi\right)$是动作值函数，$R_t^\xi$是用式（5.69）计算的$t$时刻的所有经验回报：

$$\begin{aligned}f_w\left(\boldsymbol{n}_t^\xi\right)&=\sum_{i,j}\boldsymbol{n}_t^\xi\left(i,j\right)f_w\left(i,j,o\left(i,\boldsymbol{n}_t^\xi\right)\right);\\R_t^\xi&=\sum\nolimits_{t=1}^{T}\sum\nolimits_{i\in\mathcal{S},j\in\mathcal{A}}\boldsymbol{n}_t^\xi\left(i,j\right)r_t\left(i,j,\boldsymbol{n}_T^\xi\right)\end{aligned} \tag{5.69}$$

然而，实验发现这个损失函数在训练较多智能体的 critic 时表现并不好。因为我们需要一定数量的计数器样本可靠地训练f_w，这对于拥有较多数量智能体的问题的扩展很不利。受到 MARL 中单独利用全局奖励信号的方法要比利用局部奖励信号的方法多用一些样本的启发，用一个基于策略的局部奖励信号训 critic f_w可能会表现不错。

单个值函数：用$\boldsymbol{n}_{1:T}^\xi$表示一个计数器样本。给定计数器样本$\boldsymbol{n}_{1:T}^\xi$，用$V_t^\xi(i,j)=E\left[\sum\nolimits_{t'=t}^{T}r_{t'}^m\mid s_t^m=i,a_t^m=j,\boldsymbol{n}_{1:H}^\xi\right]$表示一个智能体在时刻$t$处于状态$i$，采取动作$j$，所能得到的

所有期望奖励。这个值函数可以用 DP 算法来计算。基于这个值函数，接下来给出中 R_t^ξ 的另一种表示。

引理 5.3：给定计数器样本 $\boldsymbol{n}_{1:H}^{\xi}$，$t$ 时刻的经验回报 R_t^ξ 可以被表示为：

$$R_t^\xi = \sum_{i \in S, j \in A} \boldsymbol{n}_t^\xi(i,j) V_t^\xi(i,j) \tag{5.70}$$

基于单个值函数的 loss：给出引理 5.3，可以利用单个值函数推导出真实损失函数的上界：

$$\begin{aligned}
&\sum_\xi \sum_t \left(f_w\left(\boldsymbol{n}^\xi\right) - R_t^\xi\right)^2 \\
&= \sum_\xi \sum_t \left(\sum_{i,j} \boldsymbol{n}_t^\xi(i,j) f_w\left(i,j,o\left(i,\boldsymbol{n}_t^\xi\right)\right) - \sum_{i,j} \boldsymbol{n}_t^\xi(i,j) V_t^\xi(i,j)\right)^2 \\
&= \sum_\xi \sum_t \left(\sum_{i,j} \boldsymbol{n}_t^\xi(i,j)\left(f_w(i,j,o\left(i,\boldsymbol{n}_t^\xi\right) - \sum_{i,j} \boldsymbol{n}_t^\xi(i,j) V_t^\xi(i,j)\right)\right)^2 \\
&\leqslant M \sum_\xi \sum_{t,i,j} \boldsymbol{n}_t^\xi(i,j)\left(f_w(i,j,o\left(i,\boldsymbol{n}_t^\xi\right) - \sum_{i,j} \boldsymbol{n}_t^\xi(i,j) V_t^\xi(i,j)\right)^2
\end{aligned} \tag{5.71}$$

最后一步用了柯西 – 施瓦茨不等式。我们用不等式的右边修改过的损失函数训练 critic。按照经验来说，对于智能体数量较大的问题，式（5.71）中不等式右边的新损失函数比不等式左边的原始损失函数要收敛得快很多。从直观上来说，这是因为新损失函数尝试调整每一个 critic 组件 $f_w\left(i,j,o\left(i,\boldsymbol{n}_t^\xi\right)\right)$ 使其更接近它的经验回报 $V_t^\xi(i,j)$。然而，原始的损失函数着重于最小化全局损失函数，而不是调整每一个单个的 critic 因子 $f_w(\cdot)$ 到相对应的每一个经验回报。

（5）伪代码分析

算法 AC RL for CDec-POMDPs 展示了 CDec-POMDP 中 AC 算法的流程。第 7 行和第 8 行展示了训练 critic 的两种不同方式。第 7 行代表基于局部值函数的 critic 更新，也可以称为分解后的 cirtic 更新（fC），第 8 行给出了基于全局奖励或者全局 critic 的更新（C）。第 10 行给出了使用定理 5.2（fA）计算的策略梯度，第 11 行展示了直接使用 f_w 计算的梯度。

算法：AC RL for CDec-POMDPs

初始化网络参数，actor π 的参数 $\boldsymbol{\theta}$ 和 critic f_w 的参数 $\boldsymbol{w}$；

$\alpha \leftarrow$ Actor 学习率；

$\beta \leftarrow$ Critic 学习率；

repeat

采样计数器向量 $\boldsymbol{n}_{1:T}^\xi \sim \mathrm{P}(\boldsymbol{n};\pi) \forall \xi = 1 \text{ to K}$；

更新 critic 如下：

$\text{fC}: \boldsymbol{w} = \boldsymbol{w} - \beta \frac{1}{K} \nabla_w \left[\sum_\xi \sum_{t,i,j} \boldsymbol{n}_t^\xi(i,j)\left(f_w\left(i,j,o\left(i,\boldsymbol{n}_t^\xi\right)\right) - V_t^\xi(i,j)\right)^2\right]$；

$\text{C}: \boldsymbol{w} = \boldsymbol{w} - \beta \frac{1}{K} \nabla_w \left[\sum_\xi \sum_t (i,j)\left(\sum_{i,j} \boldsymbol{n}_t^\xi(i,j) f_w\left(i,j,o\left(i,\boldsymbol{n}_t^\xi\right)\right) - \sum_{i,j} V_t^\xi(i,j)\right)^2\right]$；

更新 actor 如下：

$\text{fA}: \boldsymbol{\theta} = \boldsymbol{\theta} + \alpha \frac{1}{K} \nabla_\theta \sum_\xi \sum_t \left[\sum_{i,j} \boldsymbol{n}_t^\xi(i,j) \log \pi\left(j \mid i, o\left(i,\boldsymbol{n}_t^\xi\right)\right) f_w\left(i,j,o\left(i,\boldsymbol{n}_t^\xi\right)\right)\right]$；

$$\mathrm{A}:\boldsymbol{\theta}=\boldsymbol{\theta}+\alpha\frac{1}{K}\nabla_{\boldsymbol{\theta}}\sum_{\xi}\sum_{t}\left[\sum_{i,j}\boldsymbol{n}_{t}^{\xi}(i,j)\log\pi\left(j\mid i,o\left(i,\boldsymbol{n}_{t}^{\xi}\right)\right)\right]\left[\sum_{i,j}\boldsymbol{n}_{t}^{\xi}(i,j)f_{\boldsymbol{w}}\left(i,j,o\left(i,\boldsymbol{n}_{t}^{\xi}\right)\right)\right];$$

直到收敛

Return $\boldsymbol{\theta},\boldsymbol{w}$;

上面的伪代码总共分为四部分，第一部分是初始化 actor 和 critic 的参数，第二部分是对计数器进行采样，第三部分是更新 critic 的参数，第四部分是更新 actor 的参数。具体分析如下。

第一部分是初始化部分，分为两块，第一块是初始化模型权重，包括 actor 的参数 $\boldsymbol{\theta}$ 和 critic 的参数 $\boldsymbol{w}$，第二块是学习率设置，包括 actor 和 critic 的学习率。

初始化网络参数，actor π 的参数 $\boldsymbol{\theta}$ 和 critic f_w 的参数 $\boldsymbol{w}$;

$\alpha\leftarrow$ Actor 学习率;

$\beta\leftarrow$ Critic 学习率;

其中 α 和 β 是超参数，需要根据不同的应用场景进行设置。$\boldsymbol{\theta}$ 和 $\boldsymbol{w}$ 是端到端可学习的，不需要人为设置。

第二部分是对 K 个智能体在时间范围 T 内从计数器服从的分布 $P(\boldsymbol{n};\pi)$ 中采样。

采样计数器向量 $\boldsymbol{n}_{1:T}^{\xi}\sim \mathrm{P}(\boldsymbol{n};\pi)\forall\xi=1\ \text{to}\ \mathrm{K}$;

第三部分是更新智能体的权重，这里给出了两种 critic 的更新方式，一种是使用分解的 critic 更新，另一种方式是使用普通的 critic 更新。分解后的 critic 更新和原始的 critic 更新相比，原始的 critic 更新方式使用全局的损失函数，分解后的 critic 使用经过柯西不等式缩放得到的局部损失函数更新 critic 的权重。

更新 critic 如下:

$$\mathrm{fC}:\boldsymbol{w}=\boldsymbol{w}-\beta\frac{1}{K}\nabla_{\boldsymbol{w}}\left[\sum_{\xi}\sum_{t,i,j}\boldsymbol{n}_{t}^{\xi}(i,j)\left(f_{\boldsymbol{w}}\left(i,j,o\left(i,\boldsymbol{n}_{t}^{\xi}\right)\right)-V_{t}^{\xi}(i,j)\right)^{2}\right];$$

$$\mathrm{C}:\boldsymbol{w}=\boldsymbol{w}-\beta\frac{1}{K}\nabla_{\boldsymbol{w}}\left[\sum_{\xi}\sum_{t}(i,j)\left(\sum_{i,j}\boldsymbol{n}_{t}^{\xi}(i,j)f_{\boldsymbol{w}}\left(i,j,o\left(i,\boldsymbol{n}_{t}^{\xi}\right)\right)-\sum_{i,j}V_{t}^{\xi}(i,j)\right)^{2}\right];$$

第四部分是更新 actor 的权重。这里也有两种更新 actor 的方法，第一种是分解后的 actor，第二种是原始的更新 actor 的方法。

更新 actor 如下:

$$\mathrm{fA}:\boldsymbol{\theta}=\boldsymbol{\theta}+\alpha\frac{1}{K}\nabla_{\boldsymbol{\theta}}\sum_{\xi}\sum_{t}\left[\sum_{i,j}\boldsymbol{n}_{t}^{\xi}(i,j)\log\pi\left(j\mid i,o\left(i,\boldsymbol{n}_{t}^{\xi}\right)\right)f_{\boldsymbol{w}}\left(i,j,o\left(i,\boldsymbol{n}_{t}^{\xi}\right)\right)\right];$$

$$\mathrm{A}:\boldsymbol{\theta}=\boldsymbol{\theta}+\alpha\frac{1}{K}\nabla_{\boldsymbol{\theta}}\sum_{\xi}\sum_{t}\left[\sum_{i,j}\boldsymbol{n}_{t}^{\xi}(i,j)\log\pi\left(j\mid i,o\left(i,\boldsymbol{n}_{t}^{\xi}\right)\right)\right]\left[\sum_{i,j}\boldsymbol{n}_{t}^{\xi}(i,j)f_{\boldsymbol{w}}\left(i,j,o\left(i,\boldsymbol{n}_{t}^{\xi}\right)\right)\right];$$

3. 使用场景与优势分析

本节介绍了一个新的 actor-critic 方法，用来解决分布式的 POMDP，同时智能体之间的交互和智能体的身份无关。和其他 RL 方法不同的是，本节介绍的算法主要应用于智能体数量很多的场景，如一个城市的出租车调度请求规划，而其他方法主要用于智能体数量很少的场景。此外，本节介绍的方法使用局部的值函数而非全局值函数，收敛速度更快。

5.3.3 多智能体系统的策略表示学习

1. 算法介绍

本节介绍一个通用的学习框架，将智能体建模作为策略表示问题，构建了一个从模仿学习和智能体识别中学习的新目标，并设计了一种智能体策略表示的无监督学习算法[38]，使用少量交互数据就可以在任何多智能体系统中对智能体行为进行建模。实验表明这里提出的框架可以用于连续控制的竞争和合作环境下的通信、监督预测任务、无监督聚类以及使用 DRL 的策略优化等问题。

现实世界中的智能体很少单独行动，它们经常需要通过与其他智能体的交互实现自己的目标。这种交互导致多智能体系统中各种各样的策略和智能体复杂的行为。根据智能体的目标，可以将交互分为合作、竞争和合作竞争。基于智能体的交互学习智能体策略有助于智能体动作的推理和表示。

本节介绍的无监督编码器–解码器框架，只需访问几个任何类型的交互事件，就可以学习智能体策略表示。对于任何给定的智能体，策略函数的编码器负责学习如何将智能体的交互映射到连续向量，解码器的输入是编码器的输出，解码器和编码器同时训练，编码器用来推理相同智能体的其他交互。此外，还可以使用三元组损失区分不同智能体的嵌入表示。

2. 算法分析

（1）背景介绍

给出 N 个智能体，用 $\mathcal{S}$ 表示状态空间，动作空间为 $\mathcal{A}_1,\mathcal{A}_2,\cdots,\mathcal{A}_N$，观察空间为 $\mathcal{O}_1,\mathcal{O}_2,\cdots,\mathcal{O}_N$。在每个时间步 t，智能体 i 接收观察 $\boldsymbol{o}_i^t \in \mathcal{O}_i$，并基于随机策略 $\pi^i:\mathcal{O}_i \times \mathcal{A}_i \to [0,1]$ 采样动作 $\boldsymbol{a}_i^t \in \mathcal{A}_i$。根据执行的动作，智能体收到奖励 $r_i^t:\mathcal{S}\times\mathcal{A}_i \to \boldsymbol{r}$ 和下一个观察 $\boldsymbol{o}_i^{t+1}$。变换函数 T 定义为：$T:\mathcal{S}\times\mathcal{A}_1\times\cdots\times\mathcal{A}_N \to \boldsymbol{s}'$。通过最大化智能体的期望奖励 $\overline{r_i}=\sum_{t=1}^{T} r_t^i$ 训练智能体策略。

在本节中，我们感兴趣的是所有智能体子集的交互。为此，我们对马尔可夫游戏做如下推广。首先，在每个智能体的动作空间添加一个 NO-OP（即没有动作）。然后，引入一个具有以下语义问题参数 $2 \leqslant k \leqslant N$。在每次马尔可夫游戏期间，让除了 k 个智能体之外的所有智能体执行 NO-OP 运算符，而 k 个智能体利用定义的策略根据原始观察和动作执行动作。假设每个智能体仅在其参与的交互回合中接收奖励。

用 $P=\left\{\pi^i\right\}_{i=1}^N$ 表示一组智能体策略，交互事件 $E=\{E_{M_j}\}_j^m$，其中 $M_j \subset \{1,2,\cdots,n\}$，$\left|M_j\right|=k$，是参与每一个交互 E_{M_j} 的 k 个智能体的集合。为了简化表示，假设 $k=2$，因此表示智能体 i 和 j 之间的交互事件集合为 E_{ij}。单个回合 $e_{ij}\in E_{ij}$ 由时间范围 T 的一系列观察和动作组成。

（2）学习框架

无监督表示学习的一种方法是优化可以解释或生成观察数据的表示函数的参数。例如，用于语言和图形数据的 skip-gram 目标学习预测上下文中单词和节点的表示。类似地，用于图像数据的自动编码目标学习可以重建输入的表示。在本节中，我们希望学习一种表示函数来映射智能体策略 $\pi^i \in \Pi$ 中的交互到一个实嵌入向量，其中 Π 是策略空间。也就是说，我们优化函数 f_θ 的参数 $\boldsymbol{\theta}$： $\mathrm{E} \to \mathbb{R}^d$，其中 E 表示与策略对应的交互空间，d 是嵌入向量的维度。在这里，假设智能体策略是黑盒子，即我们只能基于与马尔可夫游戏中的其他智能体的交互事件来访问它们。因此，对于每个智能体 i，我们希望使用 $E_i = \bigcup_j E_{ij}^i$ 来学习策略。这里，E_{ij}^i 指智能体 i 和 j 之间的交互数据，但仅由智能体 i 的观察和动作组成。对于多智能体系统，我们提出以下辅助任务来学习智能体策略的表示：

- 生成表示。该表示应该对模拟智能体的策略很有用。
- 判别表示。该表示能够将智能体的策略与其他智能体的策略区分开来。

相应地，现在给出多智能体系统中表示学习的生成目标和判别目标。

（3）通过模仿学习进行生成表示

模仿学习不需要直接访问奖励信号。给定智能体 i，从涉及该智能体的交互事件中获得观察和行动，我们的目标是学习策略 $\pi_\Phi^i: \mathcal{S} \times \mathcal{A} \to [0,1]$。对于行为克隆，我们最大化以下（负）交叉熵目标优化参数 Φ：

$$\mathbb{E}_{e \sim E_i}\left[\sum_{\langle o,a\rangle \sim e}\left[\log \pi_\Phi^i(\boldsymbol{a} \mid \boldsymbol{o})\right]\right] \tag{5.72}$$

其中 $\mathbb{E}$ 是在智能体 i 的交互事件上求期望。

对于大规模多智能体系统，分别为每个智能体学习一个策略在计算上和统计上都是不可行的，尤其是当每个智能体的交互事件的数量很少时。而且，它排除了对智能体行为的泛化。另一方面，为所有智能体学习一个统一的策略可提高样本效率，代价是在模拟不同智能体行为时降低了建模的灵活性。我们通过学习一个条件策略网络来解决这种困境。为此，首先指定一个参数为 $\boldsymbol{\theta}$ 的表示函数 $E \to \mathbb{R}^d$，其中 E 代表交互回合空间。我们使用嵌入向量来调整策略网络。形式上，策略网络用 $\pi_{\Phi,\theta}: \mathcal{S} \times \mathcal{A} \times E \to [0,1]$ 表示，Φ 是映射智能体观察并且嵌入智能体动作分布函数的参数。

通过最大化以下目标学习条件策略网络的参数 $\boldsymbol{\theta}$ 和 $\boldsymbol{\Phi}$

$$\frac{1}{N}\sum_{i=1}^{N}\mathbb{E}_{e_1 \sim E_i, e_2 \sim E_i \setminus e_1,}\left[\sum_{\langle o,a\rangle \sim e_1}\log \pi_{\Phi,\theta}(\boldsymbol{a} \mid \boldsymbol{o}, e_2)\right] \tag{5.73}$$

对于每个智能体，目标函数采样两个不同的回合 e_1 和 e_2。来自 e_2 的观察和动作用于学习嵌入函数 $f_\theta(e_2)$，其调节使用 e_1 的观察和动作训练的策略网络。条件策略网络通过策略网络的公共参数集和跨所有智能体的表示函数来共享统计强度。

（4）通过识别进行判别

对于多智能体系统学习的任何表示函数的直观要求是嵌入向量应该反映智能体的行为特征，可以将它和其他智能体区分开。为了用无监督的方式来做，本节学习一种基于嵌入空间中三元损失的智能体来识别目标的方法。为了根据交互回合学习智能体 i 的表示，

我们使用表示函数 f_θ 计算三组嵌入：（1）智能体 i 一个回合 $e_+ \sim E_i$ 的正嵌入（2）智能体 $j, j \neq i$ 的一个回合 $e_- \sim E_j$ 的负嵌入，以及（3）智能体 i 的一个回合 $e_* \sim E_i$（但与 e_+ 不同）的参考嵌入。给定这些嵌入，定义三元组损失：

$$d_\theta(e_+, e_-, e_*) = \left(1 + \exp\left\{\|r_e - n_e\|_2 - \|r_e - p_e\|_2\right\}\right)^{-2} \quad (5.74)$$

其中 $p_e = f_\theta(e_+)$，$n_e = f_\theta(e_-)$，$r_e = f_\theta(e_*)$。直观地说，损失函数鼓励正嵌入相对于负嵌入更接近参考嵌入，这使得相同智能体的嵌入倾向于聚集在一起并且远离其他智能体的嵌入。这里使用的是 softmax 距离，也可以使用其他距离。

混合生成 – 判别表征

条件模仿学习鼓励 f_θ 学习一个可以学习和模拟智能体的整个策略和智能体身份或者可以激励区分智能体策略的表示。这两个目标都是互补的，我们将公式（5.73）和公式（5.74）结合得到用于表征学习的最终目标：

$$\frac{1}{N}\sum_{i=1}^{N}\mathbb{E}_{e_+\sim E_i, e_*\sim E_i \setminus e_+}\left[\begin{array}{l}\sum_{\langle o,a\rangle\sim e_1}\log\pi_{\Phi,\theta}(a \mid o, e_2) - \\ \lambda\sum_j E_{e_-\sim E_j}\left[d_\theta(e_+, e_-, e_*)\right]\end{array}\right] \quad (5.75)$$

其中 $\gamma > 0$ 是超参数，它控制判别和生成表示的相对权重。算法学习策略嵌入函数给出了算法的伪代码。在实验中，我们使用神经网络参数化了条件策略 $\pi_{\Phi,\theta}$ 并使用基于随机梯度的方法进行了优化。

（5）MAS 的推广

无监督学习模型的泛化是很好理解的，模型能够在训练和测试时表现出良好的泛化性能。为了测量多智能体系统的学习表示的质量，我们引入了一种图形形式用于推理智能体及其交互。

（6）跨智能体和交互的泛化

在很多场景中，我们对策略表示函数 f 在多个智能体系统中的新智能体和交互的泛化感兴趣。例如，我们想要 f_θ 即使在面对没有见过的智能体和交互时，也可以为接下来的任务输出有用的嵌入表示。使用智能体 – 交互图可以很好地理解这种泛化的概念。智能体 – 交互图通过一个图 $G = (P; I)$ 描述了一组智能体策略 P 和一组交互事件之间的交互 I。图 5.13 给出了一个示例图。该图表示由智能体之间的交互组成的多智能体系统，我们将特别关注涉及 Alice、Bob、Charlie 和 Davis 的交互。交互可以是竞争性（例如，两个智能体之间的比赛）或协作（例如，两个智能体为导航任务进行通信）的。

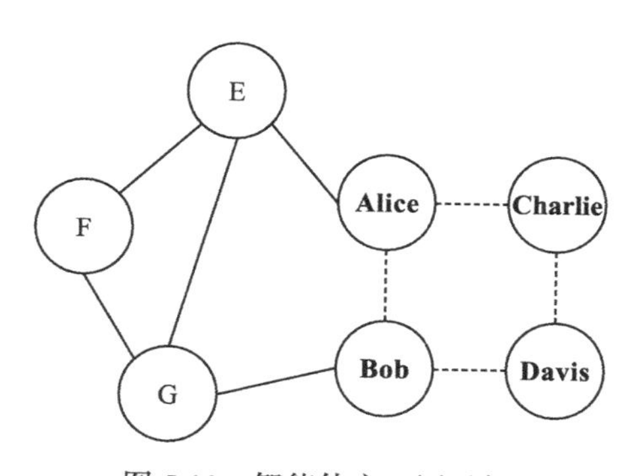

图 5.13　智能体交互图示例

我们在交互的子集上学习了表示函数 f_θ，由图 5.13 中的黑边表示。在测试时，f_θ 评估一些感兴趣的后续任务。在测试时观察到的智能体和交互可以用和训练的不同的交互。特别的，我们考虑以下情况：

- 弱泛化。在这里，我们感兴趣的是表示函数对在训练期间见到的现有智能体，但是在没有见过它们的交互上的泛化性能。这对应于表示图 5.13 中 Alice 和 Bob 之间的交互的边缘。在智能体交互图的上下文中，测试图仅向训练图中添加一些边。
- 强泛化。可以对没有见过的智能体（及其交互）评估泛化。这相当于图 5.13 中添加了 Charlie 和 Davis 智能体。类似于一些少样本学习，我们观察到了现有智能体 Alice 和 Bob 的一些交互，而泛化是在涉及 Charlie 和 Davis 等没有见过的交互上进行评估的。测试图将节点和边添加到训练图中。为简洁起见，我们不再讨论较弱的泛化形式。

（7）跨任务泛化

由于使用无监督辅助目标函数学习表示函数，我们通过评估这些嵌入对接下来各种任务的有用性来测试其泛化性能。

这些嵌入表示可用于低维空间中的智能体策略的聚类、可视化和可解释性。可以为单个智能体定义嵌入向量之间的这种语义关联，我们期望基于相同智能体的不同回合嵌入向量表示很相近，或者不同智能体之间具有类似策略的智能体会具有类似的嵌入。

深度神经网络表示对于预测建模尤其有效。在多智能体设置中，嵌入向量可作为智能体属性和交互之间的有用特征，包括在协作环境中具有不同技能的智能体角色分配，或者在竞争环境中预测智能体之间竞争结果的赢或输。

最后，可以使用学习到的表示函数来改进在竞争和合作设置中从强化信号中学习策略的泛化。我们设计的策略网络除了观察之外，还将智能体的嵌入向量作为输入。嵌入是根据对方智能体与过去训练的智能体的交互或使用表示函数的其他智能体计算的，如图 5.14 所示。这种嵌入扮演着特权信息的角色，并允许我们训练一个策略网络，利用这些信息更快地学习，并更好地泛化到在训练时没有见过的对手或合作者。

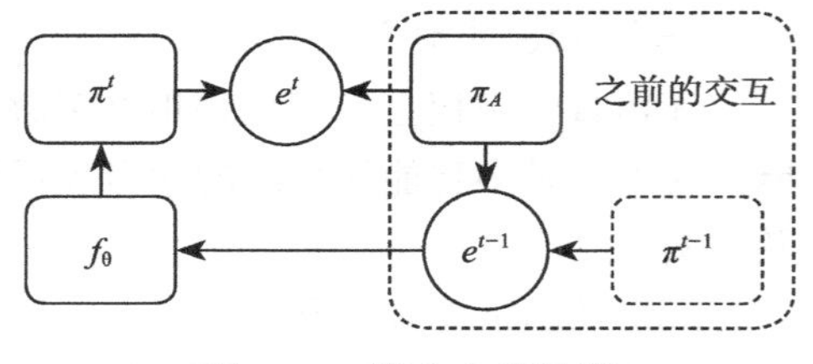

图 5.14 嵌入向量计算

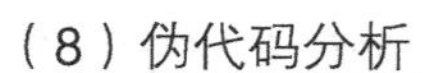
（8）伪代码分析

算法：学习策略嵌入函数（f_θ）

输入 $\{E_i\}_{i=1}^{N}$ – 交互回合，λ 超参数；

初始化 $\boldsymbol{\theta}$ 和 $\boldsymbol{\phi}$；

for $i=1,2,\cdots,N$ **do**

  采样一个正的回合 $p_e \leftarrow e_+ \sim E_i$；

  采样一个参考的回合 $r_e \leftarrow e_* \sim E_i e_+$；

  计算 $Im_{\text{loss}} \leftarrow -\sum_{\langle \mathbf{o},\mathbf{a}\rangle \sim e_+} \log \pi_{\phi,\theta}(\boldsymbol{a}|\boldsymbol{o},e_*)$；

  for $j=1,2,\cdots,N$ **do**

    if $j \neq I$ **then**

      采样一个负的回合 $p_e \leftarrow e_- \sim E_j$；

      计算 $Id_{\text{loss}} \leftarrow d_\theta(e_+,e_-.e_*)$；

      设置 $\text{Loss} \leftarrow Im_{\text{loss}} + \lambda \cdot Id\_loss$；

```
            更新 θ 和 φ 最小化 Loss ;
        end if
    end for
end for
输出 θ
```

3. 算法优势

本节所学的框架，用于学习多智能体系统中智能体的表示。使用与其他智能体的一些交互回合来学习智能体策略。本节的学习目标创造性地将基于模仿学习的生成组件和区分不同智能体策略嵌入的判别组件组合在了一起，整体框架是无监督的、样本高效和领域无关的，因此可以很容易地扩展到许多环境和后续任务中。最重要的是，这些嵌入向量起到了很大作用，能够在协作和竞争环境中学习更多自适应智能体策略的特权信息。

5.3.4　部分可观察环境下的多智能体策略优化

1. 算法介绍

本节我们将学习部分可观察环境下的多智能体策略优化算法[39]，该算法解决的是具有部分可观察性的 MARL 问题，重点关注无模型情况，其中智能体没有对其所处环境的知识（因此不能进行先验规划）并且不对环境或其他参与者进行显式建模，纯粹根据自己的经验学习。通过在策略梯度和 actor-critic 算法中进行选择，我们将展示几个候选策略更新规则，并将它们与后悔最小化和多智能体学习技术相关联，比如将 actor-critic 改成一种后悔最小化的形式。

2. 算法分析

（1）背景介绍

给定 N 个智能体，在每一个时间步上，每个智能体 i 采取动作，所有智能体的联合动作 $\boldsymbol{a}$ 产生新的状态 $\boldsymbol{s}_{t+1} \sim T(\mathbf{s}_t, \boldsymbol{a}_t)$；每个玩家 i 都会收到自己独立的观察 $\boldsymbol{o}_i(\boldsymbol{s}_t, \boldsymbol{a}_t, \boldsymbol{s}_{t+1})$ 和奖励 r_t。

首先考虑零和问题，即 $\sum_{i\in N} r_{t,i} = 0$。在这种情况下，存在多项式时间的算法，能在有限双人任务中找到最优策略，而纳什均衡证明在 $N>2$ 的情况下很难找到最优策略。尽管如此，最小化后悔的方法可以凭经验找到良好的策略。为了恰当地描述部分可观察环境中的 MARL 状态，定义历史 $h \in H$ 是所有玩家（包括环境）从回合开始采取的一系列动作，环境可以看成具有固定策略的玩家，从而存在从任何 h 到环境的确定性映射。定义状态 $\boldsymbol{s}_t = \{h \in H \mid \text{玩家}i\text{的序列观测}\boldsymbol{o}_{i,t'<t}(\boldsymbol{s}_{t'}, \boldsymbol{a}_{t'}, \boldsymbol{s}_{t'+1}),\text{和}h\text{一致}\}$。因此 $\boldsymbol{s}_t$ 包括玩家 i 无法区分的历史，例如在扑克中，$h \in \boldsymbol{s}_t$ 仅在发给对手的私人牌中有所不同。如果联合策略 π 对于每一个玩家 i 给出最佳响应 $\delta_i(\pi) = \max_{\pi_i'} E_{\pi_i', \pi_{-i}}\left[R_{0,i}\right] - E_\pi\left[R_{0,i}\right]$，那么它是一个纳什均衡，其中 π_{-i} 是 i 对手策略的集合。否则，$\varepsilon -$ 平衡是近似的，$\varepsilon = \max_i \delta_i(\pi)$。后悔最小化算法的平均策略 $\bar{\pi}$ 减少上限 ε，使用 $\text{NASHCONV}(\pi) = \sum_i \delta_i(\pi)$ 检测收敛性。

学习、博弈论和后悔最小化之间存在着联系。反事实后悔（Counter Factual Regret, CFR）最小化，使扑克 AI 取得了重大进展。定义 $\eta^\pi(h_t) = \Pi_{t'<t}\pi(\boldsymbol{s}_{t'}, \boldsymbol{a}_{t'})$，其中 $h_{t'} \in \boldsymbol{s}_{t'}, h_t \in \boldsymbol{s}_t$

是在策略 π 下到达 h 的到达概率。其中可以分为玩家 i 的贡献和它们对手以及环境的贡献，$\eta^{\pi}(h)=\eta_i^{\pi}(h)\eta_{-i}^{\pi}(h)$。假设玩家 i 要处于 $\boldsymbol{s}$：在完全回忆中，玩家 i 会记住它们所达到的状态序列，这对于所有 $h\in\boldsymbol{s}$ 都是相同的，因为它们仅在对手看到的私人信息中有所不同。结果是，$\forall h,h'\in\boldsymbol{s},\eta_i^{\pi}(h)=\eta_i^{\pi}(h'):=\eta_i^{\pi}(\boldsymbol{s})$。对于一些历史 h 和动作 $\boldsymbol{a}$，我们把 h 称为历史前缀 $h\subset h\boldsymbol{a}$，其中 $h\boldsymbol{a}$ 是历史 h 后跟动作 $\boldsymbol{a}$，也可以更小 $h\subset h\boldsymbol{a}\subset h\boldsymbol{a}\boldsymbol{b}\Rightarrow h\subset h\boldsymbol{a}\boldsymbol{b}$。设 $Z=\{z\in H\}z$是终止$\}$，$Z(\boldsymbol{s},\boldsymbol{a})=\{(h,z)\in H\times Z\mid h\in\boldsymbol{s},h\boldsymbol{a}\subset z\}$。CFR 定义反事实值 $v_{\mathrm{i}}^{c}(\pi,\boldsymbol{s}_t,\boldsymbol{a}_t)=\sum_{(h,z)\in Z(\boldsymbol{s}_t,\boldsymbol{a}_t)}\eta_{-i}^{\pi}(h)\eta_i^{\pi}(z)u_i(z)$，其中 $u_i(z)$ 是沿 z 给玩家 i 的回报，以及 $V_i^c(\pi,\boldsymbol{s}_t)=\sum_{\boldsymbol{a}}\pi(\boldsymbol{s}_t,\boldsymbol{a})$ $V_i^c(\pi,\boldsymbol{s}_t,\boldsymbol{a}_t)$，并累积后悔 $\mathrm{REG_i}(\pi,\boldsymbol{s}_t,\boldsymbol{a}')=V_i^c(\pi,\boldsymbol{s}_t,\boldsymbol{a}')-V_i^c(\pi,\boldsymbol{s}_t)$，使用后悔匹配或指数加权专家等方法从累积后悔中产生新策略。

CFR 是一种策略迭代算法，通过访问每个可能的轨迹来计算期望值。蒙特卡罗 CFR（Monte Carlo Counter Factual Regret，MCCFR）使用探索行为策略对轨迹进行采样，计算无偏估计 $\hat{V}_i^c(\pi,\boldsymbol{s}_t)$ 和 $\widehat{\mathrm{REG}}_i(\pi,\boldsymbol{s}_t)$，通过重要性采样进行校正。因此，MCCFR 是一种 off-policy 的蒙特卡罗方法。在一个 MCCFR 变体，无模型结果抽样（Model-Free Outcome Sampling，MFOS）中，对手状态的行为策略被定义为“允许在线后悔最小化”。

MCCFR 方法存在两个主要问题：①通过抽样引入了显著差异，②除了通过专家抽象和具有完美模型的正向模拟之外，没有跨状态的归纳泛化。本节介绍的 actor-critic 解决了这两个问题，并且它们是一种 on-policy 的 MCCFR。

（2）多智能体 Actor-Critic

CFR 定义了来自累积 CFR 阈值的策略更新规则：$\mathrm{TCREG_i}(K,\boldsymbol{s},\boldsymbol{a})=\left(\sum_{k\in\{1,\cdots,K\}}\mathrm{REG}_i\right.$ $\left.(\pi,\boldsymbol{s},\boldsymbol{a})\right)^{+}$，其中 k 是迭代次数，$(x)^{+}=\max(0,x)$。在 CFR 中，后悔匹配更新策略与 $\mathrm{TCREG_i}(K,\boldsymbol{s},\boldsymbol{a})$ 成比例。另一方面，REINFORCE 通过对轨迹采样并计算每个状态 $\boldsymbol{s}_t$ 的梯度，更新 $\boldsymbol{\theta}$ 朝 $\nabla_{\boldsymbol{\theta}}\log(\boldsymbol{s}_t,\boldsymbol{a}_t;\boldsymbol{\theta})R_t$ 方向。通常从回报中减去基线：$R_{\mathrm{t}}-V^{\pi}(s_t)$，然后策略梯度成为 actor-critc，分别训练 π 和 V^{π}。log 函数出现是因为从策略中采样的动作值 $\boldsymbol{a}_t$，除以 $\pi(\boldsymbol{s}_t,\boldsymbol{a}_t)$ 以确保估计真实期望，$\dfrac{\nabla_{\boldsymbol{\theta}}\pi(\boldsymbol{s}_t,\boldsymbol{a}_t;\boldsymbol{\theta})}{\pi(\boldsymbol{s}_t,\boldsymbol{a}_t;\boldsymbol{\theta})}=\nabla_{\boldsymbol{\theta}}\log\pi(\boldsymbol{s}_t,\boldsymbol{a}_t;\boldsymbol{\theta})$。人们可以从状态和行动中培养基于 Q^{π} 的 critic。这就是基于 Q 的策略梯度（Q-based Policy Gradient, QPG）：

$$\nabla_{\boldsymbol{\theta}}^{\mathrm{QPG}}(s)=\sum_{\boldsymbol{a}}\left[\nabla_{\boldsymbol{\theta}}\pi(\boldsymbol{s},\boldsymbol{a};\boldsymbol{\theta})\right]\left(Q(\boldsymbol{s},\boldsymbol{a};\boldsymbol{w})-\sum_{b}\pi(\boldsymbol{s},b;\boldsymbol{\theta})q(\boldsymbol{s},b,\boldsymbol{w})\right)\tag{5.76}$$

它是一种优势的 actor-critic 算法，与 A2C 中 critic 的表示不同，并且总结了与动作算法类似的动作。将 $\boldsymbol{a}_{\pi}(\boldsymbol{s},\boldsymbol{a})=Q^{\pi}(\boldsymbol{s},\boldsymbol{a})-\sum_{b}\pi(\boldsymbol{s},b)Q^{\pi}(\boldsymbol{s},b)$ 解释为后悔，我们可以改为最小化定义的损失在阈值累积后悔的上限：$\sum_{k}\left(\boldsymbol{a}_{\pi_k}(\boldsymbol{s},\boldsymbol{a})\right)^{+}\geqslant\left(\sum_{k}\left(\boldsymbol{a}_{\pi_k}(\boldsymbol{s},\boldsymbol{a})\right)\right)^{+}$，将策略推向没有后悔的区域，称为后悔策略梯度（Regret Policy Gradient，RPG）：

$$\nabla_{\boldsymbol{\theta}}^{\mathrm{RPG}}(\boldsymbol{s})=-\sum_{\boldsymbol{a}}\nabla_{\boldsymbol{\theta}}\left(Q(\boldsymbol{s},\boldsymbol{a};\boldsymbol{w})-\sum_{b}\pi(\boldsymbol{s},b;\boldsymbol{\theta})Q(\boldsymbol{s},b,\boldsymbol{w})\right)^{+}\tag{5.77}$$

前面的减号表示从计算损失函数的梯度上升转换成到梯度的下降。实施后悔匹配规则的另一种方法是通过阈值后悔加权策略梯度，我们称之为后悔匹配策略梯度（Regret Matching Policy Gradient，RMPG）：

$$\nabla_{\theta}^{\text{RMPG}}(s)=\sum_{a}\left[\nabla_{\theta}\pi(s,a;\theta)\right]\left(Q(s,a;w)-\sum_{b}\pi(s,b;\theta)Q(s,b,w)\right) \tag{5.78}$$

在每种情况下，critic $Q(s_t,a_t;w)$ 都用标准方式训练，使用抽样返回的 l_2 回归损失。

（3）正常形式游戏的变化学习分析

第一个问题是，即使在最简单的情况下，这些变体中的任何一个是否都可以收敛到一个平衡点。因此，我们现在展示“匹配便士”（有两个动作）变化学习的相位图。这些分析在多智能体学习中很常见，因为它们可以直观地描述策略变化以及不同因素如何影响行为。“匹配便士”中的收敛是很困难的，因为唯一的一个纳什均衡点 $\pi^*=\left(\left(\frac{1}{2},\frac{1}{2}\right),\left(\frac{1}{2},\frac{1}{2}\right)\right)$ 需要学习随机策略。

（4）部分可观察的连续游戏

$V_i^c(\pi,s_t,a_t)$ 和 $Q_{\pi,i}(s_t,a_t)$ 之间有什么差异？有人认为当 s_t 轨迹很少发生时，它们大致相等。首先，请注意，在对 s_t 定义的轨迹中，s_t 不能多次到达，因为观察历史在每次出现时都会有所不同。因此，在确定性的单智能体环境中，这两个值确实相等。一般而言，反事实值 V_i^c 取决于玩家 i 到达 s_t，而 Q 函数估计则以到达 s_t 为条件。那么

$$Q_{\pi,i}(s_t,a_t)=E_{\rho\sim\pi}\left[R_{t,i}|s_t,a_t\right]=\sum_{h,z\in Z(s_t,a_t)}P_r(h|s_t)\eta^{\pi}(ha,z)u_i(z)$$

其中

$$\begin{aligned}
\eta^{\pi}(ha,z)=\frac{\eta^{\pi}(z)}{\eta^{\pi}(h)\pi(s,a)}&=\sum_{h,z\in Z(s_t,a_t)}\frac{P_r(h|s_t)P_r(h)}{P_r(s_t)}\eta^{\pi}(ha,z)u_i(z) \quad (\text{使用贝叶斯公式})\\
&=\sum_{h,z\in Z(s_t,a_t)}\frac{P_r(h)}{P_r(s_t)}\eta^{\pi}(ha,z)u_i(z) \quad (\text{因为}h\in s_t,h\text{对于}s_t\text{是独一无二的})\\
&=\sum_{h,z\in Z(s_t,a_t)}\frac{\eta^{\pi}(h)}{\sum_{h'\in s_t}\eta^{\pi}(h')}\eta^{\pi}(ha,z)u_i(z)\\
&=\sum_{h,z\in Z(s_t,a_t)}\frac{\eta_i^{\pi}(h)\eta_{-i}^{\pi}(h)}{\sum_{h'\in s_t}\eta_i^{\pi}(h')\eta_{-i}^{\pi}(h')}\eta^{\pi}(ha,z)u_i(z)\\
&=\sum_{h,z\in Z(s_t,a_t)}\frac{\eta_i^{\pi}(h)\eta_{-i}^{\pi}(h)}{\eta_i^{\pi}(s)\sum_{h'\in s_t}\eta_{-i}^{\pi}(h')}\eta^{\pi}(ha,z)u_i(z)\\
&=\sum_{h,z\in Z(s_t,a_t)}\frac{\eta_{-i}^{\pi}(h)}{\sum_{h'\in s_t}\eta_{-i}^{\pi}(h')}\eta^{\pi}(ha,z)u_i(z)\\
&=\frac{1}{\sum_{h\in s_t}\eta_{-i}^{\pi}(h)}V_i^c(\pi,s_t,a_t)
\end{aligned} \tag{5.79}$$

推导和展示 $V_{\pi,i}(s_t)=V_i^c(\pi,s_t)/\sum_{h\in s_t}\eta_{-i}^{\pi}(h)$ 是类似的。因此，反事实值和标准状态值函数通常不相等，而是通过贝叶斯常数 $B_{-i}(\pi,s_t)=\sum_{h\in s_t}\eta_{-i}^{\pi}(h)$ 进行缩放。如果因为环境或由于竞

争者的策略等原因到达 $\boldsymbol{s}_t$ 的可能性很小，这些值会很大。这同时给出了多智能体 POMDP 中 actor - critic 算法的新解释：优势函数 $Q_{\pi,i}(\boldsymbol{s}_t,\boldsymbol{a}_t)-V_{\pi,i}(\boldsymbol{s}_t,\boldsymbol{a}_t)$ 是按照 $\frac{1}{B_{-i}(\pi,\boldsymbol{s}_t)}$ 缩放的 CFR。

（5）伪代码分析

算法：Vanilla CFR

输入：K——迭代次数；π^0——初始的均匀联合策略；

初始化所有 $\boldsymbol{s}$ 和 $\boldsymbol{a}$ 的值函数表 $V_i^c(\pi,\boldsymbol{s},\boldsymbol{a})=V_i^c(\pi,\boldsymbol{s})=0$；

初始化所有 $\boldsymbol{s}$ 和 $\boldsymbol{a}$ 的累积后悔表 CREG(s, a) = 0;

初始化所有 $\boldsymbol{s}$ 和 $\boldsymbol{a}$ 的平均策略表 $S(\boldsymbol{s},\boldsymbol{a})=0$；

POLICYEVALTREEWALK（联合策略 π，历史记录 h，玩家到达的概率 ξ，机会到达 η_c）

if h **is** 终点 **then**

  return utilities (episode returns) $\bar{u}=(u_i(h))\text{for}\, i\in N$；

else if h 是一个机会节点 **then**

  return $P\sum_a P_r(ha|h)\cdot$ POLICYEVALTREEWALK$(ha,i,\bar{\eta},P_r(ha|h)\cdot\eta_c$；

else

  令 i 是在节点 h 处的玩家；

  令 s 是包含 h 处的信息状态；

  $\bar{u}\leftarrow\bar{0}$；

  for 合法的动作 $\boldsymbol{a}\in\mathcal{A}(h)$ **do**

    $\eta_{-i}\leftarrow\eta_c\cdot\Pi_{j\neq i}\eta_j$；

    $\bar{\eta}'\leftarrow\bar{\eta}$；

    $\bar{\eta}_i'\leftarrow\bar{\eta}_i'\cdot\pi_i(\boldsymbol{s},\boldsymbol{a})$；

    $\bar{u}_{\boldsymbol{a}}\leftarrow$ POLICYEVALTREEWALK$(h\boldsymbol{a},\bar{\eta}',\eta_c)$；

    $V_i^c(\pi,\boldsymbol{s},\boldsymbol{a})\leftarrow V_i^c(\pi,\boldsymbol{s},\boldsymbol{a})+u_{\boldsymbol{a},i}$（第 i 个组件）；

    $S(\boldsymbol{s},\boldsymbol{a})\leftarrow S(\boldsymbol{s},\boldsymbol{a})+\eta_i\cdot\pi(\boldsymbol{s},\boldsymbol{a})$（策略改进在平均策略 $\bar{\pi}$）；

    $\bar{u}\leftarrow\bar{u}+\pi(\boldsymbol{s},\boldsymbol{a})\bar{u}_{\boldsymbol{a}}$；

  Return $\bar{u}$

POLICYEVALUATION（k 次迭代）：

用 h 表示初始空的历史

PolicyEvalTreeWalk($\pi^k,h,\bar{1},\bar{1}$)

for all s **do**

  令 i 是在 $\boldsymbol{s}$ 处的玩家；

  $V_i^c(\pi^k,\boldsymbol{s})=\sum_b\pi^k(\boldsymbol{s},b)v_i^c(\pi^k,\boldsymbol{s},b)$；

REGRETMATCHING（信息状态 $\boldsymbol{s}$）：

定义累积边界 TCREG(s; a) = $(\text{CREG}(\boldsymbol{s};\boldsymbol{a}))^+$；

$d \leftarrow \sum_b \text{TCREG}(s,b)$；

for $a \in \mathcal{A}(s)$ **do**

$\pi(s,a) \leftarrow \frac{TCREG(s,a)}{d}$ if $d>0$ otherwise $\frac{1}{|\mathcal{A}(s)|}$；

return $\pi(s)$；

POLICYUPDATE（k 次迭代）:

for all s **do**

令 i 是在 s 处的玩家；

for $a \in \mathcal{A}(s)$ **do**

$\text{GREG}(s,a) \leftarrow \text{CREG}(s,a) + \left(V_i^c(\pi^k,s,a) - V_i^c(\pi^k,s)\right)$；

$\pi^{k+1} \leftarrow \text{RegretMatching}(s)$；

for $k \in \{1,2,\ldots,K\}$ **do**

设置所有反值 $V_i^c(\pi^k,s,a) = V_i^c(\pi^k,s) = 0$；

PolicyEvaluation(k);

PolicyUpdate(k);

for all s **do**

$\bar{\pi}^T(s,a) = \frac{S(s,a)}{\sum_b S(s,b)}$；

return $\bar{\pi}^T$

算法：扩展的 Advantage Actor-Critic with (state,action) critics

输入：策略 π，初始状态 s_0；

repeat

重置梯度：$d\theta \leftarrow 0, dw \leftarrow 0$；

$t_{\text{start}} \leftarrow t$；

repeat

采样 $a_t \sim \pi(\cdot|s_t,\theta)$；

采取动作 a_t，接收奖励 r_t 和 s_{t+1}；

$t \leftarrow t+1$；

$T \leftarrow T+1$；

until 终止状态 s_t 或者 $t - t_{\text{start}} = t_{\max}$；

$R \leftarrow \begin{cases} 0, & \text{如果} s_t \text{是终止状态} \\ \sum_{a\in\mathcal{A}} \pi(a|s_t,\theta) Q(s,a;w), & \text{否则} \end{cases}$；

for $i \in \{t-1,\cdots,t_{\text{start}}\}$ **do**

$R \leftarrow r_i + \gamma R$

累积策略梯度：$d\theta \leftarrow d\theta + \delta$，其中 δ 是 $\{\nabla_\theta^{\text{DPG}}, \nabla_\theta^{\text{RPG}}, \nabla_\theta^{\text{RMPG}}\}$ 中的一个；

累积 Q 函数：$\mathrm{d}\boldsymbol{w} \leftarrow \mathrm{d}\boldsymbol{w} + \nabla_{\boldsymbol{w}}\left(R - Q\left(\boldsymbol{s}_i, \boldsymbol{a}_i; \boldsymbol{w}\right)\right)^2$；

更新 critic 网络：$\boldsymbol{w} \leftarrow \boldsymbol{w} - \alpha \mathrm{d}\boldsymbol{w}$；

更新 actor 网络：$\boldsymbol{\theta} \leftarrow \boldsymbol{\theta} + \alpha \mathrm{d}\boldsymbol{\theta}$；

until $T > T_{\max}$；

3. 算法优势

在本节中，我们讨论了 MARL 中 actor-critic 算法的几个更新规则。这类算法的一个关键属性是它们是无模型、online 的，独立于对手和环境。通过展示这些算法与最小化后悔之间的联系，说明在具有不完全信息的零和游戏中无模型的 MARL 的收敛性。

实验表明，这些 actor-crtic 算法在常用的扑克领域中收敛于近似纳什均衡，其速率与零和博弈的基线无模型算法接近。但是，它们可能更容易实现，并且不需要存储大量转换内存。

5.3.5　基于联网智能体的完全去中心化 MARL

1. 算法介绍

本节考虑的是完全去中心化的 MARL 问题，其中智能体位于时变通信网络的节点处。具体而言，假设智能体不同的奖励函数对应于不同的任务，并且只有相应的智能体可知，每个智能体根据局部观察信息和接收到网络中其邻居发送的消息做出决策。在该问题中，智能体的共同目标是通过与相邻节点交换信息最大化网络的全局回报。为此，我们介绍两种函数估计的去中心化 actor-critic 方法，它们都适用于大规模 MARL 问题。在去中心化的结构下，actor 步骤由智能体单独执行，不需要推断其他人的策略；critic 步骤通过网络通信进行更新。

对于合作环境中的 MARL 问题，指定智能体之间的通信协议是至关重要的。一个较好的选择是使用中央控制器，它接收所有智能体的奖励，并给出每个智能体的动作。利用控制器可以使用所有智能体的信息，问题就简化为传统的 MDP，并且可以通过现有的 RL 算法来解决。然而，在许多现实场景中，例如传感器网络和智能交通系统中，根本就不存在中央控制器或者安装成本高昂。此外，中央控制器需要与每个智能体进行通信以交换信息，这就增加了控制器的通信开销，也可能会降低多智能体系统的可扩展性以及对恶意攻击的鲁棒性。

鉴于集中式控制的缺点，这里考虑使用分散式控制，其中智能体通过随时间变化的通信网络连接，该通信网络用于智能体在没有任何中央控制器的情况下进行信息交换，用 $\{G_t = (N, E_t)\}_{t \geqslant 0}$ 表示时变网络，其中 N 是所有节点的集合，$E_t \subset \left\{(i,j): i,j \in N\right\}$ 是 t 时刻所有边的集合。假设每个节点代表一个智能体，当且仅当 $(i,j) \in E_t$ 时，两个智能体 $i \in N$ 和 $j \in N$ 可以在时间 t 进行通信。在每个时间步，每个智能体基于局部信息和其邻居发送的消息执行动作，其共同目标是通过这个通信网络最大化所有智能体的平均奖励。这个框架可以在现实中的多智能体系统中广泛应用，例如无人驾驶、机器人技术、电网等。

只有局部奖励和动作，经典的 RL 算法很难最大化所有智能体的全局奖励。为了解决这个问题，本节介绍一种基于 MARL 的新的策略梯度定理，以及两种用于网络多智能体系统的分散式 actor-critic 算法 [40]。具体而言，actor 步由每个智能体单独执行，对于 critic 步，每个智能体与网络上的相邻智能体共享其估计的价值函数，从而实现一致估计，进一步用于随后的 actor 步。每个智能体的局部信息能够通过网络传播，以便实现最大化网络范围内的全局奖励。

总的来说，本节给出了两个分散的 actor-critic 算法，它们能够应用于大规模的 MARL 问题，在使用线性函数逼近的情况下，算法是保证收敛的。

2. 算法分析

（1）算法概述

首先给出 MARL 的策略梯度定理。

定理 5.5（MARL 的策略梯度定理）：对于任何 $\boldsymbol{\theta}\in\Theta$，用 $\pi_{\boldsymbol{\theta}}:\mathcal{S}\times\mathcal{A}\to[0,1]$ 表示一个策略，用 $J(\boldsymbol{\theta})$ 表示全局长期平均回报。另外，用 $Q_{\boldsymbol{\theta}}$ 和 $A_{\boldsymbol{\theta}}$ 表示动作值函数和优势函数。此外，对于任何 $i\in N$，定义局部优势函数 $A_{\boldsymbol{\theta}}^i:\mathcal{S}\times\mathcal{A}\to r$：

$$A_{\boldsymbol{\theta}}^i(\boldsymbol{s},\boldsymbol{a})=Q_{\boldsymbol{\theta}}(\boldsymbol{s},\boldsymbol{a})-\tilde{V}_{\boldsymbol{\theta}}^i(\boldsymbol{s},\boldsymbol{a}^{-i}) \tag{5.80}$$

其中 $\tilde{V}_{\boldsymbol{\theta}}^i(\boldsymbol{s},\boldsymbol{a}^{-i})=\sum_{a^i\in A^i}\pi_{\boldsymbol{\theta}^i}^i(\boldsymbol{s},\boldsymbol{a}^i)Q_{\boldsymbol{\theta}}(\boldsymbol{s},\boldsymbol{a},\boldsymbol{a}^{-i})$，这里用 $\boldsymbol{a}^{-i}$ 表示除 i 之外的所有智能体的动作。给定 $\boldsymbol{\theta}=\left[(\boldsymbol{\theta}^1)^T,\cdots,(\boldsymbol{\theta}^N)^T\right]^{\mathrm{T}}$，$J(\boldsymbol{\theta})$ 相对于 $\boldsymbol{\theta}_i$ 的梯度如下：

$$\begin{aligned}\nabla_{\boldsymbol{\theta}^i}J(\boldsymbol{\theta})&=E_{s\sim d_{\boldsymbol{\theta}},\boldsymbol{a}\sim\pi_{\boldsymbol{\theta}}}\left[\nabla_{\boldsymbol{\theta}^i}\log\pi_{\boldsymbol{\theta}^i}^i(\boldsymbol{s},\boldsymbol{a}^i)\cdot Q_{\boldsymbol{\theta}}(\boldsymbol{s},\boldsymbol{a})\right]\\&=E_{s\sim d_{\boldsymbol{\theta}},\boldsymbol{a}\sim\pi_{\boldsymbol{\theta}}}\left[\nabla_{\boldsymbol{\theta}^i}\log\pi_{\boldsymbol{\theta}^i}^i(\boldsymbol{s},\boldsymbol{a}^i)\cdot A_{\boldsymbol{\theta}}(\boldsymbol{s},\boldsymbol{a})\right]\\&=E_{s\sim d_{\boldsymbol{\theta}},\boldsymbol{a}\sim\pi_{\boldsymbol{\theta}}}\left[\nabla_{\boldsymbol{\theta}^i}\log\pi_{\boldsymbol{\theta}^i}^i(\boldsymbol{s},\boldsymbol{a}^i)\cdot A_{\boldsymbol{\theta}}^i(\boldsymbol{s},\boldsymbol{a})\right]\end{aligned} \tag{5.81}$$

定理 5.5 表明，如果智能体 i 具有全局动作值函数或优势函数的无偏估计，则可以使用相应的得分函数 $\nabla_{\boldsymbol{\theta}^i}\log\pi_{\boldsymbol{\theta}^i}^i$ 在局部获得关于每个 $\boldsymbol{\theta}^i$ 的策略梯度。但是，由于只需要局部信息，无法很好地估算这些函数，因为它们需要所有智能体的奖励 $\{r_t^i\}_{i\in N}$。这就产生了本节基于共识的 MARL 算法，该算法利用通信网络来传递局部信息，从而促进智能体之间的协作。

首先给出一种基于局部优势函数 $A_{\boldsymbol{\theta}}^i$ 的算法，这需要估计策略 $\pi_{\boldsymbol{\theta}}$ 的动作值函数 $Q_{\boldsymbol{\theta}}$。更具体地，$Q(\cdot,\cdot;\boldsymbol{\omega}):\mathcal{S}\times\mathcal{A}\to r$ 是用 $\boldsymbol{\omega}\in\mathbb{R}^K$ 参数化的一系列函数。假设每个智能体 i 维护自己的参数 $\boldsymbol{\omega}^i$ 并使用 $Q(\cdot,\cdot;\boldsymbol{\omega}^i)$ 作为 $Q_{\boldsymbol{\theta}}$ 的局部估计。此外，因为 $Q_{\boldsymbol{\theta}}$ 在涉及全局平均奖励 $\overline{r}_t$，为了聚合局部信息，我们让每个智能体 i 与网络上的相邻智能体共享局部参数 $\boldsymbol{\omega}^i$ 以便达成对 $Q_{\boldsymbol{\theta}}$ 的共识估计。具体而言，actor-critic 算法包括在不同时间尺度上进行的两个步骤。在 critic 步中，更新类似于策略评估中的动作值 TD 学习，然后是对其相邻智能体的参数估计的线性组合。这样的参数共享步骤也称为共识更新，它涉及一个权重矩阵 $\boldsymbol{C}_t=\left[c_t(i,j)\right]_{N\times N}$，其中 $c_t(i,j)$ 是在时间 t 时刻从 i 发送到 j 的消息的权重。$\boldsymbol{C}_t$ 的构造取决于 G_t 的网络拓扑。因此，critic 步骤迭代如下：

$$
\begin{aligned}
\mu_{t+1}^{i} &= \left(1-\beta_{\omega,t}\right)\cdot\mu_{t}^{i}+\beta_{\omega,t}\cdot r_{t+1}^{i}, \\
\tilde{\boldsymbol{\omega}}_{t}^{i} &= \boldsymbol{\omega}_{t}^{i}+\beta_{\omega,t}\cdot\delta_{t}^{i}\cdot\nabla_{\omega}Q_{t}\left(\boldsymbol{\omega}_{t}^{i}\right), \\
\boldsymbol{\omega}_{t+1}^{i} &= \sum\nolimits_{j\in N}c_{t}\left(i,j\right)\cdot\tilde{\boldsymbol{\omega}}_{t}^{i}
\end{aligned}
\tag{5.82}
$$

其中 μ_t^i 跟踪智能体 i 的长期回报，$\beta_{\omega,t}>0$ 是步长，对于所有 $\boldsymbol{\omega}\in\mathbb{R}^K$，让 $Q_t(\boldsymbol{\omega})=Q(\boldsymbol{s}_t,\boldsymbol{a}_t;\boldsymbol{\omega})$。此外，式（5.82）中的局部 TD 误差计算为：

$$
\delta_{t}^{i}=r_{t+1}^{i}-\mu_{t}^{i}+Q_{t+1}\left(\boldsymbol{\omega}_{t}^{i}\right)-Q_{t}\left(\boldsymbol{\omega}_{t}^{i}\right)
\tag{5.83}
$$

至于 actor 步骤，与定理 5.5 中的式（5.80）有关，每个智能体 i 通过下式改进其策略：

$$
\boldsymbol{\theta}_{t+1}^{i}=\boldsymbol{\theta}_{t}^{i}+\beta_{\theta,t}\cdot A_{t}^{i}\cdot\psi_{t}^{i}
\tag{5.84}
$$

其中 $\beta_{\theta,t}$ 是步长。此外，A_t^i 和 ψ_t^i 被定义为：

$$
\begin{aligned}
A_{t}^{i} &= Q_{t}\left(\boldsymbol{\omega}_{t}^{i}\right)-\sum\nolimits_{a^{i}\in A^{i}}\pi_{\theta_{t}^{i}}^{i}\left(\boldsymbol{s}_{t},\boldsymbol{a}^{i}\right)\cdot Q\left(\boldsymbol{s}_{t},\boldsymbol{a}^{i},\boldsymbol{a}_{t}^{-i};\boldsymbol{\omega}_{t}^{i}\right), \\
\psi_{t}^{i} &= \nabla_{\theta^{i}}\log\pi_{\theta^{i}}^{i}\left(s_{t},\boldsymbol{a}_{t}^{i}\right)
\end{aligned}
\tag{5.85}
$$

其中 A_t^i 的更新规则遵循 $A_{\boldsymbol{\theta}}^i$ 的定义。

$\boldsymbol{\omega}_t^i$ 的更新类似于扩散更新，有人将它用于解决分布式优化 / 估计问题。然而，它在这两个问题中有两个方面有所不同：①更新方向 $\delta_t^i\cdot\nabla_{\omega}Q_t\left(\boldsymbol{\omega}_t^i\right)$ 不是任何明确定义的目标函数的随机梯度方向，因此更新不等于解决任何分布式优化问题；②采用递减步长几乎能确定收敛，而 Tu 和 Sayed 建立了均方收敛。因此，他们的证明不适用于式（5.82）中的更新。我们采用随机近似机制来分析在某些假设下更新的收敛性。此外，我们注意到式（5.82）～式（5.84）保留了智能体的隐私，因为这种网络范围的协作不需要关于个人的奖励函数或策略的信息，这完全继承了去中心化算法的优点。我们在基于动作值函数的联网 actor-critic 算法中给出了该算法的步骤。

对于基于动作值函数的联网 actor-critic 算法的在线实现，需要 $\boldsymbol{a}_{t+1}$ 处的联合动作来评估动作值 TD 误差 δ_t^i。因此，在时间步 t，每个智能体使用 $(\boldsymbol{s}_t,\boldsymbol{a}_t,\boldsymbol{s}_{t+1},\boldsymbol{a}_{t+1})$ 更新式（5.82）中的 critic。此外，由于智能体 i 还需要存储估计值 $\boldsymbol{\omega}_t^i\in\mathbb{R}^K$ 和 $\boldsymbol{\theta}_t^i\in\mathbb{R}^{m_i}$，智能体 i 的总存储复杂度为 $O(N+m_i+K)$。相反，在表格的情况下，每个智能体 i 需要维护一个尺寸为 $|\mathcal{S}||\mathcal{A}|\times|\mathcal{S}||\mathcal{A}|$ 的 Q 表。其中 $|\mathcal{A}|=\Pi_{i\in N}|\mathcal{A}_i|$ 随着系统中智能体 N 的数量呈指数增长。注意，基于动作值函数的联网 actor-critic 算法需要在动作 $\boldsymbol{a}_{t+1}$ 处计算在时间 t 的更新。下面，给出一种算法，该算法仅使用 t 时刻的变换，即样本 $(\boldsymbol{s}_t,\boldsymbol{a}_t,\boldsymbol{s}_{t+1})$ 来进行参数更新。事实上，我们可以使用状态值函数 TD 误差估计优势函数 A，因为前者是对后者的无偏估计，即，

$$
\begin{aligned}
&\mathbb{E}\left[\overline{r}_{t+1}-J(\boldsymbol{\theta})+V_{\boldsymbol{\theta}}\left(\boldsymbol{s}_{t+1}\right)-V_{\boldsymbol{\theta}}\left(\boldsymbol{s}_{t}\right)\mid\boldsymbol{s}_{t}=\boldsymbol{s},\boldsymbol{a}_{t}=\boldsymbol{a},\pi_{\boldsymbol{\theta}}\right] \\
&=A_{\boldsymbol{\theta}}\left(\boldsymbol{s},\boldsymbol{a}\right),\text{其中}\boldsymbol{s}\in\mathcal{S},\boldsymbol{a}\in\mathcal{A}
\end{aligned}
\tag{5.86}
$$

为此，首先估计 $J(\boldsymbol{\theta})$ 和带有标量 μ 的 $V_{\boldsymbol{\theta}}$ 以及一个参数化函数 $V(\cdot;v):\mathcal{S}\to r$，其中参数

$\boldsymbol{v} \in \mathbb{R}^L$，$L \ll |\mathcal{S}|$。与动作值函数的联网 actor-critic 算法类似，每个智能体 i 维护并共享局部参数 μ^i 和 v^i，更新过程如下：

$$\tilde{\mu}_t^i = \left(1-\beta_{v,t}\right)\cdot \mu_t^i + \beta_{v,t}\cdot r_{t+1}^i, \mu_{t+1}^i = \sum\nolimits_{j\in N} c_t(i,j)\cdot \tilde{\mu}_t^j \tag{5.87}$$

$$\begin{gathered}\delta_t^i = r_{t+1}^i - \mu_t^i + V_{t+1}\left(\boldsymbol{v}_t^i\right) - V_t\left(\boldsymbol{v}_t^i\right),\\ \tilde{\boldsymbol{v}}_t^i = \boldsymbol{v}_t^i + \beta_{v,t}\cdot \delta_t^i \cdot \nabla_{v} V_t\left(\boldsymbol{v}_t^i\right), \boldsymbol{v}_{t+1}^i = \sum\nolimits_{j\in N} c_t(i,j)\cdot \tilde{\boldsymbol{v}}_t^j\end{gathered} \tag{5.88}$$

其中用对于 $\forall \boldsymbol{v}\in\mathbb{R}^L, V_t(\boldsymbol{v}) = V(\boldsymbol{s}_t;\boldsymbol{v})$，并且 $\beta_{v,t}>0$ 是步长。使用 δ_t^i 来表示智能体 i 的状态值 TD 误差。注意，局部 δ_t^i 可以用于评估基于动作值函数的联网 actor-critic 算法中的动作值函数和状态值函数。但是，它不能直接用于估计式（5.86）的策略梯度，因为局部 r_t^i 不是从全局平均奖励 R 中采样的。因此，我们建议在 critic 步中估计全局平均奖励函数 R。具体来说，用 $\bar{R}(\cdot,\cdot;\lambda): \mathcal{S}\times\mathcal{A}\to R$ 表示参数化函数，其中 $\lambda\in\mathbb{R}^M$ 是 $M \ll |\mathcal{S}|\cdot|\mathcal{A}|$ 的参数。为了更快地获得估计 $\bar{R}(\cdot,\cdot;\lambda)$，我们最小化以下加权均方误差（Mean Squared Error，MSE)：

$$\text{minimize}_\lambda \sum\nolimits_{s\in\mathcal{S},a\in\mathcal{A}} d_{\boldsymbol{\theta}}(\boldsymbol{s})\cdot \pi_{\boldsymbol{\theta}}(\boldsymbol{s},\boldsymbol{a})\left[\bar{R}(\boldsymbol{s},\boldsymbol{a};\lambda) - \bar{R}(\boldsymbol{s},\boldsymbol{a})\right]^2 \tag{5.89}$$

其中 $\bar{R}(\boldsymbol{s},\boldsymbol{a}) = \sum\nolimits_{i\in N} R^i(\boldsymbol{s},\boldsymbol{a})\cdot N^{-1}$ 和 $d_{\boldsymbol{\theta}}(\boldsymbol{s})$ 是策略 $\pi_{\boldsymbol{\theta}}$ 下的马尔可夫链 $\{\boldsymbol{s}_t\}_{t\geqslant 0}$ 的平稳分布。优化问题 5.89 后可以等价地转化为下式：

$$\text{minimize}_\lambda \sum\nolimits_{i\in N}\sum\nolimits_{s\in\mathcal{S},a\in\mathcal{A}} d_{\boldsymbol{\theta}}(\boldsymbol{s})\cdot \pi_{\boldsymbol{\theta}}(\boldsymbol{s},\boldsymbol{a})\left[\bar{R}(\boldsymbol{s},\boldsymbol{a};\lambda) - R^i(\boldsymbol{s},\boldsymbol{a})\right]^2 \tag{5.90}$$

因为这两个目标具有相同的稳定点。式（5.90）具有与分布式优化相同的可分离目标形式。这种联系产生了以下更新 λ_t^i 以便最小化目标：

$$\tilde{\lambda}_t^i = \lambda_t^i + \beta_{v,t}\cdot\left[r_{t+1}^i - \bar{R}_t\left(\lambda_t^i\right)\right]\cdot \nabla_\lambda \bar{R}_t\left(\lambda_t^i\right),\ \lambda_{t+1}^i = \sum\nolimits_{j\in N} c_t(i,j)\cdot \tilde{\lambda}_t^j \tag{5.91}$$

其中对于任何 $\lambda\in\mathbb{R}^M$，$\bar{R}_t(\lambda) = \bar{R}(\boldsymbol{s}_t,\boldsymbol{a}_t;\lambda)$。式（5.91）中的更新与式（5.87）和（5.88）一起形成了 critic 步。我们注意到其他智能体的奖励不会直接传递给每个智能体，估计的 $\bar{R}(\cdot,\cdot;\lambda)$ 无法恢复其他智能体的奖励函数。因此，全局平均奖励函数的共识估计不会像算法基于动作值函数的联网 actor-critic 算法那样泄露智能体有关奖励和策略的信息。

与分布式优化中的大多数已有工作不同，用于估计式（5.90）的梯度的样本通过策略 $\pi_{\boldsymbol{\theta}}$ 下的马尔可夫链 $\{(\boldsymbol{s}_t,\boldsymbol{a}_t)\}_{t\geqslant 0}$ 进行关联。我们还将使用随机近似来分析该更新的收敛性。然后使用估计的 $\bar{R}\left(\cdot,\cdot;\lambda_t^i\right)$ 来评估全局平均的 TD 误差 $\tilde{\delta}_t^i$。因此，和式（5.86）相关的 actor 步变为：

$$\tilde{\delta}_t^i = \bar{R}_t\left(\lambda_t^i\right) - \mu_t^i + V_{t+1}\left(\boldsymbol{v}_t^i\right) - V_t\left(\boldsymbol{v}_t^i\right),\ \boldsymbol{\theta}_{t+1}^i = \boldsymbol{\theta}_t^i + \beta_{\boldsymbol{\theta},t}\cdot \tilde{\delta}_t^{iu}\cdot \psi_t^i \tag{5.92}$$

其中 $\beta_{\boldsymbol{\theta},t}>0$ 是步长，并且 ψ_t^i 如式（5.85）中所定义的。该算法的步骤在算法 – 函数 TD 误差的 actor-critic 算法中给出。基于值函数 TD 误差的 actor-critic 算法在线实现要求每个智能体 i 的存储复杂度为 $\mathrm{O}(N+L+M+m_i)$，这导致当 N 很大时，算法能大大减轻计算负担。两种算法都适用于包括深度神经网络在内的通用函数逼近器。

（2）伪代码分析

算法：基于动作值函数的联网 actor-critic 算法

输入：对 $\forall i \in N$，参数 $\mu_0^i, \omega_o^i, \tilde{\omega}_0^i, \theta_0^i$ 的初始值，MDP 的初始状态 s_0，步长 $\{\beta_{\omega,t}\}_{t\geq 0}$ 和 $\{\beta_{\theta,t}\}_{t\geq 0}$；

每一个智能体 $i \in N$ 执行 $a_o^i \sim \pi_{\theta_0^i}^i(s_0,\cdot)$，观察联合动作 $a_0=(a_0^1,\cdots,a_0^N)$；

初始化迭代计数器 $t \leftarrow 0$；

repeat

　　for 所有 $i \in N$ **do**

　　　　观察状态 s_{t+1} 和奖励 r_{t+1}^i；

　　　　更新 $\mu_{t+1}^i \leftarrow (1-\beta_{\omega,t})\cdot\mu_t^i + \beta_{\omega,t}\cdot r_{t+1}^i$；

　　　　选择并执行 $a_{t+1}^i \sim \pi_{\theta_t^i}^i(s_{t+1},\cdot)$；

　　end for

　　观察联合动作 $a_{t+1}=(a_{t+1}^1,\cdots,a_{t+1}^N)$；

　　for all $i \in N$ **do**

　　　　更新：$\delta_t^i \leftarrow r_{t+1}^i - \mu_t^i + Q_{t+1}(\omega_t^i) - Q_t(\omega_t^i)$；

　　　　critic 更新步骤：$\tilde{\omega}_t^i \leftarrow \omega_t^i + \beta_{\omega,t}\cdot\delta_t^i\cdot\nabla_\omega Q_t(\omega_t^i)$；

　　　　更新：

　　　　　$A_t^i \leftarrow Q_t(\omega_t^i) - \sum_{a^i\in A^i}\pi_{\theta_t^i}^i(s_t,a^i)\cdot Q(s_t,a^i,a_t^{-i};\omega_t^i)$

　　　　　$\psi_t^i = \nabla_{\theta^i}\log\pi_{\theta^i}^i(s_t,a_t^i)$；

　　　　actor 更新步骤：$\theta_{t+1}^i \leftarrow \theta_t^i + \beta_{\theta,t}\cdot A_t^i\cdot\psi_t^i$；

　　　　发送 $\tilde{\omega}_t^i$ 到通信网络 G_t 上相邻的智能体 $\{j \in N:(i,j)\in E_t\}$；

　　end for

　　for 所有 $i \in N$ **do**

　　　　共识更新步骤：$\omega_{t+1}^i \leftarrow \sum_{j\in N} c_t(i,j)\cdot\tilde{\omega}_t^j$；

　　end for

　　更新迭代计数器 $t \leftarrow t+1$；

直到收敛

算法：基于值函数 TD 误差的 actor-critic 算法

The networked actor-critic algorithm based on state-value TD 误差

输入：对 $\forall i \in N$，参数 μ_0^i、$\widetilde{\mu_0^i}$、v_0^i、$\widetilde{v_0^i}$、λ_0^i、$\widetilde{\lambda_0^i}$、θ_0^i 的初始值，MDP 的初始状态 s_0，步长 $\{\beta_{v,t}\}_{t\geq 0}$ 和 $\{\beta_{\theta,t}\}_{t\geq 0}$。

每一个智能体 i 实现 $a_0^i \sim \pi_{\theta_0^i}(s_0,\cdot)$。

初始化迭代计数器 $t \leftarrow 0$；

repeat

　for all $i \in N$ **do**

　　观察状态 $\boldsymbol{s}_{t+1}$ 和奖励 r_{t+1}^{i}；

　　更新

$$\tilde{\mu}_t^i \leftarrow \left(1-\beta_{v,t}\right) \cdot \mu_t^i + \beta_{v,t} \cdot r_{t+1}^i$$

$$\tilde{\boldsymbol{\lambda}}_t^i \leftarrow \lambda_t^i + \beta_{v,t} \cdot \left[r_{t+1}^i - \bar{R}_t\left(\lambda_t^i\right)\right] \cdot \nabla_\lambda \bar{R}_t\left(\lambda_t^i\right);$$

　　更新

$$\delta_t^i \leftarrow r_{t+1}^i - \mu_t^i + V_{t+1}\left(\boldsymbol{v}_t^i\right) - V_t\left(\boldsymbol{v}_t^i\right);$$

　　critic 步：

$$\tilde{\boldsymbol{v}}_t^i \leftarrow \boldsymbol{v}_t^i + \beta_{v,t} \cdot \delta_t^i \cdot \nabla_v V_t\left(\boldsymbol{v}_t^i\right);$$

　　更新：

$$\tilde{\delta}_t^i \leftarrow \bar{R}_t\left(\lambda_t^i\right) - \mu_t^i + V_{t+1}\left(\boldsymbol{v}_t^i\right) - V_t\left(\boldsymbol{v}_t^i\right), \psi_t^i \leftarrow \nabla_{\theta^i} \log \pi_{\theta_t^i}^i\left(\boldsymbol{s}_t, \boldsymbol{a}_t^i\right);$$

　　actor 步：$\boldsymbol{\theta}_{t+1}^i = \boldsymbol{\theta}_t^i + \beta_{\theta,t} \cdot \tilde{\delta}_t^i \cdot \psi_t^i$；

　　发送 $\tilde{\boldsymbol{\mu}}_t^i, \tilde{\boldsymbol{\lambda}}_t^i, \tilde{\boldsymbol{v}}_t^i$ 到相邻的 G_t；

　end for

　for all $i \in N$ **do**

　　更新共识步骤：

$$\boldsymbol{\mu}_{t+1}^i \leftarrow \sum\nolimits_{j \in N} c_t(i,j) \cdot \tilde{\boldsymbol{\mu}}_t^i, \boldsymbol{\lambda}_{t+1}^i \leftarrow \sum\nolimits_{j \in N} c_t(i,j) \cdot \tilde{\boldsymbol{\lambda}}_t^j, \boldsymbol{v}_{t+1}^i \leftarrow \sum\nolimits_{j \in N} c_t(i,j) \cdot \tilde{\boldsymbol{v}}_t^j;$$

　end for

　更新迭代计数器 $t \leftarrow t+1$；

直到收敛

3. 使用场景与优势分析

RL 中一个长期存在的问题是增加具有处理高维状态－动作空间的算法的可扩展性。由于联合动作的数量随着系统中智能体的数量呈指数增长，因此 MARL 中的问题变得更加明显。为了处理这种指数增长，本节通过一些参数化函数来近似策略和值函数。结合去中心化的网络架构和函数拟合值函数，本节的算法可以很容易地应用于大规模 MARL 问题，其中状态数量和智能体的数量都是大规模的。

第三篇

多任务深度强化学习

本篇再一次将问题复杂化，扩大到多任务的情况，也称为多任务深度强化学习。与多智能体深度强化学习明显不同，多任务深度强化学习既可以是单智能体多任务的情况，也可以是多智能体多任务的情况，因此情况变得更为复杂了。结构如同第二篇，本篇依然是首先介绍多任务强化学习的基本概念和相关基础知识（第 6 章），随后讲解部分经典的多任务强化学习算法（第 7 章）。由于多任务强化学习依然是较为前沿的研究方向，所以本篇的算法相对少一些。

CHAPTER 6

第6章 多任务深度强化学习基础

现在，我们再一次将问题复杂化到多任务领域，也称为多任务深度强化学习（Multi-Task Deep Reinforcement Learning, MTDRL）。MTDRL与MADRL明显不同，其既可以是单智能体多任务的情况，也可是多智能体多任务的情况。本章主要介绍MTDRL的基本概念和相关知识，让读者对其有一个基本的了解，从而帮助读者顺利地步入MTDRL的世界，为下一章学习MTDRL算法打好基础。

6.1 简介

截至目前，DRL理论，特别是在多智能体竞争与合作方面，已经取得了长足的进步。从AlphaGo、AlphaZero等系统到OpenAI Five或DeepMind Quake III等多人游戏，DRL在很多特定任务上都有着超越人类的表现。然而，不论智能体数量多少，这些算法的共同特点是——大多一次只训练一个任务，每一个新任务需要训练一个全新的智能体。这意味着学习方法是通用的，但是每个解决方案不是，每个智能体只能解决它被训练的一个任务。

未来，随着人工智能研究深入到更多复杂的现实世界领域，我们的目标不能仅仅停留在构建多个分别擅长不同任务的简单智能体，与之相反，构建单个通用智能体来同时学习完成多个任务变得至关重要。因此，目前在RL理论中处于最前沿的开放性话题之一是MTDRL，它需要研究的问题正是让一个智能体同时掌握不止一个，而是多个顺序决策任务。

然而，多任务学习需要面对非常多的困难。诸如平衡多个任务间的需求关系，以及其他在训练过程中经常会出现的资源分配等问题，对于我们所熟知的DRL算法与问题复杂度来讲，都是重大的挑战。目前，这一问题还没有一套统一的理论指导，以DeepMind、OpenAI为首的众多的知名机构都在尝试突破这些瓶颈，并且使用了诸如分布式架构、迁移学习等不同的方法。

6.1.1 理论概述

要研究MTDRL，一定绕不开历史悠久的多任务学习理论，也正是因为后者在解决方案上具有基于具体问题具体分析的特点，使得这一问题的解决变得多样而开放。

我们可以从其他的很多学科中了解到多任务学习产生的动机。在生物学上，我们可以看到多任务学习受到了人类学习的启发，为了学习新任务，我们经常通过学习相关任务来应用学会的知识。例如，婴儿首先学会识别面部，然后可以应用这些知识来识别其他物体。还可以从流行文化中看到多任务学习的影子，在 1984 年上映的经典电影 The Karate Kid 中，老师 Miyagi 先生只是教导学空手道的主人公看似无关的任务，比如打磨地板和打蜡。事后看来，学习这些任务的同时也使主人公具备了与学习空手道相关的宝贵技能。多任务学习的诞生与这些现象密不可分，我们很快就会看到，采用多个任务作为假设，可以得到比单一任务更好的解决方案。

从严格的学科定义上来说，多任务学习的定义是：基于共享表示，把多个相关的任务放在一起学习的一种机器学习范式。这里需要明确两个概念，即共享表示和相关。

共享表示，顾名思义，就是将不同任务的一部分信息联系在一起，目的就是同时提高多个任务各自的泛化能力。它的方法有很多，对于传统的表示学习方法来说，我们可以将不同任务的特征进行联合，创建一个常见的特征集合进行学习，也就是基于约束的共享；而对于本书沿用的 DL 方法来说，共享表示可以基于神经网络，将网络间的参数或一些卷积的操作进行共享，这就是基于参数的共享。图 6.1 给出了多任务学习最简单的参数共享方式，多个任务在隐藏层共享参数。

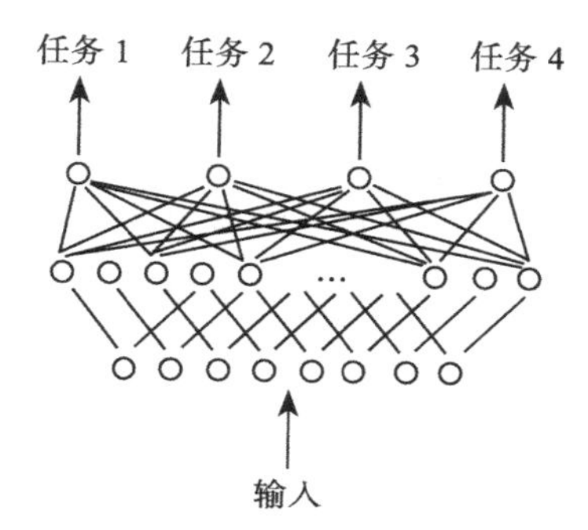

图 6.1　基于单层神经网络的多任务学习

在定义中第二个需要解释的概念就是相关，相关的具体定义很难，但我们可以从多任务学习的预期进行定义。如果我们需要同时学习三个任务 A、B、C，那么假定评测其中一个任务 A，把它作为一个主任务（main task），B、C 作为相关任务（related task），那么 A 在多任务学习模型中与 B、C 共同学习后的学习效果，一定会好于在单任务模型中单独训练 A，这就是多任务学习的预期，即希望相关任务可以提升主任务的效果。这种可以使“1+1>2”的几个任务，也就是我们需要在多任务学习模型中作为输入的一组相关任务，而经过模型分析后所得到的不同任务之间能相互促进的程度，也就是相关度。上述描述可以写成如下简单的表达式：

Algorithm (Main Task | Related Tasks) > Algorithm (Main Task)

Related (Main Task, Related Tasks, Algorithm1) ≠ Related (Main Task, Related Tasks, Algorithm2)

Algorithm 表示多任务学习采用的算法，其中第一个表达式表示把 Related Tasks 与 Main Task 放在一起学习，才能使多任务效果更好。而第二个表达式表示基于相同的学习任务，对于不同的多任务学习算法来说，相关度的结果是不一样的。

明确定义后，可以看出多任务学习其实是一种推导迁移的学习方法，在训练过程中，通过共享相关任务之间的信息，使得这些任务可以互相分享、互相补充学习到的域相关信息，互相促进学习，提升整体泛化的效果。因此，多任务学习通常会涉及多个相关的任务同时并行学习，梯度也通常是同时反向传播。

接下来，我们分析一下多任务学习有效的原因。对于这个问题，需要将单任务模型与多任务模型之间进行一些对比，如图 6.2 所示。

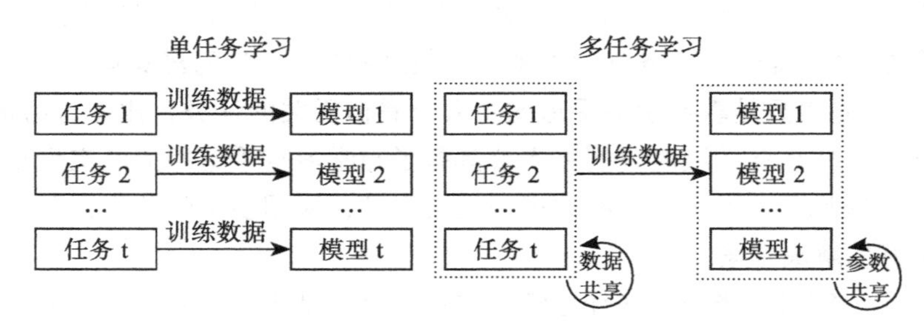

图 6.2　多任务学习与单任务学习之间的对比

从图 6.2 中不难看出，单任务学习时，各个任务之间的模型空间是相互独立的，而多任务学习时，多个任务之间的模型是相互共享的。那么，为什么把多个相关的任务放在一起学习，可以提高学习的效果呢？学界有很多解释，这里我们对比并列出其中一部分：

- 多个相关任务放在一起学习，有相关的部分，但也有不相关的部分。当学习一个任务时，与该任务不相关的部分在学习过程中相当于噪声。因此，引入噪声可以提高学习的泛化效果。
- 单任务学习时，梯度的反向传播倾向于陷入局部极小值。多任务学习中不同任务的局部极小值处于不同的位置，通过相互作用，可以帮助隐藏层跳出局部极小值。
- 添加的新任务可以改变权值更新的动态特性，可能使网络更适合多任务学习。比如多任务并行学习，提升了浅层共享层的学习速率，从而提升了学习率与学习效果。事实上，目前 DeepMind 仍在沿用的 IMPALA 方法也正是一种基于多任务的分布式模型，它有非常好的效果，后面我们也会详细介绍这种方法。
- 多个任务之间的参数共享，可能削弱了网络对于单一任务的学习能力，降低了网络的过拟合，提升了泛化效果。

由于本书基于 DL 这样的背景，立足于神经网络，我们主要讨论基于参数的信息共享。为了使多任务学习的思想更加具体，接下来介绍深度神经网络中执行多任务学习中最常用的两种方法——硬（hard）参数共享和软（soft）参数共享。

硬参数共享是神经网络中最常用的多任务机制，通常通过在所有任务之间共享隐藏层来应用它，同时保留多个特定任务的输出层，如图 6.3 所示。硬参数共享可以大大降低过度拟合的风险，这在直觉上是有道理的，我们同时学习的任务越多，我们的模型就越能找到多个任务的特征，因此对原始单一任务过度拟合的可能性就越小。

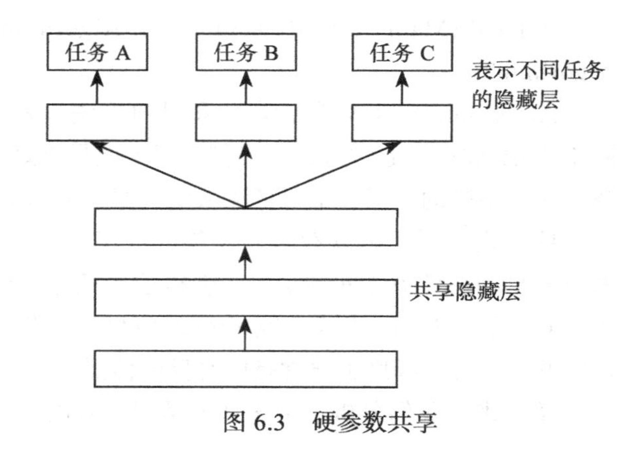

图 6.3　硬参数共享

另一方面，软参数共享则不同，如图 6.4 所示。每一个任务都有自己的模型和自己的参数，然后对模型参数间的距离进行一定的归一化（如 L2 归一化)，增大参数之间的相关性。可以看出，这种方法中的软参数共享约束，受到了 CNN、RNN 中相应的归一化技术的启发。

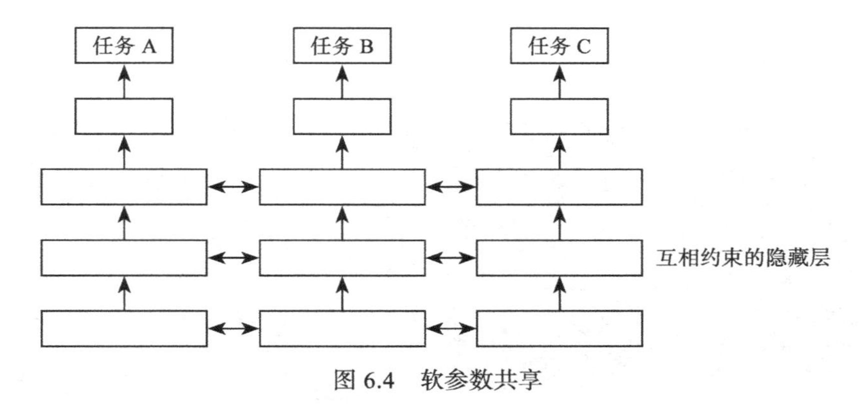

图 6.4　软参数共享

作为机器学习的一种学习范式，多任务学习的目的是利用多个相关任务中有用的信息，提高所有任务的泛化能力。多任务学习基本可以与其他众多机器学习范式相结合，包括半监督学习、非监督学习、主动学习。因此，正如前面章节介绍的 MARL 那样，MTDRL 也同样可以视为 RL 与多任务学习的一种结合。

6.1.2　面临的挑战

作为综合两种机器学习范式的前沿问题，这里将不再赘述 MTDRL 的优势，而直接介绍它面临的挑战。

多任务学习比单任务学习要困难得多，其最大的难点在于要在多个任务的需求之间找到平衡，而这些任务又同时在竞争着单个学习系统十分有限的资源，例如隐藏层所表示的共享表示空间。这将导致智能体在多任务学习的过程中出现“分心”，最终偏向于某一个或某几个任务，而不能很好地学会所有任务。

在时间与空间的规律上，我们要解决的不同问题通常具有十分明显的差异，这导致 RL 训练的智能体用来判断成功的奖励等级往往有所不同，就多任务学习而言，智能体也就很容易将注意力集中在奖励更高的任务上。拿 Pong（乒乓球）游戏来举例，智能体每一步有三种可能的奖励：−1（AI 没接住对方发来的球，不仅没得到奖励，反而倒扣一份）、0（AI 接住了球，进入了敌我双方反复循环往复的弹球过程，智能体费了半天劲却没有任何回报）、+1（AI 终于扳回了一局，才能得 1 分，实属得之不易）；但在吃豆人（Ms. Pac-Man）游戏里面就不同了，只要一出门，就可以吃到一连串的豆豆，因而智能体可以在单个步骤中获得数百或数千分，如图 6.5 所示。这两个游戏所获得的奖励差异极大，并且并不是简单地调整奖励函数的大小就可以解决问题。即使单次获得的奖励的大小可以比较，但随着智能体不断进化，奖励的频率可能会随着时间发生变化。这意味着，只要不被敌人抓到，吃豆的奖励明显比打乒乓球高得多，或者说得到奖励的机会要密集得多。那么，同时训练这两个任务的话，智能体当然会沉迷吃豆（得分高的任务），全然忘记自己还肩负学会其他得分不易游戏的重任。

上面的例子很好地解释了不同任务间的需求是难以平衡的，如果只是采用前面章节所讲述的常见的 RL 算法，并不能有效地解决这样的问题。更具体地说，对于智能体来讲，每一个任务在同一个共享表示空间所占的比重，很容易随着在该任务中观察到的回报规模而增加，而且不同任务的这些比重可以不同。这会极大地影响前面所讲到的基于值函数的算法，如 Q-learning、DQN，以及基于策略的算法，如 DDPG。

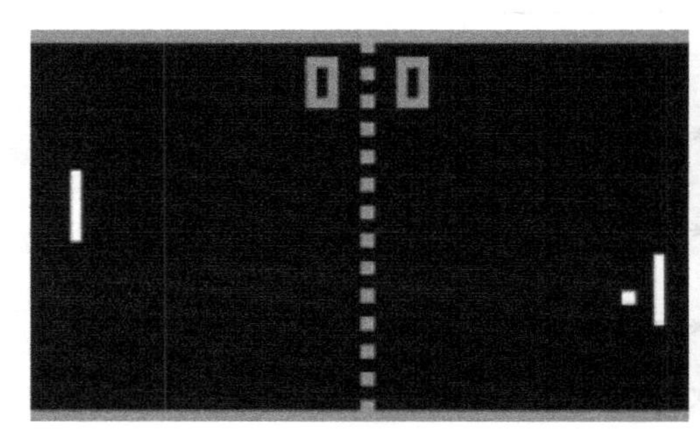
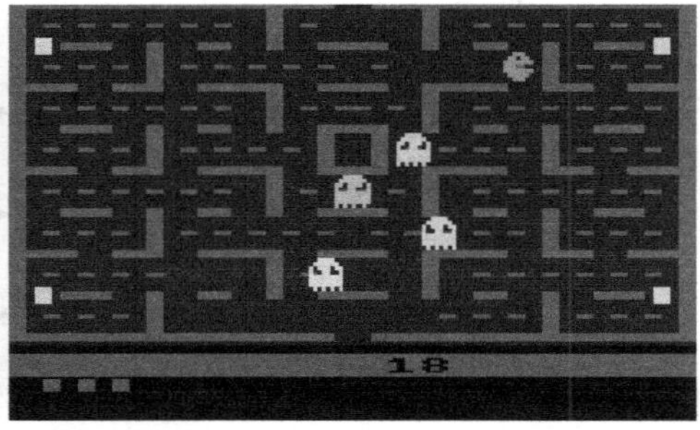

图 6.5 两个画风迥异的 Atari 游戏（左图为 Pong，右图为 Ms. Pac-Man）

另外，除了问题本身的复杂性之外，MTDRL 在模型的学习机制上也必须做出改变，才能更加有效地利用多个任务所产生的大量数据。正如前面多智能体学习中那样，可以设计类似于 MADDPG 中所讲的附加机制，利用每一个智能体自己的 actor 网络进行决策，再统一更新各自的 critic 网络进行全局估计，这样就可以有效解决 DDPG 过度依赖中心化控制的问题。我们的问题，当然也需要在以往模型的基础上，结合传统多任务学习理论中可以用到的诸多方法，如知识蒸馏、分布式并行学习，才能更加有效地利用不同任务间的数据进行学习。

让智能体同时学会玩多个电子游戏、让机器人同时掌握多种行为方式，这听起来就不是一件非常容易的事，这对于 AI 领域的科学家来说更是前所未有的挑战。我们不仅要合理地处理不同任务之间的差异，也要搭建出合适的学习机制来有效地使用训练中产生的数据，提高性能。正因如此，目前所提出的多任务 DRL 算法，基本都会在模型机制与多任务处理方式这两方面中，至少选择一方面作为自己的突破点。

由于 MTDRL 领域相对较前沿，缺少一套确定而完整的理论机制，而以 DeepMind 为首的众多知名机构又分别着眼于多任务学习理论中不同的解决方法，尝试与 RL 问题进行碰撞。在这样百家争鸣的学术热潮中，我们在下面的章节中很难像前面的章节那样，系统而渐进地串讲相应算法的发展过程。在综合考量不同成果的性能、学术影响力、可复现性等方面后，我们会为读者详细讲解近几年程碑地位的 MTDRL 算法，希望这些算法能够成为读者开展后续研究的参考。

6.2 策略蒸馏法

为了能够较为友好地从单任务 DRL 逐步过渡到多任务 DRL，这里先介绍一种能够有效结合读者之前所学知识的一种经典思想——策略蒸馏法（policy distillation）[41]。而事实上，下面章节将详细介绍的所有多任务算法框架，其实也都不是完全割裂开了与单任务下 DRL 方法的联系，读者可以慢慢从中体会。

前面的章节充分说明，从DQN的诞生开始，通过DRL可以学习非常复杂的视觉任务，但需要相对较大的（针对特定任务的）网络和广泛的训练才能取得良好的效果，并且泛化性与迁移性较差。因此，我们需要提出一种新的方法——策略蒸馏。这种方法可以将来自单个或多个Q网络的行为策略转换到一个未经训练的新网络中，从而使网络结构在更小而效率更好的情况下，依然能够达到专家级水平，并且这种机制可以天然地与我们所说的多任务需要相结合。

“蒸馏”这个概念其实并不是一个全新的概念，它最初由Bucila等人在2006年提出，它被认为是一种有效监督学习模型的压缩方法，后来它被扩展到从一个集成模型（ensemble model）创建单个网络的问题。它还显示了作为一种优化方法的优点，即可以从大型数据集或动态领域中稳定地学习。它通常使用一个不太复杂的目标分布，使用监督回归的方法训练一个目标网络，从而产生与原始网络相同的输出分布。策略蒸馏法表明，蒸馏这一方法可以用在RL的背景下，当然这需要一定的过渡。

为了更好地说明这种过渡的概念，我们还是以DQN方法为例，先介绍在我们熟悉的单任务问题上应用策略蒸馏法。蒸馏是一种将知识从教师模型T（Teacher）转移到学生模型S（Student）的方法。从分类网络中得到的蒸馏目标通常是通过将最后一个网络层的神经元权值和传递给softmax函数。图6.6解释了采用softmax函数的原因，图中为来自两个Atari游戏的实例帧，顶部的柱状图为DQN的输出，也就是在当前状态下采取不同动作的Q值输出，而中间的柱状图为经过softmax后的蒸馏目标。对于左边的游戏Pong，两帧图像只有几个像素的差别，但是Q值却非常不同；而对于右边的游戏“太空入侵者”，输入帧是非常不同的，但是Q值却非常相似。因此对于这两种情况，为了更清晰地决策出该选取的动作，需要加入softmax函数，使学生更容易地学习。

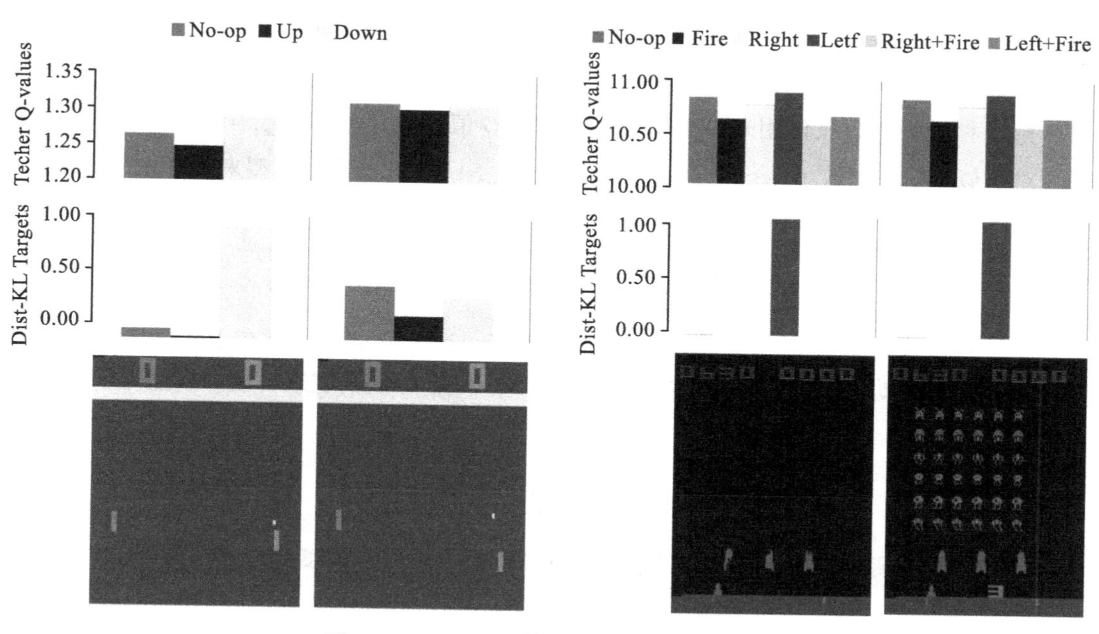

图6.6 softmax函数在训练过程中的作用

接下来，图6.7完整地描述了单任务下的蒸馏过程，为了传递更多这些从网络中学到的知识，教师 DQN 的输出通过一个 softmax 函数，传递给未经训练过的学生模型。我们在这里定义一个超参数 τ，表示策略传递给学生知识时的一种知识温度（temperature）。对于给定的温度 τ，教师模型 T 的最终输出可以表示为 $\text{softmax}\left(\frac{\boldsymbol{q}^T}{\tau}\right)$，其中 $\boldsymbol{q}^T$ 表示教师网络输出的 Q 值组成的向量。这一处理过的最后输出可以被学生网络 S 有效地通过回归方法学习。

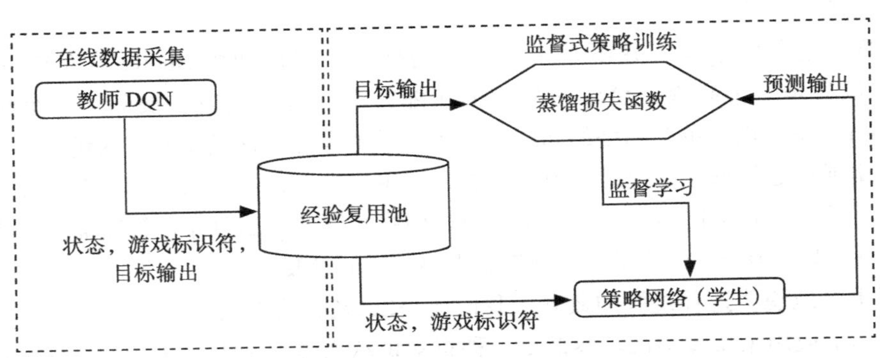

图 6.7　单任务下的数据收集和策略蒸馏过程

然而，在转移一个 Q 函数而不是一个分类器的情况下，预测给定状态的所有动作的 Q 值是一个困难的回归任务。首先，Q 值的大小可能难以确定，因为它是无界的，而且可能相当的不稳定。此外，计算一个固定策略下的行动是十分具有挑战性的，因为它意味着解决 Q 值评估的问题。而另一方面，训练学生网络 S 来预测唯一的最佳动作也是有问题的，因为有可能出现多个动作具有相似的 Q 值。为了解决这样的问题，我们考虑从 T 网络到 S 网络的三种策略蒸馏的损失函数。对于其中每一种，假设教师 T 网络已经生成了一个数据集 $\mathcal{D}^T=\left\{\left(\boldsymbol{s}_i,\boldsymbol{q}_i\right)\right\}_{i=0}^N$，其中每一次抽样都包含一个状态序列 $\boldsymbol{s}_i$ 和一个代表非归一化后的 Q 值的向量 $\boldsymbol{q}_i$，每一个动作都有一个 Q 值。

第一种损失函数仅使用来自教师模型 T 基于 Q 值的最佳动作 $\boldsymbol{a}_{i,\text{best}}=\text{argmax}\left(\boldsymbol{q}_i\right)$，并使用负对数似然损失函数（Negative Log Likelihood, NLL）训练学生模型来预测相似的动作，具体如下：

$$L_{\text{NLL}}\left(\mathcal{D}^T,\boldsymbol{\theta}_S\right)=-\sum_{i=1}^{|\mathcal{D}|}\log\text{P}\left(\boldsymbol{a}_i=\boldsymbol{a}_{i,\text{best}}\mid\boldsymbol{x}_i,\boldsymbol{\theta}_S\right) \tag{6.1}$$

第二种损失函数使用 MSE 损失函数进行训练，这个方法的优点在于为学生模型的训练保留了完整的动作值集。在这个损失函数中，$\boldsymbol{q}_i^T$ 和 $\boldsymbol{q}_i^S$ 分别代表来自教师模型与学生模型的 Q 值向量。

$$L_{\text{MSE}}\left(\mathcal{D}^T,\boldsymbol{\theta}_S\right)=\sum_{i=1}^{|\mathcal{D}|}\left\|\boldsymbol{q}_i^T-\boldsymbol{q}_i^S\right\|_2^2 \tag{6.2}$$

第三种损失函数采用了 Hinton 等人在 2014 年提出的带有温度 τ 的 KL 散度。

$$L_{\text{KL}}\left(\mathcal{D}^T,\boldsymbol{\theta}_S\right)=\sum_{i=1}^{|\mathcal{D}|}\text{softmax}\left(\frac{\boldsymbol{q}_i^T}{\tau}\right)\ln\frac{\text{softmax}\left(\frac{\boldsymbol{q}_i^T}{\tau}\right)}{\text{softmax}\left(\boldsymbol{q}_i^S\right)} \tag{6.3}$$

在传统的对于监督学习的分类设计中，$\boldsymbol{q}^T$ 的输出分布幅值会很高，因此通过提高 softmax 的温度可以使分布平缓化，使得更多的辅助知识可以传递给学生。然而，在策略蒸馏的情况下，教师模型的输出可以不是一个分布，而是每一个可能的行动所带来的未来折扣奖励。我们可能需要提高每一个更优的动作的概率强度，也就是尖锐化，而不是将它们的概率分布平缓化。

有了单任务的基础，下面就正式介绍多任务的策略蒸馏方法，该方法非常简单，如图 6.8 所示，其核心代码基本就是 DQN，只不过通过一些框架上的改变实现了多任务思想。我们使用 N 个独立 DQN 网络，每一个对应一个不同的游戏，并且单独训练。这些网络，就像是不同的教师模型 T，各自产生输入和输出。之后就像前面所讲的单任务下的蒸馏过程那样，数据存储在各自单独的经验复用池中。然后蒸馏损失函数模块依次从这 N 个数据存储单元中学习，计算出损失函数后更新唯一的学生网络 S。这个损失函数其实就是前面提到的三种适合策略蒸馏的损失函数。在所有输出经过 softmax 层的前提下，对于不同的问题可以选择不同的损失函数。当然，由于不同的任务通常有不同的动作集，每个任务都有一个单独的输出层，在训练和评估期间，需要时刻标记任务的 id，用于切换到正确的输出。

就这样，不同的教师 T 将知识依次传递给这位需要掌握多项技能的学生 S。之后不论从这 n 个数据存储区中取出怎样的状态空间集合，学生策略网络 S 都会有一个正常的输出，而学生的输出与教师的输出对于初始化之后每一次的更新都是必要的输入。这就形成了一个完整而又十分简单的多任务框架，也就是策略蒸馏框架。

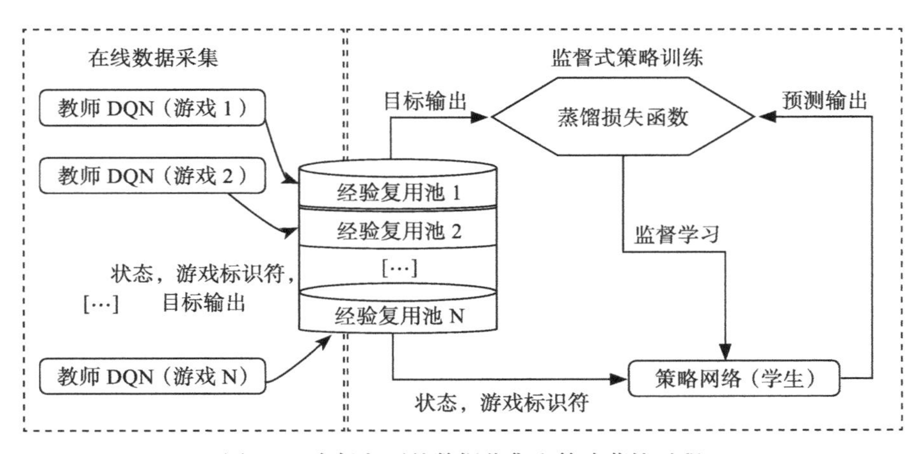

图 6.8　多任务下的数据收集和策略蒸馏过程

我们已经知道多任务学习的难度就在于多任务之间的平衡，不用的任务会有不同的策略以及不同的状态动作空间，而它们之间会不断地相互干扰，除此之外，还有通常会非常不同的奖励函数，以及对于 RL 方法而言本来就不稳定的值函数。而我们的策略蒸馏方法就提供了这样一种可以将多个策略组合到单一网络中的方法，而不会出现有害的干扰和泛化性问题。由于策略在蒸馏过程中可以被压缩和细化，这将有助于它们更有效地组合成一个单一的网络。此外，策略的概率分布本身的方差会低于价值函数，这也有助于提高性能和稳定性。

总的来说，策略蒸馏具有多个优点：网络规模可以压缩15倍而性能不降低；多个智能体策略可以组合成一个多任务策略，而性能还优于原来的智能体策略；最后，通过不断提取目标网络的最优策略，可以作为一个实时的在线学习过程，从而有效地跟踪不断演化的Q-learning策略。通过策略蒸馏的理论，读者之前所学过的众多单任务方法，基本上都可以尝试使用这一理论进行一定的多任务处理，该方法本身并没有固定的网络，这也体现了RL这一学科一种紧密的联系性。

然而，策略蒸馏的框架过于简单，在DQN上的提升能力很有限，如果结合一些更加前沿而复杂的DRL方法，或是应用在更加复杂的问题上，会更加难以训练。在它之后，以DeepMind团队为首的众多团队开始陆续提出各式各样的方法，我们将会在下一章进行详细介绍。

CHAPTER 7

第 7 章

多任务深度强化学习算法

第 6 章对 MTDRL 相关基础知识和背景进行了大概的描述，想必读者现在已经对 MTDRL 有了一定的认知。那么，现在我们就来开始学习 MTDRL 相关的算法。本章详细讲解 4 个 MTDRL 算法、框架，这些方法大都出自负责 MTDRL 领域最为经典和前沿工作的 Deep Mind 团队，希望读者能够好好学习和领会其中的方法及思想，达到学以致用的目的。

7.1 无监督强化与辅助学习

7.1.1 算法介绍

下面正式介绍第一个有关多任务的著名方法——无监督强化与辅助学习（UNsupervised REinforcement and Auxiliary Learning, UNREAL）[42]，它由 DeepMind 团队提出，思想其实也非常简单，甚至有些天真。通常 DRL 方法使用最大化累积奖励的方法来训练模型，但事实上，环境中能够用来训练的信息种类非常多，并不局限于外在奖励。所以我们接下来的方法设计了额外的几个辅助任务来丰富这样的可训练信息，通过训练智能体，使包括这些辅助任务在内的所有任务各自的奖励函数都最大化。另外，这些辅助任务均需要像无监督学习一样，在没有任务给定的外在奖励下进行训练。为此，我们需要设计一个新的机制，使多个任务能够集中表征在外部奖励上，以便模型能够快速适应实际任务的最相关方面。最终通过实验可以证明，采用这一辅助任务机制，能够显著地提高模型的速度和实际奖励。

之所以提出这一想法，有很多方面的考量。我们所知道的大部分经典的 RL 方法，如 DQN、DDPG，都侧重于外在奖励的最大化。然而，在许多有趣的领域，外在奖励其实是很少被观察到的，并不像 Atari 游戏这样本身已经给出，也更不像一些简单的控制任务可以依据物理模型进行人为的设计。我们必须面对一个问题：如果真的没有任何的外在奖励，我们的模型要学习什么？要如何学习？即使我们得到外在奖励的情况是比较频繁的，事实上环境中也会出现一些用外在奖励表示不了的可以学习的潜在目标，使我们的模型获得更好的表现。传统上，我们使用无监督学习来尝试重建这些目标，例如当前帧或者后续帧中的像素，这种方法通常用于更快地获得一个更全面有用的特征集合。相比之下，我们的学习目标是预测和控制这些智能体感知环境中的特征，把它们当作 RL 的伪奖励。从直观上看，这些包含伪奖励的辅助任务与智能体的长期目标更加匹配，可能会带来更加有用的表征结果。再举一个例子，考虑一个婴儿，他正在学习在一段时间内尽快、更多地看到红色。

对于这种问题的优化，婴儿必须懂得如何通过各种方式增加“红色”，包括操作（把一个红色物体移近眼睛）、运动（在一个红色物体前移动）以及沟通（哭泣直到父母带来一个红色物体）。这些行为很可能在婴儿随后会遇到的许多其他目标中也重复出现，我们不需要了解这些行为，就可以简单地重建当前或后续图像的红色观察量。

回到我们所要介绍的方法，它使用 RL 来近似不同伪奖励的最优策略和最优值函数，也提供了其他辅助预测，帮助智能体将注意力集中在任务的重要方面。这些方面包括预测累积外在奖励的长期目标以及对外在奖励的短期预测。为了更有效地学习，我们的智能体使用经验复用机制来提供额外的更新。这就像是动物通常会回忆一些包含积极或消极的奖励事件一样，我们的智能体也更倾向于包含有更好的奖励事件的事件序列。通过加入辅助控制和辅助预测任务，UNREAL 智能体可以使用 CNN 以及 LSTM 进行更好的决策，并且可以更快地学习到如何优化自身的外部奖励，最后取得更好的表现。

下面用一个具体的 3D 第一人称迷宫游戏来举例说明 UNREAL 智能体的运作方法，我们的目标是寻找这个 3D 大迷宫中所有的绿色苹果，动作空间是离散的四个方向，状态空间自然是第一人称视角下的每一帧图片。为了使 UNREAL 智能体更好地学习，我们加入了两个辅助任务，具体如图 7.1 所示。

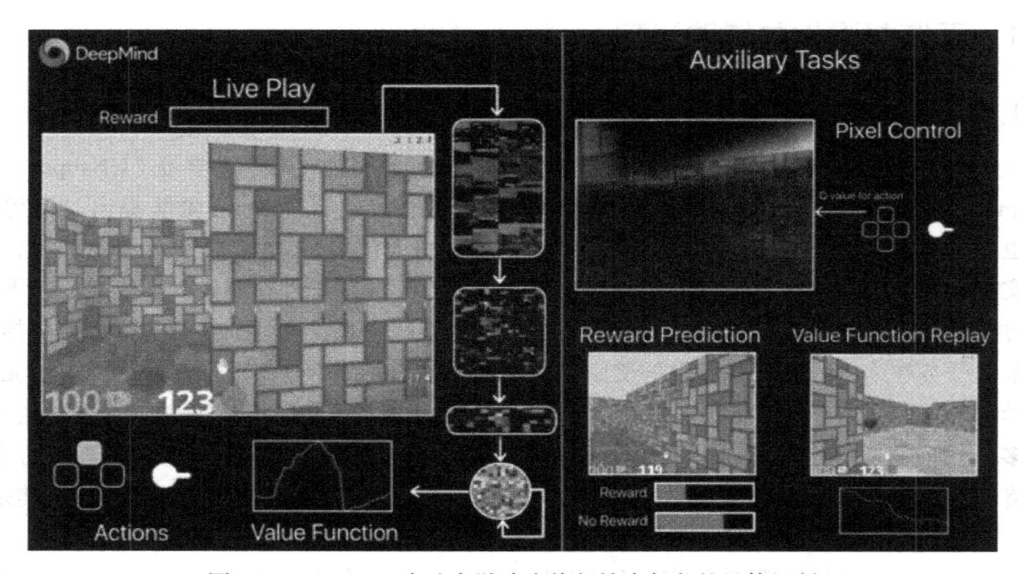

图 7.1　UNREAL 在迷宫游戏中执行搜索任务的具体机制

第一个任务是 Pixel Control，目的是让智能体学习怎样控制屏幕上的像素，通过移动看到不同的东西。这强调了对迷宫游戏中“行动影响着你所看到的东西”这一原则的学习，而不是仅仅做出预测。这类似于婴儿学习控制自己的过程，试图移动双手，观察做出的动作，然后进行调整。通过学习如何移动来改变屏幕显示的东西，UNREAL 智能体学会了对玩这个游戏很有用的视觉输入，并且拿到了更高的得分。

第二个任务是 Reward Prediction，智能体需要学习如何从简单的历史背景中预测一系列即将获得的奖励。为了更好地处理这个情况，当奖励很少时，开发人员需要智能体按照同等的比例展示过去获得的奖励和没有获得奖励的历史信息。在高频率学习含有较多正向奖励的历史之后，这个智能体能够更快速地发现会带来预期奖励的视觉信号。

这两个附加任务的组合，再加上 DeepMind 之前的 A3C 研究，成就了本节所要介绍的 UNREAL 智能体。相比 A3C，UNREAL 在第一人称迷宫以及我们熟知的 Atari 游戏中都取得了非凡的表现。

7.1.2 算法分析

1. 算法概述

下面系统地介绍 UNREAL 智能体的结构，如图 7.2 所示，还是以 3D 迷宫为例，UNREAL 智能体大致可以分为 4 部分。(a) 代表智能体的整体架构，采用的是加入了 CNN-LSTM 的 A3C 算法，智能体的状态、奖励以及行为都会被存储在中间的一个小小的经验复用池中。这个复用池封装了智能体在体验过程中的短暂历史，而复用池中的经验也被用于辅助任务的训练。(b) 和 (c) 分别代表两个辅助任务——Pixel Control 和 Reward Prediction，它们的具体作用在第 6 章已经介绍得很清楚了。最后要介绍的是 (d)，即值函数更新，其实我们已经非常了解它了，智能体通过经验复用池的存储和随机抽样，对值函数进行快速而有效的训练，以促进更快的价值迭代，学会更好的策略。

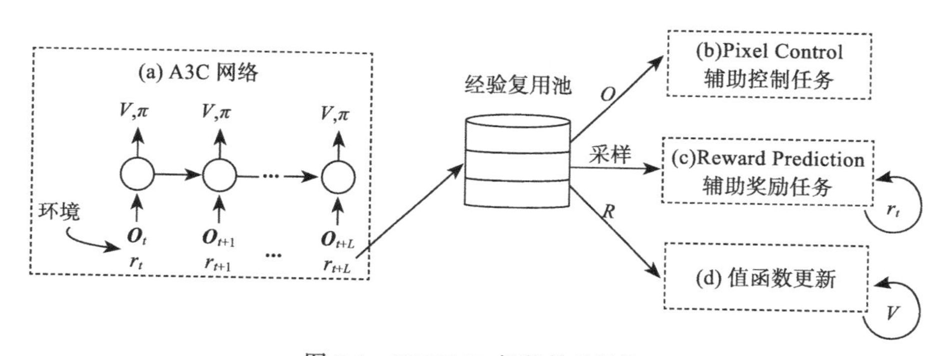

图 7.2　UNREAL 智能体的结构

在模型的细节方面，我们重点讲解两个辅助任务。对于 Pixel Control 任务，我们定义了一个在智能体交互环境中的伪奖励函数 $\mathcal{S}\times\mathcal{A}\to\mathbb{R}$，其中 $\mathcal{S}$ 表示可能状态的空间，$\mathcal{A}$ 表示可能动作的空间。潜在的状态空间 $\mathcal{S}$ 既包括观察和奖励的历史，也包括智能体本身的状态，即网络隐藏层中神经元的激活情况。

给定一组辅助控制任务 $\mathcal{C}$，用 $\pi^{(c)}$ 表示每一个辅助任务 $c\in\mathcal{C}$ 的策略，用 π 表示实际要解决的任务的策略。我们的总体目标就是最大限度地提高所有辅助任务的总体表现，也就是：

$$\operatorname{argmax}_{\theta}\mathbb{E}_{\pi}\left[R_{1:\infty}\right]+\lambda_c\sum_{c\in\mathcal{C}}\mathbb{E}_{\pi_c}\left[R_{1:\infty}^{(c)}\right] \tag{7.1}$$

其中，$R_{t:t+n}^{(c)}=\sum_{k=1}^{n}\gamma^k r_t^{(c)}$ 表示带有未来折扣的累积奖励，而 $\boldsymbol{\theta}$ 代表要优化的策略 π 以及所有的 $\pi^{(c)}$ 的参数，因此 UNREAL 智能体必须在提高总体奖励和提高辅助任务的奖励之间寻求平衡。这样我们的智能体就可以从一个单一的经验序列中同时学会最大化多种不同形式的奖励，以便在必要的时候执行偏离现有实际策略的决策，达到意想不到的效果。因此，辅助任务其实非常好理解，可以将它视为一个完全独立的任务，在这个基础上，每一个辅助的控制任务 c 所需要进行优化的损失函数形式也很好理解，前面提到过经验复用机制带来的修正。因此使用加入了 N 步回报（N-step Return）的 off-policy 方法，最终得到 $L_Q^{(c)}=\mathbb{E}\left[\left(R_{t:t+n}+\gamma^n \max_{a'} Q^{(c)}\left(\boldsymbol{s}',\boldsymbol{a}',\boldsymbol{\theta}^-\right)-Q^{(c)}\left(\boldsymbol{s},\boldsymbol{a},\boldsymbol{\theta}\right)\right)^2\right]$。

Reward Prediction 任务也叫作辅助奖励任务。作为一个智能体，当然希望尽可能多地出现能带来高回报与高价值的状态，这样可以带来更好的值函数，反过来也就能更容易地学到好策略。然而，在很多有趣的环境中，奖励是非常稀少的，比如前面提到的乒乓球游戏 Pong。这意味着我们的智能体需要学习更长的时间才能找到能拿到奖励的行为或时机。我们希望奖励尽可能地密集，同时又不希望人为地改变游戏规则，因此我们加入了一个用于奖励预测的辅助任务。当然这只是一个辅助任务，并不同于学习一个具体的值函数，奖励预测任务只用于建立特征。这就方便我们自由地塑造另一种伪奖励，而不改变环境本来的奖励信息以及智能体的值函数。

具体来说，我们从一个状态序列 $\mathcal{S}_\tau=\left(\boldsymbol{s}_{\tau-k},\boldsymbol{s}_{\tau-k+1},\cdots,\boldsymbol{s}_{\tau-1}\right)$ 来预测当前的奖励 r_τ，并且从经验复用池中取样出 $\mathcal{S}_\tau$ 来表示发生奖励的事件，由此得到了奖励预测任务的损失函数 L_{RP}。为了便于训练，我们会直接用图 7.2（a）中的 CNN-LSTM 对序列提取时空特征。

由此，终于可以表示 UNREAL 智能体的损失函数了，它涵盖了 A3C 和价值复用两种方法定义的损失函数 L_{A3C}、L_{VR}，这在前面单任务方法的章节中已经讲过，当然也涵盖了这两个辅助任务的各自的需求 $L_Q^{(c)}$、L_{RP}。在加入每一种因素的影响因子作为可以人为调节的超参数后，UNREAL 的损失函数定义如下：

$$L_{\mathrm{UNREAL}}(\boldsymbol{\theta})=L_{\mathrm{A3C}}+\lambda_{\mathrm{VR}}L_{\mathrm{VR}}+\lambda_{\mathrm{PC}}\sum_c L_Q^{(c)}+\lambda_{\mathrm{RP}}L_{\mathrm{RP}} \tag{7.2}$$

在实践中，这个非常复杂的损失函数被分解为单独的组成部分，其中 A3C 是 on-policy 方法，在智能体的每一步都会更新。而价值复用、像素控制以及奖励预测这三项的更新均采用 off-policy 方法进行修正，也就是定期从经验复用池进行取样、计算以及更新优化。

2. Python 代码片段分析

下面给出使用 TensorFlow 实现的 UNREAL 算法的部分代码解析。

（1）网络结构

```
1. def _create_network(self, for_display):
2.     scope_name = "net_{0}".format(self._thread_index)
3.     with tf.device(self._device), tf.variable_scope(scope_name)as scope:
4.         # [base A3C network]
5.         self._create_base_network()
6.
7.         # [Pixel change network]
8.         if self._use_pixel_change:
9.             self._create_pc_network()
10.
11.        # [Value replay network]
12.        if self._use_value_replay:
13.            self._create_vr_network()
```

```
14.
15.         # [Reward prediction network]
16.         if self._use_reward_prediction:
17.             self._create_rp_network()
```

该代码的网络结构比较复杂，涵盖了基本的 4 部分，它们的具体作用前面已经解释过，每一部分均有各自的网络提取特征。事实上，具体的代码实现并不唯一，需要考虑到实际的任务复杂度。对于著名的 3D 迷宫游戏，每一个网络具体的定义和结构可以参考如下内容。

1）A3C 网络

A3C 网络采用 CNN-LSTM 结构来提取特征。输入为一个 84×84×3 的游戏帧，通过 CNN 后，提取到空间特征。然后将空间特征与上一步的动作以及奖励（base_last_action_reward_input）合并后一起通过 LSTM，最后通过 A3C 本身的策略网络和值网络，如图 7.3 所示。

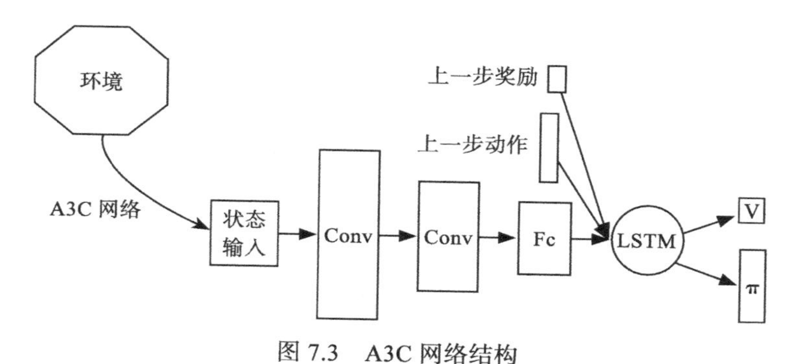

图 7.3　A3C 网络结构

```
1. def _create_base_network(self):
2.     状态输入
3.     self.base_input = tf.placeholder("float", [None, 84, 84, 3])
4.
5.     # 上一步的动作与奖励
6.     self.base_last_action_reward_input = tf.placeholder("float", [None, self._
action_size+1])
7.
8.     # 卷积层
9.     base_conv_output = self._base_conv_layers(self.base_input)
10.
11.    # LSTM 层
12.    self.base_initial_lstm_state0 = tf.placeholder(tf.float32, [1, 256])
13.    self.base_initial_lstm_state1 = tf.placeholder(tf.float32, [1, 256])
14.
15.    self.base_initial_lstm_state = tf.contrib.rnn.LSTMStateTuple(self.base_
initial_lstm_state0, self.base_initial_lstm_state1)
16.
17.    self.base_lstm_outputs, self.base_lstm_state = \
18.        self._base_lstm_layer(base_conv_output,
19.                              self.base_last_action_reward_input,
20.                              self.base_initial_lstm_state)
21.
22.    self.base_pi = self._base_policy_layer(self.base_lstm_outputs) # policy output
23.    self.base_v = self._base_value_layer(self.base_lstm_outputs) # value output
```

2）辅助控制任务

Pixel Control 需要优化的辅助策略 Q^{aux} 是最大化输入像素的差异度。该任务使用了 CNN、LSTM 以及一个反卷积网络（deconvolution network），目的是学会控制环境。具体来讲，输入为 84×84×3 的游戏像素帧，通过两层卷积网络与相应的全连接层后，合并上一步的动作和奖励，进入 LSTM，其实这些与前面的 A3C 很像，可以与其共用一些模块进行特征提取。之后将得到的输出通过反卷积网络，这里可以通过手写 CNN 的权重和偏差值来实现，然后再通过一个竞争网络（Dueling Network，参考 2.1.3 节）得到 Q^{aux}，如图 7.4 所示。

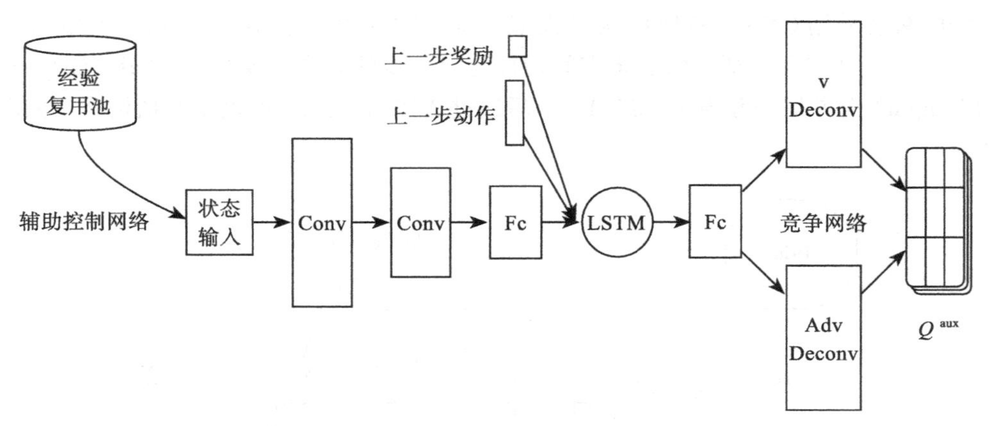

图 7.4　辅助控制（Pixel Control）网络结构

```
1. def _create_pc_network(self):
2.     # 状态输入
3.     self.pc_input = tf.placeholder("float", [None, 84, 84, 3])
4.
5.     # 上一步动作与奖励
6.     self.pc_last_action_reward_input = tf.placeholder("float", [None, self._
action_size+1])
7.
8.     # 卷积层
9.     pc_conv_output = self._base_conv_layers(self.pc_input, reuse = True)
10.
11.    # LSTM 层
12.    pc_initial_lstm_state = self.lstm_cell.zero_state(1, tf.float32)
13.    #（初始状态在每次训练后重置）
14.
15.    pc_lstm_outputs, _ = self._base_lstm_layer(pc_conv_output,
16.                                               self.pc_last_action_reward_input,
17.                                               pc_initial_lstm_state,
18.                                               reuse = True)
19.
20.    self.pc_q, self.pc_q_max = self._pc_deconv_layers(pc_lstm_outputs)
```

3）辅助奖励任务

给定一段状态序列，经过两层卷积网络后，使用 softmax 函数将输出结果分为 3 类——零奖励、正向奖励以及负向奖励，它代表了这段序列之后的时间点所得到的奖励预测，如图 7.5 所示。

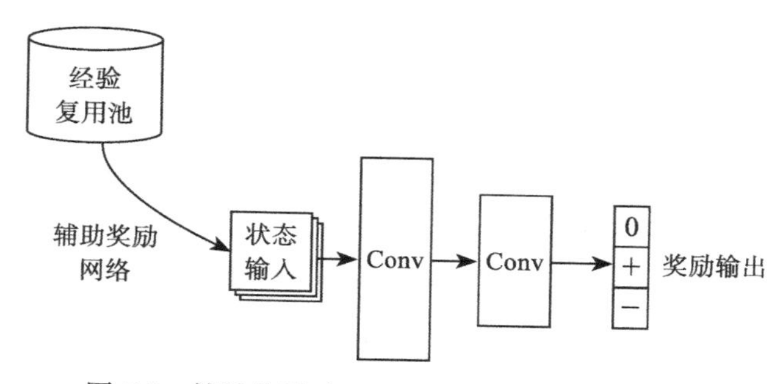

图 7.5　辅助奖励（Reward Prediction）网络结构

```
1. def _create_rp_network(self):
2.     self.rp_input = tf.placeholder("float", [3, 84, 84, 3])
3.
4.     # 卷积层
5.     rp_conv_output = self._base_conv_layers(self.rp_input, reuse = True)
6.     rp_conv_output_reshaped = tf.reshape(rp_conv_output, [1, 9*9*32*3])
7.
8.     with tf.variable_scope("rp_fc") as scope:
9.         # 全连接层
10.        W_fc1, b_fc1 = self._fc_variable([9*9*32*3, 3], "rp_fc1")
11.
12.    # 奖励预测（label:+1,0,-1）
13.    self.rp_c = tf.nn.softmax(tf.matmul(rp_conv_output_reshaped, W_fc1) + b_
fc1)
```

4）值函数更新

与 A3C 相对，给予一个 off-policy 网络，用从复用池中抽样出的状态集实现值函数的修正。具体结构和前面的 A3C 类似，经过两层卷积网络与全连接层后，将上一步的动作和奖励放入 LSTM，输出为值函数，如图 7.6 所示。在这里加入 off-policy 方法看似有些突兀，其实是为了从复用池中取样过去的经验，以修正对当前局面的判断。

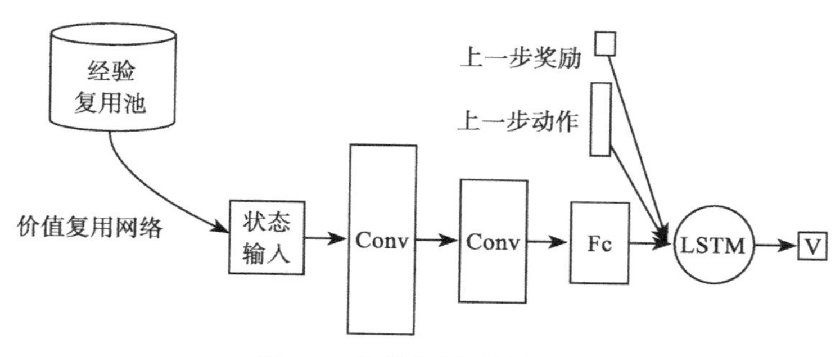

图 7.6　价值复用网络结构

```
1. def _create_vr_network(self):
2.     # 状态输入
3.     self.vr_input = tf.placeholder("float", [None, 84, 84, 3])
4.
5.     # 上一步的动作与奖励
6.     self.vr_last_action_reward_input = tf.placeholder("float", [None, self._
action_size+1])
7.
```

```
8.     # 卷积层
9.     vr_conv_output = self._base_conv_layers(self.vr_input, reuse = True)
10.
11.    # LSTM 层
12.    vr_initial_lstm_state = self.lstm_cell.zero_state(1, tf.float32)
13.    # (初始状态在每次训练后重置)
14.
15.    vr_lstm_outputs, _ = self._base_lstm_layer(vr_conv_output,
16.                                  self.vr_last_action_reward_input,
17.                                  vr_initial_lstm_state,
18.                                  reuse = True)
19.    # 价值输出
20.    self.vr_v = self._base_value_layer(vr_lstm_outputs, reuse = True)
```

（2）更新智能体权重

网络更新权重的方式与 A3C 结构完全一样，损失函数由 4 部分组成，读者可以先借此复习一下 A3C 方法的更新方式。

```
1. def _base_loss(self):
2.     # A3C 网络结构
3.     # 动作信息（对应策略网络的输入）
4.     self.base_a = tf.placeholder("float", [None, self._action_size])
5.
6.     # 优势函数（即奖励 - 价值估计，对应策略网络的输入）
7.     self.base_adv = tf.placeholder("float", [None])
8.
9.     # 使用对数表示，并裁剪梯度以防出现 NaN
10.    log_pi = tf.log(tf.clip_by_value(self.base_pi, 1e-20, 1.0))
11.
12.    # 策略函数的熵
13.    entropy = -tf.reduce_sum(self.base_pi * log_pi, reduction_indices = 1)
14.
15.    # 策略估计的损失
16.    policy_loss = -tf.reduce_sum( tf.reduce_sum( tf.multiply( log_pi, self.
base_a ), reduction_indices = 1 ) * self.base_adv + entropy * self._entropy_beta)
17.
18.
19.
20.    # 奖励信息（对应策略网络的输入）
21.    self.base_r = tf.placeholder("float", [None])
22.
23.    # 价值估计的损失
24.    # (将 Critic 网络的学习率减半，因此乘 0.5)
25.    value_loss = 0.5 * tf.nn.l2_loss(self.base_r - self.base_v)
26.
27.    base_loss = policy_loss + value_loss
28.    return base_loss
```

在这部分代码中，不仅是损失函数，更新机制也与 A3C 方法完全相同，具体分为策略网络和价值网络两部分，价值网络使用 TD-error 进行更新，而策略网络计算熵，用概率密度的对数与 TD-error 的乘积来计算梯度。两个网络的损失函数最后合在一起，通过一次反向传播共同更新。智能体整体的架构也是建立在分布式并行基础上的。

当然，除了这种 on-policy 更新之外，每指定的一段时间内，还会进行 off-policy 更新，这也就对应了算法概述中损失函数的后三项，而这三项各自的输入都是从价值复用中随机取样得到的，具体代码如下。

```
1. def _pc_loss(self):
2.     # 像素变化
3.     self.pc_a = tf.placeholder("float", [None, self._action_size])
4.     pc_a_reshaped = tf.reshape(self.pc_a, [-1, 1, 1, self._action_size])
5.
6.     # 使用 Q 网络决策动作
7.     pc_qa_ = tf.multiply(self.pc_q, pc_a_reshaped)
8.     pc_qa = tf.reduce_sum(pc_qa_, reduction_indices = 3, keep_dims = False)
9.     # (-1, 20, 20)
10.
11.    # 目标 Q 网络
12.    self.pc_r = tf.placeholder("float", [None, 20, 20])
13.
14.    pc_loss = self._pixel_change_lambda * tf.nn.l2_loss(self.pc_r - pc_qa)
15.    return pc_loss
```

对于辅助任务 Pixel Control，可以参考前面理论部分给出的计算公式 $L_Q^{(c)} = \mathbb{E}\left[\left(R_{t:t+n} + \gamma^n \max_{a'} Q^{(c)}\left(s', a', \theta^-\right) - Q^{(c)}\left(s, a, \theta\right)\right)^2\right]$。

```
1. def _vr_loss(self):
2.     # 奖励信息（对应价值网络输入）
3.     self.vr_r = tf.placeholder("float", [None])
4.
5.     # 价值估计的损失
6.     vr_loss = tf.nn.l2_loss(self.vr_r - self.vr_v)
7.     return vr_loss
```

对于值函数更新，由于输出只有值函数，可以认为整个方法其实就是一个简单的 critic 网络，直接使用 L2 损失函数更新即可。

```
1. def _rp_loss(self):
2.     # 奖励预测的目标网络，以 one-hot 形式表示
3.     self.rp_c_target = tf.placeholder("float", [1, 3])
4.
5.     # 奖励预测的损失
6.     rp_c = tf.clip_by_value(self.rp_c, 1e-20, 1.0)
7.     rp_loss = -tf.reduce_sum(self.rp_c_target * tf.log(rp_c))
8.     return rp_loss
```

对于辅助任务 Reward Prediction，由于输出为 softmax 后映射到 one-hot 上的向量，为了便于训练，先截取绝对值到 1.0，之后使用类似于策略梯度法的损失函数求解，注意一定要加负号，因为求的是最小值。

7.1.3　使用场景与优势分析

通过辅助控制和设置反向预测任务可以极大地增强一个 DRL 智能体的表现，不仅可以提高数据的利用效率，也可以提高对于给定超参数设置的鲁棒性。不同于以往 A3C 算法的使用场景，UNREAL 架构在非常具有挑战性的 3D 第一人称迷宫游戏中，取得了比以往最先进的算法好一倍多的表现，平均分数超过了人类专家目前所能达到分数的 87%。同样，UNREAL 架构也显著提高了 A3C 的学习速度和鲁棒性，在 57 款 Atari 游戏上均超过了 A3C 算法。

前面已经介绍过多任务的思想，而 UNREAL 架构正是这种思想的一种应用体现，通过设置多个辅助任务加入训练架构，最终提高了原本任务的性能以及泛化能力。从这个方法开始，读者会逐渐发现受 A3C 所启发的分布式并行架构在多任务问题上的魅力。

7.2　使用渐进式神经网络解决任务的复杂序列

7.2.1　算法介绍

下面再介绍一个更为有趣的多任务 DRL 算法——渐进式神经网络（progressive neural network）[43]。从前面 UNREAL 的介绍中，我们可以明显地感受到解决多个任务的复杂序列对于 DRL 的经典方法来说还是十分困难的。我们再次改变目标，从设置一些辅助的任务来优化主任务，改变为能够将一个任务学到的知识迁移到另一个全新任务，名副其实的多任务问题就真的摆在我们眼前了。如何避免在任务迁移过程中出现的灾难性遗忘，是目前多任务智能体还达不到人类智力水平的一个关键性障碍。而本节要介绍的渐进式神经网络在这个问题上有了非常大的进步，这个网络对遗忘免疫，而且可以横向连接先前学出的特征进而分享其他任务学到的知识。通过感知测量方法，我们发现，不论在多个 Atari 游戏，还是在多个 3D 游戏，甚至是在从仿真环境到相应真实环境的共同学习过程中，渐进式神经网络都获得了较好的知识迁移效果。

说起迁移学习，利用 CNN 进行微调是迁移学习的一种方法，这种方法在 2006 年首次被 Hinton 提出，从产生式模型迁移到判别模型上，在 2012 年 Bengio 也尝试了这种方法，都取得了极大的成功。然而，这种方法有一个致命的缺陷，那就是不适合进行多任务的迁移。如果我们希望利用一个复杂的序列的经验，该用什么模型来初始化接下来的序列模型呢？由此，DeepMind 团队提出了渐进式神经网络来进行不同序列之间的迁移学习。微调只发生在初始化的时候，以便结合先验信息。渐进式网络保留了一个存储池，用来存储训练过程中已经训好的部分模型，然后从这些模型中提取有用的特征去学习一个横向的连接，以进行新任务的训练。通过用这种方式结合之前学到的特征，渐进式网络达到了更加丰富的组合性，先验知识不像以往的端到端模型那样是暂时存在的，而可以在不同的模型中把每一层知识都结合起来，构成一个层级特征。此外，预训练网络可以让这些模型非常灵活地重复利用旧的知识或者学习心得知识，这样模型就可以自然而然地积累越来越多的经验，从而对灾难性遗忘有免疫能力，达到持续性学习的目的。

就好比我们人类，我们自然希望自己能够终身学习，而不是像“狗熊掰棒子”那样，学一点就忘了一点，从这个意义上来说，读者可以切身体会到渐进式网络的重要性。持续学习（continual learning）是机器学习领域中的长远目标，智能体不仅要学习一系列指定任务的经验，同时也要有能力从之前的任务上迁移出有用的知识来改进收敛的速度。渐进式网络将这些需求有效地集成在框架中，接下来重点介绍其网络结构。

7.2.2　算法分析

1. 算法概述

渐进式网络是从一个简单的网络开始的，一个网络可以被当作一列，这个网络有 L

层，每一个隐藏层的激活函数为 $\boldsymbol{h}_i^{(1)} \in \mathbb{R}^{n_i}$，$n_i$ 表示第 i 层的神经元个数，$\boldsymbol{\theta}^{(1)}$ 表示参数，我们将这样一个网络训练到收敛。当切换到第二个任务时，参数 $\boldsymbol{\theta}^{(1)}$ 被“冻结”，一列参数为 $\boldsymbol{\theta}^{(2)}$ 的新网络被实例化（伴随着随机初始化），其中第 $\boldsymbol{h}_i^{(2)}$ 层通过横向连接来接受 $\boldsymbol{h}_{i-1}^{(2)}$ 和 $\boldsymbol{h}_{i-1}^{(1)}$ 的输出。这种连接方式在拓展到 K 个任务的时候可以表示为

$$\boldsymbol{h}_i^{(k)} = f\left(\boldsymbol{W}_i^{(k)}\boldsymbol{h}_{i-1}^{(k)} + \sum\nolimits_{j<k} \boldsymbol{U}_i^{(k:j)}\boldsymbol{h}_{i-1}^{(j)}\right) \tag{7.3}$$

其中 $\boldsymbol{W}_i^{(k)} \in \mathbb{R}^{n_i \times n_{i-1}}$ 表示第 k 列的第 i 层的权重矩阵，$\boldsymbol{U}_i^{(k:j)} \in \mathbb{R}^{n_i \times n_j}$ 是从第 j 列的第 $i-1$ 层到第 k 列的第 i 层的横向连接，$\boldsymbol{h}_0$ 表示第 0 层，也就是网络的输入。f 表示一个元素级的非线性单元（element-wise non-linearity）：使用 $f(x) = \max(0, x)$ 处理所有的中间隐藏层。

就这样，一个 $K=3$ 的渐进式网络如图 7.7 所示。左侧的两列分别用于任务 1 和任务 2，标记为 a 的灰色框表示适配器层，我们在后面会解释相关内容。第三列为最终的任务 3，该任务可以访问前面任务学过的所有知识。当然，与前面提过的微调不同的是，我们的任务之间并没有“互相重叠”的隐含假设，不同任务不需要预先证明存在任何一种关系。我们会为任意的新任务分配一个新的网络，代表新的一列，并且权重是随机初始化的，与微调机制相比，渐进式网络显然简单很多。虽然可能一开始会忘记前面任务的特性，但通过每一层的横向连接机制，迁移微调容易出现的问题被完美地避开了。

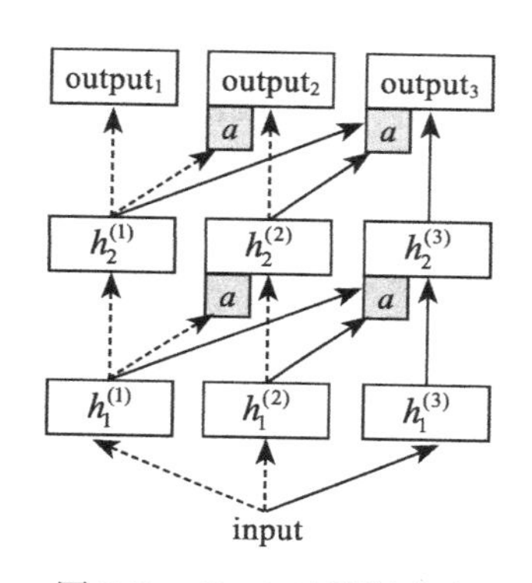

图 7.7　$K=3$ 时的渐进式神经网络结构

这是一种非常灵活的网络，它的每一层与每一列都具有任意的网络宽度，以适应不同难度的任务。为了清晰，我们只展示了权重，省略了偏置。渐进式网络中的列之间可以通过横向连接自由地重用、修改或忽略以前学到的特性。由于横向连接 $\boldsymbol{U}_i^{(k:j)}$ 仅从列 k 到列 j，因此其他的列也不会受到传递过来的新特性的影响。同样由于在训练任务 k 的参数 $\boldsymbol{\theta}^{(k)}$ 时，参数 $\boldsymbol{\theta}^{(j)}; j<k)$ 对于优化器来说是被冻结的，这也很好地保护了它们所学到的知识。因此在这种没有干扰的多任务迁移机制下，不会发生灾难性遗忘。

接下来解释灰色框 a 的作用，我们称其为适配器（adapter）。在实际应用中，我们对式（7.3）进行了一些改进，加入了非线性的横向连接，也就是这里要介绍的适配器，修改后如式（7.4）所示。适配器的引入主要是为了降维，以便和输入的维度统一，在层数比较密集的情况下，定义一个维度为 $n_{i-1}^{(<k)}$ 的前特征向量 $\boldsymbol{h}_{i-1}^{(<k)} = [\boldsymbol{h}_{i-1}^{(1)} \cdots \boldsymbol{h}_{i-1}^{j} \cdots \boldsymbol{h}_{i-1}^{(k-1)})$，用一个多层感知机（Multi-Layer Perception, MLP）代替线性的横向连接。这就是灰色框 a 里的东西，同样为了考虑不同的任务，还要在激活函数的输出传入这个 MLP 之前，让它与一个可以训练的标量相乘。这个标量一开始使用一个随机的较小值进行初始化，它的作用是根据不同任务的输入得到的不同规模的输出进行一定的调整。非线性适配器的隐藏层相当于一个到 n_i 维度的投影，索引 k 的增长即开启了训练任务的增加，它确保了横向连接的顺序与 $\left|\boldsymbol{\theta}^{(1)}\right|$ 内一致，并且可以让不同的任务在空间维度和幅度上更加容易匹配。此处仍省略偏置，得到我们对隐藏层间连接的新的表示方式：

$$h_i^{(k)} = \sigma\left(W_i^{(k)} h_{i-1}^{(k)} + U_i^{(k:j)} \sigma\left(V_i^{(k:j)} \alpha_{i-1}^{(<k)} h_{i-1}^{(<k)}\right)\right) \tag{7.4}$$

其中 $V_i^{(k:j)} \in \mathbb{R}^{n_{i-1} \times n_{i-1}^{(<k)}}$ 是投影矩阵。而对于卷积层，降维是通过 1×1 卷积来实现的。

渐进式网络回应了我们的需求：（1）在训练结束时解决 K 个独立任务；（2）尽可能通过迁移机制加速学习；（3）避免灾难性遗忘。

2. Python 代码片段分析

下面给出使用 TensorFlow 实现的渐进式网络的部分代码解析。这部分代码没有建立在特定的任务上，而是作为可以被 TensorFlow 引入的库函数进行编写。代码总共分为两个部分——初始化、可迁移的单个网络。

（1）初始化过程

```
1. class InitialColumnProgNN(object):
2.     def __init__(self, topology, activations, session, dtype = tf.float64):
3.         n_input = topology[0]
4.         # 预先计算网络的层数
5.         L = len(topology) - 1
6.         self.session = session
7.         self.L = L
8.         self.topology = topology
9.         self.o_n = tf.placeholder(dtype, shape = [None, n_input])
10.
11.        self.W = []
12.        self.b =[]
13.        self.h = [self.o_n]
14.        params = []
15.        for k in range(L):
16.            shape = topology[k:k+2]
17.            self.W.append(weight_variable(shape))
18.            self.b.append(bias_variable([shape[1]]))
19.            self.h.append(activations[k](tf.matmul(self.h[-1], self.W[k]) +
self.b[k]))
20.            params.append(self.W[-1])
21.            params.append(self.b[-1])
22.        self.pc = ParamCollection(self.session, params)
```

这部分代码涉及第一列所代表的网络的初始化，同时也架设了后续加入更多任务的接口，topology 代表每一个隐藏层的神经元个数集，而 activations 代表激活函数集。通过简单地查看内部机制，可以发现每一列的权重、偏置、激活函数都由相应的 W、b、h 三个列表数据结构进行存储，也便于更新。在实际使用这段代码的过程中，这个类只在一开始调用一次，之后就是使用后面的可迁移单元添加后续的任务。

（2）可迁移的单列网络单元

```
1. class ExtensibleColumnProgNN(object):
2.     def __init__(self, topology, activations, session, prev_columns, dtype =
tf.float64):
3.         n_input = topology[0]
4.         self.topology = topology
5.         self.session = session
6.         width = len(prev_columns)
7.         # 预先计算网络的层数
```

```
8.          L = len(topology) -1
9.          self.L = L
10.         self.prev_columns = prev_columns
11.
12.         # 必须保证列的维数一致
13.         assert all([self.L == x.L for x in prev_columns])
14.
15.         self.o_n = tf.placeholder(dtype, shape = [None, n_input])
16.
17.         self.W = [[]] * L
18.         self.b = [[]] * L
19.         self.U = []
20.         for k in range(L-1):
21.             self.U.append( [[]] * width )
22.         self.h = [self.o_n]
23.         # 收集相应的参数信息
24.         params = []
25.         for k in range(L):
26.             W_shape = topology[k:k+2]
27.             self.W[k] = weight_variable(W_shape)
28.             self.b[k] = bias_variable([W_shape[1]])
29.             if k == 0:
30.                 self.h.append(activations[k](tf.matmul(self.h[-1], self.
W[k]) + self.b[k]))
31.                 params.append(self.W[k])
32.                 params.append(self.b[k])
33.                 continue
34.             preactivation = tf.matmul(self.h[-1], self.W[k]) + self.b[k]
35.             for kk in range(width):
36.                 U_shape = [prev_columns[kk].topology[k], topology[k+1]]
37.                 # Remember len(self.U) == L - 1!
38.                 self.U[k-1][kk] = weight_variable(U_shape)
39.                 # pprint(prev_columns[kk].h[k].get_shape().as_list())
40.                 # pprint(self.U[k-1][kk].get_shape().as_list())
41.                 preactivation +=  tf.matmul(prev_columns[kk].h[k], self.U[k-
1] [kk])
42.             self.h.append(activations[k](preactivation))
43.             params.append(self.W[k])
44.             params.append(self.b[k])
45.             for kk in range(width):
46.                 params.append(self.U[k-1][kk])
47.
48.     self.pc = ParamCollection(self.session, params)
```

这部分代码对应前面理论介绍中整个渐进式网络的核心机制，每添加一个新的任务，就需要引入一次这个类来建立新的一列。与初始化类不同的是，除了神经元个数集 topology 与激活函数集 activations 之外，还要引入 prev_columns 来标记当前已经训练好的列对应的网络。不论它在哪一列，我们简单地观察内部实现会发现，除了 W、b 两个列表以外，还加入了 U，也就是横向连接的映射矩阵，这些设置与前面理论讲解中的公式 $\boldsymbol{h}_i^{(k)}=\sigma\left(\boldsymbol{W}_i^{(k)}\boldsymbol{h}_{i-1}^{(k)}+\boldsymbol{U}_i^{(k:j)}\sigma\left(\boldsymbol{V}_i^{(k:j)}\alpha_{i-1}^{(<k)}\boldsymbol{h}_{i-1}^{(<k)}\right)\right)$ 在字母的使用上也是一致的。我们需要为当前需要训练的网络建立横向连接，而已经训练好的网络参数是被“冻结”的。

（3）代码运行机制参考

由于这部分代码本身可以作为一个库函数使用，因此不必过多地关注库代码内的调参，而直接学习它的使用方法。下面呈现给读者一个最简单的使用案例，它面对的是我们随机做的由 5 个任务组成的一组数据。

我们先人为生成这 5 个任务（fake1 ～ fake5），顺便定义好每一列中每层隐藏层的神经元个数，并选取合适的激活函数。这部分代码如下所示。

```
1. # Make some fake observations.
2.     fake1 = np.float64(np.random.rand(4000, 128))
3.     fake2 = np.float64(np.random.rand(4000, 128))
4.     fake3 = np.float64(np.random.rand(4000, 128))
5.     fake4 = np.float64(np.random.rand(4000, 128))
6.     fake5 = np.float64(np.random.rand(4000, 128))
7.     n_input = 128
8.     topology1 = [n_input, 100, 64, 25, 9]
9.     topology2 = [n_input, 68, 44, 19, 7]
10.    topology3 = [n_input, 79, 58, 33, 12]
11.    topology4 = [n_input, 40, 30, 20, 10]
12.    topology5 = [n_input, 101, 73, 51, 8]
13.    activations = [tf.nn.relu, tf.nn.relu, tf.nn.relu, tf.nn.softmax]
```

之后开始根据设置好的参数，实际生成渐进式网络结构，这里可以看到，初始化网络只调用了一次，之后每训练一个任务，除了生成新的可迁移单列网络单元外，还需要注意将前面已经训练好的任务所对应的列加入 prev_columns 中。

```
1.     session = tf.Session()
2.     session.run(tf.global_variables_initializer())
3.
4.     col_0 = InitialColumnProgNN(topology1, activations, session)
5.     th0 = col_0.pc.get_values_flat()
6.     col_1 = ExtensibleColumnProgNN(topology2, activations, session, [col_0])
7.     th1 = col_1.pc.get_values_flat()
8.     col_2 = ExtensibleColumnProgNN(topology3, activations, session, [col_0,
col_1])
9.     th2 = col_2.pc.get_values_flat()
10.    col_3 = ExtensibleColumnProgNN(topology4, activations, session, [col_0,
col_1, col_2])
11.    th3 = col_3.pc.get_values_flat()
12.     col_4 = ExtensibleColumnProgNN(topology5, activations, session, [col_0,
col_1, col_2, col_3])
13.    th4 = col_4.pc.get_values_flat()
```

下面依次训练这 5 个任务，每一个任务在上一步已经设置好了 prev_columns 来标记需要横向连接的隐藏层，因此我们在给这一任务对应的 session 传入参数时，只需要对相应的已经训练好的那些列输入当前这一任务的原始数据集即可。由此，之前训练好的任务就有用了，可以使用它们遗留下来被“冻结”的网络参数帮助新任务提取特征，这样的横向连接在每一层都会发生，所以不会发生灾难性遗忘。最后要保证所有的任务都可以迁移它前面训练过的任务的知识，这有助于提高自身的拟合速度和质量。

7.2.3 使用场景与优势分析

介绍了渐进式神经网络的原理，我们还没有详细讲解它与 RL 场景之间的联系。事实上，它们的联系不仅非常密切，而且有十分惊人的效果。在 DRL 背景下，可以用每一列来训练求解一个特定的 MDP：第 k 列的策略用 $\pi^{(k)}(\boldsymbol{a}|\boldsymbol{s})$ 表示，其中 s 表示在当前这个环境中

的状态，之后我们将求解该策略，即动作的概率分布 $\pi^{(k)}(\boldsymbol{a}|\boldsymbol{s}):=\boldsymbol{h}_L^{(k)}(\boldsymbol{s})$。在每一个时间步骤中，我们从这个分布中取样出一个动作与环境交互，产生随后的状态。

由于 MDP 隐含了状态和动作间的分布的稳定性，再加上我们对于已经训练好的任务会“冻结”，渐进式网络非常适合做 RL 的场景，可以同时训练多个 Atari 游戏。有了适配器的引用，也就可以处理不同的输入状态信息，我们可以尝试一些在以往看似相关但非常难训练的任务。例如，在 DeepMind 对渐进式网络的展示过程中，它们训练好了一个仿真环境中的机器臂，然后将知识迁移到一个真实世界的机械臂中，具体的机制如图 7.8 所示。

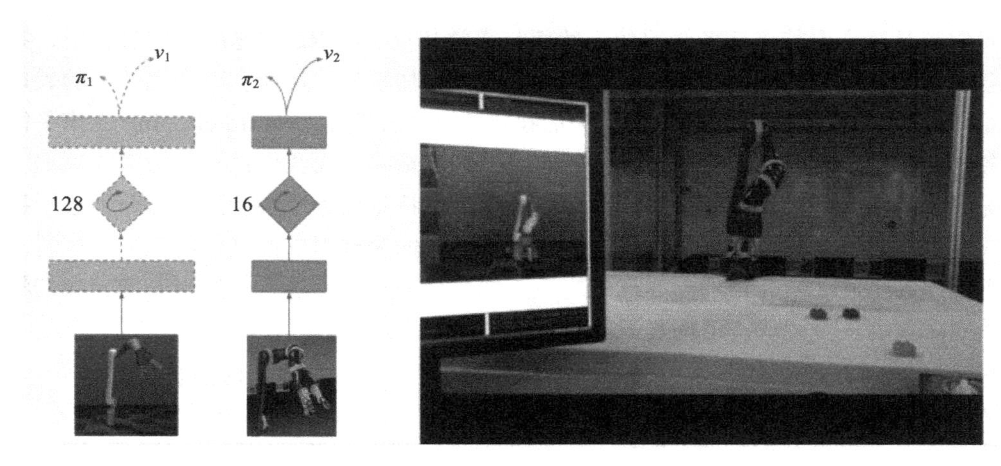

图 7.8　从虚拟到现实的迁移

这是从虚拟到现实的知识迁移，多个知识可以最终向同一个智能体的网络中迁移，理论上，渐进式神经网络的知识是随着任务数的增加而逐渐积累的。那么，是否终将有一天可以做出一个强大的通用人工智能呢？事实上，我们仍有很长的路要走，渐进式网络的最大优势是可以将前面的训练结果全部保留，不至于像微调机制那样容易破坏原来的网络，可以在每一层迁移特征，有利于具体分析。然而，它也有一个很大的缺点，那就是使用横向迁移所带来的层数一致性等弊病，渐进式网络的参数数量会随着任务的增加而大量增加，复杂的任务越多，网络也就越复杂，当横向传播的次数过多或网络过深时，会比较难训练，甚至难以收敛。所以目前选取输入的多个任务时，还是很依赖人工的知识，并不是随意地将各种任务放进去盲目训练。然而不可否认的是，从渐进式网络开始，我们的 MTDRL 一下子达到了前所未有的高度。

7.3　基于单智能体的多任务共享模型

7.3.1　算法介绍

我们在前面的方法中已经提到了迁移学习（transfer learning），其实对于 MTDRL，已经有一些学派专门提出了迁移 RL 的概念，并且已日趋形成一个完整的体系。接下来要介绍的方法，更是将前面所介绍的蒸馏法与迁移学习结合在一起，由此诞生了 Distral，即 Distill&transfer learning，DeepMind 使用这种方法实现了一些更加稳定的多任务解决方案[44]。

随着对 DRL 越来越深入的研究，我们对越来越复杂的任务产生了浓厚的兴趣。目前学界关注的焦点已经逐渐转移到希望一个智能体能同时或者顺序性地解决多个相关问题的情景上，这对于目前的 DRL 理论是一个不小的挑战。由于同时训练多个任务的计算量过大，我们需要更加稳定的算法，而不能依赖于任务间特定的算法设计或者非常不灵活的超参数调整，因此前面所介绍的辅助任务、逐步迁移任务间知识等方法，并不能广泛地应用在我们的需求中。根据前面章节所提到的多任务“1+1>2”的理论预期，我们有理由期望相关任务的共同训练是有助于学习的，因为这些任务有着共同的结构，相当于平均每一个任务只需要更少的数据或者可以学出更好的性能。

我们都是这样看待多任务学习的，然而与直觉相反，在 RL 问题的实践过程中，我们经常会发现多个任务同时训练不仅不能使学习变得更加容易，反而会对个别任务的表现产生负面影响，因此我们必须使用一些人为的技巧（如奖励裁剪（reward clipping））来平衡多个任务之间在更新时出现的竞争情况，才能减少这种影响。而我们没有办法解决更加不幸的情况，比如一些来自其他任务的梯度，很可能对于特定任务来讲相当于噪声，会干扰学习，或者直接相反，其中一个任务可能因为局部极佳的表现而支配其他的任务。这时，大家是不是想起了之前所介绍的乒乓球与吃豆人的多任务训练问题？从这里开始，我们将真正开始同时训练多个游戏，也将真正地开始解决这个问题。

Distral 框架作为一个同时加强多个任务学习效果的框架，其概念结构如图 7.9 所示，图中是 4 个任务的实例。这种方法建立在一种共享策略的概念上，这种共享策略从特定的任务策略中蒸馏提炼出共同的行为特征。重要的是，蒸馏提炼之后通过 KL 散度来引导特定任务的策略。这种效果类似于逐步完善一种奖励，它可以解决过于随机的探索导致的一些问题。通过这种方式，在一个任务中获得的知识被提炼成共同策略，然后转移到其他的特定任务中。

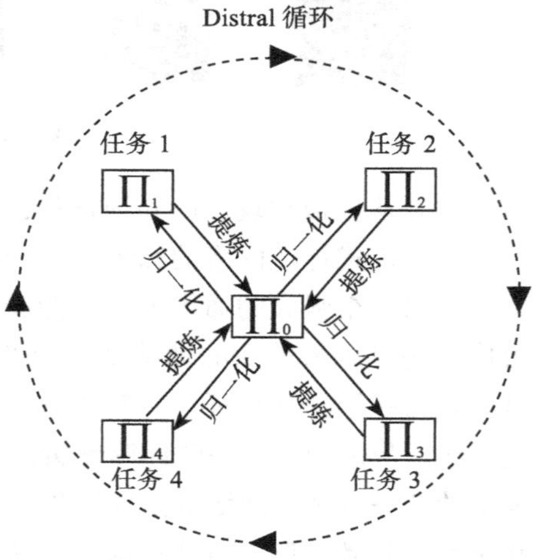

图 7.9　Distral 框架结构示意图

7.3.2　算法分析

1. 算法概述

接下来，我们使用数学方法表达 Distral 框架的详细过程。考虑多个任务 $\pi_i=\left(\mathcal{S},\mathcal{A},p_i\left(\boldsymbol{s}'\mid\boldsymbol{s},\boldsymbol{a}\right),\gamma,R_i\left(\boldsymbol{a},\boldsymbol{s}\right)\right)$，这里的 π_i 即表示任务，也表示这个任务下相应的策略，当然还需要引入一个 π_0，表示将这些策略蒸馏提炼后得到的共同策略。由此我们需要优化的目标函数定义如下：

$$
\begin{aligned}
J\left(\pi_0,\{\pi_i\}_{i=1}^{n}\right)&=\sum_i\mathbb{E}_{\pi_i}\left[\sum_{t\geqslant0}\gamma^tR_i\left(\boldsymbol{a}_t,\boldsymbol{s}_t\right)-c_{\mathrm{KL}}\gamma^t\log\frac{\pi_i\left(\boldsymbol{a}_t\mid\boldsymbol{s}_t\right)}{\pi_0\left(\boldsymbol{a}_t\mid\boldsymbol{s}_t\right)}-c_{\mathrm{Ent}}\gamma^t\log\pi_i\left(\boldsymbol{a}_t\mid\boldsymbol{s}_t\right)\right]\\
&=\sum\nolimits_i\mathbb{E}_{\pi_i}\left[\sum\nolimits_{t\geqslant0}\gamma^tR_i\left(\boldsymbol{a}_t,\boldsymbol{s}_t\right)+\frac{\gamma^t\alpha}{\beta}\log\pi_0\left(\boldsymbol{a}_t\mid\boldsymbol{s}_t\right)-\frac{\gamma^t}{\beta}\log\pi_i\left(\boldsymbol{a}_t\mid\boldsymbol{s}_t\right)\right]
\end{aligned}
\tag{7.5}
$$

从定义可以看出，式（7.5）的主要目的是约束各个策略 π_i，使它们不偏离中心共同策略 π_0 太远，这非常适合使用 KL 散度来解决，同时在最后一项上加入熵以鼓励探索。

对于这样的目标函数，有两种优化方式，一种是联合优化，一种是交替优化。联合优化是指每一次对所有的特性策略 $\{\pi_i\}$ 和共同策略 π_0 进行随机梯度下降，而交替优化是指每次固定其中的一个，训练另一个，即固定 π_0 优化 $\{\pi_i\}$，再固定 $\{\pi_i\}$ 优化 π_0。在交替优化中，第一步可以使用 Soft Q−learning 框架，而第二步可以使用前面所介绍的蒸馏法来实现。实践证明，这两种方法都是非常稳定的。这里主要介绍第二种方法。

第一步固定 π_0 的时候，可以定义一个归一化的奖励函数 $R_i'(\boldsymbol{a},\boldsymbol{s})=R_i(\boldsymbol{a},\boldsymbol{s})+\frac{\alpha}{\beta}\log\pi_0(\boldsymbol{a}\mid\boldsymbol{s})$，对应式（7.5）后，问题就变成了一个标准的附加熵项的单任务 RL 问题，之后使用标准的 Soft Q-learning 方法来处理这样的任务就非常方便。具体如下：

$$V_i(\boldsymbol{s}_t)=\frac{1}{\beta}\log\sum\nolimits_{\boldsymbol{a}_t}\pi_0^{\alpha}(\boldsymbol{a}_t\mid\boldsymbol{s}_t)\exp\left[\beta Q_i(\boldsymbol{a}_t,\boldsymbol{s}_t)\right] \tag{7.6}$$

$$Q_i(\boldsymbol{a}_t,\boldsymbol{s}_t)=R_i(\boldsymbol{a}_t,\boldsymbol{s}_t)+\gamma\sum\nolimits_{\boldsymbol{s}_{t+1}}p_i(\boldsymbol{s}_{t+1}\mid\boldsymbol{s}_t,\boldsymbol{a}_t)V_i(\boldsymbol{s}_{t+1}) \tag{7.7}$$

可以发现它相当于以 π_0^{α} 为先验来学习，这是一个比 π_0 更为鼓励探索的先验，在给定的逆温度 β 下，相应的 Boltzmann 策略是：

$$\pi_i(\boldsymbol{a}_t\mid\boldsymbol{s}_t)=\pi_0^{\alpha}(\boldsymbol{a}_t\mid\boldsymbol{s}_t)\mathrm{e}^{\beta Q_i(\boldsymbol{a}_t|\boldsymbol{s}_t)-\beta V_i(\boldsymbol{s}_t)}=\pi_0^{\alpha}(\boldsymbol{a}_t\mid\boldsymbol{s}_t)\mathrm{e}^{\beta A_i(\boldsymbol{a}_t|\boldsymbol{s}_t)} \tag{7.8}$$

其中 $A_i(\boldsymbol{a},\boldsymbol{s})=Q_i(\boldsymbol{a},\boldsymbol{s})-V_i(\boldsymbol{s})$ 是一个经过软化的优势函数，采用软化后的值函数可以有效地规范化计算。

在第二步固定 $\{\pi_i\}$ 优化 π_0 时，目标函数里只有以下项与 π_0 相关：

$$\frac{\alpha}{\beta}\sum_i\mathbb{E}_{\pi_i}\left[\sum_{t\geqslant 0}\gamma^t\log\pi_0(\boldsymbol{a}_t\mid\boldsymbol{s}_t)\right]$$

可以使用最大似然估计法或者随机梯度下降来处理这样的目标函数，这也是一个策略蒸馏的过程。

接下来介绍 Distral 框架中策略的表示方法，通常我们熟知的一种表示策略的方法是 Boltzmann 法，具体形式如下：

$$\pi(\boldsymbol{a}_t\mid\boldsymbol{s}_t)=\frac{\exp(h_\theta(\boldsymbol{a}_t\mid\boldsymbol{s}_t))}{\sum_{\boldsymbol{a}'}\exp(h_\theta(\boldsymbol{a}'\mid\boldsymbol{s}_t))} \tag{7.9}$$

这种表示方法就是每个任务各自训练各自的策略，无法有效地利用其他策略中的相关信息来节省自己的更新工作量。不过，还有一种更适合多任务之间策略蒸馏的表示方法，即各个特定的策略 π_i 表示为与 π_0 共有的部分和其特有的部分的加和，这样各个特定策略在学习过程中就只需要集中精力学习自己不同于别人独有的部分了。具体如图 7.10 所示，其中左图的表示方式比右图更加利于策略蒸馏。

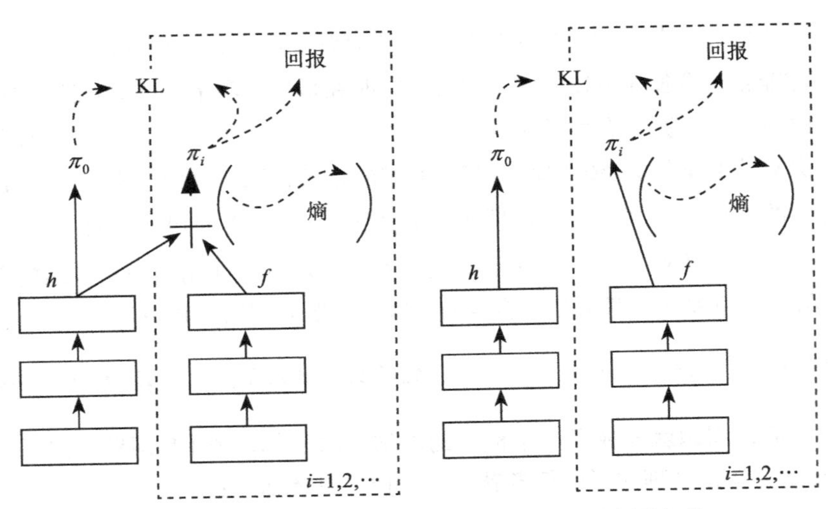

图 7.10 左图为更好的策略表示方式，右图为原方式

在这种表示方式下，中心的共同策略 π_0 使用一个神经网络 $h_{\theta_0}(\boldsymbol{a}|\boldsymbol{s})$ 来表示：

$$\pi_0(\boldsymbol{a}_t|\boldsymbol{s}_t)=\frac{\exp\left(h_{\theta_0}(\boldsymbol{a}_t|\boldsymbol{s}_t)\right)}{\sum_{\boldsymbol{a}'}\exp\left(h_{\theta_0}(\boldsymbol{a}'|\boldsymbol{s}_t)\right)} \tag{7.10}$$

而特定的策略 π_i 使用共同策略 $h_{\theta_0}(\boldsymbol{a}|\boldsymbol{s})$ 和各自的神经网络 $f_{\theta_i}(\boldsymbol{a}|\boldsymbol{s})$ 来表示：

$$\pi_i(\boldsymbol{a}_t|\boldsymbol{s}_t)=\pi_0^{\alpha}(\boldsymbol{a}_t|\boldsymbol{s}_t)\exp\left(\beta A_i(\boldsymbol{a}_t|\boldsymbol{s}_t)\right)=\frac{\exp\left(\alpha h_{\theta_0}(\boldsymbol{a}_t|\boldsymbol{s}_t)+\beta f_{\theta_i}(\boldsymbol{a}_t|\boldsymbol{s}_t)\right)}{\sum_{\boldsymbol{a}'}\exp\left(\alpha h_{\theta_0}(\boldsymbol{a}'|\boldsymbol{s}_t)+\beta f_{\theta_i}(\boldsymbol{a}'|\boldsymbol{s}_t)\right)} \tag{7.11}$$

相当于一个以 π_0^{α} 为先验的 Boltzmann 策略，其中优势函数用的是对软优势（soft advantage）网络输出的一种估计，参数为 $\boldsymbol{\theta}_i$，因此具体形式如下：

$$A_i(\boldsymbol{a}_t|\boldsymbol{s}_t)=f_{\theta_i}(\boldsymbol{a}_t|\boldsymbol{s}_t)-\frac{1}{\beta}\log\sum_{\boldsymbol{a}}\pi_0^{\alpha}(\boldsymbol{a}|\boldsymbol{s}_t)\exp\left(\beta f_{\theta_i}(\boldsymbol{a}|\boldsymbol{s}_t)\right) \tag{7.12}$$

在这种表示方式下，我们依然使用策略梯度法进行策略的联合优化，分别如下：

$$\nabla_{\theta_i}J=\mathbb{E}_{\pi_i}\left[\sum_{t\geqslant1}\nabla_{\theta_i}\log\pi_i(\boldsymbol{a}_t|\boldsymbol{s}_t)\left(\sum_{u\geqslant t}\gamma^u\left(R_i^{\text{reg}}(\boldsymbol{a}_u,\boldsymbol{s}_u)\right)\right)\right] \tag{7.13}$$

$$\begin{aligned}\nabla_{\theta_0}J=&\sum_i\mathbb{E}_{\pi_i}\left[\sum_{t\geqslant1}\nabla_{\theta_0}\log\pi_i(\boldsymbol{a}_t|\boldsymbol{s}_t)\left(\sum_{u\geqslant t}\gamma^u\left(R_i^{\text{reg}}(\boldsymbol{a}_u,\boldsymbol{s}_u)\right)\right)\right]\\&+\frac{\alpha}{\beta}\sum_i\mathbb{E}_{\pi_i}\left[\sum_{t\geqslant1}\gamma^t\sum_{\boldsymbol{a}_t'}\left(\pi_i(\boldsymbol{a}_t'|\boldsymbol{s}_t)-\pi_0(\boldsymbol{a}_t'|\boldsymbol{s}_t)\right)\nabla_{\theta_0}h_{\theta_0}(\boldsymbol{a}_t'|\boldsymbol{s}_t)\right]\end{aligned} \tag{7.14}$$

其中归一化奖励为 $R_i^{\text{reg}}(\boldsymbol{a},\boldsymbol{s})=R_i(\boldsymbol{a},\boldsymbol{s})+\frac{\alpha}{\beta}\log\pi_0(\boldsymbol{a}|\boldsymbol{s})-\frac{1}{\beta}\log\pi_i(\boldsymbol{a}|\boldsymbol{s})$。这里重点介绍一下最主要的超参数。我们会发现上述公式中都有一个超参数 α，当它取不同的数值时所代表的意义迥然不同。当 $\alpha=0$ 的时候，相当于没有中心的共同策略，也就是每个任务各学各的；当 $\alpha=1$ 的时候相当于在最大化累积折扣奖励的同时，还需要最小化一个 $\text{KL}(\pi_i\|\pi_0)$

项，当两个策略完全相同时，KL 项为 0，这时候相当于 π_i 再找一个在这个任务上的贪心策略；当然我们需要调整的最佳情况自然是 $0<\alpha<1$，此时除了需要最小化 KL 散度之外，还要最小化 $\log\pi_0(\boldsymbol{a}_t|\boldsymbol{s}_t)$，这相当于激励了每一个策略 π_i 不要只局限于中心的共同策略，因此鼓励了相对共同策略之外的探索。

2. Python 代码片段分析

下面给出使用 PyTorch 实现的 Distral 框架的部分代码解析。这段代码依据不同的环境设置了不同的参数，这里仅列举在 Gym 环境中的简单实现。

（1）网络结构

```
1. def __init__(self, tasks = 2 ):
2.     super(Distral, self).__init__()
3.     self.affines = torch.nn.ModuleList ( [ nn.Linear(4, 128) for i in range(tasks+1) ] )
4.     self.action_head = torch.nn.ModuleList ( [ nn.Linear(128, 2) for i in range(tasks+1) ] )
5.     self.value_head = nn.Linear(128, 1)
6.     self.saved_actions = [[] for i in range(tasks+1)]
7.     self.rewards = [[] for i in range(tasks+1)]
8.     self.tasks = tasks
```

在初始化过程中，需要注意 afflines 以及 action_head 分别要输入所有的动作值与状态值，rewards 与 saved_actions 同理。对照式（7.5），每一个任务的具体状态转移信息都会作为网络输入，采用 ModuleList 来建立参数网络是因为它可以识别不同任务相应的参数。

```
1. def forward(self, x):
2.     action_scores = torch.cat( [ F.softmax(self.action_head[i](F.relu(self.affines[i](x))), dim=-1) for i in range(self.tasks+1) ])
3.     state_values = self.value_head(F.relu(self.affines[0](x)))
4.     return action_scores.view(self.tasks+1, -1) , state_values
```

后面是 PyTorch 需要定义的前向传播结构，也就是网络结构。对于每一个任务，我们需要将动作向量 action_head 与经过一个 ReLU 单元的状态向量进行相乘，之后经过 softmax 函数得到相应的"行为–状态"概率。每一个任务都如此处理后，将结果使用 cat 函数合并在一起作为每一个动作的优势函数（advantage）。而每一个状态的值函数只需要在 ReLU 之后通过相应网络即可。

```
1. model = Distral( )
2. optimizer = optim.Adam(model.parameters(), lr = 3e-2)
```

建立模型结构后，使用 Adam 优化器。

（2）更新过程

```
1. rewards = torch.Tensor(rewards)
2. rewards = (rewards - rewards.mean()) / (rewards.std() + np.finfo(np.float32). eps)
```

我们从与环境交互后获取奖励开始说起，先对奖励进行常用的归一化，减去均值，再除以标准差与一个防异常小数，这基本是处理所有简单游戏的必要操作，目的是减小样本方差，使训练更加稳定。

```
1. for (log_prob, value), r in zip(saved_actions, rewards):
2.     reward = r - value.data[0]
3.     policy_losses.append(-log_prob * reward)
4.     value_losses.append(F.smooth_l1_loss(value, Variable(torch.Tensor([r]))))
```

这部分代码开始处理多任务的更新，参考前面的梯度更新公式。对于每一个任务，我们的策略网络处理的是概率分布的对数与奖励的乘积，这非常常见，而价值网络使用 TD-error 的绝对值进行更新。

```
1. optimizer.zero_grad()
2. loss = torch.stack(policy_losses).sum() + torch.stack(value_losses).sum()
3. loss.backward()
4. optimizer.step()
```

由于我们选取的是最简单的问题 GridWorld，在这里直接将多个任务的策略网络与价值网络的误差相应地相加，得到中心共同策略的损失函数。之后使用 PyTorch 标准的动态图机制进行更新，在更新该损失函数的同时，其他的任务也得到了相应的更新。

7.3.3　使用场景与优势分析

Distral 的性能非常稳定，能够很好地提取和传递 MTDRL 中的共同行为策略。可以采用子任务的方式，高效地完成复杂的第一人称 3D 迷宫，也可以同时训练多个游戏。通过 Distral 在这些问题中的表现，我们可以发现：

- 多个任务联合起来学习可以使单个任务的性能稍微好一些，这足以说明中心的共同策略 π_0 成功地学习了这些任务中的一些共同的知识或技巧。
- 这里做了一个很有趣的实验——格子世界（GridWorld），如图 7.11 所示。这个任务选取了一个具有长长走廊的格子世界，而中心策略的主要优势就体现在这个走廊上。实验结果表明，使用了中心策略之后，智能体能够快速地朝一个方向通过这个走廊，由此证明了这个方法不会产生互相冲突的中心策略更新。除此之外，从刚才的参考代码中还可以发现，Distral 框架所选择的状态，不仅仅是所处的格子，还包括上一步的行动，也正是这样状态空间的选择导致不会产生互相冲突的中心策略。
- Distral 框架也天然地适合使用 A3C 的分布式机制配合 on-policy 方法进行更新，这样做的好处是可以学到最新的策略。

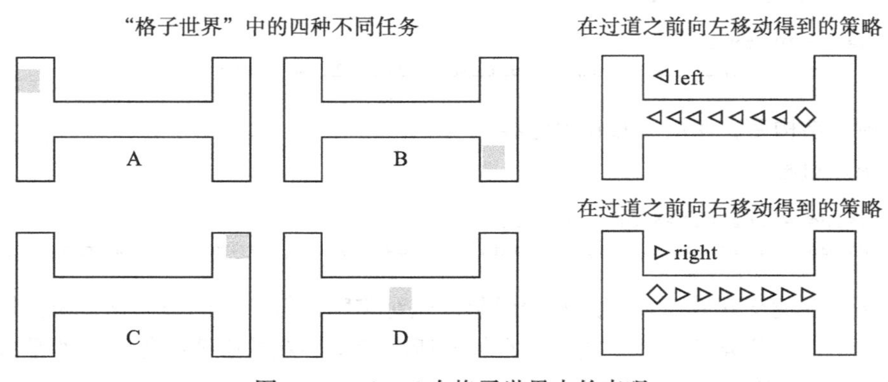

图 7.11　Distral 在格子世界中的表现

Distral 为我们做迁移 RL 带来很多启示，我们不一定要通过传统的微调法去调整已经训练好的网络的参数，而是可以通过一个中心化的方式去共享多任务策略，并配合策略蒸馏法来最终有效捕捉任务之间的共同行为。这样的方法比起传统的迁移方法更加稳定，也更加适合做多任务学习的场景。我们会发现目前所讲的方法几乎都是在 A3C 架构上实现的，然而，对于这样的分布式方法，其实不得不面对多个任务同时训练所产生的效率与性能问题，而这些问题也导致了截至目前我们所讲的这些方法并不能处理大体量、维度复杂的任务。

如何在分布式环境下建立一种机制，比 A3C 更加完美地利用计算机现有资源，并且还能在多个任务之间更好地制定更新策略呢？从 A3C 源头入手，我们引入了在单任务和多任务环境中均有出色性能的 IMPALA 框架。而接下来，将这一非常有名的框架进行些许改进后，我们又得到了专注于解决多任务问题的 PopArt，这也是目前 MTDRL 场景中表现最好的算法。

7.4　使用 PopArt 归一化多任务更新幅度

7.4.1　算法介绍

通过前面这些方法，我们能够看到并行框架在 MTDRL 问题上取得的引人瞩目的成功。如今，我们已经有了像 IMPALA 这样能有效提取多任务所拥有的大量数据的分布式学习框架，也有了像 UNREAL 这样可以有效利用多个子任务来优化核心任务的巧妙应用，事实上，这两种算法目前在多任务思想上应用最为活跃，并且近期陆续被 DeepMind 团队开源，读者可以自行探索其中更多的细节。最后，回到我们在 MTDRL 简介中提到的核心问题——如何让我们训练的单个通用智能体平衡多个任务的奖励呢？下面将介绍 IMPALA 上的重大改进——PopArt[45]，用它来解决上述问题。

前面提到了“吃豆人”与“乒乓球”两个游戏难以共同学习的原因，而 PopArt 技术的核心应用就是调整每个游戏中分值的大小，使得智能体认为每个游戏都有同等的学习价值，不论每个特定游戏过程中可以得到的奖励有多大或多频繁，加入了 PopArt 的智能体都能带来相应合理的更新。从广义上说，DL 依赖于神经网络权重更新，其输出不断逼近理想目标输出，DRL 中也是如此。PopArt 通过估计这些目标的平均值和分布来学习有助于梯度更新的信息，如游戏中的分数。在被用于更新网络权重前，PopArt 利用这些统计数据来归一化目标，而归一化之后的目标值函数会使得学习更加稳定，而且对规模和变化更加鲁棒。为了对未来的预期奖励进行准确估计，网络的输出可以通过反转归一化的过程缩放到真实目标范围。

通常来讲，如果结果理想，数据的每次更新都会改变所有网络的参数，包括其中一些已经被训练得非常好的参数。DeepMind 研究团队通过一种反向更新网络的机制避免了这类情况的发生，只要及时更新相应的分布，这种做法就能持续进行。这意味着我们既可以获得像 IMPALA 这样大规模更新的好处，又能保持多任务问题庞大的网络参数中已经学习得非常不错的部分。也正是出于这些原因，该改进方法才被命名为 PopArt：它在运行中既能精确地保持输出，又能自适应地重新缩放目标。

传统上，研究者可以通过在 RL 算法中使用奖励裁剪来克服变化的奖励范围问题，这种裁剪方法将过大的奖励与过小的奖励分别转换为 1 和 –1，从而粗略地归一化期望奖励。这样的方法使学习过程变得更加容易，但是却改变了智能体的目标。例如，在“吃豆人”游戏中，智能体的目标是吃豆，吃掉一颗奖励 10 分，而当捡到道具并吃掉一个幽灵时可以奖励 200 ～ 1600 分，这时如果使用奖励裁剪，则在吃豆和吃掉幽灵之间将不会有明显区别，导致智能体最终只吃豆，不会再想办法捕捉幽灵，毕竟吃豆容易。因此对于单任务学习来说，这种裁剪方法也是存在问题的；而对于多任务方法来说，之前也解释过，我们不能仅仅注意奖励规模，还需要注意奖励的稀疏程度，这对于一些任务的训练同等重要。因此，我们必须移除简单的奖励裁剪，使用更合理的适应性归一化来稳定多任务的学习过程。

7.4.2　算法分析

接下来详细介绍作为 PopArt 本质的自适应归一化算法，该算法需要建立在 IMPALA 框架与其 V-trace 算法的基础上。为简单起见，我们先介绍单一任务上的尺度不变更新，之后再介绍其在多任务上的更新机制。

1. 单一任务上的尺度不变更新

设在 actor-critic 方法中，值估计的参数为 $\boldsymbol{\theta}$，策略估计的参数为 $\boldsymbol{\eta}$。为了归一化值函数与策略函数的梯度更新，先设置值函数的分布估计 $V_{\mu,\sigma,\theta}(\boldsymbol{s})$，将它作为一个已经被合理归一化后的值估计 $n_{\theta}(\boldsymbol{s})$ 的线性映射。进一步假设前面这个值估计本身就是一个线性函数的输出，这是因为对于所有的 actor-critic 方法来说，值函数就相当于深度神经网络的最后一个全连接层。由此，可以得到如下的值函数表示：

$$V_{\mu,\sigma,\theta}(\boldsymbol{s})=\sigma\cdot n_{\theta}(\boldsymbol{s})+\mu=\sigma\cdot\left(\boldsymbol{w}^{T}f_{\theta\backslash\{w,b\}}(\boldsymbol{s})+\boldsymbol{b}\right)+\mu \tag{7.15}$$

其中 $\boldsymbol{w}^{T}f_{\theta\backslash\{w,b\}}(\boldsymbol{s})+\boldsymbol{b}$ 也就是 $n_{\theta}(\boldsymbol{s})$，而 μ 和 σ 分别是概率分布的均值和标准差，使用相应的梯度方法更新即可。因此，前一时刻和当前时刻可以使用以下的在线方法进行更新：

$$\mu_t=(1-\beta)\mu_{t-1}+\beta G_t^{v},\quad \nu_t=(1-\beta)\nu_{t-1}+\beta\left(G_t^{v}\right)^2 \tag{7.16}$$

其中 $G_t^{v}=G_t^{v\text{-trace}}=v(\boldsymbol{s}_t)+\sum_{k=t}^{t+n-1}\gamma^{k-t}\left(\prod_{i=t}^{k}c_i\right)\delta_k$，也就是 V-trace 算法中被修正后的值函数。超参数 β 表示衰减率，与我们所要估计的概率分布的扁平程度直接相关。我们时刻更新 μ_t 与 ν_t 这两个参数，为的就是估计值函数的标准差 $\sigma_t=\sqrt{\nu_t-\mu_t^2}$。之后，使用之前被归一化后的值估计 $n_{\theta}(\boldsymbol{s})$ 以及相应的 μ 和 σ 来归一化 actor-critic 方法的两个梯度损失函数，具体如下：

$$\Delta\boldsymbol{\theta}\propto\left(\frac{G_t^{v}-\mu}{\sigma}-n_{\theta}(\boldsymbol{s}_t)\right)\nabla_{\theta}n_{\theta}(\boldsymbol{s}_t) \tag{7.17}$$

$$\Delta\boldsymbol{\eta}\propto\left(\frac{G_t^{\pi}-\mu}{\sigma}-n_{\theta}(\boldsymbol{s}_t)\right)\nabla_{\eta}\log\pi_{\eta}(\boldsymbol{a}_t\mid\boldsymbol{s}_t) \tag{7.18}$$

如果直接去优化这个新的目标函数，很可能会适得其反地让问题变得更加复杂，这是因为归一化后的目标值函数并不是稳定的，因为它时刻取决于μ和σ的值。而 PopArt 中避免了这一点，不论μ和σ怎样变化，我们在更新价值网络的最后一个全连接层时，不采用简单的梯度下降法，为的就是保留这个未被归一化的值估计$V_{\mu,\sigma,\theta}(\boldsymbol{s})$作为最终的输出。这个单独设置的更新机制具体如下，伴随着$\mu \to \mu', \sigma \to \sigma'$，相应的权重和偏置按以下方式更新：

$$\boldsymbol{w}' = \frac{\sigma}{\sigma'}\boldsymbol{w}, \quad \boldsymbol{b}' = \frac{\sigma \boldsymbol{b} + \mu - \mu'}{\sigma'} \tag{7.19}$$

这样的更新方式将 PopArt 的尺度不变更新很好地延伸到了 actor-critic 方法中，并且可以让超参数的调整变得更加简单。然而，这仅仅是保留了单任务尺度的归一化更新设计，还不足以解决多任务面对的问题，下面将要面对多个这样的归一化值函数。

2. 多任务上的尺度不变更新

设$\boldsymbol{D}_i$为有限任务集$\mathcal{T} = \{\boldsymbol{D}_i\}_{i=1}^{N}$中的一个任务，同时也代表这个任务的问题环境。设$\pi(\boldsymbol{s}|\boldsymbol{a})$为一个通用任务策略，它可以从任何一个任务的环境$\boldsymbol{D}_i$提取状态$\boldsymbol{s}$，并且将它映射到一个每个任务可以共享的动作空间$\mathcal{A}$。我们再引入一个多任务的值函数$V(\boldsymbol{s})$，它包含了$N$维输出，每一个对应一个任务。用前面的式（7.15）中给相同的参数设置$V(\boldsymbol{s})$，但是需要注意均值和标准差与之前的维度不同（即$\mu, \sigma \in \mathbb{R}^N$），同时我们的归一化价值估计$n_\theta(\boldsymbol{s})$也需要考虑多任务的延伸，即$n_\theta(\boldsymbol{s}) = \left(n_\theta^1(\boldsymbol{s}), \cdots, n_\theta^N(\boldsymbol{s})\right)^T$，最终得到了面向多任务的未归一化值估计：

$$V_{\mu,\sigma,\theta}(\boldsymbol{s}) = \sigma \odot n_\theta(\boldsymbol{s}) + \mu = \sigma \odot \left(\boldsymbol{W} f_{\theta\{\boldsymbol{W},\boldsymbol{b}\}}(\boldsymbol{s}) + \boldsymbol{b}\right) + \mu \tag{7.20}$$

与上一小节相对应，其中的$\boldsymbol{W}$和$\boldsymbol{b}$也就是计算$n_\theta(\boldsymbol{s})$的网络最后一个全连接层的权重和偏置。由此通过在给定环境$\boldsymbol{D}_i$采取通用策略$\pi_{\boldsymbol{\eta}}(\boldsymbol{a}|\boldsymbol{s})$，在处理一段状态转移轨迹$\{\boldsymbol{s}_{i,k}, \boldsymbol{a}_k, r_{i,k}\}_{k=t}^{t+n}$时，可以调整式（7.17）和（7.18）中相应的尺度不变更新方式，使之延伸到现在的多任务问题下：

$$\Delta\boldsymbol{\theta} \propto \left(\frac{G_t^{v,i} - \mu_i}{\sigma_i} - n_\theta^i(\boldsymbol{s}_t)\right)\nabla_\theta n_\theta^i(\boldsymbol{s}_t) \tag{7.21}$$

$$\Delta\boldsymbol{\eta} \propto \left(\frac{G_t^{\pi,i} - \mu_i}{\sigma_i} - n_\theta^i(\boldsymbol{s}_t)\right)\nabla_{\boldsymbol{\eta}} \log \pi_{\boldsymbol{\eta}}(\boldsymbol{a}_t | \boldsymbol{s}_t) \tag{7.22}$$

其中目标价值$G_t^{\cdot,i}$利用目前所处环境$\boldsymbol{D}_i$的相应信息进行基于 V-trace 算法的修正。可以看到这个公式在梯度计算部分的一个非常重要的细节：对于每一段轨迹序列，整个价值网络只更新当前任务i对应的归一化价值网络n_θ^i，并且以此为基础来计算整个梯度；而策略网络的更新则不同，它使用标记好的参数$\boldsymbol{\eta}$进行更新，梯度计算时与当前属于哪个任务没有关系。之后就像在单任务问题上一样，我们在更新μ和σ时，为了保留未归一化的值估计$V_{\mu,\sigma,\theta}(\boldsymbol{s})$作为输出，并保证训练稳定，也需要改变最后一个全连接层的权重与偏置的更新方式：

$$w_i' = \frac{\sigma_i}{\sigma_i'} w_i, \qquad \boldsymbol{b}_i' = \frac{\sigma_i \boldsymbol{b}_i + \mu_i - \mu_i'}{\sigma_i'} \tag{7.23}$$

其中 w_i 处于权重矩阵 $\boldsymbol{W}$ 的第 i 行，而 μ_i、σ_i、$\boldsymbol{b}_i$ 分别代表它们相应的完整向量的第 i 个元素，这样就非常自然地延伸到了多任务上。请读者再次注意，所有的更新都针对价值网络，而不是策略网络，这在使用任何 IMPALA 及其改进方法时都需要注意。这些价值网络是基于不同的任务而进行分配的，数量与任务数相同。它们只用于减少通用策略网络 $\pi(\boldsymbol{s}|\boldsymbol{a})$ 在训练时的方差，而在测试模型的行动决策时是完全不需要它们的。也只有这样，我们最终得到的智能体才能真正实现“通用”，而不需要考虑自己身处哪一个任务、对应使用哪一个策略，因为强大的策略网络已经将这些任务的知识都集成在了自己的决策中。

7.4.3　使用场景与优势分析

我们在这里只提到了对 IMPALA 框架在适应不同任务奖励上的重要改进，而通过与单纯的 IMPALA 进行完全相同的 Atari 游戏组、DMLab-30 的对比实验，我们发现 PopArt 的改进取得了立竿见影的效果。当完全移除一直沿用至今的奖励裁剪方法，取而代之使用 PopArt 方法来训练“吃豆人”游戏时，训练效果截然不同，智能体不再只吃豆，而学会去追击敌人。如图 7.12 所示，其中从右图可以看到吃豆人干掉了所有的敌人，同时也没有忘记吃豆，最终获得了比原先要高很多的分数。

“吃豆人”游戏只是 PopArt 方法在这一任务上的突出表现。当我们面向多个任务同时训练时，对比原先采用人为奖励裁剪的 IMPALA 框架，采用 PopArt 改进后的 IMPALA 智能体取得了分数领先至少一倍的表现。其中一些游戏得分的中位数再次超越了人类玩家得分的中位数，而这些游戏之前是其他任何基于奖励裁剪的算法（几乎是本书介绍的所有其他算法）望尘莫及的。PopArt 做到了能够处理大量游戏中奖励规模与频率的大范围变化，而这是简单的奖励裁剪完全无法做到的，这也是效果提升如此之大的原因。

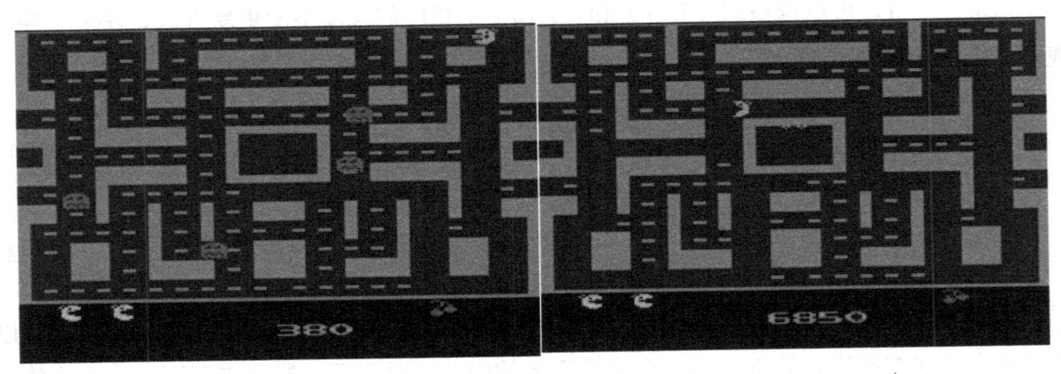

图 7.12　加入 PopArt 后的吃豆人表现（左：奖励裁剪，右：PopArt）

这里所介绍的内容由 DeepMind 团队的核心人员提出，其目的是尽可能改进 IMPALA 在多任务 DRL 上的鲁棒性，而其中最为强大的改进是本节介绍的 PopArt。除此之外，作者同样也考虑了很多其他改进，如采用 UNREAL 框架中的 Pixel Control 辅助任务来加强学习，这些都相应有充分的实验。

第四篇

深度强化学习的应用

本篇主要讲解强化学习特别是深度强化学习的一些领域性应用，涉及游戏、机器人控制、计算机视觉和自然语言处理四大领域。本篇侧重于讲解深度强化学习方法在其他领域应用的思想和方法，培养读者跨领域解决问题的能力，以帮助读者熟练掌握和使用强化学习这个强大的方法去解决、优化其他领域中的一些实际问题。

CHAPTER 8

第8章 游　戏

经过前面几个章节的学习，读者应该对 RL 有了相当充分的了解。现在我们就开始实践部分，学习如何应用 RL 技术。本章给出了 RL 方法在游戏领域的应用，这也是一个极有意思的领域，例如，DQN 的代表作就是玩 Atari 游戏，并且超越了人类顶级玩家。本章重点讲解如何把游戏场景建模为 RL 问题，以及训练模型自动玩 Atari 游戏的核心过程和相关代码。读者也可以跟着教程自己动手实操，体验一下 RL 的强大能力。

8.1 Gym Retro 游戏平台

8.1.1 平台简介

Gym Retro 是由 Open AI 发布的一个完整版游戏 RL 研究平台，它使用 Libretro API 将视频游戏模拟器核心转换到 Gym 环境，并包括对几个经典游戏控制台的支持和不同游戏的数据集；Gym Retro 采用了比雅达利更先进的控制台，拓展了适合 RL 研究的游戏的数量和复杂度。用户在使用 Gym Retro 平台时能够获得更好的硬件支持，如使用更大的内存容量，从而获得更大范围的控制输入以及更好的画面支持等。

用户在使用 Gym Retro 平台时可以更细致地定义环境。用户不需要使用 C++，而是使用更加简单的 JSON 文件来完成环境的定义工作，这让整合新的游戏到平台，以及测试和修改都变得更加方便。除此之外，Gym Retro 平台还具有跨游戏泛化和游戏集成工具支持的特点。

1. 跨游戏泛化

Gym Retro 是一个打包了很多经典电子游戏的系统，最初支持的游戏版本包括从世嘉创世 Steam 的老游戏大包里挑出的 30 个游戏，以及雅达利 2600 Arcade Learning Environment 里的 62 个游戏。虽然 RL 领域之前的研究主要集中在优化智能体来完成单个任务，但随着 OpenAI 对 RL 算法及学习能力的泛化进行研究，现在利用 Gym Retro 平台可以研究在概念相似但外观不同的游戏之间进行泛化，如今 Gym Retro 平台上的游戏数量已经有 1000 多种，横跨各种后端模拟器。

最新发布的 Gym Retro 版本支持包括来自世嘉 Genesis 和世嘉 Master System 的游戏，以及任天堂的 NES、SNES 和 Game Boy 控制台，还包括对世嘉 Game Gear、任天堂 Game Boy Color、任天堂 Game Boy Advance 及 NEC TurboGrafx 的初步支持。目前已经集成了

一些已发布的游戏，包括 Gym Retro 官方 GitHub 仓库中 data/experimental 文件夹中的那些游戏，都处于测试状态——如果试用中遇到 bug，用户可以自行联系 OpenAI 进行解决。

目前 Gym Retro 支持的系统如下所示：

- Atari
  - Atari2600 (via Stella)
- NEC
  - TurboGrafx-16/PC Engine (via Mednafen/Beetle PCE Fast)
- Nintendo
  - Game Boy/Game Boy Color (via gambatte)
  - Game Boy Advance (via mGBA)
  - Nintendo Entertainment System (via FCEUmm)
  - Super Nintendo Entertainment System (via Snes9x)
- Sega
  - GameGear (via Genesis Plus GX)
  - Genesis/Mega Drive (via Genesis Plus GX)
  - Master System (via Genesis Plus GX)

2. 游戏集成工具

为了方便平台使用者整合新的游戏到平台，OpenAI 还随着 Gym Retro 正式版推出了新的游戏整合工具。只要平台使用者有游戏 ROM，就可以使用这个工具存储游戏状态、寻找内存位置，以及设计让 RL 智能体可以实施的方案，如图 8.1 所示。OpenAI 已经为希望增加新游戏支持的平台使用者编写了一个集成器指南，用户可以在 GitHub（https://github.com/openai/retro/blob/master/IntegratorsGuide.md）上查阅。

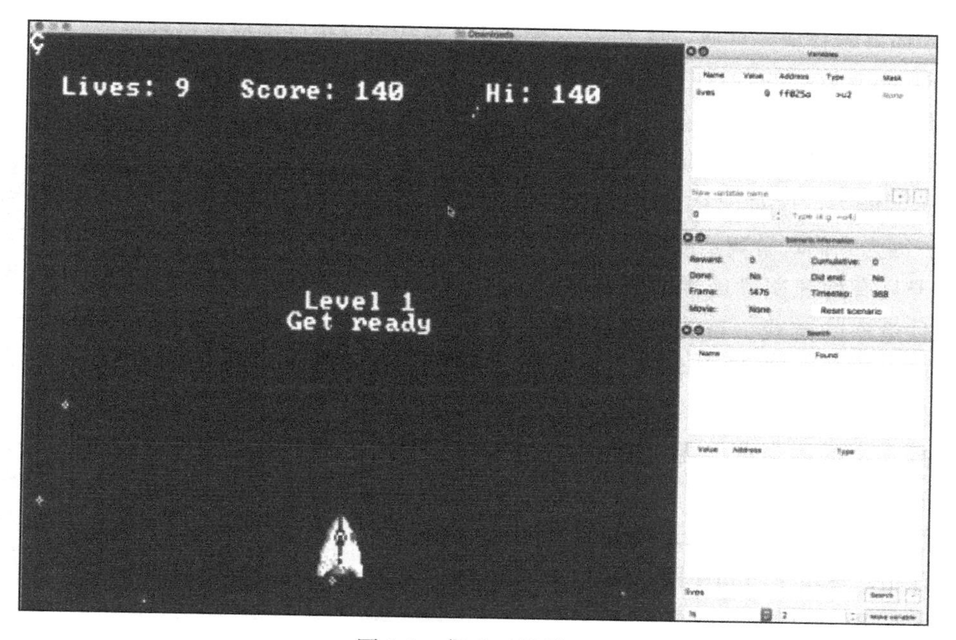

图 8.1　集成工具界面

除了上面提到的，该游戏集成工具还支持录制和播放保存了所有按键操作的回放文件（movie/replay files）。Gym Retro 的回放文件中保存的并不是游戏过程中的每一帧图像，而是只包含初始状态和每次按键后的结果，因此回放文件的体积很小，非常方便存取；如果使用者想要可视化 RL 智能体执行的操作，那么使用这种回放文件将会非常方便；同时回放文件记录的游戏信息比较完备，因此可以将人工输入录制后用作训练数据。

在使用 Gym Retro 平台时，需要注意一个很有意思的问题——奖励收割（reward farming）。在训练过程中，有的 RL 智能体可能会学会收割奖励（只专注于游戏得分），但是忽略完成隐藏的真正任务。就像图 8.2 所示的，进行 Cheese Cat-Astrophe（左图）和 Blades of Vengeance（右图）游戏的 RL 智能体都陷入了疯狂得分的死循环。

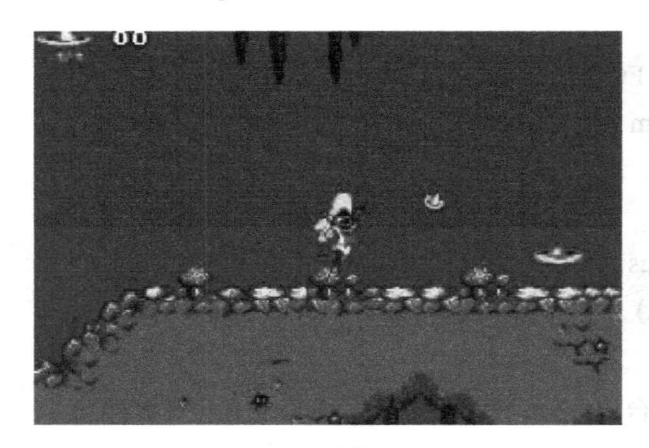

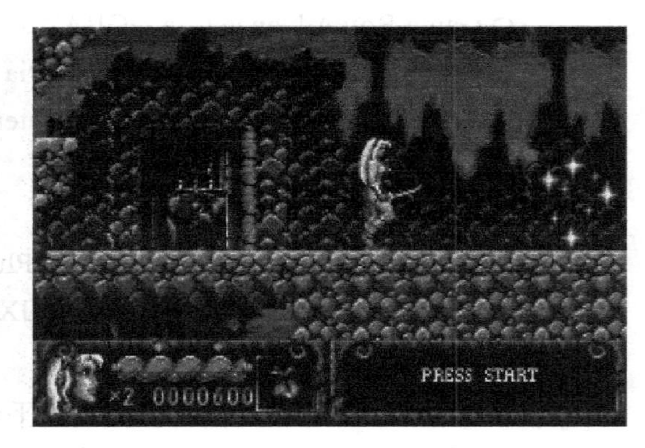

图 8.2　Cheese Cat-Astrophe 和 Blades of Vengeance

这是一种比较常见的现象，OpenAI 之前已经在 https://blog.openai.com/faulty-reward-functions/ 进行了详细的讨论：当只给 RL 算法一个简单的奖励函数时，如最大化游戏得分，那么智能体就很有可能出现错误的行为。对于密集奖励（频繁和增量）游戏而言，最难的地方在于需要进行快速反应，像 PPO 这样的 RL 算法可以很好地应对这种挑战。

在 Gradius 这样的游戏中（如图 8.3 所示），每次击中敌人之后都可以得到奖励点数，这意味着开始机器学习的速度会很快，在这样的游戏中生存下来要求智能体具备躲避敌人攻击的能力：这对于 RL 算法而言并不困难，因为它们玩游戏是逐帧进行的。

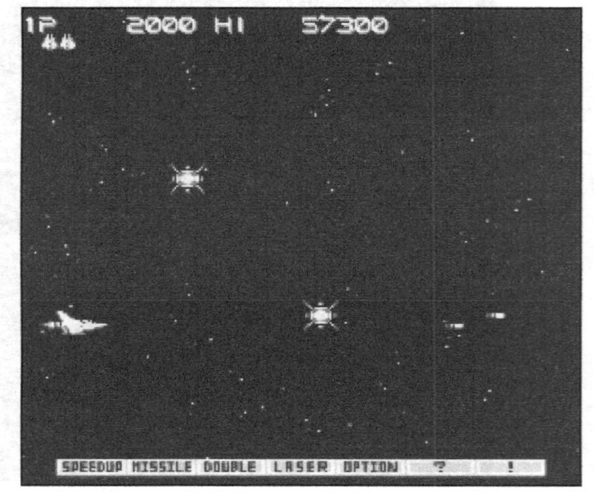

图 8.3　Gradius

对于只有稀疏奖励或需要计划超过未来数秒策略的游戏，目前的算法还很难应对。Gym Retro 数据集中的许多游戏都是稀疏奖励或需要计划的，因此处理整个数据集中的内容可能需要使用者开发全新的技术。

下面我们就从 Gym Retro 平台的环境搭建开始，逐步学习和使用 Gym Retro 平台来实现 RL 算法，并训练智能体进行游戏。

8.1.2 安装 Gym Retro 平台

Gym Retro 支持跨平台，目前它可以运行在支持 Python 3.5、Python 3.6 或 Python 3.7 的 Linux、MacOS 和 Windows 系统上，不过需要注意的是由于某些系统内核的兼容性问题，Gym Retro 平台不支持 32 位操作系统。本章中的示例运行在安装了 Python 3.6 的 Ubuntu 系统上，如图 8.4 所示。

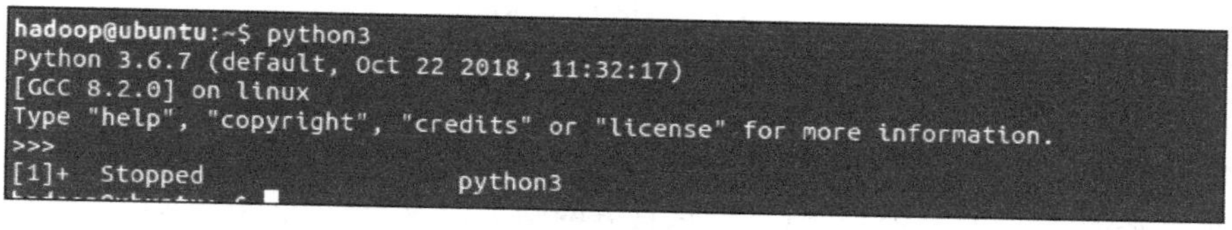

```
hadoop@ubuntu:~$ python3
Python 3.6.7 (default, Oct 22 2018, 11:32:17)
[GCC 8.2.0] on linux
Type "help", "copyright", "credits" or "license" for more information.
>>>
[1]+  Stopped                 python3
```

图 8.4 Python 版本

1. 安装二进制版本的 Gym Retro

在正式开始安装前，需要确保你已经安装好了 Python 包管理工具 pip3(若使用 Python 2，则应安装 pip)；在 Ubuntu 系统下可以运行以下命令进行 pip3 的安装：

```
$ sudo apt-get install python3-pip
```

安装完成之后运行下面的命令即可安装 OpenAI 官方提供的 Gym Retro，如图 8.5 所示：

```
$ pip3 install Gym-Retro
```

```
hadoop@ubuntu:~$ pip3 install gym-retro
Collecting gym-retro
  Downloading https://files.pythonhosted.org/packages/c9/17/ad0ebc6457a50a3160a2
6d2572bc61c340c5a5407b4d35c31f6f5dee68eb/gym_retro-0.6.0-cp36-cp36m-manylinux1_x
86_64.whl (158.7MB)
    0% ||                                | 634kB 44kB/s eta 0:58:52
```

图 8.5 安装 Gym Retro

如果网络速度比较慢，可以选择使用国内的安装源进行安装，下面的命令通过 -i 参数指定安装源为豆瓣：

```
$ pip3 install -i https://pypi.douban.com/simple/ Gym-Retro
```

安装成功后得到如图 8.6 的提示：

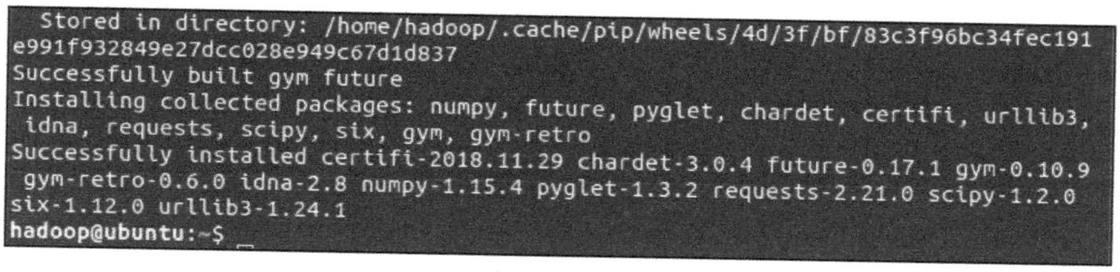

```
  Stored in directory: /home/hadoop/.cache/pip/wheels/4d/3f/bf/83c3f96bc34fec191
e991f932849e27dcc028e949c67d1d837
Successfully built gym future
Installing collected packages: numpy, future, pyglet, chardet, certifi, urllib3,
 idna, requests, scipy, six, gym, gym-retro
Successfully installed certifi-2018.11.29 chardet-3.0.4 future-0.17.1 gym-0.10.9
 gym-retro-0.6.0 idna-2.8 numpy-1.15.4 pyglet-1.3.2 requests-2.21.0 scipy-1.2.0
six-1.12.0 urllib3-1.24.1
hadoop@ubuntu:~$
```

图 8.6 成功安装 Gym Retro

安装成功后最好验证一下，运行 Python 3 进入 Python 终端，然后引入 retro 模块(import retro)，验证是否已经安装成功，如图 8.7 所示，若没有则需要重新进行安装。

```
hadoop@ubuntu:~$ python3
Python 3.6.7 (default, Oct 22 2018, 11:32:17)
[GCC 8.2.0] on linux
Type "help", "copyright", "credits" or "license" for more information.
>>> import retro
>>> retro.data
<module 'retro.data' from '/home/hadoop/.local/lib/python3.6/site-packages/retro
/data/__init__.py'>
>>>
```

图 8.7　测试 Gym Retro

2. 从源码构建 Gym Retro 环境

构建 Gym Retro 需要使用 gcc 5 或 clang 3.5 及以上版本，cmake 工具在构建 Gym Retro 时也是必需的，可以通过包管理器从官方网站下载或 pip3 install cmake 来进行安装。

安装完成之后，运行下面的命令从 GitHub 仓库获取 Gym Retro 的源码，如图 8.8 所示：

```
$ git clone --recursive https://github.com/openai/retro.git Gym-Retro
```

```
hadoop@ubuntu:~$ git clone --recursive https://github.com/openai/retro.git gym-r
etro
Cloning into 'gym-retro'...
remote: Enumerating objects: 7758, done.
Receiving objects:  12% (956/7758), 8.70 MiB | 82.00 KiB/s
```

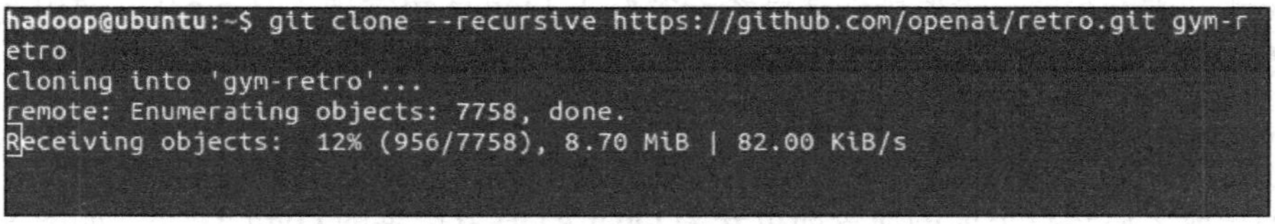

图 8.8　从 GitHub 克隆 Gym Retro 源码

接下来切换到 Gym Retro 目录下进行编译，注意 -e 后面的点 (.) 表示在当前目录进行源代码编译。

```
$ cd Gym-Retro
$ pip3 install -e.
```

8.1.3　安装 Retro UI

Retro UI 可以帮助查找变量、观察奖励函数的状态，方便我们对训练过程的理解和修改。下面将从源码安装 Retro UI（你也可以下载官方已经编译好的安装包直接安装）。在开始安装之前需要确保之前是从源码安装的 Gym Retro，如果不是需要先卸载 Gym Retro，重新从源码开始安装。

Gym Retro 在进行构建前需要运行下面的命令安装相关工具及依赖：

```
$ sudo apt-get install libcapnp-dev libqt5opengl5-dev qtbase5-dev
```

上面需要的工具安装成功之后就可以开始构建了，运行下面的两条命令进行用户界面的构建，如图 8.9 所示。

```
$ cmake . -DBUILD_UI = ON -UPYLIB_DIRECTORY
$ make -j$(grep -c ^processor /proc/cpuinfo)
```

构建完成之后即可启动该工具，启动命令如下：

```
$ ./Gym-Retro-integration
```

启动界面如图 8.10 所示，表明我们已经成功安装了 Gym Retro 的集成工具。

```
hadoop@ubuntu:~/Documents/gym-retro$ cmake . -DBUILD_UI=ON -UPYLIB_DIRECTORY
-- Found BZip2: /usr/lib/x86_64-linux-gnu/libbz2.so (found version "1.0.6")
-- Looking for BZ2_bzCompressInit
-- Looking for BZ2_bzCompressInit - found
-- Configuring done
-- Generating done
-- Build files have been written to: /home/hadoop/Documents/gym-retro
hadoop@ubuntu:~/Documents/gym-retro$
hadoop@ubuntu:~/Documents/gym-retro$ make -j$(grep -c ^processor /proc/cpuinfo)
Scanning dependencies of target zip
[  0%] Building C object third-party/libzip/lib/CMakeFiles/zip.dir/gladman-fcrypt.c.o
[  0%] Building C object third-party/libzip/lib/CMakeFiles/zip.dir/zip_add.c.o
[  0%] Building C object third-party/libzip/lib/CMakeFiles/zip.dir/zip_add_dir.c.o
[  0%] Building C object third-party/libzip/lib/CMakeFiles/zip.dir/zip_add_entry.c.o
[  0%] Building C object third-party/libzip/lib/CMakeFiles/zip.dir/zip_algorithm_bzip2.c.o
[  0%] Building C object third-party/libzip/lib/CMakeFiles/zip.dir/zip_algorithm_deflate.c.o
[  1%] Building C object third-party/libzip/lib/CMakeFiles/zip.dir/zip_buffer.c.o
[  1%] Building C object third-party/libzip/lib/CMakeFiles/zip.dir/zip_close.c.o
[  1%] Building C object third-party/libzip/lib/CMakeFiles/zip.dir/zip_delete.c.o
[  1%] Building C object third-party/libzip/lib/CMakeFiles/zip.dir/zip_dir_add.c.o
[  1%] Building C object third-party/libzip/lib/CMakeFiles/zip.dir/zip_dirent.c.o
[  1%] Building C object third-party/libzip/lib/CMakeFiles/zip.dir/zip_discard.c.o
[  2%] Building C object third-party/libzip/lib/CMakeFiles/zip.dir/zip_entry.c.o
[  2%] Building C object third-party/libzip/lib/CMakeFiles/zip.dir/zip_err_str.c.o
[  2%] Building C object third-party/libzip/lib/CMakeFiles/zip.dir/zip_error.c.o
[  2%] Building C object third-party/libzip/lib/CMakeFiles/zip.dir/zip_error_clear.c.o
[  2%] Building C object third-party/libzip/lib/CMakeFiles/zip.dir/zip_error_get.c.o
```

图 8.9　编译 Retro UI

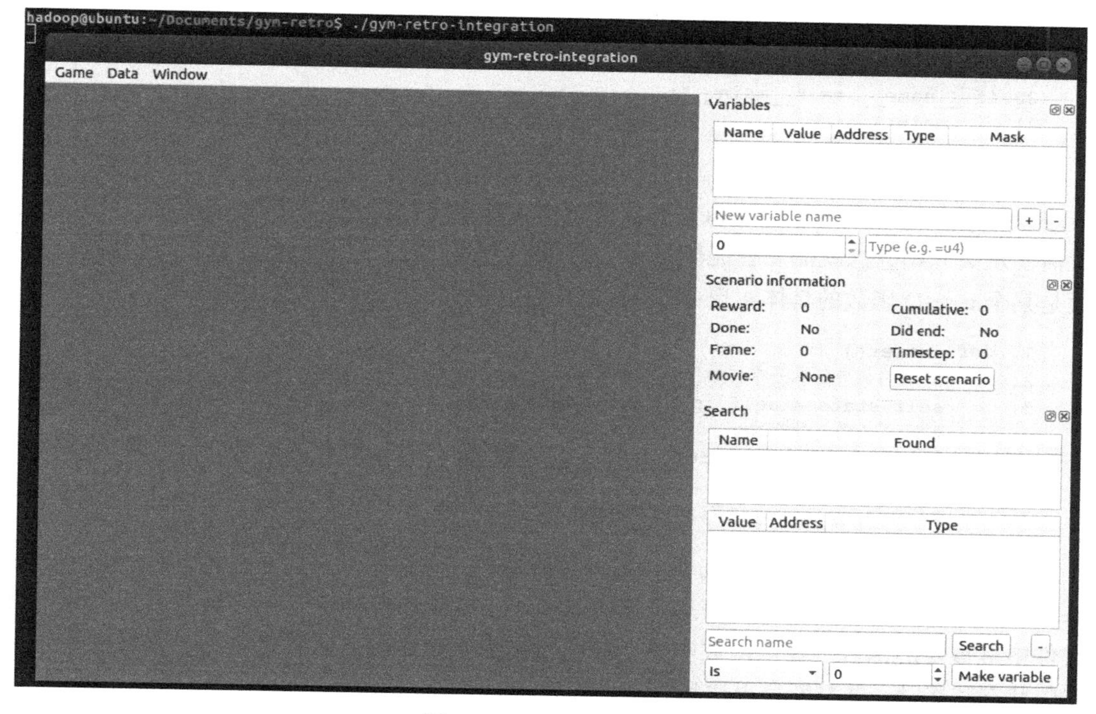

图 8.10　Retro UI 界面

关于 Gym Retro 的介绍和基本运行环境都已经完成，在使用之前我们需要先了解 Gym Retro 提供的几个主要函数的用法。

8.1.4　Gym Retro 主要函数说明

Gym Retro 主要用作在经典视频游戏中训练 RL 智能体，它的使用主要依赖于 make、

reset、step 和 render 这 4 个函数，使用 make() 函数可以创建游戏运行环境，如 env = retro.make(gameName)。

下面是 Gym Retro 的一个官方示例，智能体随机选择一个动作，然后环境返回对应的结果：

```
1. # 导入 retro 模块
2. import retro
3. # 主函数
4. def main():
5.     # 创建游戏环境
6.     env = retro.make(game = 'Airstriker-Genesis')
7. obs = env.reset() # 初始化游戏环境
8. while True:
9.     # 智能体执行动作，环境返回结果
10.    obs, rew, done, info = env.step(env.action_space.sample())
11.# 刷新当前环境
12.env.render()
13.if done:
14.    # 重置游戏环境
15.    obs = env.reset()
16.
17.env.close()
18.
19.# 主函数入口
20.if __name__ == "__main__":
21.    main()
```

在 RL 算法中，智能体需要通过一次又次的尝试来累积经验，然后从经验中学习好的策略，一次尝试称为一个 episode，每次尝试都要到达终止状态。一次尝试结束后，智能体就需要从头开始，这就需要智能体具有重新初始化的功能，函数 reset() 就是这个作用。下面是某个 reset() 函数的具体实现：

```
1. def _reset()
2.     # 利用均匀随机分布初始化环境的状态。
3.     self.state = self.np_random.uniform(low = -0.05, high = 0.05, size = (4,))
4.     # 设置当前步数为 None
5.     self.steps_beyond_done = None
6.     # 返回环境的初始化状态。
7.     return np.array(self.state)
```

env.step() 函数在仿真器中扮演物理引擎的角色，其输入是动作 a，输出的是下一步状态、奖励、是否终止和调试项信息。该函数描述了智能体与环境交互的所有信息，是环境文件中最重要的函数。在该函数中，一般利用智能体的运动学模型和动力学模型计算下一步的状态和奖励，并判断是否达到终止状态。

```
1. observation, reward, done, info = env.step(action)
```

render() 函数在这里扮演图像引擎的角色。一个仿真环境必不可少的两部分是物理引擎和图像引擎。物理引擎模拟环境中物体的运动规律；图像引擎用来显示环境中的物体图像。其实对于 RL 算法该函数可以没有。但是，为了便于直观显示当前环境中物体的状态，图像引擎还是有必要的。另外，加入图像引擎可以方便我们调试代码，运行 env.render() 即可渲染出当前的游戏帧。

8.2　相关应用

8.2.1　Pong 游戏

1. 游戏简介

Pong 最初是一个模拟两个人打乒乓球的街机游戏，由美国雅达利公司出品。在 Atari 2600 版本中，玩家玩一边的球拍，将球打到另一边，而另一边由 AI 控制。游戏的底层原理如下：有一个图片框（210×160×3 字节的数组，0 ～ 255 整数的像素值）中，玩家决定球拍是向上移动还是向下移动（二元选项），每次选择后游戏模拟器执行动作并给出得分（奖励）：将球打回对手获得 1 分，丢球扣除 1 分，对手丢球获得 0 分。目标是移动球拍得分，直到有一方的积分达到 21 分游戏结束（人类平均得分为 −3）。

通过游戏规则，可以将 Pong 建模为一个 MDP：每个结点是一个特定游戏状态，每条边是一种可能的转换，每条边上也给出奖励分，目标是计算某一状态下最大化奖励的最优解。

OpenAI 的 Atari 环境提供大小为 210×160×3 的 RGB 游戏图像。首先对这些图片进行处理：

- 编码：取目标图片和其前一帧图片之中的像素最大值，从而消除闪烁现象。
- 降维：将图片转为灰度图，并裁剪到 80×80×1 的形状，如图 8.11 所示。

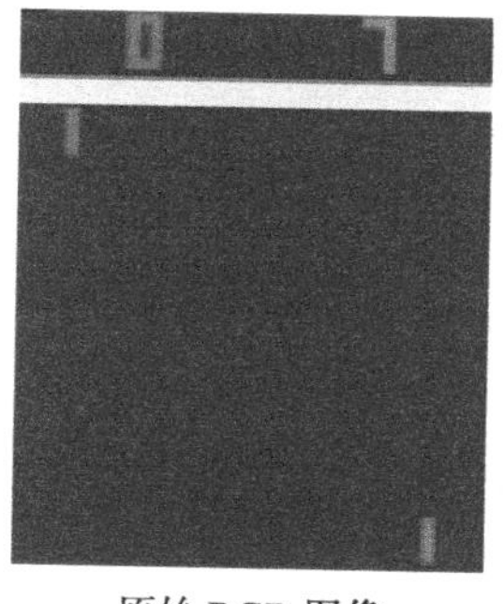

原始 RGB 图像
（210 × 160 × 3）

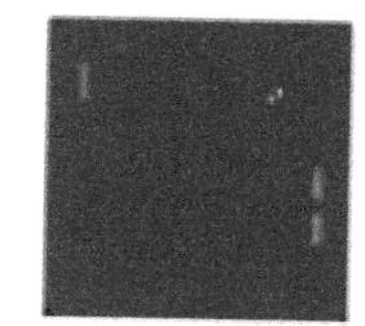

预处理后的灰度图
（80 × 80 × 1）

图 8.11　图像预处理

现在我们已经了解了 Pong 游戏的基本规则，那么接下来就编写代码来训练我们的智能体来玩这个游戏。

2. 开始前的准备

在 8.1 节中我们已经安装好了 Gym Retro 以及 Retro UI。但为了运行后面的程序，还需要安装一些必需的库。本小节将会用到 Keras 和 Theano。可以使用如下命令进行安装：

```
$ pip3 install gym keras theano
$ # pip3 install -i https://pypi.douban.com/simple gym keras theano
```

Theano 是一个用于构建人工神经网络的低级库，但是我们不直接使用它，而是使用 Keras 作为抽象层，它将允许我们以紧凑的方式定义神经网络。上面的命令安装了 OpenAI

Gym 工具包以及基于 Python 的深度学习库 Keras。Keras 是一个高层神经网络 API，Keras 由纯 Python 编写而成并可以使用 TensorFlow、Theano 以及 CNTK 后端。Keras 是为支持快速实验而生，能够把用户的想法迅速转换为结果，它的设计原则是用户友好、模块化、易扩展性以及与 Python 协作。

Keras 默认使用 TensorFlow 作为后端来进行张量操作，但这里需切换到 Theano。切换的方法很简单，编辑 ~/.keras/keras.json 文件，使文件中包含以下行，如图 8.12 所示：

```
1. "backend":"theano"
```

```
1. vim ~/.keras/keras.json (vim)
1 {
2     "epsilon": 1e-07,
3     "floatx": "float32",
4     "image_data_format": "channels_last",
5     "backend": "theano"
6 }
```

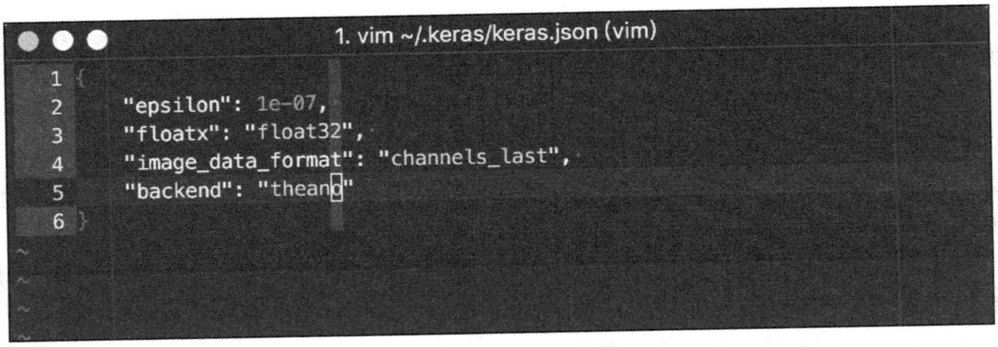

图 8.12　修改 Keras 后端

3. 整体框架

我们将使用最基本的 DQN（即 NIPS 13 版本的 DQN）来训练智能体，算法描述如下。

算法 8.1：DQN

初始化经验复用池 $\mathcal{D}$ 容量为 N；

用一个深度神经网络作为 Q 值网络，初始化权重参数 $\boldsymbol{\theta}$；

设定游戏 episode 总数 M；

初始化网络输入 $\boldsymbol{s}_1=\{x_1\}$，并且计算网络输出 $\phi_1=\phi(\boldsymbol{s}_1)$；

设定每个 episode 为 T 步，对其中第 t 步执行下面任务；

以概率 ε 随机选择动作 $\boldsymbol{a}_t$ 或者通过网络输出选择动作 $\boldsymbol{a}_t=\max_a Q^*(\phi(\boldsymbol{s}_t),\boldsymbol{a};\boldsymbol{\theta})$；

得到执行动作 $\boldsymbol{a}_t$ 后的奖励 r_t 和下一个网络的输入 $\boldsymbol{a}_{t+1}$；

设置 $\boldsymbol{s}_{t+1}=\boldsymbol{s}_t$，根据当前的值 $\boldsymbol{a}_t$，x_{t+1} 计算下一时刻网络的输出 $\phi_{t+1}=\phi(\boldsymbol{s}_{t+1})$；

将 4 个参数 $(\phi_t,\boldsymbol{a}_t,r_t,\phi_{t+1})$ 作为此刻的状态一起存入 $\mathcal{D}$ 中（$\mathcal{D}$ 中存放着 N 个时刻的状态）；

随机从 $\mathcal{D}$ 中取出小批量个状态 $(\phi_j,\boldsymbol{a}_j,r_j,\phi_{j+1})$；

计算每一个状态的目标值（通过执行 $\boldsymbol{a}_t$ 后的奖励来更新 Q 值作为目标值）；

$$y_i=\begin{cases} r_j; & \phi_{j+1}\text{是终止状态} \\ r_j+\gamma\max_{a'}Q(\phi_{j+1},\boldsymbol{a}';\boldsymbol{\theta}) & \phi_{j+1}\text{不是终止状态}\end{cases}$$

通过 SGD 更新 $\boldsymbol{\theta}$；

重复执行直到训练结束。

在开始之前，我们以抽象的方式思考一下 Pong 的问题。有一个智能体，通过行动和

观察与环境互动，环境对智能体的行为做出反应并提供有关自身的信息，智能体会把它遇到的情况存储在其内存中，并使用其（人工）智能来决定要采取的操作。图 8.13 显示了问题的抽象：

根据图 8.13，我们将实现 Environment、Agent、Brain 和 Memory 4 个类以及它们对应的方法：

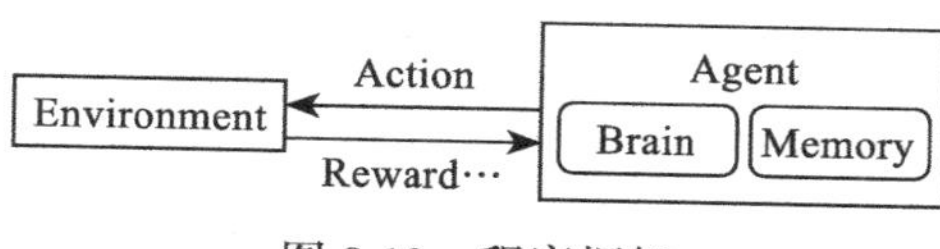

图 8.13 程序框架

```
1. Environment
2.       imagePreProcess(image) # 图片预处理、resize 以及转换为灰度图
3.      run()      # 运行一个 episode
4.
5. Agent
6.      act(s)     # 决定在 state s 下会采取的 action
7.      observe(sample) # 以 (s, a, r, s_) 的形式将一个 sample 存储到 memory
8.      replay()  # 经验复用
9.
10.Brain
11.     predict(s)     # 在 state s 下预测 Q 值
12.     train(batch)    # 使用一个 batch 的 sample 进行网络的训练
13.
14.Memory
15.     add(sample)      # 存储一个 sample 到 memory
16.     sample(n)    # 随机返回 n 个 sample 作为一个 batch
```

以上就是程序的整体框架，接下来我们将具体实现每一个类。

4. 代码实现

（1）Environment

Environment 类是我们对 OpenAI Gym 的抽象，它需要对外提供两个方法，imagePreProcess(image) 方法用于输入图片的预处理，run() 方法用于处理问题的一个 episode。

imagePreProcess 首先对输入的图片进行裁剪，然后每隔两个像素进行一次采样，之后再将背景设置为黑色，球拍和球所在位置被设置为白色。

```
1. def imagePreProcess(self, image):
2.      # 将 210×160×3 的图片转为向量并每两个像素进行一次采样
3.      image = image[35:195:2, ::2, 0]
4.      # 背景设置为 "black"
5.      image[np.logical_or(image == 144, image == 109)] = 0
6.      # set paddles and ball to "white"
7.      image[image != 0] = 1
8.      return np.reshape(image, (80, 80, 1))
```

在 run() 函数的主循环中，智能体根据给定的环境（env）来决定需要采取的动作，然后由环境根据这个动作返回新的状态和奖励。如果返回的新状态是 None，那我们认为这个 episode 已经结束，否则智能体继续观察新样本 (s,a,r,s') 并进行学习。

```
1. def run(self, agent):
2.      s = self.env.reset()  # 初始化游戏环境
3.      R = 0
4.      s = self.preProcess(s)
5.      # 初始时四帧相同的堆叠在一起
```

```
6.      s_t = np.stack((s, s, s, s), axis = 2)
7.      print(s_t.shape)
8.      # 调整图像大小
9.      s_t = s_t.reshape(s_t.shape[0], s_t.shape[1], s_t.shape[2]) # 80x80x4
10.
11.     while True:
12.         self.env.render()
13.
14.         a = agent.act(s_t)  # 根据s选择下一个action
15.         # 执行选择的action，由环境返回新的state、reward，是否结束等信息
16.         s_, r, done, info = self.env.step(a)
17.
18.         if done: # terminal state
19.             s_ = None
20.         # 这个episode结束
21.         if done:
22.             break
23.
24.         s_ = self.preProcess(s_)
25.         s_ = s_.reshape(s_.shape[0], s_.shape[1], 1) # 80×80×1
26.         # print(s_.shape)
27.         s_t1 = np.append(s_, s_t[:, :, :3], axis = 2)
28.         # print(s_t1.shape)
29.         # agent观察新样本
30.         agent.observe( (s_t, a, r, s_t1) )
31.         agent.replay()  # 学习
32.         # 更新state
33.         s_t = s_t1
34.         R += r
35.
36.     print("Total reward:", R)
```

（2）Brain

我们使用Brain类来封装神经网络，简单起见，在卷积层后面只使用512个神经元的隐藏层，激活函数使用ReLU。最后一层将只包含actionCnt（智能体可采取的动作）个神经元，每个神经元对应一个可用的动作，它们的激活函数使用softmax。另外这里我们使用更复杂的优化算法RMSprop和交叉熵损失函数，而不是简单的梯度下降。

使用Keras，我们轻松地定义这样的网络：

```
1. model = Sequential()
2. model.add(Convolution2D(32, 3, 3, subsample = (4, 4), border_mode = 'same',
input_shape = (80, 80, 4)))
3. model.add(Activation('relu'))
4. model.add(Convolution2D(64, 4, 4, subsample = (2, 2), border_mode = 'same'))
5. model.add(Activation('relu'))
6. model.add(Convolution2D(64, 3, 3, subsample = (1, 1), border_mode = 'same'))
7. model.add(Activation('relu'))
8. model.add(Flatten())
9. model.add(Dense(output_dim = 64, activation = 'relu', input_dim = 512))
10.model.add(Dense(output_dim = actionCnt, activation = 'softmax'))
11.
12.opt = RMSprop(learning_rate)
13.model.compile(loss = 'categorical_crossentropy', optimizer = opt)
```

然后实现train(x,y)函数，用于执行给定批次的梯度下降步骤；

```
1. def train(self, x, y):
2.     model.fit(x, y, batch_size = 64)
```

最后，predict(*s*) 方法返回给定状态下 Q 函数的预测结果：

```
1. def predict(self, s):
2.     model.predict(s)
```

（3）Memory

我们使用 Memory 类来存储 RL 智能体的历史经验，当然也可以使用其他的数据结构，比如一个固定容量的队列来代替这个类。

Memory 的 add(sample) 方法将经验存储到内部数组中，并且确保它不超过其容量，另一个方法 sample(*n*) 从存储器中随机返回 n 个样本。

```
1. def add(self, sample):
2.     self.samples.append(sample)
3.     if len(self.samples) > self.capacity:
4.         self.samples.pop(0)
5.
6. def sample(self, n):
7.     n = min(n, len(self.samples))
8.     return random.sample(self.samples, n)
```

（4）Agent

最后，Agent 类充当智能体相关属性和方法的容器，act(*s*) 方法实现了 $\varepsilon-greedy$ 的策略。使用概率 ε 选择随机动作，否则它选择在线网络返回的最佳动作。

```
1. def act(self, s):
2.     if random.random() < self.epsilon:
3.         return random.randint(0, self.actionCnt-1)# 返回随机 action
4.     else:
5.         return numpy.argmax(self.brain.predictOne(s))# 返回最优 action
```

根据式（8.1）减少 ε，参数随时间的变化如下：

$$\varepsilon=\varepsilon_{\min}+\left(\varepsilon_{\max}-\varepsilon_{\min}\right)\mathrm{e}^{-\lambda t} \tag{8.1}$$

λ 参数控制衰减速度。通过这种方式，我们开始采用一种贪心策略，该策略可以进行大量探索，并且随着时间的推移会越来越贪婪。

observe(sampel) 方法只是将一个样本添加到智能体的记忆（Memory）中。

```
1. def observe(self, sample):  # in (s, a, r, s_) format
2.     self.memory.add(sample)
3.     # 根据经验降低 epsilon 的值
4.     self.steps += 1
5.     self.epsilon = MIN_EPSILON + (MAX_EPSILON - MIN_EPSILON) * math.exp(-
LAMBDA *self.steps)
```

最后的 replay() 方法是最复杂的部分，更新公式如下：

$$Q(\boldsymbol{s},\boldsymbol{a})\rightarrow r+\gamma\max_{\boldsymbol{a}}(\boldsymbol{s}',\boldsymbol{a}) \tag{8.2}$$

这个公式意味着对于样本 $(\boldsymbol{s},r,\boldsymbol{a},\boldsymbol{s}')$，我们将更新网络的权重，使其输出更接近目标。

有多少可能的动作，网络就有多少输出，如图 8.14 所示。

也就是说，我们必须为每个输出提供一个目标，但我们希望仅针对作为样本一部分的一个动作调整网络的输出，对于其他操作，我们希望输出保持不变。因此，解决方案只是将当前值作为目标传递，我们可以通过单个前向传播获得。

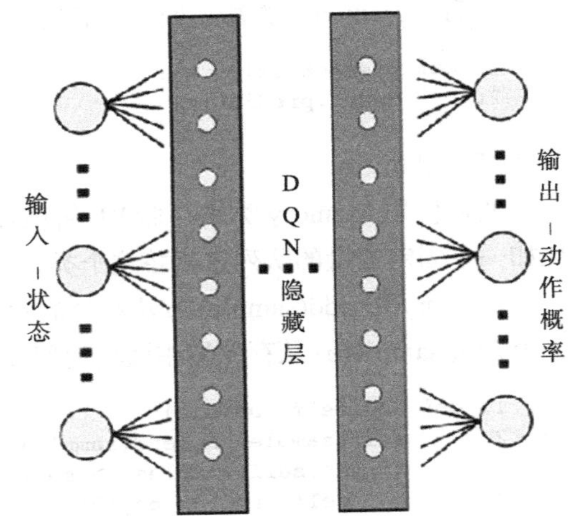

图 8.14　网络示意图

另外，还有一个特定的 episode 终止状态（s_ = None）。当 episode 结束时，在 Environment 类中将状态设置为 None。因此，现在可以识别这样的状态并采取相应的行动。当 episode 结束时，之后没有更多的状态，因此更新公式减少到：

$$Q(s,a) \to r \tag{8.3}$$

在这种情况下，我们将目标设置为 r。

接下来是具体的实现，首先从智能体记忆中获取一批样本，然后在一个步骤中对批次中的所有起始和结束状态进行预测。如果我们提供一系列状态来预测，那么 Theano 库将无缝地并行化代码，加快训练的过程。

```
1. no_state = numpy.zeros(self.stateCnt)
2. states = numpy.array([ o[0] for o in batch ])
3. states_ = numpy.array([ (no_state if o[3] is None else o[3]) for o in batch ])
4. p = agent.brain.predict(states)
5. p_ = agent.brain.predict(states_)
```

要注意变量 no_state，当我们将它作为最终状态时，Theano 无法对无状态进行预测，所以只提供一个充满 0 的数组。

变量 p 现在保存每个样本的起始状态的预测，并将用作学习中的默认目标。只有样本中传递的一个动作将具有 $r+\gamma\max_a Q(s',a)$ 的实际目标。另一个变量 p_ 填充了最终状态的预测，并用于公式（8.2）的 $\max_a Q(s',a)$ 部分。

接着需要迭代所有样本并为每个样本设置适当的目标：

```
1. for i in range(batchLen):
2.     o = batch[i]
3.     s = o[0]; a = o[1]; r = o[2]; s_ = o[3]
4.     t = p[i]
5.     if s_ is None:
6.         t[a] = r
7.     else:
8.         t[a] = r + GAMMA * numpy.amax(p_[i])
9.     x[i] = s
10.    y[i] = t
```

最后，调用 brain.train(x,y) 进行训练；

```
1. self.brain.train(x, y)
```

（5）Main 函数

编写主函数，在主循环中一直运行，直到以 Ctrl + C 组合键主动终止。

```
1. PROBLEM = 'CartPole-v0'
2. env = Environment(PROBLEM)
3.
4. stateCnt  = (80, 80)# 原始输入图片经过预处理之后的 size
5. actionCnt = env.env.action_space.n
6. agent = Agent(stateCnt, actionCnt)
7.
8. while True:
9.     env.run(agent)
```

（6）超参数设置

程序中超参数的设置如表 8-1 所示。

表 8-1 超参数表

参数	值
memory capacity	100000
γ	0.99
$\varepsilon_{\max}$	1.0
$\varepsilon_{\min}$	0.01
λ	0.001
RMSprop learning rate	0.00025
batchsize	64

5. 总结

上面的步骤只需不到 200 行代码，就实现了基于 Q 网络的智能体。虽然我们使用 Pong 环境作为示例，但可以在许多不同的环境中使用相同的代码，只需进行少量调整。除此之外，还可以修改或者增加新的内容来达到更好的效果，比如对输入进行标准化、使用卷积网络等，从而训练出更加聪明的智能体。

8.2.2 CartPole

1. CartPole 简介

CartPole 是一款简单的游戏。在这款游戏中，一根杆通过非驱动关节连接到小车上，小车沿无摩擦的轨道滑动。初始状态（推车位置、推车速度、杆的角度和杆子顶端的速度）随机初始化为 +/−0.05。玩家通过对车施加 +1 或 −1（车向左或向右移动）的力对该系统进行控制。小车上的直杆刚开始的时候是直立的，而游戏目标是让玩家防止杆倒下，杆保持直立过程中的每个时间步玩家都会得到 +1 的奖励，但是当杆倾斜 15 度以上或小车与中间位置相隔 2.4 个单位时游戏结束，如图 8.15 所示。

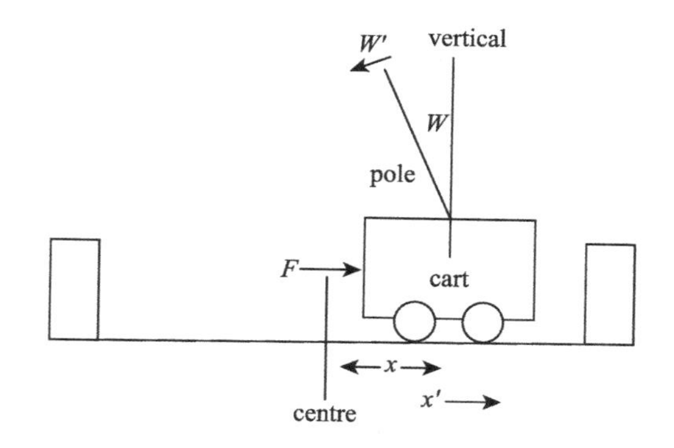

图 8.15 CartPole 示意图

需要注意的是，这里使用的是 OpenAI 提供的 CartPole 环境，也就是玩家左移或者右移小车的动作之后，环境都会返回一个 +1 的奖励，并且到达 200 个奖励之后，游戏就会结束。OpenAI 中 CartPole 的基本任务示意图如图 8.16 所示。

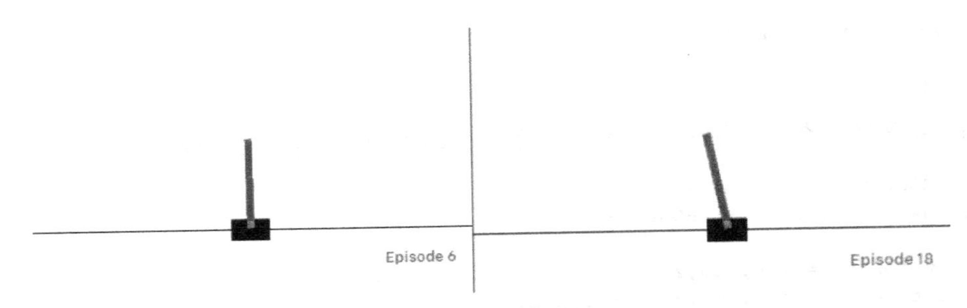

图 8.16　CartPole 游戏截图

基本要求就是控制小车移动使连接在上面的杆保持垂直不倒，这个任务简化到只有两个离散动作，要么向左用力，要么向右用力，而状态就是杆的位置和速度。

2. 开始前的准备

在本节中，我们依旧使用 Keras 来构建神经网络，并且使用 Theano 作为 keras 的后端，用于处理张量的计算等。假定你已经准备好了程序运行的环境，当然，如果还没有运行环境，那么请先参考 8.2.1 小节，完成运行环境的搭建。

3. 目标网络和误差裁剪

（1）目标网络

在 8.2.1 小节中，我们实现了一个简单的基于 Q 网络的智能体，但是它遇到了不稳定问题。在本节中，我们将使用目标网络和误差裁剪来解决这个问题。

在算法训练期间，设置梯度下降的目标为：

$$Q(\boldsymbol{s},\boldsymbol{a}) \to \boldsymbol{r} + \gamma \max_{\boldsymbol{a}} Q(\boldsymbol{s}',\boldsymbol{a}) \tag{8.4}$$

这里我们的目标取决于当前网络。神经网络作为一个整体工作，因此每次更新 Q 函数中的一个点也会影响该点周围的整个区域，并且 $Q(\boldsymbol{s},\boldsymbol{a})$ 和 $Q(\boldsymbol{s}',\boldsymbol{a})$ 的点非常接近，因为每个样本描述了从 $\boldsymbol{s}$ 到 $\boldsymbol{s}'$ 的转变。这导致了一个问题，即每次更新时，目标很可能会发生变化。这时网络将自己设定为目标并遵循它们，可能导致不稳定。

为了解决这个问题，研究提出使用单独的目标网络来设置目标。此网络仅仅是以前网络的副本，但会及时冻结。它提供稳定的 $Q^{\sim}$ 值并允许算法收敛到指定的目标：

$$Q(\boldsymbol{s},\boldsymbol{a}) \to r + \gamma \max_{\boldsymbol{a}} Q^{\sim}(\boldsymbol{s}',\boldsymbol{a}) \tag{8.5}$$

在几个步骤之后，仅通过从当前网络复制权重来更新目标网络。为了有效性，更新之间的间隔必须足够大，以便为原始网络留出足够的时间来收敛。

不过它也存在缺点，即它大大减慢了学习过程。Q 函数的任何更改仅仅会在目标网络更新后传播，更新之间的间隔通常是数千步的顺序，所以这会真正减慢速度。

虽然牺牲了学习速度，但这种增加的稳定性允许算法在复杂的环境中学习正确的行为。

（2）误差裁剪

在梯度下降算法中，通常使用 MSE 损失函数，定义如下：

$$\text{MSE} = \frac{1}{n}\sum(t_i - y_i)^2 \tag{8.6}$$

其中 t_i 和 y_i 是第 i 个样本中的目标和预测值。对于每个样本，存在误差项 $(t-y)^2$。对于与当前网络预测不一致的样本，该误差值可能很大。丢失函数直接用于后向传播算法，大误差导致网络发生较大变化。

通过选择不同的损失函数，我们可以平滑这些变化。这里提出了将 MSE 的导数剪切为 $[-1,1]$，这实际上意味着 MSE 用于 $[-1,1]$ 区域中的错误和外部的平均绝对误差（Mean Absolute Error，MAE），MAE 定义为：

$$\text{MAE} = \frac{1}{n}\sum|t_i - y_i| \tag{8.7}$$

实际上描述这种损失函数的方式实际上是不同的。它被称为 Pseudo-Huber loss，如图 8.17 中的曲线 1，定义为：

$$L = \sqrt{a^2+1} - 1 \tag{8.8}$$

它看起来像这样：

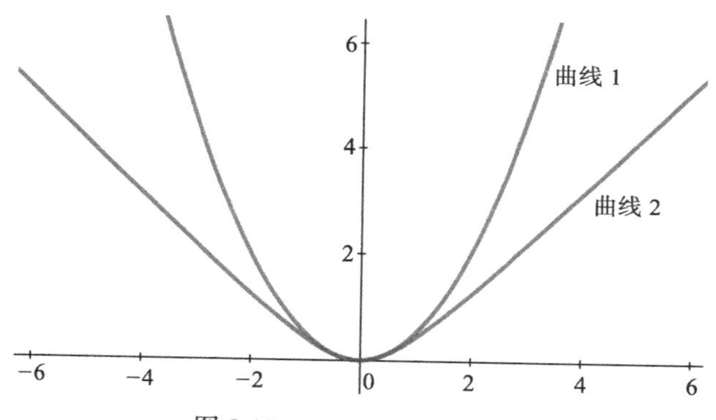

图 8.17 Pseudo-Huber loss

它在 $[-1,1]$ 范围表现得像 $\frac{x^2}{2}$，如图 8.17 中的曲线 2，在这个区域之外像 $|x| - \frac{1}{2}$。这个损失函数对于我们的目的来说是完美的——它是完全可微的，而且只需要一行代码就能实现。

但是，误差裁剪也有其缺点。要意识到在反向传播算法中，实际上使用了它的导数。在 $[-1,1]$ 区域外，导数是 −1 或 1，因此该区域之外的所有误差将以相同的恒定速率缓慢固定。在某些设置中，这可能会导致问题。例如，在 CartPole 环境中，简单的 Q 网络和 Huber loss 的组合实际上可能导致网络出现分歧。

4. 整体框架

在 8.2.1 小节中，我们所抽象出来的智能体与环境交互，获得新的奖励的模型在这里依旧有效，因此本节仍然采用如图 8.18 所示的架构，但是针对 CartPole 环境，需要对其进行少量的调整。

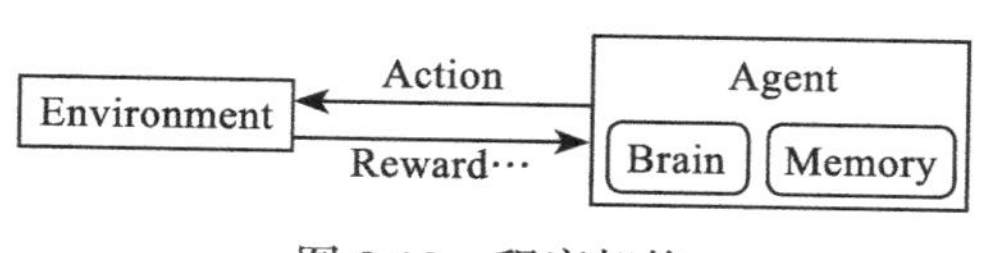

图 8.18 程序架构

我们依旧需要实现 Environment、Agent、Brain 和 Memory4 个类以及它们对应的方法。另外，还要实现一个 RandomAgent 类，它将在前期随机地进行探索，为我们的智能体积累经验。Brain 与之前不同的是，这里需要一个额外的目标网络。

```
1. Environment
2.     run()   # 运行一个 episode
3.
4. Agent
5.     act(s)  # 决定在 state s 下会采取的 action
6.     observe(sample) # 以 (s, a, r, s_) 的形式将一个 sample 存储到 memory
7.     replay() # 经验复用
8.
9. RandomAgent
10.    act(s)
11.    observe(sample) # 以 (s, a, r, s_) 的形式将一个 sample 存储到 memory
12.    replay()
13.
14.Brain
15.    self.model = self._createModel()
16.    self.model_ = self._createModel() # target model
17.    predict(s, target = False)    # 在 state s 下预测 Q 值
18.    predictOne(s, target = Fasle)
19.    train(batch)  # 使用一个 batch 的 sample 进行网络的训练
20.    _createModel() # 创建网络
21.    updateTargetModel() # 更新目标网络的参数
22.
23.Memory
24.    add(sample)     # 存储一个 sample 到 memory
25.    sample(n)   # 随机返回 n 个 sample 作为一个 batch
```

5. 代码实现

（1）Environment

在 run() 函数的主循环中，智能体根据给定的环境决定采取哪个动作，环境执行智能体选择的动作并返回新的状态和奖励。若新状态是 None，那这个 episode 已经结束，否则智能体将继续观察新样本 (s,a,r,s') 并进行学习。

```
1. # 环境初始化
2. s = env.reset()
3. while True:
4.     a = agent.act(s)# 由当前 s 选择下一个 action
5.     # 执行 action，环境返回新的 state、reward 等
6.     s_, r, done, info = env.step(a)
7.     s_ = self.imagePreProcess(s_)
8.     # episode 结束
9.     if done:
10.        s_ = None
11.    # agent 观察新样本
12.    agent.observe( (s, a, r, s_) )
13.    # 学习
14.    agent.replay()
15.    # 更新当前 state
16.    s = s_
17.    if done:
18.        break
```

（2）RandomAgent

RandomAgent 主要是在开始训练智能体前为我们积累足够多的经验，因此 RandomAgent

只需要随机地选择动作，然后保存它所经过的状态信息即可。

```
1. # 用于存储 RandomAgent 的经验
2. memory = Memory(MEMORY_CAPACITY)
3. def act(self, s):
4.     # 随机选择一个 Action
5.     return random.randint(0, self.actionCnt-1)
6. # 保存经验
7. def observe(self, sample):  # in (s, a, r, s_) format
8.     self.memory.add(sample)
9. # Randomagent 不需要学习，直接 pass 即可
10.def replay(self):
11.    pass
```

（3）Agent

Agent 类充当的是智能体相关属性和方法的容器。act(s) 方法实现了 ε – greedy 的策略，它使用概率 ε 选择随机动作，否则它选择当前网络返回的最佳动作。

```
1. def act(self, s):
2.     if random.random() < self.epsilon:
3.         return random.randint(0, self.actionCnt-1)# 返回随机 action
4.     else:
5.         return numpy.argmax(self.brain.predictOne(s))# 返回最优 action
```

我们根据公式（8.9）减少 ε 参数随时间的变化：

$$\varepsilon = \varepsilon_{\min} + \left(\varepsilon_{\max} - \varepsilon_{\min}\right) e^{-\lambda t} \tag{8.9}$$

这里 λ 参数控制衰减速度。通过这种方式，我们开始采用一种策略，该策略可以进行大量探索，并且随着时间推移会越来越贪婪。observe(sample) 方法将一个样本添加到智能体的经验复用池中。注意，在这里需要选择适当的时机来更新目标网络。

```
1. def observe(self, sample):  # in (s, a, r, s_) format
2.     self.memory.add(sample)
3.     # 更新目标网络
4.     if self.steps % UPDATE_TARGET_FREQUENCY == 0:
5.         self.brain.updateTargetModel()
6.     # 根据经验减小 epsilon 的值
7.     self.steps += 1
8.     self.epsilon = MIN_EPSILON + (MAX_EPSILON - MIN_EPSILON) * math.exp(-
LAMBDA * self.steps)
```

最后一个 replay() 方法是最复杂的部分，更新公式如下：

$$Q(\boldsymbol{s},\boldsymbol{a}) \rightarrow r + \gamma \max_{\boldsymbol{a}} (\boldsymbol{s}',\boldsymbol{a}) \tag{8.10}$$

这个公式意味着对于样本 $(\boldsymbol{s},\boldsymbol{a},r,\boldsymbol{s}')$，我们将更新网络的权重，使其输出更接近目标，有多少可能的动作，网络就有多少输出。

```
1. # 从内存中获取一批样本，然后在一个步骤中对批次中的所有起始和结束状态进行预测
2. batch = self.memory.sample(BATCH_SIZE)
3. batchLen = len(batch)
4. no_state = numpy.zeros(self.stateCnt)
5. states = numpy.array([ o[0] for o in batch ])
6. states_ = numpy.array([ (no_state if o[3] is None else o[3]) for o in batch ])
```

```
7. p = self.brain.predict(states)
8. # 注意这里使用的是 Target network，用于公式（8.10）的 maxaQ（s', a）部分
9. p_ = self.brain.predict(states_, target = True)
10.x = numpy.zeros((batchLen, self.stateCnt))
11.y = numpy.zeros((batchLen, self.actionCnt))
12.for i in range(batchLen):
13.    o = batch[i]
14.    s = o[0]; a = o[1]; r = o[2]; s_ = o[3]
15.    t = p[i]
16.    if s_ is None:
17.        t[a] = r
18.    else:
19.        t[a] = r + GAMMA * numpy.amax(p_[i])
20.        x[i] = s
21.        y[i] = t
22.# 训练
23.self.brain.train(x, y)
```

（4）Memory

Memory 类用于存储智能体的历史经验，具体实现如下，也可以使用其他数据结构来代替 Memory 类。

```
1. class Memory:   # stored as ( s, a, r, s_ )
2.     samples = []
3.     def __init__(self, capacity):
4.         self.capacity = capacity
5.     def add(self, sample):
6.         self.samples.append(sample)
7.         if len(self.samples) > self.capacity:
8.             self.samples.pop(0)
9.     def sample(self, n):
10.        n = min(n, len(self.samples))
11.        return random.sample(self.samples, n)
12.    def isFull(self):
13.        return len(self.samples) >= self.capacity
```

（5）Brain

Brain 类主要是提供我们所需要的神经网络，并预测期望的 Q 值。与 8.2.1 节中不同的是，我们预测 Q 值时需要选择目标网络，并且每隔一段时间需要更新目标网络的参数。

首先实现 huber_loss(y_true,y_pred) 函数，然后把它作为神经网络的损失函数。

```
1. from keras import backend as K
2. HUBER_LOSS_DELTA = 1.0
3. def huber_loss(y_true, y_pred):
4.     err = y_true - y_pred
5.     cond = K.abs(err) < HUBER_LOSS_DELTA
6.     L2 = 0.5 * K.square(err)
7.     L1 = HUBER_LOSS_DELTA * (K.abs(err) - 0.5 * HUBER_LOSS_DELTA)
8.     loss = tf.where(cond, L2, L1)
9.     return K.mean(loss)
```

之后，需要实现 Brain 类。Brain 拥有两个网络，因为两个网络的结构是完全相同的，因此可以使用相同的函数 _createModel() 来创建它们；之后是用于预测 Q 值的 predict() 和 predictOne() 函数，与 8.2.1 节中不同的是，我们需要提供一个布尔变量，用于判断是使用

当前网络来进行预测还是使用目标网络来进行预测；还有就是用于学习的 trian() 函数和更新目标网络的 updateTargetModel() 函数。

```
1. # 初始化
2. self.stateCnt = stateCnt
3. self.actionCnt = actionCnt
4. self.model = self._createModel()
5. self.model_ = self._createModel() # target
6. # 两个网络是完全相同的
7. def _createModel(self):
8.     model = Sequential()
9.     model.add(Dense(units = 64, activation = 'relu', input_dim = stateCnt))
10.    model.add(Dense(units = actionCnt, activation = 'linear'))
11.    opt = RMSprop(lr = LEARNING_RATE)
12.    # 使用自定义的损失函数
13.    model.compile(loss = huber_loss, optimizer = opt)
14.    return model
15.
16.def predict(self, s, target = False):
17.    if target:
18.        return self.model_.predict(s)
19.    else:
20.        return self.model.predict(s)
21.def predictOne(self, s, target = False):
22.    return self.predict(s.reshape(1, self.stateCnt), target = target).flatten()
23.# 更新 target 网络
24.def updateTargetModel(self):
25.    self.model_.set_weights(self.model.get_weights())
26.
27.def train(self, x, y, epochs = 1, verbose = 0):
28.    self.model.fit(x, y, batch_size = 64, epochs = epochs, verbose = verbose)
```

（6）Main 函数

最后是主函数，首先创建需要的类的实例，然后使用 RandomAgent 和环境互动，收集足够多的经验。之后将 RandomAgent 积累的经验都交给需要训练的智能体，最后开始训练。

主函数在主循环中一直运行，直到以 Ctrl + C 组合键主动终止。

```
1. # 初始化
2. agent = Agent(stateCnt, actionCnt)
3. randomAgent = RandomAgent(actionCnt)
4. try:
5.     # 先用 RandomAgent 收集足够多的经验
6.     while randomAgent.memory.isFull() == False:
7.         env.run(randomAgent)
8.     # 将 RandomAgent 积累的经验都给 Agent
9.     agent.memory.samples = randomAgent.memory.samples
10.    randomAgent = None
11.    # 开始训练 Agent 直到主动结束程序
12.    while True:
13.        env.run(agent)
14.finally:
15.    # 保存训练好的模型
16.    agent.brain.model.save("cartpole-dqn.h5")
```

6. 总结

本节先解释了目标网络和误差裁剪的概念，然后使用它们来让智能体的学习更加稳定并提供参考实现 Cartpole 问题的整个解决过程中，我们明确了这是一个 RL 的问题，而不是传统的监督学习，因为涉及与环境的交互等因素；然后利用 OpenAI 提供的 RL 开发环境来构建训练平台，定义并训练 DQN。在这个过程中使用了两个网络，即当前网络和目标网络，当前网络负责学习，目标网络负责提供稳定的预测 Q 值，然后使用误差裁剪技术实现了称为 Huber loss 的损失函数，两者配合使得我们的智能体在训练过程中更加稳定。

8.2.3　Flappy Bird

1. Flappy Bird 简介

Flappy Bird 是一款由越南独立游戏开发者 Dong Nguyen 所开发的游戏，如图 8.19 所示，该游戏于 2013 年 5 月 24 日上线，并在 2014 年 2 月流行起来。游戏中玩家必须控制一只小鸟，跨越由各种不同长度水管所组成的障碍，玩家只需要用一根手指来操控，点击触摸屏幕，小鸟就会往上飞，不断地点击，小鸟就会不断地往高处飞。放松手指，则会快速下降。所以玩家要控制小鸟一直向前飞行，然后注意躲避途中高低不平的管子。游戏的得分规则是，小鸟安全穿过一个管子且不撞上就得 1 分，如果撞上管子就直接结束游戏，游戏中玩家只有一条命。

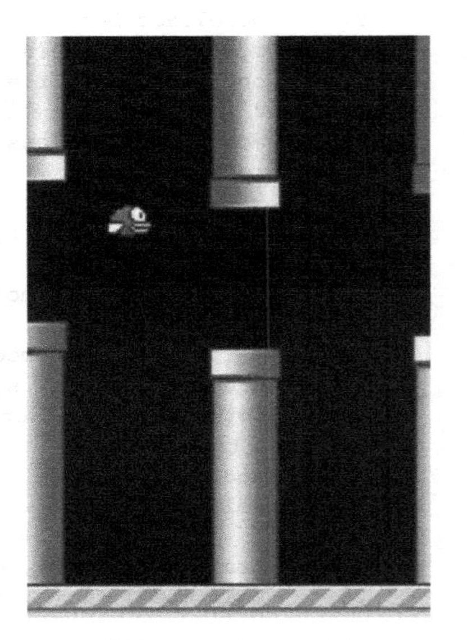

图 8.19　Flappy Bird

2. 开始前的准备

在开始编写代码之前，我们需要先安装依赖并进行一些必要的设置。首先是安装依赖：

```
$ pip3 install pygame
$ pip3 install scikit-image
$ pip3 installl h5py
```

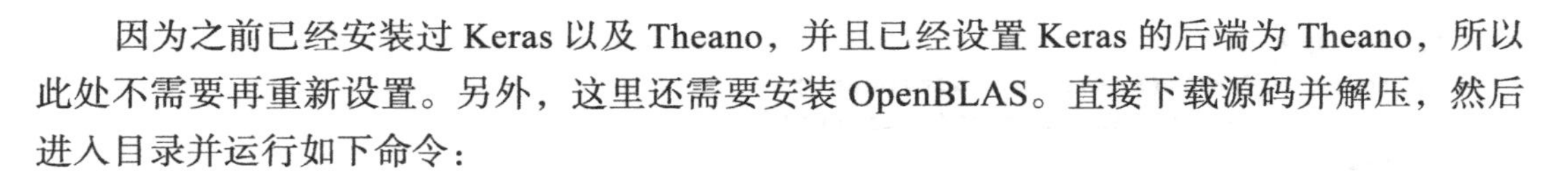

因为之前已经安装过 Keras 以及 Theano，并且已经设置 Keras 的后端为 Theano，所以此处不需要再重新设置。另外，这里还需要安装 OpenBLAS。直接下载源码并解压，然后进入目录并运行如下命令：

```
$ sudo apt-get install gfortran
$ make FC = fgortran
$ sudo make PREFIX = /usr/local install
```

从 github 上下载源代码：

```
$ git clone https://github.com/yanpanlau/Keras-FlappyBird.git
```

3. 解决思路

我们按照如下思路解决问题：

- ❑ 以像素阵列的形式接收游戏屏幕输入；
- ❑ 对输入的屏幕图像做预处理；

- 将处理过的图像输入神经网络中，由网络决定应该采取的动作；
- 训练足够多次，直到最大化未来奖励。

4. 代码实现

（1）获取游戏屏幕

首先需要获取当前游戏屏幕作为输入，因为代码库中已经实现了这部分代码，所以我们只需要参考 API，然后通过如下代码就可以获取游戏屏幕：

```
1. import wrapped_flappy_bird as game
2. x_t1_colored, r_t, terminal = game_state.frame_step(a_t)
```

很简单，输入的是 a_t（(1,0) 代表不点击屏幕，(0,1) 代表点击屏幕），API 会给出下一个帧 x_t1_colored、奖励 (+0.1 表示存活，Bird 如果通过管道获得 1 分，如果死亡则是 −1) 和终止标志（一个布尔标志，指示游戏是否完成）。按照 DeepMind 的建议，将奖励夹在 [−1,+1] 之间，以提高稳定性。

（2）图片预处理

为了加快训练过程，我们对原始的游戏屏幕图片做如下处理：

- 将图像转换为灰度图；
- 裁剪图片为 80×80×1 像素；
- 进入神经网络前将 4 帧图像堆叠在一起，然后一并进行训练，这样网络就能推断 Bird 的速度信息。

```
1. x_t1 = skimage.color.rgb2gray(x_t1_colored)
2. x_t1 = skimage.transform.resize(x_t1, (80, 80))
3. x_t1 = skimage.exposure.rescale_intensity(x_t1, out_range = (0, 255))
4.
5. x_t1 = x_t1.reshape(1, 1, x_t1.shape[0], x_t1.shape[1])
6. s_t1 = np.append(x_t1, s_t[:, :3, :, :], axis = 1)
```

其中 x_t1 是具有形状（1×1×80×80）的单个帧，s_t1 是具有形状（1×4×80×80）的堆叠帧，为了满足 Keras 的要求，输入尺寸为（1 × 4 × 80 × 80）而不是（4 × 80 × 80）。

注意，这里 axis = 1 意味着当我们堆叠帧时是堆叠在“第二”维度上的，即在（1 × 4 × 80 × 80）的第二个索引下进行堆叠。

（3）建立神经网络

通过前面两步的处理，我们已经得到了神经网络可以处理的输入。接下来就是建立神经网络，然后通过神经网络来获取最大化未来奖励的动作（点击屏幕或者不点击屏幕）。这里将建立一个 CNN，Keras 实现代码如下：

```
1. def buildmodel():
2.     print("Now we build the model")
3.     model = Sequential()
4.     model.add(Convolution2D(32, 8, 8, subsample = (4, 4), init = lambda
shape, name: normal(shape, scale = 0.01, name = name), border_mode = 'same', input_
shape = (img_channels, img_rows, img_cols)))
5.     model.add(Activation('relu'))
6.     model.add(Convolution2D(64, 4, 4, subsample = (2, 2), init = lambda
shape, name: normal(shape, scale = 0.01, name = name), border_mode = 'same'))
7.     model.add(Activation('relu'))
```

```
8.     model.add(Convolution2D(64, 3, 3, subsample = (1, 1), init = lambda shape, name: normal(shape, scale = 0.01, name = name), border_mode = 'same'))
9.     model.add(Activation('relu'))
10.    model.add(Flatten())
11.    model.add(Dense(512, init = lambda shape, name: normal(shape, scale = 0.01, name=name)))
12.    model.add(Activation('relu'))
13.    model.add(Dense(2, init = lambda shape, name: normal(shape, scale = 0.01, name = name)))
14.
15.    adam = Adam(lr = 1e-6)
16.    model.compile(loss = 'mse', optimizer = adam)
17.    print("We finish building the model")
```

CNN 的输入由 $4\times80\times80$ 的图像组成。第一个隐藏层使用 32 个大小为 8×8 、步长为 4 的过滤器，并且应用 ReLU 激活函数。第二层由 64 个大小为 4×4 、步长为 2 的过滤器组成，同时也应用 ReLU 激活函数。第三层使用 64 个大小为 3×3 、步长为 1 的过滤器，并应用 ReLU 激活函数。最后一层即隐藏层由 512 个整流单元完全连接。输出层是一个完全连接的线性层，每个有效的动作都有一个输出。

使用 Keras 来构建 CNN 是比较简单的，但是使用时候需要注意一些问题：

- 选择正确的初始化方法很重要，这里选用 $\sigma=0.1$ 的正态分布。
- 维度的顺序很重要，Theano 的默认设置是 $4\times80\times80$ ，如果你的输入是 $80\times80\times4$ 就会出错。
- 在 Keras 中，subsample =（2,2）表示图像大小从（80×80）下采样到（40×40）。
- 我们使用自适应算法 Adam 来进行优化，学习率设置为 $1e-6$ 。

（4）DQN

考虑到每个状态之后都有多种动作可以选择，每个动作之下的状态又不一样，我们更关心在某个状态下的不同动作的估值。显然，如果知道每个动作的估值，那么就可以选择估值最好的一个动作去执行。然而根据前面的介绍，我们知道仅仅能计算动作估值函数是不够的，因为我们需要的是最优策略，现在求解最优策略等价于求解最优的值函数，找到了最优的值函数，也就找到了策略。理论上通过迭代计算，我们可以得到每个状态下的最优动作，但是实际上每次迭代都更新一遍所有的 Q 值（所有的状态和动作）是不可能的。最终只能在有限的系列样本上进行操作，通过

$$Q(\boldsymbol{s}_t,\boldsymbol{a}_t)\leftarrow Q(\boldsymbol{s}_t,\boldsymbol{a}_t)+\alpha\left(R_{t+1}+\lambda\max Q(\boldsymbol{s}_{t+1},\boldsymbol{a})-Q(\boldsymbol{s}_t,\boldsymbol{a}_t)\right)\tag{8.11}$$

来更新 Q 值，类似于梯度下降，每次向着目标前进一小步，最后可以收敛到最优的 Q 值。

综上，Deep Q-learning 算法分为 4 步：

①用一个卷积网络来作为 Q 值网络，参数为 $\boldsymbol{w}$ 。

②在 Q 值中使用均方差来定义目标函数的损失函数。

$$L=\left[\text{close=}r+\gamma\max_{\boldsymbol{a}'}Q(\boldsymbol{s}',\boldsymbol{a}')-Q(\boldsymbol{s},\boldsymbol{a})\right)^2\tag{8.12}$$

③计算参数 $\boldsymbol{w}$ 关于损失函数的梯度。

$$\frac{\partial L(w)}{\partial w}=\mathbb{E}\left[r+\gamma max_{a'}Q(s',a',w)-Q(s,a,w)\right)\frac{\partial Q(s,a,w)}{\partial w} \qquad (8.13)$$

④使用 Adam 进行优化，更新参数以近似最优的 Q 值。

最后，我们使用 Deep Q-learning 算法来训练神经网络。

```
1. if t > OBSERVE:
2.     #sample a minibatch to train on
3.     minibatch = random.sample(D, BATCH)
4.     inputs = np.zeros((BATCH, s_t.shape[1], s_t.shape[2], s_t.shape[3])) #32, 
80, 80, 4
5.     targets = np.zeros((inputs.shape[0], ACTIONS))                    #32, 2
6.     #Now we do the experience replay
7.     for i in range(0, len(minibatch)):
8.         state_t = minibatch[i][0]
9.         action_t = minibatch[i][1]   #This is action index
10.        reward_t = minibatch[i][2]
11.        state_t1 = minibatch[i][3]
12.        terminal = minibatch[i][4]
13.        # if terminated, only equals reward
14.        inputs[i:i + 1] = state_t    #I saved down s_t
15.        targets[i] = model.predict(state_t)  # Hitting each buttom  probability
16.        Q_sa = model.predict(state_t1)
17.        if terminal:
18.            targets[i, action_t] = reward_t
19.        else:
20.            targets[i, action_t] = reward_t + GAMMA * np.max(Q_sa)
21.        loss += model.train_on_batch(inputs, targets)
22.    s_t = s_t1
```

（5）经验复用

使用非线性函数，比如神经网络，来近似 Q 值是不稳定的，解决这个问题最重要的技巧是经验复用。游戏中所有的样本 (s,a,r,s') 都存储在 $\mathcal{D}$（经验复用池）中。在对网络进行训练时，可使用来自经验复用池中的随机的小批处理来代替最近的大部分转换，这将大大提高网络的稳定性。

（6）探索－开发

在训练过程中，我们需要思考怎样才能得到更好的结果，一个智能体应该花多少时间来利用它现有的已知的好策略，又应该花多少时间来专注于探索新的、更好的可能的行动，为了最大化未来奖励，智能体需要平衡它们遵循当前策略的时间（这被称为贪心的）和它们花在探索可能更好的新可能性上的时间。

首先，当 Q 函数表或 Q 网络随机初始化时，那么其预测一开始也是随机的。如果选择一个有最高 Q 值的动作，那么该动作就将是随机的且该智能体会执行粗糙的探索。当 Q 函数收敛时，它返回更稳定的 Q 值，探索的量也会相应地减少。所以我们可以说，Q-learning 将探索整合为算法的一部分。但这种探索是贪心的，它会终止于其所找到的第一个有效的策略。

针对上述问题的一个简单而有效的解决方法是 ε－greedy 探索——其概率 ε 选择了一个随机动作，否则就将使用带有最高 Q 值的贪心的动作。在 DeepMind 的系统中，它们实际上随时间将 ε 从 1 降至了 0.1——一开始系统采取完全随机的行动以最大化地探索状态空间，然后再稳定在一个固定的探索率上。

在代码中的体现如下。

```
1. if random.random() < = epsilon:
2.     print("----------Random Action----------")
3.     action_index = random.randrange(ACTIONS)
4.     a_t[action_index] = 1
5. else:
6.     q = model.predict(s_t)  #input a stack of 4 images, get the prediction
7.     max_Q = np.argmax(q)
8.     action_index = max_Q
9.     a_t[max_Q] = 1
```

5. 总结

在本节中，我们使用卷积神经来代替 Q 函数，并采用经验复用机制，该机制做的事情为先进行反复试验并将这些试验步骤获取的样本存储在经验复用池（$\mathcal{D}$）中，每个样本是一个四元组（当前状态、当前动作、当前采取动作获得的即时奖励、下一个状态）。训练时通过经验回放机制对存储下来的样本进行随机采样，在一定程度上去除样本之间的相关性，从而更容易收敛。

8.2.4 Gradius

1. Gradius 简介

Gradius 是 1985 年由 Konami 开发和发行的一款水平滚动拍摄视频游戏，最初于 1985 年作为投币式街机游戏发行，这是 Gradius 系列中的第一款游戏。在游戏中，玩家需要操纵一个被称为 Vic Viper 的太空船，保护自己免受各种外星敌人的攻击。游戏使用称为“功率计”的加电系统，基于收集胶囊来“购买”额外的武器。

Gradius 的街机版以 Nemesis 的名义在日本以外的国家发行，尽管后来的版本保留了原始标题。家庭版本已发布用于各种平台，例如 Famicom / NES、MSX 家用计算机和 PC 引擎等。

玩家控制跨维太空船 Vic Viper，并且在各种环境下对抗敌人一波一波的攻击。因为 Gradius 系列中的 Boss 涉及与巨型飞行器的战斗，其中心位于一个到几个蓝色球体。这些 Boss 的设计方式是从巨型船的外部直接通向其中一个核心的通道。玩家必须向这个通道开枪，同时避免来自 Boss 身体上的武器进攻的攻击模式。然而，这个通道中有小但可破坏的墙壁阻碍子弹射击核心，并且墙壁通过重复放置针对来自同一方向的射击。在某种程度上，这些微小的墙壁代表了 Boss 的屏蔽仪，一些 Boss 有能力再生这些墙壁。当 Boss 的核心受到足够的攻击时，它通常会将颜色从蓝色变为红色，表明它处于危急状态并且它很快就会被破坏。在核心被破坏后，Boss 可能会失去控制，当它不再由核心供电，或者如果所有核心都被破坏，整个 Boss 就会被击败并且爆炸。

当游戏开始时，Vic Viper 相对较慢并且只有弱枪。这种能力水平通常不足以吸引敌人，但 Vic Viper 可以通过收集和使用 Power-up 获得更大的能力。虽然大多数街机游戏都使用不同的 Power-up 选项，每个选项都对应于对玩家角色的特定效果，但 Gradius 只有一个 Power-up 选项，此 Power-up 的效果是在显示在屏幕底部的 Power-up 菜单中当前所选的特定选项。当突出显示所需的 Power-up 时，玩家可以通过按下 Power-up 按钮获得它。

本节将使用 PPO 算法训练一个智能体来玩 Gradius-Nes。OpenAI 中 Gym Retro 提供的游戏界面如图 8.20 所示。

2. 问题分析

在策略梯度中，策略目标函数（或策略损失函数）如下：

$$L^{PG}(\boldsymbol{\theta})=\mathbb{E}_t\left[\log\pi_{\boldsymbol{\theta}}(\boldsymbol{a}_t|\boldsymbol{s}_t)*A_t\right] \quad (8.14)$$

其中 $L^{PG}(\boldsymbol{\theta})$ 表示策略梯度下的损失函数，$\mathbb{E}_t$ 表示奖励的期望值，$\log\pi_{\boldsymbol{\theta}}(\boldsymbol{a}_t|\boldsymbol{s}_t)$ 表示在当前状态 $\boldsymbol{s}_t$ 下采取动作 $\boldsymbol{a}_t$ 的对数概率，A_t 是优势函数，当 $A_t>0$ 时，表示在当前状态下采取当前动作比采取其他动作能获得更多的奖励。

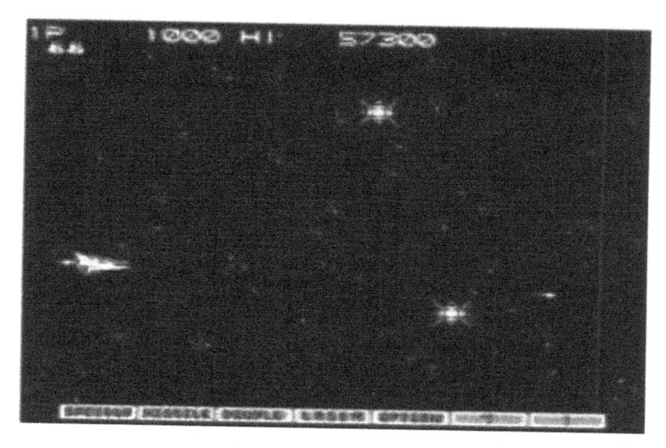

图 8.20 Gradius

策略梯度的思想是采用上面的函数一步步做梯度上升（这等价于负方向的梯度下降），使智能体在行动中获取更高的奖励。但是策略梯度算法存在步长选择问题，即对步长敏感：当步长太小时，训练过程过于缓慢；当步长太大时，训练过程中误差波动较大，如同一个动作在不同 epoch 被执行的概率相差很大。

PPO 的想法是通过限定每步训练策略更新的大小，来提高训练智能体行动时的稳定性。因此 PPO 引入了一个裁剪的替代目标函数（clipped surrogate objective function），通过裁剪把策略更新约束在一个小范围内。

$$r_t(\boldsymbol{\theta})=\frac{\pi_{\boldsymbol{\theta}}(\boldsymbol{a}_t\mid\boldsymbol{s}_t)}{\pi_{\boldsymbol{\theta}_{old}}(\boldsymbol{a}_t|\boldsymbol{s}_{t)}},\ r(\boldsymbol{\theta}_{old})=1 \quad (8.15)$$

如上所示，$r_t(\boldsymbol{\theta})$ 表明了新旧策略间的概率比：

- ☐ $r_t(\boldsymbol{\theta})>1$，表示当前策略下的行动比原先策略下的行动更有可能发生；
- ☐ $r_t(\boldsymbol{\theta})\subset(0,1)$，表示在当前策略下行动发生的概率低于原先的。

据此，新的目标函数可如下所示：

$$L^{CPI}(\boldsymbol{\theta})=\hat{\mathbb{E}}_t\left[\frac{\pi_{\boldsymbol{\theta}}(\boldsymbol{a}_t\mid\boldsymbol{s}_t)}{\pi_{\boldsymbol{\theta}_{old}}(\boldsymbol{a}_t\mid\boldsymbol{s}_t)}\hat{A}_t\right]=\hat{\mathbb{E}}_t\left[r_t(\boldsymbol{\theta})\hat{A}_t\right] \quad (8.16)$$

这里使用 PPO 优化的裁剪替代目标函数

$$L^{CLIP}(\boldsymbol{\theta})=\hat{\mathbb{E}}_t[\ \min(r_t(\boldsymbol{\theta})\hat{A}_t,\text{clip}\left(r_t(\boldsymbol{\theta}),1-\varepsilon,1+\varepsilon\right)\hat{A}_t) \quad (8.17)$$

通过这个函数，我们得到了两个概率比，一个是没有经过裁剪的；一个是经过裁剪的，最终结果在区间 $[1-\varepsilon,1+\varepsilon]*A$（$\varepsilon$ 是一个帮助我们设置范围的超参数，这里取 $\varepsilon=0.1$）。

然后，我们需要选择裁剪和非裁剪中的最小值，最终得到的值范围是小于非裁剪的下界的区域。我们需要考虑如下两种情况，即优势 $A>0$ 和优势 $A<0$，如图 8.21 所示。

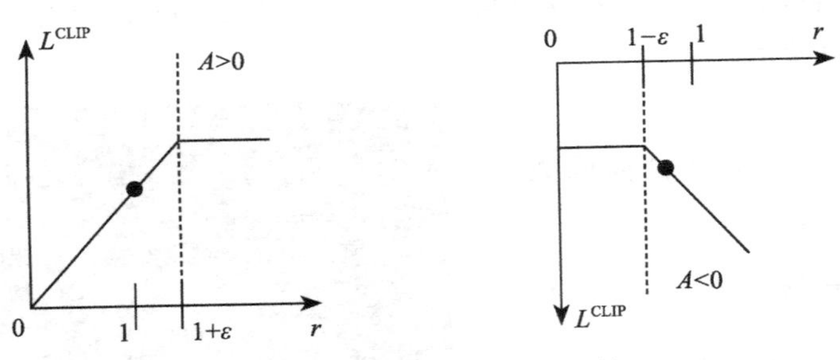

图 8.21　裁剪的目标损失函数

（1）当优势 $\boldsymbol{A}>0$ 时

如果 $\hat{A}_t>0$，说明采取该行动的得分要好于在该状态下的行动得分的平均值。因此，我们要鼓励新策略增加在该状态下采取该行动的概率，也就是要增加概率比 $r_t(\boldsymbol{\theta})$，增加新策略的概率（A_t^*：新的策略概率），同时令分母上的先前策略保持不变。

$$L^{\text{CPI}}(\boldsymbol{\theta})=\hat{\mathbb{E}}_t\left[\frac{\pi_{\boldsymbol{\theta}}(\boldsymbol{a}_t\mid\boldsymbol{s}_t)}{\pi_{\boldsymbol{\theta}_{\text{old}}}(\boldsymbol{a}_t\mid\boldsymbol{s}_t)}\hat{A}_t\right]=\hat{\mathbb{E}}_t\left[r_t(\boldsymbol{\theta})\hat{A}_t\right] \tag{8.18}$$

为了防止当前行动概率不会比原先策略上百倍地增加，我们需要进行裁剪，使得 $r_t(\boldsymbol{\theta})$ 最大只能增长到 $1+\varepsilon$。

这样做可以防止过度更新策略，进而陷入局部最优值，因为在该状态下采取这个行动的估计结果只是一次尝试得出的结果，并不能证明这个行动总是有较高的正向回报，因此我们不能贪婪地学习，以防止智能体选择糟糕的策略。

也就是说，在当前行动对结果产生积极作用的情况下，我们需要在这步梯度上升过程中增加一点采取该行动的概率，但不要太多，并且需要控制范围。

（2）当优势 $\boldsymbol{A}<0$ 时

如果 $\hat{A}_t<0$，即该行动是导致消极结果的行动，那么采用该行动的行为应该被阻止，因此我们应该减少概率比 $r_t(\boldsymbol{\theta})$。同样，我们不能无限制地减少概率比 $r_t(\boldsymbol{\theta})$，因此这里也要进行裁剪，使 $r_t(\boldsymbol{\theta})$ 最小只能降低到 $1-\varepsilon$。最大化减少该行动被选中的概率，这种贪婪学习的行为可能会导致策略的改变过大，以致变得糟糕。

总而言之，使用裁剪替代目标函数，我们约束了新策略相对旧策略两种情况下的变动范围。于是我们把概率比控制在小区间内，这种裁剪有利于求策略梯度，如果概率在 $[1-\varepsilon,1+\varepsilon]$ 区间外，那么梯度值为 0。

3. 代码实现

（1）Memory 类

Memory 类用于存储智能体与环境进行交互过程中的经验，包括状态、动作、奖励、下一个状态和是否是终止情况 (s,a,r,s_,done) 序列。这些经验用于智能体学习，从而调整策略。Memory 类主要提供 sotre()、clear() 和 cnt_samples() 方法；store() 用于将一个样本存储起来，clear() 方法清空所有的样本，cnt_samples() 的作用是返回当前已经存储的样本的总数。

```
1. class Memory:
2.     # 初始化存储空间
3.     def __init__(self):
4.         self.batch_s = []
5.         self.batch_a = []
6.         self.batch_r = []
7.         self.batch_s_ = []
8.         self.batch_done = []
9.     # 以 (s, a, s_, r, done) 的形式存储一个样本
10.    def store(self, s, a, s_, r, done):
11.        self.batch_s.append(s)
12.        self.batch_a.append(a)
13.        self.batch_r.append(r)
14.        self.batch_s_.append(s_)
15.        self.batch_done.append(done)
16.    # 清空所有历史经验
17.    def clear(self):
18.        self.batch_s.clear()
19.        self.batch_a.clear()
20.        self.batch_r.clear()
21.        self.batch_s_.clear()
22.        self.batch_done.clear()
23.    # 返回当前存储的赝本个数
24.    @property
25.    def cnt_samples(self):
26.        return len(self.batch_s)
```

（2）Environment 类

Environment 类表示与智能体进行交互的环境，它需要在每个 episode 开始时调用初始化方法 reset() 以初始化环境。另外一个比较重要的方法是 step(*a*) 方法，它接收到智能体执行的动作，然后返回环境的下一个状态、奖励、是否结束标志以及必要的调试信息；render() 方法用于渲染游戏画面，方便我们查看。其中 state_dim 和 action_dim 因为使用了 @property 语法糖，因此可以将其当做类的属性来使用，而不是方法。

```
1. class Environment:
2.     def __init__(self, dic_env_config):
3.         self.dic_env_config = dic_env_config
4.         # 初始化游戏环境
5.         self.env = retro.make(self.dic_env_config["ENV_NAME"])
6.         self.env.seed(self.dic_env_config["GYM_SEED"])
7.     # 每个 episode 前初始化环境
8.     def reset(self):
9.         return self.env.reset()
10.    # 接收 Actor 的动作，然后返回下一个状态、奖励、是否结束和调试信息
11.    def step(self, a):
12.        return self.env.step(a)
13.    # 渲染游戏画面，非必需
14.    def render(self):
15.        self.env.render()
16.    # 返回状态结构
17.    @property
18.    def state_dim(self):
```

```
19.         return self.env.observation_space.shape
20.     # 返回动作空间数
21.     @property
22.     def action_dim(self):
23.         return self.env.action_space.shape
```

(3) Agent 类

Agent 类充当智能体相关属性和方法的容器，其提供的主要方法如下所示，比较重要的是建立 actor network 和 critic network、计算状态价值和估算上一个策略在当前状态采用当前动作所能获得的奖励的期望值。

```
1. Agent:
2.     def __init__() # 初始化
3.     # 根据当前状态选择一个动作
4.     def choose_action(state)
5.     # 训练网络
6.     def train_network()
7.     # 获取上一个概率
8.     def get_old_prediction(s)
9.     # 存储一个样本到 memory
10.    def store_transition(s, a, s_, r, done)
11.    # 计算状态价值
12.    def get_v(s)
13.    # 建立 Actor network
14.    def _build_actor_network()
15.    # 更新目标网络
16.    def update_target_network()
17.    # 建立 critic network
18.    def _build_critic_network()
19.    # 建立共享网络结构
20.    def _shared_network_structure(state_features)
21.    # 损失函数
22.    def proximal_policy_optimization_loss(advantage, old_prediction)
```

1) 初始化

Agent 类的初始化主要是建立智能体所必需的 actor network、old_actor_network、critic network、用于存储历史经验的经验复用池（memory）以及初始的优势和上一个策略在当前状态的状态价值（该开始的时候优势和状态价值都为 0）。首先，我们需要知道环境提供的游戏画面的尺寸，即状态的维度和动作的维度，然后我们建立 actor network、old_actor_network 和 critic network 来学习和处理环境反馈给我们的信息，初始的时候优势值和上一次策略的值都应该是 0，同时也要准备一个空的经验复用池来存放经验。

```
1. def __init__(self, dic_agent_conf, dic_path, dic_env_conf):
2.     self.dic_agent_conf = dic_agent_conf
3.     self.dic_path = dic_path
4.     self.dic_env_conf = dic_env_conf
5.     self.n_actions = self.dic_agent_conf["ACTION_DIM"]
6.     # actor network
7.     self.actor_network = self._build_actor_network()
8.     self.actor_old_network = self.build_network_from_copy(self.actor_network)
9.     # critic network
10.    self.critic_network = self._build_critic_network()
11.
12.    self.dummy_advantage = np.zeros((1, 1))
```

```
13.     self.dummy_old_prediction = np.zeros((1, self.n_actions))
14.     # 经验复用池
15.     self.memory = Memory()
```

2）裁剪的替代目标函数

使用裁剪的替代目标函数，约束新策略相对旧策略两种情况下的变动范围。裁剪把概率比控制在小区间内，有利于求策略梯度，如果概率在$[1-\varepsilon,1+\varepsilon]$区间外，那么梯度值为0，这里在实现时增加了一个熵奖励，以确保充分利用。

```
1. def proximal_policy_optimization_loss(self, advantage, old_prediction):
2.     loss_clipping = self.dic_agent_conf["CLIPPING_LOSS_RATIO"]
3.     entropy_loss = self.dic_agent_conf["ENTROPY_LOSS_RATIO"]
4.
5.     def loss(y_true, y_pred):
6.         prob = y_true * y_pred
7.         old_prob = y_true * old_prediction
8.         # 计算当前策略行动概率 / 上一个策略行动概率
9.         r = prob / (old_prob + 1e-10)
10.        return -K.mean(K.minimum(r * advantage, K.clip(r, min_value = 1-
loss_clipping, max_value = 1 + loss_clipping) * advantage) + entropy_loss * (prob *
K.log(prob + 1e-10)))
11.
12.    return loss
```

当$A>0$时，假设状态–行动对的优势是正的，在这种情况下，它对目标的贡献减少到

$$L^{\text{CPI}}(\boldsymbol{\theta})=\hat{\mathbb{E}}_t\left[\min(r_t(\boldsymbol{\theta})\hat{A}_t,(1+\varepsilon)\hat{A}_t\right] \tag{8.19}$$

因为优势是正的，所以如果动作变得更加可能，目标将会增加，并且这里限制了目标可以增加多少，当$\dfrac{\pi_\theta(\boldsymbol{a}_t\,|\,\boldsymbol{s}_t)}{\pi_{\theta_{\text{old}}}(\boldsymbol{a}_t|\boldsymbol{s}_t)}>(1+\varepsilon)$，从最小值开始，这一项达到$(1+\varepsilon)\hat{A}_t$的上限。因此新策略不会因远离旧策略而受益。

当$A<0$时，假设状态–行动对的优势是负的，在这种情况下，它对目标的贡献减少到

$$L^{\text{CPI}}(\boldsymbol{\theta})=\hat{\mathbb{E}}_t\left[\max(r_t(\boldsymbol{\theta})\hat{A}_t,(1-\varepsilon)\hat{A}_t\right] \tag{8.20}$$

因为优势是负的，如果行动变得不太可能，即如果$\pi_\theta(\boldsymbol{a}_t\,|\,\boldsymbol{s}_t)$减少，则目标将会增加。这里同样限制了目标最大可以增加多少，当$\dfrac{\pi_\theta(\boldsymbol{a}_t\,|\,\boldsymbol{s}_t)}{\pi_{\theta_{\text{old}}}(\boldsymbol{a}_t|\boldsymbol{s}_t)}<(1-\varepsilon)$，从最大值开始，这一项达到$(1-\varepsilon)\hat{A}_t$的上限。同样新策略不会因远离旧策略而受益。

3）构建网络

这里采用的是离线策略，因此需要有一个单独的网络来收集数据，并用于策略的更新，同DQN的策略一样，这里我们定义了一个单独的网络old_actor_network，该网络的参数是每隔一段时间由真正的actor network的参数复制过去的。

网络的主体结构如下。

```
1. def _shared_network_structure(self, state_features):
2. inputs = Input(shape = (80, 80, 4))
```

```
3.
4.     x = Conv2D(32, 3, padding = 'same', activation = 'relu')(inputs)
5.     x = MaxPooling2D(pool_size = (4, 4))(x)
6.     x = Conv2D(64, 4, padding = 'same', activation = 'relu')(x)
7.     x = MaxPooling2D(pool_size = (2, 2))(x)
8.     x = Conv2D(64, 3, padding = 'same', activation = 'relu')(x)
9.     x = MaxPool2D(pool_size = (1, 1))(x)
10.    x = Flatten()(x)
11.    x = Dense(512, activation = 'relu')(x)
12.    hidden1 = Dense(10, activation = 'softmax')(x)
13.
14.    hidden2 = Dense(dense_d, activation = "relu", name = "hidden_shared_2")
(hidden1)
15.    return hidden2
```

actor network 网络构建的代码如下，它接受多个输入（当前状态、优势函数和旧的策略的选取策略），输出是当前状态下的动作执行策略。这里可以通过配置选择需要使用的优化函数，可选的有 Adam 和 RMSProp，默认选择 Adam；需要在这里指定 actor network 的裁剪的替代目标函数。另外，旧的策略 old_actor_network 和 actor network 具有相同的网络结构，因此只需要复制 actor network 即可。

```
1. def _build_actor_network(self):
2.     # 输入
3.     state = Input(shape = (80, 80, 4), name = "state")
4.
5.     advantage = Input(shape = (1,), name = "Advantage")
6.     old_prediction = Input(shape = (self.n_actions,), name = "Old_Prediction")
7.
8.     shared_hidden = self._shared_network_structure(state)
9.
10.    action_dim = self.dic_agent_conf["ACTION_DIM"]
11.
12.    policy = Dense(action_dim, activation = "softmax", name = "actor_output_
layer")(shared_hidden)
13.
14.    actor_network = Model(inputs = [state, advantage, old_prediction],
outputs = policy)
15.
16.    # 选择优化方式Adam或者RMSProp
17.    if self.dic_agent_conf["OPTIMIZER"] is "Adam":
18.        actor_network.compile(optimizer = Adam(lr = self.dic_agent_
conf["ACTOR_LEARNING_RATE"]), loss = self.proximal_policy_optimization_
loss(advantage = advantage, old_prediction = old_prediction,))
19.    elif self.dic_agent_conf["OPTIMIZER"] is "RMSProp":
20.        actor_network.compile(optimizer = RMSprop(lr = self.dic_agent_
conf["ACTOR_LEARNING_RATE"]))
21.    else:
22.            actor_network.compile(optimizer = Adam(lr = self.dic_agent_
conf["ACTOR_LEARNING_RATE"]))
23.    print("=== Build Actor Network ===")
24.    actor_network.summary()
25.
26.    # 返回Actor-network
27.    return actor_network
```

存储的一个样本是智能体在与环境交互过程中的一个转换，包括当前状态、智能体采取的动作、环境返回的下一个状态、奖励，以及是否是最终状态的标志。我们保存在经验复用池中的经验可供后续采样，然后进行训练，如何采样是通过我们之前建立的 old_actor_network 和 critic network 来决定的。

```
1. def store_transition(self, s, a, s_, r, done):
2.     self.memory.store(s, a, s_, r, done)
```

使用上一个策略得到当前状态下各个动作选取策略：

```
1. def get_old_prediction(self, s):
2.     s = np.reshape(s, (-1, (80, 80, 4))
3.     return self.actor_old_network.predict_on_batch(s)
```

更新目标网络 old_actor_network，每隔一段时间，我们直接复制 actor network 的参数到 old_actor_network。

```
1. # 每隔一段时间根据actor network更新old_actor_network
2. def update_target_network(self):
3.     self.actor_old_network.set_weights(np.array(self.actor_network.get_
weights()))
```

4）定义 critic 计算优势函数

这里定义了一个 critic 来计算优势函数，状态价值由神经网络来得到，折扣奖励和放在 train_network() 函数中进行计算。这里我们依旧需要通过配置来选择使用的优化函数，可选的有 Adam 和 RMSProp，默认选择 Adam 需要在这里指定；actor network 的裁剪的替代目标函数。critic network 的实现如下。

```
1. def _build_critic_network(self):
2.     state = Input(shape = (80, 80, 4), name = "state")
3.     shared_hidden = self._shared_network_structure(state)
4.
5.     if self.dic_env_conf["POSITIVE_REWARD"]:
6.         q = Dense(1, activation = "relu", name = "critic_output_layer")
(shared_hidden)
7. else:
8.         q = Dense(1, name = "critic_output_layer")(shared_hidden)
9.
10.    critic_network = Model(inputs = state, outputs = q)
11.    # 选择critic-network的优化方法Adam或者RMSProp
12.    if self.dic_agent_conf["OPTIMIZER"] is "Adam":
13.        critic_network.compile(optimizer = Adam(lr = self.dic_agent_
conf["ACTOR_LEARNING_RATE"]), loss = self.dic_agent_conf["CRITIC_LOSS"])
14.    elif self.dic_agent_conf["OPTIMIZER"] is "RMSProp":
15.        critic_network.compile(optimizer = RMSprop(lr = self.dic_agent_
conf["ACTOR_LEARNING_RATE"]), loss = self.dic_agent_conf["CRITIC_LOSS"])
16.    else:
17.        critic_network.compile(optimizer = Adam(lr = self.dic_agent_
conf["ACTOR_LEARNING_RATE"]), loss = self.dic_agent_conf["CRITIC_LOSS"])
18.    print("=== Build Critic Network ===")
19.    critic_network.summary()
20.
21.    # 返回critic-network
22.    return critic_network
```

get_v(*s*) 用于优势计算，返回当前状态下的优势。

```
1. def get_v(self, s):
2.     s = np.reshape(s, (-1, (80, 80, 4))
3.     v = self.critic_network.predict_on_batch(s)
4.     return v
```

train_network() 函数根据当前已经积累的经验（当前状态、动作、下一个状态，即时奖励、episode 终止标志）序列，计算折扣奖励 。然后进行网络的训练，更新智能体的选取策略，此轮训练结束之后，需要更新目标网络以及清空经验复用池。

```
1. def train_network(self):
2.     # 获取当前样本总数
3.     n = self.memory.cnt_samples
4.     # 根据当前的状态、动作和即时奖励序列计算折扣奖励和，get_v() 得到状态价值
5.     # v(s) = r + gamma*v(s+1)
6.     discounted_r = []
7.     if self.memory.batch_done[-1]:
8.         v = 0
9.     else:
10.        # 计算状态价值
11.        v = self.get_v(self.memory.batch_s_[-1])
12.    for r in self.memory.batch_r[::-1]:
13.        # v(s) = r + gamma*v(s+1)
14.        v = r + self.dic_agent_conf["GAMMA"] * v
15.        discounted_r.append(v)
16.    discounted_r.reverse()
17.
18.    batch_s, batch_a, batch_discounted_r = np.vstack(self.memory.batch_s), \
19.                     np.vstack(self.memory.batch_a), \
20.                     np.vstack(discounted_r)
21.    # 计算优势值
22.    # batch_v 可以使用从当前状态开始到 eposide 结束的折扣奖励得到，batch_discounted_r
通过 critic 来计算得到
23.    batch_v = self.get_v(batch_s)
24.    batch_advantage = batch_discounted_r - batch_v
25.    # 使用上一个策略进行估计
26.    batch_old_prediction = self.get_old_prediction(batch_s)
27.
28.    batch_a_final = np.zeros(shape = (len(batch_a), self.n_actions))
29.    batch_a_final[:, batch_a.flatten()] = 1
30.    # print(batch_s.shape, batch_advantage.shape, batch_old_prediction.shape,
batch_a_final.shape)
31.    # update ppo
32.    self.actor_network.fit(x = [batch_s, batch_advantage, batch_old_
prediction], y = batch_a_final, verbose = 0)
33.    self.critic_network.fit(x = batch_s, y = batch_discounted_r, epochs = 2,
verbose = 0)
34.    # 清空历史经验
35.    self.memory.clear()
36.    # 更新目标网络
37.    self.update_target_network()
```

5）主函数

主函数控制整个训练过程，在初始化环境之后，根据需要进行训练的 episode 来训练，训练过程中可以打印必要的信息，方便调试。首先，预先设定需要进行训练的 episode，针对每个 episode 先调用 env.reset() 初始化环境，同时也要清空奖励值（因为智能体重新开始

玩游戏了）；接来下智能体选择执行一个动作，然后环境返回智能体执行这个动作之后的新的状态、智能体获得的奖励、游戏是否结束和一些其他信息，这时候智能体需要保存这一系列的信息到经验复用池中，如果积累了足够的经验，则智能体开始学习。智能体通过反复执行这一过程直到训练结束。

```
1. for cnt_episode in range(dic_exp_conf["TRAIN_ITERATIONS"]): # in one episode
2.     # 初始化环境
3.     s = env.reset()
4.     r_sum = 0
5.     for cnt_step in range(dic_exp_conf["MAX_EPISODE_LENGTH"]):
6.         if cnt_episode > dic_exp_conf["TRAIN_ITERATIONS"] - 10:
7.             env.render()
8.         # 选择一个 action
9.         a = agent.choose_action(s)
10.        s_, r, done, _ = env.step(a)
11.        # normalize reward
12.        r /= 100
13.        r_sum += r
14.        if done:
15.            r = -1
16.        # 保存经验
17.        agent.store_transition(s, a, s_, r, done)
18.        if cnt_step % dic_agent_conf["BATCH_SIZE"] == 0 and cnt_step ! = 0:
19.            # 训练
20.            agent.train_network()
21.        s = s_
22.        if done:
23.            break
24.        if cnt_step % 10 == 0:
25.            print("Episode:{}, step:{}, r_sum:{}".format(cnt_episode, cnt_
step, r_sum))
```

4. 总结

当PPO以on-policy方式训练随机策略时，意味着它通过根据其随机策略的最新版本采样动作进行探索。动作选择中的随机性量取决于初始条件和训练过程。在训练过程中，策略通常变得越来越随机，因为更新规则鼓励它利用已经找到的奖励，但是这可能导致策略陷入局部最优。

使用裁剪项作为一个正则化项，它消除了对策略发生巨大变化的激励，使得新策略不会因远离旧策略而受益，而超参数ε对应于新策略离旧策略有多远，同时仍然有利于实现目标。

CHAPTER 9

第9章

机器人控制

第8章中我们学习了RL在游戏领域的应用，想必读者已经体会到其中的乐趣。现在，我们进入一个新的领域——机器人控制。本章主要讲解RL算法和框架在机器人控制领域的应用实例，包括无地图导航、视觉导航、机器人足球等，侧重于对仿真环境中机器人控制问题的分析、建模和实践性解决方案的讲解。

9.1 机器人导航

9.1.1 无地图导航

小时候，你是如何沿着路线去朋友家、学校或者商店的？那时候没有地图，只是简单地记住街景和沿途转向。随着开始尝试的新线路越来越复杂，你变得更加自信，在这个过程中，你或许会暂时迷路，但是得益于熟悉的路标或太阳朝向，又能找到正确的路线。因此，导航是一种很重要的认知任务。有了导航系统，人类或者动物不需要地图就能够在复杂的世界中进行有目的的远距离移动。因此，在无地图导航中，我们的智能体不能使用地图、GPS定位或其他的辅助工具，只能使用视觉观察，像人类走路那样进行导航。

本小节，我们就学习一种把DRL技术应用在机器人无地图导航中的框架[46]。该项目技术在RoboCup相关问题中将仿真机器人的训练迁移到真实的物理机器人的DRL系统，并取得了很好的效果。希望读者朋友们在阅读完本章内容后能够有所收获，以便能够熟练地将DRL技术应用在其他领域中。

在移动机器人技术中，视觉导航是一种期望的能力，因为它允许在复杂和动态的环境中朝着期望的目标移动，其中必须考虑与其他静态和移动智能体的交互，并且只有视觉信息足够丰富才能解决这个问题。在视觉导航问题上具有挑战性的应用的样例有：在拥挤的街道上行走，在高速公路上通过汽车，以及在诸如足球、篮球或橄榄球等进行移动时，可能出现运动员之间的交互。

在机器人足球领域，机器人在踢足球时一定会不断地相互影响，但不能有直接的接触。DRL技术的使用允许从零开始获得复杂和高性能的策略，而无须事先了解任何该领域的先验知识或所涉及的动态。如今较为普遍的想法是利用仿真器对无地图视觉导航策略进行训练，然后直接传递给物理机器人进行验证。我们需要在保证准确性的同时，保证实时性与良好的迁移性，这对于目前较为精密的NAO机器人系列是一个不小的挑战。

DRL是机器学习领域的一个热门话题，这一方法能够在没有人工帮助的情况下解决复杂的问题。我们今天讨论的机器人无地图视觉导航中的新方法利用DRL技术从彩色图像中提取信息，把从环境中观察到的图像作为输入，并预测在环境中应该执行的下一个操作，最终成功将智能体导航到目标位置。为了实现这一目的，研究人员使用DDPG算法训练导航策略。该算法在前面的章节中已经多次提到，作为一种actor-critic方法，使用两个结构相似的独立网络实现。除了卷积层和全连接层以外，网络还引入了LSTM层，用以解决机器人可观测范围受限的问题，符合POMDP假设。这一DRL方法同时使用模拟图像和真实图像的分段和下采样版本，这样可以改善它们之间的不匹配情况，从而有效解决使用模拟图像训练与真实图像测试之间的明显差异。在实验环节，该方法应用在使用具有降低计算能力的类人NAO V5机器人和低成本的RGB相机作为主要传感器的机器人足球的案例中，并进行了实际的物理验证。

下面以机器人足球的案例为例，对在机器人无地图导航中应用DRL技术进行详细介绍。

1. 问题表述

在这一部分中，我们对无地图导航问题进行形式化描述，并探索相应的方法。

在机器人足球中，智能体必须通过场地导航到不同的目标位置，这通常由高层次的足球行为决定。导航是非常复杂的，因为其他球员（队友和对手）的位置和动态是未知的。在这样的背景下，视觉导航任务寻求提供运动控制器来尽可能快地到达所期望的位置，同时不撞到其他机器人或离开球场边界。

为了用RL方法解决视觉导航问题，需要将问题转化为MDP，即状态空间、动作空间、奖励函数以及开始与结束条件的设计。

（1）动作空间

双足类人机器人由于执行器件数量众多，具有复杂的运动能力。虽然RL已经被证明在直接从联合控制创建运动策略方面是有效的，但是真实的和模拟的执行器之间的巨大差异会导致在将仿真中训练的策略迁移到真实机器人时会产生困难。

此外，还在动作空间中加入期望的机器人头部盘角（pan angle），以便它的摄像机可以相对于机器人框架（放置在机器人脚之间的坐标系）移动。头部相对于身体移动的能力允许机器人在某种程度上解决部分可观察性问题，因为它可以在导航到区域之前依靠自身视觉系统探索这些区域。

给定此方法和机器人坐标系，动作被定义为元组$\boldsymbol{a}=(v_x,v_y,v_\theta,\varphi)$，其中$v_x$和$v_y$对应于机器人在$x$和$y$轴上的速度，$v_\theta$是绕$z$轴的转速，而$\varphi$是期望的头部盘角。

（2）状态空间

由于要解决的任务对应于视觉导航，因此状态空间主要由从机器人相机获得的图像组成。然而，模拟图像与真实图像有很大差异，因此需要一种方法来解决这个问题，以便将得到的策略传递给机器人。

解决这个问题的一些方法是中间表示和图像翻译。然而，这些方法要求在测试时执行复杂的神经网络，这对于NAO机器人等受限平台是不可行的。

使用类分段图像允许使用量化网络产生显著的加速，因为像素可以以$\log_2(c)$位编码，而没有精度损失，其中c是类的数目（在所提出的系统中，该值为4）。但是，在该系统中我们只是将 4 个类映射为单个标量值。最后，将图像从 640×480 像素大小缩放到 80×60 像素大小。这也有助于减轻现实差距，因为下采样的模拟图像和真实图像看起来更相似。

与碰撞避免类和解决迷宫类的问题不同，视觉导航的原始图像信息必须也包括在状态空间中，我们将其简单地表示为相对于机器人坐标系的一个点，以便所得到的策略能够更容易地被应用到高级机器人的行为当中。

在训练过程中，系统使用地面真值信息来迭代并更新目标位置信息，并且在部署过程中，可以使用机器人的自定位、里程计或者视觉感知来更新目标。最后，状态公式还包括关于施加到机器人手臂上外力的二进制信息（使用关节传感器和前向运动学进行估计）和机器人头部盘角，因此机器人在导航时能够成功地运动头部。

利用前面的公式，一个给定的状态被定义为元组 $\boldsymbol{s}=(\boldsymbol{s}_{\text{image}},\boldsymbol{s}_{\text{sensor}},\boldsymbol{s}_{\text{target}})$，其中 $\boldsymbol{s}_{\text{image}}$ 是前面描述的缩放和分段图像，$\boldsymbol{s}_{\text{sensor}}=(\phi_{\text{pan}},c_{\text{left}},c_{\text{right}})$ 对应于本体获得的传感器信息，其中 ϕ_{pan} 是头盘角度，c_{left} 和 c_{right} 表示分别在左臂和右臂检测到的碰撞。最后，$\boldsymbol{s}_{\text{target}}$ 以极坐标的形式表示目标位置，即 $\boldsymbol{s}_{\text{target}}=(\rho_{\text{target}},\theta_{\text{target}})$。

（3）奖励函数

为了加强更加接近目标的有效行为，我们使用式（9.1）中所给出的奖励。这个奖励的值恒为负数，所以机器人需要寻求以最快的时间到达目标。变量 v_x 和 v_θ 分别表示由机器人选择的全向控制器的前进速度和旋转速度，而 $v_x^{\max}$ 和 $v_\theta^{\max}$ 表示这些变量可以采取的最大值，分别设置为 100mm/s 和 0.25rad/s。最后，θ_{target} 表示相对于机器人框架到目标位置的角度。

$$r=-1+\frac{v_x}{v_x^{\max}\cos\left(\text{target}\frac{|v_\theta|}{v_\theta^{\max}}\right)} \tag{9.1}$$

特殊奖励是在某些特定条件下给予的，例如在发生碰撞或其他不希望发生的行为时。当机器人仅仅是其手臂与障碍物碰撞时，给出奖励 $r=-10$，而当涉及主体的碰撞时，则分配的奖励值为 $r=-200$。另外，当机器人向前移动到不可视区域或接近障碍物时，则给出奖励 $r=-2$。

（4）episodic 的设置

由于导航任务在机器人到达目标时成功结束，因此具有 episode 特性。在训练过程中，在每一个 episode 之后，给出新的初始位置和目标位置，并且障碍物（其他机器人）被放置在不同的位置，对此并没有重要的约束条件，因此可能存在障碍物高度集中的情景，使得机器人难以在没有碰撞的情况下抵达目标位置。当超时状况发生或者检测到碰撞时，这些 episode 也会结束，在这种情况下，这些碰撞不包括仅涉及机器人手臂的碰撞，因为这些碰撞被用作机器人修改其当前轨迹的指示。为了简单起见，如果机器人太靠近障碍物（进入碰撞半径内）时，则认为检测到碰撞发生。

（5）训练算法、网络模型和训练

该系统使用 DDPG 算法，这是一种基于连续动作控制的 DRL 算法，该算法已经在大量研究中被证明在模拟机器人任务中是有效的，从低维表示或直接从像素中进行训练。该系统的算法与原始的 DDPG 方法相同，也设计了两个网络，在这种情况下，两个网络完全独立，但是它们共享大部分隐藏层的参数，具体信息参见图 9.1。

两个网络的结构都是部分基于 DDPG 网络结构，因为使用相同的 DRL 算法，除了添加 LSTM 单元、特征增强分支和卷积层的超参数之外，它们类似于 DQN，允许从原始像素中提取相关特征。网络结构如图 9.1 所示，其中 Conv1 使用 16 个 8×8 卷积核，步长设为 4，而 Conv2 使用 32 个 4×4 卷积核，步长为 2，并均对其输出采用 ReLU 激活函数。全连接层 Fc1、Fc2 和 Fc4 使用 150 个隐藏单元，LSTM 层使用 150 个单元。最后，Fc3 层分别输出 actor 网络和 critic 网络的 4 个和 1 个值，而 Fc5 输出与特征相对应的 25 个值。

本系统引入 LSTM 层是为了解决使用单目相机所固有的局部可观测性，以及训练环境的不断变化的问题。它们被放置在动作之后，状态空间的传感器和目标组件被引入作为网络的输入，因此它们的值可以在时间上进行集成。最后，为了提高 LSTM 记忆单元的表达能力，其后又添加了额外的隐藏层。系统网络结构如图 9.1 所示。

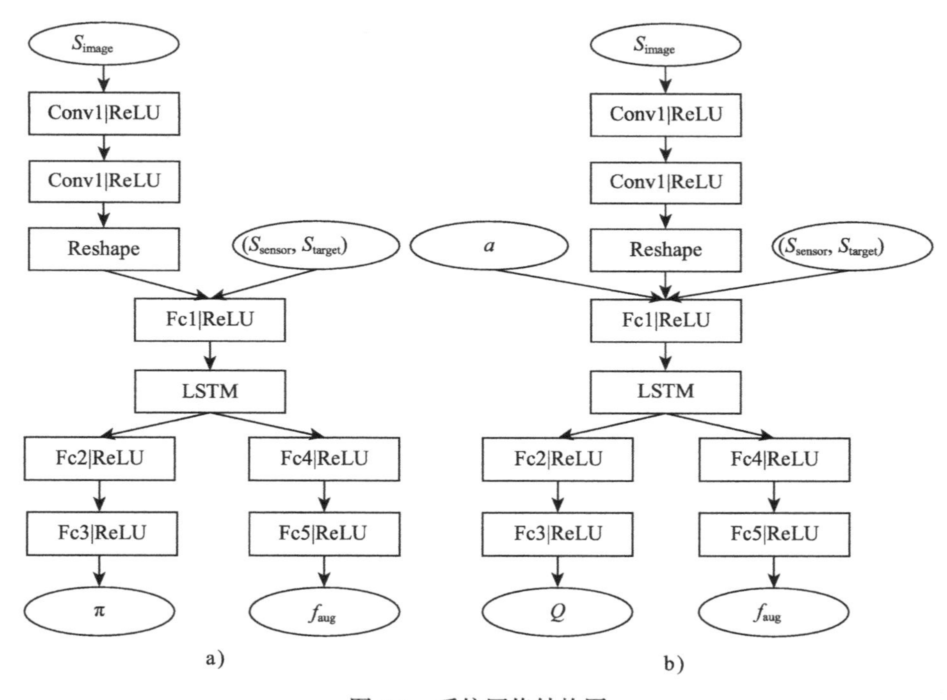

图 9.1　系统网络结构图

图 9.1 表示的是 DDPG 所使用的 actor-critic 网络，其中的重塑层将特征映射平坦化为向量。图 9.1a 表示 actor 网络，图 9.1b 表示 critic 网络。由于使用了基于 LSTM 的循环网络，训练不能通过对经验池的均匀采样来执行，否则单元状态不能正确地传播。因此，我们使用了在 DRQN 中提出的随机更新方法，这类似于 RDPG 算法，但是跳过对每个经验轨迹第一个元素的更新。该系统从经验复用池中采样大小为 16 的状态转换序列，跳过前 12 个元素的更新，并使用最后 4 个转换更新网络的权重。同样不同于 DDPG vanilla 版本的是，为了避免过度拟合策略造成方差过大，在 actor 网络的更新中使用了反向梯度方法。

最后，为了实现特征增强，在 LSTM 层之后，actor 和 critic 网络都进行了解耦，以便帮助相关深度信息的时序整合，这对于机器人的导航很有帮助。此外，不同于将 TD 误差与监督学习误差结合在一起的原始特征增强方法，该系统交叉进行 RL 和监督学习的更新，以避免对不同的误差源和梯度进行加权。值得注意的是，即使特征增强在训练期间增加了网络参数的数量，但在测试的时候特征增强分支其实是不被执行的，因此事实上它是不会增加执行时间的。

2. 特征增强（augment）

本系统除了利用了 RL，还利用了特征增强方法，它也称为辅助任务。特征增强的目的是通过使学习模型可以并行地预测环境的某些特征，利用可能仅在训练期间可用的信息，以提高数据效率和性能。

在机器人技术中，特征增强可被实现为模拟传感器或模式识别系统。当使用模拟器进行训练时，由于模拟器可以访问地面真实信息，因此非常适用于特征增强。另一方面，当直接在机器人实体上训练时，可以使用附加的真实传感器（仅在训练期间需要）或使用外部模式识别系统来实现特征增强。

特征增强方法在中间表示估计方面具有许多优点，例如深度图像或显著性图像，因为训练以端到端方式进行，这样可以实现更高的性能，并且使用较少的参数。此外，由于执行策略不需要特性，因此不会增加执行时间。

3. 总结

针对无地图导航任务，本小节向读者讲述了一种 DRL 方法。从导航效果来看验证了所提出方法的有效性，因为所得策略在具有挑战性的模拟场景中实现了较高的性能，并且可以成功地部署在没有参数调整的物理机器人中。通过比较所提出方法与相关方法的执行时间，可以看出，虽然常用的网络不适合于低端机器人的实时应用，但是通过仔细设计，诸如 DRL 等最先进的方法仍然是可行的。

9.1.2　社会感知机器人导航

在学习本节前，请读者思考这样的问题，人类是社会性动物，凡事都讲礼节，那么机器人也能够礼貌地融入社会吗？安保机器人、外卖机器人和自动驾驶汽车等人工智能和人类开始在真实世界里打交道了，那么机器人可以学会人类的礼节吗？答案是肯定的！

就像司机遵守交通规则，行人在走廊或拥挤的通道上行走也都要遵循一定的社会规范，比如遵守交通规则、保持在左侧或右侧通行、维持一个合理的泊位，并准备好组织或改变路线以避免迎面而来的障碍，同时保持稳定的步伐。

社会感知机器人导航是指在复杂的动态社会环境中（例如在城市地形环境、博物馆、机场、办公室、住宅和购物中心这样的环境下）自主、安全和社会性地导航，同时以其社会可接受的行为保证人类的安全和舒适感。社会感知机器人导航是移动机器人在需要频繁与行人互动的环境中运行的一个核心能力，例如，小型机器人可以在人行道上送货和送外卖。同样，个人移动设备可以在大而拥挤的地方（比如购物中心、机场、医院）给人们提供运输服务。下面，我们学习另一种应用案例，即 DRL 技术与社会感知机器人导航相结合[47]。该技术使用 DRL 算法为动态人类环境中的移动服务机器人设计了一个社会感知的机器人导航框架，并取得了可喜的导航效果。希望读者通过阅读本节的内容，可以更深入地了解到 DRL 技术的相关知识，能够对将 DRL 技术应用到社会感知机器人导航中形成一个清晰的概念，并最终有所收获。

利用 DRL 算法，为动态人类环境中的移动服务机器人提出了一个社会感知的导航框架。RL 方法的本质优势在于学习过程完全独立于依靠人为进行标记，因此移动机器人可以在没有专家监督的情况下学习。此外，RL 算法可以在线执行，因此我们可以将其纳入机器人导航系统，允许移动机器人通过试错和其他的社会互动自动发现最佳行为。该算法的主要思想是将障碍物信息（例如障碍物的位置和运动）、人类状态（例如人类位置、人类运动）、社会互动（例如人类群体、人与物的互动）和社会规则（例如从机器人到常规障碍物、个人和人类群体的最小距离）纳入到 DRL 中。然后，将移动机器人分配到一个动态的社会环境中，让移动机器人通过与周围的人和物体的社会互动来获得经验，自动学习适应嵌入式环境。当学习阶段结束时，移动机器人能够在社会环境中自主、安全地导航，同时以社会可接受的行为保证人类的安全和舒适。下面我们具体看一下 DRL 技术是如何应用在社会感知的机器人导航中的。

1. 社会感知的导航框架

我们的主要目标是开发一种新型的导航系统，使移动服务机器人能够使用机器学习技术在动态人类环境中自主、安全地导航。移动机器人导航框架如图 9.2 所示。传统的导航方案是基于四个典型功能块的组成：感知、定位、运动规划和运动控制。在扩展部分，目标是提取人类和障碍物的信息，包括它们在机器人附近的位置和运动，然后将这些信息（例如从机器人到人类和周围障碍物的最小距离）和安全约束（例如一般的社会规则），纳入到一个 DRL 算法中。该模型的输出是机器人决策出的最优动作。然后将这种优化动作集成到路径规划技术中，使移动机器人能够在动态的社会环境中自主、安全地导航。

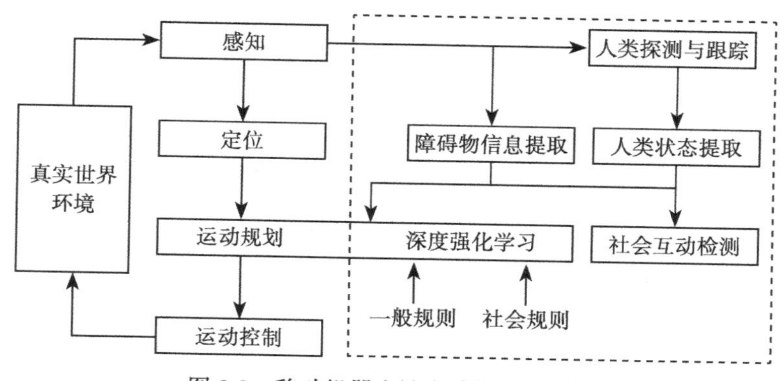

图 9.2 移动机器人社会感知导航框架

（1）RL 算法

RL 是一种机器学习技术，允许智能体和机器在特定环境中自动确定最优行为，从而最大限度地提高性能。图 9.3 中展示了 RL 算法的一个典型框架，在这个框架中，智能体会对环境状态进行一次观察，当它在每一步执行一个动作时，会收到一个奖励，而环境则会在收到一个动作后，提供给智能体下一次观察和一个奖励。

RL 算法的本质是它独立于人的标记，因此它具有自动化数据表示设计的潜力。RL 技术的典型模型是 Q-learning 算法，这是一种无模型 RL 技术。Q-learning 算法的主要思想是，可以使用 Bellman 方程迭代近似 Q 函数，如式（9.2）所示。

$$Q(\boldsymbol{s},\boldsymbol{a}) = r + \gamma \max_{a'} Q(\boldsymbol{s}',\boldsymbol{a}') \tag{9.2}$$

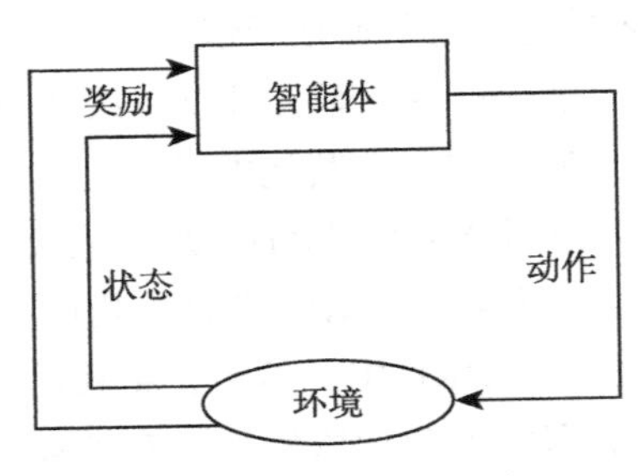

图 9.3　典型的 RL 框架

在最简单的形式中，可以将 Q 函数看作一个表，状态作为列，动作作为行。Q-learning 算法的输入包括状态集 $\mathcal{S}$、可能的动作集 $\mathcal{A}$、学习率 α 和衰减系数 γ。输出是表 $Q(\boldsymbol{s},\boldsymbol{a})$，其中列大小 U 是状态数，其行大小 V 是可能动作数，所以表 $Q(\boldsymbol{s},\boldsymbol{a})$ 的大小是 $U\times V$。然后，使用表 $Q(\boldsymbol{s},\boldsymbol{a})$ 根据系统的当前状态选择最优动作。

Q-learning 算法已应用于实际的移动机器人平台，并取得了相当大的成功。然而，原始 Q-learning 在机器人学中的局限性在于，由于所有可能动作的组合、状态空间很大，因此需要对所有“状态 – 动作”对进行充分的探索。换句话说，单独存储表 $Q(\boldsymbol{s},\boldsymbol{a})$ 的每个元素是不可行的。例如，如果我们以一个 7 自由度的机器人操纵器为例，则该机器人的状态表示将包括其关节角度和速度以及末端执行器的笛卡儿位置和速度：$2\times(7+3)=20$ 状态和 7 维连续动作。如果我们假设状态空间的每一个维度都被离散成 10 个元素，那么对于每一维状态空间有 10 个状态。这时将会有 10^{20} 个唯一状态，数量太过庞大。此外，一般来说，机器人的状态空间是由传感器不断更新的，因此随着时间的推移，它会变得更加庞大。因此，必须使用神经网络来拟合这些问题。

（2）社会感知移动机器人导航框架的 DRL

基于神经网络的函数拟合代替了原来 Q-learning 算法中的表 $Q(\boldsymbol{s},\boldsymbol{a})$，因为神经网络具有比传统 Q-learning 更好的优点，如泛化质量、存储知识的有限池需求和系统的连续状态空间。在这种情况下，池仅用于存储神经网络的权重，因此系统存储知识所需的池大小由网络连接的数量定义，而网络连接的数量与探索“状态 – 动作”对的数量无关。与最初的 Q-learning 模型一样，这个新模型将容纳一个状态和一个动作，并生成一个“状态 – 动作”对；但是与查找表 $Q(\boldsymbol{s},\boldsymbol{a})$ 不同，“状态 – 动作”对可作为神经网络的输出。神经网络也有几个与之相关的参数 $\boldsymbol{\theta}$。因此，Q 函数实际的形式为 $Q(\boldsymbol{s},\boldsymbol{a};\boldsymbol{\theta})$。此外，在训练过程中，系统不再频繁更新 $Q(\boldsymbol{s},\boldsymbol{a})$，而是迭代更新神经网络的权重 $\boldsymbol{\theta}$，从而能够更好地估计“状态 – 动作”对。

2. 框架算法

使用 DRL 技术的社会感知移动机器人导航算法如算法 9.1 所示。该算法的输入包括激光（laser）数据 $\boldsymbol{X}=(x_1,x_2,\cdots,x_N)$、人类状态和社会交互信息、机器人姿态（移动机器人的位置、方向和运动）、学习率 α、衰减系数 γ、ε-greedy 策略 ε 和安全约束。该算法的输

出为 $Q(s,a;\theta)$ 值，作为移动机器人根据当前状态选择最优动作的推理（reasoning）。具体来说，安全约束是指移动服务机器人与人、人群、人和物的相互作用及障碍物之间的安全距离，用于计算 DRL 算法的奖励。

算法 9.1 应用 DRL 的社会感知机器人导航框架

输入： 传感器数据 $X=(x_1,x_2,\cdots,x_N)$，人类状态和社会互相作用（interaction），学习率 α，衰减因子 γ，ε-greedy 策略 ε，机器人位姿，安全约束。

输出： $Q(s,a;\theta)$，状态 $s\in\mathcal{S}$，动作 $a\in\mathcal{A}$，权重 θ

1: **begin**
2: 初始化复用池 $\mathcal{D}$ 的大小为 N
3: 用随机权重 θ 初始化 $Q(s,a;\theta)$
4: 用权重 $\theta'=\theta$ 初始化 $Q(s,a;\theta)$
5: **for** episode=1, M **do**
6: 在场景中随机设置机器人的位姿
7: 观察机器人的初始状态 s
8: **for** $t=1,T$ **do**
9: 选择一个动作 a_t
10: 用概率 ε 选择一个随机动作 a_t
11: 否则选择 $a_t=\arg\max_{a'}Q(s_t,a';\theta)$
12: 执行动作 a_t，观察状态 s_{t+1}，计算奖励 R_t
13: 将转换 (s_t,a_t,R_t,s_{t+1}) 存储在复用池 $\mathcal{D}$ 中
14: 从 $\mathcal{D}$ 随机采样小批量转换 (s_j,a_j,R_j,s_{j+1})
15: 计算预测值 $Q(s_j,a_j;\theta)$
16: 计算每个小批量转换的目标值
17: **if** s_{j+1} 是终端状态 **then** $y_j=R_j$
18: 否则 $y_j=R_j+\gamma\max_{a'}Q'(s_j',a_j';\theta')$
19: 使用 $(y_j-Q(s_j,a_j;\theta))^2$ 作为损失函数训练神经网络
20: **end for**
21: **end for**

移动机器人学习一个 Q 函数，用于确定 Q-learning 算法中的最优动作。要做到这一点，机器人必须利用在当前状态下发现的知识，通过执行一个动作 a 来最大化 $Q(s,a;\theta)$（请参见算法 9.1 的第 11 行），并尽可能地建立最优 Q 函数估计，智能体需要从最优的动作中选择不同的动作（请参见算法 9.1 的第 10 行）。为了在探索与利用之间找到平衡，我们采用 ε-greedy 策略权衡是否以贪心行为进行互动，其中 $0<\varepsilon<1$，ε 值可以设定为随着时间变化。总的来说，我们的智能体应该选择一种高度随机的学习策略，在早期状态下进行积极地初步探索，并随着时间的推移而变得越来越贪心。

为了随着时间的推移进行学习，机器人必须同时考虑近期和未来的奖励。然而，当机

器人在随机环境中执行相同的动作时，可能会得到相同的回报，从而导致训练不收敛。为此使用了未来的折扣奖励来解决这个问题。我们使用时间 t 时的未来衰减奖励之和 R_t（读者请参见算法 9.1 的第 12 行），其数学定义如下：

$$R_t = r_t + \gamma r_{t+1} + \gamma^2 r_{t+2} + \cdots + \gamma^{T-1} r_T, 0 \leqslant \gamma \leqslant 1 \tag{9.3}$$

其中，r_t 是即时奖励，t 是机器人动作终止的时间步。利用式（9.3），如果设定衰减系数 $\gamma = 0$，那么我们的策略将是短视的，只依赖于即时回报。如果想在即时回报和未来回报之间取得平衡，我们应该将衰减系数设置为某个值，例如 $\gamma = 0.9$。如果环境是确定性的，那么就意味着相同的结果来自相同的操作，可以设置衰减系数 $\gamma = 1$。移动服务机器人的目标是通过选择动作来处理真实的社会环境，从而最大化未来的回报。r_t 表示学习算法在时间步 t 中的表现。实际上，机器人最大化累积奖励的 RL 任务是基于 MDP 的奖励假设的。

一般来说，连续样本之间的关联类型不适合任何优化方法。要解决此问题，我们需要使用经验复用池。为此，在机器人导航期间，所有经验 $(\boldsymbol{s}_t, \boldsymbol{a}_t, R_t, \boldsymbol{s}_{t+1})$ 都存储在复用池 $\mathcal{D}$（请参见算法 9.1 的第 13 行）中。在神经网络的训练过程中，使用从复用池中随机抽取的样本，从而去除了局部最优解情况下后续训练样本的相似性（请参见算法 9.1 的第 14 行）。

算法对从复用池 $\mathcal{D}$ 到更新神经网络权重 $\boldsymbol{\theta}$ 的随机小批量转换进行抽样，其中抽样的批量大小设置为 N。对于每个给定状态转移序列 $(\boldsymbol{s}_j, \boldsymbol{a}_j, R_j, \boldsymbol{s}_{j+1})$，必须执行 3 个步骤。首先，将当前状态 $\boldsymbol{s}_j$ 传入网络，得到预测值 $Q(\boldsymbol{s}_j, \boldsymbol{a}_j; \boldsymbol{\theta})$（请参见算法 9.1 的第 15 行）。其次，如果采样的转换是冲突样本，就直接将此 $(\boldsymbol{s}_j, \boldsymbol{a}_j)$ 对的评估设置为终止奖励（请参见算法 9.1 的第 17 行）；否则，就将下一个状态 $\boldsymbol{s}'$ 传入网络，然后计算最大整体网络输出 $\max_{\boldsymbol{a}'} Q'(\boldsymbol{s}_j', \boldsymbol{a}_j'; \boldsymbol{\theta}')$，并使用 Bellman 方程 $\left(r + \gamma \max_{\boldsymbol{a}'} Q'(\boldsymbol{s}_j', \boldsymbol{a}_j'; \boldsymbol{\theta}')\right)$ 求解（请参见算法 9.1 的第 18 行）。对于所有其他动作，目标函数被设置为不会被当前这一动作的更新影响。综上，损失函数的数学定义如下：

$$L(\boldsymbol{\theta}) = \frac{1}{N} \sum_{i=1}^{n} \left(y_j - Q\left(\boldsymbol{x}_j, \boldsymbol{a}_j; \boldsymbol{\theta}\right) \right)^2 \tag{9.4}$$

利用损失函数 $L(\boldsymbol{\theta})$，通过反向传播和随机梯度下降（请参见算法 9.1 的第 19 行）更新神经网络的权重 $\boldsymbol{\theta}$。一旦训练过程完成，移动机器人将利用训练后的神经网络以更好的性能执行任务。

3. 总结

我们利用 DRL 算法学习了具有社会意识的移动服务机器人导航框架。使用 DRL 算法的主要目的是通过将环境障碍、人类和社会规则的信息整合到决策系统中，使机器人能够在线学习未知社会环境的特征。由于采用了在线深度学习算法，机器人能够在保证人身安全和舒适的同时，执行社会可接受的行为。结果表明，在保证人身安全和舒适的前提下，采用我们提出的社会感知导航框架的移动机器人能够在社会环境中自主导航。

效果如图 9.4 所示。可以看到碰撞指数始终保持在 0.14（图 9.4 中下面的直线）的阈值以下，这表明移动机器人在导航过程中不会太靠近人类。也就是说，移动机器人能够在动态的社会环境中自主、安全地导航，并能够充分保证人的安全和舒适感，同时在给定的动态社会环境中保持移动机器人的社会可接受行为。

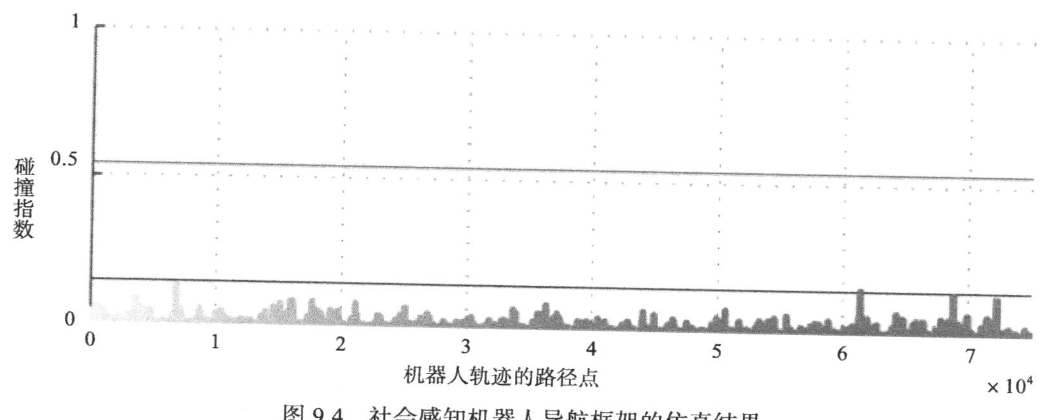

图 9.4 社会感知机器人导航框架的仿真结果

9.2 路径规划

路径规划技术是机器人研究领域的一个重要分支。所谓机器人的最优路径规划问题，就是依据某个或某些优化准则（如工作代价最小、行走路线最短、行走时间最短等），在其工作空间找到一条从起始状态到目标状态能避开障碍物的最优路径。根据控制方法的不同，机器人路径规划方法大致可以分为两类：传统方法和智能方法。移动机器人的路径规划是移动机器人研究领域中非常重要的问题，总的控制目标是使移动机器人运动到目标点，总的约束是在整个过程中，机器人不碰到任何一个障碍物。

该问题根据对环境信息的掌握程度可以分为两类：一类是环境信息已知的全局规划，另一类是环境信息未知的局部规划。全局规划方法依照已获取的环境信息，给机器人规划出一条路径。规划路径的精确程度取决于获取环境信息的准确程度。全局方法通常可以寻找最优解，但是需要预先知道环境的准确信息，并且计算量很大。局部规划方法侧重于考虑机器人当前的局部环境信息，让机器人具有良好的避障能力。很多机器人导航方法通常是局部的方法，因为它的信息获取仅仅依靠传感器系统获取的信息，并且随着环境的改变实时地发生变化。和全局规划方法相比较，局部规划方法更具有实时性和实用性，缺陷是仅仅依靠局部信息，有时会产生局部最优解，无法保证机器人能顺利到达目的地。

本小节，我们则学习一种结合了 DRL 的移动机器人路径规划技术 [48]，该技术将 DRL 技术应用于移动机器人路径规划中，实现了移动机器人端到端的路径规划，即该规划方法仅利用原始视觉感知，无须任何手工制作的特征和特征匹配方法，即可确定移动机器人达到目标点的最佳动作，同时避免障碍物的碰撞，从而取得良好的效果。我们希望读者可以通过阅读本节的内容能够对如何把 DRL 技术应用到移动机器人路径规划的问题中有一个详细的了解，更希望读者们能够掌握如何把 DRL 技术应用到生活与科研的实际问题中的技能。

路径规划问题可以描述为一个移动机器人在一个复杂空间中应避免碰撞任何障碍物的导航任务。该任务通常是在一定的优化条件下进行的，如最低的工作成本、最短的步行距离、最短的步行时间等，这是机器人学中一个重要且具有挑战性的课题。在机器人的许多应用中，工作环境复杂且不可预测，这就要求路径规划方法具有自我更新能力、适应性和鲁棒性。为了克服这些方法的缺点，众多的研究人员探索了各种解决方案，其中基于DRL的技术可以从环境状态中学习适当的行为。环境状态的好处是基于在线学习的概念，以及环境中的奖励或惩罚。因此，允许智能体根据其收到的奖励或惩罚修改其策略。目前，RL算法在移动机器人路径规划问题中得到了很好的应用，取得了重要的成果。

下面让我们带领读者领略一下DRL技术是如何在移动机器人路径规划的应用中发挥其强大能力的。

1. 问题表述

环境负责与智能体进行交互，智能体做出动作，将动作传递给环境，环境根据智能体的当前状态，以及智能体所做出的动作，将奖励与下一时刻的状态反馈给智能体。

智能体包含3个模块，即图像采集和预处理、值函数获取和动作选择，各模块的主要功能如下。

图像采集与预处理模块的主要功能是通过对从当前环境中采集的原始RGB图像进行灰度化和降维操作，来降低图像的维数，降低计算复杂度。

值函数获取模块的主要功能是获取移动机器人各个可能的动作的Q值。DQN的设计和训练是为了能够获得状态–动作值函数Q，DQN的输入是预处理的最后4帧(frame)，DQN的输出是机器人每个可能的动作的Q值。

动作选择模块的主要功能是根据动作选择策略选择移动机器人的最优动作。在进行DQN的训练中，采用ε-greedy策略来选择动作。在DQN计算中，可以直接根据最优Q值选择动作。

各个模块的实现原理详细描述如下。

（1）图像采集与预处理

为了减少后续图像操作的计算量，可以使用灰度化和压缩尺寸两种操作来减小图像的复杂度。移动机器人系统拍摄的原始RGB图像（图像大小为80×80）分别经过灰度化（灰度化图像大小为80×80）和降维处理（尺寸缩小后图像大小为40×40）。

（2）值函数获取

要建立一个DQN来近似移动机器人的状态–动作值函数Q。网络输入为最后4帧预处理图像，输出为移动机器人可能动作的Q值。在这里，状态、动作和奖励可以定义如下。

- 状态：从环境中收集的原始RGB图像。
- 动作：机器人可能的行为，即左转、右转、前进这3个动作。
- 奖励：定义如下：

$$r=\begin{cases}1 & \text{reach} \quad \text{apple}\\ -1 & \text{reach} \quad \text{lemon}\end{cases}$$

状态–动作值函数Q被定义为在时间t对状态$\boldsymbol{s}_t$执行动作$\boldsymbol{a}_t$后的一个评价函数，其值可以使用式（9.5）中所示的Bellman方程进行更新。

$$Q(\boldsymbol{s}_t,\boldsymbol{a}_t)=r_{t+1}+\gamma\max_{\boldsymbol{a}\in\mathcal{A}}Q(\boldsymbol{s}_{t+1},\boldsymbol{a}) \tag{9.5}$$

在式（9.5）中，r_{t+1}是在状态$\boldsymbol{s}_t$执行动作$\boldsymbol{a}_t$时获得的即时奖励；$\boldsymbol{a}$是状态$\boldsymbol{s}_{t+1}$下的所有可能的动作，衰减系数γ用来决定未来奖励的衰减速度。

智能体学习过程包含大量的episode，每个episode重复以下步骤：

①智能体在时间t时感知到外部环境状态$\boldsymbol{s}_t$；

②智能体根据$\boldsymbol{s}_t$与自身策略选择并执行动作；

③将智能体选择的动作应用于外部环境，环境状态从$\boldsymbol{s}_t$转移到$\boldsymbol{s}_{t+1}$。同时，智能体获得一个即时奖励r_{t+1}

④根据Bellman方程（9.5）更新Q的目标值，然后更新DQN网络参数。这时$t\leftarrow t+1$，进入到下一时刻；

⑤如果新环境状态为终止状态，则这一episode结束，否则返回步骤1。

网络由两个卷积层（conv1、conv2）和两个全连接层（fc1、fc2）组成。第一卷积层conv1采用步长2、卷积核大小为3×3；第二卷积层conv2采用步长2、卷积核大小为3×3；第一全连接层fc1有128个神经元；第二全连接层fc2有3个神经元，fc2输出层的值代表Q值，对应于给定输入状态（即从环境中采集的原始RGB图像）的每个可能的移动机器人动作（即左转、右转、前进）。利用经验复用机制可以得到DQN训练样本，然后利用随机梯度下降方法更新网络参数。在这里，经验复用机制的主要思想是，在DQN训练期间，智能体在每个时间点t保存状态转移序列$\boldsymbol{e}_t$，即<当前状态，动作，奖励，下一个状态>。$\boldsymbol{e}_t$存储在长度为N的复用池$\mathcal{D}$中，$\mathcal{D}=\{e_1,e_2,\cdots,e_N\}$。之后从复用池中随机抽取样本，用作更新DQN网络的训练数据。

（3）动作选择

该模块的主要功能是选择最佳的移动机器人动作。换句话说，模块的输入对应于3种可能的移动机器人动作（即左转、右转、前进）的Q值，其输出是移动机器人要执行的最佳动作。

在智能体学习过程中，存在探索与开发之间的权衡问题。一方面，智能体需要选择尽可能多的不同行为来寻找最优策略，这可以被称为探索；另一方面，智能体会考虑选择Q值最大的行为来获得巨大的回报，这可以被称为开发。探索对学习是非常重要的，只有通过探索才能确定最优策略。然而，过多的探索会降低移动机器人路径规划系统的性能，影响学习的速度。因此，在学习过程中，需要设计一种合理的行动选择策略来解决上述问题，也就是说需要在探索和开发之间取得平衡。

由于ε-greedy策略可以使系统避免陷入局部最优状态，因此算法采用了ε-greedy策略来完成移动机器人的动作选择。在ε-greedy策略中，在行为选择过程中增加了一定的随机变化概率。智能体在当前状态下，将随机选择概率为ε的动作，以确保所有的状态空间都能被探索，选择概率为$1-\varepsilon$的最大当前Q值的动作$\boldsymbol{a}_{\max}$，尽可能地利用所学知识。因此，所选动作$\boldsymbol{a}_{\max}$的概率$P(\boldsymbol{a}_{\max},\boldsymbol{s})$可由式（9.6）计算得出。

$$P(\boldsymbol{a}_{\max},\boldsymbol{s})=\varepsilon+\frac{\varepsilon}{N(\mathcal{A})} \tag{9.6}$$

在式（9.6）中，$N(\mathcal{A})$表示动作集$\mathcal{A}$中的移动机器人的动作数量。

（4）规划方法的总体框架

采用DRL的移动机器人路径规划方法的总体框架如图9.5所示，它由智能体和环境组成。为了使机器人通过端到端的学习直接从原始视觉感知中获得最优动作，设计并训练了一个DQN智能体来优化移动机器人的状态–动作值函数。移动机器人系统捕捉到的RGB图像直接视为机器人的当前状态，同时作为DQN网络的输入，网络的输出是移动机器人每个可能动作对应的Q值。最后，移动机器人利用策略选择最佳动作，在避开环境障碍物的同时移动到目标位置。

如图9.5中所示为智能体所包含的3个模块：图像采集与预处理、值函数获取和动作选择。

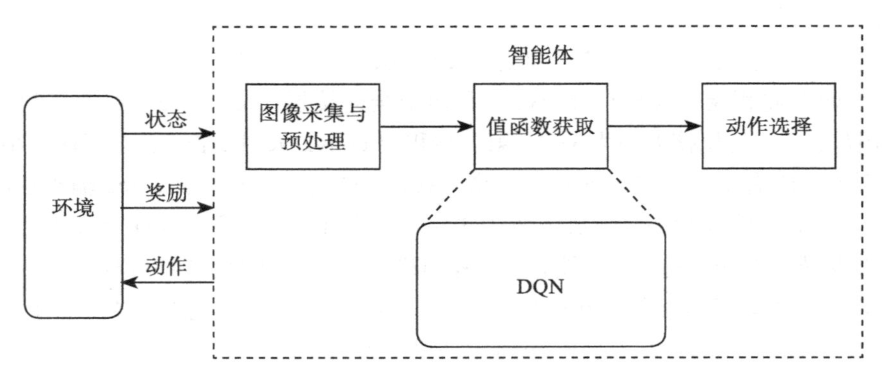

图9.5 基于DRL的移动机器人路径规划通用框架

2. 总结

为了使机器人在不进行手工特征匹配的情况下直接从原始视觉感知中获得最优动作，本小节学习了一种新的端到端路径规划方法——基于DRL的移动机器人路径规划。该方法能够在避开障碍的同时达到更多的目标点，从而具备了更好的路径规划性能，取得了不错的效果，这也验证了此新的移动机器人路径规划方法的有效性。

9.3 机器人视觉

在基本术语中，机器人视觉涉及使用相机硬件和计算机算法的组合，以允许机器人处理来自世界的视觉数据。例如，系统可能有一个2D摄像头，可以检测机器人获取的对象。更复杂的例子包括使用3D立体相机引导机器人将轮子安装到移动的车辆上。

机器人视觉，是指不仅要把视觉信息作为输入，而且还要对这些信息进行处理，进而提取出有用的信息提供给机器人。经过长时间的发展，计算机视觉在定位、识别、检测等多个方面已经发展出来各种研究分支，大多数以常见的相机作为工具，以图像作为处理媒介，获取环境信息。移动机器人通过使用高维的视觉信息作为输入数据来学习如何获得良好的行为，如避开墙壁和沿着中心线移动。DQN是著名的DRL方法之一。DQN通过CNN拟合动作值函数，通过Q-learning更新动作值函数。在本节，我们将为读者介绍一种将DQN方法应用到机器人行为学习仿真环境中的方法[49]。该方法提出了一种在学习性能突然下降的情况下，利用了目前最好的目标网络的训练方法，在 DQN 中加入利润 (profit) 分享方法，加快了学习的速度。

近年来，DRL 受到了广泛关注，DQN 是最著名的 DRL 方法之一。在 Atari 2600 的几场游戏中，DQN 表现出了比人类专家更出色的游戏技能。在传统的 RL 中，将高维图像数据作为输入数据很难处理。利用 CNN 直接从高维图像数据中学习动作策略具有显著的特点。将 DQN 应用于基于视觉的机器人行为学习，以使人类不必设计状态空间。在仿真环境中，移动机器人利用高维视觉信息作为输入数据，学习如何获得良好的避障、沿中心线移动等行为。实验采用机器人仿真软件 Webots 构建移动机器人仿真环境——即在移动机器人身体的顶部有一个摄像头，DQN 使用摄像头获取的图像数据作为输入数据。

1. 问题表述

该研究将 DQN 应用于模拟环境下的机器人行为学习。在仿真环境中实现了两轮移动机器人的行为采集。为此，使用了 Cyberbotics 的机器人模拟器 Webots。

动作、状态和奖励的定义

机器人在每一个时间步从“直行”、“右转”、“左转”和“向后走”这 4 个候选对象中的一个进行一次动作。“直行”动作是通过以相同的速度顺时针旋转两个轮子来实现的，机器人通过这个动作向前移动大约 5.0cm。而“右转”的动作是通过左轮比右轮更快地顺时针转动来实现的，就像坦克一样。通过这个动作，机器人移动约 7.0cm 并顺时针方向旋转约 13.2deg。而“左转”动作与“右转”两轮进行相反方向的运动即可实现。“向后走”的动作也是通过两个车轮的反向运动来实现的。

状态观察由机器人的相机图像定义。假设相机图像在时间步 t 时为 $\boldsymbol{x}_t$，应用预处理函数 φ 得到 $\varphi_t=\varphi(x_t)$。在此，预处理函数将 RGB 彩色图像转换为灰度图像。状态 $\boldsymbol{s}_t$ 由最近的两个帧 φ_t、φ_{t-1} 定义。因此，$\boldsymbol{s}_t=\{\varphi_t,\varphi_{t-1}\}$。

时间步 t 的奖励 r_t 是通过使用机器人的 8 个距离传感器的值和机器人选择的动作定义的，如下所示：

$$r_t=\begin{cases}10 & (\text{当机器人远离墙的时候})\\ -10 & (\text{当机器人选择后退动作时})\\ -20 & (\text{当机器人撞到墙上时})\\ 0 & (\text{其他情况})\end{cases}$$

算法中的 CNN 的结构如下：有 2 个隐藏层，卷积核大小分别为 8×8 和 2×2，采用最大池化（max-pooling）。在第一卷积层和第二卷积层中，卷积核的数目均为 32，输入是 4 幅大小为 50×30 的灰度图像。分类部分的隐藏层中的神经元数为 256。输出层中的神经元数为 4，输出维度与机器人的候选动作数相等。

2. 对 DQN 的修改

（1）最佳目标网络的重用

在原始 DQN 中，每 C 步克隆网络 Q 以获得目标网络 $\hat{Q}$，并使用 $\hat{Q}$ 生成用于 Q 接下来的 C 步更新的目标函数 $y_j=r+\gamma\max_{a'}\hat{Q}(\boldsymbol{s}',\boldsymbol{a}';\boldsymbol{\theta}_i^-)$，同时使用一组较旧的目标网络参数来生成这一 y_j，这些都是前面章节所讲过的避免方差过大的方法。

但在机器人导航问题中还不够，我们熟悉的原始 DQN 显示出了不稳定的学习性能。为此，相关研究人员提出了一种改进的 DQN 方法，当 DQN 在训练过程中出现目标网络 $\hat{Q}$ 的性能（在试运行阶段）突然下降的情况时，该方法会事先存储目前最优的目标网络参数，并将目标网络 $\hat{Q}$ 替换为目前最优的目标网络 $\hat{Q}_{\text{best}}$。由此我可以看到基于目标网络 $\hat{Q}$ 的性能并不总是单调增加的，有时会突然发生一些波动甚至是暂时性的下降，这就是要引入这一调整机制的原因，我们需要应对抽象导航问题的这些困境。

（2）使用利润共享法的 DQN

利润共享法 [50] 是一种“开发（exploitation）导向”的 RL，将终端奖励一次性分配给过去几步中的“状态 – 动作”对，并且将利润共享法与 DQN 相结合，从而实现训练的加速。为了将利润共享法与 DQN 结合，我们存储最近 K 步的状态转换序列 $\mathrm{e}_t=(\boldsymbol{s}_t,\boldsymbol{a}_t,r_t,\boldsymbol{s}_{t+1})$，其中 K 表示计算多步奖励的最大步数。每次智能体获取终端奖励 r_t 时，在 $t-i$ 时的即时奖励 r_{t-i} 由以下的递减序列函数替代：

$$r_{t-i}=\alpha^i r_t(i=1\sim N) \tag{9.7}$$

其中 α 表示阻尼系数 $(0<\alpha<1)$。K 步经验，其即时奖励被上述函数替代，并将 K 步之前的一组经验存储在复用池 $\mathcal{D}$ 中，用于 DQN 的学习。从复用池 $\mathcal{D}$ 随机采样转换的小批量的大小，采用与原始 DQN 相同的结构。

3. 总结

这里所介绍的方法应用 DQN 为小型联赛足球机器人进行基本决策。采用 DQN 来为差速轮式足球机器人的控制进行决策。算法符合自主机器人决策的需要，并且效果可以在 Atari 2600 游戏中得到验证。这表明 DQN 可以在其他基于物理法规的环境中实现。

CHAPTER 10

第10章 计算机视觉

第9章我们学习了RL在机器人控制领域的相关应用，现在学习下一个领域——计算机视觉。众所周知，计算机视觉社区主要负责研究图形、图像和视频等方面的工作，目的是让机器学会像人类一样从原始图像/视频中获得相关的信息，比如对象识别、物体检测和动作跟踪等。本章将给出RL与计算机视觉领域相结合的几个典型应用示例，分析将RL技术应用于图像、视频上的详细过程，例如，图像字幕、图像恢复、视频快进和视觉跟踪等。

10.1 图像

10.1.1 图像字幕

如今，科学家通过使用深度神经网络和蒙特卡罗树搜索实现了AlphaGo，通过深度Q-learning实现了人类游戏控制，通过基于actor-critic的RL模型提出了视觉导航系统。将决策框架应用于图像字幕问题，还是一个比较新的问题。图像字幕就是根据图像自动生成与其内容相匹配的字幕（描述），要求生成的字幕应较好地对图像的主要内容进行描述。由于理解图像内容的复杂性以及用自然语言描述图像内容的各种方式，图像字幕是一个具有挑战性的问题。这也是一个很有意思的任务，因为它旨在赋予机器一种核心人类智能，让机器了解大量的视觉信息并用自然语言表达出来。不过深度神经网络的飞速发展已经大大改善了该类任务的性能。目前，大多数方法都使用编码器-解码器（encoder-decoder）框架，通过顺序循环模型（sequential recurrent model）生成字幕。现在我们学习一种使用了DRL技术的新型图像字幕决策框架[51]，以此框架为例，向读者展示DRL算法及其思想在图像字幕类问题上的应用。在Microsoft COCO数据集上，该框架在不同的评估指标上要优于编码器-解码器框架类方法。

如图10.1所示，在图像字幕决策框架中，使用了“策略网络”和“价值网络”来共同确定每个时间步的下一个最佳单词，而不是学习顺序循环模型来贪婪地寻找下一个正确的单词。策略网络作为局部（local）指导，提供在当前状态下预测下一个单词的置信度。价值网络则用作全局和前瞻性指导，评估当前状态下所有可能扩展的奖励值。这种价值网络可以调整预测正确单词的目标，从而生成类似于真值（ground truth）字幕的结果。图10.1的当前步中，策略网络的首选其实并不是standing这个词。但是，价值网络把状态向前推进了一步，即假设生成了standing，并评估这种状态对最终生成一个好的字幕有多大影响。

这两个网络相辅相成，可以决定选择 standing 这个词。

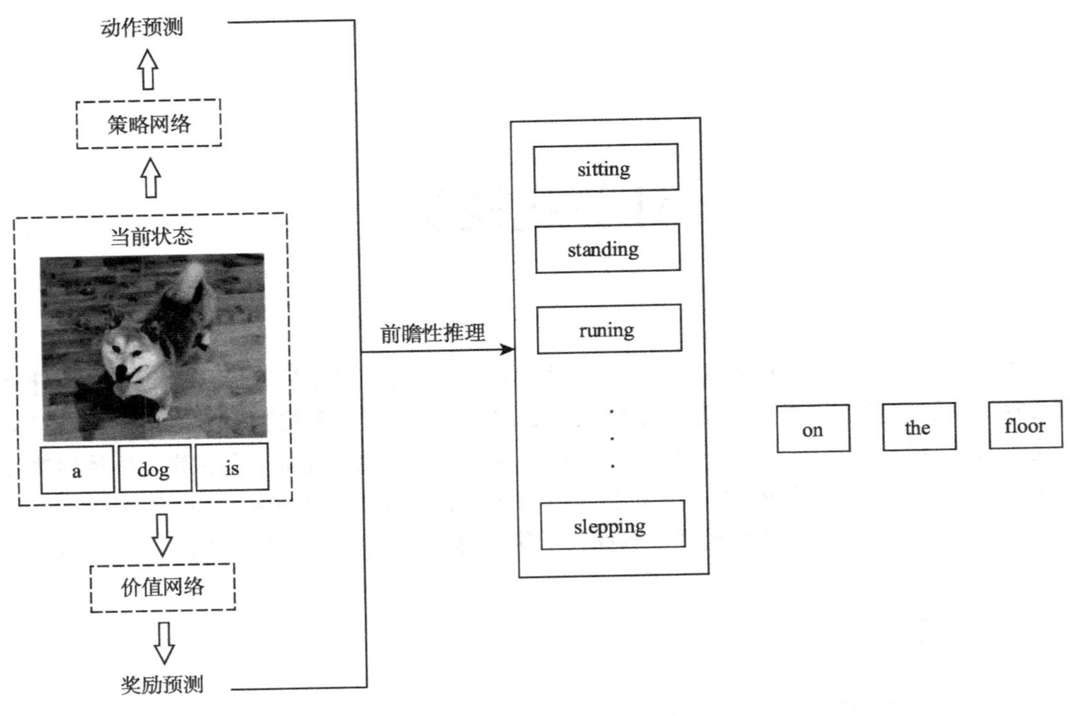

图 10.1 图像字幕决策框架

1. 问题表述

现在，我们思考一下如何将 DRL 算法及其思想与图像字幕问题结合起来，即为问题建模。

现在我们将图像字幕制定为决策过程。在决策中，有一个智能体与环境交互，并执行一系列动作，以优化目标。在图像字幕中，给定图像 $\boldsymbol{I}$，目标是生成句子 $\mathcal{S}=\{\boldsymbol{w}_1,\boldsymbol{w}_2,\cdots,\boldsymbol{w}_T\}$，其中 w_i 是句子 $\mathcal{S}$ 中的单词，T 是长度。该模型包括策略网络 π_θ 和价值网络 v_θ，可以将其看作智能体；环境是给定的图像 $\boldsymbol{I}$ 和到目前为止预测的单词序列 $\{\boldsymbol{w}_1,\boldsymbol{w}_2,\cdots,\boldsymbol{w}_t\}$；动作是预测下一个单词 $\boldsymbol{w}_{t+1}$。

（1）状态和动作空间

首先，我们需要先确定问题的状态和动作空间。决策过程包括一系列动作。在每个动作 $\boldsymbol{a}$ 之后，观察状态 $\boldsymbol{s}$。在当前的问题中，状态 $\boldsymbol{s}_t$ 在时间步 t 由图像 $\boldsymbol{I}$ 和预测到 t 的单词 $\{\boldsymbol{w}_1,\boldsymbol{w}_2,\cdots,\boldsymbol{w}_t\}$ 组成。动作空间是从中抽取单词的字典 y，即 $\boldsymbol{a}_t \subset y$。

（2）策略网络

下面我们来看下如何定义策略网络。策略网络 $\boldsymbol{\pi}_\theta$ 提供智能体在每个状态 $\boldsymbol{\pi}_\theta(\boldsymbol{a}_t|\boldsymbol{s}_t)$ 处采取动作的概率，其中当前状态 $\boldsymbol{s}_t=\{\boldsymbol{I},\boldsymbol{w}_1,\boldsymbol{w}_2,\cdots,\boldsymbol{w}_t\}$，动作 $\boldsymbol{a}_t=\boldsymbol{w}_{t+1}$。在此，使用 CNN 和 RNN 来构建策略网络，表示为 CNN_π 和 RNN_π。如图 10.2 所示，首先使用 CNN_π 对图像 $\boldsymbol{I}$ 的视觉信息进行编码。然后将视觉信息反馈到 RNN_π 的初始输入节点 $x_0 \in \mathbb{R}^n$。随着 RNN_π

的隐藏状态 $\boldsymbol{h}_t \in \mathbb{R}^m$ 随时间 t 演变，提供了在每个时间步采取行动的策略。策略网络通过 $\pi_\theta(\boldsymbol{a}_t \mid \boldsymbol{s}_t)$ 计算在某个状态 $\boldsymbol{s}_t$ 执行动作 $\boldsymbol{a}_t$ 的概率。

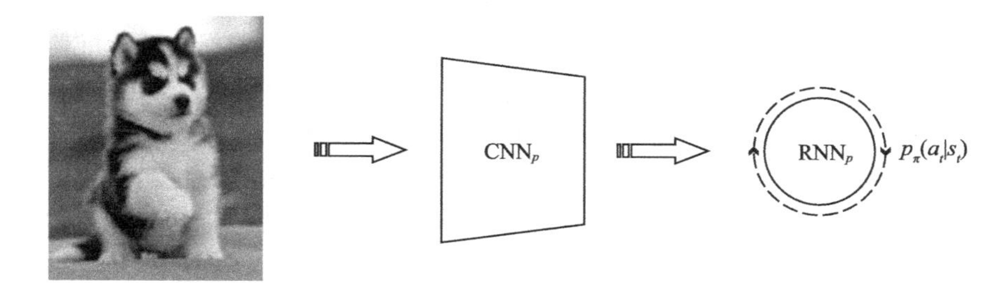

图 10.2　策略网络结构示意图

生成的单词 $\boldsymbol{w}_t$ 在 t 时刻将在下一个时间步中作为网络输入 $\boldsymbol{x}_{t+1}$ 反馈到 RNN_π，其驱动 RNN_π 状态从 $\boldsymbol{h}_t$ 转换到 $\boldsymbol{h}_{t+1}$。具体而言，π_θ 的主要工作流程由以下等式控制：

$$\boldsymbol{x}_0 = \boldsymbol{W}^{x,v}\text{CNN}_\pi(I) \tag{10.1}$$

$$\boldsymbol{h}_t = \text{RNN}_\pi(\boldsymbol{h}_{t-1}, \boldsymbol{x}_t) \tag{10.2}$$

$$\boldsymbol{x}_t = \phi(\boldsymbol{w}_{t-1}), t > 0 \tag{10.3}$$

$$\boldsymbol{\pi}_\theta(\boldsymbol{a}_t \mid \boldsymbol{s}_t) = \phi(\boldsymbol{h}_t) \tag{10.4}$$

其中 $\boldsymbol{W}^{x,v}$ 是视觉信息的线性嵌入模型的权重，ϕ 和 φ 分别表示 RNN_π 的输入和输出模型。

（3）价值网络

接下来是价值网络的定义。在介绍价值网络 V_θ 之前，我们首先定义策略 π 的价值函数 V_π。V_π 被定义为从观察到的状态 $\boldsymbol{s}_t$ 预测总奖励 r（将在后面定义），假设决策过程遵循策略 π，即

$$V_\pi(\boldsymbol{s}) = \mathbb{E}[r \mid \boldsymbol{s}_t = \boldsymbol{s}, \boldsymbol{a}_{t\cdots T} \sim \pi] \tag{10.5}$$

我们使用价值网络近似值函数 $V_\theta(\boldsymbol{s}) \approx V_\pi(\boldsymbol{s})$，作为对状态 $\boldsymbol{s}_t = \{\boldsymbol{I}, \boldsymbol{w}_1, \boldsymbol{w}_2, \cdots, \boldsymbol{w}_t\}$ 的评估。如图 10.3 所示，价值网络由 CNN、RNN 和 MLP 组成，分别表示为 CNN_v、RNN_v 和 MLP_v，并且采用原始图像和句子作为输入。CNN_v 用于编码图像输入 $\boldsymbol{I}$ 的视觉信息，RNN_V 被设计用于编码部分生成的句子 $\{\boldsymbol{w}_1, \boldsymbol{w}_2, \cdots, \boldsymbol{w}_t\}$ 的语义信息。所有组件同时训练以回归来自 s_t 的标量奖励。给定包含原始图像输入 $\boldsymbol{I}$ 的状态 $\boldsymbol{s}_t$ 和直到 t 的部分生成的原始句子，价值网络 $V_\theta(\boldsymbol{s}_t)$ 会评估其价值。

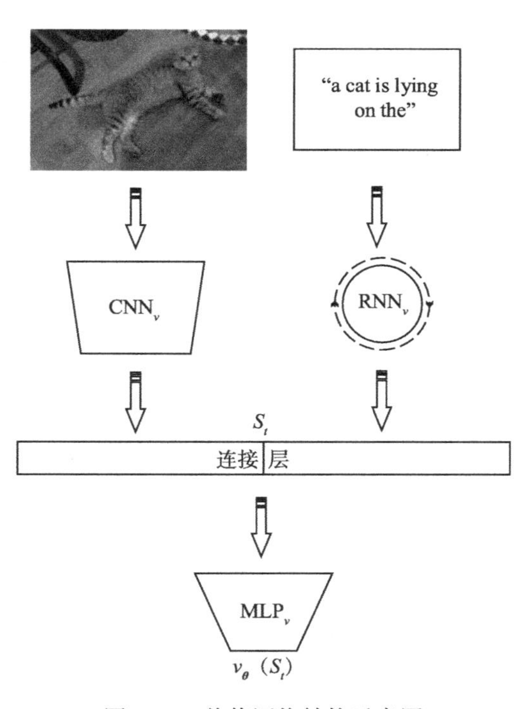

图 10.3　价值网络结构示意图

后面会进一步详细介绍价值网络架构。

（4）通过视觉语义嵌入定义奖励

再接下来就是奖励函数的定义，即 RL 的奖励。为了学习策略和价值网络，框架中引入了嵌入（embedding）奖励的 DRL 算法。首先，使用具有交叉熵损失的标准监督学习来预训练策略网络，并且预先训练具有均方损失的价值网络。然后，通过 DRL 改进策略和价值网络。本质上 RL 在控制或游戏等问题中有具体的优化目标，而图像字幕的优化目标则需要适当地去定义。之所以使用由视觉语义嵌入驱动奖励的 actor-critic 模型进行训练，是因为嵌入监督可以很好地概括不同的评估指标。视觉语义嵌入提供了图像和句子之间相似性的度量，可以测量生成字幕的正确性，并作为合理的全局目标来优化 RL 中的图像字幕。

奖励函数的好坏直接决定着模型训练结果的好坏，所以定义一个恰当的奖励函数是非常重要的。在当前的决策框架中，定义一个具体而合理的优化目标是极其重要的。

视觉语义嵌入已成功应用于图像分类、检索等领域。我们的嵌入模型由 CNN、RNN 和线性映射层组成，分别表示为 CNN_e、RNN_e 和 f_e。通过学习图像和句子到一个语义嵌入空间的映射，提供了图像和句子之间相似性的度量。给定句子 $\mathcal{S}$，使用 RNN_e 的最后隐藏状态表示其嵌入特征，即 $\boldsymbol{h}_T'(\mathcal{S})$。设 $\boldsymbol{v}$ 表示 CNN_e 提取的图像 $\boldsymbol{I}$ 的特征向量，$f_e(\cdot)$ 是从图像特征到嵌入空间的映射函数。我们使用与图像字幕相同的图像 – 句子（image-sentence）对来训练嵌入模型。通过固定 CNN_e 权重，并使用如下定义的双向排名损失来学习 RNN_e 权重以及 $f_e(\cdot)$：

$$\begin{aligned} L_e = &\sum_v \sum_{\mathcal{S}^-} \max\left(0, \beta - f_e(\boldsymbol{v}) \cdot \boldsymbol{h}_T'(\mathcal{S}) + f_e(\boldsymbol{v}) \cdot \boldsymbol{h}_T'(\mathcal{S}^-)\right) \\ &+ \sum_{\mathcal{S}} \sum_{v^-} \max\left(0, \beta - \boldsymbol{h}_T'(\mathcal{S}) \cdot f_e(\boldsymbol{v}) + \boldsymbol{h}_T'(\mathcal{S}) \cdot f_e(\boldsymbol{v}^-)\right) \end{aligned} \tag{10.6}$$

其中 β 是交叉验证的边缘，每个 $(\boldsymbol{v}, \mathcal{S})$ 是基本真值图像 – 句子对，$\mathcal{S}^-$ 表示对应于 $\boldsymbol{v}$ 的图像的否定描述，反之亦然，表示为 $\boldsymbol{v}^-$。

给定一个具有特征 $\boldsymbol{v}^*$ 的图像，我们将生成的句子 $\widehat{\mathcal{S}}$ 的奖励定义为 $\widehat{\mathcal{S}}$ 和 $\boldsymbol{v}^*$ 之间的嵌入相似性：

$$r = \frac{f_e(v^*) \cdot \boldsymbol{h}_T'(\widehat{\mathcal{S}})}{\left\| f_e(v^*) \right\| \left\| \boldsymbol{h}_T'(\mathcal{S}) \right\|} \tag{10.7}$$

（5）用 DRL 进行训练

最后，则是对模型的训练。我们分两步学习 π_θ 和 V_θ。在第一步中，使用带有交叉熵损失的标准监督学习训练策略网络 π_θ，其中损失函数定义为：

$$L_{\pi'} = -\log p(\boldsymbol{w}_1, \cdots, \boldsymbol{w}_T | \mathbf{I}; \pi) = -\sum_{t=1}^{T} \log \pi_\theta(\boldsymbol{a}_t | \boldsymbol{s}_t) \tag{10.8}$$

然后通过最小化均方损失 $\left\| V_\theta(\boldsymbol{s}_i) - r^2 \right\|$ 来训练价值网络，其中 r 是生成句子的最终奖励，$\boldsymbol{s}_i$ 表示生成过程中随机选择的状态。对于生成的句子，连续状态是强相关的，仅差一个单词，但是对于每个完整字幕过程是共享回归目标的。因此，需要从每个不同的句子中随机抽取一个单一状态，以防止过拟合。

在第二步中，我们使用 DRL 联合训练 π_θ 和 V_θ。智能体的参数由 $\Theta=\{\pi,\theta\}$ 表示，通过最大化智能体在与环境交互时可得期望的总奖励来学习 Θ：$J(\Theta)=\mathbb{E}_{s_1\cdots T\sim\pi_\theta}\left(\sum_{t=1}^{T} r_t\right)$。当 $r_t=0\ \ \forall 0<t<T$和$r_T=r$时，$J(\Theta)=\mathbb{E}_{s_1\cdots T\sim\pi_\theta}(r)$。

确切地说，最大化 J 是非常重要的，因为它涉及对高维交互序列的期望，其可能依次涉及未知的环境动态。然而，将问题视为 POMDP 后，我们可以将问题转换为 RL 问题，从而梯度的样本近似值为：

$$\nabla_\pi J\approx\sum_{t=1}^{T}\nabla_\pi\log\pi_\theta(\boldsymbol{a}_t|\boldsymbol{s}_t)\left(r-V_\theta(\boldsymbol{s}_t)\right) \tag{10.9}$$

$$\nabla_\theta J=\nabla_\theta V_\theta(\boldsymbol{s}_t)\left(r-V_\theta(\boldsymbol{s}_t)\right) \tag{10.10}$$

这里，价值网络 V_θ 用作移动基线。通过评估价值网络进行减法会导致策略梯度的方差估计值低得多。可以将用于缩放梯度的量 $r-V_\theta(\boldsymbol{s}_t)$ 看作状态 $\boldsymbol{s}_t$ 中动作优势的估计。这种方法可以被视为 actor-critic 架构的一种，其中策略 π_θ 是 actor，v_θ 是 critic。

由于与其他决策问题相比具有较大的动作空间，因此图像字幕中的 RL 难以训练。图像字幕的动作空间大约为 10^3，等于词汇量大小，而简易的视觉导航动作空间仅为 4，表示 4 个方向。为了逐步教导模型产生稳定的句子，我们逐渐提供更难的训练样本：迭代地固定具有交叉熵损失的第一个 $(T-i\times\Delta)$ 单词并让 actor-critic 模型训练剩余的 $i\times\Delta$ 字，让 $i=1,2,\cdots,$ 直到 RL 被用于训练完成整个句子。

2. 策略网络和价值网络的前瞻性推理机制

我们现在来看一下框架中存在的推理机制。对于决策问题，推理是由局部指导和全局指导引导的，例如 AlphaGo 利用蒙特卡罗树搜索来结合两种指导。而对于图像字幕，这里采用了一种新颖的先行推理机制，它结合了策略网络的局部指导和价值网络的全局指导。学习价值网络为每个决策提供先行评估，这可以补充策略网络并协作生成字幕。

Beam 搜索（Beam Search, BS）是现有图像字幕方法中最常用的解码方法，其在每个时间步长存储前 B 个高评分候选者。这里 B 是 Beam 的宽度。我们在时间 t 表示由 BS 保持的 B 序列集合为 $\mathcal{W}_{\lceil t\rceil}=\left\{w_{1,\lceil t\rceil},\cdots,w_{B,\lceil t\rceil}\right\}$，其中每个序列是生成的单词，直到 $w_{b,\lceil t\rceil}=\left\{\boldsymbol{w}_{b,1},\cdots,\boldsymbol{w}_{b,t}\right\}$ 为止。在每个时间步 t，BS 考虑这些 Beam 的所有可能的单个字扩展，由集合 $\mathcal{W}_{t+1}=\mathcal{W}_{\lceil t\rceil}\times y$ 给出，并选择前 B 个最高得分的扩展作为新的 Beam 序列 $\mathcal{W}_{\lceil t+1\rceil}$：

$$\mathcal{W}_{\lceil t+1\rceil}=\underset{w_{b,\lceil t+1\rceil}\in\mathcal{W}_{t+1}}{\arg\operatorname{top}B}\ \mathcal{S}\left(w_{b,\lceil t+1\rceil}\right),\qquad \text{s.t.}\quad w_{i,\lceil t+1\rceil}\neq w_{j,\lceil t+1\rceil}$$

其中运算符 $\arg\operatorname{top}B$ 表示通过排序 $\mathcal{W}_{t+1}$ 的 $B\times|y|$ 个成员来实现获取 $\mathcal{W}_{t+1}$ 的前 B 项，$S(\cdot)$ 的成员表示生成序列的评分函数。在现有的图像字幕 BS 中，$S(\cdot)$ 是生成序列的对数概率。但是，这样的评分功能可能会错过好的字幕，因为它假设好字幕中每个单词的对数概率必须是最佳选择。然而，这不一定是真的。比如，在 AlphaGo 中，并非所有动作都具有最高概率。只要最终奖励被优化，有时允许选择具有低概率的一些动作是有益的。

为此，这里采用了前瞻性推理，结合了策略网络和价值网络，以考虑 $\mathcal{W}_{t+1}$ 中的所有选

项。它通过考虑当前策略和先行奖励评估来执行每个行动，即

$$
\begin{aligned}
S\left(w_{b,\lceil t+1\rceil}\right) &= S\left(\left\{ w_{b,\lceil t\rceil}, \boldsymbol{w}_{b,t+1}\right\}\right) \\
&= S\left(w_{b,\lceil t\rceil}\right) + \lambda \log \pi_{\theta}(\boldsymbol{a}_t \mid \boldsymbol{s}_t) + (1-\lambda) V_{\theta}\left(\{\boldsymbol{s}_t, \boldsymbol{w}_{b,t+1}\}\right)
\end{aligned}
\tag{10.11}
$$

其中 $\mathcal{S}\left(w_{b,\lceil t+1\rceil}\right)$ 是用单词 $\boldsymbol{w}_{b,t+1}$ 扩展当前序列 $w_{b,\lceil t\rceil}$ 的得分，$\log \pi_{\theta}(\boldsymbol{a}_t \mid \boldsymbol{s}_t)$ 作为扩展，表示策略网络预测 $\boldsymbol{w}_{b,t+1}$ 的置信度，并且 $V_{\theta}\left(\{\boldsymbol{s}_t, \boldsymbol{w}_{b,t+1}\}\right)$ 表示对假设生成 $\boldsymbol{w}_{b,t+1}$ 的状态的价值网络的评估。$0 \leqslant \lambda \leqslant 1$ 是一个超参数，结合了策略和价值网络。

3. 总结

我们本次学习的图像字幕的决策框架，与以前的编码器－解码器框架不同，该方法使用策略网络和值网络来生成标题。策略网络充当本地指导，价值网络充当全局和前瞻性指导。为了学习这两种网络，使用了 actor-critic 的 DRL 方法和新颖的视觉语义嵌入奖励。我们可以感受到 DRL 具有强大的优势，如图 10.4 所示，从该方法和基线方法的定性比较结果可以看出，决策框架方法能比监督学习方法更好地生成字幕。

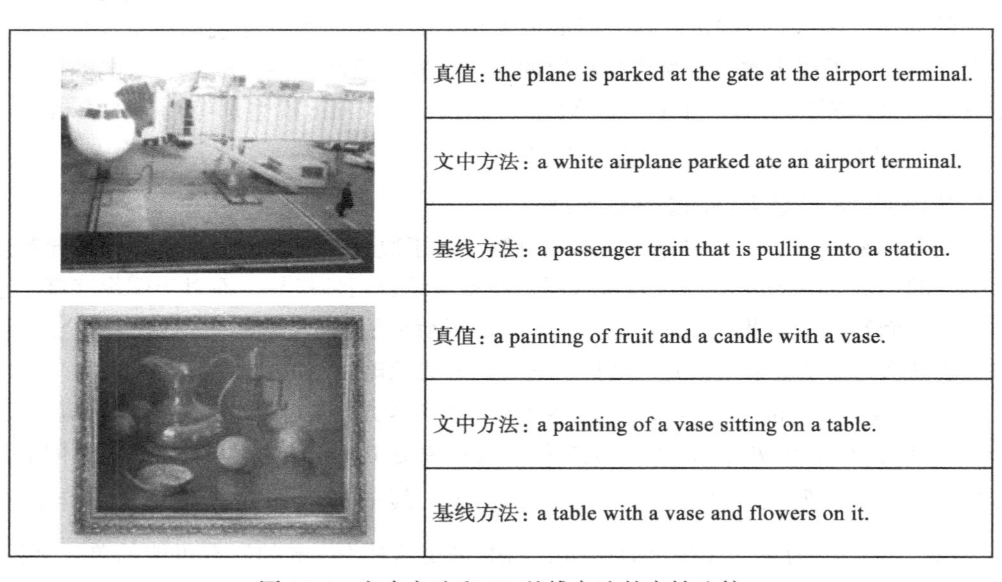

	真值：the plane is parked at the gate at the airport terminal.
	文中方法：a white airplane parked ate an airport terminal.
	基线方法：a passenger train that is pulling into a station.
	真值：a painting of fruit and a candle with a vase.
	文中方法：a painting of a vase sitting on a table.
	基线方法：a table with a vase and flowers on it.

图 10.4　文中方法和 SL 基线方法的定性比较

10.1.2　图像恢复

图像恢复是一个广泛研究的领域，也是图像处理中的基本问题，目的是从损坏或嘈杂的图像中估计出（恢复到）清晰或原始的图像。我们都知道图像恢复技术在现实生活中有着巨大的应用价值，比如文物纹理恢复、墓葬壁画恢复和受损照片复原等。本小节我们来了解一下应用了 DRL 技术的图像恢复方法——RL-Restore[52]，与大多数为特定任务而训练单个大型网络的方法不同，该方法引入了一个由不同复杂性的小规模 CNN 组成的工具箱，用来专门负责不同的任务，然后学习一个策略，从工具箱中选择适当的工具来逐步恢复损坏图像的质量。通过制定逐步的奖励函数，使其与图像在每一步恢复的程度成比例，以学

习行动策略。此外还设计了一个联合学习计划来训练智能体和工具，以便在处理不确定性方面获得更好的性能。与传统的人工设计网络相比，RL-Restore 能够使用动态形成的工具链以更高参数效率的方式恢复被复杂和未知失真破坏的图像。

1. 问题表述

将图像恢复视为决策过程，通过该框架，智能体可以自适应地选择一系列工具来逐步细化图像，如果恢复的质量被认为是令人满意的，智能体可以选择停止。在框架中，准备了许多具有不同复杂性的轻量级 CNN。它们是特定于任务的，旨在用于处理不同类型的恢复任务，包括去模糊、去噪或 JPEG 伪像减少等。而选择工具的顺序是在 RL 框架中制定的，智能体通过分析当前步骤中恢复的图像的内容并观察所选择的最后一个动作来学习决定下一个要选择的最佳工具。当智能体改善输入图像的质量时，累积奖励。

给定一个失真的图像 $\boldsymbol{I}_{\text{dis}}$，我们的目标是将其恢复至接近真值图像 $\boldsymbol{I}_{\text{gt}}$ 的清晰图像 $\boldsymbol{I}_{\text{res}}$。失真过程可以表述为：

$$\boldsymbol{I}_{\text{dis}} = D\left(\boldsymbol{I}_{\text{gt}}\right); \quad D = D_n \circ \cdots \circ D_1 \tag{10.12}$$

其中，函数 $D_1 \circ \cdots \circ D_n$ 表示特定类型的失真。与专注于单一类型失真的方法不同，我们处理多种失真相混合的任务（即 $n > 1$）。例如，最终输出图像可能依次受到离焦模糊、曝光噪声和 JPEG 压缩的影响。在这种情况下，失真的数量 n 为 3，并且 D_1、D_2、D_3 分别表示模糊、噪声和压缩。为解决混合失真问题，这里使用一系列恢复工具来逐步恢复损坏的图像。

（1）状态和动作空间

状态包含智能体可以观察到的信息。这里，状态被表示为 $\boldsymbol{s}_t = \{\boldsymbol{I}_t, \tilde{\boldsymbol{v}}_t\}$，其中 $\boldsymbol{I}_t$ 是当前的输入图像，$\tilde{\boldsymbol{v}}_t$ 是过去的历史动作向量。在第 1 步，$\boldsymbol{I}_1$ 是输入图像，$\boldsymbol{v}_1$ 是零向量。状态为智能体提供丰富的背景知识。当前输入图像 $\boldsymbol{I}_t$ 是必要的，因为动作将直接应用于此图像，以获得更好的恢复结果。先前动作向量 $\tilde{\boldsymbol{v}}_t$ 的信息，即 $t-1$ 步的智能体输出的值向量 $\tilde{\boldsymbol{v}}_t = \boldsymbol{v}_{t-1}$ 也是重要的，因为对先前决策的了解可以帮助在当前步进行选择动作，这比仅使用图像 $\boldsymbol{I}_t$ 更有经验。

动作空间是指智能体可以采取的所有可能动作的集合，表示为 $\mathcal{A}$。在每一步 t，选择动作 $\boldsymbol{a}_t$ 并将其应用于当前输入图像。每个动作代表工具箱中的一个工具，还有一个表示停止的附加动作。如果工具箱中有 N 个工具，则 $\mathcal{A}$ 的基数为 $N+1$。因此，智能体的输出 $\boldsymbol{v}_t$ 是一个 $N+1$ 维向量，用来表示每个动作的值。一旦选择了停止动作，恢复程序将终止，当前输入图像也将成为最终结果。

（2）奖励

奖励驱动智能体的训练，使它学习最大化累积奖励。智能体需要学习一个好的策略，从而恢复出令人满意的图像。我们希望确保每一步都能提高图像质量，因此设计如下逐步奖励：

$$r_t = P_{t+1} - P_t \tag{10.13}$$

其中 r_t 是第 t 步的奖励函数，P_{t+1} 表示 $\boldsymbol{I}_{t+1}$ 与第 t 步恢复结束时的参考图像 $\boldsymbol{I}_{\text{gt}}$ 之间的 PSNR，

P_t 表示第 t 步输入的 PSNR。累积奖励可以写为 $R=\sum_{t=1}^{T} r_t = P_{T+1} - P_1$，这是恢复过程期间的总 PSNR 增益，并且通过将其最大化来实现最优改善。此外，使用其他图像质量指标（如感知损失、GAN 损失）作为框架中的奖励也是灵活的。

（3）RL-Restore 网络结构

RL-Restore 的处理流程如图 10.5 所示。给定输入图像，智能体首先从工具箱中选择一个工具并使用它来恢复图像，然后智能体根据之前的结果选择另一个工具并重复恢复过程，直到它决定停止。该框架旨在为输入的损坏图像发现用于修复的工具链。RL-Restore 由两部分组成：①包含各种图像恢复工具的工具箱；②具有循环结构的智能体，用于在每一步或早期停止操作时动态选择工具。我们将工具选择过程作为 RL 过程：一系列工具选择的决策，以最大化与恢复图像质量成比例的奖励。在每一步 t，智能体 f_{ag} 观察当前状态 $\boldsymbol{s}_t$，包括当前恢复的图像 $\boldsymbol{I}_t$ 和输入的值向量 $\tilde{\boldsymbol{v}}_t$，它是前一步中智能体的输出。注意，$\boldsymbol{I}_1$ 表示输入图像，$\tilde{\boldsymbol{v}}_1$ 表示零向量。 根据智能体输出 $\boldsymbol{v}_t$ 的最大值，选择一个动作 $\boldsymbol{a}_t$，并使用相应的工具恢复当前图像。在恢复过程 f_r 之后，利用新恢复的图像 $\boldsymbol{I}_{t+1}$ 和值向量 $\tilde{\boldsymbol{v}}_{t+1}=\boldsymbol{v}_t$，RL-Restore 迭代地进行另一个恢复步骤，直到选择了停止动作。

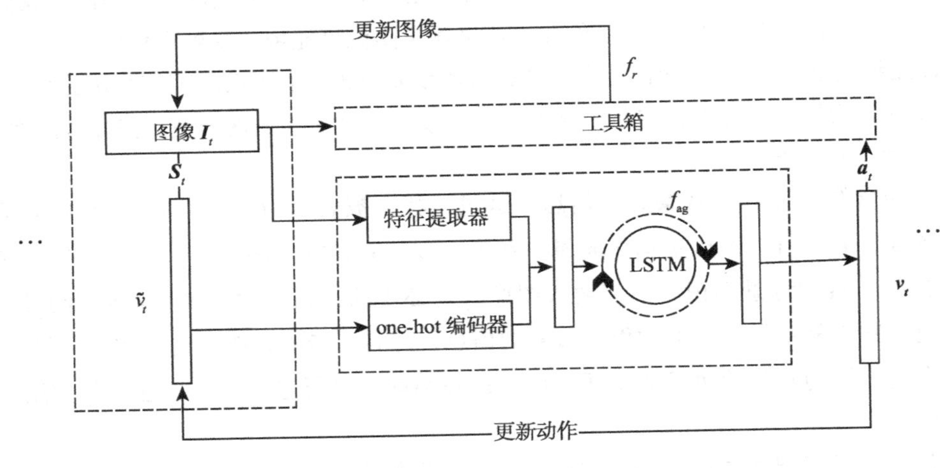

图 10.5 RL-Restore 框架（t 时刻）

（4）工具箱

工具箱包含一组可能应用于修复损坏图像的工具。我们的目标是设计一个功能强大的、轻量级的工具箱，因此限制每个工具精通特定任务。也就是说，每个工具仅在很小范围的失真上进行训练。为了进一步降低整体复杂性，我们使用更小的网络来实现更简单的任务。使用三层 CNN 用于轻微失真，使用八层 CNN 用于严重失真。注意，不必限制工具来解决上述失真，上述这些选择在图像恢复的文献中已被考虑过。在实践中，可以根据手头的任务设计具有适当复杂性的工具。

正如刚才所讨论的，一套有限的工具并不能很好地处理中间状态下出现的新失真。为了解决这个问题，可以使用两个策略：

- 为了提高工具的稳健性，在所有训练数据中添加了轻微的高斯噪声和 JPEG 压缩。
- 训练完智能体后，所有工具都在训练好的工具链上进行联合微调。然后，这些工具将会更加适应智能体的任务，并能够更加健壮地处理中间状态。

在每一步 t，智能体在给定输入状态 S_t 的情况下评估每个动作的值，可以表述如下：

$$\boldsymbol{v}_t = f_{\mathrm{ag}}\left(\boldsymbol{s}_t;\boldsymbol{W}_{\mathrm{ag}}\right) \tag{10.14}$$

其中 f_{ag} 表示智能体网络，$\boldsymbol{W}_{\mathrm{ag}}$ 表示其参数，向量 $\boldsymbol{v}_t$ 表示动作的值。具有最大值的动作被选择为 $\boldsymbol{a}_t$，即 $\boldsymbol{a}_t = \mathrm{argmax}_{\boldsymbol{a}}\boldsymbol{v}_{t,\boldsymbol{a}}$，其中 $\boldsymbol{v}_{t,\boldsymbol{a}}$ 表示对应动作 $\boldsymbol{a}$ 的值向量 $\boldsymbol{v}_t$ 的元素。

如图 10.5 所示，智能体由三个模块组成。第一个模块称为特征提取器，是一个四层 CNN，后面是全连接（fc）层。第二个模块是具有 $N+1$ 维输入和 N 维输出的 one-hot 编码器，用来保留先前所选动作的信息。注意，输出的维度低于输入的维度，因为在前一步中不能采用停止操作，因此我们简单地丢弃最后一个维度。前两个模块的输出连接到第三个模块的输入端，这是一个 LSTM。LSTM 不仅观察输入状态，还将历史状态存储在其记忆单元中，用来提供历史的恢复图像和动作的上下文信息。最后，利用 LSTM 之后的另一个 fc 层导出值向量 v_t，用于工具选择。

一旦根据 $\boldsymbol{v}_t$ 中的最大值获得动作，相应的工具将应用于输入图像 $\boldsymbol{I}_t$ 以获得新的恢复图像：

$$\boldsymbol{I}_{t+1} = f_r\left(\boldsymbol{I}_t,\boldsymbol{a}_t;\boldsymbol{W}_r\right) \tag{10.15}$$

其中 f_r 表示恢复功能，$\boldsymbol{W}_r$ 表示工具箱中工具的参数。如果选择了停止动作，则 f_r 表示标识映射。通过将 $\boldsymbol{I}_{\mathrm{dis}}$ 和 $\boldsymbol{I}_{\mathrm{res}}$ 分别表示为输入的失真图像和最终恢复的输出图像，整个恢复过程可表示为：

$$\begin{cases}\boldsymbol{I}_1 = \boldsymbol{I}_{\mathrm{dis}} \\ \boldsymbol{I}_{t+1} = f\left(\boldsymbol{I}_t;\boldsymbol{W}\right) & 1\leqslant t\leqslant T \\ \boldsymbol{I}_{\mathrm{res}} = \boldsymbol{I}_{T+1}\end{cases} \tag{10.16}$$

其中，$f=\left[f_{\mathrm{ag}};f_r\right]$ 且 $\boldsymbol{W}=\left[\boldsymbol{W}_{\mathrm{ag}};\boldsymbol{W}_r\right]$。$T$ 是选择停止动作的步。我们还设置了最大步长 $T_{\max}$ 以防止过度恢复。当 $t=T_{\max}$ 并且未选择停止动作时，我们将在当前步之后终止恢复过程，也就是添加了 $T\leqslant T_{\max}$ 的约束。

（5）训练

工具的训练遵循最小化 MSE $\frac{1}{2}\|y-h(x)\|_2^2$。真值图像、输入图像和工具分别表示为 y、x 和 h。至于智能体，训练是通过深度 Q-learning 来实现的，因为我们没有关于正确选择行动的先验知识。在提出的框架中，$\boldsymbol{v}_t$ 的每个元素都是深度 Q-learning 中定义的动作值，因此损失函数可写为 $L=\left(y_t-\boldsymbol{v}_{t,\boldsymbol{a}_t}\right)^2$，其中

$$y_t=\begin{cases}r_t+\gamma\max_{\boldsymbol{a}'}\boldsymbol{v}_{t+1,\boldsymbol{a}} & 1\leqslant t\leqslant T \\ r_T & t=T\end{cases} \tag{10.17}$$

γ 是折扣因子。我们还使用目标网络 f_{ag}' 来稳定训练，这是对在线网络 f_{ag} 的克隆，并在训练

时每 C 步更新其参数。在上面的公式中，$\boldsymbol{v}_{t+1,\boldsymbol{a}}$ 来自 f'_{ag}，$\boldsymbol{v}_{t,\boldsymbol{a}_t}$ 来自 f_{ag}。在训练时，从经验复用池中随机选择 episode。有两种更新策略：一种是“随机更新”，是指从每个 episode 的随机点更新并进行固定数量的步数；另一种是“顺序更新”，表示所有更新都在 episode 开始时开始并到达其终点。由于两种更新策略都具有相似的性能，并且我们的工具链不会太长，所以只需采用“顺序更新”即可，其中每个训练序列都包含一个完整的工具链。

联合训练：如前面部分所述，没有一个工具可以完美地处理中间状态，在中间状态，可能会在之前的恢复过程中引入新的和复杂的失真。为了解决这个问题，我们采用联合训练算法，如算法 10.1 所示，以端到端的方式训练工具，以便所有工具都能学会处理中间状态。具体来说，对于批处理中的每个工具链，失真图像 $\boldsymbol{I}_1$ 被转发以获得还原结果 $\boldsymbol{I}_{T+1}$。给定最终的 MSE 损失，然后梯度沿着相同的工具链向后传递。同时，每个工具的梯度在一批中累积，最后使用梯度的平均值来更新相应的工具。上述更新过程进行几次迭代。

算法 10.1　联合训练算法 (1 次迭代)

初始化计数器 $c_1,c_2,\cdots,c_N=0$
初始化梯度 $G_1,G_2,\cdots,G_N=0$
for $m=1, M$ **do**
　　$\boldsymbol{I}_1 \leftarrow$ Input image　　　　　　# 前向传播
　　for $t=1,T$ **do**
　　　　$\boldsymbol{a}_t \leftarrow f_{\text{ag}}(\boldsymbol{s}_t)$
　　　　$\boldsymbol{I}_{t+1} \leftarrow f_{\text{r}}(\boldsymbol{I}_t,\boldsymbol{a}_t)$
　　end for
　$L \leftarrow \frac{1}{2}\left\|\boldsymbol{I}_{\text{gt}}-\boldsymbol{I}_{T+1}\right\|_2^2$
　　for t=T **to** 1 **step** –1 **do**　　　　# 后向传播
　　　　$c_{a_t} \leftarrow c_{a_t}$
　　　　$G_{a_t} \leftarrow G_{a_t}+\partial L/\partial \boldsymbol{W}_{a_t}$
　　　　$L \leftarrow \boldsymbol{I}_t \cdot \partial L/\partial \boldsymbol{I}_t$
　　end for
end for
for i=1, N **do**　　　# 更新工具
　　if $c_i>0$ **then**
　　　　$\boldsymbol{W}_i \leftarrow \boldsymbol{W}_i-\alpha\, G_i/\mathrm{c}_i$
　　end if
end for

2. 总结

本小节学习的基于 DRL 的图像恢复方法，与大多数现有的基于深度学习的方法不同。这里智能体学习动态选择工具链，以逐步恢复被复杂和混合变形破坏的图像。由于其固有的灵活性，该框架可以通过开发强大的工具和适当的奖励应用于更具挑战性的恢复任务或

其他低级视觉问题。在实际情况中，图像总是被具有未知退化内核的各种复杂和混合失真扭曲，使得当前方法的恢复任务极其困难。当前基于 RL 的方法可以阐明可能的解决方案。当现实世界的失真（例如，轻微的离焦模糊、曝光噪声和 JPEG 伪像）接近训练数据时，该方法可以容易地推广到这些问题并且比单个 CNN 模型表现得更好。

10.2 视频

10.2.1 视频字幕

视频字幕是自动为视频中的动作生成文本描述的任务。也许，对于大多数人来说，观看简短的视频并描述发生的事情（用文字表示）是一件容易的事。但是，对于机器来说，从视频像素中提取含义并生成自然的描述是一项非常具有挑战性的工作。然而，由于其具有广泛的应用，例如智能视频监控和对视力障碍人士的帮助等，视频字幕最近在计算机视觉社区受到了越来越多的关注。在 10.1.1 节中，我们讲解了图像字幕问题，但是视频字幕又与其有所不同。图像字幕是为一张静态的场景（图像）生成文字性描述，而视频字幕则需要通过多帧视频图像去捕获动作片段，然后生成具有描述性的字幕。视频字幕需要理解一系列相干场景以便联合生成多个描述段，比图像字幕更复杂、更具有挑战性。如图 10.6 所示，第一条是来自 MSR-VTT 数据集的示例，其由三个单行字幕概括。第二条是来自 Charades 数据集的一个例子，它由几个连续的人类活动组成，并由复杂结构的多个长句描述。

字幕 1：一个女士给了她的狗一些食物
字幕 2：一个女士吃东西的同时给了她的狗一些食物
字幕 3：一个女士分享给狗一块点心

字幕：一个人坐在床上把笔记本放进了包里。这个人站起来，把包背在肩上，然后走出了房间

图 10.6 视频字幕图例

尽管先前的许多工作在抽象出短视频的粗略描述方面表现出了有希望的结果，但是用详细描述对包含多个细粒度动作的视频进行字幕说明仍然非常困难。本小节我们讲解一种利用 HRL 框架解决视频字幕问题的新方法 [53]，该框架包含了管理者和工作者模块，高层管理者模块学习设计子目标，低层工作者模块识别实现子目标的原始动作。

目前，视频字幕任务主要可分为两个类：单句生成和段落生成。单句生成倾向于将整个视频抽象为简单且高级的描述性句子，而段落生成倾向于掌握更详细的动作，生成多个描述句子。对于段落生成，段落也通常被分成与真值视频间隔时间相关联的多个单一生成场景。在许多实际情况中，人类活动过于复杂，无法用简短的句子来描述，如果没有对语言语境的充分理解，时间间隔很难被提前预测。例如，在图 10.6 的底部示例中，总共有 5 个人类动作，即坐在床上的同时将笔记本电脑放入包中→站起来→将包放在肩膀上→走出房间，并且具有一定的顺序。这种细粒度的字幕需要一种微妙的表达机制来捕捉视频内容的时间动态，并将其与自然语言中的语义表示相关联。为了解决这个问题，我们采用"分而治之"的方法，首先将长字幕划分为许多小文本段，然后采用序列模型对每一段进行求解，引导模型逐段生成句子，而不是强制序列模型一次生成整个序列。高层序列模型设计每个段的上下文，低层序列模型遵循指导原则逐字生成段落。

1. 问题表述

（1）框架概览

文本和视频上下文可以被视为 RL 环境。该框架是一个完全可微分的深度神经网络（如图 10.7 所示），包括：

- 以较低时间分辨率设置目标的高级序列模型 Manager。
- 低级的序列模型 Worker，遵循 Manager 中的目标，在每个时间步中选择基本动作。
- 确定目标是否完成的内部评论家模型 Internal Critic。

更具体地，HRL 智能体由三个部分组成：低级 Worker、高级 Manager 和 Internal Critic。Manager 以较低的时间分辨率操作并在需要 Worker 去完成时发出目标，Worker 通过遵循 Manager 提出的目标为每个时间步生成一个单词。也就是说，Manager 要求 Worker 生成语义段，然后 Worker 在接下来的几个时间步中生成相应的单词以完成工作。Internal Critic 则确定 Worker 是否完成了目标，并向 Manager 发送二进制段信号以帮助其更新目标。一旦到达句尾标记，整个管道将终止。此外，还为 Manager 和 Worker 配备了视频功能的注意力（attention）模块（后面将会介绍），在内部引入层次关注，以便 Manager 将注意力集中在更广泛的时间动态上，同时将 Worker 的注意力缩小到基于目标条件的局部动态上。

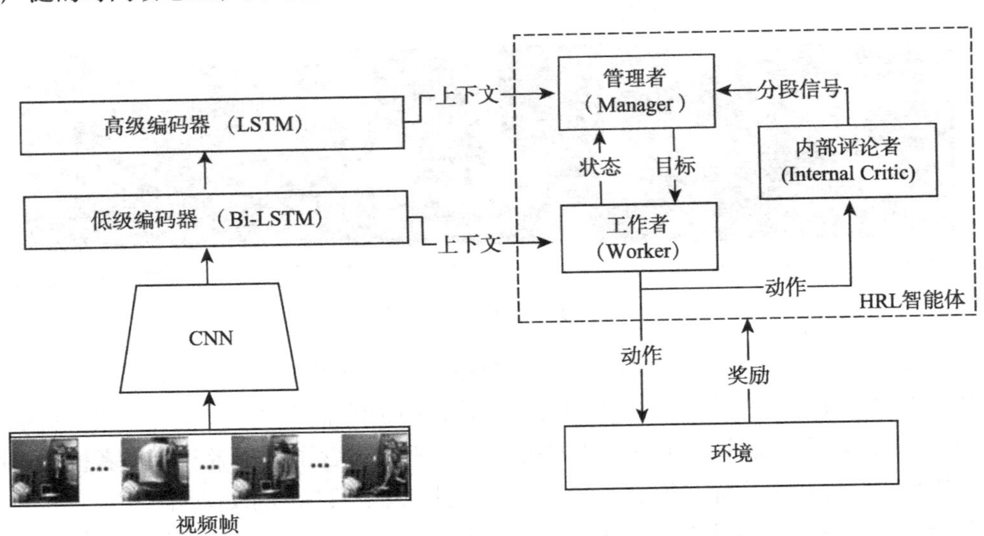

图 10.7　用于细粒度视频字幕的 HRL 框架

在典型的 HRL 设置中，有一个高级智能体以较低的时间分辨率操作来设置子目标，还有一个低级智能体通过跟踪高级智能体的子目标来选择原始操作。与典型的 HRL 设置相比我们不让 Internal Critic 提供内在的奖励鼓励低层次的智能体来完成子目标，而是专注于在不同的时间跨度内利用外在的奖励。

该 HRL 框架遵循通用编码器 – 解码器框架（参见图 10.8）。在编码阶段，视频帧的特征 $\boldsymbol{v}=\{\boldsymbol{v}_i\}$ 首先由预训练 CNN 模型提取，其中 $i\in\{1,\cdots,n\}$ 以时间顺序索引帧。然后，帧特征连续通过低级 Bi-LSTM 编码器和高级 LSTM 编码器以获得低级编码器输出 $\boldsymbol{h}^{E_w}=\{\boldsymbol{h}_i^{E_w}\}$（$E_w$ 表示与 Worker 相关联的编码器），并且高级编码器输出 $\boldsymbol{h}^{E_m}=\{\boldsymbol{h}_i^{E_m}\}$（$E_m$ 表示与 Manager 相关联的编码器），其中 $i\in\{1,\cdots,n\}$。在解码阶段，HRL 智能体扮演解码器的角色，并输出语言描述 $\boldsymbol{a}_1\boldsymbol{a}_2\cdots\boldsymbol{a}_T\in\mathcal{V}^T$，其中 T 是生成的字幕的长度，$\mathcal{V}$ 是词汇集。

（2）策略网络

1）注意力模块

如上所述，CNN-RNN 编码器接收视频输入，以生成一系列向量 $\boldsymbol{h}^{E_w}=\{\boldsymbol{h}_i^{E_w}\}$ 和 $\boldsymbol{h}^{E_m}=\{\boldsymbol{h}_i^{E_m}\}$，可以直接将其作为对 Worker 和 Manager 的输入。但是，我们采用了注意力机制来更好地捕捉时间动态，并形成上下文向量以供使用。在模型中，Manager 和 Worker 都配备了一个注意力模块。

图 10.8 的左侧是一个注意力模块的演示，显示了注意力模块是如何集成到编码器 – 解码器框架中的。该注意力模块供 Worker 使用，在每一个时间步 t 时，上下文向量 $\boldsymbol{c}_t^W$ 被计算为编码器所有隐藏状态的加权和 $\boldsymbol{h}^{E_w}$，其中

$$\boldsymbol{c}_t^W=\sum\alpha_{t,i}^{w}\boldsymbol{h}_i^{E_w} \tag{10.18}$$

这些注意力权重 $\{\alpha_{t,i}^{w}\}$ 通过对与 Worker 当前状态匹配的某些编码器隐藏状态赋予更高的权重来充当对齐机制，并被定义为：

$$\alpha_{t,i}^{W}=\frac{\exp\left(e_{t,i}\right)}{\sum_{k=1}^{n}\exp\left(e_{t,k}\right)} \tag{10.19}$$

其中

$$e_{t,i}=\boldsymbol{w}^T\tanh\left(\boldsymbol{W}_a\boldsymbol{h}_i^{E_w}+\boldsymbol{U}_a\boldsymbol{h}_{t-1}^{W}+\boldsymbol{b}_a\right) \tag{10.20}$$

其中 $\boldsymbol{w}$、$\boldsymbol{W}_a$、$\boldsymbol{U}_a$ 和 $\boldsymbol{b}_a$ 是学习的参数，$\boldsymbol{h}_{t-1}^{W}$ 是 Worker LSTM 在上一步的隐藏状态。

Manager 的注意力模块遵循与 Worker 相同的范例，可以通过替换式（10.18）、（10.19）和（10.20）中的相应术语来描述。

2）Manager 和 Worker

如图 10.8 所示，将 $\left[\boldsymbol{c}_t^M,\boldsymbol{h}_{t-1}^{W}\right]$ 的串联作为输入，输入到 Manager LSTM 来生成语义上有意义的目标。在前一个时间步的上下文和句子状态的帮助下，Manager 可以获得环境状态的知识。然后将 Manager LSTM 的输出 $\boldsymbol{h}_t^W$ 预测为潜在的连续目标向量 g_t：

$$\boldsymbol{h}_t^M = S^M\left(\boldsymbol{h}_{t-1}^M, \left[\boldsymbol{c}_t^M, \boldsymbol{h}_{t-1}^W\right]\right) \tag{10.21}$$

$$g_t = u_M\left(\boldsymbol{h}_t^M\right) \tag{10.22}$$

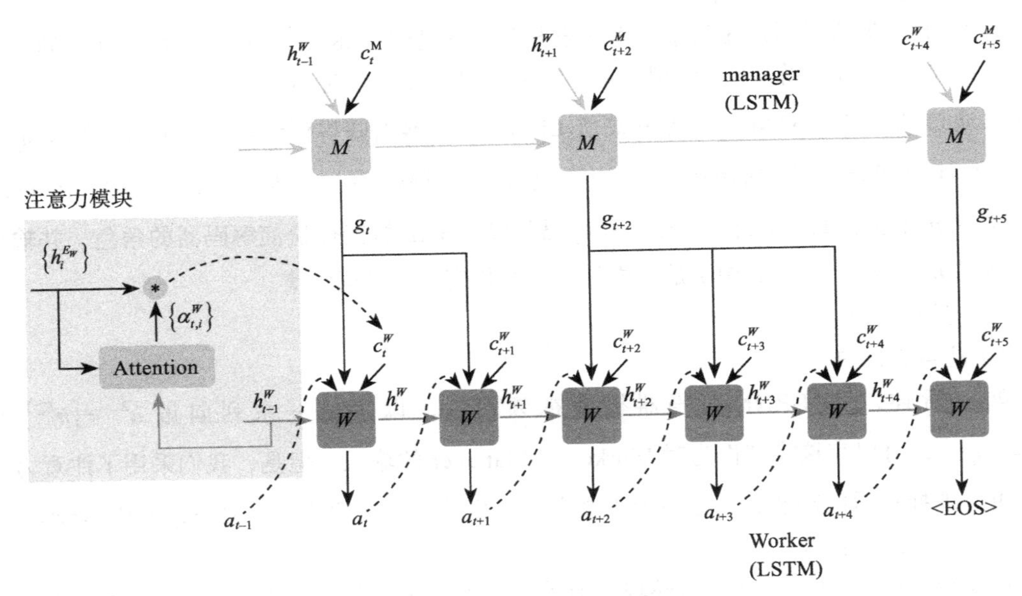

图 10.8　解码阶段（从时间步 t 到 $t+5$）中展开的 HRL 智能体示意图

其中 S^M 表示 Manager LSTM 的非线性函数，而 u_M 是将隐藏状态投影到目标空间的函数。

Worker 接收目标 g_t，以 $\left[\boldsymbol{c}_t^W, g_t, \boldsymbol{a}_{t-1}\right]$ 的串联作为输入，并在一系列计算后输出 $\boldsymbol{a}_t \in V$ 处所有动作的概率 π_t：

$$\boldsymbol{h}_t^W = S^W\left(\boldsymbol{h}_{t-1}^W, \left[\boldsymbol{c}_t^W, g_t, \boldsymbol{a}_{t-1}\right]\right) \tag{10.23}$$

$$\boldsymbol{x}_t = u_W\left(\boldsymbol{h}_t^W\right) \tag{10.24}$$

$$\pi_t = \text{Softmax}\left(\boldsymbol{x}_t\right) \tag{10.25}$$

其中 S^W 是 Worker LSTM 的非线性函数，u_W 函数的作用是将隐藏状态投影到 SoftMax 层的输入。

3）Internal Critic

为了确定 Worker 是否完成目标 g_t，使用了 Internal Critic 来评估 Worker 的进展。Internal Critic 使用 RNN 结构，采用单词序列作为输入来区分是否已达到结尾。设 z_t 表示 Internal Critic 的信号，$\boldsymbol{h}_t^I$ 表示 RNN 在时间步 t 的隐藏状态，正式地，我们将概率 $p(z_t)$ 描述如下：

$$\begin{cases} \boldsymbol{h}_t^I = \text{RNN}\left(\boldsymbol{h}_{t-1}^I, \boldsymbol{a}_t\right) \\ p\left(z_t\right) = \text{sigmoid}\left(\boldsymbol{W}_z \boldsymbol{h}_t^I + \boldsymbol{b}_z\right) \end{cases} \tag{10.26}$$

其中 $\boldsymbol{a}_t$ 是 Worker 采取的动作，$\boldsymbol{W}_z$和$\boldsymbol{b}_z$ 表示前馈神经网络的参数。为了训练线性层和 RNN 的参数，建议最大化给定真值信号的可能性 $\{z_t^*\}$：

$$\operatorname{argmax}\sum_t \log p(z_t^* \mid \boldsymbol{a}_1,\cdots,\boldsymbol{a}_{t-1}) \tag{10.27}$$

一旦 Internal Critic 模型被最优化，我们将固定它以服务 Manager 的使用。

（3）训练

如前所述，Manager 策略实际上是确定性的，可以进一步表示为 $g_t=\mu_{\theta m}(\boldsymbol{s}_t)$，其中 $\boldsymbol{\theta}_m$ 表示 Manager 的参数，而 Worker 策略是由 $\boldsymbol{a}_t \sim \pi_{\theta w}(\boldsymbol{a}_t;\boldsymbol{s}_t,g_t)$ 表示的随机策略，其中 $\boldsymbol{\theta}_w$ 代表 Worker 的参数。Worker 策略是随机的原因是它的动作是从词汇表 $\mathcal{V}$ 中选择一个单词。但对于 Manager 来说，生成的目标是潜在的，不能直接监督。因此，我们可以通过将确定性的 Manager 策略视为复合智能体来同时热启动 Manager 和 Worker。

下面，首先分别用数学推导出策略的 RL 方法，然后介绍所提出的 HRL 方法的训练算法，最后讨论了奖励定义和 HRL 策略的模仿学习。

1）Worker 随机策略学习

考虑标准的 RL 环境。在每一步 t，Worker 从 Manager 处选择以（$\boldsymbol{a}_t \in \mathcal{V}$）为条件的动作。环境以新状态 $\boldsymbol{s}_{t+1}$ 和标量奖励 r_t 响应。该过程将继续，直到生成 <EOS> 标记。Worker 的目标是最大化折扣回报率 $R_T=\sum_{k=0}^{\infty}\gamma^k r_{t+k}$，因此其损失函数可以写成：

$$L(\boldsymbol{\theta}_w)=-\mathbb{E}_{\boldsymbol{a}_t\sim\pi_{\theta w}}\left[R(\boldsymbol{a}_t)\right] \tag{10.28}$$

以最小化负的预期奖励函数。基于 REINFORCE 算法，基于奖励的不可微分损失函数的梯度可以推导为：

$$\nabla_{\theta w}L(\boldsymbol{\theta}_w)=-\mathbb{E}_{\boldsymbol{a}_t\sim\pi_{\theta w}}\left[R(\boldsymbol{a}_t)\nabla_{\theta w}\log\pi_{\theta w}(\boldsymbol{a}_t)\right] \tag{10.29}$$

在实践中，通常用 $\pi_{\theta w}$ 中的单个样本估算 $L(\boldsymbol{\theta}_w)$：

$$\nabla_{\theta w}L(\boldsymbol{\theta}_w)\approx -R(\boldsymbol{a}_t)\nabla_{\theta w}\log\pi_{\theta w}(\boldsymbol{a}_t) \tag{10.30}$$

通过用基线减去奖励，可以进一步推广 REINFORCE 给出的策略梯度，以减少方差而不改变预期的梯度：

$$\nabla_{\theta w}L(\boldsymbol{\theta}_w)\approx -\left(R(\boldsymbol{a}_t)-\boldsymbol{b}_t^w\right)\nabla_{\theta w}\log\pi_{\theta w}(\boldsymbol{a}_t) \tag{10.31}$$

其中 $\boldsymbol{b}_t^w$ 是估计基线，可以是 $\boldsymbol{\theta}_w$ 或 t 的函数。这里，基线是由线性回归量估算的，以 Worker 的隐藏状态 $\boldsymbol{h}_t^w$ 作为输入。在反向传播期间，在 Worker LSTM 和基线估计器之间切断梯度传递。

为了更好地理解策略梯度，可以使用链式规则进一步推导出损失函数：

$$\nabla_{\theta w}L(\boldsymbol{\theta}_w)=\sum_{t=1}^{T}\frac{\partial L}{\partial \boldsymbol{x}_t}\frac{\partial \boldsymbol{x}_t}{\partial \boldsymbol{\theta}_w} \tag{10.32}$$

其中 $\boldsymbol{x}_t$ 是 SoftMax 层的输入（见式（10.24））。使用 REINFORCE 和基线估计 $\frac{\partial L}{\partial x_t}$：

$$\frac{\partial L}{\partial x_t}=\left(R(\boldsymbol{a}_t)-b_t^w\right)\left(\pi_{\theta w}(\boldsymbol{a}_t)-1_{\boldsymbol{a}_t}\right) \quad (10.33)$$

这意味着如果样本单词 $\boldsymbol{a}_t$ 的奖励 $R(\boldsymbol{a}_t)$ 大于基线 $\boldsymbol{b}_t$，则梯度为负，因此模型通过增加单词的概率来鼓励分布，否则，它会相应地阻止分布。

2）确定性 Manager 策略学习

该 HRL 框架的关键是有效地学习 Manager 生成的目标 g_t，然后指导 Worker 实现潜在目标。但是训练 Manager 的困难在于它不直接与环境相互作用，因为它所采取的行动是在连续的高维空间中产生潜在的向量 g_t，通过指导 Worker 的行为间接地影响环境。因此，我们需要提出解决方案来鼓励 Manager 更有效地生成字幕。

受确定性策略梯度算法的启发，我们从随机 Worker 策略 $\pi_{\theta w}(\boldsymbol{a}_t;\boldsymbol{s}_t,g_t)$ 生成的轨迹中学习确定性策略 $\mu_{\theta m}(\boldsymbol{s}_t)$。在训练目标 Manager 策略时，我们将 Worker 策略固定为 Oracle 行为策略。更具体地说，Manager 在时间步 t 输出目标 g_t，然后工作人员按照目标运行 c 步以生成预期的段 $\boldsymbol{e}_{t,c}=\boldsymbol{a}_t\boldsymbol{a}_{t+1}\cdots\boldsymbol{a}_{t+c-1}$（$c$ 是生成段的长度）。由于 Worker 被固定为 Oracle 行为策略，我们只需要考虑 Manager 的训练。然后环境以新状态 $\boldsymbol{s}_{t+c}$ 和标量奖励 $r(\boldsymbol{e}_{t,c})$ 响应。因此，目标变为最小化式（10.34）中的负折扣回报率 $R_t(\boldsymbol{e}_{t,c})$：

$$L(\boldsymbol{\theta}_m)=-\mathbb{E}[R(\boldsymbol{e}_t)\pi(\boldsymbol{e}_{t,c};\boldsymbol{s}_t,g_t=\mu_{\theta_m}(\boldsymbol{s}_t))] \quad (10.34)$$

在将链式规则应用于关于 Manager 参数 $\boldsymbol{\theta}_m$ 的损失函数之后，用式（10.35）更新 Manager，

$$\nabla_{\theta m}L(\boldsymbol{\theta}_m)=-\mathbb{E}_{g_t}\left[R(\boldsymbol{e}_{t,c})\nabla_{g_t}\pi(\boldsymbol{e}_{t,c};\boldsymbol{s}_t,g_t)\nabla_{\theta m}\mu_{\theta m}(\boldsymbol{s}_t)\right] \quad (10.35)$$

上述梯度可以从单个采样段 $\boldsymbol{e}_{t,c}$ 和在 Worker 策略上采用策略梯度之后近似

$$\nabla_{\theta m}L(\boldsymbol{\theta}_m)=-R(\boldsymbol{e}_{t,c})\nabla_{g_t}\log\pi(\boldsymbol{e}_{t,c})\nabla_{\theta m}\mu_{\theta m}(\boldsymbol{s}_t) \quad (10.36)$$

由于 Worker LSTM 确实是 MDP，并且当前动作的概率取决于前一步的动作（见式（10.23）、（10.24）和（10.25）)，于是有

$$\log\pi(\boldsymbol{e}_{t,c})=\log\pi(\boldsymbol{a}_t..\boldsymbol{a}_{t+c-1})=\sum_{i=t}^{t+c-1}\log\pi(\boldsymbol{a}_i) \quad (10.37)$$

结合式（10.36）和（10.37)，然后梯度变为

$$\nabla_{\theta_m}L(\boldsymbol{\theta}_m)=-R(\boldsymbol{e}_{t,c})\left[\sum_{i=t}^{t+c-1}\nabla_{g_t}\log\pi(\boldsymbol{a}_i)\right]\nabla_{\theta_m}\mu_{\theta_m}(\boldsymbol{s}_t) \quad (10.38)$$

通过添加基线估计器来减少方差，获得 Manager 训练的最终梯度，如下所示：

$$\nabla_{\theta_m}L(\boldsymbol{\theta}_m)=-\left(R(\boldsymbol{e}_{t,c})-\boldsymbol{b}_t^m\right)\left[\sum_{i=t}^{t+c-1}\nabla_{gt}\log\pi(\boldsymbol{a}_i)\right]\nabla_{\theta_m}\mu_{\theta_m}(\boldsymbol{s}_t) \quad (10.39)$$

其中 $\boldsymbol{b}_t^m$ 是基线估计量，它是以 Manager 的隐藏状态 $\boldsymbol{h}_t^M$ 作为输入的线性回归量。

在连续行动空间中学习的一个主要挑战是探索。这里遵循 DDPG 算法通过将从高斯分布 N 中采样噪声 ε 添加到 Manager 策略中来构建探索策略 μ'。

$$\mu'(s_t)=\mu_{\theta_m}(s_t)+\varepsilon \tag{10.40}$$

而高斯噪声的方差可以根据环境选择。

3）奖励定义

这里，我们使用 CIDEr 得分[54]来计算奖励。但不是直接使用整个生成字幕的最终 CIDEr 分数作为每个单词的奖励，而是采用 delta CIDEr 分数作为直接奖励。设 $f(\boldsymbol{x})=\text{CIDEr}(\text{sent}+\boldsymbol{x})-\text{CIDEr}(\text{sent})$，其中 sent 是先前生成的字幕。然后 Worker 的折扣回报是：

$$R(\boldsymbol{a}_t)=\sum_{k=0}^{\infty}\gamma^k f(\boldsymbol{a}_{t+k}) \tag{10.41}$$

其中 k 表示 Worker 的时间分辨率的时间步长，而 Manager 的折扣回报是：

$$R(\boldsymbol{e}_t)=\sum_{n=0}^{\infty}\gamma^k f(\mathbf{e}_{t+n}) \tag{10.42}$$

其中 n 是 Manager 较低时间分辨率的时间步长。请注意，该方法不仅限于 CIDEr 得分，其他合理的奖励也是可以的。

4）模仿学习

RL 智能体想要良好收敛性的主要挑战是智能体必须在开始阶段以良好的策略开始。本模型采用了交叉熵损失优化来同时热启动 Worker 和 Manager，其中 Manager 被完全视为潜在参数。$\boldsymbol{\theta}$ 是整个模型的参数，$\boldsymbol{a}_1^*,\boldsymbol{a}_2^*,\cdots,\boldsymbol{a}_T^*$ 是真值词序列，然后交叉熵损失定义为：

$$L(\boldsymbol{\theta})=-\sum_{t=1}^{T}\log\left(\pi_{\theta}\left(\boldsymbol{a}_t^*;\boldsymbol{a}_1^*,\cdots,\boldsymbol{a}_{t-1}^*\right)\right) \tag{10.43}$$

2. 训练算法

上面我们说明了训练 Manager 和 Worker 的学习方法。

算法 10.2 描述用于视频字幕的 HRL 训练算法的伪代码。Manager 策略和 Worker 策略是交替训练的。基本上，在训练 Worker 时假设 Manager 是固定的，所以不使用目标探索，只根据公式（10.31）更新 Worker 策略；在训练 Manager 时，将 Worker 视为 Oracle 行为策略，通过贪婪解码生成字幕，只按照公式（10.39）更新 Manager 策略。

算法 10.2　HRL 训练算法

Require：训练数据对

<video, GT caption>

随机初始化模型参数 $\boldsymbol{\theta}$

加载预训练 CNN 模型和 Internal Critic

for iteration =1, M **do**

　　随机采样一个小批量

　　if Train-Worker **then**

　　　　禁用目标探索

　　　　执行一个前向传播获取采样字幕 $\boldsymbol{a}_1,\boldsymbol{a}_2,\cdots,\boldsymbol{a}_T$

　　　　对每一个 $\boldsymbol{a}_t$ 计算 $R(\boldsymbol{a}_t)$

冻结 Manager

用公式（10.31）更新 Worker 策略

else if Train-Manager **then**

初始化一个随机过程 $\mathcal{N}$ 用于目标探索

执行一个前向传播获取贪婪解码的字幕 $e_1, e_2, \cdots, e_n$

对每一个 $\boldsymbol{e}_t$ 计算 $R(\boldsymbol{e}_t)$

冻结 Worker

用式（10.39）更新 Manager 策略

end if

end for

3. 总结

将 HRL 框架应用于视频字幕问题，是一项较新的工作，本次介绍的框架也是该类问题的开山之作。图 10.9 展示了在 Charades Captions 测试集中的两个示例。根据不同模型生成的字幕情况，很明显，可以看出 HRL 模型的生成结果比基线方法能够更好地拟合真值字幕。此外，由于逐段生成方式，HRL 模型还能输出一系列语义上有意义的小段（不同的小段采用“|”分割）。我们不难体会到，HRL 技术具有极大的优势，虽然目前所达到的效果依然还不足以落地使用，但是相信不久后，DRL 一定可以帮助该类问题得到落地性的解决。

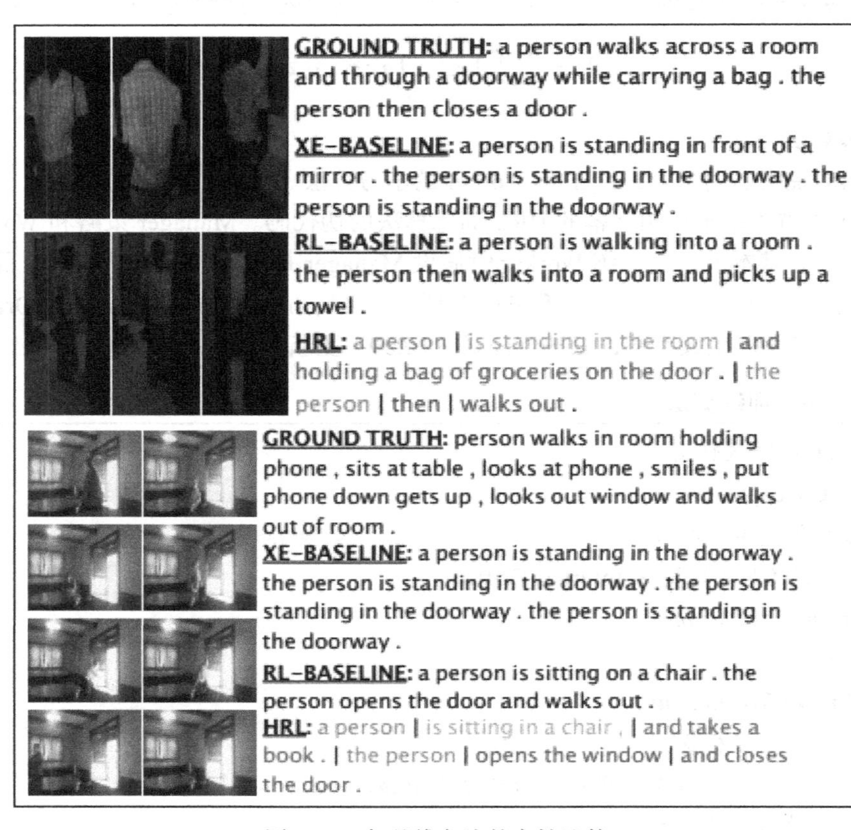

图 10.9　与基线方法的定性比较

10.2.2 视频快进

在许多智能物联网（Internet-of-Things，IoT）应用中，利用视频输入变得越来越重要，例如环境监控、搜索救援、智能监控和可穿戴设备等。在这些系统中，大量的视频需要由用户（人工操作员或自主智能体）通过本地或网络远程传输进行收集和处理。为了获得更好的系统性能，处理通常需要实时或接近实时完成。另一方面，本地节点 / 设备具有有限的计算和存储能力并且通常在电池上运行，而通信网络又受到带宽、速度和可靠性的限制。这就迫切需要新的视觉方法，来使系统可以自动选择输入视频的信息子集进行处理，从而减少计算、通信和存储需求，并节约能源。

视频快进方法通常在用户失去耐心观看整个视频时使用。大多数商业视频播放器提供对回放速度的手动控制，例如 Apple QuickTime 播放器提供 2、5 和 10 倍速快进。相关文献显示，随着视频数据量的不断扩大，人们对视频摘要技术产生了极大的兴趣，通过该技术可以计算出原始视频的一个子集，用于人类观看或进一步处理。然而，这些技术需要对整个视频进行处理，通常需要很长的时间来生成子集。还有一种视频快进技术，可以调整视频的播放速度以满足用户的需要，但它们通常无法提供准确的表示，可能仍然需要处理整个视频。不难发现，这两种方法都不适用于我们上面讨论的资源有限和有一定实时性要求的系统。思考一下：是否有可以开发一种视频快进方法，这种方法计算效率高、因果关系强、具有在线性（online）并且可产生信息片段，还可以通过统计评估和用户体验加以验证？

下面我们介绍一种从视频摘要（视频摘要的目标是生成包含视频最重要部分的简明摘要）中获得灵感的 RL 智能体 FFNet（Fast Forward Net）[55]，这是一种视频快进网络。它有一个在线框架，可以自动快进视频，并向用户实时显示选定的帧子集。给定视频流，FFNet 决定下一个要处理的帧，并将其呈现给用户，同时以在线方式跳过不相关的帧。其中，快进时智能体不需要处理整个视频，这就使得其在计算和远程处理上非常高效。FFNet 的在线性允许用户在观看 / 处理视频时随时开始快进，因果性确保了它即使在生成视频子集时也能工作。

FFNet 的主要优点是它可以自动选择最重要的帧而无须处理甚至获得整个视频，这种能力可以显著降低资源需求和能耗，对于资源受限和具有一定实时性要求的系统尤为重要。现在，我们来详细了解一下 FFNet 是如何使用 RL 技术解决视频快进问题的。

1. 问题表述

为了能够以在线和实时方式跳过不重要的帧来快进长视频序列，在给定当前正在处理的帧的情况下，FFNet 的目标是确定下一个要跳过的帧数，跳过的帧将不会被处理。然后，呈现给用户的视频帧包括由 FFNet 处理的帧及其相邻窗口（未处理）。

我们使用 MDP 制定上述快进问题，并将 FFNet 开发为 RL 智能体，即学习策略以跳过不重要的帧并向用户呈现重要帧的 Q-learning 智能体。在测试时，给定原始视频，快进是一个顺序过程。在一个 episode 的每一步 $k=1,\cdots,K$，我们处理当前帧，决定要跳过多少个未来帧，并跳过需要跳过的帧以进行下一次处理。我们将处理过的帧及其相邻帧（被处理的帧作为窗口质心）呈现给用户作为视频的重要子集。

（1）FFNet 的 MDP 表示

在此我们认为快进是一个控制问题，并可以用以下元素将其表述为 MDP。

1）状态和动作

状态 $\boldsymbol{s}_k$ 描述了第 k 步的当前环境。给定一个视频序列，我们将单个帧视为一个状态，根据当前帧的提取特征向量。

在第 k 步由系统执行动作 $\boldsymbol{a}_K$ 并导致状态的更新。我们定义一组离散的可能动作 $\mathcal{A}=\{\boldsymbol{a}_1,\boldsymbol{a}_2,\cdots,\boldsymbol{a}_M\}$ 表示可能需要跳过的帧数。

2）奖励

在采取动作后，当系统从一个状态 $\boldsymbol{s}_k$ 转换到另一个状态 $\boldsymbol{s}_{k+1}$ 时，系统会收到即时奖励 $r_k=r(\boldsymbol{s}_k,\boldsymbol{a}_k,\boldsymbol{s}_{k+1})$。累积的奖励定义为：

$$R=\sum_k \gamma^{k-1} r_k=\sum_k \gamma^{k-1} r(\boldsymbol{s}_k,\boldsymbol{a}_k,\boldsymbol{s}_{k+1}) \tag{10.44}$$

其中 $\gamma\in[0,1]$ 表示未来奖励的折扣因子。

3）策略

策略 π 确定在系统访问的每个状态后要选择的动作，它选择能够最大化当前和未来动作的预期累积奖励的动作，即

$$\pi(\boldsymbol{s}_k)=\operatorname{argmax}_{\boldsymbol{a}}\mathbb{E}[R|\boldsymbol{s}_k,\boldsymbol{a},\pi) \tag{10.45}$$

在这种情况下，FFNet 中的策略决定了当系统处于特定帧（状态）时要跳过多少帧。

（2）即时奖励设计

在这一部分中，我们介绍一下状态 $\boldsymbol{s}_k$ 采取动作 $\boldsymbol{a}_k$ 获得的即时奖励 r_k 的定义。对于训练集中可用的原始视频，假设每个帧 i 具有二进制标记 $l(i)$。$l(i)=1$ 表示帧 i 是一个重要的帧，$l(i)=0$ 表示它是一个不重要的帧。

给定视频及其标签，我们将直接奖励定义如下：

$$r_k=-\mathrm{SP}_k+\mathrm{HR}_k \tag{10.46}$$

即时奖励包括两个部分，即模拟“跳过”惩罚（SP）和“命中”奖励（HR），如下所述。

首先，式（10.46）中的 SP_k 定义了在第 k 步中跳过间隔 t_k 的惩罚：

$$\mathrm{SP}_k=\frac{\sum_{i\in t_k}\mathbf{1}(l(i)=1)}{T}-\beta\frac{\sum_{i\in t_k}\mathbf{1}(l(i)=0)}{T} \tag{10.47}$$

其中 $\mathbf{1}(\cdot)$ 是一个指标函数，如果条件成立则等于 1。T 是可以跳过的最大帧数。$\beta\in[0,1]$ 是跳过重要帧的惩罚和跳过不重要帧的奖励之间的权衡因子。

然后，式（10.46）中的第二项 HR_k 定义了跳跃到重要帧或重要帧附近位置的奖励。为了模拟这个奖励，我们首先将单帧标签转移到时间窗口中的高斯分布。更具体地说，帧 i 将对其附近窗口中被定义为 $f_i(t)$ 的位置具有奖励效果。

$$f_i(t)=\frac{1}{\sqrt{2\pi\sigma^2}}\exp\left(-\frac{(t-i)^2}{2\sigma^2}\right),\ t\in[i-w,i+w) \tag{10.48}$$

其中 w 控制高斯分布的窗口大小。在实验部分，我们设置了 $\sigma=1, w=4$。这样调动的原因是如果智能体跳转到接近重要框架的位置，则应给予奖励，表明在某种程度上，它跳到了一个潜在的重要领域。假设在时间步 k 中，智能体跳转到原始视频中的第 z 帧。基于上述定义，HR_k 计算为：

$$\mathrm{HR}_k=\sum_{i=z-w}^{z+w}\mathbf{1}\left(l(i)=1\right)\cdot f_i(z) \tag{10.49}$$

（3）网络结构

FFNet 模型如图 10.10 所示。给定一个视频，快进智能体从第一帧开始。使用随机参数初始化 FFNet Q。对于时间步 k 中的当前帧，我们首先提取特征向量以获得状态 $\boldsymbol{s}_k$。基于当前的 Q 网络和状态 $\boldsymbol{s}_k$，使用 ε-greedy 策略选择一个动作 $\boldsymbol{a}_k$，智能体基于动作跳转到新帧。然后，当前状态转变为 $\boldsymbol{s}_{k+1}$，即从新的当前帧提取的特征。使用视频的间隔标签 g_k，计算执行此动作的即时奖励 r_k。然后发送转换 $(\boldsymbol{s}_k,\boldsymbol{a}_k,\boldsymbol{s}_{k+1},r_k)$ 以更新 Q 网络。

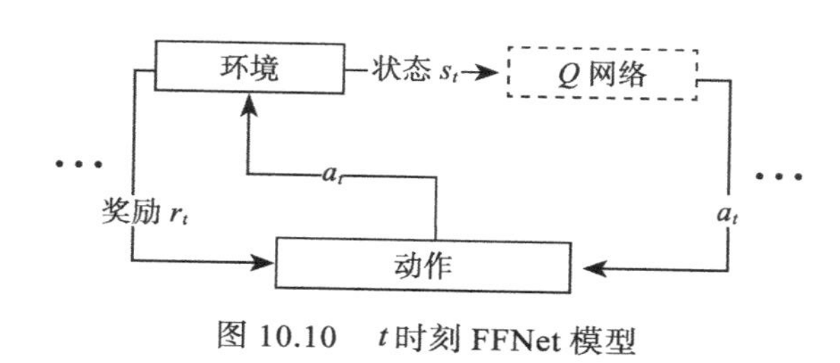

图 10.10 t 时刻 FFNet 模型

（4）学习快进策略

在 FFNet 的训练过程中，我们希望在式（10.44）中最大化累积奖励 R。我们的目标是找到一个最优策略 π^*，将状态映射到相应的动作以满足需求。通过 Q-learning，我们动作的值 $\mathbb{E}[R\mid\boldsymbol{s},\boldsymbol{a},\pi]$ 评估为 $Q(\boldsymbol{s},\boldsymbol{a})$。在经典的 Q-learning 方法中，$Q$ 值更新为：

$$Q_{k+1}(\boldsymbol{s}_k,\boldsymbol{a}_k)=(1-\alpha)Q_k(\boldsymbol{s}_k,\boldsymbol{a}_k)+\alpha\left(r_k+\gamma\max_{\boldsymbol{a}_{k+1}}Q_k(\boldsymbol{s}_{k+1},\boldsymbol{a}_{k+1})\right) \tag{10.50}$$

式中 $\alpha\in(0,1]$ 表示训练过程中的学习率。

在这个问题中，我们有有限个动作和无限的状态。由于不能直接分配 Q 值，因此使用神经网络来近似 Q 值。这里的 Q 函数由类似于 MLP 结构建模。输入是当前状态向量，并且输出是在给定状态下对每个动作进行估计的 Q 值向量。时间步 k 中累积奖励的最优值是通过采取行动 a_k 得到的，表示为 $Q^*(s_k,a_k)$，可以用 Bellman 方程递归计算：

$$Q^*(\boldsymbol{s}_k,\boldsymbol{a}_k)=r_k+\gamma\max_{\boldsymbol{a}_{k+1}}Q^*(\boldsymbol{s}_{k+1},\boldsymbol{a}_{k+1}) \tag{10.51}$$

其中 γ 是折扣因子。当使用梯度下降时，式（10.51）与 Q-learning 更新等式（10.50）一致。

利用上述更新方程，我们使用目标 Q 值和 MLP 输出之间的 MSE 作为损失函数。在训练过程中，我们应用 ε-greedy 策略来更好地探索状态空间，其中选择概率 ε 的随机动作和具有概率 $1-\varepsilon$ 的 $Q^*(\boldsymbol{s},\boldsymbol{a})$ 动作。

2. 训练算法

有关训练算法的更多细节如算法 10.3 所示。

算法 10.3 FFNet 训练算法

输入：一系列视频 $\{\mathcal{V}\}$ 和标注 $\{G\}$

输出：Q 值神经网络 Q

Init_MLP( ) → Q

初始化：memory M=[empty], explore_rate $\varepsilon=1$

for i=1 **to** N **do**

  Training_Video_Selection(V,G) → $\boldsymbol{v}_i$,g_i

  $\text{frame}_{\text{curr}}=0$

  Process（$\text{frame}_{\text{curr}}$）→ $\boldsymbol{s}_{\text{curr}}$

  while $\text{frame}_{\text{curr}}<\text{Size}(v_i)$ **do**

$$\boldsymbol{a}_{\text{curr}}=\begin{cases}\boldsymbol{a}^k\in\mathcal{A},k=\text{random}(n),\text{prob.}=\varepsilon\\ \arg\max\ Q(\boldsymbol{s}_{\text{curr}},\boldsymbol{a}'),\quad o.w.\end{cases}$$

    $\text{frame}_{\text{next}}=\text{Action}(\text{a}_{\text{curr}},\ \text{frame}_{\text{curr}})$

    Process（$\text{frame}_{\text{next}}$）→ $\boldsymbol{s}_{next}$

    R=Reward（$\boldsymbol{s}_{\text{curr}}$, $\boldsymbol{a}_{\text{curr}}$, $\boldsymbol{s}_{\text{next}}$, g_i）

    input=$\boldsymbol{s}_{\text{curr}}$

$$\text{target}=\begin{cases}r+\gamma\max_{\boldsymbol{a}'}Q(\boldsymbol{s}_{\text{next}},\boldsymbol{a}'),\ \boldsymbol{a}=\boldsymbol{a}_{\text{curr}}\\ \qquad Q(\boldsymbol{s}_{\text{curr}},\boldsymbol{a}),\qquad o.w.\end{cases}$$

    (input,target) → M

    $\boldsymbol{s}_{\text{next}}$ → $\boldsymbol{s}_{\text{curr}}$

    if M > batchsize **then**

  Training(M, Q) → Q

  $\varepsilon=\max(\varepsilon-\Delta\varepsilon,\varepsilon_{\min})$

  Empty(M)

    end if

  end while

end for

3. 总结

本小节通过将视频快进操作建模为 MDP 问题，并用 Q-learning 方法求解，学习了一种在线快进视频监控框架。它提供了视频帧的信息子集，可以更好地覆盖原始视频中的重要内容。同时，它只处理一小部分视频帧，极大地提高了计算效率，减少了对各种资源的需求。

10.2.3 视觉跟踪

作为计算机视觉领域的热门课题之一，视觉跟踪技术是对连续的图像序列进行运动目标检测、提取特征、分类识别、跟踪滤波和行为识别等，以获得目标准确的运动信息参数（如位置、速度等），并对其进行相应的处理分析，实现对目标的行为理解。视觉跟踪在医学、界面设计与评估、场景研究和动态分析等领域都有着极高的应用价值。由于存在跟踪障碍物（例如运动模糊、遮挡、光照变化和背景杂乱），找到目标物体的位置是困难的。传统的跟踪方法使用低级手工制作的特征来跟踪目标对象，尽管实现了计算效率和可比较的跟踪性能，但由于特征表示不足，在解决上述障碍方面仍然受到限制。

目前，已经有许多使用 CNN 的跟踪方法用于鲁棒跟踪，借助于丰富的特征表示极大地改善了跟踪性能。还有一些工作在大型分类数据集（如 ImageNet）上使用预先训练的 CNN。然而，由于分类和跟踪问题之间的差距，预训练的 CNN 不足以解决困难的跟踪问题。针对上面的问题，本小节我们学习一种新的 DRL 框架——动作决策网络（Action-Decision Network, ADNet）[56]。ADNet 旨在生成动作，以在新帧中查找目标对象的位置和大小，其学习选择最优动作的策略，以便从当前位置的状态跟踪目标。在 ADNet 中，策略网络设计为 CNN，其输入是在先前状态的位置处裁剪的图像块，输出是包括平移和比例变化的动作的概率分布。与滑动窗口或候选采样方法相比，此动作选择过程需要更少的搜索步。另外，该方法可以通过选择动作来精确地定位目标，不需要诸如边界框回归的处理。

1. 问题表述

跟踪策略基本上遵循 MDP，由状态 $\boldsymbol{s}\in\mathcal{S}$、动作 $\boldsymbol{a}\in\mathcal{A}$、状态转移函数 $\boldsymbol{s}'=f(\boldsymbol{s},\boldsymbol{a})$ 和奖励 $r(\boldsymbol{s},\boldsymbol{a})$ 定义。在 MDP 公式中，跟踪器被定义为一种智能体，其目标是以边界框形状捕获目标。该动作在离散空间中定义，并且动作和状态序列被用来迭代地跟踪每个帧中产生的边界框位置和大小。

在每个帧中，智能体程序决定顺序动作，直到最终确定目标的位置，然后转到下一帧。状态表示包括目标边界框处的外观信息和先前的动作。通过决定智能体是否成功跟踪对象，智能体将获得帧 l 最终状态的奖励。对于 $t=1,\cdots,T_l$ 和 $l=1,\cdots,L$，状态和动作分别表示为 $\boldsymbol{s}_{t,l}$ 和 $\boldsymbol{a}_{t,l}$，其中 T_l 是第 l 帧的终止步，L 表示视频的帧数。第 l 帧中的最终状态被转移到下一帧，即 $\boldsymbol{s}_{1,l+1}:=\boldsymbol{s}_{T_l,l}$。在下面的讲解中，为简单起见，我们在每一帧中描述 MDP 时将省略下标 l。

（1）动作和状态空间

动作空间 $\mathcal{A}$ 由 11 种动作组成，包括平移、缩放和停止等动作。平移动作包括 4 个方向的动作（left、right、up、down）及其两倍大的动作。比例变化被定义为两种类型（scale up、scale down），它们保持跟踪目标的纵横比。每个动作由具有 one-hot 形式的 11 维向量编码。

状态 $\boldsymbol{s}_t$ 被定义为元组 $(\boldsymbol{p}_t,\boldsymbol{d}_t)$，其中 $p_t\in\mathbb{R}^{112\times112\times3}$ 表示边界框内的图像块（下面简称为“块”），$\boldsymbol{d}_t\in\mathbb{R}^{110}$ 表示动作的动态。动作的动态由在第 t 次迭代时的先前 k 个动作的向量（在下面称为“动作动态向量”）表示。块 $\boldsymbol{p}_t$ 由 4 维向量 $\boldsymbol{b}_t=\left[x^{(t)},y^{(t)},w^{(t)},h^{(t)}\right]$ 指向，其中 $\left(x^{(t)},y^{(t)}\right)$ 表示中心位置，$w^{(t)}$ 和 $h^{(t)}$ 分别表示跟踪框的宽度和高度。在帧图像 $\boldsymbol{I}$ 中，迭代 t 处的块 $\boldsymbol{p}_t$ 被定义为：

$$\boldsymbol{p}_t=\phi(\boldsymbol{b}_t,\boldsymbol{I}) \tag{10.52}$$

其中ϕ表示预处理函数，该函数在$\boldsymbol{b}_t \in \mathbb{R}^4$处从$\mathbf{I}$中裁剪块$\boldsymbol{p}_t$并调整其大小以匹配网络的输入。动作动态向量$\boldsymbol{d}_t$被定义为连接过去$k$个动作的向量。我们将过去的$k$个动作存储在动作动态向量$\boldsymbol{d}_t=\left[\psi\left(\boldsymbol{a}_{t-1}\right),\cdots,\psi\left(\boldsymbol{a}_{t-k}\right)\right]$中，其中$\psi(\cdot)$表示 one-hot 编码函数。假设$k=10$，由于每个动作向量是 11 维的，因此$\boldsymbol{d}_t$有 110 维。

（2）状态转换函数

在状态$\boldsymbol{s}_t$中的决定动作$\boldsymbol{a}_t$之后，通过状态转移函数$f_p(\cdot)$和动作动态函数$f_d(\cdot)$得到下一个状态$\boldsymbol{s}_{t+1}$。块转换函数由$\boldsymbol{b}_{t+1}=f_p\left(\boldsymbol{b}_t,\boldsymbol{a}_t\right)$定义，它通过相应的动作移动块的位置。离散运动量定义为：

$$\Delta x^{(t)}=\alpha w^{(t)} \text{ 和 } \Delta y^{(t)}=\alpha h^{(t)} \tag{10.53}$$

其中α在实验中是 0.03。例如，如果选择 left 动作，则块$\boldsymbol{b}_{t+1}$的位置移动到$\left[x^{(t)}-\Delta x^{(t)},\right.$ $\left.y^{(t)},w^{(t)},h^{(t)}\right)$，scale up 动作将大小改变为$\left[x^{(t)},y^{(t)},w^{(t)}+\Delta x^{(t)},h^{(t)}+\Delta y^{(t)}\right]$。其他动作以类似的方式定义。动作动态函数由$\boldsymbol{d}_{t+1}=f_d\left(\boldsymbol{d}_t,\boldsymbol{a}_t\right)$定义，表示动作历史的转换。当选择 stop 动作时，我们最终确定当前帧中目标的块位置，智能体将接收奖励，然后将结果状态转移到下一帧的初始状态。

（3）奖励

奖励函数被定义为$r(\boldsymbol{s})$，因为智能体获得状态s的奖励而不管动作$\boldsymbol{a}$。奖励$r\left(\boldsymbol{s}_t\right)$在帧中的 MDP 迭代期间保持为零。在终止步$T$，即$\boldsymbol{a}_T$是动作 stop，$r\left(\boldsymbol{s}_T\right)$被定义为：

$$r\left(\boldsymbol{s}_T\right)=\begin{cases}1, & \text{if } \mathrm{IoU}\left(\boldsymbol{b}_T,\boldsymbol{G}\right)>0.7 \\ -1, & \text{otherwise,}\end{cases} \tag{10.54}$$

其中$\mathrm{IoU}\left(\boldsymbol{b}_T,\boldsymbol{G}\right)$表示最终块位置$\boldsymbol{b}_T$与目标的真值$\boldsymbol{G}$之间使用交叉联合（Intersection-Over-Union, IOU）标准的重叠率。跟踪得分z_t被定义为最终奖励$z_t=r\left(\boldsymbol{s}_T\right)$，将用于更新 RL 中的模型。

（4）ADNet 网络结构

视觉跟踪解决从当前位置在新帧中找到目标位置的问题。ADNet 网络结构如图 10.11 所示，通过控制的顺序动作来动态地跟踪目标。其中，虚线表示状态转换。在本例中，选择“右移”操作来捕获目标对象，然后重复此动作决策过程，直到最终确定目标在每个帧中的位置。网络预测从当前跟踪器的位置跟踪目标的动作。跟踪器通过当前状态的预测动作移动，然后从移动位置预测下一个动作。通过在测试序列上重复此过程，可以解决对象跟踪问题。ADNet 由监督学习和 RL 进行预训练。在实际跟踪期间，进行在线自适应。预训练的 VGG-M 模型用于初始化网络，因为 VGG-M 这样的小型 CNN 模型在视觉跟踪问题上比深度模型更有效。ADNet 网络有三个卷积层（conv1、conv2 和 conv3），它们与 VGG-M 网络的卷积层相同。接下来使用两个全连接的层（fc4、fc5）与 ReLU 和 dropout 层组合，每个层有 512 个输出节点。fc5 层的输出与具有 110 维的动作动态向量$\boldsymbol{d}_t$连接。最后的层（fc6、fc7）分别预测给定状态的动作概率和置信度得分。第i层的参数由$\boldsymbol{w}_i$表示，整个网络参数由$\boldsymbol{W}$表示。

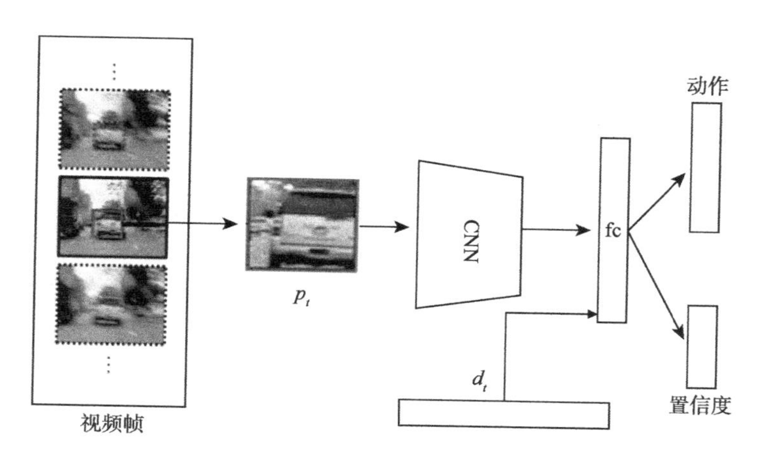

图 10.11 t时刻 ADNet 网络结构

fc6 层具有 11 个输出单元并与 softmax 层组合，softmax 层表示给定状态的条件动作概率分布 $p(\boldsymbol{a}|\boldsymbol{s}_t;\boldsymbol{W})$。概率 $p(\boldsymbol{a}|\boldsymbol{s}_t;\boldsymbol{W})$ 表示在状态 $\boldsymbol{s}_t$ 中选择动作 $\boldsymbol{a}$ 的概率。如图 10.11 所示，网络迭代地跟踪目标位置。智能体顺序地选择动作并更新状态，直到最终确定目标的位置。通过选择停止动作或落入振荡情况来达到最终状态。例如，当顺序动作被获得为 $\{\text{left},\text{right},\text{left}\}$ 时，振荡情况发生，这意味着智能体返回到了先前状态。具有两个输出单元的置信度层（fc7）产生给定状态 $\boldsymbol{s}_t$ 的目标和背景类的概率。目标概率 $p(\text{target}|\boldsymbol{s}_t;\boldsymbol{W})$ 用作 $\boldsymbol{s}_t$ 的跟踪器的置信度得分。置信度得分用于跟踪期间的在线自适应。

（5）ADNet 的训练

这里采用了一种监督学习和 RL 的组合学习算法来训练 ADNet。在监督学习阶段，使用从训练视频中提取的样本来训练网络选择动作以跟踪目标的位置。在此步中，网络学习如何跟踪没有顺序信息的一般对象。在 RL 阶段，监督学习阶段中的预训练网络用作初始网络。在此，我们使用由采样的状态、动作和奖励组成的训练序列通过跟踪模拟执行 RL，使用在跟踪模拟期间获得的奖励并基于策略梯度对网络进行 DRL 训练。即使在训练帧被部分标记（半监督的情况）的情况下，该框架也能根据跟踪仿真的结果分配奖励，从而成功地学习未标记的帧。

1）监督学习训练 ADNet

在 RL 阶段，训练网络参数 $\boldsymbol{W}_{\text{SL}},\{\boldsymbol{w}_1,\cdots,\boldsymbol{w}_7\}$。首先需要生成训练样本来训练 ADNet（$\boldsymbol{W}_{\text{SL}}$）。训练样本包括图像块 $\boldsymbol{p}_j$、动作标签 $o_j^{(\text{act})}$ 和类标签 $o_j^{(\text{cls})}$。在这个阶段，不考虑动作动态，将动作动态向量 $\boldsymbol{d}_j$ 的元素设置为零。训练数据集提供视频帧和真值块的位置和大小。通过将高斯噪声添加到真值来获得样本块 $\boldsymbol{p}_j$，并且相应的动作标签 $o_j^{(\text{act})}$ 被指派：

$$o_j^{(\text{act})} = \arg\max_{\boldsymbol{a}} \text{IoU}\left(\bar{f}\left(\boldsymbol{p}_j,\boldsymbol{a}\right),\boldsymbol{G}\right) \tag{10.55}$$

其中 $\boldsymbol{G}$ 是真值块，$\bar{f}(\boldsymbol{p},\boldsymbol{a})$ 表示动作 $\boldsymbol{a}$ 从 $\boldsymbol{p}$ 移动的块。与 $\boldsymbol{p}_j$ 对应的类标签 $o_j^{(\text{cls})}$ 定义如下：

$$o_j^{(\text{cls})} = \begin{cases} 1, & \text{if IoU}\left(\boldsymbol{p}_j,\boldsymbol{G}\right) > 0.7 \\ 0, & \text{otherwise} \end{cases} \tag{10.56}$$

一个训练批次具有一组随机选择的训练样本 $\left\{\left(\boldsymbol{p}_j, o_j^{(\mathrm{act})}, o_j^{(\mathrm{cls})}\right)\right\}_{j=1}^{m}$。通过随机梯度下降最小化多任务损失函数来训练 ADNet（$\boldsymbol{W}_{\mathrm{SL}}$）。通过最小化损失 L_{SL} 来定义多任务损失函数：

$$L_{\mathrm{SL}} = \frac{1}{m}\sum_{j=1}^{m} L\left(o_j^{(\mathrm{act})}, \hat{o}_j^{(\mathrm{act})}\right) + \frac{1}{m}\sum_{j=1}^{m} L\left(o_j^{(\mathrm{cls})}, \hat{o}_j^{(\mathrm{cls})}\right) \tag{10.57}$$

其中 m 表示批量的大小，L 表示交叉熵损失，$\hat{o}_j^{(\mathrm{act})}$ 和 $\hat{o}_j^{(\mathrm{cls})}$ 分别表示 ADNet 预测的行为和类别。

2）RL 训练 ADNet

在 RL 阶段，训练除了 fc7 层之外的网络参数 $\boldsymbol{W}_{\mathrm{RL}}\left(\{\boldsymbol{w}_1, \cdots, \boldsymbol{w}_6\}\right)$。使用 RL 训练 ADNet 旨在通过策略梯度方法改善网络。用监督学习（$\boldsymbol{W}_{\mathrm{SL}}$）训练的网络参数初始化 RL 网络 $\boldsymbol{W}_{\mathrm{RL}}$。动作动态 $\boldsymbol{d}_t$ 在每次迭代中通过累积最近的 k 个动作并将它们转换为先来先出（first-come-first-out）策略来更新。由于 RL 的目的是学习状态 – 动作策略，于是在此忽略了跟踪阶段所需的置信层 fc7。

在训练迭代期间，我们首先随机选择一段训练序列 $\{\mathbf{I}_l\}_{l=1}^{L}$ 和真值 $\{\boldsymbol{G}_l\}_{l=1}^{L}$。然后，通过跟踪模拟执行 RL，其中训练图像序列由真值注释。跟踪模拟可以生成一组顺序状态 $\{\boldsymbol{s}_{t,l}\}$，相应的动作 $\{\boldsymbol{a}_{t,l}\}$ 和奖励 $\{r(\boldsymbol{s}_{t,l})\}$ 用于时间步 $t = 1, \cdots, T_l$ 和帧索引 $l = 1, \cdots, L$。状态 $\boldsymbol{s}_{t,l}$ 的动作 $\boldsymbol{a}_{t,l}$ 为：

$$\boldsymbol{a}_{t,l} = \operatorname{argmax}_{\boldsymbol{a}} p(\boldsymbol{a} \mid \boldsymbol{s}_{t,l}; \boldsymbol{W}_{\mathrm{RL}}) \tag{10.58}$$

其中 $p(\boldsymbol{a}_{t,l} \mid \boldsymbol{s}_{t,l})$ 表示条件动作概率。当完成跟踪模拟时，跟踪得分 $\{z_{t,l}\}$ 用真值 $\{\boldsymbol{G}_l\}$ 计算。跟踪模拟中的得分 $z_{t,l} = r\left(\boldsymbol{s}_{T_l,l}\right)$ 是最终状态的奖励，其在帧 l 处跟踪成功获得 +1 奖励，跟踪失败获得 –1 奖励，如式（10.54）所示。通过利用跟踪得分，网络参数 $\boldsymbol{W}_{\mathrm{RL}}$ 通过随机梯度上升更新，以最大化预期的跟踪分数如下：

$$\Delta \boldsymbol{W}_{\mathrm{RL}} \propto \sum_{l}^{L}\sum_{t}^{T_l} \frac{\partial \log p\left(\boldsymbol{a}_{t,l} | \boldsymbol{s}_{t,l}; \boldsymbol{W}_{\mathrm{RL}}\right)}{\partial \boldsymbol{W}_{\mathrm{RL}}} z_{t,l} \tag{10.59}$$

即使给出了部分真值 $\{\boldsymbol{G}_l\}$，该框架也可以训练 ADNet。监督学习框架无法学习未标记帧的信息，但是，RL 可以利用未标记的半监督的框架。为了训练 RL 中的 ADNet，应该确定跟踪分数 $\{z_{t,l}\}$，然而，不能立即确定未标记序列中的跟踪分数。相反，我们将跟踪分数分配给从跟踪模拟结果中获得的奖励。在其他工作中，如果在标记帧上评估未标记序列的跟踪仿真结果为成功，则由 $z_{t,l} = +1$ 给出未标记帧的跟踪分数。如果不成功，则 $z_{t,l}$ 被指派为 –1。

2. 跟踪中的在线自适应

在跟踪期间，网络以在线方式更新。该在线自适应可以使跟踪算法对于外观变化或变形的情况更加鲁棒。更新 ADNet 时，修复卷积滤波器 $\{\boldsymbol{w}_1, \boldsymbol{w}_2, \boldsymbol{w}_3\}$ 并微调完全连接的层

$\{\boldsymbol{w}_4,\cdots,\boldsymbol{w}_7\}$，因为卷积层具有通用跟踪信息，而全连接的层具有视频专业知识。通过以状态动作概率 $p(\boldsymbol{a}|\boldsymbol{s};\boldsymbol{W})$ 确定顺序动作来执行跟踪。通过使用在跟踪过程期间生成的时间训练样本的监督学习微调 ADNet 以完成在线自适应。监督学习需要带有标签的训练样本。对于标签，我们必须确定真值。由网络确定的跟踪块位置用于时间真值。与监督学习类似，用于在线自适应的训练集 $\mathcal{S}$ 包含在被跟踪块位置周围随机采样的图像块 $\{\boldsymbol{p}_i\}$，以及相应的动作标签 $\{o_i^{\text{act}}\}$ 和类标签 $\{o_i^{\text{cls}}\}$。标签通过式（10.55）和式（10.56）获得。在第一帧，使用初始目标位置生成初始样本 $\mathcal{S}_{\text{init}}$，并且 ADNet 被微调以适合给定目标。在帧 $l(\geqslant 2)$，如果估计目标的置信度得分 $c(\boldsymbol{s}_t,l)$ 高于 0.5，则使用跟踪的块位置 $\boldsymbol{b}_{T_l,l}$ 生成训练样本 $\mathcal{S}_l$。状态 $\boldsymbol{s}_{t,l}$ 的置信度得分 $c(\boldsymbol{s}_t,l)$ 被定义为置信度层 fc7 的目标概率 $p(\text{target}\,|\,\boldsymbol{s}_{t,l},l;\boldsymbol{W})$。使用训练样本 $\{\mathcal{S}_k\}_{k=l-J+1}^{l}$ 对每 I 个帧进行在线自适应，这意味着在线自适应使用从过去的 J 帧生成的训练样本。当得分 $c_{t,l}$ 低于 −0.5 时，这意味着跟踪器错过了目标，然后进行重新检测以捕获错过的目标。利用随机高斯噪声在当前目标位置周围生成目标位置候选 $\{\tilde{\boldsymbol{b}}_i\}_{i=1}^{\mathcal{N}_{\text{det}}}$。通过式（10.60）选择重新检测的目标位置 b^*：

$$b^* = \max_{\tilde{\boldsymbol{b}}_i} c\left(\tilde{\boldsymbol{b}}_i\right) \tag{10.60}$$

状态 $\boldsymbol{s}_{T_l,l}$ 由目标位置 b^* 和动作动态向量 $\boldsymbol{d}_{T_l,l}$ 分配。

3. 总结

这里讲述了由动作决策网络（ADNet）控制的跟踪器，该跟踪器通过连续动作迭代跟踪目标对象，也是第一次尝试通过 DRL 来学习跟踪策略，对降低跟踪计算复杂度做出了重要贡献。RL 使部分标记数据的使用成为可能，这将大大有利于实际应用。根据评估结果，该跟踪器在 3fps 内达到了最佳的性能，比现有采用检测跟踪策略的深网络跟踪器快了三倍。此外，该跟踪器的快速版本还实现了实时速度（15fps），并且精度优于最先进的实时测量仪。

CHAPTER 11

第11章 自然语言处理

前面我们分别了解了 DRL 在游戏、机器人控制和计算机视觉方面的应用，不难体会到 RL 在其他领域的应用潜力和起到的巨大作用。现在我们就继续了解 DRL 在 NLP（Natural Language Process, NLP）领域的应用，由于目前这还是一个较为前沿的研究领域，所以本章的内容相对较少一些。本章主要涉及智能对话、情感翻译和关系提取，希望能带给读者一些感悟与思考。

11.1 与知识库交互的多轮对话智能体

在自然语言环境下设计能够与用户交互的智能助手是当前 NLP 领域的研究重点。随着人们对基于统计和机器学习方法的使用，过去几年中，市场上出现了一些引人注目的对话智能体，如 Apple Siri、Microsoft Cortana 和 Google Allo 等。这些智能体可以执行简单的任务，回答真实的问题，有时还能够漫无目的地与用户聊天，但它们在可执行任务的多样性和复杂性方面，仍然远远落后于人工助理。特别是，它们缺乏在与用户交互过程中自我学习的能力，无法随着时间的推移而不断改进和适应。最近，RL 被用来利用用户交互以适应各种各样的对话智能体，例如完成任务、信息访问和闲聊等。

本小节，我们学习一个能够与知识库（Knowledge Base，KB）交互的多轮对话模型 KB-InfoBot[57]，一种多轮对话智能体，可帮助用户搜索知识库且无须编写复杂的查询语句。KB-InfoBot，是一种特殊类型的对话智能体，帮助用户在搜索实体（entity）时导航知识库。如图 11.1 所示，以实体为中心的知识库显示在 KB-InfoBot 的上方（“×”表示缺少的值）。此类智能体必须查询数据库才能检索所请求的信息。这通常通过对输入执行语义分析来实现，以构造一个能表示智能体对用户目标信念（belife）的符号查询。然而这种 Hard-KB(硬知识库）查找方法虽然很自然，但有以下两个缺点：①检索到的结果不包含语义分析中的任何不确定性信息；②检索操作是不可微的，所以其解析器和对话策略是分开训练的。这使得部署系统后从用户反馈中进行端到端的在线学习变得困难。对此，我们使用一个概率框架来计算用户目标在知识库上的后验分布，称为 Soft-KB（软知识库）查找。这个分布是由智能体对正在搜索的实体属性的信念构建的。决定下一个系统动作的对话策略网络将接收这个完整的分布，而不是只将少数检索到的结果作为输入。该框架允许智能体在较少的对话回合中实现更高的任务成功率。此外，检索过程是可微分的，这就允许构建一个端到端可训练的 KB-InfoBot，其所有组件都使用 RL 在线更新。

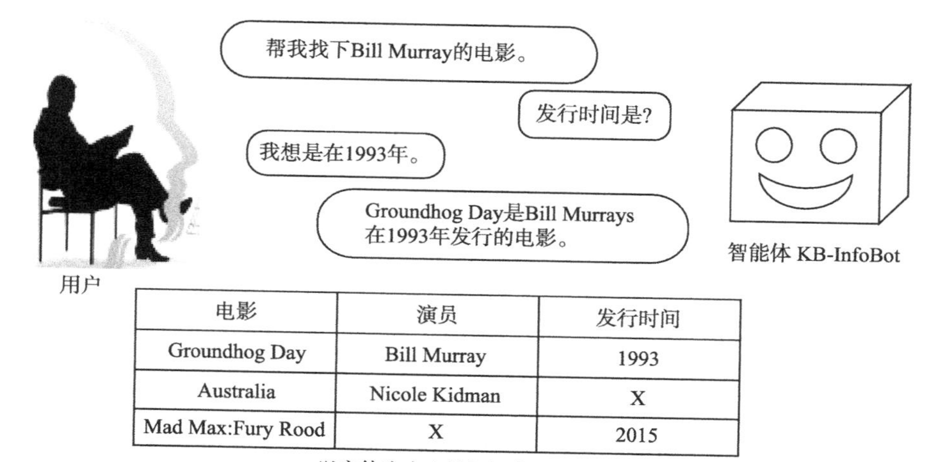

电影	演员	发行时间
Groundhog Day	Bill Murray	1993
Australia	Nicole Kidman	X
Mad Max:Fury Rood	X	2015

图 11.1　寻找电影的用户和 KB-InfoBot 之间的交互示例

11.1.1　概率 KB 查找

1. 以实体为中心的知识库（EC-KB）

知识库由形式为 $(h;r;t)$ 的三元组组成，表示在头 h 和尾 t 之间存在关系 r。假设 KB-InfoBot 可以访问特定于域的以实体为中心的知识库（EC-KB），其中所有头实体都是特定的类型（例如电影或人），关系对应于这些头实体的属性。这样的 KB 可以转换为表格式，其行对应于唯一的头实体，列对应于唯一的关系类型，并且一些条目可能丢失（如图 11.1 所示）。

2. 符号和假设

设 $\mathcal{T}$ 表示上述 KB 表，$\mathcal{T}_{i,j}$ 表示第 i 个实体的第 j 个槽值（slot-value），其中 $1 \leqslant i \leqslant N, 1 \leqslant j \leqslant M$。我们让 $\mathcal{V}^j$ 表示每个槽（slot）的词汇表，即第 j 列中所有不同值的集合。我们用特殊标记表示表中的缺失值并写入 $\mathcal{T}_{i,j}=\Psi$。$\mathcal{M}_j=\{i:\mathcal{T}_{i,j}=\Psi\}$ 表示槽 j 值缺失时的实体集。注意，用户可能仍然知道 $\mathcal{T}_{i,j}$ 的实际值，假设它位于 $\mathcal{V}^j$。此外，我们不在测试时处理新的实体或关系。

假设在表 $\mathcal{T}$ 中的行上有一个统一的先验 $G \sim U[\{1,\cdots,N\}]$，并让二进制随机变量 $\Phi_j \in \{0,1\}$ 表示用户是否知道槽 j 的值。给定在该轮前的对话 $\mathcal{U}_1^t$，智能体为 $\boldsymbol{v} \in \mathcal{V}^j$ 保持 M 多项式分布 $p_j^t(v)$，表示在 t 轮用户约束槽 j 为 $\boldsymbol{v}$ 的概率。智能体还保持 M 二项式 $q_j^t=\Pr(\Phi_j=1)$，表示用户知道槽 j 值的概率。

我们假设列值彼此独立分布。这是一个很强的假设，但它允许我们独立地为每个槽建模用户目标，而不是直接通过知识库实体建模用户目标。通常 $\max_j|\mathcal{V}^j|<N$，因此该假设减少了模型中参数的数量。

3. Soft-KB 查找

给定到第 t 轮为止的对话，假设 $p_{\mathcal{T}}^t(i)=\Pr(G=i|\mathcal{U}_1^t)$ 是用户对表中第 i 行感兴趣的后验

概率。假设所有概率都以用户输入$\mathcal{U}_1^t$为条件，并将其从下面的符号中丢掉。根据我们对槽值独立性的假设，有$p_{\mathcal{T}}^t(i) \propto \prod_{j=1}^{M} \Pr(G_j = i)$，其中$\Pr(G_j = i)$表示槽$j$指向$\mathcal{T}_{i,j}$（用户目标）的后验概率。通过$\Phi_j$将其边缘化有：

$$\begin{aligned}\Pr(G_j = i) &= \sum_{\phi=0}^{1} \Pr(G_j = i, \Phi_j = \phi) \\ &= \sum_{\phi=0}^{1} \Pr(G_j = i, \Phi_j = \phi) \\ &= q_j^t \Pr(G_j = i|\Phi_j = 1) + (1 - q_j^t)\Pr(G_j = i|\Phi_j = 0)\end{aligned} \tag{11.1}$$

对于$\Phi_j = 0$，表示用户不知道槽的值，并且从之前的：

$$\Pr(G_j = i|\Phi_j = 0) = \frac{1}{N},\ 1 \leqslant i \leqslant N \tag{11.2}$$

对于$\Phi_j = 1$，用户知道槽j的值，但是这可能从$\mathcal{T}$中丢失，于是有两种情况：

$$\Pr(G_j = i|\Phi_j = 1) = \begin{cases} \dfrac{1}{N}, & i \in \mathcal{M}_j \\ \dfrac{p_j^t(\boldsymbol{v})}{N_j(\boldsymbol{v})}\left(1 - \dfrac{|\mathcal{M}_j|}{N}\right), & i \notin \mathcal{M}_j \end{cases} \tag{11.3}$$

这里，$N_j(\boldsymbol{v})$是对槽j中值$\boldsymbol{v}$的计数。

11.1.2 端到端 KB-InfoBot

与 Hard-KB 查找方法相比，Soft-KB 查找方法有两个好处：

- ❑ 它通过从语言理解单元提供更多信息来帮助智能体发现更好的对话策略。
- ❑ 它允许在在线环境中进行端到端训练对话策略和语言理解。

1. 概览

图 11.2 显示了 KB-InfoBot 组件的概述。在每个回合中，智能体接收自然语言对话$\boldsymbol{u}^t$作为输入，并选择动作$\boldsymbol{a}^t$作为输出。动作空间由$\mathcal{A}$表示，包含$M+1$个动作——$\text{request}(\text{slot} = i)$对于$1 \leqslant i \leqslant M$将向用户询问槽$i$的值，$\text{inform}(\boldsymbol{I})$将通知用户一个来自 KB 的结果$\boldsymbol{I}$的有序列表。一旦智能体选择 inform，就结束对话。

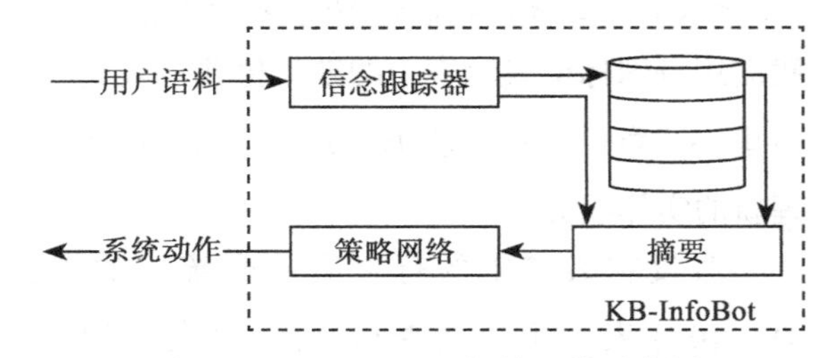

图 11.2 KB-InfoBot 相关组件示意图

因为这是典型的面向对象的对话系统，所以我们采用模块化方法，包括用于识别用户意图、提取相关时段和跟踪对话状态信念的跟踪模块；与数据库的接口，用于查询相关结果（Soft-KB 查找）；摘要模块，将状态汇总为向量；对话策略，根据当前状态选择下一个系统动作。假设智能体只响应对话行为，可以轻松构建基于模板的自然语言生成器，以将对话行为转换为自然语言。

2. 信念追踪器

InfoBot 由 M 个信念跟踪器组成，每个槽一个，它获得用户输入 $\boldsymbol{x}^t$ 并产生两个输出，p_j^t 和 q_j^t，我们将其统称为信念状态：p_j^t 是槽值 $\boldsymbol{v}$ 的多项式分布，q_j^t 是用户知道槽 j 值的标量概率。下面，我们分别描述两个版本的信念跟踪器。

（1）手工制作的跟踪器

首先使用令牌级关键字搜索从用户输入 $\boldsymbol{u}^t$ 中识别槽名称（例如 actor）或槽值（例如 Bill Murray）。设 $\{w \in \boldsymbol{x}\}$ 表示 $\boldsymbol{x}$ 中的标记集，然后对于 $1 \leqslant j \leqslant M$ 的每个槽和每个值 $\boldsymbol{v} \in \mathcal{V}^j$，我们计算其匹配分数如下：

$$s_j^t[\boldsymbol{v}] = \frac{\left|\{w \in \boldsymbol{u}^t\} \cap \{w \in \boldsymbol{v}\}\right|}{\left|\{w \in \boldsymbol{v}\}\right|} \tag{11.4}$$

为槽名称计算类似的分数 b_j^t。One-hot 向量 $\text{req}^t \in \{0,1\}^M$ 表示先前从智能体请求的槽（如果有的话）。如果 $\text{req}^t[j]$ 为 1 但是 $s_j^t[\boldsymbol{v}] = 0\ \forall \boldsymbol{v} \in \mathcal{V}^j$，则 q_j^t 设置为 0，即智能体请求槽但没有收到有效的值，否则设置为 1。

从先前的分布 p_j^0 开始（基于 KB 中值的计数），p_j^t 更新为：

$$p_j^t[\boldsymbol{v}] \propto p_j^{t-1}[\boldsymbol{v}] + C\left(s_j^t[\boldsymbol{v}] + b_j^t + \mathbb{I}\left(\text{req}^t[j] = 1\right)\right) \tag{11.5}$$

这里 C 是一个调整参数，通过将 $\boldsymbol{v}$ 之和设置为 1 来进行归一化。

（2）神经信念追踪器

对于神经跟踪器，用词袋（bag of n-grams, $n=2$）表示将用户输入 $\boldsymbol{u}^t$ 转换为向量表示 $\boldsymbol{x}^t$，$\boldsymbol{x}^t$ 的每个元素都是一个整数，表示 $\boldsymbol{u}^t$ 中特定 n-gram 的计数。我们让 V^n 表示唯一的 n-gram 个数，因此 $\boldsymbol{x}^t \in \mathbb{N}_0^{V^n}$。

递归神经网络已被用于信念跟踪，因为第 t 轮的输出分布取决于直到该轮的所有用户输入。我们为每个跟踪器使用门控循环单元（Gated Recurrent Unit, GRU），从 $\boldsymbol{h}_j^0 = 0$ 开始计算 $\boldsymbol{h}_j^t = \text{GRU}\left(\boldsymbol{x}^1, \cdots, \boldsymbol{x}^t\right)$。可以将 $\boldsymbol{h}_j^t \in \mathbb{R}^d$ 看作用户直到第 t 轮对槽 j 所说的内容摘要。信念状态从该向量计算如下：

$$p_j^t = \text{softmax}\left(\boldsymbol{W}_j^p \boldsymbol{h}_j^t + \boldsymbol{b}_j^p\right) \tag{11.6}$$

$$q_j^t = \sigma\left(\boldsymbol{W}_j^\Phi \boldsymbol{h}_j^t + \boldsymbol{b}_j^\Phi\right) \tag{11.7}$$

这里 $\boldsymbol{W}_j^p \in \mathbb{R}^{\mathcal{V}^j \times d}$、$\boldsymbol{b}_j^p \in \mathbb{R}^{\mathcal{V}^j}$、$\boldsymbol{W}_j^\Phi \in \mathbb{R}^d$ 和 $\boldsymbol{b}_j^\Phi \in \mathbb{R}$ 都是可训练的参数。

3. Soft-KB + 摘要

该模块使用上面描述的 Soft-KB 查找来从信念状态 $\left(p_j^t, q_j^t\right)$ 计算 EC-KB 的后验 $p_T^t \in \mathbb{R}^N$。总的来说，信念跟踪器的输出和 Soft-KB 查找可以被视为 KB-InfoBot 内部的当前对话状态。设 $\boldsymbol{s}^t = \left[p_1^t, p_2^t, \cdots, p_M^t, q_1^t, q_2^t, \cdots, q_M^t, p_T^t\right]$ 是表示该状态的大小 $\sum_j \mathcal{V}^j + M + N$ 的向量。智能体可以直接使用此状态向量来选择其下一个动作。但是，大的状态向量尺寸将导致策略网

络中参数的增加。为了提高效率，这里我们从信念状态中提取汇总统计数据。

将每个槽概括为根据KB后验p_T^t的元素计算分布w_j^t的熵统计量，如下所示：

$$w_j^t(v) \propto \sum_{i:T_{i,j}=v} p_T^t(i) + p_j^0(v) \sum_{i:T_{i,j}=\Psi} p_T^t(i) \tag{11.8}$$

其中，p_j^0是槽j的值的先验分布，使用KB中每个值的计数来估计。此分布中$\boldsymbol{v}$的概率质量是智能体对用户目标在槽j中具有值$\boldsymbol{v}$的置信度。式（11.8）中的这两项对应于具有值$\boldsymbol{v}$的KB中的行和值未知的行（由未知的可能是$\boldsymbol{v}$的先验概率加权）。然后，槽j的汇总统计量是熵$H\left(w_j^t\right)$。KB后验p_T^t也总结为熵统计量$H\left(p_T^t\right)$。

标量概率q_j^t按原样传递给对话策略，最终的摘要向量是$\tilde{\boldsymbol{s}}^t = \left[H\left(\tilde{p}_1^t\right),\cdots,H\left(\tilde{p}_M^t\right),q_1^t,\cdots,q_M^t,H\left(p_T^t\right)\right]$。请注意，此向量的大小为$2M+1$。

4. 对话策略

对话策略的工作是根据当前的摘要状态和对话历史选择下一个动作。下面来看一下手工制作的基线和神经策略网络。

（1）人工策略

基于规则的策略要求槽$\hat{j} = \text{argmin}H\left(\tilde{p}_j^t\right)$具有最小的熵，除非（1）KB后验熵$H\left(p_T^t\right) < \alpha_R$，（2）$H\left(\tilde{p}_j^t\right) < \min\left(\alpha_T;\beta H\left(\tilde{p}_j^0\right)\right)$，（3）槽$j$已被请求$Q$次。调整$\alpha_R$、$\alpha_T$、$\beta$、$Q$以最大化对模拟器的奖励。

（2）神经策略网络

对于神经方法，我们使用RNN来允许网络维持对话历史的内部状态。具体来说，使用GRU单元，然后使用全连接层和softmax非线性来模拟策略π在$\mathcal{A}\left(\boldsymbol{W}^\pi \in \mathrm{R}^{|\mathcal{A}|\times d},\boldsymbol{b}^\pi \in \mathrm{R}^{|\mathcal{A}|}\right)$中的动作：

$$\boldsymbol{h}_\pi^t = \text{GRU}\left(\tilde{\boldsymbol{s}}^1,\cdots,\tilde{\boldsymbol{s}}^t\right) \tag{11.9}$$

$$\pi = \text{softmax}\left(\boldsymbol{W}^\pi \boldsymbol{h}_\pi^t + \boldsymbol{b}^\pi\right) \tag{11.10}$$

在训练期间，智能体从策略中采取动作以鼓励探索。如果此动作是*inform*()，它还必须在KB中向用户提供由$\boldsymbol{I} = \left(i_1,i_2,\cdots,i_R\right)$索引的有序实体集。这是通过从KB-后验$\left(p_T^t\right)$中采样$R$项完成的。这类似于搜索引擎类型设置，其中$R$可以是第一页上的结果数。

5. 训练

RL智能体通常需要一个与之互动的环境，因此静态对话语料库不能用于它们的训练，一个常见解决方案是使用用户模拟器，以一致的方式模拟真实用户的行为。Soft-KB查找有助于RL智能体发现更好的对话策略，初步实验也证明了端到端智能体的强大学习能力。

使用REINFORCE算法训练神经元的参数（用$\boldsymbol{\theta}$表示）。我们假设学习者在整个对话过程中都可以获得奖励信号，可以在策略π下写出智能体的预期折现回报$J(\boldsymbol{\theta}) = \mathbb{E}_\pi\left[\sum_{t=0}^H \gamma^t r_t\right]$（$\gamma$是折扣因子）。我们还使用基线奖励信号$b$，它是批次中所有奖励的平均值，用来减少更新中的差异。当仅使用此信号训练对话策略π时，更新由以下公式给出：

$$\nabla_{\theta} J(\boldsymbol{\theta})=\mathbb{E}_{\pi}\left[\sum_{k=0}^{H} \nabla_{\theta} \log \pi_{\theta}\left(\boldsymbol{a}^{k}\right) \sum_{t=0}^{H} \gamma^{t}\left(r_{t}-b\right)\right] \tag{11.11}$$

对于端到端训练，我们需要使用强化信号更新对话策略和信念跟踪器，并且可以将检索视为另一个策略 μ_{θ}。更新如下：

$$\nabla_{\theta} J(\boldsymbol{\theta})=\mathbb{E}_{\boldsymbol{a} \sim \pi, \boldsymbol{I} \sim \mu}\left[\left(\nabla_{\theta} \log \mu_{\theta}(\boldsymbol{I})+\sum_{h=0}^{H} \nabla_{\theta} \log \pi_{\theta}\left(\boldsymbol{a}_{h}\right)\right) \sum_{k=0}^{H} \gamma^{k}\left(r_{k}-b\right)\right] \tag{11.12}$$

在端到端学习的情况下，发现对于中等大小的 KB，如果从随机初始化开始，智能体几乎总是会失败。

在这种情况下，智能体很难进行信念分配，因为它不知道故障是来自错误的动作序列还是来自 KB 的错误结果集。因此，在训练开始时，有一个模仿学习（Imitation Learning, IL）阶段，其中信念跟踪器和策略网络被训练以模仿手工制作的智能体。假设 $\hat{p}_j^t$ 和 $\hat{q}_j^t$ 是来自基于规则的智能体信念状态，$\hat{\boldsymbol{a}}^t$ 是其在 t 轮的动作，那么 IL 的损失函数是：

$$L(\boldsymbol{\theta})=\mathbb{E}\left[D\left(\hat{p}_{j}^{t} \| p_{j}^{t}(\boldsymbol{\theta})\right)+H\left(\hat{q}_{j}^{t}, q_{j}^{t}(\boldsymbol{\theta})\right)-\log \pi_{\theta}\left(\hat{\boldsymbol{a}}^{t}\right)\right] \tag{11.13}$$

其中 $D(p \| q)$ 和 $H(p,q)$ 分别表示 p 与 q 之间的距离和交叉熵。

期望值使用小批量（大小为 B）的对话来估计。对于 RL，使用 RMSProp，对于 IL，使用 vanilla SGD 更新来训练参数 $\boldsymbol{\theta}$。

11.1.3 总结

该框架的目的是促进信息访问的端到端可训练对话智能体的转变。它包含一个可区别的概率框架来查询数据库，考虑智能体对其字段（或槽）的信念。当与该智能体交互时，所收集的数据可以用来训练具有很强学习能力的端到端智能体。随着越来越多的经验积累，系统可以从 RL 软件切换到个性化的端到端智能体。然而，这一方法的有效实施需要有快速学习的能力，这是未来的需要克服的困难。

11.2 鲁棒远程监督关系提取

关系提取是信息提取和自然语言理解的核心任务，其目标是预测句子中实体的关系。例如，给出一句“王子与公主结婚”，关系分类器旨在预测“配偶”的关系。在下游应用中，关系提取是构建知识图的关键模块，它是许多 NLP 应用程序的重要组成部分，如结构化搜索、情感分析、问答和摘要等。

在早期开发中，关系提取算法遇到的主要问题是数据稀疏性问题。由于数据非常昂贵，人类注释器几乎不可能通过数百万个句子的大型语料库来提供具有大量标记的训练实例。因此，远程监督关系提取开始流行，它能够使用知识库中的实体在从未标记的数据中选择一组噪声实例。近年来，已经提出了神经网络方法来在这些噪声条件下训练关系提取器。为了抑制噪声，还提出了使用注意力机制来将软权重置于一组有噪声的句子上和选择样本。然而，仅选择一个示例或基于软注意力权重并不是最佳策略。现在我们就来学习一下最近使用 DRL 技术的鲁棒性关系提取方案[58]，即一个系统的解决方案，利用了更多的实例，在消除误报的同时将它们放到正确的位置上。

目的是根据关系分类器的性能变化学习选择是否删除或保留远程监督的候选实例。如图 11.3 所示，该 DRL 框架旨在动态识别假阳性样本，并在远程监督期间将它们从阳性集移动到阴性集。直观地讲，就是智能体要消除误报并重建一组清晰的远程监督实例，以根据分类准确性来最大化奖励。该方法采用 DRL 技术，独立于分类器，可以应用于任何现有的远程监督模型，在各种基于深度神经网络的模型中带来了一致的性能提升。

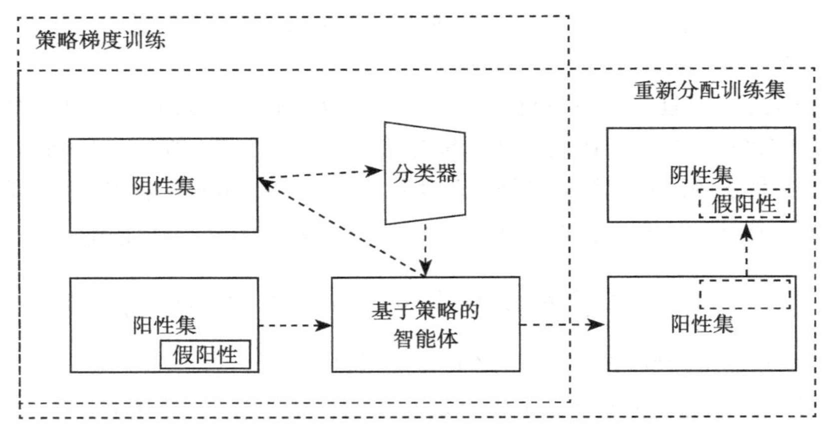

图 11.3　鲁棒远程监督关系提取 DRL 框架示意图

11.2.1　问题表述

远程监督关系提取是在自动生成的训练集下预测实体对（entity pair）的关系类型。然而，问题是提到这个实体对的这些远程监督句子可能没有表达所需的关系类型。因此，我们的 RL 智能体应该做的是确定远程监督的句子是否是这种关系类型的真阳性实例。对于 RL，外部环境和 RL 智能体是两个必要的组成部分，并且通过这两个部分之间的动态交互来训练强大的智能体。首先，RL 的前提是外部环境应该建模为 MDP。然而，传统的关系提取设置不能满足这一条件，因为其输入的句子是相互独立的。换句话说，我们不能仅仅将正在处理的句子信息作为状态，还需要将来自早期状态的信息添加到当前状态的表示中，从而把任务建模为 MDP 问题。

RL 智能体用策略网络 $\pi_{\theta}(\boldsymbol{s},\boldsymbol{a})=p(\boldsymbol{a}\mid\boldsymbol{s};\boldsymbol{\theta})$ 参数化。行动的概率分布 $\mathcal{A}=\{\boldsymbol{a}_{\text{remove}},\boldsymbol{a}_{\text{remain}}\}$ 是由策略网络根据状态向量计算的。需要注意的是，虽然 DQN 也是一种广泛使用的 RL 方法。但是，即使行动空间很小，这里使用 DQN 也不合适。首先，我们无法计算每项操作的即时奖励；相反，只有在完成整个训练数据集的处理后才能获得准确的奖励。其次，策略网络的随机策略能够阻止智能体陷入中间状态。

1. 状态和动作

为了满足 MDP 的条件，状态 s 包括来自当前句子的信息和在早期状态中被移除的句子。句子的语义和句法信息由连续的实值向量表示。根据一些最先进的监督关系提取方法，我们利用词嵌入和位置嵌入将句子转换为向量。利用该句子向量，当前状态是当前句子向量与早期状态中被删除句子平均向量的串联。我们为当前句子的向量赋予相对较大的权重，以此放大当前句子信息对动作决定的主导影响。

在每一步中，智能体都需要确定实例是否对目标关系类型误报。每种关系类型都有一个智能体。每个智能体有两个动作：是否从训练集中删除或保留当前实例。这里，我们使用与错误标记实例混合的初始远程监督数据集，希望智能体能够使用策略网络来过滤嘈杂的实例；在干净的数据集下，预计远程监督将获得更好的性能。

2. 奖励

如前所述，此模型的直觉是：当过滤错误标记的实例时，关系分类器的性能会更好。因此，我们使用绩效变化作为由智能体决定的一系列动作的结果所驱动的奖励。与准确性相比，我们采用 F_1 分数（统计学中用来衡量二分类模型精确度的一种指标）作为评估标准，因为准确性可能不是多级分类设置中的指示性度量，其中数据分布可能是不平衡的。所以，奖励可以表示为相邻 epoch 之间的差值：

$$R_i = \beta\left(F_1^i - F_1^{i-1}\right) \tag{11.14}$$

正如式（11.14）所示，在第 i 步，只有当 F_1 得到改善时，智能体才会得到正向奖励；否则，智能体将收到负向奖励。在此设置下，奖励的值与 F_1 的差值成比，β 用于将此差值转换到有理数范围。当然，奖励的值在连续的空间中，这比二元奖励（-1 和 1）更合理，因为此设置可以反映智能体已删除的错误标记实例数量。为了避免 F_1 的随机性，这里使用最后 5 个 epoch 的平均 F_1 来计算奖励。

3. 策略网络

对于每个输入的句子，策略网络确定它是否表达了目标关系类型，如果它与目标关系类型无关，则执行删除动作，类似于二元关系分类器。CNN 通常用于构建关系分类系统，这里采用窗口大小为 c_w、核大小为 c_k 的简单 CNN 来建模策略网络 $\pi(s;\theta)$。因为我们只需要一个模型来进行二元句子级别的分类，所以使用简单的网络即可。

4. 训练

与远程监督关系提取的目标不同，我们的智能体是确定带注释的句子是否表达了目标关系类型而不是预测实体对的关系，因此尽管属于同一实体对，但句子是独立处理的。在远程监督训练数据集中，一种关系类型包含数千或数万个句子；此外，奖励 R 只能在处理完该关系类型的整个阳性集之后再计算。如果随机初始化策略网络的参数并通过试错的方法训练网络，则会浪费大量的时间，并且收敛性差。为了克服这个问题，这里我们采用监督学习程序来预先训练策略网络，以为基于策略的智能体提供一般的学习方向。

（1）预训练策略

AlphaGo 的启发式预训练策略是 RL 相关工作中加速 RL 智能体训练的常用策略，通常利用注释数据集的一小部分来在 RL 之前训练策略网络。然而，在远程监督关系提取任务中，除非让语言专家对部分实体对进行一些手动注释，否则不存在任何可以使用的监督信息。但是，这是昂贵的，并不是远程监督的初衷。所以，需要一个妥协的解决方案。在语料库排列良好的情况下，真阳性样本在数量上与远程监督数据集中的假阳性样本相比应具有明显的优势。因此，对于特定的关系类型，我们可以直接使用远程监督中的阳性集，并随机提取远程监督的阴性集的一部分作为阴性集。为了在该预训练过程中更好地考虑先验信息，阴性样本的数量是阳性样本数量的 10 倍。这是因为，当学习大量阴性样本时，智能体更有可能朝着更好的方向发展。然后，使用交叉熵损失函数训练该二元分类器，其中负标签对应于移除动作，正标签对应于保留动作。

$$J(\boldsymbol{\theta})=\sum_{i} y_i \log[\pi(\boldsymbol{a}=y_i \mid \boldsymbol{s}_i;\boldsymbol{\theta})]+(1-y_i)\log[1-\pi(\boldsymbol{a}=y_i \mid \boldsymbol{s}_i;\boldsymbol{\theta})] \tag{11.15}$$

由于远距离标记实例的噪声特性，如果我们让这个预训练过程过拟合噪声数据集，大多数样本的预测概率往往接近 0 或 1，这很难被纠正并且不必要地增加 了训练 RL 的成本。因此，当准确度达到 85% ～ 90% 时，就停止该训练过程。理论上，该方法可以解释为增加了智能体策略梯度的熵，以防止策略的熵过低，这意味着缺乏探索可能是一个问题。

（2）用奖励重新训练智能体

智能体试图处理来自远程监督的阳性数据集的嘈杂样本；在这里，我们将其称为 *DS* 阳性数据集。然后，将其分为训练阳性集 $\mathcal{P}_t^{\text{ori}}$ 和验证阳性集 $\mathcal{P}_v^{\text{ori}}$；当然，这两套数据集都很嘈杂。相应地，训练阴性集 $\mathcal{N}_t^{\text{ori}}$ 和验证阴性集 $\mathcal{N}_v^{\text{ori}}$ 是从 *DS* 阴性数据集中随机选择的。在每个 epoch，智能体根据随机策略 $\pi(\boldsymbol{a} \mid \boldsymbol{s})$ 从 $\mathcal{P}_t^{\text{ori}}$ 中去除噪声样本集 Ψ_i，获得新的阳性集 $\mathcal{P}_t=\mathcal{P}_t^{\text{ori}}-\Psi_i$。因为 Ψ_i 被识别为错误标记的样本，所以将其重新分配到负集 $\mathcal{N}_t=\mathcal{N}_t^{\text{ori}}+\Psi_i$。在此设置下，训练集的比例对于每个 epoch 是恒定的。现在，我们利用清理后的数据 $\{\mathcal{P}_t,\mathcal{N}_t\}$ 训练关系分类器。理想情况是 RL 智能体具有通过重新定位错误标记的误报实例来提高关系分类器性能的能力。因此，使用验证集 $\{\mathcal{P}_v^{\text{ori}},\mathcal{N}_v^{\text{ori}}\}$ 衡量当前智能体的表现。首先，该验证集被过滤并由当前智能体重新分配为 $\{\mathcal{P}_v,\mathcal{N}_v\}$。其次，从中计算出当前关系分类器的 F_1 得分。最后，使用当前和上一个 epoch 之间的 F_1 分数差值来计算奖励。接下来，我们介绍几种策略来训练更强大的 RL 智能体。

在每个 epoch 删除固定数量的句子：在每个 epoch，让 RL 智能体删除固定数量的句子或少一些的句子（当一个 epoch 中删除的句子的数量在训练期间没有达到该固定数量时），以这种方式来防止智能体尝试通过删除更多实例来删除更多误报实例。在固定数量的限制下，如果智能体决定移除当前状态，则意味着移除其他状态的机会减少。因此，为了获得更好的奖励，智能体应尝试删除包含更多阴性实例的实例集。

损失函数：RL 智能体的质量反映在被移除部分的质量上。在预训练过程之后，智能体只具有区分明显假阳性实例的能力，这意味着对难以区分的错误标记实例的区分仍然是模糊的，特别是当这个难以区分的部分是反映智能体质量的标准时。因此，不管这些易于识别的实例如何，不同 epoch 中被移除部分的不同部分是 F_1 得分变化的决定因素。因此，我们确定两个集合：

$$\Omega_{i-1}=\Psi_{i-1}-(\Psi_i \cap \Psi_{i-1}) \tag{11.16}$$

$$\Omega_i=\Psi_i-(\Psi_i \cap \Psi_{i-1}) \tag{11.17}$$

其中 Ψ_i 是第 i 个 epoch 的移除部分。如果 F_1 分数在第 i 个 epoch 中增加，则意味着第 i 个 epoch 的动作比在第 $i-1$ 个 epoch 中的动作更合理。换句话说，Ω_i 比 Ω_{i-1} 更加负向。因此，我们将正向奖励分配给 Ω_i，将负面奖励分配给 Ω_{i-1}。最终损失函数的表述如下：

$$J(\theta)=\sum^{\Omega_i}\log\pi(a\mid s;\theta)R+\sum^{\Omega_{i-1}}\log\pi(a\mid s;\theta)(-R) \tag{11.18}$$

11.2.2 使用基于策略的智能体重新分配训练数据集

通过上述 RL 过程，对于每种关系类型，我们得到一个智能体作为假阳性指标。这些智能体具有识别对应关系类型错误标记实例的能力。我们采用这些智能体作为分类器来识别嘈杂的远程监督训练数据集中的假阳性样本。对于一个实体对，如果所有与语料库对齐的（aligned）句子都被归类为假阳性，那么这个实体对将重新分配到阴性集合中。

11.2.3 总结

本小节介绍了一个 DRL 框架，用于稳健的远程关系提取。以前的工作只使用一个实例 / 实体对，并使用软注意力权重来选择可信的远程监督示例，而我们描述的框架可以系统地学习去重定位假阳性样本，并很好地利用未标记的数据。具体来说，该方法的目标是教导智能体优化选择 / 再分配策略，最大限度地提高关系分类绩效的回报。此外，框架不依赖关系类的特定形式，这意味着它是一种即插即用技术，可以潜在地应用于任何关系提取管道。

11.3 非成对情感 – 情感翻译

情感 – 情感翻译要求系统改变句子的潜在情感，同时尽可能地保留其非情绪语义内容。它可以被视为一种特殊的风格转换任务，在 NLP 中具有重要地位。在评论情绪转换、新闻改写等领域具有广泛的应用。然而，由于缺乏平行的训练数据，导致其很难达到令人满意的效果。

最近，已经有几种语言风格转换的相关研究。然而，当应用于情感 – 情感翻译任务时，大多数现有研究仅仅是改变潜在的情绪，并不能保持语义内容。例如，给定“美味的食物”作为源输入，模型生成“多么糟糕的电影”作为输出。虽然情绪成功地从正面变为负面，但输出文本侧重于不同的主题。原因是这些方法试图隐含地将情绪信息与同一密集隐藏向量中的语义信息分开，其中所有信息以不可解释的方式混合在一起。由于缺乏有监督的并行数据，只修改基础情绪很难使其不丢失非情感语义信息。本节我们学习一种循环 RL 方法[59]，它包含两个部分：中性化模块和情绪化模块。中性化模块负责通过明确过滤出情绪词来提取非情绪语义信息。其优点是只消除情绪词，而不会影响非情绪词的保存。情绪化模块负责为情感 – 情感翻译的中性语义内容添加情绪。

11.3.1 问题表述

1. 概览

框架结构如图 11.4 所示，下图：中性化模块首先消除情绪词汇并提取非情绪语义信息。

上图：情绪化模块为语义内容增添了情感。两个模块通过所提出的循环 RL 方法进行训练。由于要求两个模块具有初始学习能力，因此，我们还需要一种新的预训练方法，该方法使用基于自注意力的情绪分类器（Self-Attention based Sentiment Classifier, SASC）。

2. 中性化模块

中性化模块 N_θ 用于明确过滤情绪信息，我们将此过程视为提取问题。中性化模块首先识别非情绪词，然后将它们输入情绪化模块。我们使用单个 LSTM 来生成句子中每个单词的中立或极性概率。给定 T 个来自 Γ 的单词作为情感输入序列 $\boldsymbol{x}=(x_1,x_2,\cdots,x_T)$，该模块负责产生中性化序列。

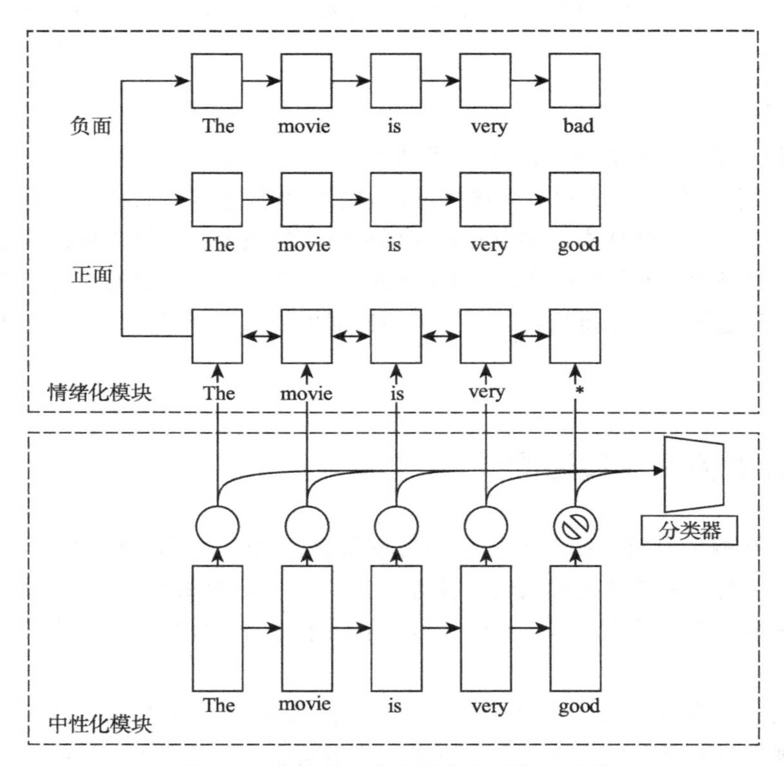

图 11.4　中性化模块和情绪化模块示意图

为了教导中性化模块识别非情绪词，我们构建了 SASC，并将学到的注意力作为监督信号。动机来自这样一个事实：在训练有素的情感分类模型中，注意力在一定程度上反映了每个单词的情感贡献。情绪词往往会获得更高的注意力，而中性词通常会获得更低的权重。情绪分类器的细节描述如下。

给定输入序列 $\boldsymbol{x}$，产生情感标签 y：

$$y=\operatorname{softmax}(\boldsymbol{W}\cdot c) \tag{11.19}$$

其中 $\boldsymbol{W}$ 是一个参数，c 计算为隐藏向量的加权和：

$$c=\sum_{i=0}^{T}\boldsymbol{w}_i^h\boldsymbol{h}_i \tag{11.20}$$

其中 $\boldsymbol{w}_i^h$ 是 $\boldsymbol{h}_i$ 的权重，$\boldsymbol{h}_i$ 是第 i 个单词的 LSTM 的输出，$\boldsymbol{w}_i^h$ 计算为：

$$\boldsymbol{w}_i^h = \frac{\exp(e_i)}{\sum_{i=0}^{T}\exp(e_i)} \tag{11.21}$$

其中 $e_i = f(\boldsymbol{h}_i;\boldsymbol{h}_T)$ 是对齐模型。我们将最后隐藏状态 $\boldsymbol{h}_T$ 视为上下文向量，其包含输入序列的所有信息。e_i 评估每个单词对情绪分类的贡献。

实验结果表明，该情感分类器在两个数据集上达到了 89% 和 90% 的准确率，具有高分类精度，并且分类器产生的注意力足以捕获每个单词的情感信息。

为了提取基于连续注意力的非情绪词，我们将注意力权重映射到离散值 0 和 1。首先计算句子中的平均注意力值：

$$\overline{\boldsymbol{w}^h} = \frac{1}{T}\sum_{i=0}^{T}\boldsymbol{w}_i^h \tag{11.22}$$

其中 $\boldsymbol{w}^h$ 被用作区分非情绪词与情绪词的阈值。离散注意力权重计算如下：

$$\widehat{\boldsymbol{w}_i^h} = \begin{cases} 1, & \text{if } \boldsymbol{w}_i^h \leqslant \overline{\boldsymbol{w}^h} \\ 0, & \text{if } \boldsymbol{w}_i^h > \overline{\boldsymbol{w}^h} \end{cases} \tag{11.23}$$

其中 $\widehat{\boldsymbol{w}_i^h}$ 被视为标识符。

为了预训练中性化模块，我们构建输入文本 $\boldsymbol{x}$ 的训练数据对和离散注意力权重序列 $\widehat{\boldsymbol{w}^h}$。交叉熵损失计算为：

$$L_\theta = -\sum_{i=1}^{T} p_{N_\theta}\left(\widehat{\boldsymbol{w}_i^h}|x_i\right) \tag{11.24}$$

3. 情绪化模块

情绪化模块 E_ϕ 负责向中性化的语义内容添加情绪。这里使用了基于双解码器的编码器 – 解码器框架，其包含一个编码器和两个解码器，一个解码器增加了积极情绪，另一个解码器增加了负面情绪。输入情绪信号确定使用哪个解码器。具体来说，其通过使用 seq2seq 模型来实现。编码器和解码器都是 LSTM 网络。编码器学习将语义内容压缩成密集向量。解码器学习基于密集向量添加情绪。鉴于中性化的语义内容和目标情绪，该模块负责产生情绪序列。

对于情绪化模块的预训练，首先通过去除情绪分类器识别的情绪词来生成中性化的输入序列 $\hat{\boldsymbol{x}}$。给定中性化序列 $\hat{\boldsymbol{x}}$ 的训练数据对和具有情感 $\boldsymbol{s}$ 的原始句子 $\boldsymbol{x}$，交叉熵损失计算为：

$$L_\phi = -\sum_{i=1}^{T} p_{E_\phi}(x_i|\hat{x}_i, \boldsymbol{s}) \tag{11.25}$$

其中正例通过正解码器，负例通过负解码器。

另外，文中还探索了一种简单的预训练情绪化模块的方法，使用连续向量 $1-\boldsymbol{w}^h$ 和单词嵌入序列之间的乘积作为中性化内容，其中 $\boldsymbol{w}^h$ 代表注意力权重序列。实验结果表明，该方法明确去除情绪词语的效果要比基于离散注意力权重的方法差得多。因此，没有采用这种方法。

4. 循环 RL

通过循环方法训练两个模块。中性化模块首先中性化对语义内容的情感输入，然后基于源情感和语义内容迫使情绪化模块重建原始句子。因此，需要教导情绪化模块以有监督的方式向语义内容添加情感。由于中性词的离散选择，损失在中性化模块上不再是可微的。所以，将其制定为 RL 问题，并使用策略梯度来训练中性化模块。

我们将中性化模块 N_θ 称为第一智能体，将情绪化模块 E_ϕ 称为第二智能体。给定与情感 $\boldsymbol{s}$ 相关联的句子 $\boldsymbol{x}$，$\hat{\boldsymbol{x}}$ 表示由 $p_{N_\theta}(\widehat{\boldsymbol{w}^h} \mid \boldsymbol{x})$ 生成的 $\widehat{\boldsymbol{w}^h}$ 提取的中间中性上下文。

在循环训练中，原始句子可以被视为训练第二智能体的监督信息。因此，第二智能体的梯度是：

$$\nabla_\phi J(\phi) = \nabla_\phi \log(p_{E_\phi}(\boldsymbol{x} \mid \hat{\boldsymbol{x}}, \boldsymbol{s})) \tag{11.26}$$

我们将 $\bar{\boldsymbol{x}}$ 表示为 $p_{E_\phi}(\bar{\boldsymbol{x}} \mid \hat{\boldsymbol{x}}, \boldsymbol{s})$ 生成的输出，将 $\boldsymbol{y}$ 表示为 $p_{E_\phi}(\boldsymbol{y} \mid \hat{\boldsymbol{x}}, \bar{\boldsymbol{s}})$ 生成的输出，其中 $\bar{\boldsymbol{s}}$ 表示相反的情绪。给定 $\bar{\boldsymbol{x}}$ 和 $\boldsymbol{y}$，首先计算用于训练中性化模块 R_1 和 R_2 的奖励。计算过程的细节将在后面介绍。然后，我们通过最大化预期奖励来训练中性化模块，通过策略梯度优化参数，它能够引导中性化模块更好地识别非情绪词。作为回报，改进的中性化模块可以进一步增强情绪化模块。

根据策略梯度定理，第一智能体的梯度是：

$$\nabla_\theta J(\theta) = \mathbb{E}\left[R_c \cdot \nabla_\theta \log\left(p_{N_\theta}\left(\widehat{\boldsymbol{w}^h} \mid \boldsymbol{x}\right)\right)\right] \tag{11.27}$$

其中 R_c 计算为：

$$R_c = R_1 + R_2 \tag{11.28}$$

基于式（11.26）和式（11.27），使用抽样方法来估计预期的奖励，然后重复该循环过程直到收敛。

奖励：奖励由两部分组成，即情绪置信度和 BLEU[60]。情绪置信度评估生成的文本是否与目标情绪相匹配，使用 SASC 来实现。BLEU 得分用于测量内容保存的性能。考虑到奖励应该鼓励模型改进这两个指标，所以我们使用情绪置信度的调和（harmonic）均值和 BLEU 作为奖励，其被表述为：

$$R = \left(1+\beta^2\right)\frac{2 \cdot \text{BLEU.Confid}}{(\beta^2 \cdot \text{BLEU}) + \text{Confid}} \tag{11.29}$$

其中 β 是调和权重。

11.3.2 训练算法

算法 11.1 训练中性化模型 N_θ 和情绪化模型 E_ϕ 的循环 RL 方法

初始化中性化模型 N_θ，情绪化模型 E_ϕ

用基于式（11.24）的 MLE 预训练 N_θ

用基于式（11.25）的 MLE 预训练 E_ϕ

for each iteration $i=1,2,\cdots,M$ **do**

　　从 $\mathcal{X}$ 中采样带有情感 s 的序列 x

　　基于 N_θ 生成中性化序列 $\hat{x}$

　　给定 $\hat{x}$ 和 s，基于 E_ϕ 生成输出

　　根据式（11.26）计算 E_ϕ 的梯度

　　根据式（11.29）计算奖励 R_1

　　$\bar{s}=$ 反向情绪

　　给的 $\hat{x}$ 和 $\bar{s}$，基于 E_ϕ 生成输出

　　根据式（11.29）计算奖励 R_2

　　根据式（11.28）计算联合奖励 R_c

　　根据式（11.27）计算 N_θ 的梯度

　　更新模型参数 θ，ϕ

end for

11.3.3 总结

在本章中，我们着重于非成对的情感翻译，学习了一种循环 RL 方法，在缺乏平行训练数据的情况下进行训练。表 11-1 显示了 Yelp 数据集上不同系统生成的示例，我们不难发现，文中提出的方法精确地改变了句子的情感（并略微释义以确保流畅性），同时保持语义内容不变。

表 11-1　提出的方法和基线方法在 Yelp 数据集上的生成示例

Input: *I would strongly advise against using this company.*
CAAE: *I love this place for a great experience here.*
MDAL: *I have been a great place was great.*
Proposed Method: *I would love using this company.*
Input: *The service was nearly non-existent and extremely rude.*
CAAE: *The best place in the best area in vegas.*
MDAL: *The food is very friendly and very good.*
Proposed Method: *The service was served and completely fresh.*
Input: *Asked for the roast beef and mushroom sub, only received roast beef.*
CAAE: *We had a great experience with.*
MDAL: *This place for a great place for a great food and best.*
Proposed Method: *Thanks for the beef and spring bbq.*

缩写参照表

中文全称	位置（节）	英文缩写
深度学习	1.1	Deep Learning, DL
强化学习	1.1	Reinforcement Learning, RL
深度强化学习	1.1	Deep Reinforcement Learning, DRL
动态规划	1.1	Dynamic Programming, DP
时间（序）差分	1.1	Temporal-Difference, TD
马尔可夫决策过程	1.1	Markov Decision Process, MDP
部分可观察 MDP	1.1	Partial Observable Markov Decision Processes, POMDP
有限 MDP	1.2	Finite Markov Decision Process, FMDP
状态－动作－奖励－状态－动作	1.3	State-Action-Reward-State-Action, SARSA
广义策略迭代	1.3	Generalised Policy Iteration, GPI
深度 Q 网络	2.1.1	Deep Q Network, DQN
深度双 Q 网络	2.1.2	Double Deep Q Network，DDQN
目标近似误差	2.1.4	Target Approximation Error, TAE
基于动作排除的 DQN	2.1.6	Action Elimination-Deep Q Network，AE-DQN
自然语言处理	2.1.6	Natural Language Processing，NLP
目标近似误差	2.1.4	Target Approximation Error, TAE
循环确定性策略梯度	2.2.1	Recurrent Deterministic Policy Gradient, RDPG
循环神经网络	2.2.1	Recurrent Neural Network, RNN
长短时记忆神经网络	2.2.1	Long Short Term Mermory network, LSTM
确定性策略梯度	2.2.1	Deep Deterministic Gradient，DPG
深度确定性策略梯度	2.2.2	Deep Deterministic Policy Gradient，DDPG
卷积神经网络	2.2.1	Convolutional Neural Networks, CNN
信赖域策略优化	2.2.3	Trust Reign Policy Gradient，TRPO
近端策略优化	2.2.4	Proximal Policy Optimization，PPO
归一化优势函数	2.3.1	Normalized Advantage Functions, NAF
范例模型探索	2.3.2	Exploration with Exemplar Models, EX2
随时间反向传播	2.3.3	Back Propagation Through Time, BPTT
基于模型集成的信赖域策略优化	2.3.3	Model-Ensemble Trust-Region Policy Optimization, ME-TRPO
TD 模型	2.3.4	Temporal Difference Model, TDM
模型预测控制	2.3.4	Model-Predictive Control, MPC
分层 DQN	2.4.1	Hierarchy DQN, h-DQN
封建强化学习	2.4.2	Feudal Reinforcement Learning, FRL
封建网络	2.4.2	Feudal Networks, FuNs
分层强化学习	2.4.3	Hierarchy Reinforcement Learning, HRL
随机神经网络	2.4.3	Stochastic Neural Networks, SNN
互信息	2.4.3	Mutual Information, MI
前向神经网络	2.4.3	Feed-forward Neural Network, FNN

（续）

中文全称	位置（节）	英文缩写
质心	2.4.3	Center of Mass, CoM
分布式近端策略优化	3.2.1	Distributed Proximal Policy Gradient，DPPO
分布式 DDPG	3.2.2	Distributed Distributional Deterministic Policy Gradients，D4PG
多智能体强化学习	4.1.1	Muti-agent Reinforcement Learning, MARL
分布式问题求解	4.1.1	Distributed Problem Solving, DPS
独立强化学习	4.1.1	Independent Reinforcement Learning, InRL
独立 Q-learning	5.1.1	independent Q-learning,IQL
交流神经网	5.1.1	Communication Neural Net，CommNet
增强智能体间学习	5.1.1	Reinforced Inter-Agent Learning, RIAL
深度递归 Q 网络	5.1.2	Deep Recurrent Q-Networks, DRQN
价值分解网络	5.1.2	Value-Decomposition Networks, VDN
单调值函数分解	5.1.3	QMIX
反事实多智能体	5.1.5	Counterfactual Mmulti-agent, COMA
深度强化对立网络	5.1.5	Deep Reinforcement Opponent Network , DRON
指数线性单元	5.2.1	Exponential Linear Unit,ELU
均方投影 Bellman 误差	5.2.2	mean squared projected bellman error，MSPBE
原始－对偶分布式增量聚合梯度	5.2.2	primal-dual distributedincremental aggregated gradient，PD-DistIAG
双 Oracle	5.2.3	Double Oracle, DO
经验博弈论分析	5.2.3	Empirical game-theoretic analysis ，EGTA
策略空间响应 oracle	5.2.3	policy-space response oracles, PSRO
预计复制器动态	5.2.3	projected replicator dynamics，PRD
深度认知层次结构	5.2.3	Deep Cognitive Hierarchy，DCH
多智能体深度确定性策略梯度	5.3.1	MADDPG
分布式的部分可观察 MDP	5.3.2	Decentralized Partially Observable MDPs，Dec-POMDP
基于 Q 的策略梯度	5.3.4	Q-based Policy Gradient,QPG
后悔策略梯度	5.3.4	regret policy gradient,RPG
蒙特卡罗 CFR	5.3.4	Monte Carlo counterfactual regret，MCCFR
后悔匹配策略梯度	5.3.4	Regret Matching Policy Gradient，RMPG
无模型结果抽样	5.3.4	model-free outcome sampling，MFOS
反事实后悔	5.3.4	Counter Factual Regret, CFR
多任务深度强化学习	6.1.1	Multi-Task Deep Reinforcement Learning, MTDRL
负对数似然损失函数	6.1.2	Negative Log Likelihood, NLL
无监督强化与辅助学习	7.1	UNsupervised REinforcement and Auxiliary Learning, UNREAL
多层感知机	7.2	Multi-Layer Perception, MLP
重要性加权 actor-learner 架构	7.5	Importance Weighted actor-learner Architecture，IMPALA
均方误差	8.2.2	Mean Squared Error
平均绝对误差	8.2.2	Mean Absolute Error
小型联盟	9.4	Small Size League, SSL
卷积神经网络	9.1.1	Convolutional Neural Networks, CNN
Beam 搜索	9.1.1	Beam Search, BS
峰值信噪比	9.1.2	Peak signal-to-noise Ratio, PSNR
分层 RL	10.2.1	Hierarchy Reinforcement Learning, HRL

（续）

中文全称	位置（节）	英文缩写
智能物联网	10.2.2	Internet-of-Things, IoT
动作决策网络	10.2.3	Action-Decision Networks, ADNet
交叉联合	10.2.3	Intersection-Over-Union, IOU
一次性评估	10.2.3	one-pass Evaluation, OPE
知识库	11.1	Knowledge Bases, KBs
控循环单元	11.1	Gated Recurrent Unit, GRU
模仿学习	11.1	Imitation Learning, IL
自注意力的情绪分类器	11.3	Self-Attention based Sentiment Classifier, SASC

常用词中英文对照

英文	位置（书）	中文
agent	1.1	智能体
trial-and-error	1.1	试错
value-function	1.1	（价）值函数
policy	1.1	策略
state	1.1	状态
action	1.1	动作 / 行为
reward	1.1	奖励
value-based	1.1	基于值函数的
policy-based	1.1	基于策略的
model-based	1.1	基于模型的
hierarchical-based	1.1	基于分层的
Markov property	1.2	马尔可夫属性
episodic	1.2	情节性的
belief	1.2	信念
backup diagram	1.3	备份图
policy search	1.3	策略搜索
policy gradients	1.3	策略梯度
TD error	1.3	TD 误差
gradient bandit	1.3	梯度带宽
bucket	1.4	存储桶
observation	2.1.1	观察 / 观测
behaviour distribution	2.1.1	行为分布
experience replay	2.1.1	经验复用池 / 机制
online network	2.1.1	在线网络
mini-batch	2.1.1	小批量
overestimate	2.1.2	过估计
double Q-learning	2.1.2	双 Q 学习
advantage function	2.13	优势函数
rectangle pulse	2.1.4	矩形脉冲
averaged-DQN	2.1.4	平均值 DQN
distributional perspective	2.1.5	分布视角
prioritized replay	2.1.5	基于优先级的复用池
dueling networks	2.1.5	竞争网络
multi-step learning	2.1.5	多步学习
distributional RL	2.1.5	分布式 RL
NoisyNets	2.1.5	噪声网络

（续）

英文	位置（书）	中文
Function Approximation	2.1.6	函数近似
Sample Complexity	2.1.6	样本复杂性
contextual linear bandit model	2.1.6	线性上下文赌博机模型
short imagination rollouts	2.3.1	短假想轨迹
novelty detection	2.3.2	新颖性检测
gradient clipping	2.3.3	梯度剪裁
transition	2.3.3	转换
general-sum	4.1.1	一般和
stochastic game	4.1.2	随机博弈
incremental pruning	4.2.2	增量修剪
action select	5.1.2	动作选择器
hyper Q-learning	5.1.4	超 Q 学习
fingerprint	5.1.4	低维指纹
mixture-of-experts network	5.1.6	混合专家网络
mean field theory	5.1.7	均值场理论
mean field Q-learning	5.1.7	平均场 Q 学习
Ising model estimation	5.1.7	伊辛模型估计
regret	5.2.3	后悔
Main task	6.1	主任务
Related tasks	6.1	相关任务
policy distillation	6.2	策略蒸馏
ensemble model	6.2	集成模型
auxiliary control tasks	7.1	辅助控制任务
N-step Return	7.1	N 步回报
auxiliary reward tasks	7.1	辅助奖励任务
deconvolution network	7.1	反卷积网络
Dueling Network	7.1	竞争网络
progressive neural networks	7.2	渐进式神经网络
continual learning	7.2	持续学习
element-wise non-linearity	7.2	元素级非线性单元
adapters	7.2	适配器
transfer learning	7.3	迁移学习
reward clipping	7.3	奖励裁剪
advantage	7.3	优势（函数）
GridWorld	7.3	格子世界
target policy	7.5	目标策略
behavior policy	7.5	执行策略
temporal difference	7.5	时序差
entropy bonus	7.5	熵奖励
learning rate decay	7.5	学习率衰减
trajectory	7.5	状态转移序列
movie files	8.1.1	回放文件
reward farming	8.1.1	奖励收割

（续）

英文	位置（书）	中文
Clipped surrogate objective function	8.2.4	裁剪的替代目标函数
formulation/formulations	9.1.1	规划
laser	9.1.2	激光
reasoning	9.1.2	推理
augment	9.1.1	增强
frame/frames	9.2	帧
profit	9.3	利润
exploitation	9.3	开发
filter	9.3	过滤器
max-pooling	9.3	最大池化
pan angle	9.1.1	盘角
strategy	9.4	战略
steering	9.4	操纵
approximator	9.4	拟合器
pooling	9.4	池化
normalized	9.4	归一化
goalpost	9.4	门柱
encoder-decoder	9.1.1	编码器 – 解码器
sequential recurrent model	9.1.1	顺序循环预测模型
local	9.1.1	本地，局部
ground truth	9.1.1	地面真值
embedding	9.1.2	嵌入
attention	10.2.1	注意力
online	10.2.2	在线
summaries	10.2.2	摘要
entity	11.1	实体
belife	11.1	信念
slot	11.1	槽
slot-value	11.1	槽值
agenda	11.1	议程
two-sided permutation test	11.1	双侧置换测试
positive	11.2	阳性
negative	11.2	阴性
entity pair	11.2	实体对
aligned	11.2	对齐的
neutralization	11.3	中性化
harmonic	11.3	调和
adversarial	11.3	对抗，对抗的

参考文献

[1] Alagoz O, Hsu H, Schaefer A J, et al. Markov decision processes: a tool for sequential decision making under uncertainty[J]. Medical Decision Making, 2010, 30(4): 474-483.

[2] Watkins C J C H, Dayan P. Q-learning[J]. Machine learning, 1992, 8(3-4): 279-292.

[3] Mnih V, Kavukcuoglu K, Silver D, et al. Playing atari with deep reinforcement learning[J]. arXiv preprint arXiv:1312.5602, 2013.

[4] Van Hasselt H, Guez A, Silver D. Deep reinforcement learning with double q-learning[C]//Thirtieth AAAI conference on artificial intelligence. 2016.

[5] Wang Z, Schaul T, Hessel M, et al. Dueling network architectures for deep reinforcement learning[J]//Proceedings of the 33rd International Conference on International Conference on Machine Learning-Volume 48. JMLR.org, 2016: 1995-2003.

[6] Anschel O, Baram N, Shimkin N. Averaged-dqn: Variance reduction and stabilization for deep reinforcement learning[C]//Proceedings of the 34th International Conference on Machine Learning-Volume 70. JMLR. org, 2017: 176-185.

[7] Hessel M, Modayil J, Van Hasselt H, et al. Rainbow: Combining improvements in deep reinforcement learning[C]//Thirty-Second AAAI Conference on Artificial Intelligence. 2018.

[8] Zahavy T, Haroush M, Merlis N, et al. Learn what not to learn: Action elimination with deep reinforcement learning[C]//Advances in Neural Information Processing Systems. 2018: 3562-3573.

[9] Heess N, Hunt J J, Lillicrap T P, et al. Memory-based control with recurrent neural networks[J]. arXiv preprint arXiv:1512.04455, 2015.

[10] Lillicrap T P, Hunt J J, Pritzel A, et al. Continuous control with deep reinforcement learning[J]. arXiv preprint arXiv:1509.02971, 2015.

[11] Schulman J, Levine S, Abbeel P, et al. Trust region policy optimization[C]//International conference on machine learning. 2015: 1889-1897.

[12] Schulman J, Wolski F, Dhariwal P, et al. Proximal policy optimization algorithms[J]. arXiv preprint arXiv:1707.06347, 2017.

[13] Gu S, Lillicrap T, Sutskever I, et al. Continuous deep q-learning with model-based acceleration[C]// International Conference on Machine Learning. 2016: 2829-2838.

[14] Fu J, Co-Reyes J, Levine S. Ex2: Exploration with exemplar models for deep reinforcement learning[C]//Advances in Neural Information Processing Systems. 2017: 2577-2587.

[15] Kurutach T, Clavera I, Duan Y, et al. Model-ensemble trust-region policy optimization[J]. arXiv preprint arXiv:1802.10592, 2018.

[16] Pong V, Gu S, Dalal M, et al. Temporal difference models: Model-free deep rl for model-based control[J]. arXiv preprint arXiv:1802.09081, 2018.

[17] Kulkarni T D, Narasimhan K, Saeedi A, et al. Hierarchical deep reinforcement learning: Integrating temporal abstraction and intrinsic motivation[C]//Advances in neural information processing systems. 2016: 3675-3683.

[18] Vezhnevets A S, Osindero S, Schaul T, et al. Feudal networks for hierarchical reinforcement learning[C]//Proceedings of the 34th International Conference on Machine Learning-Volume 70. JMLR. org, 2017: 3540-3549.

[19] Florensa C, Duan Y, Abbeel P. Stochastic neural networks for hierarchical reinforcement learning[J]. arXiv preprint arXiv:1704.03012, 2017.

[20] Heess N, Sriram S, Lemmon J, et al. Emergence of locomotion behaviours in rich environments[J]. arXiv preprint arXiv:1707.02286, 2017.

[21] Horgan D, Quan J, Budden D, et al. Distributed prioritized experience replay[J]. arXiv preprint arXiv:1803.00933, 2018.

[22] Espeholt L, Soyer H, Munos R, et al. Impala: Scalable distributed deep-rl with importance weighted actor-learner architectures[J]. arXiv preprint arXiv:1802.01561, 2018.

[23] Horgan D, Quan J, Budden D, et al. Distributed prioritized experience replay[J]. arXiv preprint arXiv:1803.00933, 2018.

[24] Tampuu A, Matiisen T, Kodelja D, et al. Multiagent cooperation and competition with deep reinforcement learning[J]. PloS one, 2017, 12(4): e0172395.

[25] Foerster J, Assael I A, de Freitas N, et al. Learning to communicate with deep multi-agent reinforcement learning[C]//Advances in Neural Information Processing Systems. 2016: 2137-2145.

[26] Sunehag P, Lever G, Gruslys A, et al. Value-decomposition networks for cooperative multi-agent learning[J]. arXiv preprint arXiv:1706.05296, 2017.

[27] Foerster J, Nardelli N, Farquhar G, et al. Stabilising experience replay for deep multi-agent reinforcement learning[C]//Proceedings of the 34th International Conference on Machine Learning-Volume 70. JMLR. org, 2017: 1146-1155.

[28] Rashid T, Samvelyan M, De Witt C S, et al. QMIX: monotonic value function factorisation for deep multi-agent reinforcement learning[J]. arXiv preprint arXiv:1803.11485, 2018.

[29] He H, Boyd-Graber J, Kwok K, et al. Opponent modeling in deep reinforcement learning[C]// International Conference on Machine Learning. 2016: 1804-1813.

[30] Stanley H E. Phase transitions and critical phenomena[M]. Oxford： Clarendon Press, 1971.

[31] Yang Y, Luo R, Li M, et al. Mean field multi-agent reinforcement learning[J]. arXiv preprint arXiv:1802.05438, 2018.

[32] Lemke C E, Howson, Jr J T. Equilibrium points of bimatrix games[J]. Journal of the Society for industrial and Applied Mathematics, 1964, 12(2): 413-423.

[33] Raileanu R, Denton E, Szlam A, et al. Modeling others using oneself in multi-agent reinforcement learning[J]. arXiv preprint arXiv:1802.09640, 2018.

[34] Wai H T, Yang Z, Wang P Z, et al. Multi-agent reinforcement learning via double averaging primal-dual optimization[C]//Advances in Neural Information Processing Systems. 2018: 9649-9660.

[35] Lanctot M, Zambaldi V, Gruslys A, et al. A unified game-theoretic approach to multiagent reinforcement learning[C]//Advances in Neural Information Processing Systems. 2017: 4190-4203.

[36] Lowe R, Wu Y, Tamar A, et al. Multi-agent actor-critic for mixed cooperative-competitive environments[C]//Advances in Neural Information Processing Systems. 2017: 6379-6390.

[37] Nguyen D T, Kumar A, Lau H C. Policy gradient with value function approximation for collective multiagent planning[C]//Advances in Neural Information Processing Systems. 2017: 4319-4329.

[38] Grover A, Al-Shedivat M, Gupta J K, et al. Learning policy representations in multiagent systems[J]. arXiv preprint arXiv:1806.06464, 2018.

[39] Srinivasan S, Lanctot M, Zambaldi V, et al. Actor-critic policy optimization in partially observable multiagent environments[C]//Advances in Neural Information Processing Systems. 2018: 3422-3435.

[40] Zhang K, Yang Z, Liu H, et al. Fully decentralized multi-agent reinforcement learning with networked agents[J]. arXiv preprint arXiv:1802.08757, 2018.

[41] Rusu A A, Colmenarejo S G, Gulcehre C, et al. Policy distillation[J]. arXiv preprint arXiv:1511.06295, 2015.

[42] Jaderberg M, Mnih V, Czarnecki W M, et al. Reinforcement learning with unsupervised auxiliary tasks[J]. arXiv preprint arXiv:1611.05397, 2016.

[43] Rusu A A, Rabinowitz N C, Desjardins G, et al. Progressive neural networks[J]. arXiv preprint arXiv:1606.04671, 2016.

[44] Teh Y, Bapst V, Czarnecki W M, et al. Distral: Robust multitask reinforcement learning[C]// Advances in Neural Information Processing Systems. 2017: 4496-4506.

[45] Hessel M, Soyer H, Espeholt L, et al. Multi-task deep reinforcement learning with popart[J]. arXiv preprint arXiv:1809.04474, 2018.

[46] Lobos-Tsunekawa K, Leiva F, Ruiz-del-Solar J. Visual navigation for biped humanoid robots using deep reinforcement learning[J]. IEEE Robotics and Automation Letters, 2018, 3(4): 3247-3254.

[47] Tung T X, Ngo T D. Socially aware robot navigation using deep reinforcement learning[C]//2018 IEEE Canadian Conference on Electrical & Computer Engineering (CCECE). IEEE, 2018: 1-5.

[48] Xin J, Zhao H, Liu D, et al. Application of deep reinforcement learning in mobile robot path planning[C]//2017 Chinese Automation Congress (CAC). IEEE, 2017: 7112-7116.

[49] Sasaki H, Horiuchi T, Kato S. A study on vision-based mobile robot learning by deep Q-network[C]//2017 56th Annual Conference of the Society of Instrument and Control Engineers of Japan (SICE). IEEE, 2017: 799-804.

[50] K. Miyazaki, H Kimura，S Kobayashi, Theory and Applications of Reinforcement Learning Based on Profit Sharing[C]. In JSAI'99, 1999.

[51] Ren Z, Wang X, Zhang N, et al. Deep reinforcement learning-based image captioning with embedding reward[C]//Proceedings of the IEEE Conference on Computer Vision and Pattern Recognition. 2017: 290-298.

[52] Yu K, Dong C, Lin L, et al. Crafting a toolchain for image restoration by deep reinforcement

learning[C]//Proceedings of the IEEE conference on computer vision and pattern recognition. 2018: 2443-2452.

[53] Wang X, Chen W, Wu J, et al. Video captioning via hierarchical reinforcement learning[C]// Proceedings of the IEEE Conference on Computer Vision and Pattern Recognition. 2018: 4213-4222.

[54] Rennie S J, Marcheret E, Mroueh Y, et al. Self-critical sequence training for image captioning[C]// Proceedings of the IEEE Conference on Computer Vision and Pattern Recognition. 2017: 7008-7024.

[55] Lan S, Panda R, Zhu Q, et al. FFNet: Video fast-forwarding via reinforcement learning[C]// Proceedings of the IEEE Conference on Computer Vision and Pattern Recognition. 2018: 6771-6780.

[56] Yun S, Choi J, Yoo Y, et al. Action-decision networks for visual tracking with deep reinforcement learning[C]//Proceedings of the IEEE conference on computer vision and pattern recognition. 2017: 2711-2720.

[57] Dhingra B, Li L, Li X, et al. Towards end-to-end reinforcement learning of dialogue agents for information access[J]. arXiv preprint arXiv:1609.00777, 2016.

[58] Qin P, Xu W, Wang W Y. Robust distant supervision relation extraction via deep reinforcement learning[J]. arXiv preprint arXiv:1805.09927, 2018.

[59] Xu J, Sun X, Zeng Q, et al. Unpaired sentiment-to-sentiment translation: A cycled reinforcement learning approach[J]. arXiv preprint arXiv:1805.05181, 2018.

[60] Papineni K, Roukos S, Ward T, et al. BLEU: a method for automatic evaluation of machine translation[C]//Proceedings of the 40th annual meeting on association for computational linguistics. Association for Computational Linguistics, 2002: 311-318.

推荐阅读

深入浅出
图神经网络
GNN原理解析

深度学习与图像识别
原理与实践

Python自然语言处理实战
核心技术与算法

Python人脸识别
从入门到工程实践

深入理解
AutoML和AutoDL
构建自动化机器学习与深度学习平台

Python深度学习
基于TensorFlow

Python3智能数据分析
快速入门

MXNet
深度学习实战
计算机视觉算法实现

Python深度学习
基于PyTorch